教育部高等学校材料类专业教学指导委员会规划教材

材料基因组工程丛书

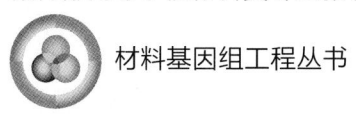

5

计算材料学

——电子结构与原子行为

Computational Materials Science
Electronic Structure and Atomic Behavior

张瑞丰 编著

中国教育出版传媒集团
高等教育出版社·北京

内容简介

本书系统介绍了计算材料学的基本概念、建模思想和计算模拟方法等，共 11 章，内容主要涵盖第一性原理计算与经典分子静/动力学模拟两大部分。第一部分从电子结构计算基础、波函数方法和密度泛函理论角度入手，在分子轨道理论和固体能带理论框架下阐述了分子与固体体系的第一性原理计算方法，展示了电子结构和晶体性能的计算流程。第二部分立足于经典原子行为模拟思想，系统介绍了经验势函数和分子力场、静力学优化方法和动力学数值算法，通过引入统计系综构建起微观与宏观的桥梁。

本书主题鲜明、取材典型、概念清晰、推导严谨，可作为高等学校材料、物理、化学、工程等专业高年级本科生和研究生的教材，亦可为相关领域的广大科研人员提供参考。

图书在版编目（CIP）数据

计算材料学：电子结构与原子行为 = Computational Materials Science：Electronic Structure and Atomic Behavior / 张瑞丰编著. -- 北京：高等教育出版社，2024.10 --（材料基因组工程丛书）. -- ISBN 978-7-04-062348-2

Ⅰ.TB3

中国国家版本馆 CIP 数据核字第 2024RA9988 号

JISUAN CAILIAOXUE——DIANZI JIEGOU YU YUANZI XINGWEI

策划编辑	刘占伟	责任编辑	张 冉	封面设计	王 琰	版式设计	徐艳妮
责任绘图	于 博	责任校对	刘丽娴	责任印制	刘弘远		

出版发行	高等教育出版社	咨询电话	400-810-0598
社　　址	北京市西城区德外大街 4 号	网　　址	http：//www.hep.edu.cn
邮政编码	100120		http：//www.hep.com.cn
印　　刷	天津鑫丰华印务有限公司	网上订购	http：//www.hepmall.com.cn
开　　本	787mm×1092mm 1/16		http：//www.hepmall.com
印　　张	26.25		http：//www.hepmall.cn
插　　页	2	版　　次	2024 年 10 月第 1 版
字　　数	490 千字	印　　次	2024 年 10 月第 1 次印刷
购书热线	010-58581118	定　　价	99.00 元

本书如有缺页、倒页、脱页等质量问题，请到所购图书销售部门联系调换
版权所有　侵权必究
物　料　号　62348-00

前　言

　　计算材料学是一门新兴并快速发展的交叉学科，它涉及材料学、物理学、化学、数学、信息学和计算机科学等多个学科，其借助计算模拟对材料的组成、结构、性能和服役行为进行研究。作为连接材料理论与实验科学的桥梁，计算材料学已经成为现代材料研发不可或缺的重要手段。随着当代材料计算模拟和设计方法的飞速发展，以及集成计算材料工程和材料基因工程理念的提出，材料设计已经由传统的经验炒菜式模式进入定量或半定量的计算模拟阶段。本书编写的目的是使读者了解当前最先进的材料计算模拟方法的基本原理、来龙去脉和应用范畴，如纳微观尺度的第一性原理计算方法和分子静/动力学模拟方法等。

　　需要特别指出的是，本书基础理论和概念方面的阐述参考与沿用了多部经典教材中的内容，并做了适当的精简、归类和更新，例如 E. G. Lewars 的 *Computational Chemistry：Introduction to the Theory and Applications*、T. Tsuneda 的 *Density Functional Theory in Quantum Chemistry*、R. M. Martin 的 *Electronic Structure：Basic Theory and Practical Methods*、D. S. Sholl 等的 *Density Functional Theory：A Practical Introduction*、D. J. Singh 的 *Planewaves，Pseudopotentials and the LAPW Method*、T. Loucks 的 *Augmented Plane Wave Method：A Guide to Performing Electronic Structure Calculations*、H. L. Skriver 的 *The LMTO Method：Muffin-tin Orbitals and Electronic Structure*、L. Vitos 的 *Computational Quantum Mechanics for Materials Engineers：The EMTO Method and Applications*、封继康的《量子化学基本原理与应用》、徐光宪等的《量子化学——基本原理和从头计算法》、黄昆的《固体物理学》、谢希德等的《固体能带理论》中关于量子力学基础、密度泛函理论、分子轨道理论、固体能带理论，以及各种第一性原理计算方法的阐述和推导；M. P. Allen 和 D. J. Tildesley 的 *Computer Simulation of Liquids*、J. M. Haile 的 *Molecular Dynamics Simulation：Elementary Methods*、R. J. Sadus 的 *Molecular Simulation of Fluids：Theory，Algorithms and Object-Orientation*、G. Raabe 的 *Molecular Simulation Studies on Thermophysical Properties：With Application to Working Fluids*、D. C. Rapaport 的 *The Art of Molecular Dynamics Simulation*、D. Frenkel 和 B. Smit 的 *Understanding Molecular Simulation：From Algorithms to Applications*、陈敏伯的《计算化学——从理论化学到分子模拟》、严六明等的《分子动力学模拟的理论与实践》、张跃等的《计算材料学基础》、苑世领等的《分子

前言

模拟——理论与实验》中关于经验势函数和分子力场、优化算法、运动方程和数值求解、系综理论和调控，以及各种计算模拟技术的描述与推导。除此之外，作者还参考了诸多其他国内外经典教材和专著，以及丰富的文献资料和网络资源，在此一并表示感谢，读者可以进一步阅读各章节的参考书目和相关引用文献。在本书的编撰过程中，张世豪、徐腾飞、药博男、刘昭睿、张燕、余瑞、孙军伟等为本书进行了图片制作、编排和校核等工作，在此一并表示感谢。

在本书内容安排上，主体涵盖如下两部分：基于量子力学的第一性原理计算和基于经典力学的分子静/动力学模拟。这两部分也是计算材料学的核心内容，希望读者能够通过本书的学习，了解当前各种计算模拟方法的理论基础、算法实现及其应用领域，综合运用数学建模技术、物理化学基础知识和计算机工具进行材料研究工作，培养并提高计算模拟技能，加深对材料的认知和理解，提升专业水准，具备材料研究工作者所必需的推理设计和实践应用能力。另外，希望读者能够通过本书内容的学习强化基础知识，并综合运用理论、算法和技术提升科技创新能力。

本书是作者教学实践和科研工作积累的结晶。由于作者水平有限，加上计算模拟技术近年来的长足进步和飞速发展，书中难免存在疏漏和不足，恳请读者批评指正，给出改进意见(作者邮箱：zrf@ buaa.edu.cn)。若以本书作为高年级本科生或研究生课程教材，建议对相关章节内容做适当调整和删减。

张瑞丰
2024 年 1 月

目 录

第1章 绪论 1
1.1 内容和意义 1
1.2 材料计算模拟方法 2
1.3 材料设计研发理念 6
参考文献 15

第2章 第一性原理计算基础 17
2.1 波函数和态叠加 17
2.1.1 波函数统计诠释 17
2.1.2 态叠加原理 18
2.1.3 全同性原理 19
2.2 算符与力学量 20
2.2.1 算符 20
2.2.2 力学量 23
2.3 薛定谔方程 24
2.4 微扰理论 26
2.4.1 非简并微扰 27
2.4.2 简并微扰 30
2.5 泛函和变分 31
2.5.1 泛函的概念 31
2.5.2 变分原理和线性变分 33
2.6 群论基础 35
2.6.1 群的概念 36
2.6.2 点群和空间群 36
2.7 常用第一性原理计算软件 42
参考文献 43

第3章 波函数方法和密度泛函理论 45
3.1 绝热近似 45
3.1.1 多粒子体系的薛定谔方程 45

3.1.2 电子与原子核运动的分离 ································· 47
3.2 波函数方法 ··· 49
　　3.2.1 Hartree 方法 ·· 50
　　3.2.2 Hartree-Fock 方法 ·· 52
　　3.2.3 Koopmans 定理 ··· 58
　　3.2.4 Hartree-Fock 方法小结 ····································· 59
3.3 密度泛函理论 ·· 60
　　3.3.1 Hohenberg-Kohn 定理 ······································ 60
　　3.3.2 Kohn-Sham 方程 ·· 62
　　3.3.3 Kohn-Sham 方法小结 ······································· 67
3.4 交换关联泛函 ·· 68
　　3.4.1 均匀电子气模型 ··· 69
　　3.4.2 局域密度近似和广义梯度近似 ······························ 70
　　3.4.3 含动能密度的广义梯度近似 ································· 77
　　3.4.4 杂化泛函 ··· 79
3.5 占位库仑修正 ·· 82
3.6 范德瓦耳斯色散修正 ·· 89
参考文献 ·· 93

第 4 章 分子轨道计算方法 ·· 101
4.1 分子轨道理论 ·· 101
4.2 Hückel 分子轨道方法 ··· 104
　　4.2.1 简单 Hückel 方法 ··· 104
　　4.2.2 扩展 Hückel 方法 ··· 108
4.3 从头算分子轨道方法 ·· 110
　　4.3.1 闭壳层组态的 Roothaan 方程 ······························ 110
　　4.3.2 开壳层组态的 Roothaan 方程 ······························ 117
　　4.3.3 从头算自洽场计算流程 ····································· 118
　　4.3.4 分子轨道的基组选择 ······································· 120
　　4.3.5 分子的电子关联计算 ······································· 125
4.4 密度泛函分子轨道方法 ··· 131
　　4.4.1 分子轨道 Kohn-Sham 方程 ································ 132
　　4.4.2 密度泛函自洽场计算流程 ·································· 134
参考文献 ·· 136

第 5 章　固体能带计算方法 ⋯⋯⋯⋯⋯⋯⋯⋯⋯⋯⋯⋯⋯⋯⋯⋯⋯⋯⋯⋯⋯ 139
5.1　固体能带理论 ⋯⋯⋯⋯⋯⋯⋯⋯⋯⋯⋯⋯⋯⋯⋯⋯⋯⋯⋯⋯⋯⋯⋯⋯⋯⋯ 139
　　5.1.1　布洛赫定理 ⋯⋯⋯⋯⋯⋯⋯⋯⋯⋯⋯⋯⋯⋯⋯⋯⋯⋯⋯⋯⋯⋯⋯ 140
　　5.1.2　能带与能级 ⋯⋯⋯⋯⋯⋯⋯⋯⋯⋯⋯⋯⋯⋯⋯⋯⋯⋯⋯⋯⋯⋯⋯ 144
5.2　近自由电子近似和紧束缚近似 ⋯⋯⋯⋯⋯⋯⋯⋯⋯⋯⋯⋯⋯⋯⋯⋯⋯⋯⋯ 145
　　5.2.1　近自由电子近似 ⋯⋯⋯⋯⋯⋯⋯⋯⋯⋯⋯⋯⋯⋯⋯⋯⋯⋯⋯⋯⋯ 145
　　5.2.2　紧束缚近似 ⋯⋯⋯⋯⋯⋯⋯⋯⋯⋯⋯⋯⋯⋯⋯⋯⋯⋯⋯⋯⋯⋯⋯ 149
5.3　赝势方法 ⋯⋯⋯⋯⋯⋯⋯⋯⋯⋯⋯⋯⋯⋯⋯⋯⋯⋯⋯⋯⋯⋯⋯⋯⋯⋯⋯ 154
　　5.3.1　正交化平面波 ⋯⋯⋯⋯⋯⋯⋯⋯⋯⋯⋯⋯⋯⋯⋯⋯⋯⋯⋯⋯⋯⋯ 155
　　5.3.2　赝势理论 ⋯⋯⋯⋯⋯⋯⋯⋯⋯⋯⋯⋯⋯⋯⋯⋯⋯⋯⋯⋯⋯⋯⋯⋯ 157
　　5.3.3　模守恒赝势 ⋯⋯⋯⋯⋯⋯⋯⋯⋯⋯⋯⋯⋯⋯⋯⋯⋯⋯⋯⋯⋯⋯⋯ 160
　　5.3.4　超软赝势 ⋯⋯⋯⋯⋯⋯⋯⋯⋯⋯⋯⋯⋯⋯⋯⋯⋯⋯⋯⋯⋯⋯⋯⋯ 162
5.4　Muffin-Tin 势方法 ⋯⋯⋯⋯⋯⋯⋯⋯⋯⋯⋯⋯⋯⋯⋯⋯⋯⋯⋯⋯⋯⋯⋯ 166
　　5.4.1　Muffin-Tin 势 ⋯⋯⋯⋯⋯⋯⋯⋯⋯⋯⋯⋯⋯⋯⋯⋯⋯⋯⋯⋯⋯⋯ 167
　　5.4.2　缀加平面波 ⋯⋯⋯⋯⋯⋯⋯⋯⋯⋯⋯⋯⋯⋯⋯⋯⋯⋯⋯⋯⋯⋯⋯ 169
　　5.4.3　线性缀加平面波方法 ⋯⋯⋯⋯⋯⋯⋯⋯⋯⋯⋯⋯⋯⋯⋯⋯⋯⋯⋯ 170
　　5.4.4　缀加平面波局域轨道方法 ⋯⋯⋯⋯⋯⋯⋯⋯⋯⋯⋯⋯⋯⋯⋯⋯⋯ 174
5.5　投影缀加波方法 ⋯⋯⋯⋯⋯⋯⋯⋯⋯⋯⋯⋯⋯⋯⋯⋯⋯⋯⋯⋯⋯⋯⋯⋯ 176
　　5.5.1　投影变换理论 ⋯⋯⋯⋯⋯⋯⋯⋯⋯⋯⋯⋯⋯⋯⋯⋯⋯⋯⋯⋯⋯⋯ 176
　　5.5.2　投影缀加波方法的能量泛函 ⋯⋯⋯⋯⋯⋯⋯⋯⋯⋯⋯⋯⋯⋯⋯⋯ 178
　　5.5.3　投影缀加波方法的哈密顿量 ⋯⋯⋯⋯⋯⋯⋯⋯⋯⋯⋯⋯⋯⋯⋯⋯ 182
参考文献 ⋯⋯⋯⋯⋯⋯⋯⋯⋯⋯⋯⋯⋯⋯⋯⋯⋯⋯⋯⋯⋯⋯⋯⋯⋯⋯⋯⋯⋯⋯ 184

第 6 章　电子结构与晶体性能 ⋯⋯⋯⋯⋯⋯⋯⋯⋯⋯⋯⋯⋯⋯⋯⋯⋯⋯⋯⋯⋯ 187
6.1　电子结构计算 ⋯⋯⋯⋯⋯⋯⋯⋯⋯⋯⋯⋯⋯⋯⋯⋯⋯⋯⋯⋯⋯⋯⋯⋯⋯⋯ 187
　　6.1.1　电荷密度和电子局域函数 ⋯⋯⋯⋯⋯⋯⋯⋯⋯⋯⋯⋯⋯⋯⋯⋯⋯ 187
　　6.1.2　能带结构和能态密度 ⋯⋯⋯⋯⋯⋯⋯⋯⋯⋯⋯⋯⋯⋯⋯⋯⋯⋯⋯ 189
　　6.1.3　轨道重叠和哈密顿布居 ⋯⋯⋯⋯⋯⋯⋯⋯⋯⋯⋯⋯⋯⋯⋯⋯⋯⋯ 192
　　6.1.4　Mulliken 布居和 Bader 电荷 ⋯⋯⋯⋯⋯⋯⋯⋯⋯⋯⋯⋯⋯⋯⋯⋯ 195
6.2　晶体结构预测 ⋯⋯⋯⋯⋯⋯⋯⋯⋯⋯⋯⋯⋯⋯⋯⋯⋯⋯⋯⋯⋯⋯⋯⋯⋯⋯ 197
　　6.2.1　热力学稳定性 ⋯⋯⋯⋯⋯⋯⋯⋯⋯⋯⋯⋯⋯⋯⋯⋯⋯⋯⋯⋯⋯⋯ 198
　　6.2.2　结构优化方法 ⋯⋯⋯⋯⋯⋯⋯⋯⋯⋯⋯⋯⋯⋯⋯⋯⋯⋯⋯⋯⋯⋯ 199
　　6.2.3　数据挖掘方法 ⋯⋯⋯⋯⋯⋯⋯⋯⋯⋯⋯⋯⋯⋯⋯⋯⋯⋯⋯⋯⋯⋯ 201
6.3　晶格动力学研究 ⋯⋯⋯⋯⋯⋯⋯⋯⋯⋯⋯⋯⋯⋯⋯⋯⋯⋯⋯⋯⋯⋯⋯⋯⋯ 202
　　6.3.1　线性响应方法 ⋯⋯⋯⋯⋯⋯⋯⋯⋯⋯⋯⋯⋯⋯⋯⋯⋯⋯⋯⋯⋯⋯ 202

  6.3.2 超胞冻声子方法 ………………………………………… 205
 6.4 晶体力学性能计算 ……………………………………………… 207
  6.4.1 弹性性能 ………………………………………………… 207
  6.4.2 理想强度 ………………………………………………… 210
 参考文献 ……………………………………………………………… 212

第 7 章 经典分子模拟基础 …………………………………………… 217

 7.1 分子静力学概要 ………………………………………………… 217
 7.2 分子动力学概要 ………………………………………………… 219
  7.2.1 分子动力学发展历程 …………………………………… 219
  7.2.2 分子动力学工作框图 …………………………………… 221
  7.2.3 分子动力学一般步骤 …………………………………… 222
 7.3 经典分子模拟特征 ……………………………………………… 223
  7.3.1 分子静力学基本特征 …………………………………… 223
  7.3.2 分子动力学基本特征 …………………………………… 225
  7.3.3 经典分子模拟效率 ……………………………………… 226
 7.4 常用经典分子模拟软件 ………………………………………… 227
 参考文献 ……………………………………………………………… 229

第 8 章 势函数与分子力场 …………………………………………… 233

 8.1 相互作用的概念与分类 ………………………………………… 233
 8.2 经验势函数 ……………………………………………………… 235
  8.2.1 简单对势 ………………………………………………… 236
  8.2.2 金属合金多体势 ………………………………………… 239
  8.2.3 共价晶体作用势 ………………………………………… 246
  8.2.4 离子晶体作用势 ………………………………………… 251
  8.2.5 第一性原理匹配势 ……………………………………… 253
 8.3 分子力场 ………………………………………………………… 254
  8.3.1 分子力场概念 …………………………………………… 254
  8.3.2 经典分子模型 …………………………………………… 255
  8.3.3 分子力场分类 …………………………………………… 262
  8.3.4 反应力场 ………………………………………………… 272
  8.3.5 分子力场参数化 ………………………………………… 275
 参考文献 ……………………………………………………………… 276

第 9 章 优化算法和运动方程 ………………………………………… 283

 9.1 势能面与过渡态 ………………………………………………… 283

- 9.1.1 势能面概念 ········· 284
- 9.1.2 过渡态理论 ········· 285
- 9.2 能量最小化方法 ········· 287
  - 9.2.1 导数求极值方法 ········· 287
  - 9.2.2 非导数求极值方法 ········· 294
- 9.3 过渡态搜索方法 ········· 296
  - 9.3.1 ART 方法 ········· 297
  - 9.3.2 Dimer 方法 ········· 298
  - 9.3.3 NEB 方法 ········· 301
- 9.4 经典运动方程 ········· 304
  - 9.4.1 概念和原理 ········· 304
  - 9.4.2 拉格朗日方程 ········· 307
  - 9.4.3 哈密顿方程 ········· 309
- 9.5 运动方程数值求解 ········· 312
  - 9.5.1 Verlet 预测算法 ········· 312
  - 9.5.2 Gear 预测校正算法 ········· 318
  - 9.5.3 算法比较与时间步长 ········· 321
  - 9.5.4 约束数值算法 ········· 323
- 参考文献 ········· 328

第 10 章 统计系综和主要技术 ········· 331

- 10.1 统计系综 ········· 331
  - 10.1.1 系综的分类 ········· 332
  - 10.1.2 系综的概率分布 ········· 332
  - 10.1.3 Liouville 方程 ········· 334
  - 10.1.4 演化算符和 Trotter 定理 ········· 335
- 10.2 系综调控技术 ········· 337
  - 10.2.1 能量调控技术 ········· 337
  - 10.2.2 温度调控技术 ········· 338
  - 10.2.3 压强调控技术 ········· 344
- 10.3 模拟计算技术 ········· 352
  - 10.3.1 模型初始设置 ········· 352
  - 10.3.2 边界条件选择 ········· 354
  - 10.3.3 短程相互作用 ········· 357
  - 10.3.4 长程相互作用 ········· 362

参考文献 ··· 370

第 11 章　宏观性能与微观结构 ·· 375
11.1　各态历经假说和统计均值 ·· 375
11.2　静态结构和性能计算 ·· 376
11.2.1　静态结构 ··· 376
11.2.2　位力定理 ··· 380
11.2.3　静态性能计算 ··· 382
11.2.4　涨落与热力学量 ··· 385
11.3　动态轨迹和性能分析 ·· 386
11.3.1　均方位移 ··· 386
11.3.2　关联函数 ··· 387
11.3.3　线性响应理论 ··· 391
11.3.4　输运性质 ··· 392
11.4　微观结构分析方法 ·· 395
11.4.1　简单近邻原子分析 ·· 396
11.4.2　近邻向量/张量分析 ·· 399
11.4.3　原子应力分析 ·· 403
参考文献 ··· 404

第 1 章
绪 论

　　计算材料学(computational material science)起源于20世纪中期,发展于21世纪,将材料科学与计算机科学有机结合在一起,开辟了材料学、计算机科学、数学、物理学、化学、力学等多学科交叉融合的新兴领域,成为揭示材料科学四要素(即成分与结构、合成与制备、性质与性能、服役行为)关系不可或缺的部分。计算材料学得益于材料电子结构计算方法的成熟和材料原子行为模拟技术的普及,由此发展成为与实验材料学并驾齐驱的材料设计与研发的基本方法。21世纪,基础科学和计算技术的飞速发展为计算材料学提供了更有深度和广度的展示空间。在深度方面,计算材料学的发展体现在从材料基态到激发态性质的计算预测,从平衡态到非平衡态行为的模拟仿真等;在广度方面,其发展体现在从材料的力学性质到各种功能性质的计算模拟研究,从分散性和序列化的计算模拟到高通量和集成化的计算模拟等。计算材料学的发展从更深层次和更广层面推动了材料设计理念的变革与材料研发模式的更新换代,人们不再仅仅根据材料的结构来计算其基态性质或解释其动态行为,计算材料学逐渐成为发现、设计和优化新材料及获取新性能的重要手段。

1.1 内容和意义

　　计算机科学与技术的飞速发展为计算材料学的诞生奠定了物质基础。计算机性能按照摩尔定律逐年提升,为人类摆脱繁杂的理论推导和重复的计算提供了机遇,进而为材料研究提供了新的途径并开辟了新的领域。在以往的材料研究过程中,由于理论研究往往受限于简单体系的解析表达,因此缺失了对复杂体系实验研究的指导意义;相反,根据经验判断、类比推测和定性推理的材料研发模式往往失去更具深度的理论指导,因而实验研究只能驻留在传统的"试错法"层面上。计算材料学的产生和发展无疑为理论研究与实验研究搭建了一座桥梁,不仅为理论研究提供了新动能,而且为实验研究提供了新契机。

从用途角度来说,计算材料学所涉及的研究内容大体分为以下两个方面:一方面是计算模拟,揭示实验机理,即从有限的实验数据出发,借助数学建模和数值方法,模拟再现实验过程,帮助人们探索现象产生的物理本质;另一方面是设计预测,即基于理论模型和计算技术对材料结构进行设计或对材料性能进行预测。前者使研究材料的过程不再停留在定性的、唯象的讨论层面,而是使其上升为定量的验证方法;后者则使材料的研发更具方向性、指导性和前瞻性,有助于原始创新和效率提升。

总之,计算材料学为材料研究提供了实验材料学难以或无法获得的材料研究新途径,例如在辐射、剧毒、感染等环境下的模拟实验,在超高温、超高压、超低温等极端环境下的性能预测,揭示材料过快或过慢反应过程的演变机理,从原子层级定量认知材料的结构-性能关系等。随着计算材料学的不断进步与深入,材料的计算、模拟与设计已不再仅仅是材料物理和化学家们的研究课题,势必成为普通材料研究工作者的必备技能之一。可以预见的是,随着各种计算模型与模拟算法的提出以及通用集成化平台和智能系统的普及,计算材料学将获得长足发展,必将带来材料科学领域的新革命。

1.2　材料计算模拟方法

在材料计算模拟过程中,首先要根据所要研究的对象、外部条件、客观要求等进行模型化,然后据此选择适当的数值方法进行计算模拟。针对不同的空间尺度和时间尺度,在材料研究过程中需要选择相应的计算模拟方法,称为材料多尺度计算模拟。按照材料研究对象的特征空间尺度进行划分,计算模拟方法可以从原子跨越到宏观物体,纵跨12个数量级的空间尺度,分为原子尺度(电子结构层次)、纳微观尺度(晶格缺陷层次)、介观尺度(晶粒/界面层次)和宏观尺度(零部件层次)的计算与模拟。如果按照材料行为的特征时间尺度进行划分,计算模拟方法则可从飞秒(10^{-15} s)跨越到小时,计算模拟范围涉及原子振动行为、缺陷动力学、形核再结晶、凝固和热处理过程、连续介质变形与运动等[1]。对不同特征空间尺度和时间尺度的材料进行研究,均有相应的计算模拟方法,如图1-1[2-3]所示。在原子尺度,一般采用第一性原理计算(first principle calculation)方法研究原子能级、分子轨道、固体能带、电荷传输、键合和反键态等性质;在纳微观尺度,广泛采用经典分子模拟(classical molecular simulation)方法,研究分子构型演化、晶格缺陷行为、热力学与动力学性质等;在介观尺度,广泛采用相场/位错动力学和元胞自动机等模拟方法,研究位错动力学和晶粒形成与演变等;在宏观尺度,通常采用连续介质模型结合有限元方法,研究电场、磁场、力场、温度场、速度场等物理场与形变、扩散、热流、动量流等的关系。针对不同尺度的计算模拟方法,都有相应的专著可以参考。本书将重点介绍第一性原理计算的量子力学基础和算法,以及分子静/动力学模拟的经典力学基础和算法,以此讨论材料的电子结构与原子行为。

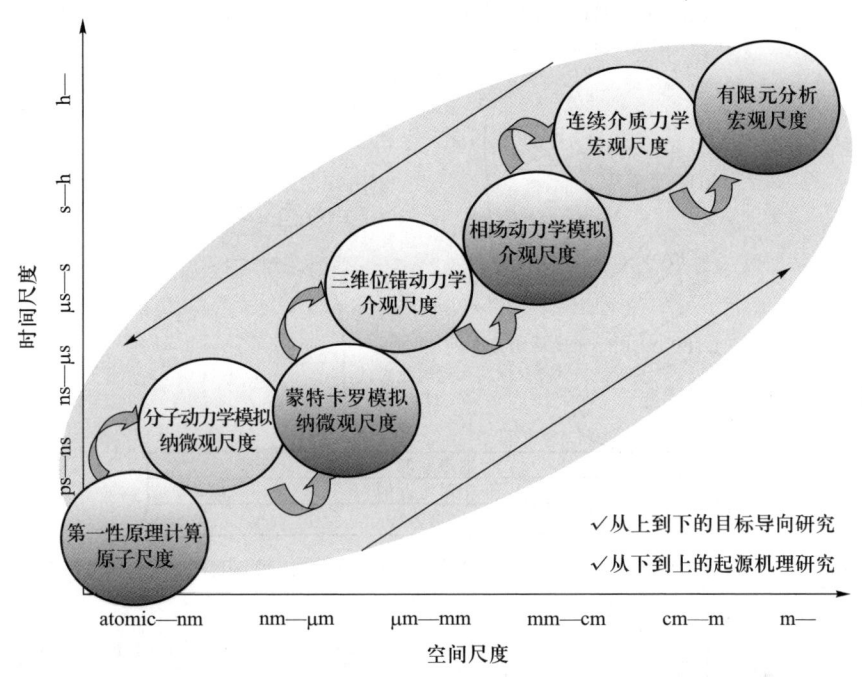

图 1-1　材料多尺度计算模拟方法[2-3]

1. 第一性原理计算方法

第一性原理计算方法建立在量子力学基本原理和近似的基础之上,在不引入实验参量和经验参量的前提下求解薛定谔方程,进而精确描述原子核与电子的复杂相互作用和运动规律。该方法涉及的基本近似包括非相对论近似、绝热近似、单电子近似等,除了需要知道所使用的元素类型和原子坐标外,无需实验参量或者经验参量,因而具有很好的移植性、重复性和可信度。第一性原理计算方法硬性地从规则和原理出发推演得出结论,而经验方法则灵活地采用大量经验规则和实验数据来大大简化计算过程。与以上两种情况相对应,如果计算过程中采用的原理、数据和近似的程度处于第一性原理计算方法和经验方法之间,那么相应的方法通常称为半经验方法。图 1-2 给出了基于量子力学的常用电子结构计算方法,包括第一性原理计算方法和经验/半经验计算方法[4]。前者涉及基于 Hartree-Fock(HF)方程的从头算波函数方法,如 CI、MP 和 CC 等后 HF 方法,以及基于 Kohn-Sham(KS)方程的密度泛函方法,如 USPP 和 NCPP 方法、

LMTO和LAPW方法、PAW方法等；而后者根据近似的方案和程度涉及的波函数方法包括 SHMO、EHMO、NDDO、INDO、CNDO 等方法，以及 MNDDO、MINDO、AM1、PM3 等方法。①

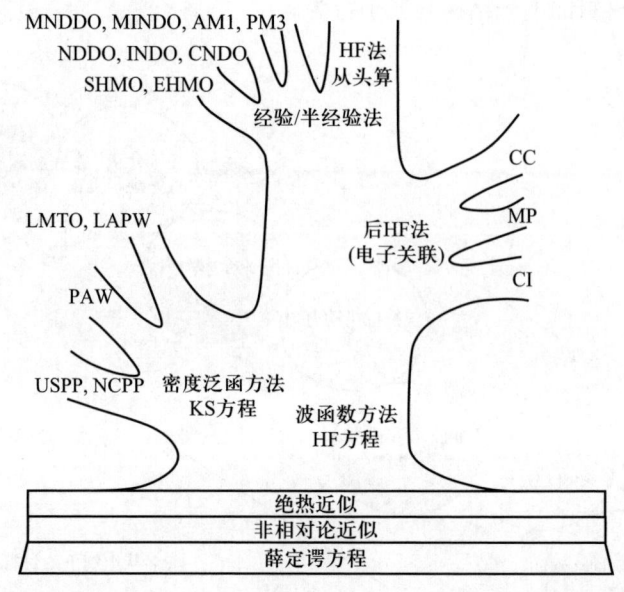

图 1-2 基于量子力学的常用电子结构计算方法，包括从头算波函数方法、密度泛函方法和经验/半经验方法[4]

需要注意的是，在物理、化学和材料研究领域，常常需要区分对第一性原理计算的狭义和广义的不同释义。前者通常被限制为基于密度泛函理论的量子力学计算方法，而后者则泛指密度泛函方法和从头算波函数方法。在本书中，为避免概念混淆，我们将采用广义第一性原理计算方法这个称谓，从原理和算法上区别于经验/半经验计算方法。关于第一性原理计算方法、从头算波函数方法和密度泛函方法的不同释义，读者可以参照各自的命名起源和应用背景加以区别对待，这里不做赘述。

---

① CI：configuration interaction，组态相互作用。MP：Møller-Plesset。CC：coupled cluster，耦合簇。USPP：ultrasoft pesudopotential，超软赝势。NCPP：norm-conserving pseudopotential，模守恒赝势。LMTO：linearized Muffin-Tin orbital，线性Muffin-Tin轨道。LAPW：linearized augmented plane wave，线性缀加平面波。PAW：projector augmented wave，投影缀加波。SHMO：simple Hückel molecular orbital，简单Hückel分子轨道。EHMO：extended Hückel molecular orbital，扩展Hückel分子轨道。NDDO：neglect of diatomic differential overlap，忽略双原子微分重叠。INDO：intermediate neglect of differential overlap，间略微分重叠。CNDO：complete neglect of the differential overlap，全略微分重叠。MNDDO：modified NDDO，改进的NDDO。MINDO：modified INDO，改进的INDO。AM1：Austin Model 1。PM3：Parameter Model 3。

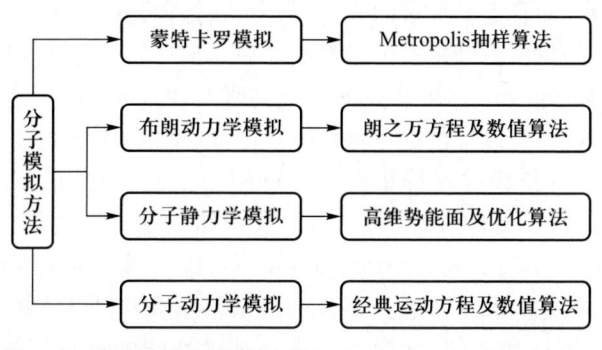

2. 经典分子模拟方法

经典分子模拟方法借助计算机与数值技术,以原子或分子为最小作用单元构建模型,应用经验势函数或分子力场,在经典力学框架下模拟固体或分子的结构与微观行为,进而应用统计力学原理推导出体系的各种物理、化学、力学等性质。从方法学角度来看,经典分子模拟方法与真实实验方法具有相当的相似性,成为连接理论与实验的一座桥梁。与真实实验流程相对应,分子模拟包含三个基本步骤:首先准备模型,即构建分子或固体体系的多粒子模型;然后将模型导入迭代进程中进行数值模拟;最后对模拟结果进行分析和展示。基于不同原理和算法,分子模拟方法主要包括如下几种(如图1-3所示)[5]:

(1)蒙特卡罗(Monte Carlo,MC)模拟:基于Metropolis算法构建重要抽样要求的Markov链,经过反复采样分子或固体体系构型,计算比较能量或其他性质,得到体系的最概然构型和各种热力学估计量。该类方法属于非确定性方法,不遵从内禀动力学规律。

(2)布朗动力学(Brownian dynamics,BD)模拟:布朗粒子的运动轨迹是基于朗之万方程的数值求解得到的。由于溶剂分子的运动特征时间与分散粒子的运动特征时间相差很大,因此布朗动力学方法把溶剂分子看作一个连续介质,而不关注每个溶剂分子的运动,溶剂分子的诱导作用作为随机力被包含到粒子的运动方程中。在溶剂分子的特征时间尺度内可以观察粒子分散演化情况。

(3)分子静力学(molecular statics,MS)模拟:基于多原子体系的多维势能面,计算在非热条件下原子或分子受力,通过各种数值算法优化分子或固体体系的构型和能量,以期获取体系的稳定、亚稳或非稳态(过渡态)构型和转变路径等,进而预测其构型稳定性和演化机理。

(4)分子动力学(molecular dynamics,MD)模拟:基于经验势函数或分子力场,将分子或固体体系中的原子等效为质点,通过各种数值方法跟踪分子或固体体系随时间演化的相轨迹,结合统计力学计算体系的热力学和动力学性质。质点的运动遵从内禀动力学规律,即经典力学运动方程,包括牛顿方程、拉格朗日

图1-3 常用经典分子模拟方法

方程和哈密顿方程，属于确定性方法。

作为经典分子模拟方法的典型代表，分子静力学和动力学模拟方法一直发挥着主导作用，并形成了较为完备的理论框架和算法实现。分子静/动力学模拟的研究可分为两大类：预测型和解释型。预测型研究旨在对材料进行性能预测或者对过程进行优化设计，从而为实验提供可行性方案；而解释型研究则通过构建模型、再现实验现象、模拟后续研究、探讨内部机制，为实验奠定理论基础。

随着计算机技术的蓬勃发展和各种数值算法的日趋成熟，分子静/动力学方法已经广泛应用于众多学科领域，包括药物设计、化学化工、生物科学、材料学等。在药物设计领域，经典分子静/动力学模拟可用于研究病毒和药物的作用机理；在化学和化工领域，其可用于研究表面性能、催化活性、反应机制等；在生物科学领域，其可用于研究蛋白质结构演化和生物特征；在材料学领域，其可用于研究缺陷结构与演变、塑性变形机理、相变热力学、扩散动力学等。特别需要提及的是，在分子静/动力学模拟过程中，原子或分子受力不仅可以通过经验势函数或分子力场来计算，而且可以从量子力学出发应用各种第一性原理计算方法得到。结合第一性原理计算和分子动力学模拟的方法通常称为从头算分子动力学（*ab initio* molecular dynamics，AIMD）方法。从力的计算角度来看，第一性原理计算方法在原子间相互作用的计算上具有较高的精确性，但计算较为复杂，消耗时间比较长，计算的体系比较小（通常在数百原子以内），难以实现大规模的模拟。与之相比，经典分子模拟方法通常采用经验势函数或分子力场来计算原子间或分子间的相互作用，具有计算速度快和模拟体系大（可模拟数十亿原子体系）的特点，大大扩展了经典分子模拟的使用范围，但是其计算结果的可靠性和可移植性在很大程度上低于第一性原理计算方法。

1.3 材料设计研发理念

一直以来，基于传统设计理念的材料研发主要依赖于经验和直觉，不仅存在较大的随机因素，而且需要大量的人力、物力和财力的投入[6]。这里需要区分的是，传统意义上的材料设计植根于材料选择来满足产品所需性能规范，而材料选择通常基于既有性能指标，并没有将新材料研发视为系统设计过程的一部分。从工程角度来看，材料设计依据材料性能指标，创建相关物理/化学模型，预测材料应该具有的微观结构并设计相应的生产制备工艺，以满足产品对材料的需求[7]。在以往的材料设计过程中，新材料从初始发现到开发优化，再到设计验证，并最终进入市场应用，通常跨越十余年时间，这与图1-4所示的传统序列式材料设计研发的统一体模式是分不开的。从科学角度来看，材料设计应该是应用已知理论、原理和规则，预测可能具有某种性能的材料，并拟订方案指导

1.3 材料设计研发理念

材料的制备合成。通常来讲,材料设计应该根据目标对象所涉及的空间尺度划分为电子结构层次、原子分子层次、纳微结构层次、介观组织层次和宏观连续体层次,并综合考虑这些层次的关键参量进行多尺度材料设计。随着现代建模、计算、模拟和仿真技术的飞速发展,将材料设计融入整个系统设计中逐渐成为现实,于是,材料设计也已经从原来唯象的序列式定性设计模式向理性计算的并发式定量设计模式迈进,如集成计算材料工程(integrated computational materials engineering, ICME)和材料基因工程(materials genome engineering, MGE)的兴起,由此构建起未来材料设计研发的统一体模式(如图1-4所示)[8-9]。

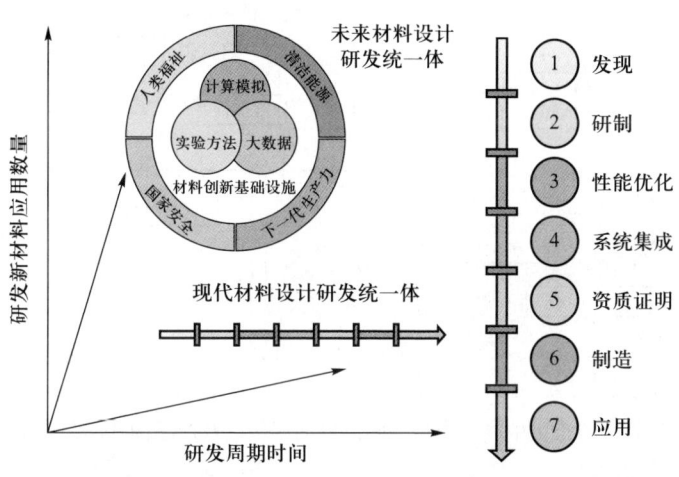

图 1-4 集成计算材料工程和材料基因工程旨在变革材料研发模式,即从唯象的序列式定性设计研发模式向理性计算的并发式定量设计研发模式转变[8-9](参见书后彩图)

下面以 Olson 关于材料设计的关联概念为基础[7],引申出集成计算材料工程学科的出现。该关联概念强调设计层级[10],明确区分"自上而下"的目标导向层级关系和"自下而上"的因果归纳层级关系。一直以来,自下而上的设计方法成为经验材料研发所依赖的传统模型,对自上而下的反馈信息的考虑相当有限。由 Olson 的关联概念图可以明确的是,材料设计研发主要依赖于工艺-结构关系和结构-性能关系之间的关联,而性能-行为关系是相对简单的选择与平衡的过程,后者通常可采用组合搜索方法(combinational searching methodology)在数据库中搜索最适合一组指定性能指标的响应属性或特征来实现。图 1-5 给出了材料模型空间尺度的层级以及产品设计层级关系[7],表明材料设计研发需要整合多尺度建模和模拟以解决多物理耦合问题,强调材料建模、模拟与仿真、高性能计算、信息科学技术等的跨学科协作,提倡将材料加工制造、材料实验表征、计算材料学以及系统工程与设计融入其中,即集成计算材料工程的概念化。基于此概念,2008 年,美国国家研究理事会提出创建集成计算材料工程学科[11],旨在将

7

来源于计算模拟的材料信息和知识纳入产品性能分析和制造工艺流程中,即把计算材料学集成到材料的整体系统设计之中,以加速和统一材料的研发、优化和设计过程,从而有效提高新材料的制造和使用的速度,实现统一的并发设计与制造。尽管 ICME 在刚刚起步阶段存在诸多挑战,但是 ICME 的提出加速了材料和产品的创新,获得了丰厚的经济效益。需要注意的是,ICME 是一种并发式材料设计方法,需要在多个空间尺度和时间尺度上连接材料模型与计算模拟来实现。

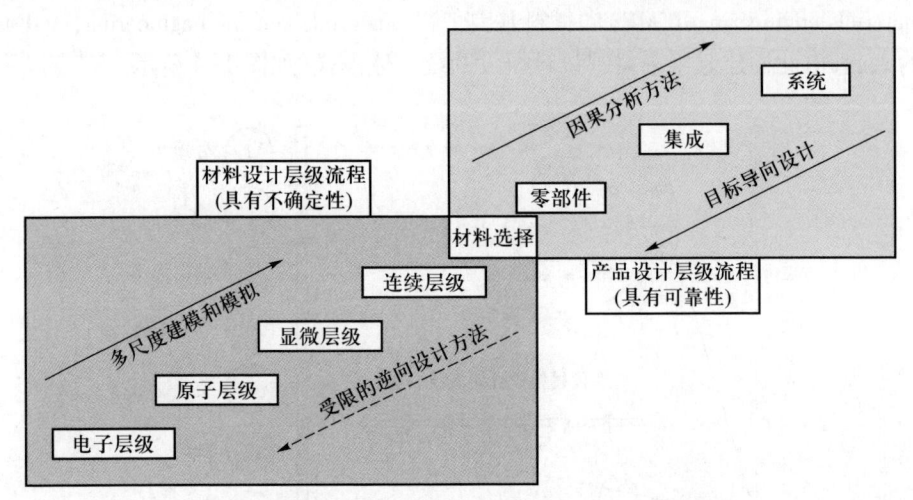

图 1-5 集成计算材料工程中材料模型空间尺度的层级以及产品设计层级关系[7]

根据 McDowell 关于材料设计概念的拓展,材料设计意味着自上而下驱动、计算模拟支持、基于决策的材料层级和产品的并行设计,从而满足一系列性能要求。从这个意义上讲,McDowell 的定义与 ICME 概念是一致的,而不是狭义地定义自下向上的发现、数据挖掘或基于多尺度建模模拟。材料设计至少需要包括:材料选择方法、多尺度建模、计算材料学、材料信息学(materials informatics)、经验积累、体验式学习、并行材料与产品开发、机器学习与人工智能等[7]。虽然建模、模拟和仿真可为设计决策提供支持,但是不能取代材料和产品设计中的人为决策。

总之,ICME 的推广应用不仅能够极大地增强材料设计和加速开发进程,而且能够实现产品与材料的并发设计(concurrent design)[2]。关于 ICME 的典型应用案例较多,其中最具代表性的就是 Allison 等的发动机缸体铸造工艺设计[10],如图 1-6 所示。围绕该项目设定的目标:降低制造缺陷和优化产品性能,在满足整体性能指标的框架下,首先对材料相关的内容根据支配性能的结构尺度进行划分,然后分别进行计算模拟和实验校核,最后实现在各个尺度上两者的有机结合。例如在原子尺度,可以采用电子结构计算方法获取需要的热力学性质;在纳微米尺度,将热力学数据与动力学模拟相结合以获取缺陷特征和演化;在介观尺度,将相平衡与结构演化模型结合起来,应用基于扩散的枝晶生长动力学模型计算相的形成与生长;在宏观尺度,采用连续介质模型和有限元模型研究材料的微孔结构、疲劳强度、韧性等。总之,在不同尺度上基于相应的方法进行建模模拟,为实验提供有效的信息和知识,并用于不同尺度间的参量传递,成为 ICME 的基本任务。基于该 ICME 项目的执行,所研发的制造工艺过程使成本得以大幅降低,其回报率可以达到传统方法的 3 倍之多[2]。

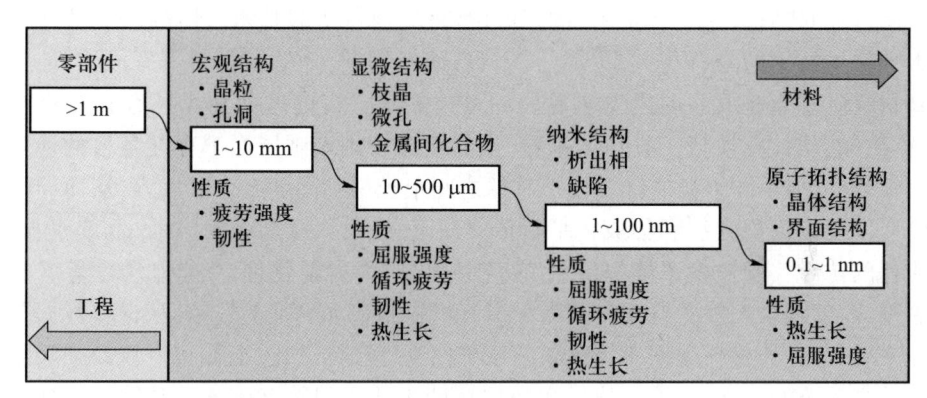

图 1-6　Allison 等的发动机缸体铸造工艺设计[10]

在 ICME 中,强调"并发工程(concurrent engineering)"的概念,与之相对应的材料设计,称为并发材料设计(concurrent materials design)。在传统的工程设计中,材料作为具有特定性质的固定载体以静态的方式作为设计的一部分。如果将材料的设计以动态的方式包含在产品设计过程之中,则可以很大程度地扩展设计空间,使得材料在设计过程中得以性能优化。这种把材料设计与产品设计融合在一起的方法,称为并发工程,而对应的动态材料设计过程称为并发材料设计。该方法能够使得设计中的材料是量身定制的,从而满足特定的设计目标,为产品和工艺设计提供极大的自由度。图 1-5 给出了并发材料设计中的层级间传递方式[7]。右上方对应的就是产品设计过程,从上到下,贯穿了系统、集成和零部件三个逐级下降的层次,首先基于产品目标驱动,为每个零部件设定性能限制;然后,反过来,从零部件向上传递信息给出系统的性能指标。传统的设计方法通常停留在上半部分,即材料选择是基于固定的材料列表。为了赋予设计上更大的自由度,需要考虑下半部分,即进行并发材料设计,将材料设计包含在设计流程之中。由于现有工艺设计流程中的信息传递方式缺乏尺度关联性而不适用于材料设计,因此,可以采用受限的逆向建模方法,即利用较大尺度下的信息来约束和限制较小尺度下的建模模拟[2]。

2011年,美国版材料基因组计划(Materials Genome Initiative,MGI)的提出为三位一体材料设计提供了全新的解决方案,即融合高通量计算和实验技术、材料大数据技术、数据挖掘和机器学习技术,从而大幅加速材料研发进程并显著降低材料研发成本。材料基因组计划是构建在美国复兴制造业需求的战略背景之下的,美国意识到先进材料的研发没有按照原来期望的高速度发展,从而成为工业发展进程中的瓶颈环节。材料基因工程项目旨在促使先进材料在清洁能源、国家安全、人类福祉和下一代生产力领域的应用方面攀升一个新高度,强调新材料研制过程的"官、产、学、研、用"的多方位协作,通过实验技术、计算技术、数据技术和信息技术的融合与共享,缩短新材料研发周期,降低新材料研发成本,使得新材料研发能够跟上现代飞速发展的科技需求。目前这些技术还存在诸多问题,例如,从计算模拟工具角度来看,虽然从原子到宏观层面都存在各自的计算模拟软件,但不同来源的计算模拟软件之间很难做到高度融合和兼容,从而导致跨尺度计算模拟方法和集成化平台依然缺乏;在材料实验技术方面,低效率、高能耗的传统实验方案不能提供系统、完备、可靠的材料物理、化学和力学等基础数据,需要融合先进的自动化技术来提升材料制备和表征的效率;从材料数据角度来看,已有的材料数据库严重缺乏系统性管理和标准化,而知识产权问题限制了共享系统的建立,急需构建远程数据存储与共享的数字化统一系统。数据挖掘、机器学习和人工智能技术的应用还十分有限,缺乏有效的材料预测模型和算法。

材料基因工程旨在借鉴生物学上的基因工程技术,按需进行材料设计,缩小学术研究与工业应用之间的间隙,是传统研发过程的逆向尝试,是材料科学领域的一次革命与飞跃,将引发新材料领域科技创新模式的变革。该工程融合材料学、力学、数学、物理、化学、信息学、计算机科学等多个学科,借助高通量计算和高通量实验、材料大数据和数据管理、数据挖掘和机器学习等技术,研究材料多层级结构与性能之间的关系。其中,高通量计算与高通量实验相辅相成,是实现材料定量设计的基础,为高质量数据库的创建奠定基础;材料大数据为进一步的数据分析、数据挖掘和机器学习提供物质基础;数据挖掘和机器学习为材料信息提取与知识获取提供基本途径,进而为基于人工智能的材料设计和研发提供必要条件。总的来说,材料基因工程就是应用高通量计算技术和高通量实验技术高效生成高质量材料大数据,并通过数据挖掘和机器学习等方法提取关联信息、构建代理模型、获取机理和原则等,进而构建起材料设计的人工智能系统。

由以上讨论可知,材料基因工程研究方案和策略的实施包含了诸多关键技术与方法,如高通量计算、组合设计、大数据、数据挖掘、机器学习、人工智能、材料信息学、计算材料学等。图1-7给出了基于MGI/MGE理念的材料智能设计和研发方案。由图可见,材料基因工程的核心部分包括借助多尺度和跨尺度的高通量计算以及高通量实验等进行材料数据库的构建、数据的存储与管理、数据挖掘与机器学习、材料人工智能系统的建立等。材料基因工程体现了材料研究的最高境界和最新的设计理念，它要求材料研究工作者不仅具备高超的实验技能，而且需要掌握高深的材料计算模拟能力，以及应用大数据、数据挖掘、机器学习和人工智能的本领。随着基于信息技术和数据科学的材料信息学的发展，材料科学和人工智能的协同发展将为新材料的研发注入强劲动力。在此过程中，通过高通量计算平台和高通量实验系统在短时间内获得大量高质量的材料数据，然后利用数据挖掘和机器学习等方法提取数据间的隐含变量关联，建立代理模型，获取材料机理和原则等知识，进而通过人工智能模型筛选和设计新材料，这不仅能大幅提升材料研发速度，还能降低材料的研发成本。2016 年，*Nature* 发表的封面文章[12]将机器学习和人工智能应用到材料基因工程领域，开启了材料研发的人工智能时代。下面对其中几个关键概念分别予以介绍。

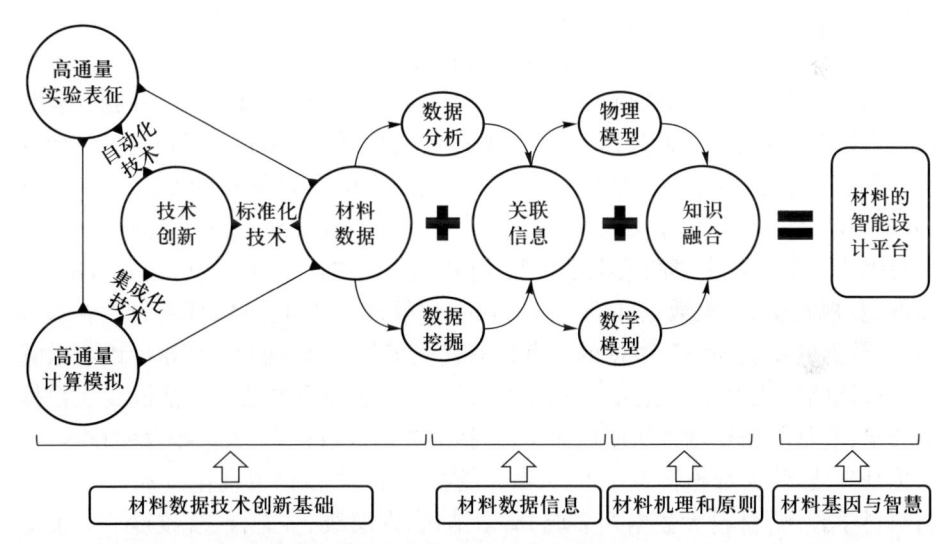

图 1-7 基于 MGI/MGE 理念的材料智能设计和研发方案

1. 高通量计算和组合设计

关于高通量计算和组合设计方法在材料研究方面体现的差异性，读者可以参考 Curtarolo 等的综述文章[13]。高通量意味着：数据吞吐量过高，研究人员无法直接干预生成或分析，因此必须实现从想法到结果的自动执行。相应的自动化流程需要至少包含三个基本特征：① 全流程自动化，包括流程设计、逻辑判断和信息回馈等；② 并行并发式任务设定，包括提交、分配、协同、交互等；③ 高吞吐量数据生成、分析、处理和存储，涉及数据标准化与数据库管理等。与高通量自动流程相对应，组合设计方法则侧重于研究过程中的高维自由度的设定。每一维自由度对应一个构建单元,并且构建单元之间具有并行性和系统性,从而使得组合能够扩展到高维空间。由于组合设计方法涉及构建单元组成的大量配置空间,因此其通常配合高通量计算共同解决问题。从材料研究角度来看,高通量计算可以帮助快速寻找或筛选材料组成的基本构建单元,搭建新的化合物,并结合材料信息学将数据与软件流程集成,建立起材料组分和结构与性能的定量关系模型,以一种有理论依据和规律可循的方式指导新材料设计。组合设计方法有时也称为组合化学,是通过单元组合或成分组合来构筑大量的不同化合物,进而通过高通量筛选进行材料设计的方法。该方法在新药的研发方面取得了极大的成功。

2. 大数据和数据挖掘

材料研究的目的不是单纯地获取数据,而是提取出数据所携带的信息。数据是信息的物理性载体,而信息是加载于数据之上的逻辑性规律和内涵,因此材料研究的意义体现在能否解释出材料现象的物理本质,这不仅取决于获取数据的能力,还取决于通过数据处理和挖掘获取信息的能力[14]。大数据指的是数据量超出常规人力能力而需借助数据工具才能提取、存储、管理和分析的数据集,通常具有如下特征:数据规模容量大、数据动态更新快、数据类型种类多和数据价值分散[15]。大数据不再是简单的、静态的、单次提取的密集型结果,而是复杂的、动态的、实时迭代的发散型结果。大数据的复杂性表现在:它不是单一结构,而是多信息源并发生成的大批量多源异构的数据,包括数值型、文本型、音频型、图像型、视频型等;大数据的动态性表明数据处理的速度快,需要实时更新和决策;大数据的发散性是与数据的信息价值直接相关的,数据的价值密度以与数据量成反比的性状出现。由此可见,采用传统的数据处理方法已不能满足大数据的要求,于是数据挖掘方法应运而生,包括大数据提取技术、大数据存储技术、大数据处理技术、大数据检索技术、大数据挖掘技术、大数据可视化技术等[14]。在材料科学领域,材料大数据在多成分、多结构、多层级、多态性、多维度等方面呈现复杂性和关联性,成为数据挖掘中极具挑战的部分,而计算材料学无疑为材料大数据的生成提供了强有力的支撑。

数据挖掘是使用特定的算法从庞大的、不完整的、有噪声的、模糊的、随机的数据中挖掘出关联性,进而获取有效、新颖、实用、可理解的信息和知识的过程。该过程主要包括数据收集、数据预处理、数据挖掘与可视化,最终实现信息和知识的获取。数据挖掘技术包括多种分析方法,如关联分析、聚类分析、决策树、人工神经网络、遗传算法、群类算法等。在材料科学领域,数据挖掘主要应用于模式识别和模式预测,其建立在对材料性能和服役的理解基础之上。前者旨在从分散数据中发现关联性和规律性,而后者能够给出对材料的深层次理解和设计指导。通过数据挖掘精选出的信息和知识可进一步用于机器学习,因此数据挖掘可认为是机器学习和相关人工智能技术的基础。这就意味着,数据挖掘可用来构建各种可能的关联,但是不能确定真实的关联。总而言之,伴随着计算机技术的发展和先进算法的提出,数据挖掘技术将变得更加成熟,并持续应用于材料研发中。

3. 机器学习和人工智能

机器学习是建立在概率论和统计学等多门学科基础之上的,它首先通过数学算法解析数据特征,然后训练和优化模型,最后进行预测和设计。在此过程中,机器学习的效果往往取决于数学算法的优劣,包括聚类分析、支持向量机、贝叶斯网络、决策树、集成学习、神经网络等。机器学习可以在完全不知道数据内在规律性的前提下,仅仅通过对数据的训练即可得出泛化特性优异的数学模型。值得注意的是,在机器学习中,学习能力是智能行为的重要特征,需要系统能够利用经验来自我改善,其已经成为人工智能领域的核心之一。在材料研究过程中,通常涉及因素众多、数据种类繁多、缺乏已知的数学/物理模型和判断准则,只存在大量离散的多维数据,因此需要采用机器学习方法获取数据内在的数学关系、物理模型或分类准则等。可以预期,机器学习与传统计算材料学的有机结合将成为材料领域的一个重要方向,如基于机器学习的原子间作用势构建、基于机器学习的结构筛选、基于机器学习的性能预测等。

进入 21 世纪以来,得益于大量数据的积累、计算能力的提升和深度学习的出现,人工智能得以飞速发展。人工智能研究有多个分支,包括机器学习、进化计算、模糊逻辑、专家系统、推荐系统等。作为人工智能方法不可或缺的一部分,机器学习侧重于应用计算机来效仿人类获取信息和知识的过程,通过知识结构的自我更新来提升自身的整体能力。进一步讲,将机器学习所获的模型加以应用的计算机预测和专家决策系统就属于人工智能。人工智能需要能够在无法明确表达的物理机制或数学模型的情形下,仅仅通过对大数据的机器学习就可以构造出模型,进而泛化和应用。由此可见,处于人工智能核心地位的机器学习已在诸多材料研究中彰显出其不可替代的作用,然而在材料研究全过程中进行人工智能的全流程设计仍然存在相当的挑战,但越来越引起人们的关注。

另外需要指出的是,大多数机器学习方法也是数据挖掘的重要工具,然而数据挖掘不仅仅要研究、拓展、应用一些机器学习方法,还要通过许多非机器学习技术解决数据相关的问题。机器学习方法不仅可以用在数据挖掘过程中,还可以用在一些与数据挖掘关系不大的方面。所以,笼统地讲,数据挖掘更加侧重于研究的目的,机器学习更强调研究方法,两个领域有相当大的交集,但不能完全等同。总之,材料基因工程的实质就是在获取材料大数据的基础上,通过数据挖掘和机器学习等技术构建起材料研究的人工智能系统,将材料研究工作转化为搭建材料智能设计平台来预测和设计材料。

4. 材料信息学

作为传统计算材料学的泛化和升级,材料信息学将信息学原理应用于材料科学和工程的研究领域,借助于大数据、数据挖掘、机器学习和人工智能技术提升材料设计与研发的效率。1999年,Rodgers提出了材料信息学概念[16]。之后,Rajan等对材料信息学给出了更为详细的诠释[17]:数据挖掘技术为传统计算材料学的跨尺度集成提供了基础,而信息技术则为加速知识融合提供了手段,从而在空间尺度和时间尺度上构建起材料结构与性能的内禀关系,以期大大减少材料开发、发现、选择和应用所需的时间与风险。总之,材料信息学就是最大限度地从材料数据中掘取尽可能多的有价值信息,从而构建出材料指纹数据库,这是数据挖掘领域的基本思想,已经成为一个新兴领域。由此可见,数据挖掘在材料信息学中发挥着关键性作用,不仅要具备处理高维度数据的能力,而且要提供快速多元关联性分析和可视化的科学方法。另外,材料信息学以经典材料学领域的信息技术为基础,还要具备科学数据管理能力,以实现数据的规范化和标准化,确保数据的准确性、完整性和实时性。为了实现材料信息学的普及应用,需要加大网络基础设施建设,促进数据共享,推动信息和知识的拓展。

图1-8给出了材料数据、信息、知识和智慧的层级关系[15,18]。当然,针对这四方面,都需要特定的方法和技术,如采用高通量计算/实验和组合筛选方法等产生大量结构与性能数据;借助当前的云存储和高性能数据库管理技术等对数据进行科学的分类、筛选、管理和分享;通过数据挖掘和机器学习方法等提取数据间隐含的信息和知识,最终构建出材料的基因图谱。因此,从层级上讲,材料信息学的研究内容涉及材料大数据的生成、材料信息和知识的提取以及材料设计基因图谱的构建。

图1-8 材料数据、信息、知识和智慧的层级关系[15,18]

材料信息学与传统计算材料学相结合,可以借助可靠实验数据,用理论模型去尝试尽可能多的材料体系,建立起成分-工艺-组织-性能的数据库,通过数据挖掘和机器学习探寻四者之间的关系模式,即决定材料性能的"基因",用于指导新材料设计。因此,它需要一个有效的集网络化、图形化、标准化和自动化为一体的科研信息平台,以支撑集成跨尺度计算模拟、高通量实验、材料数据库、数据挖掘和机器学习。其中,集成跨尺度计算模拟涉及多种高通量计算模拟方法,如第一性原理计算、分子静/动力学模拟、相场模拟、有限元分析等;高通量实验将结合先进制造技术和自动化技术为实验数据的可靠性提供保证;材料数据库用于管理各类标准化材料数据,包括材料基础性能、晶体结构数据、模拟计算数据、实验与工艺参数、专利版权和各类出版物;数据挖掘和机器学习是建立在统计学、信息学、可视化技术等学科之上的交叉学科,是从材料数据库中提取信息和发现知识的有效方法。需要着重指出的是,在材料信息学领域,通过以上技术提取材料指纹(也称作描述符)对当前材料设计发挥着极为重要的作用。

总之,材料基因工程是近年来材料科学与工程领域新颖的理念和方向,为新材料研发带来了新的契机。

参 考 文 献

[1] 施密茨,普拉尔. 集成计算材料工程:模块化仿真平台的概念和应用[M]. 黄新跃,等译. 北京:国防工业出版社,2016.

[2] LeSar R. Introduction to computational materials science: Fundamentals to applications [M]. Cambridge: Cambridge University Press, 2018.

[3] Ashby M F. Physical modelling of materials problems[J]. Materials Science and Technology, 1992, 8(2): 102-111.

[4] 陈志谦,李春梅,李冠男,等. 材料的设计、模拟与计算:CASTEP 的原理及其应用[M]. 北京:科学出版社,2019.

[5] Satoh A. Introduction to practice of molecular simulation: Molecular dynamics, Monte Carlo, Brownian dynamics, Lattice Boltzmann and dissipative particle dynamics [M]. Amsterdam: Elsevier, 2010.

[6] 曾乐才. 材料基因在锂电研发中的应用[J]. 上海电气技术,2015,8(3):37-41,51.

[7] McDowell D L, Olson G B. Concurrent design of hierarchical materials and structures[M]. Scientific Modeling and Simulations. Dordrecht: Springer, 2008.

[8] 刘俊聪,王丹勇,李树虎,等. 材料基因组计划及其实施进展研究[J]. 情报杂志,2015,34(1):61-66.

[9] 向勇,闫宗楷,朱焱麟,等. 材料基因组技术前沿进展[J]. 电子科技大学学报,2016,45(4):634-649.

[10] Allison J, Li M, Wolverton C, et al. Virtual aluminum castings: An industrial application of ICME [J]. Journal of the Minerals Metals and Materials Society, 2006, 58(11): 28-35.

[11] National Research Council. Integrated computational materials engineering: A transformational discipline for improved competitiveness and national security [M]. Washington, DC: National Academies Press, 2008.

[12] Raccuglia P, Elbert K C, Adler P D F, et al. Machine-learning-assisted materials discovery using failed experiments[J]. Nature, 2016, 533(7601): 73-76.

[13] Curtarolo S, Hart G, Nardelli M, et al. The high-throughput highway to computational materials design[J]. Nature Materials, 2013(3), 12: 191-201.

[14] 张跃. 材料计算方法[M]. 北京:北京航空航天大学出版社, 2020.

[15] Kalidindi S R, De Graef M. Materials data science: Current status and future outlook[J]. Annual Review of Materials Research, 2015, 45: 171-193.

[16] Rodgers J R. Materials informatics-effective data management for new materials discovery [M]. Boston: Knowledge Press, 1999.

[17] Rajan K. Materials informatics: The materials "gene" and big data[J]. Annual Review of Materials Research, 2015, 45: 153-169.

[18] Kalidindi S R. Data science and cyberinfrastructure: Critical enablers for accelerated development of hierarchical materials [J]. International Materials Reviews, 2015, 60(3): 150-168.

第 2 章
第一性原理计算基础

黑体辐射和光电效应是对微观粒子的全新认知,即量子化和波粒二象性。其中,量子化指的是物理量能够以最小单位划分,并进行非连续的跳跃式变化;而波粒二象性则表明微观粒子兼具粒子和波的双重属性。在量子力学中,微观粒子的状态用波函数加以描述,其随时间变化的规律由薛定谔方程给出。量子力学中薛定谔方程的重要性相当于经典力学中牛顿方程的重要性,该方程是研究原子、分子以及固体的结构和性质的基本方程。

为了求解多粒子体系薛定谔方程,人们发展了各种近似方法,如经验/半经验方法、从头算波函数方法和密度泛函方法,以期获取该方程的真实解。与经验/半经验方法相比,第一性原理计算方法利用量子力学基本原理和基本近似,从元素类型和原子坐标等基本参量出发求解薛定谔方程,已经成为当前计算材料学的核心内容之一。为此,本章将重点介绍第一性原理计算方法所需要的基本概念和基础知识。

2.1 波函数和态叠加

2.1.1 波函数统计诠释

在经典力学范畴内,物体的运动状态用坐标和动量来描述,而各种力学量由坐标和动量唯一确定。与之相对应,在量子力学范畴内,微观粒子的运动状态通常用波函数来描述,而各种力学量由波函数确定[1]。1926 年,Born 提出,微观粒子的状态总是可以用相应的波函数来描述,波函数模的平方(简称模方)给出了微观粒子的统计诠释,即微观粒子空间分布的概率情况。也就是说,描述微观粒子的波函数是一种没有实际物理意义的概率波。

如果用波函数 $\psi(x,y,z,t)$ [(x,y,z) 是粒子的空间坐标;t 是时间]描述微观粒子的状态,那么在微体积元 $dv = dxdydz$ 内,粒子出现的概率表示为 $dP = \psi^*\psi dv / \int \psi^*\psi dv$。注意:如果考虑自旋粒子,则微体积元 dv 需要替换为 $d\tau = dxdydzds$,其中,s 代表粒子的自旋坐标。如果波函数满足归一化条件,即 $\int \psi^*\psi dv = 1$,那么该波函数称为归一化波函数,此时,微观粒子在空间出现的概率密度 ρ 就等于归一化波函数的模方,即 $\rho = \psi^*\psi = |\psi|^2$。为了满足归一化条件,波函数必须在整个空间满足平方可积从而确保 $\int \psi^*\psi dv$ 存在。由于波函数乘以常数因子 C 不会改变波函数描述的状态,因此 $C\psi$ 同样满足归一化条件,即 $\int (C\psi)^*(C\psi)dv = 1$,其中,常数 C 称为归一化因子,$|C|^2 = 1/\int|\psi|^2 dv$。

在量子力学中,波函数满足三个标准条件:单值性、连续性和有限性[2]。波函数的单值性是指波函数必须是坐标和时间的单值函数,从而保证波函数的模方具有单值性。波函数的连续性是指波函数在分布区域内处处连续,而且波函数的模在有限区域内平方可积,从而保证概率密度的连续性。波函数的有限性是指微观粒子在所有可能区域出现的概率不可能发散为无穷大,也就是说波函数必须在无穷远处收敛。在满足以上条件下,波函数自然地给出能量量子化,否则波函数将失去意义。

总之,源于波粒二象性,微观粒子的运动状态不能用经典力学方法来描述,而需用基于波函数的量子力学方法来描述。实际上,波函数的统计诠释恰恰是波粒二象性的一个重要体现,是量子力学中关于状态的第一个基本假定。

2.1.2 态叠加原理

态叠加原理是微观粒子具有波动性的反映,是量子力学中关于状态的第二个基本假定。如果用波函数 ψ_1 和 ψ_2 表示微观粒子体系的两个可能量子态,那么,由这两个波函数线性组合而成的波函数 $\psi = c_1\psi_1 + c_2\psi_2$ 也是该体系的可能量子态。对于多个状态的叠加情况,如果用一系列波函数 $\psi_1, \psi_2, \cdots, \psi_n$ 表示微观粒子体系的多个可能量子态,那么线性组合的波函数表示如下:

$$\psi = c_1\psi_1 + c_2\psi_2 + \cdots + c_n\psi_n = \sum_i c_i\psi_i \tag{2-1}$$

式中,c_i 是线性组合系数。由此可见,波函数的态叠加原理提供了一种通过线性组合方式构建新波函数的有效途径。

根据测不准原理,当微观粒子处于两个量子态 ψ_1 和 ψ_2 的线性叠加态 ψ 时,微观粒子既可能处于量子态 ψ_1 又可能处于量子态 ψ_2,总之,粒子将分别以一定概率处在这两个量子态上。

2.1.3 全同性原理

在量子力学中,具有完全相同的电荷、自旋、质量等基本属性的微观粒子被定义为全同粒子,而由全同粒子构成的体系称为全同粒子体系。全同粒子体系具有如下性质:① 满足全同性原理;② 满足交换对称性或反对称性;③ 遵循费米-狄拉克或玻色-爱因斯坦统计规律;④ 满足泡利不相容原理。下面针对以上四个属性逐一加以介绍。

全同性原理是量子力学中关于微观粒子状态的基本原理之一[3]。该原理指出,微观粒子体系的微观状态不会因为全同粒子的交换而发生改变,也就是说,全同粒子体系的任何可观测量对于两粒子交换是对称的,运动规律对于全同粒子不可分辨,又称为全同粒子的不可分辨性。粒子全同性概念与粒子量子态有本质的联系,包含双重内涵:相等性和不可分辨性。特别需要注意的是,全同粒子的不可分辨性不可简单理解为由波函数的重叠导致。如果两个全同粒子的波函数发生重叠,那么它们就是不可分辨的,这看似是很自然的解释,但实际上并不是从统计本质上对全同粒子的说明[3]。与经典粒子不同的是,微观粒子轨道是不确定的,物理性质是相同的,由于粒子状态是量子化的,不能连续变化,因此只有完全相同或完全不相同两种状态。由此可见,全同性原理是任何全同粒子体系必须遵从的量子力学原理,属于基本的实践事实。

全同粒子的交换对称性与全同性原理存在紧密关系[4]。假定用波函数 $\psi(q_i,q_j)$ 表示两个全同粒子体系的微观状态,其中,q_i 和 q_j 分别代表两个粒子的坐标(包括空间坐标和自旋坐标)。当交换算符 $\hat{T}_{ij}$ 作用于波函数 $\psi(q_i,q_j)$ 时,两个粒子相互交换,即 $\hat{T}_{ij}\psi(q_i,q_j)=\psi(q_j,q_i)$,则 $\psi(q_i,q_j)$ 和 $\psi(q_j,q_i)$ 描述的是相同的量子态,这是对波函数的交换约束。全同粒子体系的哈密顿算符对于粒子坐标交换是不变的,也就是说交换算符与哈密顿算符满足正则对易关系:$[\hat{T}_{ij},\hat{H}]=0$,其中,$\hat{T}_{ij}$ 对于全同粒子体系是守恒的。作为严格守恒交换算符的物理内涵体现在不能相互转化的对称或反对称以及粒子数目不变的属性。由此可见,交换对称性或反对称性是全同粒子固有的性质[4-5]。

全同粒子体系遵守的统计规律依赖于粒子的自旋状态。根据全同粒子的交换对称性或反对称性,即 $\hat{T}_{ij}\psi(q_i,q_j)=\pm\psi(q_i,q_j)$,可将粒子分为两大类:凡是自旋量子数为约化普朗克常量 $\hbar$ 的整数倍的粒子,交换粒子不会改变波函数的对称性,并且分布满足玻色-爱因斯坦统计,称为玻色子;凡是自旋量子数为 $\hbar$ 的半整数倍的粒子,粒子交换导致波函数的反对称性,并且分布满足费米-狄拉克统计,称为费米子。这两种统计的不变性就是量子态的交换对称性所对应的守恒定律。

根据泡利不相容原理可知,两个全同费米子不能同时处于同一量子态,因而限制了全同粒子所处状态的数目[4]。

下面以两枚硬币投掷问题为例说明全同性原理对统计概率产生的影响[6]。如果分别用 A 和 B 表示双面硬币的两种状态,那么在不受全同性原理限制的情况下,两枚硬币可能的状态组合共 4 种,每种出现的概率均为 25%。如果考虑全同性原理,可能的状态组合数目将减小:由于泡利不相容原理,费米子只能存在 AB 和 BA 两种量子态;玻色子则可能存在 AA、BB、AB 和 BA 4 种量子态。全同粒子的交换对称性会降低不同量子态上出现的概率,提高相同量子态上的概率,这种现象称为玻色-爱因斯坦凝聚[6]。

2.2 算符与力学量

2.2.1 算符

从数学角度来看,算符是将一个函数 $f(x)$ 转变为另一个函数 $g(x)$ 的数学运算符号 $\hat{A}$,即 $\hat{A}f(x)=g(x)$。在量子力学中,算符是对波函数进行数学运算的符号,用于描述微观粒子状态确定的力学量[7]。下面简单介绍算符遵从的基本运算规则与特点。

1. 算符的基本运算

(1) 算符的加法。对于任意波函数 ψ,如果算符 $\hat{A}$、$\hat{B}$ 和 $\hat{C}$ 满足如下关系式:

$$\hat{C}\psi = \hat{A}\psi + \hat{B}\psi \tag{2-2}$$

那么,算符 $\hat{C}$ 是算符 $\hat{A}$ 与 $\hat{B}$ 之和,即 $\hat{C}=\hat{A}+\hat{B}$。

(2) 算符的乘法。对于任意波函数 ψ,如果算符 $\hat{A}$、$\hat{B}$ 和 $\hat{C}$ 满足如下关系式:

$$\hat{C}\psi = \hat{A}(\hat{B}\psi) \tag{2-3}$$

那么,算符 $\hat{C}$ 是算符 $\hat{A}$ 与 $\hat{B}$ 之积,即 $\hat{C}=\hat{A}\hat{B}$。算符之积相当于如下运算过程:首先用算符 $\hat{B}$ 作用于波函数 ψ 得到 $\hat{B}\psi$,然后再用算符 $\hat{A}$ 作用于 $\hat{B}\psi$ 得到最终的波函数 $\hat{A}(\hat{B}\psi)$。算符的乘积与算符的作用次序相关,即 $\hat{A}\hat{B} \neq \hat{B}\hat{A}$。

(3) 算符的相等。对于任意波函数 ψ,如果算符 $\hat{A}$ 和 $\hat{B}$ 满足如下关系式:

$$\hat{A}\psi = \hat{B}\psi \tag{2-4}$$

那么,算符 $\hat{A}$ 和 $\hat{B}$ 相等,即 $\hat{A}=\hat{B}$。

2. 算符的对易关系

两个算符 $\hat{A}$ 和 $\hat{B}$ 按照不同作用次序构成乘积 $\hat{A}\hat{B}$ 和 $\hat{B}\hat{A}$,那么乘积之差 $\hat{A}\hat{B}-\hat{B}\hat{A}$ 称为算符 $\hat{A}$ 和 $\hat{B}$ 的对易子,常用泊松括号表示如下[7]:

$$[\hat{A},\hat{B}] = \hat{A}\hat{B}-\hat{B}\hat{A} \tag{2-5}$$

算符 $\hat{A}$ 和 $\hat{B}$ 的对易子用算符 $\hat{C}$ 表示为 $\hat{C}=[\hat{A},\hat{B}]$。如果 $\hat{C}\neq 0$，那么称算符 $\hat{A}$ 和 $\hat{B}$ 不对易；如果 $\hat{C}=0$，那么称算符 $\hat{A}$ 和 $\hat{B}$ 对易。如果算符 $\hat{A}$ 和 $\hat{B}$ 存在如下关系：$\hat{A}\hat{B}=-\hat{B}\hat{A}$，那么算符 $\hat{A}$ 和 $\hat{B}$ 的对易关系可表示为

$$[\hat{A},\hat{B}] = \hat{A}\hat{B}-\hat{B}\hat{A} = 2\hat{A}\hat{B} \tag{2-6}$$

则称算符 $\hat{A}$ 和 $\hat{B}$ 是反对易的。

总之，由以上对易关系，可以证明对易子满足如下规则：$[\hat{A},\hat{B}]=-[\hat{B},\hat{A}]$。如果进一步考虑算符的代数运算，那么可以得到如下关系：$[\hat{A},\hat{B}+\hat{C}]=[\hat{A},\hat{B}]+[\hat{A},\hat{C}]$ 或者 $[\hat{A},\hat{B}\hat{C}]=[\hat{A},\hat{B}]\hat{C}+\hat{B}[\hat{A},\hat{C}]$。

3. 线性算符

对于任意两个波函数 ψ 和 φ，如果算符 $\hat{A}$ 满足如下关系：

$$\hat{A}(\psi+\varphi) = \hat{A}\psi+\hat{A}\varphi \tag{2-7}$$

那么算符 $\hat{A}$ 是线性算符。

4. 本征方程

如果算符 $\hat{A}$ 作用于波函数 ψ 可以表示为常数 λ 乘以该波函数，即

$$\hat{A}\psi = \lambda\psi \tag{2-8}$$

那么该等式称为关于算符 $\hat{A}$ 的本征方程。式中，波函数 ψ 是本征函数；常数 λ 是对应的本征值。

5. 厄密算符

对于任意两个波函数 ψ 和 φ，如果算符 $\hat{A}$ 满足如下关系：

$$\int \psi^* \hat{A}\varphi \mathrm{d}v = \int (\hat{A}\psi)^* \varphi \mathrm{d}v \tag{2-9}$$

那么算符 $\hat{A}$ 是厄密算符，并且具有如下性质[1]：

(1) 厄密算符存在实数本征值。如果存在波函数 ψ，使得 $\hat{A}\psi=\lambda\psi$，那么本征值 λ 与其共轭 λ^* 相等，即 $\lambda=\lambda^*$。

(2) 厄密算符的本征函数的正交性。如果两个波函数 ψ_i 和 ψ_j 满足如下等式：$\int \psi_i^* \psi_j \mathrm{d}v = 0$，那么称波函数 ψ_i 和 ψ_j 是正交的。

针对厄密算符，存在如下定理：对应于厄密算符的两个不同本征值的波函数是正交的。表示如下：

$$\hat{A}\psi_i = \lambda_i\psi_i, \quad \hat{A}\psi_j = \lambda_j\psi_j \tag{2-10}$$

式中，λ_i 和 λ_j 是厄密算符 $\hat{A}$ 的本征值；ψ_i 和 ψ_j 是相应的本征函数。如果 $\lambda_i \neq \lambda_j$，则波函数 ψ_i 和 ψ_j 正交。于是，厄密算符本征函数的正交归一化关系可以用 δ 函数表示如下：

$$\int \psi_i^* \psi_j \mathrm{d}v = \delta_{ij} \tag{2-11}$$

满足该式的全部本征函数称为正交归一化本征函数集合。

（3）厄密算符的本征函数的完备性。如果厄密算符的全部本征函数形成正交归一化波函数集合 $\{\psi_i(r)\}$，那么任意波函数 $\Psi(r)$ 可以采用该波函数集合展开成如下形式：

$$\Psi(r) = \sum_i c_i \psi_i(r) \tag{2-12}$$

式中，c_i 是展开系数。用 $\psi_n^*(r)$ 乘以上式的两边并积分，则由 $\psi_n(r)$ 和 $\psi_i(r)$ 的正交归一化关系，可得如下关系式：

$$\int \psi_n^*(r) \Psi(r) \mathrm{d}v = \sum_i c_i \int \psi_n^*(r) \psi_i(r) \mathrm{d}v = \sum_i c_i \delta_{ni} = c_n \tag{2-13}$$

厄密算符本征函数满足以上关系的性质，称为本征函数的完备性。凡是符合单值性、有限性、连续性三个条件的函数都可以按照上述形式展开。对于连续的本征值谱，求和展开式可以改写成如下积分形式：

$$\Psi(r) = \int c_\lambda \psi_\lambda(r) \mathrm{d}\lambda \tag{2-14}$$

式中，$\psi_\lambda(r)$ 是对应连续本征值 λ 的本征函数。积分式中的待定常数表示如下：

$$c_\lambda = \int \psi_\lambda^*(r) \Psi(r) \mathrm{d}v \tag{2-15}$$

（4）厄密算符的本征函数的封闭性。如果使用厄密算符的本征函数来展开任一波函数 $\Psi(r)$，表示如下：

$$\Psi(r) = \sum_i c_i \psi_i(r) = \sum_i \int \psi_i^*(r') \Psi(r') \mathrm{d}v' \psi_i(r) \tag{2-16}$$

那么，根据求和运算与积分运算的相对独立性，可变换为如下形式：

$$\Psi(r) = \int \Psi(r') \left[\sum_i \psi_i^*(r') \psi_i(r) \right] \mathrm{d}v' \tag{2-17}$$

接下来，进一步讨论上式中括号内的求和部分。对于离散谱本征函数集合，求和部分可以通过 δ 函数表示如下：

$$\sum_i \psi_i^*(r')\psi_i(r) = \delta(r-r') \qquad (2\text{-}18)$$

相应地,对于连续谱本征函数集合,也可通过 δ 函数表示如下:

$$\int \psi_\lambda^*(r')\psi_\lambda(r)\mathrm{d}\lambda = \delta(r-r') \qquad (2\text{-}19)$$

以上两个表达式所反映的性质就是本征函数系 $\{\psi_i(r)\}$ 的封闭性,有时也称为完备性条件。

2.2.2 力学量

对于量子力学的力学量,存在如下假设:当体系处于力学量 A 的本征态 ψ 时,力学量 A 与算符 $\hat{A}$ 在该状态 ψ 的本征值对应。从物理学角度来看,力学量必须是实数,而表示力学量的算符的本征值是一个可能值,所以表示力学量的算符对应一个线性厄密算符,线性厄密算符的本征值为实数且满足态叠加原理。也就是说,一个可观测力学量均对应一个线性厄密算符。需要指出的是:在经典力学中,常用时间、位置、速度、质量、动量、势能、动能、总能等力学量;在量子力学中,这些力学量同样存在,将经典表示式 $F(q,p,t)$ 中的 q、p 和 t 分别换成算符 $\hat{q}$、$\hat{p}$ 和 $\hat{t}$ 就可得到力学量 F 的算符 $\hat{F}$,即 $F(q,p,t) \to \hat{F}(\hat{q},\hat{p},\hat{t})$。下面列举几个常用力学量与算符的对应关系:时间 t 对应算符 $\hat{t}=t$;坐标 q 对应算符 $\hat{q}=q$;动量 p 对应算符 $\hat{p}=-i\hbar\frac{\partial}{\partial p}$;动能 T 对应算符 $\hat{T}=-\frac{\hbar^2}{2m}\nabla^2$;势能 V 对应算符 $\hat{V}=V$;总能 $E=T+V$ 对应算符 $\hat{H}=-\frac{\hbar^2}{2m}\nabla^2+V$。在以上算符表达式中,$\hbar=h/(2\pi)$($h$ 是普朗克常量),m 是粒子质量,∇^2 是拉普拉斯算符。

在量子力学中,当微观粒子处于任一波函数描述的状态时,力学量的取值不是确定的,而是存在统计分布。描述微观粒子体系所处状态的波函数 $\Psi(r)$ 可以按照厄密算符本征函数集合 $\{\psi_i(r)\}$ 展开,即 $\Psi(r)=\sum_i c_i\psi_i(r)$,其中,$\psi_i(r)$ 相当于由正交完备系构成的多维空间的基矢,c_i 相当于多维空间中任一矢量 $\Psi(r)$ 在基矢 $\psi_i(r)$ 轴上的投影。根据厄密算符的性质可知,与力学量 F 对应的厄密算符 $\hat{F}$ 作用于波函数 $\psi_i(r)$ 构成如下本征方程:

$$\hat{F}\psi_i(r) = \lambda_i\psi_i(r) \qquad (2\text{-}20)$$

根据以上假设可知,在波函数描述的状态下,力学量 F 存在一系列可能值,并以一定的概率出现,于是根据概率分布可以计算出力学量 F 在 $\Psi(r)$ 描述的状态中的平均值,表示如下:

$$\overline{F} = \frac{\int \Psi^*(r)\hat{F}\Psi(r)\mathrm{d}v}{\int \Psi^*(r)\Psi(r)\mathrm{d}v} \tag{2-21}$$

如果 $\Psi(r)$ 是归一化波函数,那么 $\int \Psi^*(r)\Psi(r)\mathrm{d}v = 1$,于是式(2-21)简化为如下形式:

$$\overline{F} = \int \Psi^*(r)\hat{F}\Psi(r)\mathrm{d}v \tag{2-22}$$

下面给出力学量与本征态和本征值的一些特殊关系。如果波函数 $\Psi(r)$ 是力学算符 $\hat{F}$ 的特殊本征态,如 $\Psi(r) = \psi_i(r)$,此情况相当于 $\Psi(r)$ 位于 $\psi_i(r)$ 轴上,那么力学量 F 的取值必定对应算符的本征值 λ_i。由于波函数 $\Psi(r)$ 可以表示为 $\psi_i(r)$ 的线性组合,因此在 $\Psi(r)$ 描述的状态中测量力学量 F 的数值一定包含在本征值谱 $\{\lambda_i\}$ 中。

2.3 薛定谔方程

在经典力学中,粒子体系的状态随时间的演变由牛顿方程、拉格朗日方程和哈密顿方程决定。在量子力学中,微观粒子体系的状态随时间的演变则由薛定谔方程确定[8]。薛定谔方程在量子力学中至关重要,描述了微观粒子所遵循的客观运动规律。如果以 $\Psi(r,t)$ 表示体系在 t 时刻的总波函数,那么薛定谔方程表示如下:

$$\mathrm{i}\hbar\frac{\partial}{\partial t}\Psi(r,t) = \hat{H}\Psi(r,t) \tag{2-23}$$

式中,$\mathrm{i} = \sqrt{-1}$;$\hbar$ 是约化普朗克常量,$\hbar = h/(2\pi)$(h 是普朗克常量);r 是粒子坐标;$\hat{H}$ 是哈密顿算符。该方程通常称为含时薛定谔方程。

在各种可能的微观状态中,对应特定能量值的微观粒子状态(即稳定态或定态)的研究,具有特殊的意义。为此,下面从含时薛定谔方程入手,通过分离变量法求解定态的薛定谔方程。

对于不显含时间的保守体系,一方面,对应特定能量值 E 的定态波函数 $\Psi_E(r,t)$ 可以通过分离变量法表示如下:

$$\Psi_E(r,t) = c\mathrm{e}^{\frac{-\mathrm{i}Et}{2\pi\hbar}}\Psi(r) \tag{2-24}$$

式中,c 是常数;$\Psi(r)$ 是某一时刻的体系总波函数。需要注意的是,尽管波函数 $\Psi_E(r,t)$ 随时间变化,但是它始终是哈密顿算符 $\hat{H}$ 的本征态。

另一方面,通过分离变量法可以得到能量算符的本征方程,表示如下:

$$\hat{H}\Psi(r) = E\Psi(r) \quad (2-25)$$

由于体系的哈密顿量可表示为动能 T 与势能 V 之和,即 $H=T+V$,因此哈密顿算符 $\hat{H}$ 又称能量算符,形式如下:

$$\hat{H} = \hat{T} + \hat{V} = -\frac{\hbar^2}{2m}\nabla^2 + V(r) \quad (2-26)$$

式中,m 是粒子质量;∇^2 是动能拉普拉斯算符,$\nabla^2 = \frac{\partial^2}{\partial x^2} + \frac{\partial^2}{\partial y^2} + \frac{\partial^2}{\partial z^2}$;$V(r)$ 是空间坐标的势能函数,$V(r) = V(x,y,z)$。

对于由 N_e 个电子和 N_n 个原子核组成的多粒子体系,哈密顿算符 $\hat{H}$ 具体展开形式如下[7]:

$$\hat{H} = \sum_{\alpha=1}^{N_n}\left(-\frac{\hbar^2}{2M_\alpha}\nabla_\alpha^2\right) + \sum_{i=1}^{N_e}\left(-\frac{\hbar^2}{2m_e}\nabla_i^2\right) - \sum_{i=1}^{N_e}\sum_{\alpha=1}^{N_n}\frac{Z_\alpha e^2}{4\pi\epsilon_0 r_{i\alpha}} + \sum_{i=1}^{N_e}\sum_{j>i}^{N_e}\frac{e^2}{4\pi\epsilon_0 r_{ij}} + \sum_{\alpha=1}^{N_n}\sum_{\beta>\alpha}^{N_n}\frac{Z_\alpha Z_\beta e^2}{4\pi\epsilon_0 R_{\alpha\beta}} \quad (2-27)$$

式中,等式右侧各项从左到右依次为原子核的动能、电子的动能、原子核与电子之间的吸引势能、电子与电子之间的排斥势能以及原子核与原子核之间的排斥势能。M_α 和 m_e 分别是原子核 α 和电子的质量;Z_α 和 Z_β 分别是原子核 α 和 β 的核电荷数;$r_{i\alpha}$、r_{ij} 和 $R_{\alpha\beta}$ 分别是原子核与电子之间距离、电子之间距离和原子核之间距离;∇_α^2 和 ∇_i^2 分别是原子核和电子的拉普拉斯算符;ϵ_0 是介电常数。

由此可见,求解体系定态波函数主要集中在求解能量算符的本征方程(2-25),从而获得本征态 $\Psi(r)$,进而通过式(2-24)获得整个定态波函数,因此常把能量算符的本征方程(2-25)称为定态薛定谔方程或者薛定谔第二方程。基于以上定态薛定谔方程的推导,不难获得定态的基本特点[7]:① 随时间演变的定态始终是能量算符的本征态;② 定态的概率密度不随时间而改变;③ 定态的力学量的均值不随时间而改变。

需要注意的是,薛定谔方程并未经过严格推导,只是量子力学的一个基本假设,但得到了广泛实验的验证。以上包含能量参数 E 的定态薛定谔方程是一个微分方程,其解 Ψ 必须满足波函数的三个标准条件。为了保证存在有意义的解,参数 E 必须选取特定值,称为算符 $\hat{H}$ 的本征值,而与之对应的解 Ψ 称为算符 $\hat{H}$ 的本征函数。能量算符 $\hat{H}$ 的本征值的集合构成能谱,对应着一系列的离散值或连续值,亦可能是两者兼具,分别称为离散谱、连续谱和混合谱。

如果微观粒子体系处于仅与空间坐标有关的势场中,即体系为保守系,那么该体系遵从能量守恒。于是,对于保守系,能量算符 $\hat{H}$ 的本征值谱就是在势场中微观粒子能量的可能值,属于某一本征值 E 的本征函数就是具有该能量的定态波函数。如果存在 f 个线性独立的本征函数同属于能量算符 $\hat{H}$ 的某个本征值 E,那么可认为该本征值是简并的,f 则称为该本征值的简并度。以上体现了定态薛定谔方程的真实物理意义。

2.4 微扰理论

基于微扰理论的方法从容易求解的主要矛盾入手,通过增加次级影响因素进行近似求解。由此可见,该类方法就是将复杂问题分解为容易解决部分和微扰部分。在量子力学中,根据哈密顿算符是否显含时间,微扰方法分为定态微扰方法和含时微扰方法。下面将从微观粒子体系的定态薛定谔方程入手介绍定态微扰方法,表示如下:

$$\hat{H}\Psi = E\Psi \tag{2-28}$$

假定 $\{E_n\}$ 和 $\{\psi_n\}$ 分别是哈密顿算符 $\hat{H}$ 的本征值谱和本征函数系,于是本征方程变为如下形式[9]:

$$\hat{H}\psi_n = E_n\psi_n \tag{2-29}$$

由于不能直接求解该方程,可以将微扰体系的哈密顿算符 $\hat{H}$ 按照微扰参量 λ 的幂级数加以展开,表示如下:

$$\hat{H} = \hat{H}^0 + \lambda\hat{H}' + \lambda^2\hat{H}'' + \cdots \tag{2-30}$$

式中,$\hat{H}^0$ 是无微扰体系的哈密顿算符,给出了主要矛盾项,其余各项是次级微扰项。于是应用微扰理论求解定态薛定谔方程可以分解为如下步骤[9]:

(1) 求出哈密顿算符 $\hat{H}^0$ 的能量本征值和本征波函数。假定 E_n^0 和 ψ_n^0 是 $\hat{H}^0$ 的能量本征值和本征波函数,于是,无微扰体系的波动方程表示如下:

$$\hat{H}^0\psi_n^0 = E_n^0\psi_n^0 \tag{2-31}$$

求解该方程可得无微扰体系的能量 E_n^0 和波函数 ψ_n^0。

(2) 把微扰影响逐级展开求出尽可能接近于精确解的能量本征值和本征波函数。由于微扰很小,所以微扰体系的能量和波函数可以按照微扰参量 λ 的幂级数加以展开,表示如下:

$$\begin{aligned}E_n &= E_n^0 + \lambda E_n' + \lambda^2 E_n'' + \cdots \\ \psi_n &= \psi_n^0 + \lambda\psi_n' + \lambda^2\psi_n'' + \cdots\end{aligned} \tag{2-32}$$

式中，E_n^0和ψ_n^0分别是零级近似能量和波函数；$\lambda E_n'$和$\lambda\psi_n'$分别是能量和波函数的一级修正，$\lambda^2 E_n''$和$\lambda^2\psi_n''$是二级修正，以此类推。

（3）将哈密顿算符展开式（2-30）、微扰体系的能量和波函数的展开式（2-32）代入微扰体系的本征方程，并将微扰参量 λ 同次幂项合并，得到如下关系式：

$$\left(\hat{H}^0\psi_n^0-E_n^0\psi_n^0\right)+\left(\hat{H}^0\psi_n'+\hat{H}'\psi_n^0-E_n^0\psi_n'-E_n'\psi_n^0\right)\lambda+$$
$$\left(\hat{H}^0\psi_n''+\hat{H}'\psi_n'+\hat{H}''\psi_n^0-E_n^0\psi_n''-E_n'\psi_n'-E_n''\psi_n^0\right)\lambda^2+\cdots=0 \quad (2-33)$$

如果该级数是一致收敛的，那么为了使该级数对于所有微扰参量 λ 都等于零，各系数就必须等于零，得到下面各级近似方程。

① 零级近似方程如下：

$$\hat{H}^0\psi_n^0-E_n^0\psi_n^0=0 \quad (2-34)$$

该方程就是前面的无微扰体系的波动方程。

② 一级近似方程如下：

$$\hat{H}^0\psi_n'+\hat{H}'\psi_n^0-E_n^0\psi_n'-E_n'\psi_n^0=0 \quad (2-35)$$

该方程需要根据零级近似的解进一步求得。

③ 二级近似方程如下：

$$\hat{H}^0\psi_n''+\hat{H}'\psi_n'+\hat{H}''\psi_n^0-E_n^0\psi_n''-E_n'\psi_n'-E_n''\psi_n^0=0 \quad (2-36)$$

该方程需要根据零级近似和一级近似的解进一步求得。

2.4.1 非简并微扰

下面介绍在非简并情况下根据微扰理论求解薛定谔方程的步骤。

1. 能量和波函数的一级修正

首先将一级修正波函数 ψ_n' 按零级近似波函数系 $\{\psi_m^0\}$ 展开如下[9]：

$$\psi_n'=\sum_m a_m'\psi_m^0 \quad (2-37)$$

然后将该一级修正波函数代入一级近似方程（2-35）中，得到如下关系式：

$$(\hat{H}^0-E_n^0)\sum_m a_m'\psi_m^0=(E_n'-\hat{H}')\psi_n^0 \quad (2-38)$$

进一步整理得如下等式：

$$\sum_m a_m'(E_m^0-E_n^0)\psi_m^0=(E_n'-\hat{H}')\psi_n^0 \quad (2-39)$$

以 ψ_k^{0*} 左乘上式两侧,并在全空间积分,表示如下:

$$\int \psi_k^{0*} \sum_m a'_m (E_m^0 - E_n^0) \psi_m^0 dv = \int \psi_k^{0*} (E'_n - \hat{H}') \psi_n^0 dv \qquad (2-40)$$

式中,空间体积元 $dv = dxdydz$,(x,y,z) 是粒子的空间坐标。下面以非自旋情况为例,进一步对上式整理合并可得如下关系式:

$$\sum_m a'_m (E_m^0 - E_n^0) \int \psi_m^{0*} \psi_k^0 dv = E'_n \int \psi_k^{0*} \psi_n^0 dv - \int \psi_k^{0*} \hat{H}' \psi_n^0 dv \qquad (2-41)$$

利用零级近似波函数 ψ_n^0 的正交归一性,将上式中的积分项表示为 δ 函数形式:

$$\sum_m a'_m (E_m^0 - E_n^0) \delta_{km} = E'_n \delta_{kn} - \int \psi_k^{0*} \hat{H}' \psi_n^0 dv \qquad (2-42)$$

定义微扰矩阵元 $H'_{kn} = \int \psi_k^{0*} \hat{H}' \psi_n^0 dv$,则上式可以简化为如下形式:

$$\sum_m a'_m (E_m^0 - E_n^0) \delta_{km} = E'_n \delta_{kn} - H'_{kn} \qquad (2-43)$$

根据 δ 函数的性质,为了满足上式有解,可以进一步简化为如下形式:

$$a'_k (E_k^0 - E_n^0) = E'_n \delta_{kn} - H'_{kn} \qquad (2-44)$$

最后,基于以上等式讨论能量和波函数的一级修正。

(1) 能量的一级修正。当 $k=n$ 时,由式(2-44)可知,$\delta_{nn}=1$,于是可得能量的一级修正,表示如下:

$$E'_n = H'_{nn} = \int \psi_n^{0*} \hat{H}' \psi_n^0 dv \qquad (2-45)$$

该式表明,能量的一级修正 E'_n 等于 $\hat{H}'$ 在 ψ_n^0 态中的平均值。于是能量的一级近似表示如下:

$$E_n^1 = E_n^0 + H'_{nn} \qquad (2-46)$$

(2) 波函数的一级修正。当 $k \neq n$ 时,由式(2-44)可知,$\delta_{kn}=0$,于是可得波函数的一级修正,表示如下:

$$\psi'_n = \sum_m a'_m \psi_m^0 = \sum_{m \neq n} \frac{\int \psi_m^{0*} \hat{H}' \psi_n^0 dv}{E_n^0 - E_m^0} \psi_m^0 = \sum_{m \neq n} \frac{H'_{mn}}{E_n^0 - E_m^0} \psi_m^0 \qquad (2-47)$$

2. 能量的二级修正

首先将二级修正波函数 ψ''_n 按零级近似波函数系 $\{\psi_m^0\}$ 展开如下:

$$\psi_n'' = \sum_m a_m'' \psi_m^0 \tag{2-48}$$

然后将该二级修正波函数代入二级近似方程(2-36)中,整理后得到如下等式:

$$(\hat{H}^0 - E_n^0)\sum_m a_m'' \psi_m^0 = -(\hat{H}' - E_n')\sum_m a_m' \psi_m^0 + E_n'' \psi_n^0 \tag{2-49}$$

进一步将无微扰的本征方程 $\hat{H}^0 \psi_n^0 = E_n^0 \psi_n^0$ 代入上式左侧,变为如下形式:

$$\sum_m a_m'' E_m^0 \psi_m^0 - E_n^0 \sum_m a_m'' \psi_m^0 = -\hat{H}' \sum_m a_m' \psi_m^0 + E_n' \sum_m a_m' \psi_m^0 + E_n'' \psi_n^0 \tag{2-50}$$

将一级修正能量 $E_n' = H_{nn}'$ 代入上式,整理可得如下形式:

$$\sum_m a_m'' E_m^0 \psi_m^0 + \hat{H}' \sum_m a_m' \psi_m^0 = E_n^0 \sum_m a_m'' \psi_m^0 + H_{nn}' \sum_m a_m' \psi_m^0 + E_n'' \psi_n^0 \tag{2-51}$$

以 ψ_k^{0*} 左乘上式两边,并在全空间积分,然后用 δ 函数表示如下:

$$\sum_m a_m'' E_m^0 \delta_{mk} + \int \psi_k^{0*} \hat{H}' \sum_m a_m' \psi_m^0 \mathrm{d}v = E_n^0 \sum_m a_m'' \delta_{mk} + H_{nn}' \sum_m a_m' \delta_{mk} + E_n'' \delta_{nk} \tag{2-52}$$

根据 δ 函数的性质,为了满足上式有解,可进一步简化为如下形式:

$$a_k'' E_k^0 + \sum_m a_m' H_{km}' = E_n^0 a_k'' + H_{nn}' a_k' + E_n'' \delta_{nk} \tag{2-53}$$

最后,基于以上等式讨论能量的二级修正和微扰方法适用条件。

(1) 能量的二级修正。当 $k = n$ 时, $a_m' = 0$,由式(2-53)可得能量的二级修正,表示如下:

$$E_n'' = \sum_{m \neq n} a_m' H_{nm}' = \sum_{m \neq n} \frac{H_{mn}'}{E_n^0 - E_m^0} H_{nm}' = \sum_{m \neq n} \frac{|H_{mn}'|^2}{E_n^0 - E_m^0} \tag{2-54}$$

这里用到了算符的厄密性: $H_{nm}' = H_{mn}'^*$ 。于是能量的二级近似表示如下:

$$E_n^2 = E_n^0 + H_{nn}' + \sum_{m \neq n} \frac{|H_{mn}'|^2}{E_n^0 - E_m^0} \tag{2-55}$$

(2) 微扰方法适用条件。由于该方法采用级数展开,因此其适用条件就是级数收敛。在各展开项中,前面的项需要远大于后面的项,也就是 $\left|\frac{H_{mn}'}{E_m^0 - E_n^0}\right| \ll 1$,其中, $E_m^0 \neq E_n^0$,矩阵元 H_{mn}' 很小对应着微扰要很小。当满足该式时,只需考虑二级修正能量和一级修正波函数就能得到相当精确的结果。总之,非简并微扰方法的适用性不仅取决于矩阵元 H_{mn}' 的大小,还取决于能级间隔 $|E_m^0 - E_n^0|$ 的大小。

2.4.2 简并微扰

接下来介绍在简并情况下根据微扰理论求解薛定谔方程的步骤。假设零级近似的哈密顿算符 $\hat{H}^0$ 的本征能量 E_n^0 是 k 重简并的，则存在 k 个本征波函数 φ_1，$\varphi_2,\cdots,\varphi_k$，于是可以把零级近似波函数 ψ_n^0 写成 k 个正交归一化波函数 φ_i 的线性组合，表示如下：

$$\psi_n^0 = \sum_i c_i^0 \varphi_i \tag{2-56}$$

然后将该波函数代入一级近似方程(2-35)，得到如下关系式：

$$(\hat{H}^0 - E_n^0)\psi_n' = E_n' \sum_i c_i^0 \varphi_i - \sum_i c_i^0 \hat{H}' \varphi_i \tag{2-57}$$

以 φ_l^* ($l=1,2,\cdots,k$) 左乘上式两边，并在全空间积分，表示如下：

$$\int \varphi_l^* (\hat{H}^0 - E_n^0)\psi_n' \mathrm{d}v = \int \varphi_l^* E_n' \sum_i c_i^0 \varphi_i \mathrm{d}v - \int \varphi_l^* \sum_i c_i^0 \hat{H}' \varphi_i \mathrm{d}v \tag{2-58}$$

根据 $\hat{H}^0 - E_n^0$ 的厄密性可得上式左侧为零，于是上式右侧也应为零，表示如下：

$$E_n' \sum_i c_i^0 \delta_{il} - \sum_i c_i^0 \int \varphi_l^* \hat{H}' \varphi_i \mathrm{d}v = 0 \tag{2-59}$$

设定 $H_{li}' = \int \varphi_l^* \hat{H}' \varphi_i \mathrm{d}v$，则上式变为如下形式：

$$\sum_i (H_{li}' - E_n' \delta_{il}) c_i^0 = 0 \tag{2-60}$$

式(2-60)是关于组合系数 c_i^0 的一次齐次方程组，存在非零解的条件是系数行列式为零，表示如下：

$$|H_{li}' - E_n' \delta_{il}| = 0 \tag{2-61}$$

下面基于以上系数行列式来讨论简并情况下能量的一级修正和波函数的零级近似。

（1）能量的一级修正。依据 $l=1,2,\cdots,k$，将上面系数行列式表示为如下展开形式：

$$\begin{vmatrix} H_{11}'-E_n' & H_{12}' & \cdots & H_{1k}' \\ H_{21}' & H_{22}'-E_n' & \cdots & H_{2k}' \\ \vdots & \vdots & & \vdots \\ H_{k1}' & H_{k2}' & \cdots & H_{kk}'-E_n' \end{vmatrix} = 0 \tag{2-62}$$

求解该行列式可得能量的一级修正 E_n' 的 k 个根。从能量的一级近似 $E_n^1 = E_n^0 + E_n'$ 可以看出存在如下两种情况：① 如果 E_n' 的 k 个根均不相等，那么一级微扰可以将 k 重简并完全消除；② 如果 E_n' 有重根，那么一级微扰只能消除部分简并，需要继续考虑二级微扰。

（2）波函数的零级近似。首先把 E_n' 的值代入式(2-60)解出组合系数 c_i^0，然后代入零级近似波函数展开式(2-56)即可得到零级近似波函数。

2.5 泛函和变分

泛函是以函数为自变量的函数，使泛函取极值的函数称为极值函数。与求解数学函数的微积分相对应，变分法就是解决泛函极值问题的数学方法。

2.5.1 泛函的概念

作为变分的研究对象，首先需要介绍泛函的相关概念和性质。在数学上，泛函是从函数向量空间到数值标量空间的映射，即函数的函数。对泛函而言，定义域对应的是函数向量集，而值域对应的是数值标量集，也就是说，输入为函数，输出为数值。假设存在由一类函数组成的集合 $\Omega:\{y(x)\}$，如果对于其中任一函数 $y(x)$，存在确定的数值与之对应，用 $F[y(x)]$ 表示，那么表示映射关系的 F 称为在函数集 Ω 上的一个泛函，自变量函数 $y(x)$ 称为定义域函数[10]。

1. 连续泛函

理解泛函连续性需要定义函数间距离。假定在函数集 $\Omega:\{y(x)\}$ 中有两个函数 $y(x)$ 和 $\hat{y}(x)$，它们之间的 k 阶距离 d_k 定义如下[10]：

$$d_k[y(x),\hat{y}(x)] = \max\{|y^{(k)}(x) - \hat{y}^{(k)}(x)|\}, \quad k=0,1,\cdots \quad (2\text{-}63)$$

式中，$y^{(k)}(x)$ 和 $\hat{y}^{(k)}(x)$ 分别是函数 $y(x)$ 和 $\hat{y}(x)$ 的 k 阶导数。

基于以上函数间距离的定义，下面给出连续泛函的概念。对于泛函 $F[y(x)]$，如果给定任意正数 $\varepsilon > 0$，都存在任意小的正数 $\delta > 0$，使得函数集中的函数 $y(x)$ 和 $\hat{y}(x)$ 满足 k 阶距离小于 δ，即 $d_k[y(x),\hat{y}(x)] < \delta$，并且相应的泛函之差小于 ε，即 $|F[y(x)] - F[\hat{y}(x)]| < \varepsilon$，那么泛函 $F[y(x)]$ 称为在 $\hat{y}(x)$ 处是 k 阶接近的连续泛函。

2. 线性泛函

对于任意两个实数 α 和 β，如果泛函 $F[y(x)]$ 满足如下齐次性和叠加性：

$$F[\alpha y_1(x) + \beta y_2(x)] = \alpha F[y_1(x)] + \beta F[y_2(x)] \quad (2\text{-}64)$$

那么该泛函 $F[y(x)]$ 称为线性泛函。

3. 泛函极值

泛函的求解问题是针对泛函极值进行的,下面给出泛函极值的概念。定义在函数集 $\Omega:\{y(x)\}$ 上的任意函数 $y(x)$ 满足泛函 $F[y(x)] \geqslant F[\hat{y}(x)]$ 或者 $F[y(x)] \leqslant F[\hat{y}(x)]$,则称泛函 $F[y(x)]$ 在 $\hat{y}(x)$ 处存在极值。

下面以伯努利提出的最速降线问题来介绍泛函的概念[11]。如图 2-1 所示,假设处于铅直平面上不同高度的两点 A 和 B 分别代表起点和终点。如果质点仅受重力且初速度为零,那么在所有连接起点 A 和终点 B 的路径曲线中,求解质点运动所需时间最短的曲线。

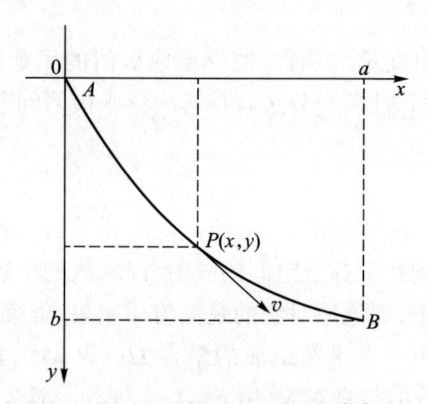

图 2-1 泛函求解最速降线问题[11]

(1) 在 A 到 B 之间的运动曲线上任选一点 $P(x,y)$,则从 A 点到 P 点,质点降低的势能为 mgy,增加的动能为 $mv^2/2$。由能量守恒定律可得

$$mv^2 = 2mgy \tag{2-65}$$

式中,m 是质量;g 是重力加速度;v 是速度。

(2) 用 s 表示从 A 点到 P 点的弧长,则速度可以表示为

$$v = \frac{\mathrm{d}s}{\mathrm{d}t} = \sqrt{2gy} \tag{2-66}$$

于是,时间 t 的微分形式表示如下:

$$\mathrm{d}t = \frac{\mathrm{d}s}{\sqrt{2gy}} = \frac{1}{\sqrt{2gy}} \sqrt{\left[1+\left(\frac{\mathrm{d}y}{\mathrm{d}x}\right)^2\right]} \mathrm{d}x = \frac{1}{\sqrt{2gy}} \sqrt{(1+y'^2)} \mathrm{d}x \tag{2-67}$$

(3) 对上式进行积分得到从 A 点到 B 点所需总时间 t,表示如下:

$$t = F[y] = \int_0^a \frac{1}{\sqrt{2gy}} \sqrt{(1+y'^2)} \mathrm{d}x \tag{2-68}$$

式中,时间 t 表示为函数 $y(x)$ 的泛函 $F[y]=F[y(x)]$。求解该泛函得到质点由 A 点到 B 点所需最短时间,即在 $0 \leq x \leq a$ 的区间内满足边界条件 $y(0)=0$ 和 $y(a)=b$ 的所有连续函数 $y(x)$ 中,求出一个函数使泛函 $F[y(x)]$ 取最小值。

2.5.2 变分原理和线性变分

1. 变分原理

最速降线问题的求解给出了最早的变分原理,之后欧拉给予了较为系统的阐述。下面从变分概念出发介绍变分原理和变分求解方案。

(1) 变分概念:自变量函数 $y(x)$ 的变分表示为 $\delta y(x)$,等于两个函数 $y_1(x)$ 和 $y_2(x)$ 之差:$\delta y(x)=y_1(x)-y_2(x)$。于是,连续泛函 $F[y(x)]$ 的增量定义如下[10]:

$$\Delta F = F[y(x)+\delta y(x)]-F[y(x)] = L[y(x),\delta y(x)]+\varepsilon[y(x),\delta y(x)] \tag{2-69}$$

式中,$L[y(x),\delta y(x)]$ 是关于 $\delta y(x)$ 的线性连续泛函;$\varepsilon[y(x),\delta y(x)]$ 是 $\delta y(x)$ 的高阶无穷小量。当自变量函数变分 $\delta y(x)$ 趋于零时,$\varepsilon[y(x),\delta y(x)]$ 也趋于零,则称 $L[y(x),\delta y(x)]$ 是泛函 $F[y(x)]$ 的变分,表示如下:

$$\delta F = L[y(x),\delta y(x)] \tag{2-70}$$

(2) 变分引理:泛函变分可以表示为对泛函参变量 α 的导数,表示如下[10]:

$$\delta F = \frac{\partial}{\partial \alpha} F[y(x)+\alpha \delta y(x)]|_{\alpha=0} \tag{2-71}$$

(3) 变分原理:如果泛函 $F[y(x)]$ 连续可微,那么该泛函在 $y(x)=\hat{y}(x)$ 处存在极值的必要条件是对自变量函数的变分 $\delta y(x)$ 在 $\hat{y}(x)$ 处等于零,表示如下[10]:

$$\delta F[\hat{y}(x),\delta \hat{y}(x)]=0 \tag{2-72}$$

需要注意的是,该式仅能判别极值,不能区分极大或是极小。

(4) 泛函变分求解思路:首先基于物理模型建立泛函并设定约束条件,然后通过变分约束条件求解对应微分方程。与微分求解过程需要改变变量不同,变分求解需要通过调节参数改变函数的形式来实现。

在量子力学中,变分原理为求解能量本征值与本征波函数提供了一种近似方法。假定体系的哈密顿算符为 $\hat{H}$,其能量本征值 $\{E_i\}$ 依次递增,即 $E_0 \leq E_1 \leq \cdots \leq E_i \leq \cdots$,对应的本征波函数 $\{\psi_i\}$ 构成一个正交完备集,即 $\int \psi_i^* \psi_j \mathrm{d}v = \delta_{ij}$,那么在一定约束条件下,任何满足单值、有限和连续的品优波函数 ψ 所描述的状

态给出的能量均值 E 存在极值,表示如下[7,9]:

$$E = \frac{\int \psi^* \hat{H} \psi \mathrm{d}v}{\int \psi^* \psi \mathrm{d}v} \geqslant E_0 \tag{2-73}$$

式(2-73)给出了能量最低原理。简言之,用任意近似波函数 ψ 来计算能量均值 E 一定大于或等于真正的基态本征波函数 ψ_0 对应的能量本征值 E_0。

基于能量最低原理,应用变分法求解体系的基态波函数和能量的步骤如下:假定体系的基态波函数 ψ 可以表示为坐标 q 和一系列可调参数 $\lambda_1, \lambda_2, \cdots$ 的函数,即 $\psi(q, \lambda_1, \lambda_2, \cdots)$,那么坐标不变的能量均值函数为 $E(\lambda_1, \lambda_2, \cdots)$。按照变分原理,能量均值函数取极值可以通过该函数对可调参数 $\lambda_1, \lambda_2, \cdots$ 的偏导等于零确定,表示如下[7,9]:

$$\frac{\partial E}{\partial \lambda_i} = 0, \quad i = 1, 2, \cdots \tag{2-74}$$

由于能量均值 E 设定了基态能量的上限,因此求得的最低能量值 E_0 最接近基态能量,而由可调参数确定的波函数 ψ_0 近似为基态波函数。根据能量最低原理,能量 E_0 和波函数 ψ_0 就是通过可调参数 $\lambda_1, \lambda_2, \cdots$ 确定的近似基态能量和波函数。

2. 线性变分法

线性变分法是用已知函数的线性组合作为试探函数进行变分求解的方法。在量子力学中,假定总波函数 ψ 可以表示为一系列独立波函数 φ_i 的线性组合,形式如下[9]:

$$\psi = \sum_i \lambda_i \varphi_i \tag{2-75}$$

式中,λ_i 是组合系数。将该线性组合波函数代入能量均值表达式(2-73),表示如下:

$$E = \frac{\int \psi^* \hat{H} \psi \mathrm{d}v}{\int \psi^* \psi \mathrm{d}v} = \frac{\int \sum_i \lambda_i \varphi_i^* \hat{H} \sum_j \lambda_j \varphi_j \mathrm{d}v}{\int \sum_i \lambda_i \varphi_i^* \sum_j \lambda_j \varphi_j \mathrm{d}v} = \frac{\sum_i \sum_j \lambda_i \lambda_j H_{ij}}{\sum_i \sum_j \lambda_i \lambda_j S_{ij}} \tag{2-76}$$

式中,H_{ij} 是哈密顿矩阵元 $\int \varphi_i^* \hat{H} \varphi_j \mathrm{d}v$;$S_{ij}$ 是重叠矩阵元 $\int \varphi_i^* \varphi_j \mathrm{d}v$。于是,以上能量均值表达式可以变换为如下形式:

$$E \sum_i \sum_j \lambda_i \lambda_j S_{ij} = \sum_i \sum_j \lambda_i \lambda_j H_{ij} \tag{2-77}$$

依据变分原理，上式左右两侧对待定参数 $\lambda_1, \lambda_2, \cdots$ 求偏导数，表示如下：

$$\frac{\partial E}{\partial \lambda_k}\sum_i\sum_j \lambda_i\lambda_j S_{ij} + E\frac{\partial}{\partial \lambda_k}\sum_i\sum_j \lambda_i\lambda_j S_{ij} = \frac{\partial}{\partial \lambda_k}\sum_i\sum_j \lambda_i\lambda_j H_{ij}, \quad k=1,2,\cdots,n \tag{2-78}$$

根据能量最低原理，能量均值 E 取极小值须满足 $\partial E/\partial \lambda_k = 0$。将其代入式(2-78)，则左侧第一项为零，式(2-78)可以进一步变换为如下形式：

$$E\frac{\partial}{\partial \lambda_k}\sum_i\sum_j \lambda_i\lambda_j S_{ij} = \frac{\partial}{\partial \lambda_k}\sum_i\sum_j \lambda_i\lambda_j H_{ij} \tag{2-79}$$

式(2-79)左侧可简化为如下形式：

$$E\frac{\partial}{\partial \lambda_k}\sum_i\sum_j \lambda_i\lambda_j S_{ij} = E\sum_i \lambda_i S_{ik} + E\sum_j \lambda_j S_{jk} = 2E\sum_i \lambda_i S_{ik} \tag{2-80}$$

式(2-79)右侧可简化为如下形式：

$$\frac{\partial}{\partial \lambda_k}\sum_i\sum_j \lambda_i\lambda_j H_{ij} = \sum_i \lambda_i H_{ik} + \sum_j \lambda_j H_{jk} = 2\sum_i \lambda_i H_{ik} \tag{2-81}$$

于是，得到如下等式：

$$E\sum_i \lambda_i S_{ik} = \sum_i \lambda_i H_{ik} \tag{2-82}$$

或者表示为

$$\sum_i \lambda_i (H_{ik} - ES_{ik}) = 0 \tag{2-83}$$

以上等价形式给出了一个齐次线性方程组，存在非零解需要本征行列式为零，表示如下：

$$|H_{ik} - ES_{ik}| = \begin{vmatrix} H_{11}-ES_{11} & H_{12}-ES_{12} & \cdots & H_{1n}-ES_{1n} \\ H_{21}-ES_{21} & H_{22}-ES_{22} & \cdots & H_{2n}-ES_{2n} \\ \vdots & \vdots & & \vdots \\ H_{n1}-ES_{n1} & H_{n2}-ES_{n2} & \cdots & H_{nn}-ES_{nn} \end{vmatrix} = 0 \tag{2-84}$$

式(2-84)常被称为久期行列式。用标准方法求得基态能量 E_0 后代入式(2-83)求得组合系数 λ_i，进一步经过归一化可得基态波函数 ψ_0。

2.6 群论基础

在物理学中，群论在现象和本质之间构建了一座桥梁，是与对称性操作紧密联系在一起的。基于对称性的群论为求解薛定谔方程提供了更加简洁、方便的方法,大大简化了求解的难度。

2.6.1 群的概念

群定义为按照特定规律联系在一起的元素集合,用符号 G 表示。假定存在群 $G\{a,b,c,\cdots\}$,其中,元素 $a,b,c,\cdots$ 需要满足如下四个条件[7]:封闭性、缔合性、逆运算和单位元素。下面分别予以介绍。

(1) 封闭性。群中任意两个元素的乘积都是该群的元素,但是乘法不一定满足交换律。例如,两个元素的乘积 ab 和 ba 同样是群中的元素,但两者不一定相等。

(2) 缔合性。在保持次序的前提下,群中三个元素相乘满足结合律,也就是说乘法与前两个或后两个元素先乘无关,即 $(ab)c=a(bc)$。

(3) 逆运算。群中任一元素必然存在它的逆元素,两者相乘等于单位元素 e,即 $a^{-1}a=aa^{-1}=e$。

(4) 单位元素。群中存在单位元素 e,并且群中元素与单位元素相乘都等于该元素本身,即 $ea=ae=a$。

下面介绍几种特殊类型的群。

1. 对称群

对称群指的是所有对称操作的集合,而对称操作是保持任意两点间距离而使物体复原的操作。进行对称操作的几何元素(点、线、面)称为对称元素。对称群具有如下属性:① 连续对称操作还是一种对称操作;② 连续对称操作服从结合律;③ 逆对称操作的集合同样构成对称群。

2. 旋转群

旋转群指的是旋转轴交于一点的旋转操作的集合。旋转群具有如下属性:① 两次旋转操作可以通过一次旋转操作实现;② 连续旋转操作服从结合律;③ 绕同一轴的逆旋转操作的集合构成回转群。

3. 置换群

置换群指的是按次序排列的多个物体进行位置调换操作的集合。置换群具有如下属性:① 相继进行的两次置换还是一种置换,即置换的乘积;② 置换的乘积服从结合律,不满足交换律;③ 置换与逆置换的乘积构成恒等置换。

2.6.2 点群和空间群

1. 分子点群

如果分子的所有对称元素都通过一个公共点,并且围绕该点施加所有对称操作后分子得以复原,那么所施加的对称操作的集合构成分子点群。分子的对称操作包括旋转、反映、反演、旋转反映和旋转反演五种,其中前两种是最基本的操作,后三种可以由前两种组合得到。表 2-1 列举了分子的对称元素和对称操作[12]。

表 2-1 分子的对称元素和对称操作[12]

对称元素符号	对称元素	基本对称操作符号	基本对称操作
E	无	E	恒等操作
C_n	旋转轴	C_n^1	绕 C_n 轴按逆时针方向旋转 $360°/n$
σ	镜面	σ	通过镜面反映操作
i	对称中心	i	按对称中心 i 反演或倒反操作
S_n	反映轴	$S_n^1 = \sigma C_n^1$	绕 S_n 轴转 $360°/n$,接着按垂直于轴的平面进行反映操作
I_n	反演轴	$I_n^1 = i C_n^1$	绕 I_n 轴转 $360°/n$,接着按中心点进行反演操作

分子的对称性常用点群的申夫利斯符号标记。大写字母符号含义如下:C 代表旋转,S 代表像转,D 代表双轴,T 代表四面体,O 代表八面体,I 代表二十面体。小写字母符号含义如下:i 代表对称中心,s 代表镜面,v 代表通过主轴的镜面,h 代表与主轴垂直的镜面,d 代表通过主轴并平分两个轴交角的镜面。下面以申夫利斯符号表示的点群介绍几种常见的点群[7,9,12]。

(1) C_n 点群:该类点群的分子只有一个 n 重旋转对称轴 C_n。其包含的对称元素为 $C_n = \{E, C_n, C_n^2, \cdots, C_n^{n-1}\}$,因此该点群是 n 阶次。常见的 C_n 点群有 C_1、C_2 和 C_3,其中,C_1 没有任何对称元素。在常见的简单分子中,H_2O 就属于典型的 C_2 点群。

(2) C_{nh} 点群:该类点群的分子除了有一个 n 重旋转对称轴 C_n,还有垂直于该对称轴的对称面 σ_h。其包含的对称元素为 $C_{nh} = \{E, C_n, C_n^2, \cdots, C_n^{n-1}; \sigma_h, \sigma_h C_n, \sigma_h C_n^2, \cdots, \sigma_h C_n^{n-1}\}$,因此该点群是 $2n$ 阶次。在常见的分子中,HN_3 属于 C_{1h} 点群,$C_2H_2Cl_2$ 属于 C_{2h} 点群。

(3) C_{nv} 点群:该类点群的分子除了有一个 n 重旋转对称轴 C_n,还有一个通过该对称轴的对称面 σ_v。其包含的对称元素为 $C_{nv} = \{E, C_n, C_n^2, \cdots, C_n^{n-1}; \sigma_v^{(1)}, \sigma_v^{(2)}, \cdots, \sigma_v^{(n)}\}$,因此该点群是 $2n$ 阶次。属于该类点群的分子较多,例如顺式平面构型的 H_2O_2 属于 C_{2v} 点群,NH_3 属于 C_{3v} 点群,BrF_5 属于 C_{4v} 点群。

(4) S_n 点群:该类点群的分子包含一个 n 重映轴 S_n。其包含的对称元素为 $S_n = \{E, S_n, S_n^2, \cdots, S_n^{n-1}\}$,因此,该点群是 n 阶次。S_n 点群只有当 n 为偶数时存

在,而当 n 为奇数时,所属点群恒等于 C_{nh}。例如,$C_2H_2Cl_2Br_2$ 属于 S_2 点群。

(5) D_n 点群:该类点群的分子包含一个 n 重对称轴 $C_n(n\geq 2)$,还包含垂直于该对称轴的二次 C_2 轴。其包含的对称元素为 $D_n = \{E, C_n, C_n^2, \cdots, C_n^{n-1}; C_2^{(1)}, C_2^{(2)}, \cdots, C_2^{(n)}\}$,因此,该点群是 $2n$ 阶次。例如,沿着 C—C 部分扭转的 H_3C—CH_3 属于 D_3 点群。

(6) D_{nh} 点群:该类点群的分子在 D_n 点群的对称元素中加入一个垂直于 C_n 轴的水平镜面 σ_h。其包含的对称元素为 $D_{nh} = \{E, C_n, C_n^2, \cdots, C_n^{n-1}; C_2^{(1)}, C_2^{(2)}, \cdots, C_2^{(n)}; \sigma_h, \sigma_h C_n, \sigma_h C_n^2, \cdots, \sigma_h C_n^{n-1}; \sigma_v^{(1)}, \sigma_v^{(2)}, \cdots, \sigma_v^{(n)}\}$,因此,该点群是 $4n$ 阶次。属于 D_{nh} 点群的分子很多,例如四氯乙烯属于 D_{2h} 点群,三氯代苯属于 D_{3h} 点群,平面正方形 $Ni(CN)_4$ 属于 D_{4h} 点群,叠盖式二茂铁属于 D_{5h} 点群,苯属于 D_{6h} 点群。

(7) D_{nd} 点群:该类点群的分子在 D_n 点群的对称元素中加入一个通过 C_n 轴又平分两个 C_2 轴夹角的对称面 σ_d。其包含的对称元素为 $D_{nd} = \{E, C_n, C_n^2, \cdots, C_n^{n-1}; C_2^{(1)}, C_2^{(2)}, \cdots, C_2^{(n)}; \sigma_d^{(1)}, \sigma_d^{(2)}, \cdots, \sigma_d^{(n)}; S_{2n}, S_{2n}^3, \cdots, S_{2n}^{2n-1}\}$,因此,该点群是 $4n$ 阶次。属于该类点群的典型分子列举如下:丙乙烯属于 D_{2d} 点群,六氯乙烷属于 D_{3d} 点群,交错式 OsF_8 属于 D_{4d} 点群,交错式二茂铁属于 D_{5d} 点群。

(8) T、T_h 和 T_d 点群:这三类点群的共同点是都具有 4 个三重轴。T 点群以立方体中心为原点,坐标轴与立方体的边平行,3 个 C_2 轴分别与 3 个坐标轴重合,C_2 轴作为主轴,由 3 个二重轴 C_2 和 4 个三重轴 C_3 指向正四面体 4 个顶点,该点群是 12 阶次。如果在 T 点群对称元素的基础上增加垂直二重轴 C_2 的对称面 σ_h,那么就得到 T_h 点群,该点群是 24 阶次。如果在 T 点群对称元素中加入通过 C_2 轴并平分两个 C_3 轴的夹角的对称面 σ_d,那么就得到 T_d 点群,该点群是 24 阶次。

(9) O 和 O_h 点群:O 点群具有互相垂直的 3 个四重轴 C_4,其同时也是二重轴 C_2,其交points为原点,3 个四重轴 C_4 分别与 3 个坐标轴重合,该点群是 24 阶次。在 O 点群对称元素中加入对称面 σ_h,使其与四重轴垂直,就得到 O_h 点群,该点群是 48 阶次。实际上,具有正八面体构型的分子(如 UF_6 和 SF_6)就属于 O_h 点群。

(10) I 和 I_h 点群:该类点群都具有 6 个五重轴 C_5,对应具有相同对称操作的正十二面体和正二十面体。在正二十面体的旋转轴中有 6 个五重轴、10 个三重轴和 15 个二重轴,共 60 个旋转对称操作,构成 I 点群,该点群是 60 阶次。在 I 点群的基础上增加对称面 σ_h 就得到 I_h 点群,该点群是 120 阶次。属于 I_h 点群的代表分子就是 C_{60}。

在研究分子性质之前,需要根据分子的对称元素确定分子属于哪种点群。图 2-2 给出了确定分子点群的一般步骤[7,9],具体描述如下:

(1) 确定分子是否属于特殊点群,如线性分子或含高阶对称轴分子。如果是线性分子,那么判断是否存在对称中心:是则属于$D_{\infty h}$,否则属于$C_{\infty v}$。然后判断是否为含有高阶对称轴的分子:如果是正四面体,则为T_h或T_d;如果是正八面体或正方体则为O_h;如果是正二十面体或正十二面体,则为I_h。

(2) 如果不属于上述特殊点群,那么开始判断是否存在对称轴,包括C_n和S_n。如果无对称轴,那么判断是否存在对称面或对称中心:存在对称面则为C_s,存在对称中心则为C_i,不存在对称元素则为C_1。

(3) 如果分子不属于无轴群,那么就判断有没有偶阶映轴。如果存在偶阶映轴,那么判断除了S_n(n为偶数)以外是否还存在别的对称元素。不存在别的对称元素就属于S_n群。

(4) 如果分子不属于上述点群,就要寻找更高阶的C_n轴。找到最高阶的C_n轴后检查是否存在与其垂直的C_2轴,分以下两种情况进一步加以判断。

(5) 如果有与C_n轴垂直的C_2轴,则根据是否存在对称面继续判断如下:如果有一个与C_n轴垂直的对称面σ_h,则为D_{nh};如果有平分C_2轴的对称面σ_d,则为D_{nd};二者均不存在,则为D_n。

(6) 如果没有与C_n轴垂直的C_2轴,则根据是否存在对称面继续判断如下:如果有一个与C_n轴垂直的对称面就是C_{nh};如果有一个包含C_n轴的对称面就是C_{nv};二者均不存在,则为C_n。

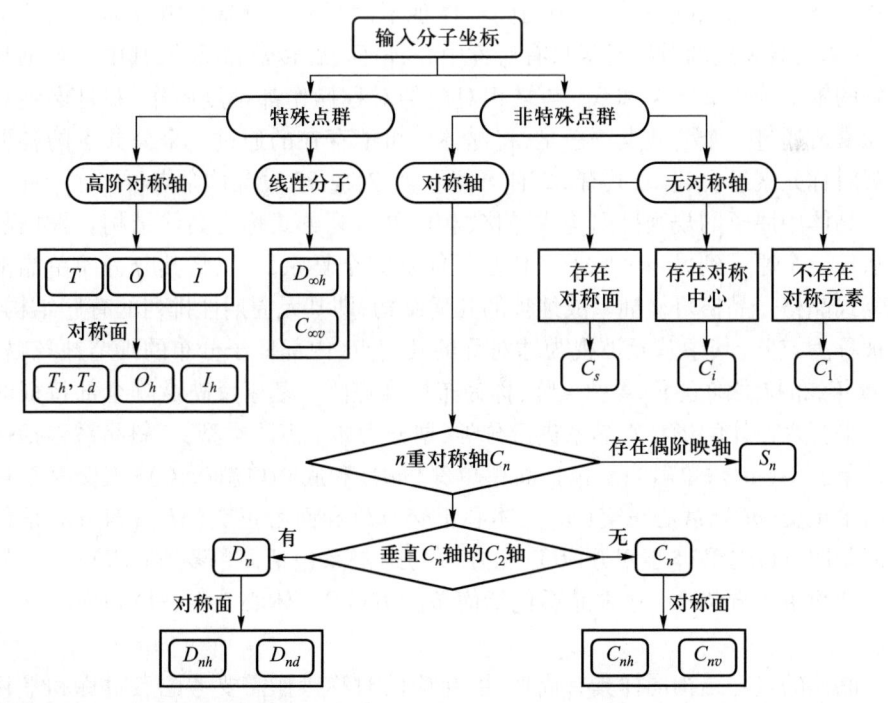

图 2-2 确定分子点群的一般步骤[7,9]

2. 晶体学点群和空间群

有别于分子对称性，晶体对称性需要进一步考虑周期性空间点阵结构。由前文介绍可知，分子对称性是点对称性，包括如下对称元素：旋转轴、镜面、对称中心、反映轴和反演轴，涉及的对称操作包括旋转、反映、反演、旋转反映和旋转反演。对于晶体而言，需要增加平移对称操作，于是增加了三类对称元素——周期性点阵、螺旋轴和滑移面，对应的对称操作包括平移操作、螺旋旋转操作和反映滑移操作[12]。

根据所具有的特征对称元素，晶体可分为立方、六方、四方、三方、正交、单斜和三斜七大晶系。立方晶系晶胞的 4 个立方体对角线方向均有三重对称轴；六方晶系有 1 个六重对称轴；四方晶系有 1 个四重对称轴；三方晶系有 1 个三重对称轴；正交晶系有 2 个互相垂直的对称面或 3 个互相垂直的二重对称轴；单斜晶系有 1 个对称面或二重对称轴；三斜晶系则不存在任何对称元素。这里的对称轴是不包括映轴的旋转轴、螺旋轴和反轴，而对称面包括镜面和滑移面。对应晶系的晶胞选择需要遵循如下原则[12]：平行六面体晶胞应当反映晶体的对称性；晶胞轴夹角应当以垂直角度数目最多；所选的晶胞的体积应该最小。

晶体的宏观对称性是微观对称性的宏观表现，宏观对称元素与微观对称元素必然保持对应关系[9,12]。尽管宏观的连续性和均匀性掩盖了微观世界的平移对称性，但是宏观的旋转轴和镜面间接体现了微观的螺旋轴和滑移面。由此可见，晶体宏观表现的对称元素只有对称中心、镜面、旋转轴和反轴，其中旋转轴和反轴的轴次为 1、2、3、4 和 6。与之相对应的对称操作都是点操作，并且宏观对称元素要通过一个公共点。于是，将晶体中可能存在的通过一个公共点的各种宏观对称元素组合起来，共有 32 种可能组合，对应 32 种晶体学点群。

晶体中原子的规则排列构成晶格，相应的排列方式称为晶体结构。根据晶格从任一个原子到另一个原子平移是否能够完全复原，可以将其分为简单晶格和复式晶格。晶格可被抽象成纯粹的几何结构，即基元周期性排列的有序结构，这被称为点阵，其中基元被视为球对称的几何点，内部原子分布的细节被忽略。1866 年，布拉维确立了 14 种点阵，称为布拉维点阵。基于反映点阵全部特征的单位平行六面体的形状对晶系进行分类，划分为如下点阵类型：三斜晶系包括一种简单三斜（aP）；单斜晶系包括简单单斜（mP）和底心单斜（mC）；正交晶系包括简单正交（oP）、底心正交（oC）、体心正交（oI）和面心正交（oF）；四方晶系包括简单四方（tP）和体心四方（tI）；三方（菱方）晶系包括简单菱方（hR）；六方晶系包括简单六方（hP）；立方晶系包括简单立方（cP）、体心立方（cI）和面心立方（cF）。

晶体的点阵结构同样具有周期性，相应的对称操作需要考虑点对称和平移对称，于是由所有可能的对称操作构成的群称为空间群，共有 230 种，分别属于

32 种点群。在各种对称操作中,点操作和平移操作的组合将衍生出 3 种复合对称操作:螺旋旋转、滑移反映和旋转反映[12]。

图 2-3 给出了晶系、布拉维点阵、晶体学点群和空间群之间的逻辑对应关系。在考虑宏观对称性和点对称操作情况下,七大晶系通过旋转、反映和反演等操作,组合出 32 种晶体学点群。在考虑晶体平移对称性情况下,七大晶系通过平移操作,演变出 14 种布拉维点阵。结合 32 种晶体学点群和 14 种布拉维点阵即可获得 73 种点式空间群。进一步考虑螺旋轴和滑移面两种非点式对称操作后即可由点式空间群推导出其他 157 种非点式空间群。总之,相对于布拉维点阵和晶体学点群,晶体学空间群需要点阵平移操作和非点阵平移操作。

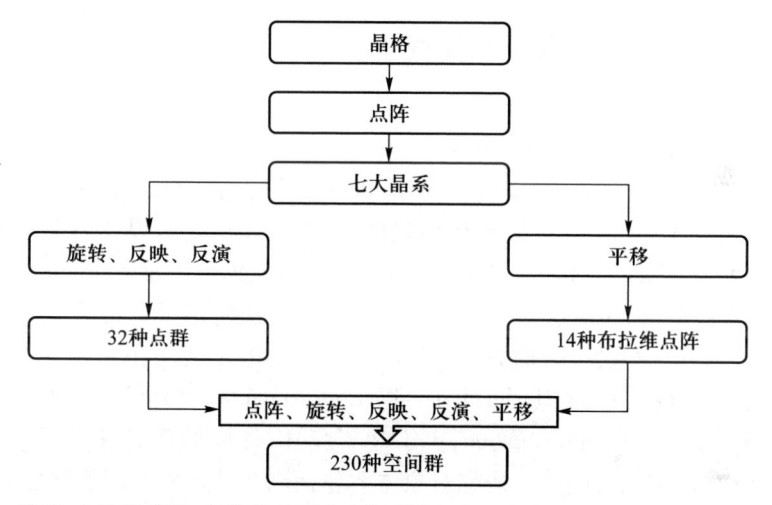

图 2-3 晶系、布拉维点阵、晶体学点群和空间群之间的逻辑对应关系

1) 二维晶体的点群与空间群

二维晶体有 5 种转动可能,构成了 C_1、C_2、C_3、C_4、C_6 5 种点群。添加镜面反映各只有一种可能,构成了 D_1、D_2、D_3、D_4、D_6 5 种点群。于是,二维点群共有 10 种。针对二维空间群,表征符号大致反映晶体的对称性:C 代表循环或转圈,D 代表二面角,p 代表初级,c 代表中心,m 代表镜面,g 代表滑移。对于二维晶体,共有 17 种空间群,排列如下[13]:点群 C_1、C_2、C_3、C_4、C_6 分别对应空间群 $p1$、$p2$、$p3$、$p4$、$p6$;点群 D_1 对应 3 种空间群 pm、pg 和 cm;点群 D_2 对应 4 种空间群 pmm、pmg、pgg 和 cmm;点群 D_3、D_4、D_6 分别对应空间群 $p31m$ 和 $p3m1$、$p4m$ 和 $p4g$、$6m$。

2) 三维晶体的点群与空间群

与二维晶体相比,三维晶体的对称操作增加了转动与镜面反映的组合。在 C 和 D 的基础上增加了可能镜面:v(垂直的)、d(对角的)和 h(水平的)。此外,还存在高对称组合：S(反射镜的)、T(四面体的)和 O(八面体的)。相应地，三维晶体的点群总结如下[13]：在 5 种转动操作(C_1、C_2、C_3、C_4、C_6)的基础上增加水平镜面 h 得 5 种 C_{nh}，增加垂直镜面 v 得 5 种 C_{nv}，共 15 种；在 5 种镜面操作(D_1、D_2、D_3、D_4、D_6)的基础上增加水平镜面 h 得 5 种 D_{nh}，增加对角镜面 d 得 5 种 D_{nd}，共 15 种；根据三维空间等价性 $C_{1v}=C_{1h}$、$D_1=C_2$、$D_{1h}=C_{2v}$、$D_{1d}=C_{2h}$，并且不允许 D_{4d} 和 D_{6d} 中的 8 重和 12 重转轴，排除 6 种，共得到 24 种点群；除以上点群外，还存在 8 种复杂的组合 S_2、S_4、S_6、T、T_h、T_d、O、O_h。综上，共有 32 种点群。点群与空间群的关系，来自晶体平移对称性的约束，关于三维晶体 32 种点群与 230 种空间群的对应关系可以参考相应晶体学文献[12]。

2.7　常用第一性原理计算软件

1. VASP 软件和 CASTEP 软件

VASP 是"Vienna *Ab-initio* Simulation Package"的简写形式，是由维也纳大学 Hafner 研究组开发的第一性原理计算软件。VASP 不仅可以基于各种交换关联泛函求解 Kohn-Sham 方程，而且可以在 Hartree-Fock 近似下求解 Roothaan 方程。在 VASP 软件中，描述电子与离子间相互作用的方法包括模守恒赝势(NCPP)、超软赝势(USPP)和投影缀加波(PAW)方法；描述电子之间相互作用的交换关联泛函包括局域密度近似(local density approximation，LDA)、广义梯度近似(generalized gradient approximation，GGA)、含动能密度的广义梯度近似(meta-GGA，MGGA)、杂化泛函等。研究对象主要包括周期性边界条件下处理的原子、分子、团簇、晶体和无定型材料等。功能涉及：单点能计算；几何结构优化；从头算分子动力学模拟；计算晶胞应力和弹性性质等力学量；搜索过渡态；计算波函数、能带、态密度、电荷密度等电子结构；计算生成热、自由能、焓等热力学量；计算状态方程、晶格动力学性质、光学性质、磁学性质等；计算紫外/可见光谱等光学性质；研究表面重构和表面态等。详情请见 VASP 官方网站[14]。

CASTEP 是"Cambridge Sequential Total Energy Package"的简写形式，是基于密度泛函理论的第一性原理计算软件。CASTEP 使用平面波基组，描述电子与离子间相互作用的方法主要包括考虑价电子的 NCPP 和 USPP 方法，交换关联泛函采用 LDA、GGA、MGGA 和杂化泛函等。CASTEP 的研究对象和基本功能与 VASP 的基本一致。详情请见 CASTEP 官方网站[15]。

2. Wien2K 软件

Wien2K 是维也纳工业大学 Blaha 等开发的基于密度泛函理论的第一性原理计算软件。该软件主要基于缀加平面波(augmented plane wave，APW)和局域轨道(local orbital，LO)方法，提供了最准确的全电子计算方案。在密度泛函方法中可以使用 LDA、GGA 和 MGGA 等交换关联泛函。其主要功能包括：计算态密度、能带、电子密度和自旋密度、Bader 电荷、费米表面、轨道极化等电子结构；计算总能量和原子受力；优化平衡结构和进行分子动力学模拟；计算电场梯度、异构体位移、超精细场、自旋极化和自旋-轨道耦合；计算光学特性等。该软件常被用于精确电子结构和磁学性质的计算。详情请见 Wien2K 官方网站[16]。

3. Quantum Espresso 软件

Quantum Espresso 是 Quantum 和 Espresso 的组合，后者是"Open Source Package for Research in Electronic Structure, Simulation, and Optimization"的简写形式，是基于密度泛函理论的第一性原理计算软件。该软件使用平面波基组和赝势。其主要功能包括：基态电子结构和能量计算；基于微扰线性响应理论计算声子色散曲线，支持三次非谐微扰理论；计算实空间的原子间力常数；计算介电常数以及有效 Born 电荷。支持从头算分子动力学（Car-Parrinello 分子动力学和 Born-Oppenheimer 分子动力学）模拟。支持各种结构优化方法，例如拟牛顿 BFGS（Broyden-Fletcher-Goldfarb-Shanno）条件的 GDIIS（geometry direct inversion in the iterative subspace）方法、阻尼动力学、离子共轭梯度最小化、投影速度 Verlet 算法、Born-Oppenheimer 弦动力学等。详情请见 Quantum Espresso 官方网站[17]。

4. Gaussian 软件

Gaussian 是一个功能强大的量子化学综合软件包，常与 Gaussview 联合使用，主要是在 Hartree-Fock 近似下求解 Roothaan 方程，支持多种基组的选择，同样支持基于密度泛函理论的 Kohn-Sham 方程的求解，可以大大减少计算时间，常用于非周期的分子体系的计算。其主要功能包括：搜索过渡态结构和反应路径；计算分子轨道和有效电荷；计算分子振动频率和光谱性质；研究热力学性质；计算基态或激发态性质等。另外，Gaussian 软件还支持大分子体系和周期体系的计算，通过自旋耦合常数确定构象，以及模拟溶剂效应等。详情请见 Gaussian 官方网站[18]。

参 考 文 献

[1] 张跃，谷景华，尚家香，等. 计算材料学基础[M]. 北京：北京航空航天大学出版社，2007.

[2] 达吾来提，王剑华，吕腾博. 关于量子力学中波函数有限性问题的思考[J]. 大学物理，2018，37(1)：11-13.

[3] 吴建琴，马晓栋. 全同性原理的一种诠释[J]. 新疆师范大学学报：自然科学版，2006，25(3)：65-66.

[4] 曾谨言. 量子力学[M]. 5版. 北京：科学出版社, 2014.

[5] 肖振军, 吕才典. 粒子物理学导论[M]. 北京：科学出版社, 2016.

[6] 张启仁. 量子力学[M]. 北京：科学出版社, 2002.

[7] 吉林大学, 封继康. 量子化学基本原理与应用[M]. 北京：高等教育出版社, 2017.

[8] Martin R M. Electronic structure：Basic theory and practical methods[M]. Cambridge：Cambridge University Press, 2004.

[9] 徐光宪, 黎乐民, 王德民. 量子化学：基本原理和从头计算法(上册)[M]. 2版. 北京：科学出版社, 2007.

[10] 刘妹琴, 徐炳吉. 最优控制方法与MATLAB实现[M]. 北京：科学出版社, 2019.

[11] 吕显瑞, 黄庆道. 最优控制理论基础[M]. 北京：科学出版社, 2008.

[12] 周公度, 段连运. 结构化学基础[M]. 4版. 北京：北京大学出版社, 2008.

[13] 曹则贤. 物理学咬文嚼字[M]. 合肥：中国科学技术大学出版社, 2019.

[14] University of Vienna. Vienna ab initio simulation package：Version 6.4.2[EB/OL]. (2023-07-10)[2023-10-25].

[15] Castep Developers Group. Cambridge sequential total energy package：Version 23.1[EB/OL]. (2023-06-28)[2023-10-25].

[16] Blaha P, Schwarz K. WIEN2k：Version 23.2[EB/OL]. (2023-02-07)[2023-10-25].

[17] Quantum Espresso Foundation. Open source package for research in electronic structure, simulation, and optimization：Version 7.2[EB/OL]. (2023-05-03)[2023-10-25].

[18] Gaussian Inc. Gaussian：Version B.01 and C.01[EB/OL]. (2023-08-31)[2023-10-25].

第 3 章
波函数方法和密度泛函理论

根据求解薛定谔方程过程中引入的经验或实验参数的程度,量子化学计算方法通常分为从头算波函数方法和半经验波函数方法。从头算波函数方法是根据量子力学基本原理和基本近似,不借助任何经验或实验参数而仅仅使用 5 个基本物理常数求解薛定谔方程的方法;而半经验波函数方法需要借助于经验或实验参数求解薛定谔方程。密度泛函理论和电子交换关联泛函的提出为多电子薛定谔方程的求解提供了新的途径。与基于 Hartree-Fock 方程的波函数方法采用波函数作为基本量求解薛定谔方程不同,基于 Kohn-Sham 方程的密度泛函方法采用电子密度作为求解薛定谔方程的基本量,从而大大简化了多电子薛定谔方程的求解问题。本章将主要介绍求解薛定谔方程的各种基本近似、理论依据、简化思路和具体步骤,涉及第一性原理计算的两方面基础内容:波函数方法和密度泛函理论[1]。

3.1 绝热近似

3.1.1 多粒子体系的薛定谔方程

1. 哈密顿算符

对于多粒子体系,哈密顿算符可以分解为三部分:所有粒子的动能、所有粒子的势能和外部作用势能。如果多粒子体系由 N_e 个电子和 N_n 个原子核构成,那么哈密顿算符 $\hat{H}$ 可以按照电子和原子核进行分解,表示如下:

$$\hat{H} = \hat{H}_e + \hat{H}_n + \hat{H}_{e-n} + \hat{H}_{ex} \tag{3-1}$$

式中,$\hat{H}_e$ 来源于电子的动能和势能;$\hat{H}_n$ 来源于原子核的动能和势能。下面给出这两项具体的形式,表示如下:

$$\hat{H}_\mathrm{e} = \hat{H}_\mathrm{e,kin} + \hat{H}_\mathrm{e-e} = \sum_{i=1}^{N_\mathrm{e}} \left(-\frac{\hbar^2}{2m_\mathrm{e}} \nabla_i^2 \right) + \sum_{i=1}^{N_\mathrm{e}} \sum_{j>i}^{N_\mathrm{e}} \frac{e^2}{4\pi\epsilon_0 r_{ij}} \tag{3-2}$$

式中,$\hat{H}_\mathrm{e,kin}$是电子的动能;$\hat{H}_\mathrm{e-e}$是电子之间的库仑势能;i 和 j 用来标记不同电子;∇_i^2 是电子的拉普拉斯算符,$\hbar$ 是约化普朗克常量,$\hbar = h/(2\pi)$(h 是普朗克常量);m_e 是电子质量;e 是电子电荷;r_{ij} 是电子之间的距离;ϵ_0 是介电常数。

$$\hat{H}_\mathrm{n} = \hat{H}_\mathrm{n,kin} + \hat{H}_\mathrm{n-n} = \sum_{\alpha=1}^{N_\mathrm{n}} \left(-\frac{\hbar^2}{2M_\alpha} \nabla_\alpha^2 \right) + \sum_{\alpha=1}^{N_\mathrm{n}} \sum_{\beta>\alpha}^{N_\mathrm{n}} \frac{Z_\alpha Z_\beta e^2}{4\pi\epsilon_0 R_{\alpha\beta}} \tag{3-3}$$

式中,$\hat{H}_\mathrm{n,kin}$是原子核的动能;$\hat{H}_\mathrm{n-n}$是原子核之间的库仑势能;α 和 β 用来标记不同原子核;∇_α^2 是原子核的拉普拉斯算符;M_α 是第 α 个原子核的质量;Z_α 和 Z_β 是核电荷数;$R_{\alpha\beta}$ 是原子核之间的距离。

式(3-1)右侧 $\hat{H}_\mathrm{e-n}$ 来源于电子和原子核之间的库仑相互作用能,表示如下:

$$\hat{H}_\mathrm{e-n} = -\sum_{i=1}^{N_\mathrm{e}} \sum_{\alpha=1}^{N_\mathrm{n}} \frac{Z_\alpha e^2}{4\pi\epsilon_0 r_{i\alpha}} \tag{3-4}$$

式中,$r_{i\alpha}$ 是电子与原子核之间的距离。

如果不考虑外场作用,即忽略式(3-1)右侧外部势能算符 $\hat{H}_\mathrm{ex}$,那么多粒子体系的哈密顿算符可以表示如下[2-3]:

$$\hat{H} = \sum_{\alpha=1}^{N_\mathrm{n}} \left(-\frac{\hbar^2}{2M_\alpha} \nabla_\alpha^2 \right) + \sum_{i=1}^{N_\mathrm{e}} \left(-\frac{\hbar^2}{2m_\mathrm{e}} \nabla_i^2 \right) - \sum_{i=1}^{N_\mathrm{e}} \sum_{\alpha=1}^{N_\mathrm{n}} \frac{Z_\alpha e^2}{4\pi\epsilon_0 r_{i\alpha}} + \sum_{i=1}^{N_\mathrm{e}} \sum_{j>i}^{N_\mathrm{e}} \frac{e^2}{4\pi\epsilon_0 r_{ij}} + \sum_{\alpha=1}^{N_\mathrm{n}} \sum_{\beta>\alpha}^{N_\mathrm{n}} \frac{Z_\alpha Z_\beta e^2}{4\pi\epsilon_0 R_{\alpha\beta}} \tag{3-5}$$

如果采用原子单位制,那么基本常数 m_e、$\hbar$、e、$4\pi\epsilon_0$ 都等于1,于是以上的哈密顿算符可以简化为

$$\hat{H} = \sum_{\alpha=1}^{N_\mathrm{n}} \left(-\frac{1}{2m_\alpha} \nabla_\alpha^2 \right) + \sum_{i=1}^{N_\mathrm{e}} \left(-\frac{1}{2} \nabla_i^2 \right) - \sum_{i=1}^{N_\mathrm{e}} \sum_{\alpha=1}^{N_\mathrm{n}} \frac{Z_\alpha}{r_{i\alpha}} + \sum_{i=1}^{N_\mathrm{e}} \sum_{j>i}^{N_\mathrm{e}} \frac{1}{r_{ij}} + \sum_{\alpha=1}^{N_\mathrm{n}} \sum_{\beta>\alpha}^{N_\mathrm{n}} \frac{Z_\alpha Z_\beta}{R_{\alpha\beta}} \tag{3-6}$$

式中,m_α 是原子核对电子的相对质量,$m_\alpha = M_\alpha/m_\mathrm{e}$。

2. 波函数和概率密度

基于 Born 的波函数统计诠释[4],量子力学中的波函数是表明粒子空间概率分布的概率波。对于 N 个粒子的体系,波函数表示如下:$\Psi(r_1, r_2, \cdots, r_i, \cdots, r_N)$,其中,$r_i$ 是粒子 i 的空间坐标,于是 $|\Psi(r_1, r_2, \cdots, r_i, \cdots, r_N)|^2$ 表示在 r_i 处找到粒

子 i 的概率。

由 N_e 个电子和 N_n 个原子核构成的多粒子体系的总波函数可以表示为电子坐标 $(r_1,r_2,\cdots,r_{N_e})$ 和原子核坐标 $(R_1,R_2,\cdots,R_{N_n})$ 的形式，如下：

$$\Psi=\Psi(r_1,r_2,\cdots,r_{N_e};R_1,R_2,\cdots,R_{N_n}) \tag{3-7}$$

如果限定电子 1 位于 r_1 处，而不限定其他电子和原子核的位置，那么这种情况出现的概率可以采用如下积分形式表示：

$$\begin{aligned}&P(r=r_1)\\&=\int|\Psi(r_1,r_2,\cdots,r_{N_e};R_1,R_2,\cdots,R_{N_n})|^2\mathrm{d}r_2,\cdots,\mathrm{d}r_{N_e},\mathrm{d}R_1,\mathrm{d}R_2,\cdots,\mathrm{d}R_{N_n}\end{aligned} \tag{3-8}$$

进一步由以上概率形式可以推导出多粒子体系中粒子概率密度 $\rho(r)$ 的表达式，表示如下：

$$\begin{aligned}\rho(r)=&P(r=r_1)+P(r=r_2)+\cdots+P(r=r_{N_e})+P(R=R_1)+\\&P(R=R_2)+\cdots+P(R=R_{N_n})\end{aligned} \tag{3-9}$$

3. 薛定谔方程

对于由电子和原子核构成的多粒子体系，如果用 r 和 R 分别表示所有电子坐标 $\{r_i\}$ 和所有原子核坐标 $\{R_\alpha\}$ 的集合，那么薛定谔方程可表示如下：

$$\hat{H}\Psi(r,R)=E\Psi(r,R) \tag{3-10}$$

式(3-10)构成了非相对论量子力学描述的基础。为了保证电子处于原子核附近而不被俘获，电子需要处于高速运动状态，于是，根据相对论原理，电子的有效质量 m_e 由运动速度 v 所决定，表示如下：

$$m_e=m_0c/\sqrt{c^2-v^2} \tag{3-11}$$

式中，m_0 是电子的静止质量；c 是真空中光速。当不考虑相对论效应时，电子的有效质量等同于其静止质量，即 $m_e=m_0$，称为非相对论近似。

除了以上非相对论近似，针对数量庞大的电子和原子核耦合体系，求解以上薛定谔方程同样过于复杂，必须进一步提出更合理的近似和简化。

3.1.2 电子与原子核运动的分离

在电子和原子核构成的多粒子体系的哈密顿算符 $\hat{H}$ 中，$\hat{H}_e$ 和 $\hat{H}_n$ 项分别只包含电子坐标 r 和原子核坐标 R，因此可以将其分离加以单独处理。然而，电子与原子核相互作用项 $\hat{H}_{e-n}$ 是由电子坐标和原子核坐标两者共同组成的，导致合并求解十分复杂，需要采用特定的近似进行简化处理。1927 年，Born 和 Oppenheimer 提出将电子运动和原子核运动分开处理的绝热近似，或称之为

Born-Oppenheimer 近似[5]。下面详细讨论该近似的物理背景和简化方案。

对于原子体系,如图 3-1 所示,存在如下事实[5]:原子核的质量 M_α 比电子的质量 m_e 大上万倍($\sim 10^4$),并且前者的运动速度远低于后者的运动速度。当小质量电子以相当高的速度绕着原子核运动时,大质量原子核以非常低的频率在平衡位置附近振动,随电子分布的变化而缓慢地变化;当原子核进行微小运动时,电子可以绝热地响应原子核位置的变化并迅速地加以调整,从而保证在任意确定的原子核排布情况下,电子都处于相应的运动状态。因此,原子核之间的相对运动取决于电子运动过程中相互作用的平均效果。由此可见,采用绝热近似可简化计算过程,其基本思想是:在考虑电子运动时,假定原子核处于其当前位置不动,即将电子的运动看成在固定的晶格中进行;而在考虑原子核的运动时,则将电子分布视为均匀电子气,并不需要考虑其具体的空间分布。

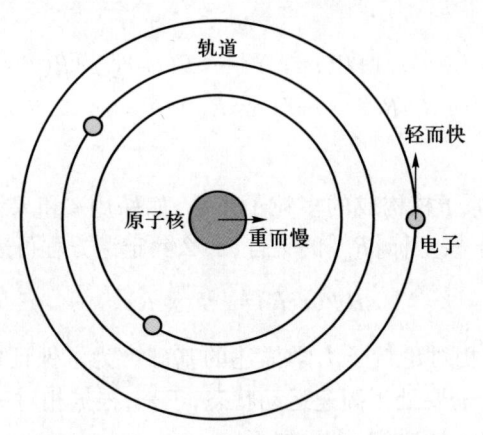

图 3-1 原子体系中电子的质量远远小于原子核的质量,但电子的运动速度却远远大于原子核的运动速度[5]

在绝热近似条件下,对于由原子核和电子构成的多粒子体系来说,其总波函数可以表示为原子核波函数和电子波函数的乘积,如下:

$$\Psi = \varphi(R)\psi(r;R) \tag{3-12}$$

式中,$\varphi(R)$ 是描述全部原子核运动状态的波函数;$\psi(r;R)$ 是描述全部电子运动状态的波函数。电子波函数 $\psi(r;R)$ 满足如下电子运动方程:

$$(\hat{H}_{e,\text{kin}} + \hat{H}_{e-e} + \hat{H}_{e-n})\psi = E_e \psi \tag{3-13}$$

在这种情形下,电子波函数中的原子核瞬时位置 R 只是一个固定参数。

基于以上求得的 E_e,写出原子核波函数 $\varphi(R)$ 满足的薛定谔方程,表示如下:

$$(\hat{H}_{n,kin}+\hat{H}_{n-n}+E_e)\varphi=E_n\varphi \tag{3-14}$$

该方程表示原子核在 $\hat{H}_{n-n}+E_e$ 构成的有效势场中运动。

根据以上描述可知,基于绝热近似求解薛定谔方程大体可分为如下两个步骤:首先求解电子体系的薛定谔方程,得到电子波函数 $\psi(r;R)$ 和电子总能量 E_e;然后以 E_e 与 $\hat{H}_{n-n}$ 之和作为有效势代入原子核体系的薛定谔方程,求解获得原子核运动波函数 $\varphi(R)$ 和体系的总能。当采用绝热近似时,电子的运动是相对于原子核瞬时位置而言的,其状态不会受到原子核运动的影响,即电子绝热于原子核的运动。如果假设原子核的动能可以忽略不计,那么整个体系的总能量就可以简化为以下两项:电子的总能量和原子核之间的库仑势能,表示如下[6]:

$$E_{tot}=E_e+E_n \tag{3-15}$$

式中,右侧第二项 E_n 表示如下:

$$E_n=\sum_{\alpha=1}^{N_n}\sum_{\beta>\alpha}^{N_n}\frac{Z_\alpha Z_\beta}{R_{\alpha\beta}} \tag{3-16}$$

在总能表达式(3-15)中,原子核的位置设定为固定的,这相当于体系处于热力学零度,对应的电子态为基态。从时间依赖性角度考虑,常见的分子或固体的性质大多属于稳态性质,即与时间无关,因此,应用基态性质是合理的;另外,从温度的依赖性角度考虑,基于谐振子模型的估算可以得出:室温的电子态和电子基态一般没有本质差别[6]。

3.2 波函数方法

对于多电子体系,求解薛定谔方程依然十分困难,为此需要基于多电子体系的特征进一步简化处理,即单电子近似的提出。单电子近似的主要思想可以描述如下[6]:对于 N 个电子的体系,每个电子都有特定的单电子波函数与之相联系,于是 N 个独立的以单电子坐标为变量的函数可以用来构造整个体系的电子波函数。在单电子近似的基础上,最早得以广泛应用的电子结构计算方法就是波函数方法,包括早期的 Hartree 方法和随后完善的 Hartree-Fock 方法。两者均是建立在单电子近似基础之上求解整个电子体系的波函数,如果不引入经验或实验参数,那么常称为从头计算波函数方法。1927 年,Hartree 首先提出采用多个单电子波函数的乘积来近似总的多电子波函数,即 Hartree 波函数,然后利用变分原理求得这些波函数所满足的多电子体系的薛定谔方程,这便是 Hartree 方程。而在 1930 年,Fock 指出 Hartree 波函数并不满足电子的交换反对称性条件,于是提出使用 Slater 行列式表示的波函数形式,并根据变分原理得到这些波函数所满足的薛定谔方程,从而建立了 Hartree-Fock 方程。下面针对这两种波函数方法加以介绍。

3.2.1　Hartree 方法

在绝热近似条件下,通过分离电子和原子核的运动可以得到如下形式的多电子薛定谔方程:

$$\hat{H}_e \psi = E\psi \tag{3-17}$$

式中,$\hat{H}_e$ 是多电子体系哈密顿算符,可以简化为如下形式:

$$\hat{H}_e = \sum_i \hat{H}_{ii} + \frac{1}{2}\sum_{i \neq j} \hat{H}_{ij} \tag{3-18}$$

式中,$\hat{H}_{ii}$ 称为单电子算符,包含电子动能和原子核对电子的作用势能两部分,表示如下:

$$\hat{H}_{ii} = -\frac{1}{2}\nabla_i^2 - \sum_{\alpha=1}^{N_n} \frac{Z_\alpha}{r_{i\alpha}} \tag{3-19}$$

式中,∇_i^2 是电子的拉普拉斯算符;N_n 是原子核的数目;Z_α 是核电荷数;$r_{i\alpha}$ 是电子和原子核之间的距离。

在式(3-18)中,$\hat{H}_{ij}$ 称为双电子算符,仅包含两个电子之间的作用势能,表示如下:

$$\hat{H}_{ij} = \frac{1}{r_{ij}} \tag{3-20}$$

式中,r_{ij} 是电子之间的距离。

如果去除式(3-18)中双电子算符 $\hat{H}_{ij}$,那么多电子薛定谔方程简化为如下形式:

$$\hat{H}_e \psi = \sum_i \hat{H}_{ii} \psi = E\psi \tag{3-21}$$

此方程描述的是无相互作用的自由电子在原子核产生的势场中的运动情况。

根据 Hartree 对波函数的描述,总的多电子波函数可以近似为各个单电子波函数的乘积,具体形式表示如下[7]:

$$\psi^H = \prod_{i=1}^n \psi_i(r_i) = \psi_1(r_1)\psi_2(r_2)\cdots\psi_i(r_i)\cdots\psi_n(r_n) \tag{3-22}$$

此波函数称为 Hartree 波函数,可以作为多电子薛定谔方程的近似解。

将以上 Hartree 波函数代入多电子薛定谔方程(3-21),经过变量分离,并且将总能表示为单电子能量之和，$E = \sum_i \varepsilon_i$，于是得到如下形式的单电子薛定谔方程：

$$\hat{H}_{ii}\psi_i(r_i) = \varepsilon_i \psi_i(r_i) \tag{3-23}$$

此方程为无相互作用的自由电子在原子核产生的势场中运动的单电子方程。

下面从 Hartree 波函数出发，通过总能的变分来推导具有更普遍意义的 Hartree 方程。

1. Hartree 总能

使用正交归一化的 Hartree 波函数 ψ^H 表示多电子体系的总能量期待值，如下[8]：

$$\begin{aligned} E &= \langle \psi^H | \hat{H} | \psi^H \rangle \\ &= \sum_i \langle \psi_i(r) | \hat{H}_{ii} | \psi_i(r) \rangle + \frac{1}{2}\sum_{i \neq j} \langle \psi_i(r)\psi_j(r') | \hat{H}_{ij} | \psi_i(r)\psi_j(r') \rangle \\ &= \sum_i \int dv \psi_i^*(r) \hat{H}_{ii} \psi_i(r) + \frac{1}{2}\sum_{i \neq j} \iint dv dv' \frac{\psi_i^*(r)\psi_j^*(r')\psi_i(r)\psi_j(r')}{|r-r'|} \end{aligned} \tag{3-24}$$

式中，右侧第一项是与电子动能和原子核作用势能相关的单电子能量，可用符号 H_{ii} 表示；右侧第二项是电子之间的库仑势能，可用符号 J_{ij} 表示，称为库仑积分；积分元为空间体积元 $dv = d^3r$ 或者 $dv = dxdydz$，其中，r 或者 (x, y, z) 代表电子的空间坐标；狄拉克右矢和左矢符号（$|\psi^H\rangle$ 和 $\langle\psi^H|$）分别表示波函数（ψ^H）及其共轭波函数。于是，电子体系总能量的期望值可简写为如下形式：

$$E = \sum_i H_{ii} + \frac{1}{2}\sum_{i \neq j} J_{ij} \tag{3-25}$$

式中，单电子能量 H_{ii} 表示如下：

$$H_{ii} = \int dv \psi_i^*(r) \left(-\frac{1}{2}\nabla^2 - \sum_\alpha \frac{Z_\alpha}{|r-R_\alpha|} \right) \psi_i(r) \tag{3-26}$$

库仑积分 J_{ij} 表示如下：

$$J_{ij} = \iint dv dv' \frac{\psi_i^*(r)\psi_j^*(r')\psi_i(r)\psi_j(r')}{|r-r'|} \tag{3-27}$$

2. Hartree 方程的变分推导

下面按照变分原理寻找最佳的 ψ_i 形式，在满足正交归一化条件 $\langle \psi_i | \psi_j \rangle = \delta_{ij}$ 情况下使得总能量最小，即 $\min\left\{\int dv \psi^{H*} \hat{H} \psi^H\right\}$。针对这个条件极值问题，需要

引入拉格朗日乘子 $\lambda_i = \varepsilon_i$，总能变分表示如下[8]：

$$\delta\left\{E - \sum_i \varepsilon_i\left[\int dv \psi_i^*(r)\psi_j(r) - 1\right]\right\} = 0 \qquad (3-28)$$

求解该条件极值的变分问题，可得如下单电子方程：

$$\left[-\frac{1}{2}\nabla^2 + V_{ne}(r) + V_H(r)\right]\psi_i(r) = \varepsilon_i \psi_i(r) \qquad (3-29)$$

式中，左侧第二项 $V_{ne}(r)$ 表示原子核的作用势项，如下：

$$V_{ne}(r) = -\sum_\alpha \frac{Z_\alpha}{|r - R_\alpha|} \qquad (3-30)$$

左侧第三项 $V_H(r)$ 表示其他电子的库仑作用势项，称为 Hartree 项，如下：

$$V_H(r) = \sum_{j \neq i} \int dv' \frac{\psi_j^*(r')\psi_j(r')}{|r - r'|} \qquad (3-31)$$

通常把式（3-29）称为 Hartree 方程。该方程描述了单电子在晶格势 $V_{ne}(r)$ 和所有其他电子的平均库仑势 $V_H(r)$ 中的运动状态，这种描述方式称为平均场近似。

下面进一步讨论 Hartree 方程中 Hartree 项的意义。将 Hartree 方程（3-29）中的 Hartree 项分解为如下形式[1]：

$$\begin{aligned}V_H(r)\psi_i(r) &= \sum_{j \neq i} \int dv' \frac{\psi_j^*(r')\psi_j(r')}{|r - r'|}\psi_i(r)\\ &= \sum_j \int dv' \frac{\psi_j^*(r')\psi_j(r')}{|r - r'|}\psi_i(r) - \\ &\quad \int dv' \frac{\psi_i^*(r')\psi_i(r')}{|r - r'|}\psi_i(r)\end{aligned} \qquad (3-32)$$

式中，右侧第一项表示一个电子与所有电子的相互作用，不仅包括其他电子而且包含其本身，即包含了自相互作用；右侧第二项则是电子与自身电荷分布之间的相互作用。

3.2.2 Hartree-Fock 方法

作为费米子的电子，仅仅使用空间坐标是不够的，还需要增加标记自旋状态的自旋坐标。虽然 Hartree 波函数描述的量子态满足泡利不相容原理，但是该波函数在处理电子交换上并不具备反对称特征。如果在单电子波函数中引入自旋坐标，那么总电子波函数可表示为如下连乘形式：$\psi = \prod_i \psi_i(q_i)$，其中，$q_i$ 包括第

i 个电子的空间坐标 r_i 和自旋坐标 s_i。由此可见,该波函数不满足电子交换反对称性,需要寻找满足交换反对称波函数。1926 年,Heisenberg 和 Dirac 分别独立地提出电子运动的波函数必须是反对称的,即电子交换导致相反的波函数符号,自然地满足泡利不相容原理,为此应该表示为行列式形式[9-10]。1929 年,Slater 提出表示反对称波函数的归一化行列式形式[11],1930 年,Fock 和 Slater 分别指出可以采用形如 Slater 行列式波函数来代替 Hartree 波函数[12-13]。

假定第 i 个电子在坐标 q_i 处的波函数包含了电子的空间坐标 r_i 和自旋坐标 s_i,即 $\psi_i(q_i)=\psi_i(r_i,s_i)=\psi_i(r_i)\sigma_i(s_i)$,这里 $\sigma_i(s_i)$ 是自旋波函数,那么总电子波函数可以表示如下[11-13]:

$$\psi^S = \frac{1}{\sqrt{N!}} \begin{vmatrix} \psi_1(q_1) & \psi_2(q_1) & \cdots & \psi_N(q_1) \\ \psi_1(q_2) & \psi_2(q_2) & \cdots & \psi_N(q_2) \\ \vdots & \vdots & & \vdots \\ \psi_1(q_N) & \psi_2(q_N) & \cdots & \psi_N(q_N) \end{vmatrix} \tag{3-33}$$

式中,右侧 $1/\sqrt{N!}$ 是归一化因子。该 Slater 行列式波函数不仅能够通过限制行列式的两列不能相等来满足泡利不相容原理,而且能够通过交换行列式的两行来实现电子交换反对称性,与之对应的电子相互作用称为交换相互作用。

下面从 Slater 行列式波函数出发,通过总能的变分来推导 Hartree-Fock 方程。

1. Hartree-Fock 总能

以 Slater 行列式波函数 ψ^S 来表示电子体系的总能量期待值[6,8],如下:

$$\begin{aligned} E &= \langle \psi^S | \hat{H} | \psi^S \rangle \\ &= \sum_i \langle \psi_i(q) | \hat{H}_{ii} | \psi_i(q) \rangle + \\ &\quad \frac{1}{2} \sum_{i \neq j} \langle \psi_i(q)\psi_j(q') | \hat{H}_{ij} | \psi_i(q)\psi_j(q') \rangle \\ &= \sum_i \int d\tau \psi_i^*(q) \hat{H}_{ii} \psi_i(q) + \\ &\quad \frac{1}{2} \sum_{i \neq j} \iint d\tau d\tau' \frac{\psi_i^*(q)\psi_j^*(q')\psi_i(q)\psi_j(q')}{|r-r'|} - \\ &\quad \frac{1}{2} \sum_{i \neq j} \iint d\tau d\tau' \frac{\psi_i^*(q)\psi_j^*(q')\psi_i(q')\psi_j(q)}{|r-r'|} \end{aligned} \tag{3-34}$$

式中,右侧第一项是与电子动能和原子核作用势能相关的单电子能量,可用符号 H_{ii} 表示;右侧第二项是电子之间的库仑势能,用符号 J_{ij} 表示,称为库仑积分;右侧第三项是电子交换反对称性导致的电子交换能,用符号 K_{ij} 表示,称为交换积分；在这里需要考虑自旋情况，积分元表示为 $\mathrm{d}\tau = \mathrm{d}^3 r \mathrm{d}s$ 或者 $\mathrm{d}\tau = \mathrm{d}x\mathrm{d}y\mathrm{d}z\mathrm{d}s$，其中，$r$ 或者 (x,y,z) 代表电子的空间坐标，s 代表自旋坐标。于是，电子体系总能量的期望值可简写为如下形式[14]：

$$E = \sum_i H_{ii} + \frac{1}{2}\sum_{i\neq j}(J_{ij} - K_{ij}) \tag{3-35}$$

式中，单电子能量 H_{ii} 的表达式已在 Hartree 方程推导中给出，表示如下：

$$H_{ii} = \int \mathrm{d}\tau \psi_i^*(q)\left[-\frac{1}{2}\nabla^2 - \sum_\alpha \frac{Z_\alpha}{|r - R_\alpha|}\right]\psi_i(q) \tag{3-36}$$

库仑积分 J_{ij} 的表达式同样在 Hartree 方程推导中给出，表示如下：

$$J_{ij} = \iint \mathrm{d}\tau \mathrm{d}\tau' \frac{\psi_i^*(q)\psi_j^*(q')\psi_i(q)\psi_j(q')}{|r - r'|} \tag{3-37}$$

交换积分 K_{ij} 是 Hartree 方程中没有出现的新项，表示如下：

$$K_{ij} = \iint \mathrm{d}\tau \mathrm{d}\tau' \frac{\psi_i^*(q)\psi_j^*(q')\psi_i(q')\psi_j(q)}{|r - r'|} \tag{3-38}$$

需要注意的是，K_{ij} 是一个无法用物理量简单解释的参量，其形式与 J_{ij} 相似，但是波函数 ψ_i 和 ψ_j 是交换的。两者都属于电子之间库仑作用能。当 $i = j$ 时，$J_{ij} = K_{ij}$，说明电子与自身的相互作用对总能量贡献为零。由于自旋部分的正交性，K_{ij} 只能对自旋平行的电子求积分不为零，因此交换只在具有相同自旋的电子之间起作用。

2. Hartree-Fock 方程的变分推导

下面按照变分原理寻找最佳的 ψ_i 形式，在满足正交归一化条件 $\langle \psi_i | \psi_j \rangle = \delta_{ij}$ 情况下使得总能量最小，即 $\min\left\{\int \mathrm{d}\tau \psi^{S*}\hat{H}\psi^S\right\}$。针对这个条件极值问题，需要引入拉格朗日乘子 λ_{ij}，总能变分表示如下[6,15]：

$$\delta\left\{E - \sum_{i,j}\lambda_{ij}\left[\int \mathrm{d}\tau \psi_i^*(q)\psi_j(q) - \delta_{ij}\right]\right\} = 0 \tag{3-39}$$

求解该条件极值的变分问题，可得如下关系式：

$$\hat{H}_{ii}\psi_i(q) + \sum_j \int \mathrm{d}\tau' \frac{\psi_j^*(q')\psi_j(q')}{|r-r'|}\psi_i(q) - \sum_{j,\parallel}\int \mathrm{d}\tau' \frac{\psi_j^*(q')\psi_i(q')}{|r-r'|}\psi_j(q)$$
$$= \sum_j \lambda_{ij}\psi_j(q) \tag{3-40}$$

等式右侧可以通过幺正变换使得拉格朗日乘子对角化，即 $\lambda_{ij} = \delta_{ij}\varepsilon_i$，于是上式变为如下形式：

$$\hat{H}_{ii}\psi_i(q) + \sum_j \int d\tau' \frac{\psi_j^*(q')\psi_j(q')}{|r-r'|}\psi_i(q) - \sum_{j,\parallel} \int d\tau' \frac{\psi_j^*(q')\psi_i(q')}{|r-r'|}\psi_j(q)$$
$$= \varepsilon_i \psi_i(q) \tag{3-41}$$

该方程就是完整的 Hartree-Fock 方程。

在忽略自旋-轨道相互作用的情况下，可以将 $\psi_i(q)$ 表示为空间坐标波函数 $\psi_i(r)$ 和自旋波函数 $\sigma_i(s)$ 的乘积，即 $\psi_i(q)=\psi_i(r)\sigma_i(s)$。由于求解过程中自旋函数的正交性带来左侧第二项的自旋求和为零，而且第三项仅包含自旋相同的电子的求和，因此可用 r_i 代替 q_i。于是，得到如下空间坐标形式的方程：

$$\hat{H}_{ii}\psi_i(r) + \sum_j \int dv' \frac{\psi_j^*(r')\psi_j(r')}{|r-r'|}\psi_i(r) - \sum_{j,\parallel} \int dv' \frac{\psi_j^*(r')\psi_i(r')}{|r-r'|}\psi_j(r)$$
$$= \varepsilon_i \psi_i(r) \tag{3-42}$$

该式常被称为空间坐标形式的 Hartree-Fock 方程。左侧后两项分别对应电子之间的库仑势 $V_H(r)$ 和电子之间的交换势 $V_x(r)$，于是上式可简写为如下形式：

$$\left[-\frac{1}{2}\nabla^2 + V_{ne}(r) + V_H(r) + V_x(r)\right]\psi_i(r) = \varepsilon_i \psi_i(r) \tag{3-43}$$

式中，左侧中括号中，前三项表达式已在 Hartree 方程推导中给出，第四项 $V_x(r)$ 是 Fock 引入的交换项。$V_H(r)$ 和 $V_x(r)$ 合并起来称为 Hartree-Fock 势，表示为 $V_{HF}(r)$，于是，上式可简写为如下形式：

$$\left[-\frac{1}{2}\nabla^2 + V_{ne}(r) + V_{HF}(r)\right]\psi_i(r) = \varepsilon_i \psi_i(r) \tag{3-44}$$

式中，$V_{HF}(r)$ 表示所有其他电子对电子 i 的平均库仑作用势，表示如下：

$$V_{HF}(r) = \sum_{j \neq i}\left[\hat{J}_j(r) - \hat{K}_j(r)\right] \tag{3-45}$$

式中，库仑算符 $\hat{J}_j(r)$ 表示如下：

$$\hat{J}_j(r)\psi_i(r) = \int dv' \frac{\psi_j^*(r')\psi_j(r')}{|r-r'|}\psi_i(r) \tag{3-46}$$

交换算符 $\hat{K}_j(r)$ 表示如下：

$$\hat{K}_j(r)\psi_i(r) = \int dv' \frac{\psi_j^*(r')\psi_i(r')}{|r-r'|}\psi_j(r) \tag{3-47}$$

如果将式(3-44)左侧中括号中的部分表示为一个算符，称为 Fock 算符，表示如下：

$$\hat{F} = -\frac{1}{2}\nabla^2 + V_{ne}(r) + V_{HF}(r) \tag{3-48}$$

那么，式(3-44)可进一步简写为如下形式：

$$\hat{F}\psi_i(r) = \varepsilon_i \psi_i(r) \tag{3-49}$$

该式称为 Hartree-Fock 方程。

下面讨论由 Hartree-Fock 方程得到的单电子能量 ε_i，表示如下[14]：

$$\begin{aligned}
\varepsilon_i &= H_{ii} + \sum_j (J_{ij} - K_{ij}) \\
&= \int dv \psi_i^*(r) \hat{H}_{ii} \psi_i(r) + \\
&\quad \sum_j \iint dv dv' \frac{\psi_i^*(r)\psi_j^*(r')\psi_i(r)\psi_j(r')}{|r-r'|} - \\
&\quad \sum_{j,\parallel} \iint dv dv' \frac{\psi_i^*(r)\psi_j^*(r')\psi_i(r')\psi_j(r)}{|r-r'|}
\end{aligned} \tag{3-50}$$

将上面单电子能量同电子体系总能期望值比较，可得电子体系总能量 E 和单电子能量 ε_i 之间的关系，表示如下：

$$\begin{aligned}
E &= \sum_i \varepsilon_i - \frac{1}{2}\sum_{i,j}(J_{ij} - K_{ij}) \\
&= \sum_i \varepsilon_i - \frac{1}{2}\sum_{i,j} \iint dv dv' \frac{\psi_i^*(r)\psi_j^*(r')\psi_i(r)\psi_j(r')}{|r-r'|} + \\
&\quad \frac{1}{2}\sum_{i,j,\parallel} \iint dv dv' \frac{\psi_i^*(r)\psi_j^*(r')\psi_i(r')\psi_j(r)}{|r-r'|}
\end{aligned} \tag{3-51}$$

此式表明电子体系的总能量 E 并不等于单电子能量 ε_i 之和，即 $E \neq \sum_i \varepsilon_i$。

由于自旋平行电子无法同时存在于同一空间轨道上，因此处于相对距离较近的概率是很小的，这种现象称为自旋相关。另外，空间中发现一个电子 1 在 dv 处的概率和另一个电子 2 是否在 dv 处以及电子 2 与 dv 的距离直接相关。如果电子 2 在 dv 处，则电子 1 在 dv 处的概率等于零；而如果电子 2 与 dv 之间的距离很近，则电子 1 出现在 dv 处的概率就比较小，这种现象称为库仑相关。由于单电子近似认为电子的运动是彼此独立的，因此该近似的主要问题在于忽略了电子相关（关联）效应。Hartree-Fock 方程虽然没有显式考虑电子关联效应，但是由于采用了满足泡利不相容原理的反对称波函数，因此实际上已经自动地包含了自旋相关，这一点是与 Hartree 近似存在本质差别的地方。Hartree-Fock 近似虽然已经考虑了自旋相关，但是库仑相关还未考虑，将在后面章节介绍。

3. Hartree-Fock 方程的求解流程

与求解 Hartree 方程类似，非线性 Hartree-Fock 方程通常采用自洽场方法求解。图 3-2 给出了 Hartree-Fock 方程自洽场方法实现的基本步骤，具体描述如下[16-17]：

（1）设置计算体系的核坐标、核电荷数和电子数，以及一组初始单电子波函数 $\psi_i(r)$。

（2）计算两个电子作用算符：库仑算符 $\hat{J}_j(r)$ 和交换算符 $\hat{K}_j(r)$，据此构造出 Hartree-Fock 势 $V_{HF}(r)$。

（3）计算电子和原子核之间的库仑作用势 $V_{ne}(r)$，结合以上获得的 $V_{HF}(r)$ 构造出 Fock 算符 $\hat{F}$，并确定 Hartree-Fock 方程。

（4）求解 Hartree-Fock 方程获得一组新的单电子波函数 $\psi_i(r)$。

（5）比较初始电子波函数和新的电子波函数，判断两者之差是否满足收敛标准。

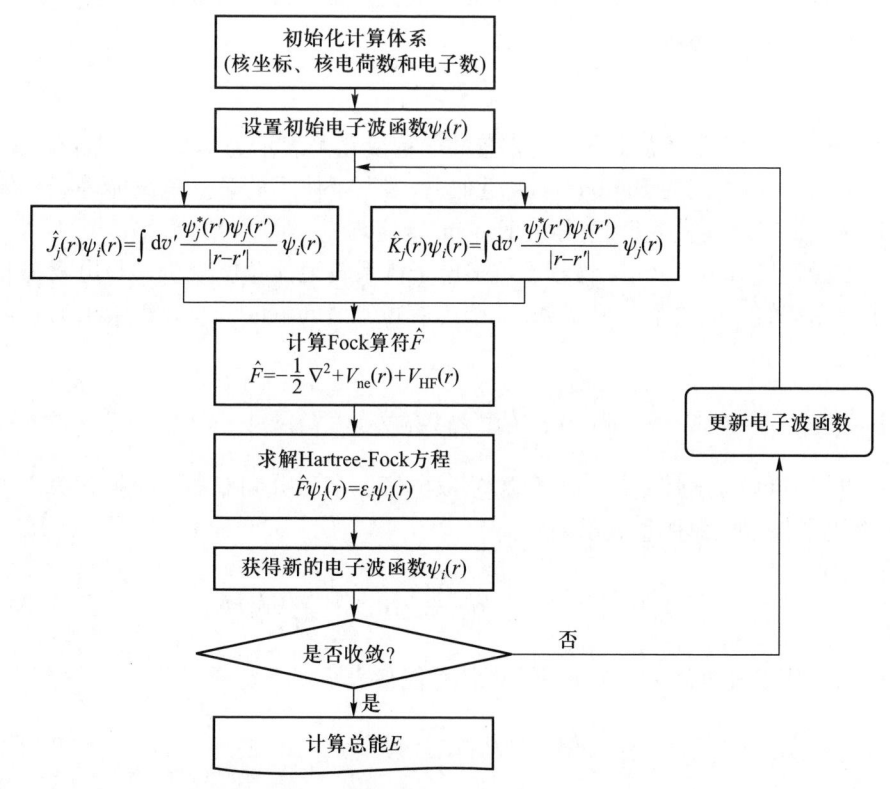

图 3-2 Hartree-Fock 方程的自洽求解流程图[16-17]

（6）如果电子波函数的差异大于阈值，表明体系未达到自洽收敛标准，那么需要更新电子波函数并返回步骤(2)。

（7）如果电子波函数的差异小于阈值，表明体系已经达到自洽收敛标准，那么新的电子波函数就是 Hartree-Fock 方程本征函数，由此计算输出总能 E。

3.2.3　Koopmans 定理

1934 年，Koopmans 首次揭示了电离势(ionization potential，IP)和电子亲和势(electron affinity，EA)与轨道能量之间的对应关系[18]。电离势指的是从多电子体系的某个轨道上电离出一个电子需要的能量，而电子亲和势指的是将一个电子增加到多电子体系的某个轨道上需要的能量[19]。

对于具有庞大数量电子的体系，如果从体系中移去一个电子 i，并不影响其他电子波函数 $\psi_j(j \neq i)$，那么总能量的变化可以表示如下：

$$\Delta E = \langle \psi' | \hat{H} | \psi' \rangle - \langle \psi | \hat{H} | \psi \rangle \tag{3-52}$$

式中，ψ 和 ψ' 分别是完整电子体系移除电子前、后的 Slater 行列式波函数。于是，从该体系中移走一个电子导致的能量改变正好等于 Hartree-Fock 方程的本征值 ε_i 的负值，表示如下：

$$\varepsilon_i = -\Delta E \tag{3-53}$$

也就是说，将一个电子从 i 态移到 k 态的能量变化可表示为本征值之差：$\varepsilon_k - \varepsilon_i$。由此可见，在闭壳层的 Hartree-Fock 近似下，多电子体系的第一电离能等于该体系最高占据轨道能量的负值，称为 Koopmans 定理[18]。

下面就从 Hartree-Fock 方程求解多电子体系轨道能角度分析其与电离势和电子亲和势的对应关系。根据 3.2.2 节内容可知，Hartree-Fock 方程给出的轨道能量表示如下[16]：

$$\varepsilon_i = H_{ii} + \sum_j (J_{ij} - K_{ij}) \tag{3-54}$$

式中，H_{ii}、J_{ij} 和 K_{ij} 分别对应单电子能量、双电子库仑积分和双电子交换积分。于是，多电子体系的总能量表示如下：

$$E = \sum_i H_{ii} + \frac{1}{2} \sum_{i,j} (J_{ij} - K_{ij}) = \sum_i \varepsilon_i - \frac{1}{2} \sum_{i,j} (J_{ij} - K_{ij}) \tag{3-55}$$

（1）从该轨道移除一个电子后的体系能量表示如下：

$$E' = E - H_{ii} - \sum_j (J_{ij} - K_{ij}) \tag{3-56}$$

于是，根据电离势 IP 的定义可知，IP 就是 E 和 E' 的能量之差，表示如下：

$$\text{IP} = E' - E = -H_{ii} - \sum_j (J_{ij} - K_{ij}) = -\varepsilon_i \tag{3-57}$$

该式表明,电离势就是占据轨道能量的负值,称为狭义 Koopmans 定理。需要注意的是,由于电离势对应的是电子体系的固定轨道,因此由 Hartree-Fock 自洽场方法计算得到的 Hartree-Fock 轨道能要比电离势更低。在 Hartree-Fock 近似下,如果假定电离前后轨道不发生改变,那么 Koopmans 定理精确成立。基于 Hartree-Fock 方法得到的电离势存在误差的来源可以分为两类:① 轨道弛豫带来的误差,指的是 Fock 算符与 Hartree-Fock 轨道随着电子数目的变化而发生变化;② 电子关联带来的误差,指的是使用 Fock 算符和 Slater 行列式波函数进行自洽求解会带来电子关联的误差。

(2) 同样,将一个电子添加到空轨道后的电子体系能量表示如下[16,20]:

$$E'' = E + H_{ii} + \sum_j (J_{ij} - K_{ij}) \tag{3-58}$$

于是,根据电子亲和势 EA 的定义可知,EA 就是 E 和 E'' 的能量之差,表示如下:

$$\text{EA} = E - E'' = -H_{ii} - \sum_j (J_{ij} - K_{ij}) = -\varepsilon_i \tag{3-59}$$

该式表明,电子亲和势就是最低未占据的轨道能量的负值,也称为狭义 Koopmans 定理。由于 Hartree-Fock 自洽场计算产生的轨道弛豫效应对未占据的最低轨道影响很小,因此由 Hartree-Fock 自洽场方法给出的最低未占据轨道能量接近于电子亲和势的负值。

3.2.4 Hartree-Fock 方法小结

多电子体系的哈密顿量包含电子-电子相互作用,无法进行严格求解,必须引入各种近似。针对该问题,Hartree 首先提出以单电子波函数的乘积形式来构建总电子波函数作为变分求解的试探波函数,称为 Hartree 波函数。基于 Hartree 波函数、平均场理论和变分原理推导得到 Hartree 单电子方程,其中电子受其他所有电子的作用可以近似为平均场对电子的作用,即所谓的平均场近似。因为 Hartree 波函数不能合理描述电子交换反对称性及其能量贡献,所以 Fock 和 Slater 提出采用 Slater 行列式波函数替换 Hartree 波函数作为试探波函数。基于 Slater 行列式波函数和变分原理可以推导得到 Hartree-Fock 方程,其中增加了交换相互作用项,对于电子波函数的描述是一种改进。根据 Hartree-Fock 方程求解得到的电子体系总能量并不等于该方程的能量本征值总和,也就是说电子体系总能量并非单电子能量的总和。但是,将一个电子从整个电子体系中移走所导致的能量变化正好是 Hartree-Fock 方程的能量本征值,这就是 Koopmans 定理。

尽管 Hartree-Fock 方法相较于 Hartree 方法有了很大的改进,但是仍然存在诸多问题。首先 Hartree-Fock 方法仅仅考虑了电子交换作用带来的能量贡献,而忽略了电子关联作用的能量贡献。其次,作为基本的波函数方法,Hartree-Fock 方法往往仅限于电子数较少的体系的求解,但是对于电子数较多的体系,由于计算量随着电子数的增多呈指数增加,因此求解变得非常困难。另外,对于一些金属费米能和半导体能带的计算,Hartree-Fock 方法仍然不能给出与实验方法具有较好一致性的结果。总之,Hartree-Fock 方法的这些不足在很大程度上促成了密度泛函方法的产生。

3.3 密度泛函理论

1927 年,Thomas 和 Fermi 提出了早期的密度泛函概念[21-22],即均匀电子气的电子态被假定为基于电子密度的薛定谔方程的解。这个早期概念为求解复杂分子体系或固体体系的电子态提供了另一种途径,即基于电子密度的薛定谔方程。相应地,Thomas 给出了电子密度的动能泛函,表示如下:

$$T[\rho] = \frac{3}{10}(3\pi^2)^{2/3}\int dv [\rho(r)]^{5/3} \tag{3-60}$$

式中,$\rho(r)$ 是电子密度分布函数;积分元 $dv = d^3 r = dxdydz$。该动能泛函提供了局域密度近似(LDA)的早期版本。之后,Fermi 利用费米统计独立地导出了与 Thomas 相同的动能泛函,并在 Hartree 方法的基础上将哈密顿算符仅表示为电子密度的泛函,提出了 Thomas-Fermi 方法[23]。

源于 Thomas-Fermi 的密度泛函概念,1964 年,Hohenberg 和 Kohn 在非均匀电子气理论基础之上提出完备的密度泛函理论[24]。该理论的核心思想可以概述为:粒子数密度分布可以用来描述分子体系或固体体系的基态,且体系的力学量可表示为基态粒子数密度的泛函形式。Hohenberg-Kohn 密度泛函理论包括以下两个定理:① 对于不考虑自旋情况的全同费米子构成的粒子体系,其基态能量可以表示为粒子数密度 $\rho(r)$ 的唯一泛函形式;② 如果体系的粒子数保持不变,那么该体系的基态能量可以通过能量泛函 $E[\rho]$ 对粒子数密度 $\rho(r)$ 取极小值得到。密度泛函理论不仅将多电子求解问题简化为单电子求解问题,而且为求解分子体系或固体体系的电子结构和能量提供了有效途径。

3.3.1 Hohenberg-Kohn 定理

对于分子体系或固体体系中的电子,原子核对电子的作用势称为晶格势,与外部电场和磁场等一起属于外场。在仅考虑晶格势的情况下,能量的泛函可分为电子动能项、电子相互作用势能项和晶格势能项。

(1) 证明 Hohenberg-Kohn 定理的第一条。该定理说明粒子数密度是确定体系基态性质的基本量,即体系的所有基态性质,如能量、应力、模量,以及所有算符的期望值都由该粒子数密度唯一确定。

在非简并情况下,假设存在两个不同的晶格势 $V_{ne}(r)$ 和 $V'_{ne}(r)$,体系具有相同的电子密度 $\rho(r)=\rho'(r)$。对应的哈密顿算符分别表示为 $\hat{H}$ 和 $\hat{H}'$,基态波函数分别为 ψ 和 ψ',能量期望值分别为 $E=\langle\psi|\hat{H}|\psi\rangle$ 和 $E'=\langle\psi'|\hat{H}'|\psi'\rangle$。

根据变分原理,对于哈密顿算符 $\hat{H}$ 对应的基态波函数 ψ,能量期望值满足如下关系式:

$$\begin{aligned} E &= \langle\psi|\hat{H}|\psi\rangle < \langle\psi'|\hat{H}|\psi'\rangle \\ &= \langle\psi'|\hat{H}'|\psi'\rangle + \langle\psi'|\hat{H}-\hat{H}'|\psi'\rangle \\ &= E' + \langle\psi'|\hat{H}-\hat{H}'|\psi'\rangle \end{aligned} \tag{3-61}$$

将右侧两个哈密顿算符展开成晶格势的形式,表示如下:

$$\langle\psi'|\hat{H}-\hat{H}'|\psi'\rangle = \int dv \rho(r) [V_{ne}(r)-V'_{ne}(r)] \tag{3-62}$$

于是,将式(3-62)代入不等式(3-61),得到如下关系式:

$$E < E' + \int dv \rho(r) [V_{ne}(r)-V'_{ne}(r)] \tag{3-63}$$

同样,对于哈密顿算符 $\hat{H}'$ 对应的基态波函数 ψ',能量期望值满足如下关系式:

$$\begin{aligned} E' &= \langle\psi'|\hat{H}'|\psi'\rangle < \langle\psi|\hat{H}'|\psi\rangle \\ &= \langle\psi|\hat{H}|\psi\rangle + \langle\psi|\hat{H}'-\hat{H}|\psi\rangle \\ &= E + \langle\psi|\hat{H}'-\hat{H}|\psi\rangle \end{aligned} \tag{3-64}$$

将右侧两个哈密顿算符展开成晶格势的形式,表示如下:

$$\langle\psi|\hat{H}'-\hat{H}|\psi\rangle = \int dv \rho(r) [V'_{ne}(r)-V_{ne}(r)] \tag{3-65}$$

于是,将式(3-65)代入不等式(3-64),得到如下关系式:

$$E' < E + \int dv \rho(r) [V'_{ne}(r)-V_{ne}(r)] \tag{3-66}$$

将式(3-63)和式(3-66)左右两侧分别相加,积分项相消得到如下关系式:

$$E+E' < E'+E \tag{3-67}$$

很明显,关系式(3-67)并不成立,表明:基态能量是电子密度 $\rho(r)$ 的唯一泛函。

(2) 证明 Hohenberg-Kohn 定理的第二条。在非简并情况下,如果电子体系

仅受到晶格势 $V_{ne}(r)$ 的作用,其基态波函数表示为 ψ,相应的电子密度为 $\rho(r)$,那么该体系的基态能量可表示为电子密度泛函,即 $E_G[\rho]$。定义一个与外场无关的电子密度泛函 $F[\rho] = \langle \psi | \hat{T} + \hat{V}_{ee} | \psi \rangle$,其中,$\hat{T}$ 是电子动能算符,$\hat{V}_{ee}$ 是电子之间相互作用势能算符。

在电子密度保持不变的情况下,根据变分原理,任意波函数 ψ' 的能量期望值 $E[\psi']$ 可以展开为如下形式:

$$E[\psi'] = \langle \psi' | \hat{T} + \hat{V}_{ee} | \psi' \rangle + \langle \psi' | \hat{V}_{ne} | \psi' \rangle \tag{3-68}$$

如果波函数 ψ' 是基态波函数 ψ,那么上式取极小值,体系基态的能量期望值表示如下:

$$E[\psi] = \langle \psi | \hat{T} + \hat{V}_{ee} | \psi \rangle + \langle \psi | \hat{V}_{ne} | \psi \rangle = F[\rho] + \int dv V_{ne}(r) \rho(r) = E_G[\rho] \tag{3-69}$$

假定波函数 ψ' 是与另一个晶格势 $V'_{ne}(r)$ 相对应的基态波函数,电子密度为 $\rho'(r)$,基态能量的电子密度泛函为 $E_G[\rho']$。于是,波函数 ψ' 的能量期望值 $E[\psi']$ 必是电子密度 $\rho'(r)$ 的泛函,表示如下:

$$\begin{aligned} E[\psi'] &= \langle \psi' | \hat{T} + \hat{V}_{ee} | \psi' \rangle + \langle \psi' | \hat{V}'_{ne} | \psi' \rangle \\ &= F[\rho'] + \int dv V'_{ne}(r) \rho'(r) \\ &= E_G[\rho'] \end{aligned} \tag{3-70}$$

对于任意一个与基态不同的电子密度 $\rho'(r) \neq \rho(r)$,依照变分原理,必然存在一个与基态波函数不同的波函数 $\psi' \neq \psi$,其能量期望值满足如下关系式:

$$E[\psi'] > E[\psi] \tag{3-71}$$

由此可见,对于与所有晶格势 $V'_{ne}(r)$ 相关联的电子密度 $\rho'(r)$ 来说,$E[\psi]$ 为极小值。换句话说,确定了基态电子密度,就确定了能量泛函的极小值 $E_G[\rho]$。

总之,Hohenberg-Kohn 定理说明了粒子数密度 $\rho(r)$ 是确定多粒子体系基态性质的基本量,如果能够获得关于粒子数密度 $\rho(r)$ 的能量泛函,那么通过能量泛函对粒子数密度的变分就可以获得基态的结构和性质。

3.3.2 Kohn-Sham 方程

Hohenberg-Kohn 定理给出了复杂多粒子体系基态能量可以表示为粒子数密度的泛函,从而大大降低了求解薛定谔方程的难度,但是该定理并没有给出具体的泛函形式,也没有给出获取电子密度的具体方法。Kohn-Sham 方程为使用 Hohenberg-Kohn 定理具体求解薛定谔方程提供了有效途径。下面详细推导

Kohn-Sham 方程并给出求解流程[25-26]。

1. Kohn-Sham 总能表达式

从 Kohn-Sham 总能表达式推导开始，首先将真实电子体系中不需要使用密度泛函理论就可以精确计算的能量分离出来，然后添加难以求解的能量泛函项。为此，可以定义一个参考的非相互作用虚拟电子体系，其基态电子密度为 $\rho_r(r)$，该电子密度与真实电子体系的基态电子密度 $\rho_0(r)$ 完全相同，即 $\rho_r(r) = \rho_0(r)$。对于非相互作用的虚拟电子体系，能量泛函很容易被精确求解，与真实电子体系的偏差可以归到额外的能量泛函项中。真实电子体系的基态总能量可以分解为电子的动能、原子核对电子的作用势能和电子之间的作用势能三部分，表示如下[8,26]：

$$E_0 = T[\rho_0] + E_{ne}[\rho_0] + E_{ee}[\rho_0] \tag{3-72}$$

式中，每部分能量都表示为基态电子密度 $\rho_0(r)$ 的函数，可用一个算符相对应。

（1）处理能量方程中最容易求解的原子核-电子势能项 $E_{ne}[\rho_0]$。原子核对电子的作用势能是与所有电子相互作用的总和，对应的算符表示如下：

$$\hat{V}_{ne} = \sum_i \sum_\alpha \frac{Z_\alpha}{|r_i - R_\alpha|} = \sum_i V_{ne}(r_i) \tag{3-73}$$

式中，$\frac{Z_\alpha}{|r_i - R_\alpha|}$ 是电子 i 与原子核 α 之间的相互作用势；$V_{ne}(r_i)$ 是电子 i 与所有原子核之间的相互作用势。由于存在如下变换关系式：$\int d\tau \psi_i^{KS}(r) \sum_i f(r_i) \psi_i^{KS}(r) = \int dv \rho(r) f(r)$，其中，$\psi_i^{KS}(r)$ 是 Kohn-Sham 轨道波函数，$f(r_i)$ 是电子 i 空间坐标的函数，左侧对 Kohn-Sham 轨道波函数的积分包括空间坐标和自旋坐标，所以，原子核-电子势能项可以使用电子密度表示为如下紧凑形式：

$$E_{ne}[\rho_0] = \int dv V_{ne}(r) \rho_0(r) = -\int dv \left[\sum_\alpha \frac{Z_\alpha}{|r - R_\alpha|} \rho_0(r) \right] \tag{3-74}$$

对于确定的 $\rho_0(r)$，求和积分项很容易计算得到。

（2）推导能量方程中的电子动能项 $T[\rho_0]$。根据虚拟电子体系具有与真实电子体系相同电子密度分布的假定，真实电子体系的动能 $T[\rho_0]$ 与虚拟电子体系的动能 $T_R[\rho_0]$ 存在偏差 $\Delta T[\rho_0]$，表示如下：

$$\Delta T[\rho_0] = T[\rho_0] - T_R[\rho_0] \tag{3-75}$$

由于虚拟电子体系不存在电子间相互作用，因此该电子体系的动能可简写为单电子动能算符求和的期望值，如下：

$$T_R[\rho_0] = \sum_i \int dv \psi_i^{KS*}(r)\left(-\frac{1}{2}\nabla^2\right)\psi_i^{KS}(r) \tag{3-76}$$

（3）推导能量方程中的电子相互作用势能项 $E_{ee}[\rho_0]$。在真实电子体系中，电子之间排斥能与经典库仑排斥能 E_H（即 Hartree 项）存在一定偏差 $\Delta E_{ee}[\rho_0]$，表示如下：

$$\Delta E_{ee}[\rho_0] = E_{ee}[\rho_0] - E_H[\rho_0] \tag{3-77}$$

式中，经典库仑排斥能 $E_H[\rho_0]$ 表示的是无限小体积元 $\rho_0(r)dv$ 和 $\rho_0(r')dv'$ 之间的库仑排斥能之和，表示如下：

$$E_H[\rho_0] = \frac{1}{2}\iint dv dv' \frac{\rho_0(r)\rho_0(r')}{|r-r'|} \tag{3-78}$$

需要注意的是，对于电子之间的相互作用，采用经典的电子云排斥会导致电子处于总电子云之中从而引入了自相互作用，这种不合理性带来的问题会在后面章节中详细介绍并加以修正。

（4）将式(3-74)至式(3-78)代入基态总能量表达式 (3-72)中，表示如下：

$$E_0 = \sum_i \int dv \psi_i^{KS*}(r)\left(-\frac{1}{2}\nabla^2\right)\psi_i^{KS}(r) + \Delta T[\rho_0] - \int dv\left[\sum_\alpha \frac{Z_\alpha}{|r-R_\alpha|}\rho_0(r)\right] + \frac{1}{2}\iint dv dv' \frac{\rho_0(r)\rho_0(r')}{|r-r'|} + \Delta E_{ee}[\rho_0] \tag{3-79}$$

式中，两个 Δ 项概括了真实电子体系与虚拟电子体系的电子动能偏差以及与经典电子库仑排斥能偏差之和，称为交换关联能。该部分能量可以表示为电子密度的函数，如下：

$$E_{xc}[\rho_0] = \Delta T[\rho_0] + \Delta E_{ee}[\rho_0] \tag{3-80}$$

式中，右侧第一项对应电子的动能关联能；第二项对应库仑关联能和交换能。于是，真实电子体系的基态总能表达式变为如下形式：

$$E_0 = \sum_i \int dv \psi_i^{KS*}(r)\left(-\frac{1}{2}\nabla^2\right)\psi_i^{KS}(r) - \int dv\left[\sum_\alpha \frac{Z_\alpha}{|r-R_\alpha|}\rho_0(r)\right] + \frac{1}{2}\iint dv dv' \frac{\rho_0(r)\rho_0(r')}{|r-r'|} + E_{xc}[\rho_0] \tag{3-81}$$

从以上的推导可以看出，Kohn 和 Sham 将真实电子体系对电子密度函数 $\rho(r)$ 的泛函 $T[\rho]$ 和 $E_{ee}[\rho]$ 表示为无相互作用虚拟电子体系的泛函 $T_R[\rho]$ 和

$E_H[\rho]$,然后将所有的偏差和未知的复杂性都归并到交换关联泛函 $E_{xc}[\rho]$ 中。于是,在仅考虑晶格势情况下,总能泛函的形式表示如下[25]:

$$E[\rho] = T[\rho] + E_{ee}[\rho] + E_{ne}[\rho] = T_R[\rho] + E_H[\rho] + E_{xc}[\rho] + E_{ne}[\rho] \quad (3-82)$$

式中,交换关联能 $E_{xc}[\rho]$ 表示如下:

$$E_{xc}[\rho] = (T[\rho] - T_R[\rho]) + (E_{ee}[\rho] - E_H[\rho]) + E_{others}[\rho] \quad (3-83)$$

由此可见,该交换关联能包括了电子交换能和关联能,以及对动能和自相互作用能的修正等。该项虽然相对较小,但是它包含所有"未知因素"和"不精确性"。

2. Kohn-Sham 方程的变分推导

下面通过总能量泛函对电子波函数变分推导 Kohn-Sham 方程。类似于变分变量为波函数的 Hartree-Fock 方程的推导,使用虚拟电子体系的电子密度代替真实电子体系的基态电子密度,表示如下[26]:

$$\rho(r) = \sum_i |\psi_i^{KS}(r)|^2 \quad (3-84)$$

将以上电子密度代入总能泛函表达式 $E[\rho]$,然后采用总能泛函对电子波函数 $\psi_i^{KS}(r)$ 的变分来替代对电子密度函数 $\rho(r)$ 的变分,最后利用波函数的正交归一条件 $\langle \psi_i^{KS} | \psi_j^{KS} \rangle = \delta_{ij}$,以 ε_i^{KS} 为拉格朗日乘子,变分表示如下[26]:

$$\delta \left\{ E[\rho] - \sum_i \varepsilon_i^{KS} \left[\int dv \psi_i^{KS*}(r) \psi_i^{KS}(r) - 1 \right] \right\} = 0 \quad (3-85)$$

求解该条件极值的变分问题,可得如下形式的单电子方程:

$$\left[-\frac{1}{2} \nabla^2 + V_H(r) + V_{xc}(r) + V_{ne}(r) \right] \psi_i^{KS}(r) = \varepsilon_i^{KS} \psi_i^{KS}(r) \quad (3-86)$$

式中,左侧中括号中的后三项之和表示如下:

$$V_H(r) + V_{xc}(r) + V_{ne}(r) = \int dv' \frac{\rho(r')}{|r-r'|} + \frac{\delta E_{xc}[\rho]}{\delta \rho} - \sum_\alpha \frac{Z_\alpha}{|r-R_\alpha|} \quad (3-87)$$

进一步将此三项合并为一个有效势 $V_{KS}(r)$,于是,式(3-86)表示的单电子方程可简化为如下形式:

$$\left[-\frac{1}{2} \nabla^2 + V_{KS}(r) \right] \psi_i^{KS}(r) = \varepsilon_i^{KS} \psi_i^{KS}(r) \quad (3-88)$$

式中,$V_{KS}(r)$ 对应去除无相互作用电子动能后的其他能量项,称为 Kohn-Sham 有效势,表示如下:

$$V_{KS}(r) = V_H(r) + V_{xc}(r) + V_{ne}(r) = \frac{\delta E_H[\rho]}{\delta \rho} + \frac{\delta E_{xc}[\rho]}{\delta \rho} + \frac{\delta E_{ne}[\rho]}{\delta \rho}$$

$$= \int dv' \frac{\rho(r')}{|r-r'|} + \frac{\delta E_{xc}[\rho]}{\delta \rho} - \sum_\alpha \frac{Z_\alpha}{|r-R_\alpha|} \qquad (3-89)$$

于是,基于变分原理推导出了与 Hartree-Fock 方程相类似的单电子方程,通常称为 Kohn-Sham 方程。

3. Kohn-Sham 方程求解流程

以上推导出的 Kohn-Sham 方程同样可以应用自洽场方法加以求解。图 3-3 给出了 Kohn-Sham 方程的自洽场求解的基本步骤,具体描述如下[17]:

(1) 设置计算体系的核坐标、核电荷和电子数,以及初始电子密度 $\rho_{in}(r)$。通常,初始电子密度可以近似表示为体系中各原子的电子密度的线性叠加。

(2) 计算构成 Kohn-Sham 有效势 $V_{KS}(r)$ 的三部分:电子和原子核之间的库仑势 $V_{ne}(r)$、电子密度确定的 Hartree 势 $V_H(r)$ 和电子的交换关联势 $V_{xc}(r)$。

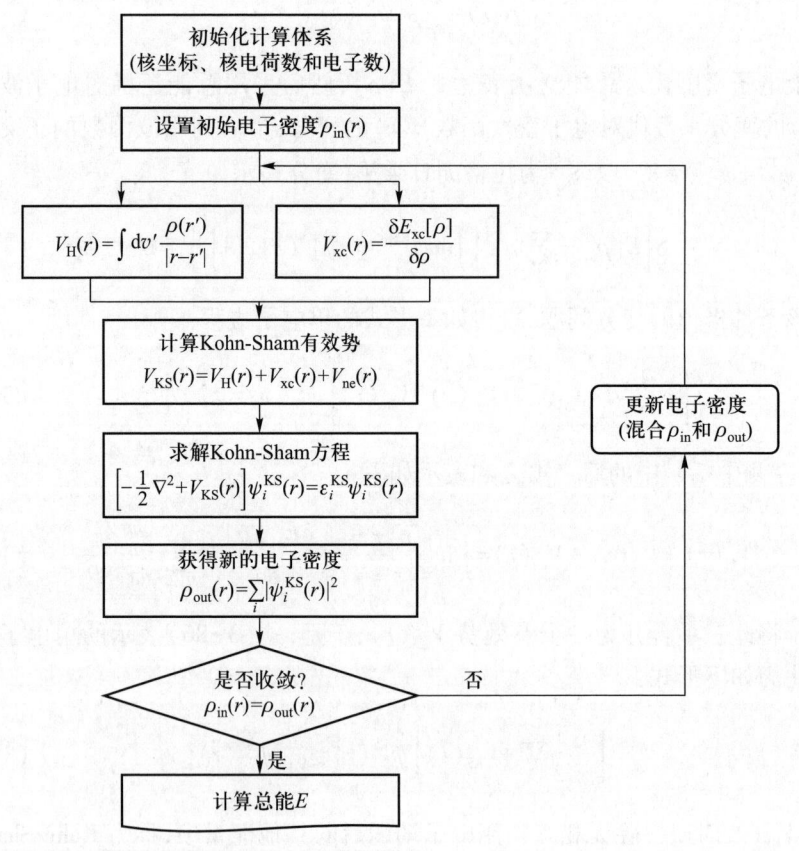

图 3-3 Kohn-Sham 方程的自洽求解流程图[17]

(3) 根据以上三部分构造 Kohn-Sham 有效势 $V_{KS}(r)$，并确定 Kohn-Sham 方程。

(4) 通过求解 Kohn-Sham 方程可以得到满足该方程的电子波函数 $\psi_i^{KS}(r)$，并由此计算出新的电子密度 $\rho_{out}(r)$。

(5) 将新的电子密度 $\rho_{out}(r)$ 与初始电子密度 $\rho_{in}(r)$ 做比较，判断两者之差是否满足收敛标准。

(6) 如果电子密度之差大于阈值，表明体系并未达到自洽收敛标准，那么需要更新初始电子密度并返回步骤(2)。

(7) 如果电子密度之差小于阈值，表明体系已经满足自洽收敛标准，那么此时计算得到的新的电子波函数 $\psi_i^{KS}(r)$ 就是 Kohn-Sham 方程的本征函数，由此计算输出总能 E。

3.3.3 Kohn-Sham 方法小结

在 Kohn-Sham 方法中，真实电子体系的电子动能部分是通过具有相同电子密度的无相互作用虚拟电子体系计算得到的，电子之间的相互作用能包含了库仑能和交换关联能，其中库仑能占据了绝大部分，而交换关联能占据相对较小部分。对于复杂的非经典能量部分，交换关联项、动能校正项、自相互作用项等都被包含在交换关联泛函之中，通过交换关联能加以体现。由此可见，虽然 Kohn-Sham 方程形式上十分简单，但是却蕴含着极为深刻的物理复杂性。从这一点来看，与 Hartree-Fock 方程相比，Kohn-Sham 方程的描述是理论严格的，因此，基于密度泛函理论的方法归属于第一性原理范畴具有理论基础和合理性。

Hartree-Fock 方法从绝热近似和单电子近似出发，通过双电子库仑积分和交换积分的计算包含了电子交换作用，但是缺乏对电子关联作用的描述。与之相对应，Kohn-Sham 方法从非相对论近似和绝热近似出发，理论上已经包含了电子关联作用，具有理论上的严格性。图 3-4 对比了 Kohn-Sham 方程描述的非直接相互作用电子与薛定谔方程描述的直接相互作用电子的作用机理[27-28]。在 Kohn-Sham 方程中，有效势 $V_{KS}(r)$ 在原理上包括了所有的相互作用效应，即 Hartree 势、电子交换势和电子关联势。从求解方案角度来看，将难于求解的薛定谔方程的直接相互作用问题简化为容易求解的 Kohn-Sham 方程的非直接相互作用问题，两者从理论上是等价的。在 Kohn-Sham 方程中，由于交换关联势 $V_{xc}(r)$ 是局域量，所以 Kohn-Sham 有效势 $V_{KS}(r)$ 也是局域量；而在 Hartree-Fock 方程中，由于交换算符 $\hat{K}_i(r)$ 依赖波函数 $\psi_i(r)$ 在整个空间的积分，属于非局域量，因此 Fock 算符不应看作局域量。从计算效率角度来看，由于波函数包含 $3N$ 个变量，因此基于 Hartree-Fock 方程的波函数方法仅适用于计算包含较少电子的小体系，对于大体系来说其计算量非常大；相比较而言，由于电子密度仅包含

3 个空间坐标变量,因此基于 Kohn-Sham 方程的密度泛函方法适用于包含较多电子的大体系,对于大体系来说其计算量要小得多。

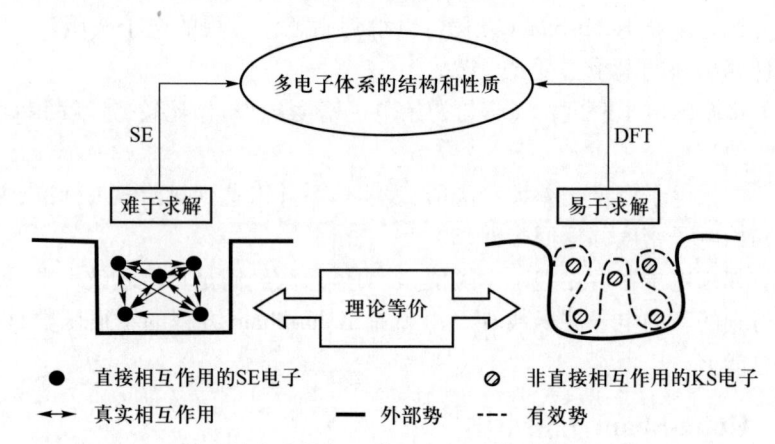

图 3-4　Kohn-Sham 方程描述的非直接相互作用电子的作用机理与薛定谔方程描述的直接相互作用电子的作用机理的对比[27-28]

总之,Hartree-Fock 方程中的波函数并不是可直接测量的量,而 Kohn-Sham 方程中的电子密度是实验可观测量,进而提供了一种替代基于波函数方法的途径。无论是分子体系还是固体体系,电子密度是 3 个空间坐标变量的函数,从 3 个方面优于波函数:可测量、直观可理解和数学易处理。这些特征表明,密度泛函理论提供了一种高效、可靠的第一性原理计算框架,通过这一框架发展了多种分子轨道计算方法和固体能带计算方法,将在后面章节详细介绍。

3.4　交换关联泛函

通过对 Kohn-Sham 方程推导过程的分析可知:该方程不仅包含了电子交换相互作用,而且包含了电子关联相互作用,但是描述这两种相互作用的交换关联泛函 $E_{xc}[\rho]$ 是未知的,其成为求解该方程的关键所在。在密度泛函理论框架下,交换关联泛函可以近似分解为两部分,表示如下[25,29]:

$$E_{xc}[\rho]=E_x[\rho]+E_c[\rho] \tag{3-90}$$

式中,右侧两项分别对应交换能和关联能。关于交换关联泛函采用何种形式,Becke 等提出可以采用任何形式的交换关联泛函,而泛函优劣由实际计算结果来决定;而 Perdew 等则认为交换关联泛函必须以物理规律为基础。根据 Perdew 等的提议,交换关联泛函可以按照精确程度构成雅可比阶梯的各个层级,如图 3-5 所示[30-35]。该阶梯给出了从 Hartree 近似,到局域密度近似(LDA),再到广义梯度近似(GGA),升级为包含动能密度的 GGA(MGGA),进一步提升至杂化 GGA(HGGA)泛函。在 HGGA 泛函之上,完全非局域(FNL)泛函占据了阶梯的最高一级,成为对完全精确泛函的展望[34]。关于完全非局域泛函的定义和内涵的阐述,可以参考相关资料[26,34]。

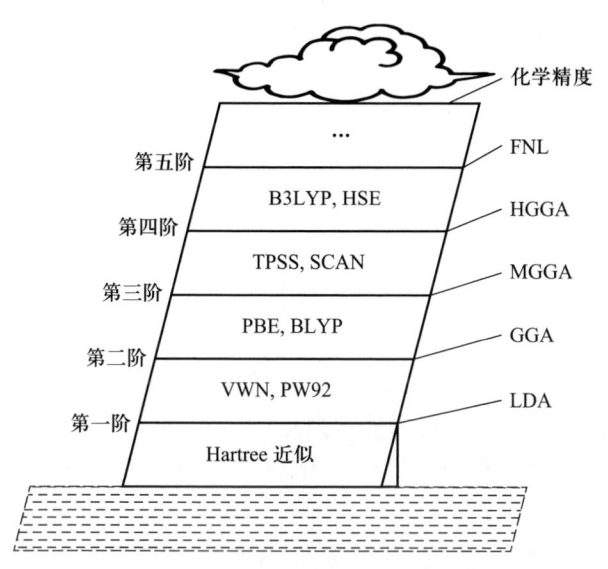

图 3-5 Perdew 等给出的关于交换关联泛函的雅可比阶梯[30-35]

下面,在简单的均匀电子气模型的基础上逐级介绍这些交换关联泛函。

3.4.1 均匀电子气模型

在相互作用的电子体系中,由于多体效应出现了非经典的交换关联能。对于绝大部分电子体系来说,这部分能量无法获取相应的解析表达式进行精确求解,但是对于均匀电子气模型体系,这些能量是能够比较精确地计算得到的。

1. 电子平均自由程的概念

交换关联能经常表示为电子平均自由程的形式。电子平均自由程 r_s^0 就是按照密度 ρ_0 均匀分布的电子所占据的平均球体半径,即 $r_s^0 = r_s a_0$,其中,a_0 是玻尔半径,于是存在如下关系式[1]:

$$\rho_0 = \frac{3}{4\pi (r_s a_0)^3} \tag{3-91}$$

在不考虑自旋的情况下,电子密度 ρ_0 与费米波矢 k_F 满足如下关系:$\rho_0 = k_F^3/(3\pi^2)$。于是,将该关系式代入式(3-91)可得

$$k_F = \sqrt[3]{3\pi^2 \rho_0} = \sqrt[3]{\frac{9\pi}{4}} \frac{1}{r_s a_0} \tag{3-92}$$

2. 交换能和关联能形式

对于均匀电子气体系,由于交换作用只针对自旋 σ 相同的电子,因此在自旋极化情况下,交换能密度 ε_x^σ 表示如下[6,17]:

$$\varepsilon_x^\sigma = -\frac{3}{4}\frac{k_F^\sigma}{\pi} = -\frac{3}{4}\left(\frac{6\rho^\sigma}{\pi}\right)^{1/3} \tag{3-93}$$

式中,ρ^σ 是自旋为 σ 的电子密度,自旋指标 $\sigma = \uparrow, \downarrow$。对于非自旋极化情况,交换能密度 ε_x 表示如下:

$$\varepsilon_x = -\frac{3}{4}\left(\frac{3\rho^{tot}}{\pi}\right)^{1/3} \tag{3-94}$$

式中,ρ^{tot} 是不考虑自旋极化的总电子密度。既然费米波矢 k_F 可以表示为 r_s 的函数,那么交换能密度 ε_x 也可以表示为 r_s 的函数。

由 Kohn-Sham 方程的推导可以看出,关联能包含了除去交换能的所有未计入的多体效应,很难进行精确求解。1957 年,Gellmann 和 Brueckner 给出了在高电子密度极限($r_s \leqslant 1$)情况下的关联能 E_c 与 r_s 的近似关系,表示如下[36]:

$$E_c = 0.0311 \ln r_s - 0.048 \tag{3-95}$$

如果电子密度不满足极限($r_s > 1$)情况,那么可以采用 Wigner 公式来估算关联能,表示如下[37]:

$$E_c = -\frac{0.44}{r_s + 7.8} \tag{3-96}$$

3.4.2 局域密度近似和广义梯度近似

交换关联泛函取决于整体电子密度分布,具有非局域性。对于均匀电子气体系,交换关联能可简单表示为空间电子密度的函数;而对于非均匀电子气体系,交换关联能不仅与空间电子密度数值有关,而且与空间电子密度梯度相关。下面将从这两个方面介绍局域密度近似(LDA)和广义梯度近似(GGA)。

1. 局域密度近似

局域密度近似的思想源于对均匀电子气体系的研究[21,23]。该近似假定交换关联能 E_{xc} 只与空间各点的电子密度数值有关,即表现出明显的局域性。于是,局域密度近似的交换关联能 E_{xc}^{LDA} 可以通过交换关联能密度 ε_{xc}^{LDA} 和电子密度 $\rho(r)$ 表示如下[14,25]:

$$E_{xc}^{LDA}[\rho] = \int dv \rho(r) \varepsilon_{xc}^{LDA}(\rho(r)) \tag{3-97}$$

式中,交换关联能密度 ε_{xc}^{LDA} 可以从均匀自由电子气模型近似得到;积分元 $dv = d^3r = dxdydz$。在考虑自旋极化情况下,交换关联能可以进一步表示如下[14,29,38]:

$$E_{xc}^{LDA}[\rho^\uparrow, \rho^\downarrow] = \int dv \rho(r) \varepsilon_{xc}^{LDA}(\rho^\uparrow(r), \rho^\downarrow(r)) \tag{3-98}$$

式中,$\rho^\uparrow(r)$ 和 $\rho^\downarrow(r)$ 是电子自旋密度;$\rho(r)$ 是总电子密度,$\rho(r) = \rho^\uparrow(r) + \rho^\downarrow(r)$。

下面介绍在局域密度近似下如何使用交换关联能计算交换关联势。首先基于均匀电子气模型获得交换关联能密度 ε_{xc}^{LDA},然后采用插值方法拟合出该能量密度与电子密度 $\rho(r)$ 之间的函数关系,最后以此给出交换关联势 V_{xc} 的解析形式。交换关联势和交换关联能之间的关系表示如下[1,14]:

$$V_{xc}(\rho(r)) = \frac{\delta E_{xc}[\rho]}{\delta \rho} \tag{3-99}$$

如果采用局域密度近似,那么上式可以简化为如下形式[25,39]:

$$V_{xc}(\rho(r)) = \frac{d[\rho \varepsilon_{xc}^{LDA}(\rho)]}{d\rho} = \varepsilon_{xc}^{LDA}(\rho) + \rho \frac{d\varepsilon_{xc}^{LDA}(\rho)}{d\rho} \tag{3-100}$$

由此可见,交换关联势是空间分布的局域量,与空间坐标有关。进一步根据电子密度 ρ 与 r_s 的关系,即 $\rho^{-1} = (4\pi/3)r_s^3$,交换关联势 V_{xc} 可以表示成 r_s 的函数,如下:

$$V_{xc}(r_s) = \varepsilon_{xc}^{LDA}(r_s) - \frac{r_s}{3} \frac{d\varepsilon_{xc}^{LDA}(r_s)}{dr_s} \tag{3-101}$$

由以上的变换可以看出,交换关联能密度 ε_{xc}^{LDA} 是 r_s 的函数,可以分为交换部分和关联部分,表示如下:

$$\varepsilon_{xc}^{LDA}(r_s) = \varepsilon_x^{LDA}(r_s) + \varepsilon_c^{LDA}(r_s) \tag{3-102}$$

式中,交换部分可以用均匀电子气模型的结果来表示,而关联部分的解析函数通常无法直接获得,因此需要通过基于均匀电子气的量子蒙特卡罗模拟数据拟合来获得[40]。最常见的几种局域密度近似泛函包括 VWN(Vosko-Wilk-Nusair)泛函、PZ(Perdew-Zunger)泛函和 PW(Perdew-Wang)泛函,下面分别给予介绍。

1) VWN 泛函

在自旋极化的情况下,均匀电子气体系的总电子密度 $\rho = \rho^\uparrow + \rho^\downarrow = 3/(4\pi r_s^3)$,相对自旋极化参数 $\zeta = (\rho^\uparrow - \rho^\downarrow)/(\rho^\uparrow + \rho^\downarrow)$。于是,交换关联能密度可以表示

为完全非自旋极化情况($\zeta=0$)和完全自旋极化情况($\zeta=1$)的插值。基于标准内插公式,Vosko 等给出了交换能密度,表示如下[38,41]:

$$\varepsilon_x(r_s,\zeta) = \varepsilon_x(r_s,0) + [\varepsilon_x(r_s,1) - \varepsilon_x(r_s,0)]f(\zeta) \tag{3-103}$$

式中,$\varepsilon_x(r_s,0)$ 和 $\varepsilon_x(r_s,1)$ 分别对应非自旋极化和自旋极化情况的交换能密度;函数 $f(\zeta)$ 表示如下[6]:

$$f(\zeta) = \frac{(1+\zeta)^{4/3} + (1-\zeta)^{4/3} - 2}{2(2^{1/3}-1)} \tag{3-104}$$

Vosko 等通过拟合均匀电子气模型结果得到了参数化关联能密度,表示如下[38]:

$$\varepsilon_c(r_s) = \frac{A}{2}\left\{\ln\frac{r_s}{F(\sqrt{r_s})} + \frac{2b}{Q}\arctan\frac{Q}{2\sqrt{r_s}+b} - \frac{bx_0}{F(x_0)}\left[\ln\frac{(\sqrt{r_s}-x_0)^2}{F(\sqrt{r_s})} + \frac{2(b+2x_0)}{Q}\arctan\frac{Q}{2\sqrt{r_s}+b}\right]\right\} \tag{3-105}$$

式中,参数 $Q=\sqrt{4c-b^2}$;函数 $F(x)=x^2+bx+c$。对于非自旋极化情况,拟合的参数如下[38]:$A=0.062\,181\,4$,$x_0=-0.104\,98$,$b=3.727\,44$,$c=12.935\,2$。对于自旋极化情况,拟合的参数如下[38]:$A=0.062\,181\,4/2$,$x_0=-0.325\,00$,$b=7.060\,42$,$c=18.057\,8$。

2) PZ 泛函

1981 年,Perdew 和 Zunger 给出的交换能密度表示如下[42]:

$$\varepsilon_x(r_s) = \frac{-0.916\,4}{r_s} \tag{3-106}$$

基于内插公式给出了参数化的关联能密度,表示如下:

$$\varepsilon_c(r_s) = \begin{cases} \dfrac{\alpha}{1+\beta_1\sqrt{r_s}+\beta_2 r_s}, & r_s > 1 \\ A+Br_s+C\ln r_s+Dr_s\ln r_s, & r_s \leqslant 1 \end{cases} \tag{3-107}$$

式中,对于非自旋极化情况,在低密度极限($r_s>1$)下,$\alpha=-0.142\,3$,$\beta_1=1.052\,9$,$\beta_2=0.333\,4$;在高密度极限($r_s\leqslant 1$)下,$A=-0.048$,$B=-0.011\,6$,$C=0.031\,1$,$D=0.002$。对于自旋极化情况,在低密度极限($r_s>1$)下,$\alpha=-0.084\,3$,$\beta_1=1.398\,1$,$\beta_2=0.261\,1$;在高密度极限($r_s\leqslant 1$)下,$A=-0.026\,9$,$B=-0.004\,8$,$C=0.015\,55$,$D=0.000\,7$。

3) PW 泛函

1992 年，Perdew 和 Wang 通过简化 VWN 关联泛函并减少参数数目给出了关联能密度，表示如下[16,43]：

$$\varepsilon_c(r_s) = -2A(1-\alpha r_s)\ln\left[1+\frac{1}{2A(\beta_1 r_s^{1/2}+\beta_2 r_s+\beta_3 r_s^{3/2}+\beta_4 r_s^2)}\right] \quad (3\text{-}108)$$

式中，$A = 0.031\,097$；$\alpha = 0.213\,70$；$\beta_1 = 7.595\,7$；$\beta_2 = 3.587\,6$；$\beta_3 = 1.638\,2$；$\beta_4 = 0.492\,94$。

通常来讲，局域密度近似给出的晶体结构和弹性性质是比较准确的，但是存在如下问题：高估结合能和弹性常数，低估晶格常数、带隙和介电常数，倾向于高自旋极化态，给出错误的结构稳定性等。另外，局域密度近似本源上倾向于低估交换能 E_x 而高估关联能 E_c，但是两者在一定程度上可能相互抵消而表现不明显。

2. 广义梯度近似

对于电子密度变化剧烈的体系，局域密度近似存在的问题尤为突出。为此，对局域密度近似的改进方案就是不仅考虑空间位置的电子密度数值，而且包含电子密度的一阶梯度的影响，称为广义梯度近似。

在非自旋极化情况下，广义梯度近似给出的交换关联能表示如下：

$$E_{xc}^{GGA}[\rho] = \int dv \rho(r) \varepsilon_{xc}^{GGA}(\rho(r), \nabla\rho(r)) \quad (3\text{-}109)$$

式中，ε_{xc}^{GGA} 是交换关联能密度；$\nabla\rho(r)$ 是电子密度的一阶梯度。在自旋极化情况下，广义梯度近似给出的交换关联能表示如下[29]：

$$E_{xc}^{GGA}[\rho^\uparrow, \rho^\downarrow] = \int dv \rho(r) \varepsilon_{xc}^{GGA}(\rho^\uparrow(r), \rho^\downarrow(r), \nabla\rho^\uparrow(r), \nabla\rho^\downarrow(r)) \quad (3\text{-}110)$$

式中，$\rho^\uparrow(r)$ 和 $\rho^\downarrow(r)$ 是电子自旋密度；$\rho(r)$ 是总电子密度，$\rho(r) = \rho^\uparrow(r) + \rho^\downarrow(r)$。交换关联能密度 ε_{xc}^{GGA} 同样可以通过均匀电子气模型结果拟合得到，但是需要加上非均匀校正。在非自旋极化情况下，$\varepsilon_{xc}^{GGA}(\rho) = \varepsilon_{xc}^{hom}(\rho) f_{xc}(\rho, \nabla\rho)$，其中，$f_{xc}$ 是对均匀电子气模型的非局域和非均匀校正函数。

为了方便表征总电子密度和各阶导数的对应关系，通常使用无量纲的变量 s_m，表示如下：

$$s_m = \frac{|\nabla^m \rho|}{(2k_F)^m \rho} \quad (3\text{-}111)$$

式中，m 是电子密度导数的阶数；k_F 是费米波矢。

相较于局域密度近似,在广义梯度近似中由于包含了电子密度梯度,其计算的复杂程度也相应地有所提高。交换关联势与交换关联能之间的关系表示如下:

$$V_{xc}(\rho(r)) = \frac{\delta E_{xc}^{GGA}[\rho]}{\delta \rho} \tag{3-112}$$

基于以上表达式,由右侧展开可得交换关联势,表示如下:

$$V_{xc}(\rho(r)) \approx \varepsilon_{xc}^{GGA}(\rho) + \rho \frac{d\varepsilon_{xc}^{GGA}(\rho)}{d\rho} - \nabla \left[\rho \frac{d\varepsilon_{xc}^{GGA}(\rho)}{d\rho} \right] \tag{3-113}$$

对于交换能部分,由于其只存在于相同自旋的电子之间,Oliver等通过自旋标度将其分解为两项[44]: $E_x^{GGA}[\rho] = \frac{1}{2} \left[E_x^\uparrow[2\rho] + E_x^\downarrow[2\rho] \right]$。与交换能的计算相比,关联能的计算相对比较复杂,到目前为止还没有一种通用的表达式。比较常用的广义梯度近似泛函包括 BLYP(Becke-Lee-Yang-Parr)泛函[45-46]、PW91(Perdew-Wang 91)泛函[47]和 PBE(Perdew-Berke-Ernzerhof)泛函[48]。下面分别予以介绍。

1) BLYP 泛函

由 Becke 等参数化交换能密度表示如下[45]:

$$\varepsilon_x^{BLYP} = \varepsilon_x^{LDA} - \beta \rho^{1/3} \frac{x^2}{1 + 6\beta x \text{arcsinh } x} \tag{3-114}$$

式中,$\beta = 0.0042$;$x = |\nabla \rho|^2 / \rho^{4/3}$;$\varepsilon_x^{LDA}$ 是 LDA 交换能密度,$\varepsilon_x^{LDA} = -\frac{3}{2}\sqrt[3]{3\rho/(4\pi)}$。

由 Becke 等参数化关联能密度表示如下[46]:

$$\varepsilon_c^{BLYP} = -\frac{a}{\rho(1 + d\rho^{-1/3})} \left\{ \rho + b\rho^{-2/3} \left[c_f \rho^{5/3} - 2t_W + \frac{1}{9} \left(t_W + \frac{1}{2} \nabla^2 \rho \right) \right] e^{-c\rho^{-1/3}} \right\} \tag{3-115}$$

式中,$c_f = (3/10)(3\pi^2)^{2/3}$;$a = 0.04918$;$b = 0.132$;$c = 0.2533$;$d = 0.349$;$t_W$ 是局域 Weizsacker 动能密度,$t_W = \frac{1}{8}\left(\frac{|\nabla \rho|^2}{\rho} - \nabla^2 \rho\right)$。

2) PW91 泛函

由 Perdew 和 Wang 参数化交换能密度表示如下[47]:

$$\varepsilon_x^{PW91} = \varepsilon_x^{hom}(r_s, 0) F_x(s) \tag{3-116}$$

式中,s是无量纲变量,$s = s_{m=1} = |\nabla\rho|/(2k_F\rho)$;$\varepsilon_x^{hom}$是均匀电子气体系的交换能密度;$F_x(s)$表示如下:

$$F_x(s) = \frac{1+0.19645 s\mathrm{arcsinh}(7.7956 s)+(0.2743-0.1508\mathrm{e}^{-100s^2})}{1+0.19645 s\mathrm{arcsinh}(7.7956 s)+0.004 s^4} \tag{3-117}$$

由 Perdew 和 Wang 参数化关联能密度表示如下[47]:

$$\varepsilon_c^{PW91} = \varepsilon_c^{hom}(r_s,\zeta) + H^{PW91}(r_s,\zeta,t) \tag{3-118}$$

式中,t是无量纲变量,$t = |\nabla\rho|/[2g(\zeta)k_s\rho]$,其中,$k_s$是局域屏蔽波矢,$k_s = \sqrt{4k_F/\pi}$;$\varepsilon_c^{hom}$是均匀电子气体系的关联能密度;$H^{PW91}$表示如下:

$$H^{PW91}(r_s,\zeta,t) = g^3(\zeta)\frac{\beta}{2\alpha}\ln\left(1+\frac{2\alpha}{\beta}\cdot\frac{t^2+At^4}{1+At^2+A^2t^4}\right) +$$
$$\nu[C_c(r_s)-C_c(0)-3C_x/7]g^3(\zeta)t^2\exp\left(-100g^4(\zeta)\frac{k_s^2}{k_F^2}t^2\right) \tag{3-119}$$

式中,$\alpha = 0.09$;$\beta = \nu C_c(0)$;$\nu = (16/\pi)\sqrt[3]{3\pi^2}$;$C_x = -0.001667$;$g(\zeta)$是关于自旋极化参量$\zeta$的函数,$g(\zeta) = [(1+\zeta)^{2/3}+(1-\zeta)^{2/3}]/2$;其他参量和函数如下:

$$A = \frac{2\alpha}{\beta}\frac{1}{\exp[-2\alpha\varepsilon_c^{hom}(r_s,\zeta)/(g^3(\zeta)\beta^2)]-1} \tag{3-120}$$

$$C_c(r_s) = 10^{-3}\frac{2.568+ar_s+br_s^2}{1+cr_s+dr_s^2+10br_s^3}$$

式中,$a = 23.266$;$b = 0.007389$;$c = 8.723$;$d = 0.472$。

3) PBE 泛函

由 Perdew 等参数化交换能密度表示如下[48]:

$$\varepsilon_x^{PBE} = \varepsilon_x^{hom}F_x(s) \tag{3-121}$$

式中,s是无量纲变量,与 PW91 泛函中的定义相同;$F_x(s)$表示如下:

$$F_x(s) = 1+\kappa-\frac{\kappa}{1+\mu s^2/\kappa} \tag{3-122}$$

式中,$\kappa = 0.804$;$\mu = 0.21951$。

由 Perdew 等参数化关联能密度表示如下[48]:

$$\varepsilon_c^{PBE} = \varepsilon_c^{hom}(r_s,\zeta) + H^{PBE}(r_s,\zeta,t) \tag{3-123}$$

式中，t 是无量纲变量，与 PW91 泛函中的定义相同；H^{PBE} 表示如下：

$$H^{\text{PBE}}(r_s,\zeta,t) = \frac{e^2}{a_0}\gamma g^3(\zeta)\ln\left(1+\frac{\beta}{\gamma}t^2\frac{1+At^2}{1+At^2+A^2t^4}\right)$$

$$A = \frac{\beta}{\gamma}\frac{1}{\exp(-\varepsilon_c^{\text{hom}}/[\gamma g^3(\zeta)e^2/a_0])-1}$$

(3-124)

式中，$\beta = 0.066\,725$；$\gamma = (1-\ln 2)/\pi^2$；$a_0 = \hbar^2/(me^2)$；自旋标度因子 $g(\zeta)$ 与 PW91 泛函中的定义相同。

不同的 LDA 泛函之间大同小异，但不同的 GGA 泛函可能给出完全不同的结果。与 LDA 泛函相比，GGA 泛函对于几何参数和能量等能给出更好的结果，然而 GGA 泛函并不总是优于 LDA 泛函，例如 LDA 泛函对金属和氧化物表面能能给出更合理的描述。GGA 泛函通常会给出比 LDA 泛函偏高的晶格参数和偏低的结合能。在各种 GGA 泛函中，PW91 和 PBE 泛函被普遍认可并广泛用于计算晶体性质。为了提升分子在贵金属表面吸附能精度，Hammer 提出了修正 PBE(RPBE)泛函[49]。

3. LDA 泛函和 GGA 泛函的不足

LDA 泛函和 GGA 泛函的提出是密度泛函理论迈向成功的关键一步[6,39,50,51]，例如：较为准确地计算晶体基态电子结构；成功描述金属和半导体的晶体结构和键合特征；较为合理地预测表面性质；实现第一性原理分子动力学模拟等。尽管如此，在实际的应用过程中发现，LDA 泛函和 GGA 泛函也存在诸多不足和问题，需要采用特定的方案加以解决。

(1) 不能准确描述激发态的电子结构和性质。针对 Kohn-Sham 方程仅限于计算基态电子结构的限制问题，人们提出了相应的改进方案，例如含时密度泛函理论和多体格林函数近似方法。

(2) 不能准确地预测半导体带隙宽度。既然带隙本质上是基态和激发态的能量差，那么该问题事实上与上面的激发态问题紧密相关。为了改进对带隙的描述，可以采用后面介绍的杂化泛函方法。

(3) 不能合理描述占位库仑作用。对于强关联体系，例如含有局域 d 轨道或 f 轨道电子的过渡金属氧化物体系，需要采用后面介绍的占位库仑修正方法加以处理，如 DFT+U 方法。

(4) 不适合处理范德瓦耳斯(van der Waals, vdW)相互作用。针对范德瓦耳斯相互作用，可以通过增加额外半经验色散泛函项或者通过修改交换关联泛函来考虑该相互作用[52]。

(5) 不能处理大体系和长时间的计算模拟。与基于经验势函数或分子力场的分子模拟方法相比，计算模拟体系存在数量级上的差别。针对该不足，可以通过发展更高效的方法加以改进,如线性标度算法或非自洽场方法等。

3.4.3 含动能密度的广义梯度近似

为了进一步提升交换关联泛函的精度,可以考虑将电子密度的二阶导数或动能密度引入广义梯度近似泛函中,进而衍生出含动能密度的广义梯度近似泛函,由 Perdew 等命名为 meta-GGA(MGGA)[29]。MGGA 泛函的通用表示形式如下[29,53]:

$$E_{xc}^{MGGA}[\rho^\uparrow,\rho^\downarrow] = \int dv \rho(r) \varepsilon_{xc}^{MGGA}(\rho^\uparrow(r),\rho^\downarrow(r),\nabla\rho^\uparrow(r),\nabla\rho^\downarrow(r),\nabla^2\rho^\uparrow(r),\nabla^2\rho^\downarrow(r)) \tag{3-125}$$

式中,$\nabla^2\rho(r)$ 是电子密度的二阶导数。

实际上,在 MGGA 泛函中,通常使用动能密度来代替电子密度的二阶导数。在自旋极化情况下,动能密度 τ^σ 表示如下[29]:

$$\tau^\sigma(r) = \sum_i \frac{1}{2} |\nabla \varphi_i^\sigma(r)|^2 \tag{3-126}$$

式中,自旋指标 $\sigma = \uparrow,\downarrow$,由于存在两种自旋极化情况,因此总的动能密度 $\tau(r) = 2\tau^\sigma(r)$。于是 MGGA 泛函的通式表示如下:

$$E_{xc}^{MGGA}[\rho^\uparrow,\rho^\downarrow] = \int dv \rho(r) \varepsilon_{xc}^{MGGA}(\rho^\uparrow(r),\rho^\downarrow(r),\nabla\rho^\uparrow(r),\nabla\rho^\downarrow(r),\tau^\uparrow(r),\tau^\downarrow(r)) \tag{3-127}$$

比较典型的 MGGA 泛函包括 PKZB(Perdew-Kurth-Zupan-Blaha)泛函[29]、TPSS(Tao-Perdew-Staroverov-Scuseria)泛函[53]和强约束且正则化(strongly constrained and appropriately normed,SCAN)泛函[54],下面简单给予介绍。

1. PKZB 泛函

1999 年,Perdew 等利用动能密度来改进 PBE 泛函,给出的 PKZB 交换能密度表示如下[29]:

$$\varepsilon_x^{PKZB} = \varepsilon_x^{hom}\left(1+\kappa-\frac{\kappa}{1+x/\kappa}\right) \tag{3-128}$$

式中,$\kappa = 0.804$;ε_x^{hom} 是均匀电子气体系的交换能密度;参数 x 由下式计算得到:

$$x = \frac{10}{81}p + \frac{146}{2\,025}q^2 - \frac{73}{405}qp + \left[0.113 + \frac{1}{\kappa}\left(\frac{10}{81}\right)^2\right]p^2$$

$$q = \frac{3\tau}{2(3\pi^2)^{2/3}\rho^{5/3}} - \frac{9}{20} - \frac{p}{12} \tag{3-129}$$

$$p = \frac{|\nabla\rho|^2}{4(6\pi^2)^{2/3}\rho^{8/3}}$$

相应地,PKZB 关联能密度表示如下[29]:

$$\varepsilon_c^{PKZB} = \varepsilon_c^{PBE}(\rho^\uparrow, \rho^\downarrow, \nabla\rho^\uparrow, \nabla\rho^\downarrow)\left[1 + C\left(\frac{\sum_\sigma \tau_W^\sigma}{\sum_\sigma \tau^\sigma}\right)^2\right] -$$

$$(1-C)\sum_\sigma\left(\frac{\tau_W^\sigma}{\tau^\sigma}\right)^2 \varepsilon_c^{PBE}(\rho^\sigma, 0, \nabla\rho^\sigma, 0) \tag{3-130}$$

式中,$C = 0.53$;ε_c^{PBE} 是 PBE 泛函的关联能密度;τ_W^σ 是 Weizsacker 动能密度,$\tau_W^\sigma = \frac{1}{8}\frac{|\nabla\rho^\sigma|^2}{\rho^\sigma}$。

2. TPSS 泛函

PKZB 泛函是对 PBE 泛函的扩展,更加准确,然而 PKZB 泛函包含了一定的半经验参数,限制了其应用。Tao 等从 PKZB 泛函入手,通过去除半经验参数构造出非经验的 MGGA 泛函,称为 TPSS 泛函。基于自旋极化标度关系,TPSS 交换能密度仅需考虑非自旋极化情况,表示如下[53,55]:

$$\varepsilon_x^{TPSS} = \varepsilon_x^{hom}\left(1 + \kappa - \frac{\kappa}{1 + x/\kappa}\right) \tag{3-131}$$

式中,κ 和 ε_x^{hom} 与 PKZB 泛函中一致;参数 x 由下式计算得到:

$$x = \left\{\left[\frac{10}{81} + c\frac{z^2}{(1+z^2)^2}\right]p + \frac{146}{2\,025}q^2 - \frac{73}{405}q\sqrt{\frac{1}{2}\left(\frac{3z}{5}\right)^2 + \frac{1}{2}p^2} + \frac{1}{\kappa}\left(\frac{10}{81}\right)^2 p^2 + 2\sqrt{e}\frac{10}{81}\left(\frac{3z}{5}\right)^2 + e\mu p^3\right\}/(1+\sqrt{e}p)^2$$

$$q = \frac{\frac{9}{20}(\alpha - 1)}{[1 + b\alpha(\alpha-1)]^{\frac{1}{2}}} + \frac{2p}{3} \tag{3-132}$$

$$\alpha = \frac{\tau - \tau_W}{\frac{3}{10}(3\pi^2)^{\frac{2}{3}}\rho^{\frac{5}{3}}}$$

$$p = \frac{|\nabla\rho|^2}{4(3\pi^2)^{2/3}\rho^{8/3}}$$

式中，$b=0.40$；$c=1.59096$；$e=1.537$；总电子动能密度 $\tau=\sum_\sigma \tau^\sigma$；总 Weizsacker 动能密度 $\tau_W=\sum_\sigma \tau_W^\sigma$。

相应地，TPSS 关联能密度表示如下[16,53,55]：

$$\varepsilon_c^{TPSS}=\varepsilon_c^{rPKZB}\left[1+d\varepsilon_c^{rPKZB}\left(\frac{\tau_W}{\tau}\right)^2\right] \tag{3-133}$$

式中，$d=2.8\text{Hartree}^{-1}$；ε_c^{rPKZB} 是修正的 PKZB 泛函的关联能密度，表示如下：

$$\varepsilon_c^{rPKZB}=\varepsilon_c^{PBE}\left(\rho^\uparrow,\rho^\downarrow,\nabla\rho^\uparrow,\nabla\rho^\downarrow\right)\left[1+C(\zeta,\xi)\left(\frac{\tau_W}{\tau}\right)^2\right]-\left[1+C(\zeta,\xi)\right]\left(\frac{\tau_W}{\tau}\right)^2\sum_\sigma\frac{\rho^\sigma}{\rho}\tilde{\varepsilon}_c^\sigma \tag{3-134}$$

式中，ε_c^{PBE} 是 PBE 泛函关联能密度；$\zeta=(\rho^\uparrow-\rho^\downarrow)/\rho$，$\xi=|\nabla\zeta|/[2(3\pi^2\rho)^{1/3}]$；其他各项表示如下：

$$\begin{cases}\tilde{\varepsilon}_c^\sigma=\max\left[\varepsilon_c^{PBE}(\rho^\sigma,0,\nabla\rho^\sigma,0),\varepsilon_c^{PBE}(\rho^\uparrow,\rho^\downarrow,\nabla\rho^\uparrow,\nabla\rho^\downarrow)\right]\\ C(\zeta,\xi)=\dfrac{C(\zeta,0)}{\{1+\xi^2[(1+\zeta)^{-4/3}+(1-\zeta)^{-4/3}]/2\}^4}\end{cases} \tag{3-135}$$

式中，$C(\zeta,0)=0.53+0.87\zeta^2+0.50\zeta^4+2.26\zeta^6$。

3. SCAN 泛函

2015 年，Sun 等提出从约束角度出发来构建非经验半局域泛函，即 SCAN 泛函[54]。该泛函是 MGGA 泛函的一种，是满足全部已知的 17 个约束的半局域泛函。通过对 SCAN 泛函的系统测试表明，其在计算各种固体性质中表现出比 LDA 泛函和 GGA 泛函更高的精度，几乎达到了杂化泛函的水平，且相比于杂化泛函大大节约计算成本。关于 SCAN 泛函的详细介绍可以参考相关文献[54,56]。

3.4.4 杂化泛函

杂化泛函的早期尝试来源于对交换能和关联能的分离处理。考虑到 Hartree-Fock 方程采用 Slater 行列式波函数能够计算出精确的交换能，Kohn-Sham 方程也可以采用 Slater 行列式波函数作为 Kohn-Sham 轨道波函数计算精确的交换能，表示如下：$E_x=-\dfrac{1}{2}\sum_{i\neq j}K_{ij}$，其中，$K_{ij}$ 是电子交换积分。由于 Kohn-Sham 轨道波函数并非严格意义上的 Hartree-Fock 轨道波函数，所以 E_x 并非传统意义上的 Hartree-Fock 交换能，但是两者差别很小。对于关联能部分，可以采用前面介绍的各种关联泛函获得,表示为 E_c^DFT,于是,杂化泛函给出的交换关联能表示如下:

$$E_\text{xc} = E_\text{x} + E_\text{c}^\text{DFT} \tag{3-136}$$

这种对交换能和关联能的简单合并能够较好地用于原子体系;但是对于分子体系或固体体系,由于电子存在较强的非局域性,所以这种简单合并的效果并不理想。

1993 年,Becke 基于绝热连接公式推导出杂化泛函改进方案[57]。基于该方案,交换关联能 E_xc 表示如下:

$$E_\text{xc} = \int_0^1 E_\text{xc}^\lambda \mathrm{d}\lambda \tag{3-137}$$

式中,λ 是电子间耦合强度参数,用于控制电子间的库仑排斥相互作用;E_xc^λ 是对应于 λ 的交换关联能,其泛函形式完全未知。$\lambda = 0$ 对应非相互作用的 Kohn-Sham 参考电子体系,而 $\lambda = 1$ 对应完全相互作用的真实电子体系。考虑等式中被积函数对参数 λ 的依赖性,最简单一阶近似就是采用线性插值,相应的交换关联能表示如下[57]:

$$E_\text{xc} = \frac{1}{2} E_\text{xc}^{\lambda=0} + \frac{1}{2} E_\text{xc}^{\lambda=1} \tag{3-138}$$

式中,$E_\text{xc}^{\lambda=0}$ 和 $E_\text{xc}^{\lambda=1}$ 分别是非相互作用参考电子体系和完全相互作用真实电子体系的交换关联能。如果将 $E_\text{xc}^{\lambda=0}$ 设定为交换能 E_x,并将 $E_\text{xc}^{\lambda=1}$ 近似为局部密度近似下的交换关联能 E_xc^LDA,那么式(3-138)可改写为如下形式:

$$E_\text{xc} = \frac{1}{2} E_\text{x} + \frac{1}{2} E_\text{xc}^\text{LDA} \tag{3-139}$$

这种对分的内插方法称为均分杂化方法。除了简单的均分方案,人们提出了各种不同的交换能和关联能组合方式来构造杂化泛函,目前常用的杂化泛函有 B3LYP(Becke-Lee-Yang-Parr 三参数)杂化泛函[45-46,58]、PBE0 杂化泛函[59-61] 和 HSE(Hey-Scuseria-Ernzerhof)杂化泛函[62-63]。下面分别予以介绍。

1) B3LYP 杂化泛函

1993 年,Becke 提出的杂化泛函给出的交换关联能表示如下[58,64-65]:

$$E_\text{xc}^\text{Becke} = (1-a) E_\text{x}^\text{LDA} + a E_\text{x}^\text{HF} + b \Delta E_\text{x}^\text{B88} + E_\text{c}^\text{LDA} + c \Delta E_\text{c}^\text{PW91} \tag{3-140}$$

式中,E_x^HF 是 Hartree-Fock 交换能;E_x^LDA 和 E_c^LDA 是局域密度近似的交换能和关联能;$\Delta E_\text{x}^\text{B88}$ 是 Becke 交换泛函校正能;$\Delta E_\text{c}^\text{PW91}$ 是 PW91 关联泛函校正能。Becke 通过拟合小分子生成热得到如下系数[58]:$a = 0.20, b = 0.72, c = 0.81$。Gaussian

软件中使用的 B3LYP 杂化泛函实际上是在 Becke 杂化泛函的基础上将 PW91 关联泛函替换为 LYP(Lee-Yang-Parr)和 VWN 关联泛函的组合,相应的交换关联能表示如下[58]:

$$E_{xc}^{B3LYP} = (1-a)E_x^{LDA} + aE_x^{HF} + b\Delta E_x^{B88} + cE_c^{LYP} + (1-c)E_c^{VWN} \quad (3-141)$$

式中,E_c^{LYP} 是 LYP 关联能[46,58];E_c^{VWN} 是 VWN 关联能[38,58]。由于 LYP 关联泛函不具有容易分离的局部分量,因此通过增加 VWN 关联泛函来提供局部和梯度校正。B3LYP 杂化泛函的交换能和关联能的系数均来自对分子性质的经验拟合,更加适用于分子体系。

2) PBE0 杂化泛函

1996 年,Perdew 等推导出一种杂化泛函,后被称为 PBE0 杂化泛函[59-61],其中的"0"代表没有可调参数。该杂化泛函给出的交换关联能表示如下:

$$E_{xc}^{PBE0} = aE_x^{HF} + (1-a)E_x^{PBE} + E_c^{PBE} \quad (3-142)$$

式中,E_x^{HF} 是 Hartree-Fock 交换能;E_x^{PBE} 和 E_c^{PBE} 分别是 PBE 泛函的交换能和关联能;系数 $a=0.25$。由此可见,PBE0 杂化泛函混合了 Hartree-Fock 精确交换能 E_x^{HF} 与 PBE 泛函的交换能 E_x^{PBE} 和关联能 E_c^{PBE},更加适用于周期性固体体系。

3) HSE 杂化泛函

2003 年,Heyd 和 Scuseria 将交换能分为两部分:精确短程交换贡献和非精确长程交换贡献,并在此基础上提出了 HSE 杂化泛函。该泛函采用屏蔽势代替库仑势 $1/r$ 来加速 Hartree-Fock 交换相互作用的空间衰减,相当于忽略了 Hartree-Fock 的长程交换贡献,从而大大降低计算成本。在 HSE 杂化泛函中,库仑交换势划分为短程(SR)和长程(LR)贡献,表示如下[66]:

$$\frac{1}{r} = S_\omega(r) + L_\omega(r) = \frac{1-\mathrm{erf}(\omega r)}{r} + \frac{\mathrm{erf}(\omega r)}{r} \quad (3-143)$$

式中,ω 是屏蔽参数,定义了作用距离范围。于是,HSE 杂化泛函给出的交换关联能表示如下[62-63]:

$$E_{xc}^{HSE03} = aE_x^{HF,SR}(\omega) + (1-a)E_x^{PBE,SR}(\omega) + E_x^{PBE,LR}(\omega) + E_c^{PBE} \quad (3-144)$$

式中,$E_x^{HF,SR}$ 是短程 Hartree-Fock 交换能;$E_x^{PBE,SR}$ 和 $E_x^{PBE,LR}$ 分别是 PBE 泛函的短程和长程交换能贡献[67];E_c^{PBE} 是 PBE 泛函的关联能。基于微扰理论可以确定混合参数 $a=1/4$[59]。注意,HSE 杂化泛函可被视为仅限于短程能贡献的绝热连接泛函,即在 HSE 杂化泛函中只有短程 Hartree-Fock 交换能。当 $\omega=0$ 时,HSE 杂化泛函简化为 PBE0 杂化泛函;当 $\omega \to \infty$ 时,HSE 杂化泛函等同于 PBE 泛函。对于屏蔽参数 ω 取有限值的 HSE 杂化泛函可被视为这两个极限情况的内插。

屏蔽参数 ω 最初是基于分子测试选取的,对固体带隙仍产生了良好效果[63]。2006 年,Krukau 等研究了屏蔽参数对 HSE 杂化泛函性能的影响,发现屏蔽参数的变化对固体带隙的影响较大,但对其他性质影响不大,如固体的晶格常数。根据 Krukau 等的建议,选取混合参数 $a=1/4$ 和屏蔽参数 $\omega=0.11\text{Bohr}^{-1}$①的 HSE06 杂化泛函相较于 HSE03 杂化泛函能更好地预测生成焓、电离势和电子亲和势,同时保持了固体中带隙和晶格常数的良好精度[66]。实践表明,HSE 杂化泛函在 PBE0 泛函的基础上考虑了屏蔽库仑效应,更加适用于周期性固体体系。

总之,杂化泛函能够提高能带和带隙的计算精度,归因于精确的交换能弥补了自相互作用能的误差。在 Kohn-Sham 方程中,Hartree 能包含了没有物理意义的自相互作用能项,即电子与其自身电荷密度之间的库仑作用能。在 Hartree-Fock 方程中,交换能的引入能够有效抵消自相互作用能项,但是在 Kohn-Sham 方程中,自相互作用能带来的误差需要在交换关联能中加以修正。杂化泛函实际上就是通过在交换关联泛函中加入严格交换能来有效抵消 Hartree 项中的自相互作用能。自相互作用能问题对于强关联体系尤为重要,通过杂化泛函通常能够有效解决该问题,提高计算精度。尽管如此,应用杂化泛函求解相应的 Kohn-Sham 方程要复杂得多,更耗时间、效率不高,往往受限于静态电子结构(能带)的计算[6]。

3.5 占位库仑修正

在前几节介绍的各种泛函中总是设定为总电子密度的函数,于是人为地让电子与自身产生的静电势发生了相互作用,违背了"电子不应该与自己有相互作用"的事实。对于电子局域化明显的情况,如 d 轨道电子或 f 轨道电子,这种自相互作用带来的误差就越来越明显,需要加以特别处理[68]。

对于电子强关联体系,早期最流行的自相互作用修正方法虽然能够很好地再现某些过渡金属化合物中 d 轨道电子或 f 轨道电子的局域化性质,但是这些修正方法得到的单电子能量通常与光谱数据存在较大偏差。20 世纪 90 年代初,Anisimov 等[69-70]按照 Hubbard 模型在原有的 LDA 泛函中添加 U 参数来修正占位库仑相互作用项,即所谓的 LDA+U 方法,成功地解决了强关联体系的占位库仑相互作用的修正问题。在 LDA+U 方法中,参数 U 指的是把局域化电子转移到其他位置所需要的能量[68]。下面以 d 轨道电子为例加以分析:对于两个含有 n 个 d 轨道电子的原子,如果原子间转移了一个 d 轨道电子,即 $2d^n = d_1^{n+1} +$

---

① Bohr 表示 Bohr 半径,约为 5.29177×10^{-11} m。

d_2^{n-1},那么,与之对应的能量改变为 U,表示如下[69,71]:

$$U = E(d_1^{n+1}) + E(d_2^{n-1}) - 2E(d^n) \qquad (3-145)$$

与 Anderson 模型[72]类似,LDA+U 方法将电子体系分为两个子体系:局域 d 轨道电子体系和非局域 s 轨道或 p 轨道电子体系。前者假定 d-d 轨道电子库仑相互作用可以通过 Hubbard 项来描述,即 $E^H = \frac{1}{2}U\sum_{i\neq j} n_i n_j$,而后者可以用 LDA 单电子势来描述。假定 $N = \sum_i n_i$ 是 d 轨道电子总数,其中,n_i 是 d 轨道电子在轨道 i 上的占据电子态,则 d 轨道电子的库仑相互作用能量可以近似为电子数 N 的函数,于是对该能量的修正表示如下[73]: $E^C = \frac{1}{2}UN(N-1)$。如果从 LDA 能量泛函 E^{LDA} 中减去该修正能量项 E^C,再加上 Hubbard 项 E^H,那么在忽略交换作用和非球形效应情况下,总电子能量 E 可以表示如下[73-74]:

$$E = E^{LDA} - \frac{1}{2}UN(N-1) + \frac{1}{2}U\sum_{i\neq j} n_i n_j \qquad (3-146)$$

如果上式对轨道占据态 n_i 求偏导,那么可以得到轨道能量,表示如下:

$$\varepsilon_i = \frac{\partial E}{\partial n_i} = \varepsilon_i^{LDA} - \frac{1}{2}U[2N-1-2(N-n_i)] = \varepsilon_i^{LDA} + U\left(\frac{1}{2} - n_i\right) \qquad (3-147)$$

式中,$n_i = 0$ 表示轨道 i 是空轨道,相应的轨道能量由 ε_i^{LDA} 平移 $+U/2$;$n_i = 1$ 表示轨道 i 是占据轨道,相应的轨道能量由 ε_i^{LDA} 平移 $-U/2$。于是,空轨道和占据轨道之间的能量差为 U,从而有效地改进了被低估的能隙。Perdew[75]指出,当电子数由 $N-\delta$ 变为 $N+\delta$ 时,最大占据轨道能量 ε_{max} 跃迁了 $[E(N+1)-E(N)] - [E(N)-E(N-1)]$。如果忽略杂化,那么该项定义上等于参数 U。由式(3-147)可以看出,在 N 个电子体系中,如果第 i 个轨道被占据而第 j 个轨道为空,那么对于 $N-\delta$ 情况,$\varepsilon_{max} = \varepsilon_i$;对于 $N+\delta$ 情况,$\varepsilon_{max} = \varepsilon_j$。由于 $\varepsilon_j - \varepsilon_i = U$,所以式(3-147)再现了这种电子跃迁行为[73]。

对于轨道相关势,如果能量变分不是对于总电子密度 ρ,而是针对特定轨道 i 的电子密度 ρ_i,那么可以得到如下表达式[73]:

$$V_i(r) = \frac{\delta E}{\delta \rho_i} = V_i^{LDA}(r) + U\left(\frac{1}{2} - n_i\right) \qquad (3-148)$$

该式恢复了精确密度泛函理论的单电子势的不连续特征。该 LDA+U 轨道相关势给出了能量间隔等于参数 U 的上下 Hubbard 带,从而再现了 Mott-Hubbard 绝缘体的正确物理性质。

前面给出的泛函修正忽略了 d-d 轨道电子相互作用的交换性和非球形特征[73]，下面增加这两部分的贡献。如果考虑交换作用，那么对于具有相同自旋电子需要引入交换参数 J，相互作用能将是 $U-J$；而对于具有不同自旋电子，相互作用能仍然是 U。参数 U 和 J 的物理意义可以通过图 3-6 加以描述，局域化电子之间的相互作用能可以分为三部分：相同自旋电子之间的交换作用能，以及不同自旋电子之间和相同自旋电子之间的库仑作用能。相同自旋电子之间的相互作用不仅包括库仑作用 U，而且还包括交换作用 J。于是，局域化电子之间相互作用能表示如下[68,73]：

$$E^+ = \frac{1}{2} U \sum_{m,m',\sigma} n_m^\sigma n_{m'}^{-\sigma} + \frac{1}{2}(U-J) \sum_{m \neq m',\sigma} n_m^\sigma n_{m'}^\sigma \tag{3-149}$$

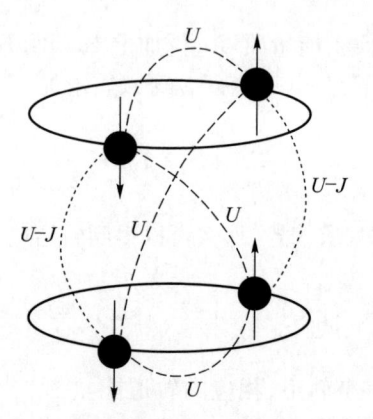

图 3-6 参数 U 和 J 的物理意义。局域化电子之间的相互作用能可以分为三部分：相同自旋电子之间的交换作用能、不同自旋电子之间和相同自旋电子之间的库仑作用能[33,68]

在 LDA 交换泛函中，以不同自旋的电子数相等的方式部分考虑了交换作用（$N^\uparrow = N^\downarrow, N = N^\uparrow + N^\downarrow$），于是采用 d 轨道电子总数表示的 d-d 轨道电子库仑相互作用能为[73]

$$E^- = \frac{1}{2} UN(N-1) - \frac{1}{4} JN(N-2) \tag{3-150}$$

进一步考虑库仑作用和交换作用的非球形特征的贡献。这部分贡献与 d 轨道的 m 和 m' 相关，因此需要引入矩阵元 $U_{mm'}$ 和 $J_{mm'}$，表示如下[73]：

$$U_{mm'} = \sum_k a_k F^k, \quad J_{mm'} = \sum_k b_k F^k \tag{3-151}$$

式中，F^k 是 Slater 积分；a_k 和 b_k 表示如下：

$$a_k = \frac{4\pi}{2k+1} \sum_{q=-k}^{k} \langle lm | Y_{kq} | lm \rangle \langle lm' | Y_{kq}^* | lm' \rangle$$
$$b_k = \frac{4\pi}{2k+1} \sum_{q=-k}^{k} |\langle lm | Y_{kq} | lm' \rangle|^2 \quad (3-152)$$

式中，$\langle lm | Y_{kq} | lm' \rangle$ 是三个球谐函数乘积的积分。

最终，综合式(3-149)至式(3-152)，得到如下总能量表达式[73]：

$$E = E^{\text{LDA}} - \frac{1}{2} UN(N-1) + \frac{1}{4} JN(N-2) + \frac{1}{2} \sum_{m,m',\sigma} U_{mm'} n_m^\sigma n_{m'}^{-\sigma} +$$
$$\frac{1}{2} \sum_{m \neq m', \sigma} (U_{mm'} - J_{mm'}) n_m^\sigma n_{m'}^\sigma \quad (3-153)$$

总能量泛函对轨道占据态 n_m^σ 求导，得到轨道相关的单电子势，表示如下：

$$V_m^\sigma(r) = V^{\text{LDA}}(r) + \sum_{m'} (U_{mm'} - U_{\text{eff}}) n_{m'}^{-\sigma} +$$
$$\sum_{m' \neq m} (U_{mm'} - J_{mm'} - U_{\text{eff}}) n_{m'}^\sigma + U_{\text{eff}} \left(\frac{1}{2} - n_m^\sigma \right) - \frac{1}{4} J \quad (3-154)$$

式中，$U_{\text{eff}} = U - \frac{1}{2} J$。为了计算矩阵元 $U_{mm'}$ 和 $J_{mm'}$，需要获得 Slater 积分 F^k。Anisimov 等利用超晶胞近似的自洽计算确定参数 U 和 J，这里不做详细介绍，请参见原文献[70,73]。如果对所有可能 mm' 的 $U_{mm'}$ 和 $U_{mm'} - J_{mm'}$ 求平均，那么可以得到式(3-151)中的 U 和 $U-J$。式(3-151)至式(3-154)定义了 LDA+U 方法的最初形式，可以把它看作从局部密度近似到精确密度泛函的基础。在以上 LDA+U 方法推导的基础上，可以很容易地扩展到局域自旋密度近似(LSDA)情况，其中引入了两个自旋电子密度的泛函 $E[\rho^\uparrow, \rho^\downarrow]$，而不是总电子密度的泛函 $E[\rho]$。

早期，Anisimov 等提出的模型依赖于基组的特性，导致该模型的应用受到很大限制。现在，更常用的两种改进方案包括 Liechtenstein 等提出的基组旋转不变方法[74,76]和 Dudarev 等提出的 DFT+U 简化方法[77]。

1. Liechtenstein 等提出的基组旋转不变方法

一般而言，从物理角度确定空间区域的电子态基本保留了原子球近似特征。在这些原子球中，可以用局域正交基 $|inlm\sigma\rangle$ 展开波函数，其中，i 表示位置，n 表示主量子数，l 表示轨道量子数，m 表示磁量子数，σ 表示自旋指数。在通常非严格情况下，仅仅限定特定的 nl 轨道是部分填充，于是可以定义该轨道上的密度矩阵为 $\boldsymbol{n}_{mm'}^\sigma$，其元素表示为 $\{n^\sigma\}$，于是，广义 LDA+U 泛函表示如下[74,76,78]：

$$E^{\text{LDA}+U}[\rho^\sigma, \{n^\sigma\}] = E^{\text{LSDA}}[\rho^\sigma] + E^U[\{n^\sigma\}] - E_{\text{dc}}[\{n^\sigma\}] \quad (3-155)$$

式中，ρ^σ 是自旋为 σ 的电子密度；E^{LSDA} 是局域自旋密度泛函部分；右侧第二项表示轨道极化部分，如下：

$$E^U[\{n^\sigma\}] = \frac{1}{2}\sum_{\{m\},\sigma}\{\langle m,m''|V_{ee}|m',m'''\rangle \boldsymbol{n}_{mm'}^\sigma \boldsymbol{n}_{m''m'''}^{-\sigma} +$$
$$(\langle m,m''|V_{ee}|m',m'''\rangle -$$
$$\langle m,m''|V_{ee}|m''',m'\rangle)\boldsymbol{n}_{mm'}^\sigma \boldsymbol{n}_{m''m'''}^\sigma\} \qquad (3-156)$$

式中，V_{ee} 是轨道 nl 电子之间的屏蔽库仑相互作用。式（3-155）右侧最后一项修正了重复计数，并由下式给出：

$$E_{dc}[\{n^\sigma\}] = \frac{1}{2}UN(N-1) - \frac{1}{2}J[N^\uparrow(N^\uparrow-1) + N^\downarrow(N^\downarrow-1)] \qquad (3-157)$$

式中，$N^\sigma = \text{Tr}(\boldsymbol{n}_{mm'}^\sigma)$；$N = N^\uparrow + N^\downarrow$。$U$ 和 J 分别是屏蔽库仑参数和 Stoner 交换参数，用于描述 d 轨道或 f 轨道电子的库仑作用和交换作用。如果密度矩阵对角化，即 $\boldsymbol{n}_{mm'}^\sigma = \boldsymbol{n}_m^\sigma \delta_{mm'}$，那么当前旋转不变方法等价于传统的 LDA+U 方法[76]。

将以上 $E^U[\{n^\sigma\}]$ 和 $E_{dc}[\{n^\sigma\}]$ 代入 LDA+U 的总能表达式，并对 $\boldsymbol{n}_{mm'}^\sigma$ 求变分，可以得到有效单电子势，表示如下：

$$V_{mm'}^\sigma = \sum_{m'',m'''}\{\langle m,m''|V_{ee}|m',m'''\rangle \boldsymbol{n}_{m''m'''}^{-\sigma} + (\langle m,m''|V_{ee}|m',m'''\rangle -$$
$$\langle m,m''|V_{ee}|m''',m'\rangle)\boldsymbol{n}_{m''m'''}^\sigma\} - U\left(N-\frac{1}{2}\right) + J\left(N^\sigma - \frac{1}{2}\right) \qquad (3-158)$$

式中，V_{ee} 积分部分可以用球谐函数和有效 Slater 积分 F^k 表示如下：

$$\langle m,m''|V_{ee}|m',m'''\rangle = \sum_k a_k(m,m',m'',m''')F^k \qquad (3-159)$$

式中，$a_k(m,m',m'',m''')$ 可以展开为球谐函数形式，请参见原文献[74,76]；对于 d 轨道电子，需要 F^0、F^2 和 F^4 来确定 $U = F^0$ 和 $J = (F^2 + F^4)/14$。同样，可以采用超晶胞近似的自洽计算确定参数 U 和 J[70,73]。

2. Dudarev 等提出的 DFT+U 简化方法

首先从描述屏蔽库仑相互作用的哈密顿算符 $\hat{H}$ 入手，分析不同 d 轨道电子数情况下的期望值。如果 d 轨道电子数是整数，那么哈密顿算符 $\hat{H}$ 的期望值可以表示如下[77]：

$$E_{int} = \langle N^\sigma|\hat{H}|N^\sigma\rangle_{int} = \frac{U}{2}\sum_\sigma N^\sigma N^{-\sigma} + \frac{U-J}{2}\sum_\sigma N^\sigma(N^\sigma-1) \qquad (3-160)$$

式中，N^σ 是具有自旋 σ 的 d 轨道电子总数；U 和 J 是球平均矩阵元素。

同样，如果 d 轨道电子数是非整数，那么哈密顿算符 $\hat{H}$ 的期望值可以表示如下：

$$E_{\text{non-int}} = \langle N^\sigma | \hat{H} | N^\sigma \rangle_{\text{non-int}} = \frac{U}{2}\sum_{\sigma,m,m'} n_m^\sigma n_{m'}^{-\sigma} + \frac{U-J}{2}\sum_{\sigma,m\neq m'} n_m^\sigma n_{m'}^\sigma \quad (3-161)$$

式中，n_m^σ 是对应第 m 的 d 轨道电子占据态。

既然对于局部化轨道，电子总数在外场中连续变化，因此可以设定整数 d 轨道电子的公式是能量泛函的正确形式。于是将上面两式相减，并使用 $N^\sigma = \sum_m n_m^\sigma$，得到 LSDA+U 的简化能量泛函，表示如下：

$$E^{\text{LSDA}+U} = E^{\text{LSDA}} + \frac{U-J}{2}\sum_\sigma \left[n_m^\sigma - \left(n_m^\sigma\right)^2\right] \quad (3-162)$$

事实上，通过球谐波函数表示的矩阵应该是对角矩阵，于是上式可改写为如下形式：

$$E^{\text{LSDA}+U} = E^{\text{LSDA}} + \frac{U-J}{2}\sum_\sigma \left[\sum_j \rho_{jj}^\sigma - \sum_{j,l}\rho_{jl}^\sigma \rho_{lj}^\sigma\right] \quad (3-163)$$

式中，ρ_{jj}^σ 是 d 轨道电子密度矩阵的对角元素；ρ_{jl}^σ、ρ_{lj}^σ 是 d 轨道电子密度矩阵的非对角元素。该式将 Anisimov 等的轨道关联泛函与 Liechtenstein 等提出的旋转不变泛函连接起来，保留了 Anisimov 等公式的简单性和 Liechtenstein 等公式的协变性。由于在整数占据电子数的极限情况下精确地相互补偿，该式右侧的第二项消失。

单电子势由上式对 ρ_{lj}^σ 的变分给出，表示如下：

$$V_{jl}^\sigma = \frac{\delta E^{\text{LSDA}+U}}{\delta \rho_{lj}^\sigma} = \frac{\delta E^{\text{LSDA}}}{\delta \rho_{lj}^\sigma} + (U-J)\left[\frac{1}{2}\delta_{jl} - \rho_{jl}^\sigma\right] \quad (3-164)$$

相应地，总能量表示如下：

$$E^{\text{LSDA}+U} = E^{\text{LSDA}} + \frac{U-J}{2}\sum_{l,j,\sigma}\rho_{lj}^\sigma \rho_{jl}^\sigma \quad (3-165)$$

该方法可以认为是通过添加到能量泛函的惩罚项来实现的。在此方法中，参数 U 和 J 通常不能独立设置，只有差值 $U-J$ 才有意义。

最后给出 +U 的物理解释。1993 年，Perdew 等指出局域密度近似和精确的交换关联泛函存在重要差别的一个原因就是总能量变化对电子数的依赖关系存在折线特征，并在此基础上给出了 U 的物理内涵[73,78]。在开放原子体系中，电子数为分数的中间情况不是由单纯电子波函数描述的，而是由统计概率描述的，因此，含有 $N+x$ 个电子的体系的总能量由下式给出[73]：

$$E(N+x) = (1-x)E(N) + xE(N+1) \tag{3-166}$$

式中,$E(N)$ 和 $E(N+1)$ 分别是具有 N 和 $N+1$ 个电子体系的基态能量;x 是具有 $N+1$ 个电子体系的统计权重。图 3-7 展示了开放原子体系的总能量随电子数变化的折线特征,即总能量变化由一系列线段连接而成,而连接点对应于原子轨道的整数占据。进一步分析总能量与电子数曲线的斜率 $\partial E/\partial N$ 可以发现,该斜率是分段常数,在整数个电子处出现不连续,表示如下[73,78]:

$$\frac{\partial E}{\partial M} = \begin{cases} E(N) - E(N-1), & N-1 < M < N \\ E(N+1) - E(N), & N < M < N+1 \end{cases} \tag{3-167}$$

这种不连续性同样存在于精确的单电子势 $V(r)$,即电子数经过整数值的时候,该单电子势呈现不连续的变化。

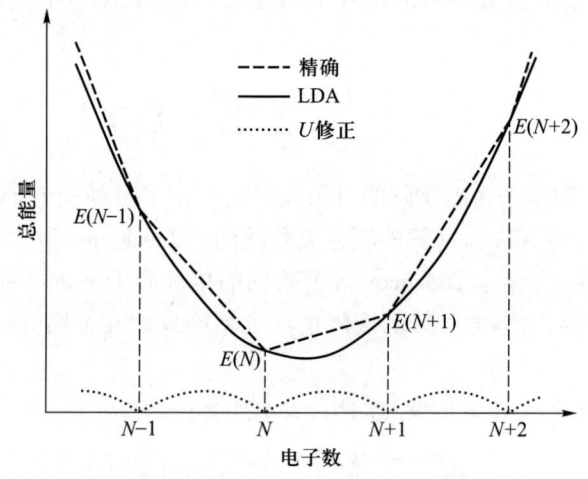

图 3-7 开放原子体系的总能量随电子数变化的示意图[16,78]

精确的密度泛函理论应该能够正确地再现这种行为,但是 LDA(或 GGA)方法并不能很好地描述这种不连续特征(图 3-7)。LDA 方法产生的总能量具有非整数占据的非物理曲率,以及与原子轨道分数占据相对应的伪极小值。非物理曲率基本上与 LDA 方法对部分占据的 Kohn-Sham 轨道的自相互作用的错误处理有关。如果轨道的占用被限制为整数值,LDA 方法可以相当准确地再现不同状态之间的总能量差。作为替代方法,可以通过对 LDA 总能量进行修正来恢复近似分段线性曲线的物理特征,该修正对于整数个电子消失,并消除 LDA 能量曲线中的曲率具有分数占用的每个间隔(图 3-7 的底部曲线)。在以上情况分析基础上,通过对占位库仑排斥项的分析和能量泛函的 Hubbard 校正的简化处理,Cococcioni 和 Gironcoli 给出了对"+U"校正的更加简明、清晰的物理解释:

能量修正引入了局部轨道部分占据的补偿,并通过 U 参数的值进行调整,从而有利于完全占据的轨道或完全空的轨道中的不均匀分配,这就是 DFT+U 的基本物理考虑[78]。

3.6 范德瓦耳斯色散修正

范德瓦耳斯相互作用是在大多数关联泛函的发展中被忽略的一种重要电子关联类型。由于传统关联泛函没有包含色散相互作用[79],因此人们提出了各种色散修正方法,包括经典色散修正、微扰理论修正、线性响应理论修正、半经验色散泛函修正(DFT-D)和范德瓦耳斯密度泛函修正(vdW-DF)五类[16]。

经典色散修正方法具有计算效率高和易于实现等优点,但是参数化色散系数依赖于较强的经验性,因而经常被用于经典分子模拟中。原则上,基于微扰理论的修正方法可以将色散相互作用加入 Kohn-Sham 方法中,其中最典型的就是 Williams 等提出的密度泛函理论-对称自适应微扰理论(DFT-SAPT)方法[80],即在 Kohn-Sham 轨道基础上计算微扰能量,从而能够获取分子间色散相互作用。然而,DFT-SAPT 方法不适合计算分子内色散相互作用,并且需要消耗更多的计算时间。利用线性响应理论的色散修正方法是在 Kohn-Sham 方法框架下,基于绝热连接/涨落耗散定理(AC/FDT)直接进行色散计算[81]。尽管从物理角度来看,AC/FDT 方法在进行色散修正方面具有相当优势,但该方法同样需要消耗非常大的计算资源。与以上三种修正方法相比,半经验色散泛函修正和范德瓦耳斯密度泛函修正方法兼具高效性、普适性和可靠性,因此在第一性原理计算中被广泛采用。

1. 半经验色散泛函修正

经典色散修正方法使用原子间伦敦色散能量对 Kohn-Sham 能量进行经验修正,表示如下[82]:

$$E_{\text{DFT-disp}} = E_{\text{KS-DFT}} + E_{\text{disp}} \quad (3-168)$$

式中,E_{disp} 是色散能量,表示如下:

$$E_{\text{disp}} = -\sum_i \sum_{j>i} \frac{C_6^{ij}}{r_{ij}^6} f_{\text{damp}}(r_{ij}) \quad (3-169)$$

式中,i 和 j 代表不同原子;r_{ij} 是原子间距离;C_6^{ij} 是色散系数;f_{damp} 是阻尼函数[83-84]。如果在上式的右侧乘以依赖于交换关联泛函的标度因子,则称为半经验色散泛函修正方法,即 DFT-D 方法。根据色散修正的程度,DFT-D 方法包括 DFT-D1、DFT-D2 和 DFT-D3。下面以 DFT-D2 和 DFT-D3 方法为例介绍该类色散修正方法。

(1) DFT-D2 方法[85]。在 Grimme 等的 DFT-D2 方法中,色散能项 E_{disp} 采用如下形式[82]:

$$E_{\text{disp}}^{\text{DFT-D2}} = -s_6 \sum_i \sum_{j>i} \frac{C_6^{ij}}{r_{ij}^6} f_{\text{damp}}(r_{ij}) \tag{3-170}$$

式中,C_6^{ij} 是色散系数,$C_6^{ij} = \sqrt{C_6^{ii} C_6^{jj}}$;$s_6$ 是标度因子,需要根据不同的交换关联泛函进行优化[85],如 PBE 泛函 ($s_6 = 0.75$)、BLYP 泛函 ($s_6 = 1.2$) 和 B3LYP 泛函 ($s_6 = 1.05$)。原始 Grimme 方法采用费米型阻尼函数,表示如下[82]:

$$f_{\text{damp}}(r_{ij}) = \frac{1}{1 + \exp[-d(r_{ij}/r_{0,ij} - 1)]} \tag{3-171}$$

式中,$r_{0,ij} = r_{0,i} + r_{0,j}$ 是原子的范德瓦耳斯半径之和;d 是待定参数。

(2) 零阻尼(zero-damping) DFT-D3 方法[86]。零阻尼是指随着原子间距的减小,阻尼函数逐渐衰减为 0。零阻尼 DFT-D3 方法的色散能可以写成如下形式[86]:

$$E_{\text{disp}}^{\text{DFT-D3}} = E_{\text{disp}}^{(2)} + E_{\text{disp}}^{(3)} \tag{3-172}$$

式中,色散二体和三体校正项 $E_{\text{disp}}^{(2)}$ 和 $E_{\text{disp}}^{(3)}$ 表示如下:

$$\begin{cases} E_{\text{disp}}^{(2)} = -\sum_{i \neq j} \sum_{n=6,8,10,\cdots} s_n \frac{C_n^{ij}}{r_{ij}^n} f_{\text{damp},n}(r_{ij}) \\ E_{\text{disp}}^{(3)} = -\sum_{i>j>k} \frac{C_9^{ijk}(3\cos\theta_a \cos\theta_b \cos\theta_c + 1)}{(r_{ij} r_{jk} r_{ki})^3} f_{\text{damp}}^{(3)}(r_{ijk}) \end{cases} \tag{3-173}$$

式中,C_n^{ij} 和 C_9^{ijk} 是色散系数,$C_9^{ijk} \approx -\sqrt{C_6^{ij} C_6^{ik} C_6^{kj}}$,其中,$C_6^{ij}$ 由 Casimir-Polder 公式[87]计算得到,而系数 C_n^{ij} 可由 C_6^{ij} 和递推关系[88]导出;s_n 是标度因子,取决于所采用交换关联泛函形式;i、j、k 是原子标记;θ_a、θ_b 和 θ_c 是原子 i、j、k 构成的三角形的内角;r_{ijk} 是几何平均半径;零阻尼函数表示如下:

$$\begin{aligned} f_{\text{damp},n}(r_{ij}) &= \frac{1}{1 + 6\left(\frac{r_{ij}}{s_{r,n} r_{0,ij}}\right)^{-\alpha_n}} \\ f_{\text{damp}}^{(3)}(r_{ijk}) &= \frac{1}{1 + 6\left(\frac{r_{ijk}}{4 r_{0,ijk}/3}\right)^{-16}} \end{aligned} \tag{3-174}$$

式中，$r_{0,ij}$ 和 $r_{0,ijk}$ 分别是根据原子对和原子三角形调整的截断半径；$s_{r,n}$ 是标度因子；α_n 是预设常数。零阻尼方法有 4 个待定参数，即 s_6、s_8、$s_{r,6}$ 和 $s_{r,8}$，其中，$s_{r,8}$ 对所有交换关联泛函都取为 1，s_6 对于普通泛函取为 1。于是，对于普通交换关联泛函，只需要拟合参数 s_8 和 $s_{r,6}$ 即可。

（3）BJ 阻尼（Becke-Johnson-damping）DFT-D3 方法[88]。BJ 阻尼不仅具有更明确的物理意义，而且对分子内色散作用的描述有显著提升。BJ 阻尼 DFT-D3 方法的色散能可以写成如下形式：

$$E_{\text{disp}}^{\text{DFT-D3(BJ)}} = -\frac{1}{2}\sum_{i\neq j}\sum_{n=6,8} s_n \frac{C_n^{ij}}{r_{ij}^n + [f(r_{0,ij})]^n} \tag{3-175}$$

式中，$f(r_{0,ij}) = a_1 r_{0,ij} + a_2$；$r_{0,ij}$ 是原子对截断半径。该泛函包括 4 个待定参数：a_1、a_2、s_6、s_8。对于普通泛函，$s_6 = 1$，故只需要拟合其余 3 个参数。

虽然 BJ 阻尼方法在理论上比零阻尼方法更合理，但前者改变了正常成键情况下标准交换关联泛函对热化学的描述，因此可能需要调整标准关联泛函。图 3-8 对比了两种阻尼方法在原理上的差异。对于零阻尼方法，在中近程距离处，原子会受到斥力，导致在色散修正后给出更大的原子间距；对于 BJ 阻尼方法，随原子间距减小，色散能逐渐降低到一个常数。Grimme 等指出，如果 BJ 阻尼方法能够在适当调整关联泛函的前提下改进化学反应中关联效应，那么该方法将更具价值。

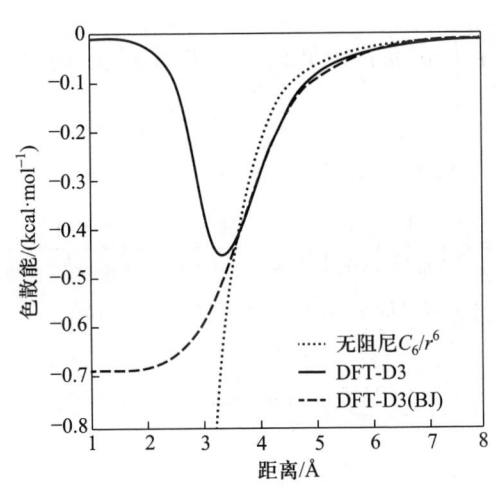

图 3-8 零阻尼 DFT-D3 方法和 BJ 阻尼 DFT-D3 方法对两个氩原子进行色散修正情况，以及与无阻尼 C_6/r^6 情况比较[88]

2. 范德瓦耳斯密度泛函修正

范德瓦耳斯密度泛函的提出可以有效降低计算时间，同时保持较高精度并易于使用[16]。早期,Lundqvist 等提出的 ALL(Andersson-Langreth-Lundqvist)色散泛函将 LDA 泛函用于 AC/FDT 方法的电子密度响应函数[89]。与此同时,Dobson 等提出了几乎相同的基于局域响应近似的电子密度色散泛函[90]。这些泛函仅适用于电子密度分布具有明显分离特征的体系,并且需要使用阻尼函数处理短程相互作用。为了解决这些问题,2004 年,Lundqvist 等基于电子空间坐标、电子密度和密度梯度的复杂非局域函数 $\varphi(r,r')$,提出了适用于重叠电子分布区域的范德瓦耳斯密度泛函,基本解决了色散作用能的计算[91]。

范德瓦耳斯密度泛函方法的关联能分解为局域和非局域两部分,表示如下[91-93]:

$$E_c = E_c^0 + E_c^{nl} \tag{3-176}$$

于是,总交换关联能表示如下:

$$E_{xc} = E_x^{GGA} + E_c^0 + E_c^{nl} \tag{3-177}$$

式中,E_x^{GGA} 是 GGA 泛函交换能;E_c^0 是局域密度近似的关联能;E_c^{nl} 是描述范德瓦耳斯长程效应的非局域关联能。范德瓦耳斯长程非局域关联能可以通过对 r 和 r' 位置的电子密度进行双重积分计算得到,表示如下:

$$E_c^{nl} = \frac{1}{2} \iint dv dv' \rho(r) \varphi(r,r') \rho(r') \tag{3-178}$$

式中,$\varphi(r,r')$ 是复杂非局域函数,表示如下:

$$\varphi(r,r') = \frac{2me^4}{\pi^2} \int_0^\infty a^2 da \int_0^\infty db b^2 W(a,b) T[v(a),v(b),v'(a),v'(b)] \tag{3-179}$$

式中,涉及的函数和参数表示如下:

$$T[w,x,y,z] = \frac{1}{2}\left(\frac{1}{w+x} + \frac{1}{y+z}\right)\left[\frac{1}{(w+y)(x+z)} + \frac{1}{(w+z)(y+x)}\right]$$

$$W(a,b) = 2\frac{[(3-a^2)b\cos b \sin a + (3-b^2)a\cos a \sin b]}{a^3 b^3} +$$

$$2\frac{[(a^2+b^2-3)\sin a \sin b - 3ab\cos a \cos b]}{a^3 b^3} \tag{3-180}$$

$$v(a) = \frac{a^2}{2h(a/d)}, \quad v'(a) = \frac{a^2}{2h(y/d')}$$

$$d = |r-r'|q_0(r), \quad d' = |r-r'|q_0(r')$$

$$q_0(r) = \frac{\varepsilon_{xc}^0(r)}{\varepsilon_{xc}^{LDA}(r)} k_F(r), \quad k_F(r) = \sqrt[3]{3\pi^2 \rho(r)}$$

由于短程相互作用自然趋于零,因此这个泛函不需要阻尼函数,从而重现了分子内的色散相互作用。在 Dion 等提出的 vdW-DF 方法[91]中,色散泛函可以与各种 GGA 泛函结合使用。图 3-9 对比了采用不同方法计算的 Ar 和 Kr 双原子相互作用能与原子距离的关系。通过与实验值的比较可以看出,vdW-DF 方法能够给出较为合理的结果。迄今为止,虽然 vdW-DF 方法能够有效描述色散作用能[52],但是该方法往往会高估长程色散作用;vdW-DF2 方法能够提高弱键体系的近平衡色散作用能的描述,但是该方法却不能给出准确的 C_6 系数[94]。之后发展的范德瓦耳斯修正方法,如 optB88-vdW 和 optPBE-vdW,通过改进 E_c^{nl} 项来获得更高的范德瓦耳斯作用能计算精度[52]。关于这些方法应用于不同体系的性能比较可以参考相关文献,例如气相团簇可参考文献[94-95]、固体可参考文献[96]。

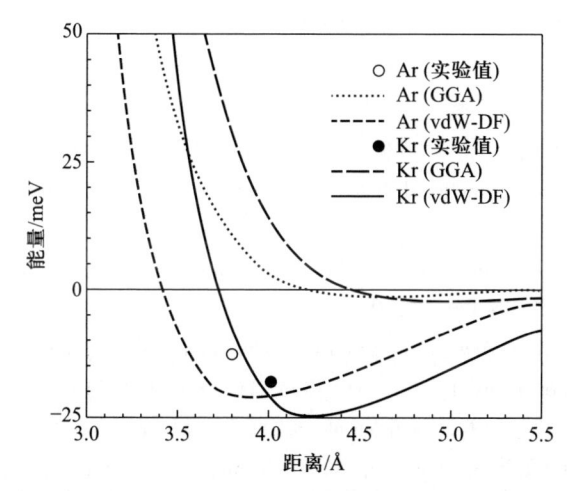

图 3-9 Ar 原子之间的相互作用能(虚线)和 Kr 原子之间的相互作用能(实线)的 vdW-DF 方法计算值与实验值的比较[91]

参 考 文 献

[1] 谢希德,陆栋. 固体能带理论[M]. 上海:复旦大学出版社,1998.
[2] 苑世领,张恒,张冬菊. 分子模拟:理论与实验[M]. 北京:化学工业出版社,2016.
[3] 冯刚. 催化理论与计算[M]. 北京:化学工业出版社,2022.
[4] Born M. Quantenmechanik der stoßvorgänge[J]. Zeitschrift für Physik,1926,38(11):803-827.
[5] Born M,Oppenheimer J R. Nuclear and electronic motion[J]. Annalen der Physik,1927,84:457.

[6] 陈晓原. 材料电子性质基础[M]. 北京:科学出版社, 2020.

[7] Hartree D R. The wave mechanics of an atom with a non-coulomb central field. Part iii. Term values and intensities in series in optical spectra[C] // Mathematical Proceedings of the Cambridge Philosophical Society. Cambridge University Press, 1928, 24(3): 426-437.

[8] 周健,梁奇锋. 第一性原理材料计算基础[M]. 北京:科学出版社, 2019.

[9] Heisenberg W. Mehrkörperproblem und resonanz in der quantenmechanik[J]. Zeitschrift für Physik, 1926, 38(6): 411-426.

[10] Dirac P A M. On the theory of quantum mechanics[J]. Proceedings of the Royal Society of London, Series A: Mathematical & Physical Sciences, 1926, 112(762): 661-677.

[11] Slater J C. The theory of complex spectra[J]. Physical Review, 1929, 34(10): 1293.

[12] Fock V. Näherungsmethode zur lösung des quantenmechanischen mehrkörperproblems [J]. Zeitschrift für Physik, 1930, 61(1): 126-148.

[13] Slater J C. Note on Hartree's method[J]. Physical Review, 1930, 35(2): 210.

[14] 胡英,刘洪来. 密度泛函理论[M]. 北京:科学出版社, 2016.

[15] 吉林大学,封继康. 量子化学基本原理与应用[M]. 北京:高等教育出版社, 2017.

[16] Tsuneda T. Density functional theory in quantum chemistry[M]. Tokyo: Spinger Japan, 2014.

[17] Martin R M. Electronic structure: Basic theory and practical methods[M]. Cambridge: Cambridge University Press, 2004.

[18] Koopmans T. Über die zuordnung von wellenfunktionen und eigenwerten zu den einzelnen elektronen eines atoms[J]. Physica, 1934, 1(1-6): 104-113.

[19] 陈飞武. 量子化学中的计算方法[M]. 北京:科学出版社,2008.

[20] Szabo A, Ostlund N S. Modern quantum chemistry: Introduction to advanced electronic structure theory[M]. Courier Corporation, 2012.

[21] Thomas L H. The calculation of atomic fields[C] // Mathematical proceedings of the Cambridge philosophical society. Cambridge: Cambridge University Press, 1927, 23(5): 542-548.

[22] Fermi E. Un metodo statistico per la determinazione di alcune priorieta dell'atome[J]. Endiconti: Accademia Nazionale dei Lincei, 1927, 6(602-607): 32.

[23] Fermi E. Eine statistische methode zur bestimmung einiger eigenschaften des atoms und ihre anwendung auf die theorie des periodischen systems der elemente[J]. Zeitschrift für Physik, 1928, 48(1): 73-79.

[24] Hohenberg P, Kohn W. Inhomogeneous electron gas[J]. Physical Review, 1964, 136(3B): B864.

[25] Kohn W, Sham L J. Self-consistent equations including exchange and correlation effects [J]. Physical Review, 1965, 140(4A): A1133.

[26] Parr R G, Yang W. Density functional theory of atoms and molecules[M]. Oxford: Oxford University Press, 1989.

[27] Mattsson A E, Schultz P A, Desjarlais M P, et al. Designing meaningful density functional theory calculations in materials science: A primer[J]. Modelling and Simulation in Materials Science and Engineering, 2005, 13: R1–R13.

[28] 吕树申,王晓明,陈楷炫. 纳米材料热电性能的第一性原理计算[M]. 北京:科学出版社, 2019.

[29] Perdew J P, Kurth S, Zupan A, et al. Accurate density functional with correct formal properties: A step beyond the generalized gradient approximation[J]. Physical Review Letters, 1999, 82(12): 2544.

[30] Perdew J P, Schmidt K. Jacob's ladder of density functional approximations for the exchange-correlation energy[C]// AIP Conference Proceedings. American Institute of Physics, 2001.

[31] Huang B, Rudorff G F, von Lilienfeld O A. The central role of density functional theory in the AI age[J]. Science, 2023, 381: 170–175.

[32] Mattsson A E. In pursuit of the "divine" functional[J]. Science, 2002, 298(5594): 759–760.

[33] 赵琉涛. 计算材料科学理论与实践[M]. 北京:人民邮电出版社, 2021.

[34] Sousa S F, Fernandes P A, Ramos M J. General performance of density functionals[J]. The Journal of Physical Chemistry A, 2007, 111(42): 10439–10452.

[35] Perdew J P, Ruzsinszky A, Tao J, et al. Prescription for the design and selection of density functional approximations: More constraint satisfaction with fewer fits[J]. The Journal of Chemical Physics, 2005, 123(6): 062201.

[36] Gell-Mann M, Brueckner K A. Correlation energy of an electron gas at high density[J]. Physical Review, 1957, 106(2): 364.

[37] Wigner E. On the interaction of electrons in metals[J]. Physical Review, 1934, 46(11): 1002.

[38] Vosko S H, Wilk L, Nusair M. Accurate spin-dependent electron liquid correlation energies for local spin density calculations: A critical analysis[J]. Canadian Journal of Physics, 1980, 58(8): 1200–1211.

[39] 庞庆. 低维锗基纳米材料掺杂改性的第一性原理研究[D]. 西安:陕西师范大学, 2012.

[40] Ceperley D M, Alder B J. Ground state of the electron gas by a stochastic method[J]. Physical Review Letters, 1980, 45(7): 566.

[41] von Barth U, Hedin L. A local exchange-correlation potential for the spin polarized case. i[J]. Journal of Physics C: Solid State Physics, 1972, 5(13): 1629.

[42] Perdew J P, Zunger A. Self-interaction correction to density-functional approximations for many-electron systems[J]. Physical Review B, 1981, 23(10): 5048.

[43] Perdew J P, Wang Y. Accurate and simple analytic representation of the electron-gas correlation energy[J]. Physical Review B, 1992, 45(23): 13244.

[44] Oliver G L, Perdew J P. Spin-density gradient expansion for the kinetic energy[J]. Physical Review A, 1979, 20(2): 397.

[45] Becke A D. Density-functional exchange-energy approximation with correct asymptotic behavior[J]. Physical Review A, 1988, 38(6): 3098.

[46] Lee C, Yang W, Parr R G. Development of the Colle-Salvetti correlation-energy formula into a functional of the electron density[J]. Physical Review B, 1988, 37(2): 785.

[47] Perdew J P, Chevary J A, Vosko S H, et al. Atoms, molecules, solids, and surfaces: Applications of the generalized gradient approximation for exchange and correlation[J]. Physical Review B, 1992, 46(11): 6671.

[48] Perdew J P, Burke K, Ernzerhof M. Generalized gradient approximation made simple[J]. Physical Review Letters, 1996, 77(18): 3865.

[49] Hammer B, Hansen L B, Nørskov J K. Improved adsorption energetics within density-functional theory using revised Perdew-Burke-Ernzerhof functionals[J]. Physical Review B, 1999, 59(11): 7413.

[50] Burke K. Perspective on density functional theory[J]. The Journal of Chemical Physics, 2012, 136(15): 150901.

[51] Jones R O. Density functional theory: Its origins, rise to prominence, and future[J]. Reviews of Modern Physics, 2015, 87(3): 897.

[52] Thonhauser T, Cooper V R, Li S, et al. Van der Waals density functional: Self-consistent potential and the nature of the van der Waals bond[J]. Physical Review B, 2007, 76(12): 125112.

[53] Tao J, Perdew J P, Staroverov V N, et al. Climbing the density functional ladder: Nonempirical meta-generalized gradient approximation designed for molecules and solids [J]. Physical Review Letters, 2003, 91(14): 146401.

[54] Sun J, Ruzsinszky A, Perdew J P. Strongly constrained and appropriately normed semilocal density functional[J]. Physical Review Letters, 2015, 115(3): 036402.

[55] Perdew J P, Tao J, Staroverov V N, et al. Meta-generalized gradient approximation: Explanation of a realistic nonempirical density functional[J]. The Journal of Chemical Physics, 2004, 120(15): 6898-6911.

[56] Sun J, Remsing R C, Zhang Y, et al. Accurate first-principles structures and energies of diversely bonded systems from an efficient density functional[J]. Nature Chemistry, 2016, 8(9): 831-836.

[57] Becke A D. A new mixing of Hartree-Fock and local density-functional theories[J]. The Journal of Chemical Physics, 1993, 98(2): 1372-1377.

[58] Stephens P J, Devlin F J, Chabalowski C F, et al. *Ab initio* calculation of vibrational absorption and circular dichroism spectra using density functional force fields[J]. The Journal of Physical Chemistry, 1994, 98(45): 11623-11627.

[59] Perdew J P, Ernzerhof M, Burke K. Rationale for mixing exact exchange with density functional approximations[J]. The Journal of Chemical Physics, 1996, 105(22): 9982-9985.

[60] Adamo C, Barone V. Toward reliable density functional methods without adjustable parameters: The PBE0 model[J]. The Journal of Chemical Physics, 1999, 110(13): 6158-6170.

[61] Ernzerhof M, Scuseria G E. Assessment of the Perdew-Burke-Ernzerhof exchange-correlation functional[J]. The Journal of Chemical Physics, 1999, 110(11): 5029-5036.

[62] Heyd J, Scuseria G E, Ernzerhof M. Hybrid functionals based on a screened Coulomb potential[J]. The Journal of Chemical Physics, 2003, 118(18): 8207-8215.

[63] Heyd J, Scuseria G E, Ernzerhof M. Erratum: "Hybrid functionals based on a screened Coulomb potential"[J. Chem. Phys. 118, 8207(2003)][J]. The Journal of Chemical Physics, 2006, 124(21): 219906.

[64] Becke A D. Density-functional thermochemistry. III. The role of exact exchange[J]. Journal of Chemical Physics, 1993, 98, 5648-5652.

[65] Becke A D. Perspective: fifty years of density-functional theory in chemical physics[J]. The Journal of Chemical Physics, 2014, 140(18): 18A301.

[66] Kudo K, Maeda H, Kawakubo T, et al. Relativistic calculation of nuclear magnetic shielding using normalized elimination of the small component[J]. The Journal of Chemical Physics, 2006, 124(22): 224106.

[67] Heyd J, Scuseria G E. Assessment and validation of a screened Coulomb hybrid density functional[J]. The Journal of Chemical Physics, 2004, 120(16): 7274-7280.

[68] 李明宪. Materials Studio 模拟软件培训班课程: CASTEP 特训班[Z]. 2014.

[69] Anisimov V I, Zaanen J, Andersen O K. Band theory and Mott insulators: Hubbard U instead of Stoner I[J]. Physical Review B, 1991, 44(3): 943.

[70] Anisimov V I, Gunnarsson O. Density-functional calculation of effective Coulomb interactions in metals[J]. Physical Review B, 1991, 43(10): 7570.

[71] Herring C, Vleck J H V. Exchange interactions among itinerant electrons[J]. Physics Today, 1967, 20(4): 75-76.

[72] Anderson P W. Localized magnetic states in metals[J]. Physical Review, 1961, 124(1): 41.

[73] Anisimov V I, Solovyev I V, Korotin M A, et al. Density-functional theory and NiO photoemission spectra[J]. Physical Review B, 1993, 48(23): 16929.

[74] Anisimov V I, Aryasetiawan F, Lichtenstein A I. First-principles calculations of the electronic structure and spectra of strongly correlated systems: The LDA+U method[J]. Journal of Physics: Condensed Matter, 1997, 9(4): 767.

[75] Perdew J P, Parr R G, Levy M, et al. Density-functional theory for fractional particle number: Derivative discontinuities of the energy[J]. Physical Review Letters, 1982, 49(23): 1691.

[76] Liechtenstein A I, Anisimov V I, Zaanen J. Density-functional theory and strong interactions: Orbital ordering in Mott-Hubbard insulators[J]. Physical Review B, 1995, 52(8): R5467.

[77] Dudarev S L, Botton G A, Savrasov S Y, et al. Electron-energy-loss spectra and the structural stability of nickel oxide: An LSDA+U study[J]. Physical Review B, 1998, 57(3): 1505.

[78] Cococcioni M, De Gironcoli S. Linear response approach to the calculation of the effective interaction parameters in the LDA+U method [J]. Physical Review B, 2005, 71(3): 035105.

[79] Israelachvili J N. Intermolecular and surface forces[M]. 3rd ed. Academic Press, 2011.

[80] Williams H L, Chabalowski C F. Using Kohn-Sham orbitals in symmetry-adapted perturbation theory to investigate intermolecular interactions[J]. The Journal of Physical Chemistry A, 2001, 105(3): 646-659.

[81] Bleiziffer P, Heßelmann A, Görling A. Resolution of identity approach for the Kohn-Sham correlation energy within the exact-exchange random-phase approximation[J]. The Journal of Chemical Physics, 2012, 136(13): 134102.

[82] Grimme S. Semiempirical GGA-type density functional constructed with a long-range dispersion correction [J]. Journal of Computational Chemistry, 2006, 27(15): 1787-1799.

[83] Wu Q, Yang W. Empirical correction to density functional theory for van der Waals interactions[J]. The Journal of Chemical Physics, 2002, 116(2): 515-524.

[84] Tkatchenko A, Scheffler M. Accurate molecular van der Waals interactions from ground-state electron density and free-atom reference data[J]. Physical Review Letters, 2009, 102(7): 073005.

[85] University of Vienna. Vienna *ab initio* simulation package: Version 6.4.2[CP/OL]. (2023-07-10)[2023-10-25].

[86] Grimme S, Antony J, Ehrlich S, et al. A consistent and accurate ab initio parametrization of density functional dispersion correction (DFT-D) for the 94 elements H-Pu[J]. The Journal of Chemical Physics, 2010, 132(15): 154104.

[87] Casimir H B G, Polder D. The influence of retardation on the London-van der Waals forces[J]. Physical Review, 1948, 73(4): 360.

[88] Grimme S, Ehrlich S, Goerigk L. Effect of the damping function in dispersion corrected density functional theory [J]. Journal of Computational Chemistry, 2011, 32(7): 1456-1465.

[89] Andersson Y, Hult E, Rydberg H, et al. Van der Waals interactions in density functional theory[M]//Electronic Density Functional Theory. Boston: Springer, 1998: 243-260.

[90] Dobson J F, Dinte B P. Constraint satisfaction in local and gradient susceptibility approximations: Application to a van der Waals density functional[J]. Physical Review Letters, 1996, 76(11): 1780.

[91] Dion M, Rydberg H, Schröder E, et al. Van der Waals density functional for general geometries[J]. Physical Review Letters, 2004, 92(24): 246401.

[92] 石慧. 镁离子电池正极材料 TiS$_2$ 的第一性原理研究[D]. 西安:西北大学, 2015.

[93] Bohm D, Pines D. A collective description of electron interactions: Ⅲ. Coulomb interactions in a degenerate electron gas[J]. Physical Review, 1953, 92(3): 609.

[94] Lee K, Murray É D, Kong L, et al. Higher-accuracy van der Waals density functional[J]. Physical Review B, 2010, 82(8): 081101.

[95] Klimeš J, Bowler D R, Michaelides A. Chemical accuracy for the van der Waals density functional[J]. Journal of Physics: Condensed Matter, 2009, 22(2): 022201.

[96] Klimeš J, Bowler D R, Michaelides A. Van der Waals density functionals applied to solids[J]. Physical Review B, 2011, 83(19): 195131.

第 4 章
分子轨道计算方法

从量子力学角度来看,处理原子体系的诸多方法都能应用于分子体系的计算,如波函数交换反对称性、泡利不相容原理、单电子近似、Hartree-Fock 方程和自洽场方法。但是,与原子体系相比,分子体系存在明显的不同:① 分子的运动形式更加复杂多样,包括分子间的平动和转动、分子内的原子相对振动、电子在多原子核势场下共享运动等;② 分子中电子处于具有点群对称性的非球对称势场。

对于分子体系,通常采用化学键理论来描述成键状态,其中最具代表性的包括价键理论[1-2]和分子轨道理论[3-4]。两个理论均是在 1926—1927 年间发展起来的,由于价键理论较难用于大分子的电子结构计算,因而分子轨道理论在分子体系的电子结构计算中发挥了主导作用。利用分子轨道理论计算分子体系的电子结构通常分为三类:经验/半经验波函数方法、从头算波函数方法和密度泛函方法。经验/半经验波函数方法对分子轨道的计算进行了较大的近似,不仅忽略了哈密顿算符的一些项,而且使用实验数据确定方程的电子积分项;从头算波函数方法要求输入基本物理常数,计算 Hartree-Fock 方程的全部电子积分,不忽略哈密顿算符中的任意项;密度泛函方法只需将电子密度表示为分子轨道的形式,通过求解 Kohn-Sham 方程进行,与从头算波函数方法比较,其可以大大降低计算量。

4.1 分子轨道理论

1927 年,Heitler 和 London 提出的价键理论是处理双原子氢分子的结果推广,也就是用已知的氢原子的电子波函数构造氢分子的电子波函数,电子在两个原子核共同势场中做共有化运动[1-2]。1926 年,Hund 应用分子轨道概念解释分子的电子态[3],之后,Mulliken 进一步发展了该概念,加速了其推广应用[4]。

第 4 章　分子轨道计算方法

1929 年,Lennard-Jones 指出,分子轨道可以表示为原子轨道线性组合(linear combination of atomic orbitals,LCAO)[5],并由此发展了 LCAO 计算方法。1938 年,Coulson 成功应用分子轨道近似计算了氢分子的电子结构,为分子轨道理论的广泛应用奠定了基础[6]。总之,Hund 和 Mulliken 提出的早期分子轨道理论从整体性角度为定量描述分子体系的电子结构提供了有效方法(如图 4-1 所示)[7-11]。简言之,分子体系中电子处于一系列分子轨道上,而分子轨道可以表示为原子轨道的线性组合,从而为求解分子体系的电子结构提供了可行的方案[12-13]。

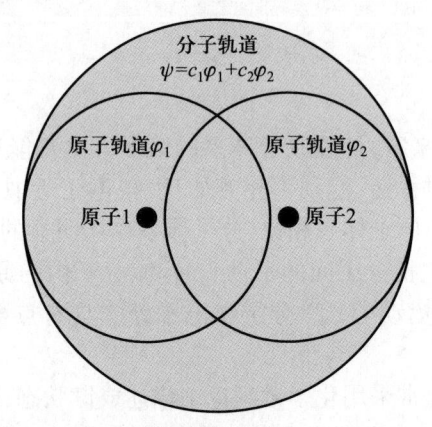

图 4-1　双原子分子构成分子轨道的整体性示意图[2]

分子轨道理论的基本思想主要体现在如下三个方面:单电子轨道近似、原子轨道线性组合和成键三原则。分子轨道理论认为:孤立原子的电子分布于专属的原子,当原子结合成分子时,电子将隶属于整个分子并处于相应的分子轨道,如图 4-1 所示。分子轨道可以采用单电子波函数加以描述,从而将复杂的多体问题简单处理,这就是单电子轨道近似的起源[14]。

由于原子是组成分子的基本单元,因此原子轨道和分子轨道之间必然存在着过渡关系。尽管分子轨道属于分子整体,但是电子并不是等概率地出现在空间各点上。如果电子靠近某个原子核运动将受其控制,那么电子将更多地体现原子轨道特征。鉴于此事实,一种构造分子轨道的简洁方法就是使用相应原子轨道的线性组合,并通过变分等方法确定组合系数,称为 LCAO 分子轨道法[14]。

在原子轨道形成分子轨道的过程中,必须遵循对称性匹配原则、最大重叠原则和能量相近原则,常称为成键三原则[8]。第一条原则指出了分子轨道仅限于满足对称性匹配的原子轨道,发挥主导作用。另外两条原则决定了原子轨道组合成分子轨道的成效,也就是说,能量最低的分子轨道倾向于由满足最大重叠的原子轨道构成；当具有相当重叠程度时，能量相近的原子轨道更易形成分子轨道。

由满足对称性匹配的原子轨道组成的分子轨道同样具有对称性，并由此划分为σ轨道、π轨道和δ轨道。σ轨道对键轴呈圆柱形对称性；π轨道对键轴中心呈对称性或反对称性；而δ轨道对键轴中心呈对称性或反对称性，同时在包含键轴方向有两个反对称面。由多个原子轨道组成的几个分子轨道中，能量低于（高于）组成原子轨道的分子轨道称为成键（反键）分子轨道，如σ和σ*分别表示成键和反键分子轨道。除此之外，如果不能有效重叠的原子轨道构成分子轨道过程中未导致能量变化，那么这种分子轨道称为非键分子轨道[8]。

处于分子轨道上的电子同样遵从泡利不相容原理、能量最低原理和洪特规则。泡利不相容原理指的是作为费米子的两个电子不能处于完全相同的状态，即一个分子轨道上最多可容纳两个自旋相反电子。能量最低原理指的是电子总是优先排布在能量最低的分子轨道上，当低能量轨道占满后，才排入较高能量的轨道，以使整个分子体系能量最低。洪特规则指的是电子在能量相同的等价轨道上排布时，总是尽可能分占不同的分子轨道且自旋方向相同。

在早期分子轨道理论基础上，1952年，Kenichi提出了前线分子轨道理论[14]，极大地推动了量子化学的发展。该理论是分子轨道理论的一种具体实现，揭示了前线轨道，即最高占据分子轨道（highest occupied molecular orbit，HOMO）和最低未占分子轨道（lowest unoccupied molecular orbit，LUMO），对分子性质的支配机理。分子中存在着能量从低到高排列的一系列分子轨道，其中，HOMO对应着已填充电子的最高能量轨道，而LUMO对应着未填充电子的最低能量轨道。前线轨道理论涉及的内容包括：① 在进行化学反应（协同反应）中，优先起决定作用的是前线轨道，即HOMO和LUMO，其对称性决定着反应的条件和方式，所形成的过渡态是活化能最低的状态；② 相互作用的HOMO和LUMO能量必须相互接近；③ 当HOMO与LUMO发生叠加时，电子就从HOMO转移到LUMO，转移方向应由电负性决定，并有利于削弱旧键。在分子发生化学反应过程中，由于HOMO对电子的束缚较弱，具有电子给体的性质，而LUMO对电子的亲和力较强，具有电子受体的性质，因此最先对化学反应起作用的轨道是前线轨道，起关键作用的电子则称为前线电子。

1965年，Woodward和Hoffmann在早期前线分子轨道理论基础上给出分子轨道对称守恒原理[14]，又称Woodward-Hoffmann规则。该原理的提出标志着计算化学开始从分子的静态性质迈入动态行为的新阶段。分子轨道对称守恒原理认为化学反应对应着分子轨道重组的过程，运用能级概念和前线轨道理论，凭借轨道对称性来判断反应产物的选择性规则[15]。针对由反应物到生成物的协同反应，分子轨道的对称性保持守恒不变，于是过渡态的形成过程将处于能量最低状态。所谓协同反应指的是反应过程旧键的断裂和新键的生成同时发生于同一过渡态的单步反应过程,之间不存在活性中间体,又称为单步反应。简言之,协同反应是反应物通过化学键的改变直接变为生成物的反应。如果反应物分子轨道与生成物分子轨道的对称性相匹配,反应易于发生,即与对称性允许的路径相一致,否则是对称性禁阻的路径。但是在某些特殊情况(如外加应力场)下,得到的生成物并不符合分子轨道对称守恒原理[16]。

4.2 Hückel 分子轨道方法

1931 年,Hückel 提出的 Hückel 分子轨道(HMO)方法将量子理论应用于比氢原子复杂得多的有机共轭分子[17-18]。HMO 方法认为,有机共轭分子中各原子核、内层电子及定域 σ 键起到基本骨架作用,为 π 键电子运动提供势场,同时每个 π 键电子还受到其余 π 键电子形成的有效势场的作用,这就是 σ-π 键分离近似,它有效地简化了共轭分子薛定谔方程的形式。HMO 方法还认为,薛定谔方程中的 π 键分子轨道可近似地看成由原子轨道线性组合而成,进而获得 Hückel 本征方程和关于组合系数的久期行列式。最后,Hückel 提出将库仑积分和交换积分看成经验参数进行近似处理,而对重叠积分进行简化处理,使得共轭分子的本征方程变得非常简单,容易求解[19]。由以上描述可以看出,HMO 方法属于经验/半经验分子轨道方法,通常分为简单 Hückel 方法(SHM)和扩展 Hückel 方法(EHM)。虽然 SHM 推导并不严格,但是展示了通过简单经验参数来定性求解薛定谔方程的途径。

4.2.1 简单 Hückel 方法

如果 $\hat{H}$ 和 ψ 分别代表分子体系哈密顿算符和分子轨道波函数,那么分子体系的薛定谔方程表示如下:

$$\hat{H}\psi = E\psi \tag{4-1}$$

上式左右两侧左乘分子轨道波函数 ψ,积分整理后得到分子体系的能量期望值,表示如下:

$$E = \frac{\langle \psi | \hat{H} | \psi \rangle}{\langle \psi | \psi \rangle} = \frac{\int \psi \hat{H} \psi \mathrm{d}v}{\int |\psi|^2 \mathrm{d}v} \tag{4-2}$$

式中,积分元表示为 $\mathrm{d}v = \mathrm{d}^3 r$ 或 $\mathrm{d}v = \mathrm{d}x\mathrm{d}y\mathrm{d}z$。

在简单 Hückel 方法推导中,首先考虑双原子分子,其中每个原子贡献一个

基函数 φ。注意：基函数中心通常位于构成分子的原子上，可以是也可以不是常规的原子轨道。将两个原子轨道波函数组合起来得到分子轨道波函数，表示如下：

$$\psi = c_1\varphi_1 + c_2\varphi_2 \tag{4-3}$$

式中，φ_1 和 φ_2 分别是原子 1 和 2 的轨道波函数；c_1 和 c_2 是组合系数。将式(4-3)代入式(4-2)，得到能量期望值，表示如下：

$$E = \frac{\int (c_1\varphi_1 + c_2\varphi_2)\hat{H}(c_1\varphi_1 + c_2\varphi_2)\mathrm{d}v}{\int (c_1\varphi_1 + c_2\varphi_2)^2 \mathrm{d}v} \tag{4-4}$$

将上式展开整理得到如下形式：

$$E = \frac{c_1^2 H_{11} + 2c_1 c_2 H_{12} + c_2^2 H_{22}}{c_1^2 S_{11} + 2c_1 c_2 S_{12} + c_2^2 S_{22}} \tag{4-5}$$

式中，H_{ij} 和 S_{ij} 分别是涉及哈密顿算符 $\hat{H}$ 和基函数 φ 的积分。对于双原子分子，分别表示如下：

$$\begin{aligned}
& H_{11} = \langle \varphi_1 | \hat{H} | \varphi_1 \rangle = \int \varphi_1 \hat{H} \varphi_1 \mathrm{d}v, \quad H_{22} = \langle \varphi_2 | \hat{H} | \varphi_2 \rangle = \int \varphi_2 \hat{H} \varphi_2 \mathrm{d}v \\
& H_{12} = \langle \varphi_1 | \hat{H} | \varphi_2 \rangle = \int \varphi_1 \hat{H} \varphi_2 \mathrm{d}v = H_{21} = \langle \varphi_2 | \hat{H} | \varphi_1 \rangle = \int \varphi_2 \hat{H} \varphi_1 \mathrm{d}v \\
& S_{11} = \langle \varphi_1 | \varphi_1 \rangle = \int \varphi_1^2 \mathrm{d}v, \quad S_{22} = \langle \varphi_2 | \varphi_2 \rangle = \int \varphi_2^2 \mathrm{d}v \\
& S_{12} = \langle \varphi_1 | \varphi_2 \rangle = \int \varphi_1 \varphi_2 \mathrm{d}v = S_{21} = \langle \varphi_2 | \varphi_1 \rangle = \int \varphi_2 \varphi_1 \mathrm{d}v
\end{aligned} \tag{4-6}$$

接下来，寻找组合系数 c_1 和 c_2。将一阶偏导数 $\partial E/\partial c_1$ 和 $\partial E/\partial c_2$ 设为零，能够在分子轨道空间中找到驻点，进一步计算二阶导数能够确定能量最小值点。为此，将式(4-5)表示为如下形式：

$$E(c_1^2 S_{11} + 2c_1 c_2 S_{12} + c_2^2 S_{22}) = c_1^2 H_{11} + 2c_1 c_2 H_{12} + c_2^2 H_{22} \tag{4-7}$$

上式左右两侧分别对 c_1 和 c_2 求偏导，如下：

$$\begin{aligned}
& \frac{\partial E}{\partial c_1}(c_1^2 S_{11} + 2c_1 c_2 S_{12} + c_2^2 S_{22}) + E(2c_1 S_{11} + 2c_2 S_{12}) = 2c_1 H_{11} + 2c_2 H_{12} \\
& \frac{\partial E}{\partial c_2}(c_1^2 S_{11} + 2c_1 c_2 S_{21} + c_2^2 S_{22}) + E(2c_1 S_{12} + 2c_2 S_{22}) = 2c_2 H_{22} + 2c_1 H_{12}
\end{aligned} \tag{4-8}$$

分别取 $\partial E/\partial c_1 = 0$ 和 $\partial E/\partial c_2 = 0$，整理得到如下联立线性方程组：

$$\begin{cases}(H_{11}-ES_{11})c_1+(H_{12}-ES_{12})c_2=0\\(H_{21}-ES_{21})c_1+(H_{22}-ES_{22})c_2=0\end{cases} \quad (4-9)$$

该方程组的等价矩阵形式表示如下：

$$\begin{pmatrix}H_{11}-ES_{11} & H_{12}-ES_{12}\\H_{21}-ES_{21} & H_{22}-ES_{22}\end{pmatrix}\begin{pmatrix}c_1 & 0\\0 & c_2\end{pmatrix}=\begin{pmatrix}0 & 0\\0 & 0\end{pmatrix} \quad (4-10)$$

由于左侧第一个矩阵可以表示为 **H** 矩阵减去 **ES** 矩阵，于是式(4-10)可简写为

$$HC = SEC \quad (4-11)$$

式中，**H** 是 Fock 能量矩阵，其元素对应 Fock 能量积分 H_{ij}；**C** 是系数矩阵，其对角元素对应组合系数 c_i，表示基函数对分子轨道的贡献程度；**S** 是重叠矩阵，其元素对应重叠积分 S_{ij}，表示基函数对重叠程度的贡献；**E** 是能级矩阵，其对角元素对应分子轨道能级 ε_i。各矩阵表示如下：

$$H=\begin{pmatrix}H_{11} & H_{12}\\H_{21} & H_{22}\end{pmatrix},\quad S=\begin{pmatrix}S_{11} & S_{12}\\S_{21} & S_{22}\end{pmatrix}$$

$$E=\begin{pmatrix}\varepsilon_1 & 0\\0 & \varepsilon_2\end{pmatrix},\quad C=\begin{pmatrix}c_{11} & c_{12}\\c_{21} & c_{22}\end{pmatrix}=\begin{pmatrix}c_1 & 0\\0 & c_2\end{pmatrix} \quad (4-12)$$

在 SHM 中，对于同一原子的相同基函数之间的完全重叠情况，$S_{ij}=1$，而对于同一原子的不同基函数或不同原子的基函数之间的无重叠情况，$S_{ij}=0$，或者简写为 $S_{ij}=\delta_{ij}$，其中，δ_{ij} 的取值取决于 i 和 j 是否相同。于是 **S** 矩阵表示为单位矩阵 $S=\begin{pmatrix}1 & 0\\0 & 1\end{pmatrix}$。根据单位矩阵的性质，等式 **HC = SCE** 可进一步简化为 **HC = CE**，其两边右乘矩阵 **C** 的逆，得到 $H=CEC^{-1}$。将 **H** 矩阵对角化可以求解出 **C** 和 **E** 矩阵，即在 S_{ij} 正交归一化前提下，通过矩阵 **H** 的对角化可以给出组合系数 c_i 和轨道能级 ε_i。

在 SHM 中，能量积分 H_{ij} 仅近似为三种情形：① 对于相同原子上的基函数的库仑积分，$\alpha=H_{ii}=\langle\varphi_i|\hat{H}|\varphi_i\rangle$；② 对于相邻原子上的基函数的库仑积分，$\beta=H_{ij}=\langle\varphi_i|\hat{H}|\varphi_j\rangle$；③ 对于既不在同一原子上也不在相邻原子上的基函数的积分，$\gamma=0$。下面分析这种近似处理的物理内涵：在无限分离情况下，库仑积分 α 是分子的电子能量零点；由于体系的能量随着电子从无穷远处落入轨道而减少，因此 α 为负值，对应轨道的电离能；库仑积分 β 是相邻轨道的重叠区域中的一个电子相对于能量零点的能量，与 α 一样，β 为负能量。粗略估计 β 值是两个相邻原子轨道的电离能的均值，乘以某个分数，以允许两个轨道是分开的。

根据以上 SHM 简化规则，Fock 能量矩阵的元素可以表示为 α、β 或 0。对

于双原子共轭分子,同一原子的相互作用为 α,相邻原子的相互作用为 β,其他相互作用均为 0。为了便于矩阵对角化,使用 $\alpha=0$ 和 $\beta=-1$,则采用相对于 α 的 $|\beta|$ 单位的能量值,Fock 能量矩阵变为如下形式:

$$H = \begin{pmatrix} \alpha & \beta \\ \beta & \alpha \end{pmatrix} = \begin{pmatrix} 0 & -1 \\ -1 & 0 \end{pmatrix} \tag{4-13}$$

Fock 能量矩阵可按如下规则写出:将所有相同原子相互作用设为 0,将所有键合的不同原子相互作用设为 -1,未键合的不同原子相互作用设为 0。将两个基函数矩阵对角化,得到如下变换形式:

$$H = \begin{pmatrix} 0 & -1 \\ -1 & 0 \end{pmatrix} = CEC^{-1}$$

$$= \begin{pmatrix} \sqrt{2}/2 & \sqrt{2}/2 \\ \sqrt{2}/2 & -\sqrt{2}/2 \end{pmatrix} \begin{pmatrix} -1 & 0 \\ 0 & 1 \end{pmatrix} \begin{pmatrix} \sqrt{2}/2 & \sqrt{2}/2 \\ \sqrt{2}/2 & -\sqrt{2}/2 \end{pmatrix} \tag{4-14}$$

式中,$CC^{-1}=1$。组合系数矩阵 C 中每一列对应一个本征向量,能级矩阵 E 中对角线元素对应能量本征值。

图 4-2 展示了在 SHM 中双 p 轨道形成的分子轨道和轨道能级情况[17]。由图可以看出,α 以下的分子轨道为键合轨道,α 以上的分子轨道为反键轨道。E 矩阵转化为能级图,分子轨道由能量 $\alpha+\beta$ 的 ψ_1 和能量 $\alpha-\beta$ 的 ψ_2 构成,即一个分子轨道位于 α 能级下方 $|\beta|$ 处,另一个分子轨道位于其上方 $|\beta|$ 处。由于 β 与 α 是负值,因此 $\alpha+\beta$ 和 $\alpha-\beta$ 能级分别比 α 能级具有更低和更高的能量。

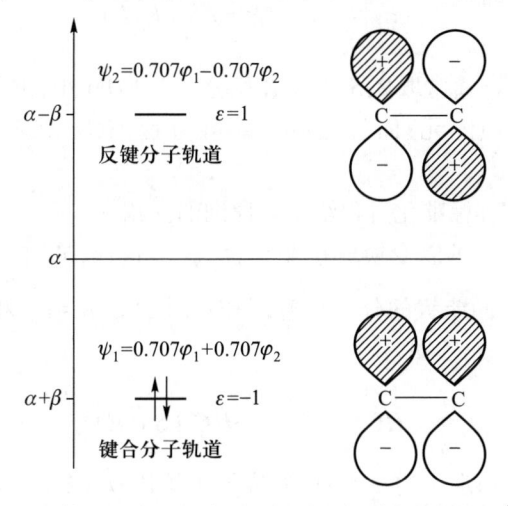

图 4-2 在 SHM 中双原子体系形成的键合和反键分子轨道与轨道能级[17]

下面简单汇总一下 SHM 的特点。SHM 仅限于简单 p 轨道的定性分析。Fock 能量矩阵的每个元素都是一个积分,表示两个轨道之间的相互作用,几乎在所有情况下,交互作用仅限于彼此平行 p_z 轨道。在 SHM 中,轨道相互作用能仅限于 α、β 和 0,即 Fock 矩阵元 $H_{ij}=\langle\varphi_i|\hat{H}|\varphi_j\rangle$ 仅限于 α、β 和 0,取决于相同原子或不同原子是近邻还是非近邻。注意:在 SHM 中,Fock 矩阵元并未通过计算得到,而是以 $|\beta|$ 为单位相对于 α 的能级,β 的值并不随轨道的距离增加而平滑减小到零。Fock 能量矩阵只依赖于原子的连接性,而不依赖于几何构型。在 SHM 中,重叠积分 S_{ij} 限制为 1 或 0。为了简化计算矩阵方程 $HC = SEC$,重叠矩阵 S 设定为单位矩阵,其元素为 $S_{ij}=\delta_{ij}$。于是矩阵方程很容易转换为标准形式:$HC=CE$,其中,$H=CEC^{-1}$,这相当于通过 Fock 矩阵对角化获得系数矩阵 C 和能级矩阵 E。

4.2.2 扩展 Hückel 方法

扩展 Hückel 方法在计算 Fock 能量矩阵和重叠矩阵方面与简单 Hückel 方法存在诸多不同之处。在 EHM 中,分子轨道使用最小价基组,Fock 能量矩阵是轨道基函数 φ_i 和 φ_j 的函数,使用实验电离能来计算矩阵元 $H_{ii}=\langle\varphi_i|\hat{H}|\varphi_i\rangle$ 和 $H_{ij}=\langle\varphi_i|\hat{H}|\varphi_j\rangle$。为了简化计算,$i-i$ 型电子相互作用被设定与轨道电离能的负值 $-I_i$ 成比例,而 $i-j$ 型电子相互作用被视为与各自轨道的电离能 I_i 和 I_j 的平均值的负值成比例,表示如下:

$$\langle\varphi_i|\hat{H}|\varphi_i\rangle=-I_i$$
$$\langle\varphi_i|\hat{H}|\varphi_j\rangle=-\frac{1}{2}KS_{ij}(I_i+I_j) \qquad(4-15)$$

式中,K 是比例常数,通常取 2;S_{ij} 是重叠积分。在 EHM 中,重叠积分的计算不仅有助于计算 Fock 矩阵元,而且可以将矩阵方程 $HC=SCE$ 转化为标准形式 $HC=CE$。

下面对矩阵方程标准化过程给予较详细的介绍[17]。

假设基函数 $\{\varphi_i\}$ 可以变换成正交集合 $\{\tilde{\varphi}_i\}$,这样,通过一组新的组合系数 $\tilde{c}$,可以获得具有相同能级的分子轨道,即 $\tilde{S}_{ij}=\int\tilde{\varphi}_i\tilde{\varphi}_j\mathrm{d}v=\delta_{ij}$,相应的变换过程表示如下:

$$HC=SCE \xrightarrow{变换} \tilde{H}\tilde{C}=\tilde{S}\tilde{C}E \qquad(4-16)$$

式中,H、C、S 和 E 的定义均在 SHM 的推导中给出;$\tilde{H}(\tilde{S})$ 与 $H(S)$ 具有类似的形式,只是用 $\tilde{\varphi}$ 代替 φ;$\tilde{C}$ 是组合系数 $\tilde{c}$ 的矩阵,变换后的能级与原始方程相同。既然 $\tilde{S}$ 是单位矩阵,式(4-16)的变换简化如下:

$$HC = SCE \xrightarrow{变换} \tilde{H}\tilde{C} = \tilde{C}E \quad (4-17)$$

这种变换过程称为正交化过程,其目的是获得正交的基组。

(1) 定义一个矩阵 $\tilde{C}$,使得 $\tilde{C} = S^{1/2}C$ 或者 $C = \tilde{C}S^{-1/2}$,将其代入 $HC = SCE$,两侧均左乘 $S^{-1/2}$,表示如下:

$$(S^{-1/2})H(\tilde{C}S^{-1/2}) = (S^{-1/2})S(\tilde{C}S^{-1/2})E \quad (4-18)$$

令 $\tilde{H} = (S^{-1/2})H(S^{-1/2})$,并且 $(S^{-1/2})S(S^{-1/2}) = S^{1/2}S^{-1/2} = 1$,于是变换后的方程如下:

$$\tilde{H}\tilde{C} = \tilde{C}E \quad (4-19)$$

(2) 正交化过程是使用正交化矩阵 $S^{-1/2}$ 通过左乘和右乘将 H 变换为 $\tilde{H}$。$\tilde{H}$ 满足标准形式,表示如下:

$$\tilde{H} = \tilde{C}E\tilde{C}^{-1} \quad (4-20)$$

换言之,使用 $S^{-1/2}$ 将原始 Fock 能量矩阵 H 转化为相关矩阵 $\tilde{H}$。转化后的 $\tilde{H}$ 可以对角化为本征向量和本征值,进而组成矩阵 $\tilde{C}$ 和 E。然后将矩阵 $\tilde{C}$ 乘以 $S^{-1/2}$ 转换为所需的 C。因此,在不使用 S 为单位矩阵近似的情况下,同样可以使用矩阵对角化从 Fock 能量矩阵得到组合系数和轨道能级。

下面介绍由 S 计算正交化矩阵 $S^{-1/2}$。首先计算积分并将其组合成 S,然后进行对角化操作,表示如下[17]:

$$S = PDP^{-1} \quad (4-21)$$

可以证明矩阵函数满足如下变换:关于矩阵 A 的任何函数都可以通过取其相应矩阵对角元素的相同函数,并通过对角化矩阵 P 及其逆 P^{-1} 进行左乘和后乘得到。其表示如下:

$$f(A) = Pf(D)P^{-1} \quad (4-22)$$

并且,对角矩阵 $f(D)$ 的对角元素等于 $f(D_{ij})$。因此,D 的逆平方根矩阵的元素是 D 的相应元素的逆平方根,表示如下:

$$S^{-1/2} = PD^{-1/2}P^{-1} \quad (4-23)$$

为了求 $D^{-1/2}$,只需取 D 的对角线非零元素的逆平方根。

EHM 计算流程如下:① 指定键长和键角等分子几何参量;② 计算重叠积分矩阵 S;③ 使用电离能 I、重叠积分 S 和比例常数 K 计算 Fock 矩阵元 $H_{ij} = \langle \varphi_i | \hat{H} | \varphi_j \rangle$,并组合成 Fock 能量矩阵 H;④ 将重叠矩阵 S 对角化得到 P、P^{-1} 和

D,然后计算 D 的对角元素的逆平方根获得 $D^{-1/2}$;⑤ 从 P、$D^{-1/2}$ 和 P^{-1} 计算出正交化矩阵 $S^{-1/2}$;⑥ 通过正交化矩阵 $S^{-1/2}$ 对以原子为中心的非正交基组 $\{\varphi\}$ 的 Fock 能量矩阵 H 进行左乘和右乘,转化为线性组合正交基函数 $\{\tilde{\varphi}\}$ 的矩阵 $\tilde{H}$;⑦ 对 $\tilde{H}$ 进行对角化得到 $\tilde{C}$、E 和 $\tilde{C}^{-1}$;⑧ 通过左乘 $S^{-1/2}$ 将 $\tilde{C}$ 转换为 C,给出分子轨道的基函数 $\{\varphi\}$ 的组合系数。

下面简单汇总一下 EHM 的特点。在 EHM 中,使用最小价基组,轨道相互作用随几何构型平缓变化,进而计算出较为真实的 Fock 矩阵元。在 EHM 中,Fock 矩阵元是借助于重叠积分由真实电离能计算得到,也就是说,并未将其设置为单位矩阵。在计算重叠矩阵时,每个重叠积分元 S_{ij} 取决于原子之间的距离,因此,S 取决于分子的几何构型,随构型变化而连续变化。由于在 EHM 中不能直接从 $HC = SCE$ 出发转变为标准形式,因此不能简单地通过 Fock 能量矩阵对角化得到组合系数和轨道能级,需要通过变换矩阵进行正交化处理。

4.3 从头算分子轨道方法

分子体系的从头算波函数方法同样采用单电子近似,电子运动状态采用单电子波函数描述。由于分子体系的电子同样遵守泡利不相容原理,因此占据分子轨道的两个自旋相反的电子分别对应 α 态和 β 态。如果电子处于分子体系的对称性势场中,那么由分子点群不可约基组确定的单电子态构成分子体系的电子结构亚层[20]。电子在亚层中的分布情况称为电子组态,而把每个亚层都充满的电子组态称为闭壳层组态,把含有未充满亚层的电子组态称为开壳层组态。

4.3.1 闭壳层组态的 Roothaan 方程

电子组态决定分子体系的总 Slater 行列式波函数。对于闭壳层组态,每个分子轨道上有两个自旋方向相反的电子,即 α 电子和 β 电子的数目相等且能级相同[17]。大多数稳定分子体系的基态都是闭壳层的,其电子波函数可以用单 Slater 行列式波函数来描述,第 3 章介绍的 Hartree-Fock 方法原则上完全适用。但是,Hartree-Fock 方法给出的是非线性微分方程组,求解十分困难。总结其原因包括以下两点:① 对于原子体系来说,所有波函数的坐标原点都位于一个原子核位置,属于单中心问题,但是对于分子体系来说,波函数的坐标原点位于多个原子核位置,属于多中心问题;② 与原子的球形对称不同,分子不具有球形对称性,一般不能用解析方法求解。

为了解决以上遇到的求解困难,Roothaan 和 Hall 受到分子轨道理论中分子轨道可以写成原子轨道线性组合的启发[15-16],提出将分子轨道 ψ_i 向一组基函数$\{\varphi_\mu\}$展开,即$\psi_i=\sum_\mu c_{\mu i}\varphi_\mu$ $(i=1,2,\cdots,m)$,其中,分子轨道的下角标用拉丁字母来表示,原子轨道的编号则用希腊字母来标记。首先选取适当的基函数展开式表示分子轨道,然后将对分子轨道的变分转化为对基函数系数的变分,于是,Hartree-Fock方程由一组关于分子轨道的非线性的微积分方程转化为一组关于基函数组合系数的非线性代数方程,称为Hartree-Fock-Roothaan(HFR)方程。

在第3章中,已经介绍了分子轨道写成原子轨道的线性组合实际上只需要采用空间轨道,下面来具体分析一下原因。在Hartree-Fock近似基础上,分子轨道是含有自旋的单电子波函数,应由与其自旋相同的原子轨道$\varphi_\mu(q)$和与其自旋相反的原子轨道$\varphi_\nu(q)$线性组合而成,于是自旋分子轨道$\psi_i(q)$表示如下:

$$\psi_i(q)=\sum_\mu c_{\mu i}\varphi_\mu(q)+\sum_\nu c_{\nu i}\varphi_\nu(q) \tag{4-24}$$

式中,所有轨道波函数都是自旋轨道波函数,于是φ_ν表示其自旋态与ψ_i和φ_μ相反。如果$\psi_i(q)=\psi_i(r)\sigma(s)$,那么,$\varphi_\mu(q)=\varphi_\mu(r)\sigma(s)$和$\varphi_\nu(q)=\varphi_\nu(r)\sigma'(s)$。下面采用$\sum_s\sigma(s)$分别作用式(4-24)的两边,应用$\sigma(s)$的正交归一化条件,得到$\psi_i(r)=\sum_\mu c_{\mu i}\varphi_\mu(r)$,其中,$\psi_i(r)$和$\varphi_\mu(r)$只是轨道的空间部分。如果采用$\sum_s\sigma'(s)$分别作用式(4-24)的两边,那么应用$\sigma'(s)$的正交归一化条件,得到$0=\sum_\nu c_{\nu i}\varphi_\nu(r)$。由于式中各个$\varphi_\nu(r)$都是彼此独立的函数,为满足上式成立,必须$c_{\nu i}=0$。上述分析表明:相同自旋的原子轨道才能构成分子的自旋轨道,而且仅需考虑轨道的空间部分。因此,分子轨道可以写成原子空间轨道的线性组合。

接下来分析Hartree-Fock方程中的轨道波函数$\psi_i(q)$。该波函数是自旋轨道,为此需要将原Hartree-Fock方程中的自旋轨道波函数$\psi_i(q)$变成空间轨道波函数$\psi_i(r)$(详细变换过程可参考文献[21])。将$\psi_i(q)=\psi_i(r)\sigma(s)$代入原Hartree-Fock方程,其中,$\sigma(s)=\alpha$或$\beta$,根据正交归一化条件可以得到关于空间轨道波函数的Hartree-Fock方程,如下:

$$\left[-\frac{1}{2}\nabla_1^2-\sum_\alpha\frac{Z_\alpha}{|r_1-R_\alpha|}\right]\psi_i(1)+\sum_j\int dv_2\frac{\psi_j^*(2)\psi_j(2)}{r_{12}}\psi_i(1)-\sum_j\int dv_2\frac{\psi_j^*(2)\psi_i(2)}{r_{12}}\psi_j(1)=\varepsilon_i\psi_i(1) \tag{4-25}$$

式中,自旋坐标被积分抵消,积分仅与空间坐标有关,积分元采用$dv=d^3r=dxdydz$。为了便于区别不同的电子,在量子化学计算中,通常采用数字标识电子的空间坐标,例如:$\psi_i(1)=\psi_i(r_1)$。图4-3展示了将积分视为无穷小体积元dv_1

体积元dv₁包含的电荷：$\psi_i(1)\psi_j(1)dv_1$

体积元dv₂包含的电荷：$\psi_i(2)\psi_j(2)dv_2$

ψ_i包含电子1

ψ_j包含电子2

dv₁和dv₂体积元之间的势能表示为
$\psi_i(1)\psi_j(1)dv_1 \dfrac{1}{r_{ij}}\psi_i(2)\psi_j(2)dv_2$

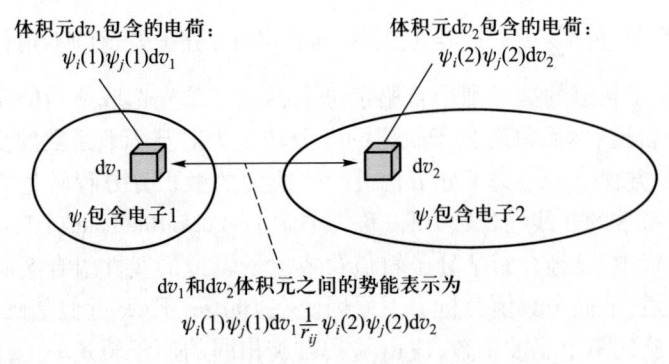

图 4-3　无穷小体积元 dv_1 和 dv_2 之间斥力的势能项[17]

和 dv_2 之间斥力的势能项。

对于 n 个电子闭壳层分子体系，每个占据空间轨道都有自旋向上 α 和自旋向下 β 的电子配对填充，最少需要 m 个空间轨道 $\psi_i(m=n/2)$。于是 n 个电子闭壳层分子体系的 Hartree-Fock 方程简写如下：

$$\hat{F}\psi_i(1) = \varepsilon_i\psi_i(1), \quad i=1,2,\cdots,m \tag{4-26}$$

或表示为如下矩阵形式：

$$\hat{F}\begin{pmatrix}\psi_1(1)\\ \psi_2(1)\\ \vdots\\ \psi_m(1)\end{pmatrix} = \begin{pmatrix}\varepsilon_1 & 0 & \cdots & 0\\ 0 & \varepsilon_2 & \cdots & 0\\ \vdots & \vdots & & \vdots\\ 0 & 0 & \cdots & \varepsilon_m\end{pmatrix}\begin{pmatrix}\psi_1(1)\\ \psi_2(1)\\ \vdots\\ \psi_m(1)\end{pmatrix} \tag{4-27}$$

式中，在闭壳层电子组态情况下，Fock 算符表示如下：

$$\hat{F} = \hat{H}(1) + \sum_{j=1}^{m}\left[2\hat{J}_j(1) - \hat{K}_j(1)\right] \tag{4-28}$$

式中，两个电子可以位于同一空间轨道 ψ_i，但是各个电子分别属于不同的自旋轨道，即 $\psi_i\alpha$ 或 $\psi_i\beta$；求和仅对 m 个占据的空间轨道 ψ_i 进行，交换作用算符仅需考虑自旋平行的电子之间，是库仑作用算符的电子数的一半；算符 $\hat{H}(1)$、$\hat{J}_j(1)$ 和 $\hat{K}_j(1)$ 分别表示如下：

$$\hat{H}(1) = -\frac{1}{2}\nabla_1^2 - \sum_{\alpha}\frac{Z_\alpha}{|r_1 - R_\alpha|}$$

$$\hat{J}_j(1)\psi_i(1) = \int dv_2 \frac{\psi_j^*(2)\psi_j(2)}{r_{12}}\psi_i(1) \tag{4-29}$$

$$\hat{K}_j(1)\psi_i(1) = \int dv_2 \frac{\psi_j^*(2)\psi_i(2)}{r_{12}}\psi_j(1)$$

式中,括号中和下标中的数字 1 和 2 标识两个不同电子;$\hat{J}_j(1)$ 和 $\hat{K}_j(1)$ 分别是库仑作用算符和交换作用算符。

相应地,n 个电子闭壳层分子体系总能量表示如下:

$$E = 2\sum_{i=1}^{m} H_{ii} + \sum_{i=1}^{m}\sum_{j=1}^{m}(2J_{ij} - K_{ij}) \tag{4-30}$$

式中,每一对自旋相反的电子贡献库仑排斥能 J_{ij},而每一对自旋相同的电子既贡献库仑排斥能 J_{ij} 也贡献交换能 K_{ij}。上式中各部分能量表示如下:

$$H_{ii} = \int dv_1 \psi_i^*(1)\left(-\frac{1}{2}\nabla_1^2 - \sum_\alpha \frac{Z_\alpha}{|r_1 - R_\alpha|}\right)\psi_i(1)$$

$$J_{ij} = \iint dv_1 dv_2 \frac{\psi_i^*(1)\psi_j^*(2)\psi_i(1)\psi_j(2)}{r_{12}} \tag{4-31}$$

$$K_{ij} = \iint dv_1 dv_2 \frac{\psi_i^*(1)\psi_j^*(2)\psi_i(2)\psi_j(1)}{r_{12}}$$

由此可见,J_{ij} 与 K_{ij} 形式上相似,但是电子波函数是交换的,属于电子交换相互作用。当 $i=j$ 时,$J_{ij}=K_{ij}$,说明电子与自身的相互作用对总能量贡献为零。由于自旋部分的正交性,K_{ij} 只能对自旋平行的电子求积分不为零,因此所谓的"交换"只在具有相同自旋的电子之间起作用。

为了继续 Roothaan-Hall 方法[15-16],现在将基函数 $\{\varphi_\nu\}$ 表示的分子轨道波函数 $\psi_i = \sum_\nu c_{\nu i}\varphi_\nu$ 代入上面的 Hartree-Fock 方程 $\hat{F}\psi_i = \varepsilon_i \psi_i$。注意:基函数求和指标符号可以任意选择,这里选用符号 ν,从而避免与符号 μ 重复。

$$\sum_{\nu=1}^{m} c_{\nu i}\hat{F}\varphi_\nu = \varepsilon_i \sum_{\nu=1}^{m} c_{\nu i}\varphi_\nu, \quad i = 1,2,\cdots,m \tag{4-32}$$

将每一个方程乘以 φ_μ 或 φ_μ^* 并积分得到 m 组方程,这相当于在方程两边用 $\int \varphi_\mu^* dv_1$ 逐一作用,从而得到闭壳层组态的 HFR 方程,如下:

$$\sum_{\nu=1}^{m} F_{\mu\nu} c_{\nu i} = \varepsilon_i \sum_{\nu=1}^{m} S_{\mu\nu} c_{\nu i}, \quad \mu,i = 1,2,\cdots,m \tag{4-33}$$

通过进一步整理可表示为如下标准形式:

$$\sum_{\nu=1}^{m}(F_{\mu\nu} - \varepsilon_i S_{\mu\nu})c_{\nu i} = 0 \tag{4-34}$$

式中,$F_{\mu\nu}$ 表示如下:

$$F_{\mu\nu} = H_{\mu\nu} + \sum_{\lambda=1}^{m} \sum_{\sigma=1}^{m} P_{\lambda\sigma} \left[(\mu\nu|\lambda\sigma) - \frac{1}{2}(\mu\sigma|\lambda\nu) \right] \tag{4-35}$$

由 $F_{\mu\nu}$ 组成的矩阵 $\boldsymbol{F} = [F_{\mu\nu}]$ 称为 Fock 矩阵。$F_{\mu\nu}$ 右侧第一项包括电子动能和原子核的吸引势能,表示如下:

$$H_{\mu\nu} = \int \mathrm{d}v_1 \varphi_\mu^*(1) \left(-\frac{1}{2}\nabla_1^2 - \sum_\alpha \frac{Z_\alpha}{|r_1 - R_\alpha|} \right) \varphi_\nu(1) \tag{4-36}$$

在 $F_{\mu\nu}$ 右侧第二项中,$P_{\lambda\sigma}$ 表示如下:

$$P_{\lambda\sigma} = \sum_j 2 c_{\lambda j}^* c_{\sigma j}, \quad \lambda, \sigma = 1, 2, \cdots, m \tag{4-37}$$

称为闭壳层组态的密度矩阵元,相应的密度矩阵是一个 $m \times m$ 阶矩阵:$\boldsymbol{P} = [P_{\lambda\sigma}]$。

在 $F_{\mu\nu}$ 右侧第二项中,$(\mu\nu|\lambda\sigma)$ 和 $(\mu\sigma|\lambda\nu)$ 是双电子四中心积分的缩写形式,涉及四个基函数 φ_λ、φ_σ、φ_μ 和 φ_ν,以及两个电子 1 和 2。电子 1 和电子 2 的波函数分别写在括号内竖线的左边和右边,分别对应双电子库仑积分和交换积分。双电子库仑积分表示如下:

$$(\mu\nu|\lambda\sigma) = \iint \mathrm{d}v_1 \mathrm{d}v_2 \varphi_\mu^*(1) \varphi_\nu(1) \frac{1}{r_{12}} \varphi_\lambda^*(2) \varphi_\sigma(2) \tag{4-38}$$

双电子交换积分表示如下:

$$(\mu\sigma|\lambda\nu) = \iint \mathrm{d}v_1 \mathrm{d}v_2 \varphi_\mu^*(1) \varphi_\sigma(1) \frac{1}{r_{12}} \varphi_\lambda^*(2) \varphi_\nu(2) \tag{4-39}$$

重叠矩阵元 $S_{\mu\nu}$ 是基函数 φ_μ 和 φ_ν 的重叠积分,表示如下:

$$S_{\mu\nu} = \int \mathrm{d}v_1 \varphi_\mu^*(1) \varphi_\nu(1) \tag{4-40}$$

由 $S_{\mu\nu}$ 构成的矩阵 $\boldsymbol{S} = [S_{\mu\nu}]$ 称为重叠矩阵。

式(4-34)是一个关于 $c_{\nu i}$ 的代数方程组,称为广义本征方程,但是不具备标准的本征方程形式。为了表示为标准形式,基于以上 Fock 矩阵 $\boldsymbol{F}$ 和重叠矩阵 $\boldsymbol{S}$ 可以表示为如下矩阵方程形式:

$$\boldsymbol{FC} = \boldsymbol{SCE} \tag{4-41}$$

式中,Fock 矩阵 $\boldsymbol{F}$ 表示如下:

$$\boldsymbol{F} = \begin{pmatrix} F_{11} & F_{12} & \cdots & F_{1m} \\ F_{21} & F_{22} & \cdots & F_{2m} \\ \vdots & \vdots & & \vdots \\ F_{m1} & F_{m2} & \cdots & F_{mm} \end{pmatrix} \tag{4-42}$$

C 是由轨道组合系数 c_{vi} 组成的矩阵，表示如下：

$$C = \begin{pmatrix} c_{11} & c_{12} & \cdots & c_{1m} \\ c_{21} & c_{22} & \cdots & c_{2m} \\ \vdots & \vdots & & \vdots \\ c_{m1} & c_{m2} & \cdots & c_{mm} \end{pmatrix} \quad (4-43)$$

S 是轨道重叠积分矩阵，表示如下：

$$S = \begin{pmatrix} S_{11} & S_{12} & \cdots & S_{1m} \\ S_{21} & S_{22} & \cdots & S_{2m} \\ \vdots & \vdots & & \vdots \\ S_{m1} & S_{m2} & \cdots & S_{mm} \end{pmatrix} \quad (4-44)$$

E 是对角矩阵，其对角线组元是分子轨道的能级 ε_i，表示如下：

$$E = \begin{pmatrix} \varepsilon_1 & 0 & \cdots & 0 \\ 0 & \varepsilon_2 & \cdots & 0 \\ \vdots & \vdots & & \vdots \\ 0 & 0 & \cdots & \varepsilon_m \end{pmatrix} \quad (4-45)$$

为了获得标准的本征方程形式，在式（4-41）的两边左乘 S 的逆矩阵 S^{-1}，得

$$S^{-1}FC = S^{-1}SCE \rightarrow \widetilde{F}C = CE \quad (4-46)$$

式中，$\widetilde{F} = S^{-1}F$。该方程就是具有标准本征方程形式的闭壳层 HFR 方程，满足如下代数方程组：

$$\sum_{v=1}^{m}(\widetilde{F}_{\mu v} - \varepsilon_i \delta_{\mu v})c_{vi} = 0, \quad \mu, i = 1, 2, \cdots, m \quad (4-47)$$

该方程组有解的条件是久期行列式等于零，表示如下：

$$|\widetilde{F}_{\mu v} - \varepsilon_i \delta_{\mu v}| = 0 \quad (4-48)$$

由该久期行列式可以求得一系列能量本征值 ε_i，将各本征值代入久期方程中就可以求解出相应的轨道组合系数 c_{vi}，从而就得到了属于能量本征值 ε_i 的分子轨道。

下面参照前面给出的闭壳层组态分子体系的总能量表达式（4-30）来分析能级 ε_i 和总能量 E 之间的关系。在 Hartree-Fock 方法中，E 不是简单的 m 个占据轨道能级之和的两倍，也就是说，它不是单电子能量的总和。这是因为分子轨道能级 ε_i 表示一个电子与所有其他电子相互作用的能量，表示如下[17]：

$$\varepsilon_i = H_{ii} + \sum_{j=1}^{m} [2J_{ij} - K_{ij}] \tag{4-49}$$

对于 m 个填充的分子轨道，电子数为 $2m$，则两者结合，表示如下：

$$E = 2\sum_{i=1}^{m} \varepsilon_i - \sum_{i=1}^{m}\sum_{j=1}^{m} [2J_{ij} - K_{ij}] \tag{4-50}$$

由此可见，对能量本征值简单求和只能恰当地表示总电子动能和电子-原子核吸引势能，但高估了电子-电子排斥势能。解决方案是从 $2\sum_{i=1}^{m}\varepsilon_i$ 中减去多余的电子与所有其他电子相互作用的排斥能：$\sum_{i=1}^{m}\sum_{j=1}^{m}[2J_{ij}-K_{ij}]$。于是，存在如下形式的能量关系[17]：

$$E_{HF} = \sum_{i=1}^{m} \varepsilon_i + \sum_{i=1}^{m} H_{ii} \tag{4-51}$$

将 ψ_i 代入 $H_{ii} = \langle \psi_i(1) | \hat{H} | \psi_i(1) \rangle$ 中，得到分子体系的 Hartree-Fock 能量表示如下：

$$E_{HF} = \sum_{i=1}^{m} \varepsilon_i + \sum_{\mu=1}^{m}\sum_{\nu=1}^{m}\sum_{i=1}^{m} c_{\mu i}^* c_{\nu i} H_{\mu\nu} = \sum_{i=1}^{m}\varepsilon_i + \frac{1}{2}\sum_{\mu=1}^{m}\sum_{\nu=1}^{m} P_{\mu\nu}H_{\mu\nu} \tag{4-52}$$

这是计算分子体系的 Hartree-Fock 能量的关键方程，由迭代产生的轨道能级 ε_i、$H_{\mu\nu}$ 和轨道组合系数 c_μ 确定，可以在达到自洽收敛时使用或在每个自洽场循环后使用。因为 $H_{\mu\nu}$ 由固定基函数和不包含 ε_i 和 c_μ 的算符组成，所以 $H_{\mu\nu}$ 不随迭代而改变。在自洽场循环过程中，电子-电子排斥得以细化，但是 $H_{\mu\nu}$ 仅包含电子动能和电子-原子核的吸引势能。该势能来源于每对 φ_μ 和 φ_ν 基函数相关的电子密度。通过密度矩阵，可以计算出 r 处的电子密度，如下：

$$\rho(r) = \sum_{\mu=1}^{m}\sum_{\nu=1}^{m} P_{\mu\nu}\varphi_\mu(r)\varphi_\nu(r) \tag{4-53}$$

由以上的推导可以看出，HFR 方程与 HF 方程相比较有如下优点：在 HF 方程中，迭代运算是对分子轨道本身的迭代，在每次迭代过程中都要计算库仑积分和交换积分，难度较大；而在 HFR 方程中，迭代运算是对分子轨道系数 $c_{\nu i}$ 的迭代，是一个代数迭代过程，只要基函数选定了，所有的单电子积分和双电子积分便是固定的，只需计算一次，计算量较小。通常把 HF 方程的本征波函数称为 Hartree-Fock 轨道，而把选定有限基函数条件下满足 HFR 方程的本征波函数称为自洽场分子轨道。相应地，把具有足够高精度的自洽场分子轨道定义为近似 Hartree-Fock 轨道。

4.3.2 开壳层组态的 Roothaan 方程

如果分子体系包含未成对电子,即 α 电子和 β 电子的数目不相等,那么总电子波函数不唯一,称为开壳层组态[20]。对具有开壳层组态的分子体系,可采取自旋限制 Hartree-Fock(RHF)方法或自旋非限制 Hartree-Fock(UHF)方法加以求解。1954 年,Pople 和 Nesbet 发展了一种能独立处理 α 和 β 自旋空间轨道情况的简单 UHF 方法,为开壳层组态的求解奠定了基础[21]。

假定具有 M 个原子核和 n 个电子的开壳层电子组态的分子体系有 p 个 α 电子和 $q=n-p$ 个 β 电子($p>n/2$),则总电子波函数表示如下:

$$\psi = \left| \psi_1^\alpha \quad \psi_2^\alpha \quad \cdots \quad \psi_p^\alpha \quad \psi_{p+1}^\beta \quad \cdots \quad \psi_n^\beta \right| \tag{4-54}$$

根据自旋情况,每个自旋态的分子轨道 ψ_i^α 和 ψ_i^β 可分别用 m 个基函数 $\{\varphi_\mu\}$ 的线性组合来表示,如下:

$$\begin{aligned} \psi_i^\alpha &= \sum_{\mu=1}^m c_{\mu i}^\alpha \varphi_\mu, \quad i = 1,2,\cdots,p \\ \psi_i^\beta &= \sum_{\mu=1}^m c_{\mu i}^\beta \varphi_\mu, \quad i = 1,2,\cdots,q \end{aligned} \tag{4-55}$$

在保持两组分子轨道各自正交归一化的条件下,分别对其独立变分处理,得到非限制的 HFR 方程的矩阵形式如下:

$$\begin{aligned} F^\alpha C^\alpha &= SC^\alpha E \\ F^\beta C^\beta &= SC^\beta E \end{aligned} \tag{4-56}$$

式中,F^α 和 F^β 是分别对应于 α 电子和 β 电子的 Fock 矩阵。接下来,针对两种自旋电子定义两个密度矩阵 $P^\alpha = [P_{\lambda\sigma}^\alpha]$ 和 $P^\beta = [P_{\lambda\sigma}^\beta]$,于是总密度矩阵表示为二者之和 $P = P^\alpha + P^\beta$。相应的 Fock 矩阵元表示如下:

$$\begin{aligned} F_{\mu\nu}^\alpha &= H_{\mu\nu} + \sum_{\lambda=1}^m \sum_{\sigma=1}^m \left[P_{\lambda\sigma}(\mu\nu|\lambda\sigma) - P_{\lambda\sigma}^\alpha(\mu\sigma|\lambda\nu) \right] \\ F_{\mu\nu}^\beta &= H_{\mu\nu} + \sum_{\lambda=1}^m \sum_{\sigma=1}^m \left[P_{\lambda\sigma}(\mu\nu|\lambda\sigma) - P_{\lambda\sigma}^\beta(\mu\sigma|\lambda\nu) \right] \end{aligned} \tag{4-57}$$

式中,密度矩阵元表示如下:

$$P_{\lambda\sigma}^\alpha = \sum_{i=1}^p c_{\lambda i}^{\alpha *} c_{\sigma i}^\alpha, \quad P_{\lambda\sigma}^\beta = \sum_{i=1}^q c_{\lambda i}^{\beta *} c_{\sigma i}^\beta, \quad P_{\lambda\sigma} = P_{\lambda\sigma}^\alpha + P_{\lambda\sigma}^\beta \tag{4-58}$$

由于 $F_{\mu\nu}^\alpha$ 和 $F_{\mu\nu}^\beta$ 不仅包含了 $P_{\lambda\sigma}^\alpha$ 而且包含了 $P_{\lambda\sigma}^\beta$,因此需要联合起来进行迭代交叉求解。

在闭壳层组态的分子体系中,电子的自旋密度分布是零,但是在开壳层组态的分子体系中,α 电子和 β 电子的数目不同,电子的自旋密度分布是过剩的电子自旋密度,表示如下:

$$\rho^{spin}(r) = \rho^{\alpha}(r) - \rho^{\beta}(r) = \sum_{\mu=1}^{m}\sum_{\nu=1}^{m}(P_{\mu\nu}^{\alpha} - P_{\mu\nu}^{\beta})\varphi_{\mu}(r)\varphi_{\nu}(r) \qquad (4-59)$$

图 4-4 给出了 RHF 方法和 UHF 方法处理分子轨道方式的差异性。由图可见,使用 RHF 方法处理闭壳层组态分子体系过程中,不同自旋电子占据相同分子轨道,而使用 UHF 方法处理开壳层组态分子体系过程中,不同自旋电子分别占据不同的分子轨道。如果需要求解电子自旋密度或不同自旋占据态,那么可以使用具有更普遍适用范围的 UHF 方法。尽管 UHF 方法理论上具有很多优点,但是该方法需要的轨道数目接近于 RHF 方法轨道数目的两倍,相应的计算量大幅增加,因此在处理开壳层组态分子体系时,有时也采用 RHF 方法。在 RHF 方法中,部分分子轨道被两个电子占据,部分分子轨道只被一个电子占据,即分子体系中有 $2p$ 个电子填充在 p 个闭壳层轨道 $\{\psi_i\}(i=1,2,\cdots,p)$,而有 $q=n-2p$ 个电子填充在开壳层轨道 $\{\psi_i\}(i=p+1,p+2,\cdots,p+q)$ 中,填充于闭壳层轨道的 α 电子和 β 电子具有相同的空间轨道波函数。由此可见,前面讨论的闭壳层组态的 HFR 方法相当于 RHF 方法的一个极端情况。

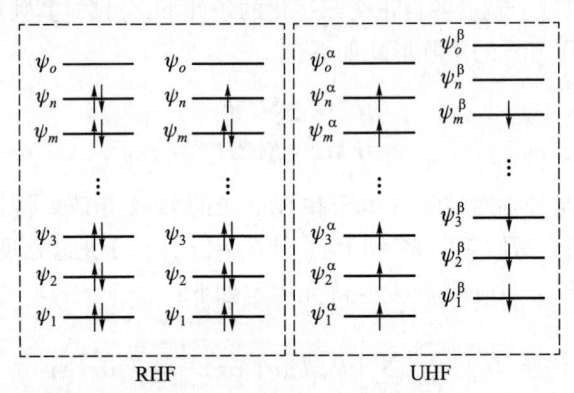

图 4-4 RHF 方法和 UHF 方法处理分子轨道方式的差异性[19,21]

4.3.3 从头算自洽场计算流程

HFR 方程是非线性代数方程,需要采用自洽迭代方法求解[17]。如图 4-5 所示,对于闭壳层组态分子体系,HFR 方程的从头算自洽场计算基本步骤描述如下:

(1) 输入分子体系的基本物理参量,包括几何构型、核电荷数、电子数、自旋等。

(2) 选择基函数,初始化组合系数 c_{vi}。
(3) 计算单电子积分 $H_{\mu\nu}$、双电子积分 $(\mu\nu|\lambda\sigma)$ 和重叠积分 $S_{\mu\nu}$。
(4) 计算密度矩阵对应的矩阵元 $P_{\lambda\sigma}=\sum_{j}2c_{\lambda j}^{*}c_{\sigma j}$,组合成初始密度矩阵。
(5) 由所计算的单电子积分、双电子积分以及密度矩阵元计算 Fock 矩阵元 $F_{\mu\nu}$,进而求得初始的 Fock 矩阵 $\boldsymbol{F}$。
(6) 由重叠矩阵 $\boldsymbol{S}$ 计算正交化矩阵 $\boldsymbol{S}^{-1/2}$。
(7) 利用正交化矩阵 $\boldsymbol{S}^{-1/2}$ 将 Fock 矩阵 $\boldsymbol{F}$ 转换为 $\tilde{\boldsymbol{F}}$,即 $\tilde{\boldsymbol{F}}=(\boldsymbol{S}^{-1/2})\boldsymbol{F}(\boldsymbol{S}^{-1/2})$。
(8) 将 HFR 方程变换为标准本征方程:$\tilde{\boldsymbol{F}}\tilde{\boldsymbol{C}}=\tilde{\boldsymbol{C}}\boldsymbol{E}$ 或 $\tilde{\boldsymbol{F}}=\tilde{\boldsymbol{C}}\boldsymbol{E}\tilde{\boldsymbol{C}}^{-1}$。
(9) 求解标准本征方程得到能量本征值、本征向量以及对角化矩阵 $\tilde{\boldsymbol{C}}$,由 $\tilde{\boldsymbol{C}}$ 计算出新组合系数构成的系数矩阵 $\boldsymbol{C}$,即 $\boldsymbol{C}=(\boldsymbol{S}^{-1/2})\tilde{\boldsymbol{C}}$。
(10) 由新计算的组合系数矩阵 $\boldsymbol{C}$ 再次计算新的密度矩阵 $\boldsymbol{P}$。
(11) 用新的密度矩阵 $\boldsymbol{P}$ 构建出新的 Fock 矩阵 $\boldsymbol{F}$,进而再次求解 HFR 方程。
(12) 重复步骤(7)—(11)进行迭代计算直至自洽收敛。实际计算时,轨道能量或组合系数与前一次的差值小于某个指定数值,代表达到收敛。

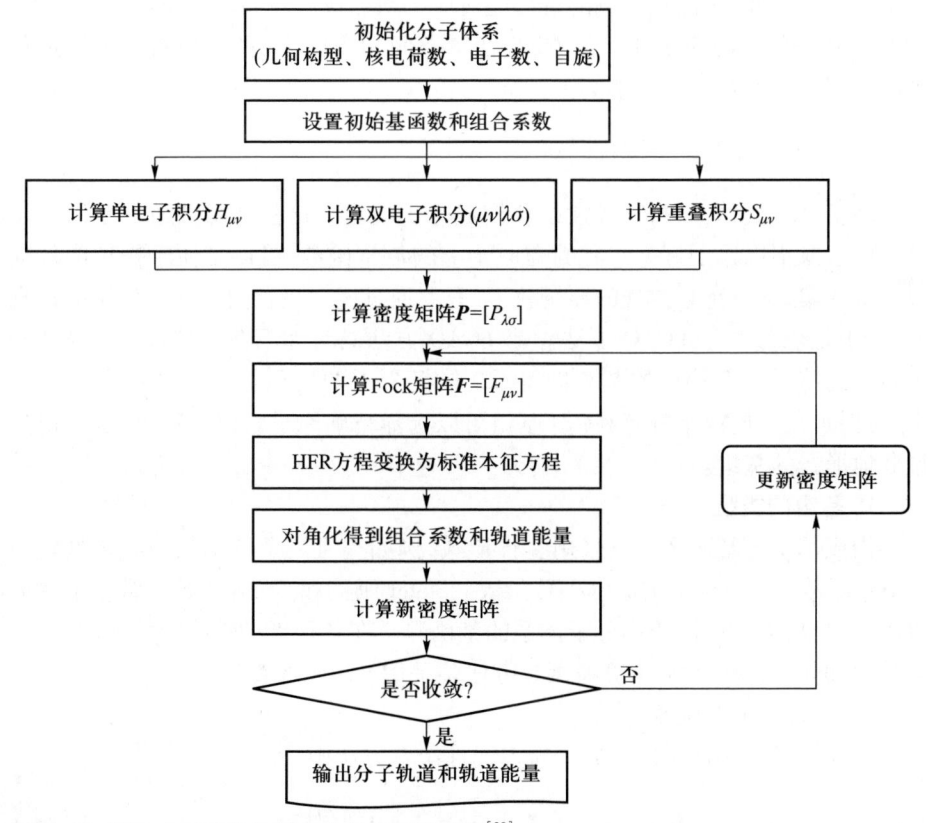

图 4-5 HFR 方程的从头算自洽场求解流程图[20]

(13) 由最终得到的组合系数构造出分子轨道并计算出轨道能量。

开壳层组态的自洽场计算流程与上面描述的情形类似,但是当用 UHF 方法处理开壳层组态的迭代计算过程中,需要对两个相互耦合的 Fock 矩阵进行对角化操作。

在自洽迭代过程中,需要注意以下不符合对称性要求的情况。如果构造密度矩阵时简单地选取能量最低的前面若干个分子轨道作为占据轨道,那么有时候会出现分子轨道对称性不符合群论要求的情况。由于 UHF 方法计算的 Fock 算符不一定对于分子所属点群的对称操作不变,所以容易出现分子轨道对称性不符合要求的情况。类似情况有时也出现在 RHF 方法的计算中。由于电子没有充满一个亚层,构造出的密度矩阵和计算出的势场就不满足分子对称性,因此解的对称性就不符合群论的要求。另外,计算过程数值精度不够,也会造成对称性破坏。

通常认为自洽迭代过程中电子总能量越低的解自然越接近精确值,相应的分子轨道也就越好。需要注意的是,HFR 方程的解只是能量取极值的必要条件而不是充分条件,因此自洽场的解可能对应于鞍点或一般局域极小值点。总之,HFR 方程是复杂的非线性代数方程,变量空间相当庞大,目前判断分子轨道优劣的通用办法是对照实验事实。

4.3.4 分子轨道的基组选择

基组是一组基函数,其线性组合构成分子轨道。这些基函数通常是以原子核为中心或不以原子核为中心的虚原子上的数学函数,可以是便于操作的任何数学函数集,不一定是常规的原子轨道,只要通过线性组合能够提供有用的信息即可,于是仍然属于 LCAO 方法[17]。LCAO 方法具有如下典型特征:① 描述分子轨道的特征仅需较小的基组即可;② 能把分子的性质与原子的性质联系起来,对揭示化学规律十分有利;③ 基组可以选择精确原子轨道的集合,也可以选择其他形式的基组。

1. 基组的类型

构成基组的基函数可以采用多种形式,例如类氢离子波函数、Slater 型轨道(STO)函数和 Gauss 型轨道(GTO)函数。Slater 函数和 Gauss 函数是数学上的简单函数,是目前被广泛用作分子体系的基函数。在各种半经验波函数方法中,通常采用 Slater 函数,而从头算波函数方法多采用 Gauss 函数。

1) 类氢离子波函数

类氢离子波函数常用于原子轨道线性组合方法中,表示如下[20-21]:

$$\varphi_{nlm} = R_{nl}(r) Y_{lm}(\theta, \varphi) = N_{nl} e^{\frac{-Zr}{n}} L_{n+l}^{2l+1}\left(\frac{2Zr}{n}\right) Y_{lm}(\theta, \varphi) \qquad (4-60)$$

式中，n、l 和 m 取整数，与原子轨道的量子数一致；N_{nl} 是归一化常数；$R_{nl}(r)$ 是径向波函数；$Y_{lm}(\theta,\varphi)$ 是角度 θ 和 φ 的球谐函数。虽然这种基函数与原子轨道相对应，但是该类函数的径向部分 $R_{nl}(r)$ 是含有 r 的复杂多项式。

2) Slater 型轨道函数

1930 年，Slater 发现类氢离子波函数计算的瓶颈在于径向波函数的复杂多项式形式，于是提出在保持 $Y_{lm}(\theta,\varphi)$ 部分不变的前提下将多项式变成单项式，给出 Slater 型轨道函数，表示如下[22]：

$$\varphi_{nlm} = N_n(\zeta) r^{n-1} e^{-\zeta r} Y_{lm}(\theta,\varphi) \tag{4-61}$$

式中，$N_n(\zeta)$ 是归一化常数，表示如下：

$$N_n(\zeta) = \sqrt{\frac{(2\zeta)^{2n+1}}{(2n)!}} \tag{4-62}$$

式中，ζ 是轨道指数，$\zeta = (Z-\sigma)/n^*$，其中 Z 是核电荷数，σ 是电子屏蔽常数，n^* 是有效主量子数。

基于 Slater 型轨道函数的常用基组包括[20]：最小基组（单 ζ 基组）、双 ζ 基组和扩展基组。使用最小基组能使分子轨道与原子轨道紧密联系，便于定性分析成键，而使用大基组能够改善分子的自洽场求解精度，但计算量将显著增加。在半经验自洽场计算中，用 STO 函数可以大大简化数学积分的计算而被广泛应用。当 $r \to 0$ 和 $r \to \infty$ 时，STO 函数具有正确波函数的渐近行为，这是 STO 函数的优势所在。对于简单双原子分子和线性分子，常常采用 STO 函数便于计算数学积分。但是由于 STO 函数没有径向截面，不同 STO 函数之间一般不正交，因此使用 STO 函数计算三中心和四中心积分相当困难。基于以上事实，对于复杂非线性分子的从头算波函数方法很少直接使用 STO 函数，而是采用 GTO 函数来拟合 STO 函数。

3) Gauss 型波函数

1950 年，Boys 提出采用极坐标形式 Gauss 函数来近似轨道波函数，称为 Gauss 型轨道函数，表示如下[23]：

$$\chi_{nlm} = N_n(\alpha) r^{2n-2-l} e^{-\alpha r^2} Y_{lm}(\theta,\varphi) \tag{4-63}$$

式中，$N_n(\alpha)$ 是归一化常数，表示如下：

$$N_n(\alpha) = \frac{2^{n+1} \alpha^{(2n+1)/4}}{[(2n-1)!!]^{1/2} (2\pi)^{1/4}} \tag{4-64}$$

式中，α 是与量子数 n 和 l 有关的轨道指数，用于控制 Gauss 函数的形状。较大的 α 使得函数形状较窄，较小的 α 使得函数形状较宽。实际计算中常用直角坐

标形式的 Gauss 函数,表示如下[24]:

$$\chi_{nlm} = N_L(\alpha) x^l y^m z^n e^{-\alpha r^2} \quad (4-65)$$

式中,$r^2 = x^2 + y^2 + z^2$;归一化常数 $N_L(\alpha)$ 表示如下:

$$N_L(\alpha) = \left(\frac{2\alpha}{\pi}\right)^{3/4} \left[\frac{(4\alpha)^L}{(2l-1)!!\,(2m-1)!!\,(2n-1)!!}\right]^{1/2} \quad (4-66)$$

式中,l、m 和 n 是简单整数,与常用的轨道角量子数、磁量子数和主量子数没有直接联系;$L = l + m + n$ 称为 GTO 函数的级。零级 GTO 函数 g_s 具有与 s 原子轨道相同的角对称性,形式如下:$g_s(\alpha, r) = (2\alpha/\pi)^{3/4} e^{-\alpha r^2}$。一级 GTO 函数 $g_i(i = x, y, z)$ 具有与 p 原子轨道相同的角对称性,形式如下:$g_{px}(\alpha, r) = (128\alpha^5/\pi^3)^{1/4} x e^{-\alpha r^2}$。二级 GTO 函数具有两类形式:$g_{dxx}(\alpha, r) = [2\,048\alpha^7/(9\pi^3)]^{1/4} x^2 e^{-\alpha r^2}$ 和 $g_{dxy}(\alpha, r) = [2\,048\alpha^7/(9\pi^3)]^{1/4} xy e^{-\alpha r^2}$,其线性组合可以给出与 d 原子轨道相同角对称性的 6 个 GTO 函数,即 $g_{dxy}(\alpha, r)$,$g_{dxz}(\alpha, r)$,$g_{dyz}(\alpha, r)$,$g_{d(x^2-y^2)} = \sqrt{3/4}(g_{dxx} - g_{dyy})$,$g_{d(3z^2-r^2)} = (2g_{dzz} - g_{dxx} - g_{dyy})/2$,以及 $g_{dr^2} = \sqrt{5}(g_{dxx} + g_{dyy} + g_{dzz})$。

Gauss 函数与 Slater 函数的主要差别在于没有 r^{n-1} 项[21],而且与 r 有关的指数项为 $e^{-\alpha r^2}$,而 Slater 函数是 $e^{-\zeta r}$。这些差异性导致双中心的 Gauss 函数的乘积可以用另一个单中心 Gauss 函数表示。利用该特性,可以将四中心积分简化为双中心积分甚至单中心积分,以此来解决多中心积分的计算问题。尽管如此,用单个 GTO 函数近似原子轨道会带来较大误差,其原因包括:① 当 r 接近 0 时,GTO 函数很平滑,在原子核附近不存在歧点,不像 STO 函数一样满足歧点条件;② 当 r 趋于无穷时,GTO 函数下降过快。由此可见,GTO 函数描述的单电子态与真实的原子轨道相差较大,而 STO 函数则较为接近。基于以上事实,常用 GTO 函数的线性组合来拟合原子轨道。需要注意的是,通过增加 GTO 函数的数目不能解决原子轨道在 r 趋于零时的歧点条件和在 r 趋于无穷时指数函数的尾部问题,于是使用 GTO 函数将低估长距离的原子间重叠以及原子核附近的电荷和自旋密度。

图 4-6 对比了单个 Gauss 函数(STO-1G)和三个 Gauss 函数(STO-3G)的线性组合近似 Slater 函数的情况。由图可以看出,虽然单个 Gauss 函数与 Slater 函数存在较大的偏差,但是多个 Gauss 函数的组合能很好地逼近 Slater 函数,在实际计算中 Gauss 函数提供了计算速度和精度较为折中的解决方案。

下面介绍常用的基于 STO 函数和 GTO 函数的基组,包括 STO-NG 基组、双 ζ 基组、劈裂价基组、加极化函数的基组和弥散函数的基组[20]。

1) STO-NG 基组

以与原子轨道一一对应的 STO 函数为基函数的基组称为单 ζ 基组。为了兼

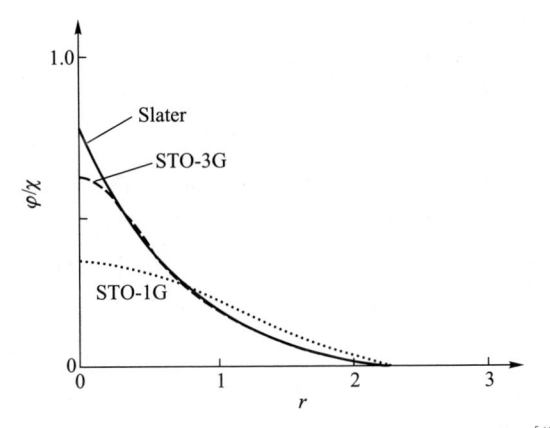

图 4-6 氢原子的 Slater、STO-1G 和 STO-3G 函数随距离变化情况的比较[17]

顾 STO 函数和 GTO 函数的各自优势，STO-NG 基组将 STO 函数表示成 N 个 GTO 函数的线性组合，即每个 STO 函数用 N 个 GTO 函数来拟合，这样得到的基组称为最小基组。N 表示用于拟合 STO 函数的 GTO 函数数目。STO-3G 基组是目前应用较广的最小基组，其优点是计算量小，缺点是不能描述原子亚层内非球形电子分布。

2）双 ζ 基组

双 ζ 基组指的是每个原子轨道用不同 ζ 值的内外两个 STO 函数表示，相当于把原子轨道分成内外两部分处理，每个 STO 函数表示成 N 个 GTO 函数的线性组合。较大的 ζ 值对应紧缩特征，而较小的 ζ 值对应发散特征。任何大于双 ζ 基组的基组称为扩展基组。

3）劈裂价基组

劈裂价基组指的是对于内层和外层价轨道分别采用不同的基组拟合[21]。对于内层轨道采用较少 STO 函数表示，而对于外层价轨道采用多个 STO 函数表示，并用 Gauss 函数拟合各 STO 函数。劈裂价基组表示为 N-$N'N''$G，其中，N 表示内层轨道，用 N 个 Gauss 函数展开一个 STO 函数；价层轨道采用双 ζ 基组拟合，即将价轨道劈裂成两部分——内层价轨道部分用 N' 个 Gauss 函数展开 STO 函数，外层价轨道部分用 N'' 个 Gauss 函数展开 STO 函数[20]。以 3-21G 劈裂价基组为例，数字 3 表示用 3 个 Gauss 函数拟合内层 STO 函数；数字 21 对应双 ζ 基组，2 表示内层价轨道部分用两个 Gauss 函数拟合 STO 函数，1 表示外层价轨道部分用一个 Gauss 函数拟合 STO 函数。一般来说，内层轨道对化学反应影响较小，可采用一个 STO 函数，并通过多个 Gauss 函数展开；外层价轨道对化学反应影响较大，可采用双 ζ 基组增加基组的适应性，提高计算精度和灵活性。

4）加极化函数的基组

在分子体系中,极化作用会导致偏离球对称的电子分布,而STO函数和GTO函数具有球对称性,不可能通过增加基函数的数目和使用劈裂价基组来完全解决。该问题的解决办法是在基组中加入体现极化特征的函数[21],也就是添加角量子数高于占据原子轨道最高量子数的轨道函数。通常在基组符号后加"﹡"表示对非氢原子使用极化函数或在基组符号后加括号给出极化函数,而对于氢原子添加极化函数则采用"﹡﹡"表示[20]。例如,6-31G﹡表示在6-31G基组上添加极化函数,与之对应的6-31G(d)表示在6-31G基组上添加d轨道极化函数;6-31G﹡﹡表示在6-31G基组上给氢原子加p轨道极化函数。一般来说,加入极化函数能有效改善极性分子的计算结果。

5）加弥散函数的基组

在有些分子体系中,如氢键分子,电子密度在距离原子核较远处存在较高弥散度,由于Gauss函数在距离原子核较远区域的数值偏低,因此仅仅通过提高基组数量不能加以解决。由于弥散函数是具有很小指数参数的函数,因此添加弥散函数能够很好地表征距离原子核较远处的电子密度[20]。通常在符号G前面添加符号"+"和"++"来分别表示给非氢原子基组和氢原子基组添加弥散函数,如6-31+G和6-31++G。

2. 基组的选择

在分子轨道理论中,基组可以采用任何完备数学函数集合,能够揭示分子中电子在特定的空间区域的分布。基组的选择对HFR方程自洽场求解的结果至关重要,如果基组选择不当,无论用什么方法进行计算,结果都不会好。选择基组的准则是"效率"和"效果"。效率要求基组小,则计算量较小,只能粗略近似真实分子轨道;效果要求基组大,但计算量较大,能较精确地逼近真实分子轨道。在实际应用中,基组的两方面准则相互矛盾,此消彼长,需要根据实际情况进行折中处理。基组的选择可以参照如下规则:① 原则上,基函数越多,近似程度越小,则越接近完备,展开式越严格;② 基函数的数目要受到计算条件的限制,希望所选择的基函数尽量接近原子轨道;③ 尽量采用便于多中心积分计算的基函数;④ 对于最多只出现双中心积分的情况,可以直接采用STO函数;⑤ 对于出现三中心或四中心积分的情况,需要采用GTO函数。

对于已经开发的基组,通常会给出详细说明,有助于选择合适的基组类型。另外,通过阅读基组使用的相关文献,也能够帮助判断各种基组应用于解决各种物理和化学问题的效果。这就是说,在基组的选择过程中,应该避免简单地假设使用过的基组是最合适的,它可能是太小或是不必要的大。在许多情况下,使用非常大的基组是毫无意义的;然而,有些问题却只能采用非常大的基组。在实际应用中,应该尽可能地将理论结果与实验结果进行比较,如果两者出现较大的偏差,需要谨慎分析可能的原因,不能单纯地否认理论的预测。一种合理的方案是首先用半经验方法和 STO-3G 基组进行预先处理,然后进行更高级别的计算。对于一个崭新分子体系,应该尽可能采用更大基组,但是随着基组的增大,结果可能会变得更糟。总之,要实现实验与理论的完美契合,可能需要相当好的理论基础。

4.3.5　分子的电子关联计算

Hartree-Fock 方法最严重的缺陷是没有充分地考虑电子关联,而 Post-Hartree-Fock 方法恰恰是为了能够更好地处理电子关联而被提出的[17]。在 Hartree-Fock 方法中,电子瞬时位置出现的概率与其他电子无关,并且其运动仅取决于所有其他电子提供的平均势场;而实际上,电子之间是相互关联的,其真实运动比在平均势场中的运动复杂得多。与 Hartree-Fock 方法所描述的电子相互作用情况相比,电子间趋向于能够更好地相互"回避"对方。这就仿佛穿行于人群中的人们,每个人都能通过观察周围人的动作做出判断并适当调整自身从而避免相互碰撞。由此可见,Hartree-Fock 方法即使采用最大的基组仍然会高估电子之间的排斥能,给出更高的电子能量。

事实上,Hartree-Fock 方法并非完全忽略电子关联,这主要体现在 Slater 行列式波函数的特征。如果 Slater 行列式的两列相同,波函数变为零,那么两个相同自旋的电子处于同一空间坐标的概率为零,称为自旋相关,即费米相关。另外,由于波函数是连续的函数,因此在给定的距离处发现电子的概率应该随着距离的减小而降低。这意味着,即使电子不带任何电荷,不存在静电排斥,在其周围仍然会出现一个对其他相同自旋的电子不友好的区域,即由量子效应产生的泡利禁区(Pauli exclusion zone),常被称为费米空穴(Fermi hole)。除了费米空穴外,由于电子的静电库仑排斥作用,每个电子周围同样存在不依从于电子自旋状态而对其他电子不友好的区域。根据泡利不相容原理,两个自旋相反电子虽然能够处于相同的空间坐标,但是带有负电荷的电子之间存在库仑排斥作用,导致它们不能出现在相同的空间位置,相距很近的概率也不大,称为库仑相关。与之对应的静电排斥区常被称为库仑空穴(Coulomb hole)。由于 Hartree-Fock 方法不把电子当作离散的点电荷来处理,这在很大程度上忽略了库仑空穴的存在,一般会导致电子距离过近,进而高估电子之间的排斥作用。

考虑分子体系中任意两个电子,假定第一个电子在空间位置 r_1 处的密度为 $\rho_1(r_1)$,第二个电子在 r_2 处的密度为 $\rho_2(r_2)$,而 $\rho(r_1,r_2)$ 则表示同时发现第一个电子在 r_1 处、第二个电子在 r_2 处的密度,称为电子对密度[21]。如果两个电子之间没有相互作用,各自独立地运动,那么 $\rho(r_1,r_2)=\rho_1(r_1)\rho_2(r_2)$。如果两个电子之间存在相互作用,电子对密度 $\rho(r_1,r_2)$ 要小于两个电子之间没有相互作用时

电子密度之积 $\rho_1(r_1)\rho_2(r_2)$。为了表示这种差异性,需要引入关联函数 $f(r_1,r_2)$,表示如下:

$$f(r_1,r_2)=\frac{\rho(r_1,r_2)}{\rho_1(r_1)\rho_2(r_2)}-1 \tag{4-67}$$

该式表明,当 $f(r_1,r_2)=0$ 时,电子之间各自独立不存在关联;当 $f(r_1,r_2)<0$ 时,$\rho(r_1,r_2)<\rho_1(r_1)\rho_2(r_2)$,电子之间存在关联。图 4-7 展示了具有相同自旋 α 的电子对密度的分布情况和自旋分别为 α 和 β 的两个电子的密度分布情况。对于前一种情况,当 $r_1=r_2$ 时,$\rho^{\alpha\alpha}(r_1,r_2)=0$,说明同一位置出现两个相同自旋的电子是不可能的,即每个电子周围存在费米空穴,另一个电子不能进入,对应费米相关。对于后一种情况,当 $r_1=r_2$ 时,$\rho^{\alpha\beta}(r_1,r_2)$ 虽然不为零,但是出现了极小值,即出现了库仑空穴,两个电子存在库仑相关。

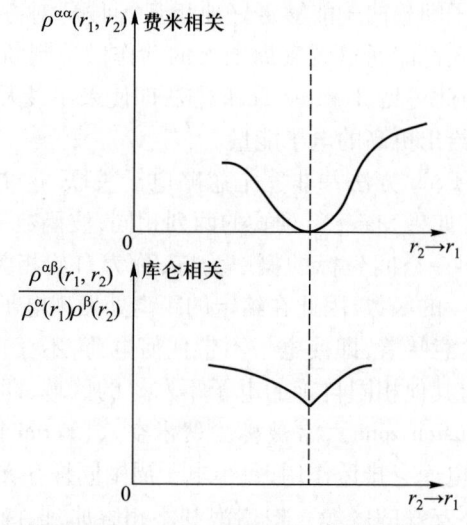

图 4-7 相同自旋电子之间的费米相关和不同自旋电子之间的库仑相关的电子密度分布示意图[21]

Hartree-Fock 方法过高估计电子能量可以归结为如下两个方面:过高估计了电子的排斥相互作用和选择了相对有限的基组[17]。随着基组数量的增加,Hartree-Fock 能量变得更小,而由无限大基组给出的极限能量称为 Hartree-Fock 极限。图 4-8 展示了采用不同数目基函数的 Hartree-Fock 方法对氢分子能量的计算结果。由图可见,使用有限基组带来的能量误差可被认为是由基组截断近似引起的,但在通常情况下不会导致严重后果,可以根据需要使用合适的大基组来降低。

4.3 从头算分子轨道方法

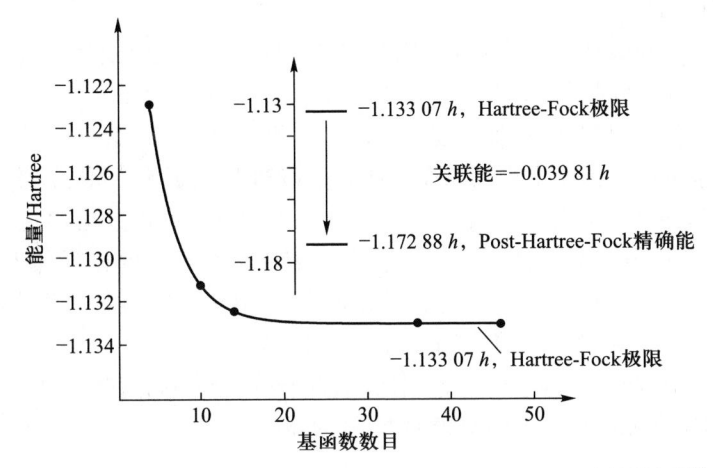

图 4-8 对比氢分子的 Hartree-Fock 方法和 Post-Hartree-Fock 方法的计算结果[17]
注：1 Hartree=2 625.5 kJ/mol

尽管 Hartree-Fock 方法在许多方面获得了令人满意的结果，但是在有些情况下需要更好地处理电子关联，例如相对能量的计算。另外，Hartree-Fock 方法忽略电子关联能会导致一些明显的错误结果，例如涉及键解离的问题。根据 Lowdin 的定义，电子关联能指的是哈密顿量的精确本征值与 Hartree-Fock 极限期望值之差，即 $E_c = E_0 - E_{HF}$。由于 E_{HF} 总是高于 E_0，所以关联能总是一个负值[17]。关联能通常可以区分为动态关联能和静态关联能：① 由于 Hartree-Fock 方法不能保证电子保持足够远的距离，因此动态关联能是 Hartree-Fock 方法不能正确处理的能量，这也对应了通常所讲的"关联能"；② 由于采用了单个 Slater 行列式波函数，所以静态关联能也是 Hartree-Fock 方法没有包含的能量。动态关联能可以通过后面介绍的多体微扰方法或组态相互作用方法补足，而静态关联能可以通过多个 Slater 行列式波函数来补足。通常来讲，处理动态关联能方法被称为 Post-Hartree-Fock 方法。图 4-8 对比了采用 Hartree-Fock 方法和 Post-Hartree-Fock 方法对氢分子能量计算结果。由图可见，考虑动态关联能的 Post-Hartree-Fock 方法能够有效降低分子能量并接近精确的分子能量。

在从头算分子轨道方法中，已经发展了一系列计算电子关联能的方法，例如：在薛定谔方程中显式地使用电子距离作为变量，将实际分子作为 Hartree-Fock 扰动体系进行处理，以及将电子组态显式地包含在波函数中[17]。显式地使用电子距离作为变量在数学上很难处理，而另外两种方法相比之下更加通用，如非常流行的 Møller-Plesset(MP) 多体微扰方法、组态相互作用(CI) 方法和基于这两种方法发展的耦合簇(CC) 方法。下面将重点介绍这三种计算电子关联能的方法。

第4章 分子轨道计算方法

1. 多体微扰方法

1934年,Møller和Plesset提出用多体微扰理论解决分子体系的电子关联问题[25],1975年,Pople和Binkley将其发展为一种实用的分子轨道计算方法[26]。微扰理论的基本思想如下:如果能够处理一个理想的简单体系,那么与之相对应的复杂体系可以在数学上视为该简单体系的改进微扰版本。MP方法按照微扰级别加以区分,表示为MPn($n=0,1,2,\cdots$),其中MP0方法通过简单求和Hartree-Fock单电子能量得到电子总能量,忽略了电子间的排斥相互作用;而MP1方法相当于用库仑积分和交换积分来修正MP0方法的电子总能量,因此,MP1方法得到的能量对应的是Hartree-Fock能量。

假定一个包含N个电子的分子体系,以Hartree-Fock方程的单电子Fock算符$\hat{F}_i$之和作为无微扰体系的哈密顿算符,表示如下[20]:

$$\hat{H}_0 = \sum_i \hat{F}_i \tag{4-68}$$

求解得到的Slater行列式波函数是算符$\hat{H}_0$的本征波函数,而与算符$\hat{H}_0$对应的能量$E^{(0)}$等于被占据的分子自旋轨道的能量ε_i之和,表示如下:

$$E^{(0)} = \sum_i \varepsilon_i \tag{4-69}$$

如果将Hartree-Fock方法中的库仑积分和交换积分作为一级微扰,那么Hartree-Fock能量E_{HF}相当于一级修正后的能量E_{MP1},表示如下:

$$E_{HF} = E_{MP1} = E^{(0)} + E^{(1)} \tag{4-70}$$

式中,$E^{(0)}$是无微扰能量;$E^{(0)} + E^{(1)}$是Hartree-Fock能量,即MP1方法计算的能量。

由以上结果可知,如果需要获得Hartree-Fock能量的修正,需要计算到能量的二级以上修正。假定分子体系精确的哈密顿算符可表示为Hartree-Fock方程的哈密顿算符$\hat{H}_{HF}$与微扰哈密顿算符$\hat{H}'$之和[21]:

$$\hat{H} = \hat{H}_{HF} + \hat{H}' \tag{4-71}$$

式中,$\hat{H}'$是包含二级以上的微扰。于是,依据微扰能量修正级别,体系的能量表示如下[20]:

$$E_{MPn} = E^{(0)} + E^{(1)} + E^{(2)} + \cdots = E_{HF} + \sum_{k=2}^{n} E^{(k)} \tag{4-72}$$

由该式可得,计算到能量的二级修正的多体微扰法称为二级Møller-Plesset方法(MP2方法),计算到能量的三级修正和四级修正的多体微扰法分别称为三级和四级Møller-Plesset方法(MP3和MP4方法)[27]。在计入电子关联作用的分子轨道计算中,MP2方法是真正属于Post-Hartree-Fock的MP方法。MP2能量是

Hartree-Fock 能量加上一个微扰修正项,它允许电子更好地回避彼此而导致能量降低。MP2 能量、MP1 能量、MP0 能量和 Hartree-Fock 能量的关系可以表示如下:

$$E_{MP2} = E_{MP1} + E^{(2)} = E_{MP0} + E^{(1)} + E^{(2)} = E_{HF} + E^{(2)} \tag{4-73}$$

MP 方法的微扰修正级别越高,计算也越精确,但是计算量也会越大,所以修正级别一般不超过 4。考虑到 MP 方法对基组的依赖性,通常在电子关联处理方法后边标明相应基组来表明等级,例如 MP2/6-311G*表示以 6-311G*为基组的二级 MP 方法。

2. 组态相互作用方法

组态相互作用方法[17]通过在 Hartree-Fock 波函数上添加描述电子从占据分子轨道激发到未占据分子轨道的波函数项来改善 Hartree-Fock 波函数和能量。Hartree-Fock 表征的基态项和附加的激发态项各自代表特定的电子组态,于是,分子体系的实际波函数和电子结构可以表示为这些组态相互作用的结果[28]。在 CI 方法中,采用基态和激发态的线性组合来描述电子态,然后使用变分法求组合系数[20]。

假定在 Hartree-Fock 方法中,由 n 个电子组成的分子体系使用 m 个基函数,则有 $2m$ 个自旋轨道,其中,n 个自旋轨道被占据,$2m-n$ 个自旋轨道未被占据,称为空轨道。体系处于基态时,n 个电子占据 n 个低能自旋轨道,电子态用 Slater 行列式波函数 φ_0 来描述。如果基态中部分电子占据的自旋轨道被空轨道代替,则构成了激发态,由 Slater 行列式波函数 $\varphi_1, \varphi_2, \cdots$ 来表征。由 Slater 行列式表征的激发态波函数称为激发组态。于是,CI 波函数表示如下[21]:

$$\psi = c_0 \varphi_0 + c_1 \varphi_1 + c_2 \varphi_2 + \cdots \tag{4-74}$$

或者简写成如下形式:

$$\psi = c_0 \varphi_0 + \sum_k c_k \varphi_k \tag{4-75}$$

式中,φ_0 是基态波函数;φ_k 是激发态波函数。如果只有一个电子从占据轨道激发到未占据轨道,称为单电子激发组态;如果有两个电子从占据轨道激发到未占据轨道,称为双电子激发组态,以此类推。

将以上 CI 波函数代入总能表达式,然后经过变分处理后得到如下本征方程[21]:

$$\sum_k (c_{kj} - \varepsilon S_{kj}) c_k = 0 \tag{4-76}$$

或写成简洁的矩阵形式,表示如下:

$$HC = ESC \tag{4-77}$$

需要注意的是,在 HFR 方程中,分子轨道写成原子轨道的线性组合,而 CI 波函数写成各个组态波函数的线性组合。

如果用一组完备的单电子波函数作为基函数来构造完备的 Slater 行列式波函数的集合,那么分子轨道向这套完备的 Slater 行列式波函数展开,原则上可以得到薛定谔方程的精确数值解。完备的单电子波函数构成轨道空间,而完备的 Slater 行列式波函数构成组态空间[20]。如果考虑了所有可能电子激发组态引起的相互作用,那么相应的方法称为全组态相互作用(全 CI)方法[21]。全 CI 方法虽然理论严格,但由于组态波函数的数目随着体系增大而急剧增大,除了较小的分子体系,通常需要对特定激发态加以限制[21]。对于单电子激发态的计算,存在如下 Brillouin 定理:单电子激发态 Slater 行列式波函数与基态 Slater 行列式波函数不发生作用。也就是说,引入单电子激发态对改进基态能量不起作用。

图 4-9 给出了不同方法计算的氢分子解离能曲线。由图可见,全 CI 方法给出的能量最低,其原因可归结于该方法恢复了 100% 的关联能。与全 CI 方法相比,UHF 方法和 RHF 方法计算的能量偏高。由于存在更多的变分参数,UHF 方法给出的能量低于或等于 RHF 方法给出的能量[19]。

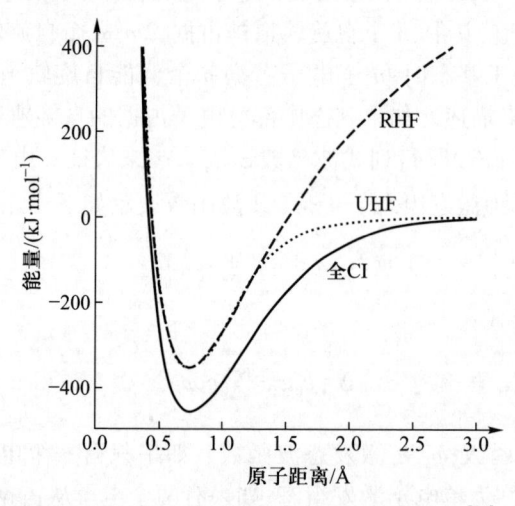

图 4-9 不同方法计算的氢分子解离能曲线[19]

在 CI 方法中,各 Slater 行列式波函数均由求解 HFR 方程确定的分子轨道构成,在采用 CI 方法进行计算的过程中,只允许组态波函数系数的改变。如果进一步考虑分子轨道向基函数展开的系数的改变,这样就存在两组相互耦合的方程,需要迭代求解,相应的方法被称为多组态自洽场(multiconfiguration self-consistent field，MCSCF）方法[20]。多组态自洽场方法是目前计算分子体系电子关联能最好的方法之一，关于多组态自洽场方法更详细的介绍，有兴趣的读者可以参考相关资料[21]。

3. 耦合簇方法

1969年，Cizek等将耦合簇方法应用于分子轨道的计算[29]。该方法同MP方法和CI方法存在着紧密的联系：与MP方法一样，CC方法与链状簇理论相关联；与标准CI方法一样，CC方法将波函数表示为基态行列式波函数与激发态行列式波函数之和。CC方法的基本思想是将分子体系波函数表示为不同行列式波函数之和，允许一系列运算符作用于Hartree-Fock波函数，表示如下：

$$\psi = e^{\hat{T}}\psi_{HF} \tag{4-78}$$

式中，ψ_{HF}是体系的HFR基态波函数，作为CC方法的参考态。算符$\hat{T}$是对应各激发态生成算符之和的簇算符，可表示为各激发态生成算符之和 $\hat{T} = \hat{T}_1 + \hat{T}_2 + \hat{T}_3 + \cdots = \sum_i \hat{T}_i$，具有激发电子进入未占据轨道的作用。根据算符$\hat{T}$实际包含的项数，可以定义耦合簇双激发态（CCD）方法、耦合簇单激发态和双激发态（CCSD）方法，以及耦合簇单激发态、双激发态和三激发态（CCSDT）方法，分别表示如下[17]：

$$\hat{T}_{CCD} = e^{\hat{T}_2}\psi_{HF}$$
$$\hat{T}_{CCSD} = e^{\hat{T}_1+\hat{T}_2}\psi_{HF} \tag{4-79}$$
$$\hat{T}_{CCSDT} = e^{\hat{T}_1+\hat{T}_2+\hat{T}_3}\psi_{HF}$$

与CCD和CCSD方法相比，CCSDT方法的计算要求最高，仅适用于非常小的分子体系。一般来说，CCSDT方法是目前对中等分子体系进行实际计算的基准。

与MP方法一样，CI和CC方法需要相当大的基组才能获得好的结果。通常，这些Post-Hartree-Fock方法使用的最小基组是6-311G*。

4.4 密度泛函分子轨道方法

在量子化学领域，4.3节介绍的Post-Hartree-Fock方法虽然能够大大提高分子体系的计算精度，但是只能处理一些简单小分子的电子结构。随着密度泛函理论的出现，该理论为分子体系电子结构求解提供了新的途径。遗憾的是，由于缺乏适合于分子体系的有效交换关联泛函，所以早期的密度泛函方法在计算分子体系电子结构时并不成功，导致较长时间没有被量子化学领域所接受。随着多种有效交换关联泛函的提出，密度泛函方法开始在分子体系的电子结构计算中得到认可，并展现出优越性[17]。

4.4.1 分子轨道 Kohn-Sham 方程

本节将在第 3 章密度泛函理论的基础上,介绍如何在分子轨道理论基础上求解分子体系的 Kohn-Sham 方程。通过总能量泛函 $E[\rho]$ 对 Kohn-Sham 分子轨道 ψ_i^{KS} 的变分得到基于分子轨道理论的 Kohn-Sham 方程,表示如下[17,30,31]:

$$\hat{H}^{KS}\psi_i^{KS} = \varepsilon_i^{KS}\psi_i^{KS} \tag{4-80}$$

式中,哈密顿算符 $\hat{H}^{KS}$ 表示如下:

$$\hat{H}^{KS} = -\frac{1}{2}\nabla^2 + V_{KS}(r) \tag{4-81}$$

$V_{KS}(r)$ 是 Kohn-Sham 有效势,表示如下:

$$\begin{aligned} V_{KS}(r) &= V_H(r) + V_{xc}(r) + V_{ne}(r) \\ &= \int dv' \frac{\rho(r')}{|r-r'|} + \frac{\delta E_{xc}[\rho]}{\delta \rho} - \sum_\alpha \frac{Z_\alpha}{|r-R_\alpha|} \end{aligned} \tag{4-82}$$

由此可见,Kohn-Sham 方程是一个微积分方程,严格求解极为困难。可以参照前面的 Roothaan-Hall 方法,将 Kohn-Sham 分子轨道 ψ_i^{KS} 表示为基函数 φ_ν 的线性组合,如下[17]:

$$\psi_i^{KS} = \sum_{\nu=1}^m c_{\nu i}\varphi_\nu, \quad i=1,2,\cdots,m \tag{4-83}$$

式中,$c_{\nu i}$ 是组合系数。在分子体系计算中,Kohn-Sham 分子轨道通常采用与 Hartree-Fock 轨道完全相同的基函数,但是不适于采用比劈裂价基组还小的基组,其中常用的基组是 6-31G*。

将 Kohn-Sham 分子轨道 ψ_i^{KS} 向基组 $\{\varphi_\nu\}$ 的展开式代入 Kohn-Sham 方程,表示如下[31]:

$$\hat{H}^{KS}\sum_{\nu=1}^m c_{\nu i}\varphi_\nu = \varepsilon_i^{KS}\sum_{\nu=1}^m c_{\nu i}\varphi_\nu \tag{4-84}$$

将每一个方程乘以 φ_μ 或 φ_μ^* 并积分得到 m 组方程,如下:

$$\sum_{\nu=1}^m F_{\mu\nu}^{KS} c_{\nu i} = \varepsilon_i^{KS}\sum_{\nu=1}^m S_{\mu\nu}^{KS} c_{\nu i}, \quad \mu,i=1,2,\cdots,m \tag{4-85}$$

称为 Kohn-Sham-Roothaan(KSR)方程。式中,$F_{\mu\nu}^{KS}$ 和 $S_{\mu\nu}^{KS}$ 分别构成 Kohn-Sham-Fock 矩阵 $\boldsymbol{F}^{KS}$ 和轨道重叠积分矩阵 $\boldsymbol{S}^{KS}$;组合系数 $c_{\mu\nu}$ 构成分子轨道系数矩阵 $\boldsymbol{C}$;轨道能级 ε_i^{KS} 作为对角线组元构成分子轨道能量矩阵 $\boldsymbol{E}^{KS}$。于是由这些矩阵构

成以上 KSR 方程的矩阵形式，表示如下[31]：

$$F^{KS}C = S^{KS}CE^{KS} \tag{4-86}$$

$S_{\mu\nu}^{KS}$ 是基函数 φ_μ 和 φ_ν 的重叠积分，表示如下：

$$S_{\mu\nu}^{KS} = \int dv_1 \varphi_\mu^*(1)\varphi_\nu(1) \tag{4-87}$$

$F_{\mu\nu}^{KS}$ 是哈密顿算符作用于基函数的积分，表示如下：

$$F_{\mu\nu}^{KS} = \int dv_1 \varphi_\mu^*(1)\hat{H}^{KS}\varphi_\nu(1) \tag{4-88}$$

进一步将哈密顿算符 $\hat{H}^{KS}$ 的展开式(4-81)代入上式后可以分解成如下三部分能量：

$$F_{\mu\nu}^{KS} = H_{\mu\nu} + J_{\mu\nu} + E_{xc,\mu\nu} \tag{4-89}$$

式中，右侧第一项 $H_{\mu\nu}$ 对应电子动能和电子-原子核相互作用势能，表示如下：

$$H_{\mu\nu} = \int dv_1 \varphi_\mu^*(1)\left[-\frac{1}{2}\nabla_1^2 - \sum_\alpha \frac{Z_\alpha}{|r_1 - R_\alpha|}\right]\varphi_\nu(1) \tag{4-90}$$

式(4-89)右侧第二项 $J_{\mu\nu}$ 是电子之间的库仑作用势能，表示如下：

$$J_{\mu\nu} = \sum_{\lambda=1}^m \sum_{\sigma=1}^m P_{\lambda\sigma}(\mu\nu|\lambda\sigma) \tag{4-91}$$

式中，$P_{\lambda\sigma}$ 构成密度矩阵 $\mathbf{P}$，表示如下：

$$P_{\lambda\sigma} = \sum_{j=1}^m 2c_{\lambda j}^* c_{\sigma j} \tag{4-92}$$

双电子积分 $(\mu\nu|\lambda\sigma)$ 涉及两个电子 1 和 2，以及 4 个基函数 φ_μ、φ_ν、φ_λ 和 φ_σ，表示如下：

$$(\mu\nu|\lambda\sigma) = \iint dv_1 dv_2 \varphi_\mu^*(1)\varphi_\nu(1)\frac{1}{r_{12}}\varphi_\lambda^*(2)\varphi_\sigma(2) \tag{4-93}$$

式(4-89)右侧第三项 $E_{xc,\mu\nu}$ 是交换关联能，通过交换关联势 V_{xc} 表示如下：

$$E_{xc,\mu\nu} = \int dv_1 \varphi_\mu^*(1) V_{xc} \varphi_\nu(1) \tag{4-94}$$

在 KSR 方程中，需要将电子密度 $\rho(r)$ 表示为基函数的表达式，如下[31]：

$$\rho(r) = 2\sum_{i=1}^m |\psi_i^{KS}|^2 = 2\sum_{i=1}^m \sum_{\mu=1}^m \sum_{\nu=1}^m c_{\mu i}\varphi_\mu c_{\nu i}\varphi_\nu$$

$$= \sum_{i=1}^{m} \sum_{\mu=1}^{m} \sum_{\nu=1}^{m} 2c_{\mu i} c_{\nu i} \varphi_\mu \varphi_\nu \tag{4-95}$$

由于 $P_{\mu\nu} = \sum_{i=1}^{m} 2c_{\mu i}^* c_{\nu i}$，在空间 r 处的电子密度可由密度矩阵元表示如下：

$$\rho(r) = \sum_{\mu=1}^{m} \sum_{\nu=1}^{m} P_{\mu\nu} \varphi_\mu \varphi_\nu \tag{4-96}$$

在 Kohn-Sham 方法中，分子体系的能量被表示为没有相互作用的虚拟电子体系的能量偏差。因为虚拟电子体系的电子波函数可以用 Slater 行列式波函数精确地表示，所以它的能量可以精确地计算。虚拟电子体系的电子能量与实际电子体系的电子能量相差很小，其中包含未知的交换关联能，该能量泛函的逼近程度直接决定了密度泛函方法的计算精度。

4.4.2 密度泛函自洽场计算流程

应用密度泛函方法计算分子体系的电子结构过程中，需要基于非相互作用的原子体系猜测初始的电子密度 ρ_r，从而得到哈密顿算符 $\hat{H}^{KS}$ 的显式表达式。之后，计算 Kohn-Sham-Fock 的矩阵元 $F_{\mu\nu}^{KS}$，通过 Kohn-Sham-Fock 矩阵 $\boldsymbol{F}^{KS}$ 正交化和对角化定出初始猜测的基函数组合系数 $c_{\mu i}$ 以及初始的能量本征值 ε_i。使用初始组合系数计算出一组 Kohn-Sham 分子轨道，用于计算新的电子密度 ρ。这种新的电子密度用于修正矩阵元 $F_{\mu\nu}^{KS}$，进而给出改进的组合系数和电子密度，迭代过程一直持续到电子密度等收敛，输出最终的分子轨道和能量。注意，Kohn-Sham-Fock 矩阵元 $F_{\mu\nu}^{KS}$ 是哈密顿算符 $\hat{H}^{KS}$ 对基函数的积分，由于泛函形式复杂，其积分无法通过解析方法求解，在实际计算中，通常将被积函数进行网格化求和来近似积分。图 4-10 给出了应用密度泛函方法计算 Kohn-Sham 分子轨道和轨道能级的具体步骤，描述如下[17]：

(1) 指定分子的几何构型、核电荷数、电子数、电子自旋等，电子自旋可以使用单独的 α 和 β 自旋密度处理。

(2) 指定初始基函数 $\{\varphi_\mu\}$ 和组合系数 $c_{\mu i}$。

(3) 猜测初始电子密度 ρ_r，如采用原子的叠加电子密度。

(4) 基于猜测的 ρ_r 确定交换关联泛函 $E_{xc}[\rho]$，根据 $\delta E_{xc}[\rho]/\delta\rho$ 计算出初始交换关联势 $V_{xc}(r)$。

(5) 使用 ρ_r 和 $V_{xc}(r)$ 计算哈密顿算符 $\hat{H}^{KS}$。

(6) 使用哈密顿算符 $\hat{H}^{KS}$ 和基函数 $\{\varphi_\mu\}$ 计算矩阵元 $F_{\mu\nu}^{KS}$，构成 Kohn-Sham-Fock 矩阵 $\boldsymbol{F}^{KS}$，同时计算出重叠积分矩阵 $\boldsymbol{S}^{KS}$，构造出 KSR 矩阵方程。

(7) 将 Kohn-Sham-Fock 矩阵 $\boldsymbol{F}^{KS}$ 正交化和对角化得到系数矩阵 $\boldsymbol{C}'$ 和能级矩

4.4 密度泛函分子轨道方法

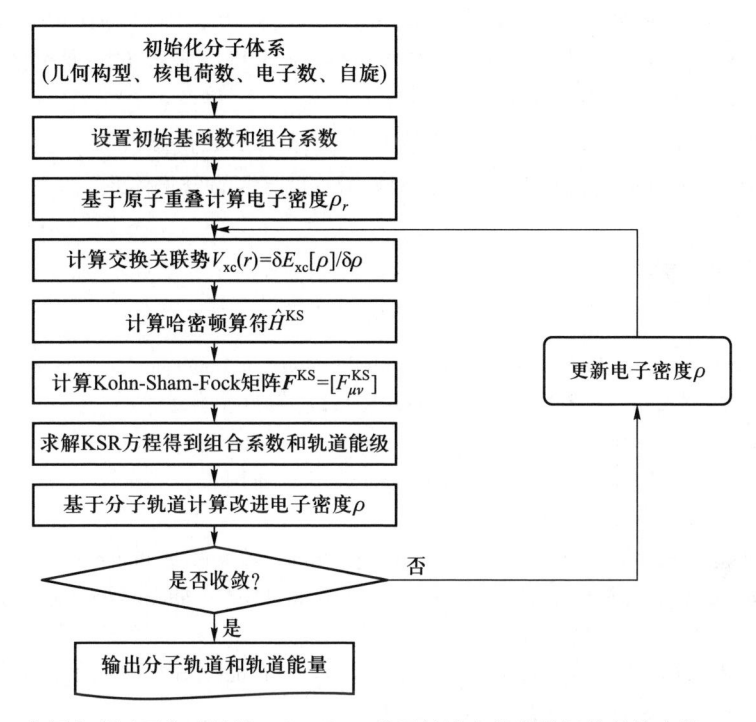

```
初始化分子体系
(几何构型、核电荷数、电子数、自旋)
        ↓
设置初始基函数和组合系数
        ↓
基于原子重叠计算电子密度 ρ_r
        ↓
计算交换关联势 V_xc(r)=δE_xc[ρ]/δρ  ←──┐
        ↓                              │
计算哈密顿算符 Ĥ^KS                     │
        ↓                              │
计算Kohn-Sham-Fock矩阵 F^KS=[F^KS_μν]   │
        ↓                         更新电子密度 ρ
求解KSR方程得到组合系数和轨道能级       │
        ↓                              │
基于分子轨道计算改进电子密度 ρ          │
        ↓                              │
    是否收敛?  ──否──────────────────┘
        │是
        ↓
输出分子轨道和轨道能量
```

图 4-10 应用密度泛函方法计算 Kohn-Sham 分子轨道和轨道能级的具体步骤

阵 E^{KS},并将 C' 变换为系数矩阵 C,该系数矩阵将 Kohn-Sham 轨道作为原始非正交基函数的加权和。于是,得到了轨道能级 ε_i^{KS} 和组合系数 $c_{\mu i}$,以及分子轨道 ψ_i^{KS} 的第一次迭代值。

(8) 使用分子轨道的第一次迭代值来计算改进的电子密度 ρ。

(9) 返回到步骤(4),使用改进的第一次迭代得到的 ρ,继续进行相应的计算。在新的步骤(7)中,将得到第二次迭代的轨道能级 ε_i^{KS} 和分子轨道 ψ_i^{KS},进而计算出第二次迭代后的 ρ。检查两次迭代得到的数值是否有明显的差别。如果差值满足规定的收敛标准,则停止迭代,输出结果。如果差值不满足规定的收敛标准,则继续迭代,得到第三次迭代的轨道能级 ε_i^{KS} 和分子轨道 ψ_i^{KS},检查收敛性。以此类推。

(10) 当迭代出令人满意的收敛结果时,计算出最终的分子轨道和轨道能级。

由以上计算流程可以看出,在密度泛函方法框架下的总能量包含了电子关联能,因此不需要像从头算波函数方法那样在 Hartree-Fock 基础上附加电子关联能计算部分。由于这个原因,密度泛函方法可以获得与 MP2 方法相当的计算精度,并且往往比从头算波函数方法更容易达到基组收敛,只需要比从头算波函数方法更小的基组既能接近极限情况。在密度泛函方法中,精确的交换关联泛函是未知的,往往引入诸多近似;与之相对应,从头算波函数方法通过使用更大的基组和更高级别的电子关联方法来降低体系能量,最终接近薛定谔方程的精确解。在分子体系基态计算中,密度泛函方法虽然不如最高级别从头算波函数方法精确,但是可以处理比从头算波函数方法大得多的分子体系。

参 考 文 献

[1] Heitler W, London F. Wechselwirkung neutraler atome und homöopolare bindung nach der quantenmechanik[J]. Zeitschrift für Physik, 1927, 44(6): 455-472.

[2] Tsuneda T. Density functional theory in quantum chemistry [M]. Tokyo: Spinger, 2014.

[3] Hund F. Zur deutung einiger erscheinungen in den molekelspektren[J]. Zeitschrift für Physik, 1926, 36(9): 657-674.

[4] Mulliken R S. Electronic states and band spectrum structure in diatomic molecules. Ⅳ. Hund's theory; second positive nitrogen and swan bands; alternating intensities [J]. Physical Review, 1927, 29(5): 637.

[5] Lennard-Jones J E. The electronic structure of some diatomic molecules[J]. Transactions of the Faraday Society, 1929, 25: 668-686.

[6] Coulson C A. Self-consistent field for molecular hydrogen[C]//Mathematical Proceedings of the Cambridge Philosophical Society. Cambridge: Cambridge University Press, 1938, 34(2): 204-212.

[7] Mulliken R S. Spectroscopy, molecular orbitals, and chemical bonding[J]. Science, 1967, 157(3784): 13-24.

[8] Hund F. Zur deutung der molekelspektren. Ⅰ [J]. Zeitschrift für Physik, 1927, 40(10): 742-764.

[9] Hund F. Zur deutung der molekelspektren. Ⅱ [J]. Zeitschrift für Physik, 1927, 42(2): 93-120.

[10] Mulliken R S. The assignment of quantum numbers for electrons in molecules. Ⅰ [J]. Physical Review, 1928, 32(2): 186.

[11] Mulliken R S. Electronic structures of polyatomic molecules and valence Ⅵ. On the method of molecular orbitals [J]. The Journal of Chemical Physics, 1935, 3(7): 375-378.

[12] Kutzelnigg W. Friedrich Hund and chemistry[J]. Angewandte Chemie, 1996, 35(6): 572-586.

[13] 陈晓原. 材料电子性质基础[M]. 北京: 科学出版社, 2020.

[14] Woodward R B, Hoffmann R. Stereochemistry of electrocyclic reactions[J]. Journal of the American Chemical Society, 1965, 87(2): 395-397.

[15] Roothaan C C J. New developments in molecular orbital theory[J]. Reviews of Modern Physics, 1951, 23(2): 69.

[16] Hall G G. The molecular orbital theory of chemical valency Ⅷ. A method of calculating ionization potentials[J]. Proceedings of the Royal Society Series A: Mathematical and Physical Sciences, 1951, 205(1083): 541-552.

[17] Lewars E G. Computational chemistry: Introduction to the theory and applications of molecular and quantum mechanics[M]. 3rd ed. Dordrecht: Springer, 2016.

[18] Hückel E. Theory of free radicals of organic chemistry[J]. Transactions of the Faraday Society, 1934, 30: 40-52.

[19] Jensen F. Introduction to computational chemistry[M]. 3rd ed. Hoboken: Wiley, 2017.

[20] 张跃, 谷景华, 尚家香, 等. 计算材料学基础[M]. 北京: 北京航空航天大学出版社, 2007.

[21] Pople J A, Nesbet R K. Self-consistent orbitals for radicals[J]. The Journal of Chemical Physics, 1954, 22(3): 571-572.

[22] Slater J C. Atomic shielding constants[J]. Physical Review, 1930, 36(1): 57.

[23] Boys S F. Electronic wave functions-Ⅰ. A general method of calculation for the stationary states of any molecular system[J]. Proceedings of the Royal Society A: Mathematical and Physical Sciences, 1950, 200(1063): 542-554.

[24] 徐光宪, 黎乐民, 王德民. 量子化学: 基本原理和从头计算法(上)[M]. 2版. 北京: 科学出版社, 2007.

[25] Møller C, Plesset M S. Note on an approximation treatment for many-electron systems[J]. Physical Review, 1934, 46(7): 618.

[26] Pople J A, Binkley J S, Seeger R. Theoretical models incorporating electron correlation[J]. International Journal of Quantum Chemistry, 1976, 10(S10): 1-19.

[27] Krishnan R, Pople J A. Approximate fourth-order perturbation theory of the electron correlation energy[J]. International Journal of Quantum Chemistry, 1978, 14(1): 91-100.

[28] Pople J A, Seeger R, Krishnan R. Variational configuration interaction methods and comparison with perturbation theory[J]. International Journal of Quantum Chemistry, 1977, 12(S11): 149-163.

[29] Čížek J. The full CCSD(T) model for molecular electronic structure[J]. Advances in Chemical Physics, 1969, 14: 35-89.

[30] Parr R G, Yang W. Density-functional theory of atoms and molecules[M]. Oxford: Oxford University Press, 1989.

[31] 胡英, 刘洪来. 密度泛函理论[M]. 北京: 科学出版社, 2016.

第 5 章
固体能带计算方法

　　固体体系电子结构的计算是建立在能带论基础之上的近似方法,遵从三个基本近似:绝热近似、单电子近似和周期场近似。前两个近似已在前面章节中介绍,周期场近似将固体简化为具有平移周期性的理想晶体,并将固体中电子的运动归结为这些电子在周期性势场中的运动。与第 4 章基于分子轨道理论求解 Hartree-Fock 方程和 Kohn-Sham 方程获得分子体系电子结构不同,本章将基于固体能带理论求解 Kohn-Sham 方程获得固体体系电子结构。在近自由电子模型和紧束缚模型两种极端近似框架基础上,发展了赝势方法和 Muffin-Tin 势方法。尽管两种方法均在不同领域获得很大的成功,但是依然不能突破自身的局限性。为此,作为一种现在常用的固体体系电子结构计算方法,投影缀加波方法应运而生,为融合两种方法优势提供了一种绝佳解决方案。

5.1 固体能带理论

　　1928 年,Bloch(布洛赫)在 Heisenberg 指导下研究固体中电子的薛定谔方程,指出固体中电子可以看成在周期势场中的单电子,由此奠定了能带理论的基础。之后,在 Heisenberg 指导下,Peierls、Brillouin 和 Wilson 等在此基础上开始固体能带结构的系统研究[1]。建立在布洛赫定理(Bloch's theorem)之上的固体能带理论是研究固体电子结构的一种重要近似简化理论。该理论基于以下三个近似:① 绝热近似,将原子核与电子的运动予以分开处理;② 单电子近似,将电子视为相互独立的,并处于原子核和其他电子所形成的等效平均势场中;③ 周期场近似,将固体中电子的运动简化为单个电子在周期性势场中的运动。经过以上近似处理,所求出的电子能量将由允许填充的允带和禁止填充的禁带共同构成,形成两者相间的能带结构,与之相对应的理论称为能带论。

　　固体中电子不再被束缚于单个原子之中,而是处于带正电的原子核组成的周期性势场中做共有化运动。在这种情况下,整块固体相当于一个由许多小分子组成的巨大超级分子。在固体中,通过线性组合 N 个原子轨道,形成 N 个分子轨道,其能级之间的间隔非常小,从而形成了能带。每个能带对应固定的能量范围,并按照能级高低排列起来,构成能带结构。图 5-1 对比了原子轨道能级、分子轨道能级和固体能带的特征[2]。自由原子轨道能级由一系列分立的单线组成,分子轨道能级对应一组分立的双线,是消除二重简并的结果,而固体能带由间隔很近的准连续能级构成,是由于原子数目巨大,各支能级紧连在一起导致的结果(支能级间隙约为 10^{-23} eV)。

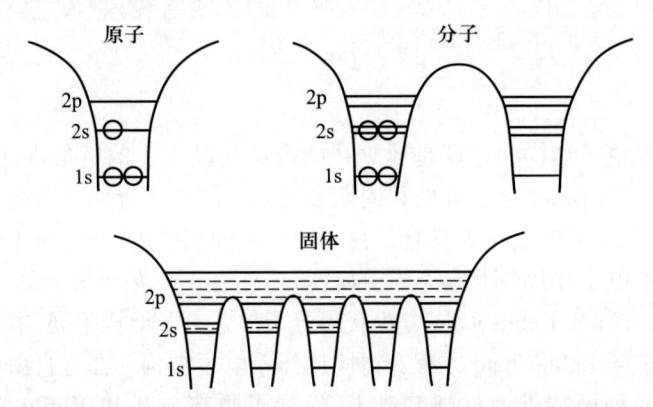

图 5-1 从原子轨道能级到分子轨道能级再过渡到固体能带的定性说明[2]

虽然能带论的推导基于晶体的周期性势场,但周期性势场并不是产生电子能带结构的必需条件。能带的形成依赖于大量原子间相互作用,这种相互作用在原子结合成固体时产生。而且,能带的形成并不取决于这些原子是以晶体或非晶体聚集在一起,也就是说,晶体的平移对称性并不是出现能带的必要条件。

5.1.1 布洛赫定理

虽然周期场近似使得单电子薛定谔方程求解大大简化,但具体求解过程需要根据场形式和强弱的具体情况进行有针对性的处理。Bloch 首先讨论了在晶体周期场中共有化电子波函数应具有的形式,给出了晶体周期场中单电子波函数的一般特征。在周期晶体中,单电子波函数 ψ 满足如下波动方程:

$$\left[-\frac{\hbar^2}{2m_e}\nabla^2 + V(r)\right]\psi = E\psi \tag{5-1}$$

式中,$V(r) = V(r+R_m)$ 是包括原子核和其他电子作用的周期势场,$R_m = m_1 a_1 + m_2 a_2 + m_3 a_3$ 是晶体的正格矢,其中,m_1、m_2 和 m_3 是整数,a_1、a_2 和 a_3 是正格基矢。该方程给出了晶体能带结构计算的基本方程。基于该方程,Bloch 给出了与

周期性势场相对应的电子波函数 ψ 的形式,如下:

$$\psi(r+R_m) = e^{ik \cdot R_m}\psi(r) \tag{5-2}$$

式中,k 是倒易空间的波矢;当平移一个正格矢 R_m 时,波函数增加一个位相因子 $e^{ik \cdot R_m}$。

以上关于晶体的单电子基本方程、周期势场特征和电子波函数形式称为布洛赫定理。基于布洛赫定理,可以得出如下两个重要推论。

推论 1 晶体中共有化电子的运动可以用周期性函数调制的平面波表示,称为布洛赫波函数,表示如下:

$$\psi_k(r) = e^{ik \cdot r} u_k(r) \tag{5-3}$$

式中,$u_k(r)$ 具有晶格周期性,即 $u_k(r+R_m) = u_k(r)$,如图 5-2 所示。不管周期势场特征如何,其单电子波函数不再是平面波,而是调制平面波,其振幅也不再是常数,而是随晶体周期性呈现周期性变化。为此,周期函数通过调制波函数的振幅达到其周期性振荡的目的。

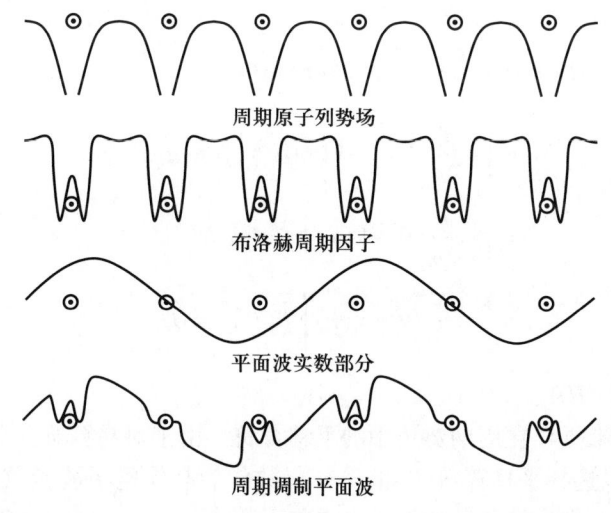

图 5-2 周期性原子列势场与布洛赫周期函数因子对比,以及平面波实数部分与周期性调制平面波函数的对比情况

推论 2 晶格周期性确定了晶体的电子波函数在倒易空间具有如下等价形式:

$$\psi_{k+K_n}(r) = \psi_k(r) \tag{5-4}$$

式中,$K_n = n_1 b_1 + n_2 b_2 + n_3 b_3$ 是倒格矢,其中,n_1、n_2 和 n_3 是整数,b_1、b_2 和 b_3 是倒

格基矢。也就是说，倒易空间的波矢 $k+K_n$ 与简约波矢 k 是等价的，于是求解单电子波动方程只需将波矢限制在所有不等价 k 的第一布里渊区之中。

下面从定义平移算符入手，根据平移算符的性质证明布洛赫定理。

(1) 首先定义平移算符。根据晶格周期性定义平移算符 $\hat{T}_\alpha$，对于描述周期性势场的任意函数 $f(r)$，存在如下关系：

$$\hat{T}_\alpha f(r) = f(r+a_\alpha) \tag{5-5}$$

式中，a_α 表示3个正格基矢，$\alpha = 1, 2, 3$。如果假定 α 和 β 代表不同的正格基矢，那么根据平移算符对3个正格基矢的互易性，可得如下关系式：

$$\hat{T}_\alpha \hat{T}_\beta f(r) = \hat{T}_\alpha f(r+a_\beta) = f(r+a_\beta+a_\alpha) = \hat{T}_\beta \hat{T}_\alpha f(r) \tag{5-6}$$

也就是，$\hat{T}_\alpha \hat{T}_\beta = \hat{T}_\beta \hat{T}_\alpha$。

(2) 然后证明平移算符和哈密顿算符具有互易性。当平移算符作用于哈密顿算符时，由于动能算符、势能算符和任意函数 $f(r)$ 具有晶格周期性，所以只有函数 $f(r)$ 中的变量发生变化，即 $f(r+a_\alpha) = \hat{T}_\alpha f(r)$。于是，平移算符作用情况表示如下：

$$\begin{aligned}
\hat{T}_\alpha \hat{H} f(r) &= \hat{T}_\alpha \left[-\frac{\hbar^2}{2m_e} \nabla_r^2 + V(r) \right] f(r) \\
&= \left[-\frac{\hbar^2}{2m_{e}} \nabla_{r+a_\alpha}^2 + V(r+a_\alpha) \right] f(r+a_\alpha) \\
&= \left[-\frac{\hbar^2}{2m_e} \nabla_r^2 + V(r) \right] f(r+a_\alpha) \\
&= \left[-\frac{\hbar^2}{2m_e} \nabla_r^2 + V(r) \right] \hat{T}_\alpha f(r) = \hat{H} \hat{T}_\alpha f(r)
\end{aligned} \tag{5-7}$$

由此可见，$\hat{T}_\alpha \hat{H} = \hat{H} \hat{T}_\alpha$。

(3) 接下来推导在周期势场中的平移算符。由于对易算符具有相同的本征函数，所以可以选择平移算符 $\hat{T}_\alpha$ 的本征函数作为晶体电子波函数 $\psi(r)$。由平移算符的本征函数应该具备的性质可得如下等式：

$$\hat{T}_\alpha \psi(r) = \psi(r+a_\alpha) = \lambda_\alpha \psi(r) \tag{5-8}$$

式中，λ_α 是平移算符 $\hat{T}_\alpha$ 的本征值。通过周期性边界条件限制本征函数可以推导出 λ_α，表示如下：

$$\psi(r) = \psi(r+N_\alpha a_\alpha) = \hat{T}_\alpha \psi(r) = \lambda_\alpha \psi(r) \tag{5-9}$$

式中，N_α 是沿着正格基矢 a_α 方向的原胞数，总的原胞数 $N = N_1 N_2 N_3$。因为 $|\lambda_\alpha|^2 = 1$，所以平移算符的本征值 λ_α 采用如下形式：

$$\lambda_\alpha = \exp\left(2\pi i \frac{l_\alpha}{N_\alpha}\right) \tag{5-10}$$

式中，l_α 是整数，因此波矢 k 在倒易空间取不连续值。于是，平移算符 $\hat{T}_\alpha$ 的本征值 λ_α 可以进一步表示为波矢 k 的形式，如下：

$$\lambda_\alpha = e^{ik \cdot a_\alpha} \tag{5-11}$$

该式表明，λ_α 给出了沿正格基矢 a_α 方向相邻原胞中两周期位点处波函数的位相变化。不同的波矢 k 代表着不同的相位，这种相位差源于原胞之间的区别。如果两个波矢 k 和 k' 相差整数倒格矢，那么对应的平移算符应该具有相同的本征值。通常将 k 取在第一布里渊区之内，这样 k 和平移算符的本征值 λ_α 对应。

（4）最后应用平移算符的本征值证明本征波函数的周期性。平移算符 $\hat{T}_\alpha$ 沿着3个正格基矢方向连续作用 m_1、m_2 和 m_3 次相当于本征波函数平移任意正格矢 $R_m = m_1 a_1 + m_2 a_2 + m_3 a_3$，则有如下关系式：

$$\psi(r+R_m) = \lambda_1 \lambda_2 \lambda_3 \psi(r) = e^{ik \cdot (m_1 a_1 + m_2 a_2 + m_3 a_3)} \psi(r) = e^{ik \cdot R_m} \psi(r) \tag{5-12}$$

同样，波函数可变换为如下形式：

$$\psi_k(r) = e^{ik \cdot r} u_k(r) \tag{5-13}$$

式中，$u_k(r)$ 是以正格矢 R_m 为周期的周期函数。下面给出简单证明，如下：

$$\begin{aligned} u_k(r+R_m) &= e^{-ik \cdot (r+R_m)} \psi_k(r+R_m) = e^{-ik \cdot r} e^{-ik \cdot R_m} e^{ik \cdot R_m} \psi_k(r) \\ &= e^{-ik \cdot r} \psi_k(r) = u_k(r) \end{aligned} \tag{5-14}$$

由式（5-13）和式（5-14）可以看出，$\psi_k(r)$ 是具有周期性的调制平面波，称为布洛赫函数，是晶体哈密顿算符 $\hat{H}$ 的本征函数。

下面基于布洛赫定理对晶体电子波函数特征给出几点说明。晶体中电子的共有化运动是通过平面波因子 $e^{ik \cdot r}$ 给出的，而电子与晶格势相互作用强弱是通过周期函数 $u_k(r)$ 体现的，对行进波的振幅进行调制，使其做周期性振荡。下面针对几种情况的电子运动状态加以对比分析。当电子完全自由运动时，有 $u_k(r) = A$，此时电子波函数可以表示为 $\psi_k(r) = Ae^{ik \cdot r}$。当电子被束缚在原子内运动时，有 $e^{ik \cdot r} = C$，此时电子波函数可以表示为 $\psi_k(r) = Cu_k(r)$。而当电子在晶体势场中运动时，既不是完全自由，也不完全被束缚，则电子波函数为 $\psi_k(r) = e^{ik \cdot r} u_k(r)$。晶体电子波函数在两个原子之间区域接近于平面波形式，在原子核附近具有原子轨道波函数的特征。由于周期函数 $u_k(r)$ 对平面波部分 $e^{ik \cdot r}$ 的调制，晶体电子波函数随着平面波的相位而被周期性调制，并呈现连续变化。

5.1.2 能带与能级

1. 布里渊区和能带

晶格是满足周期性边界条件的真实空间点阵,也称正格点阵,相应的基矢称为正格基矢(a_1, a_2, a_3),于是,任意正格矢定义为 $R_m = m_1 a_1 + m_2 a_2 + m_3 a_3$,其中,$m_1$、$m_2$ 和 m_3 是整数。为了方便周期势场的数学求解,通常由傅里叶变换将正格点阵变换成倒易点阵。描述倒易点阵的基矢称为倒格基矢(b_1, b_2, b_3),可以由正格基矢变换得到,表示如下:$b_1 = 2\pi \dfrac{a_2 \times a_3}{a_1 \cdot (a_2 \times a_3)}, b_2 = 2\pi \dfrac{a_3 \times a_1}{a_2 \cdot (a_3 \times a_1)}, b_3 = 2\pi \dfrac{a_1 \times a_2}{a_3 \cdot (a_1 \times a_2)}$。基于倒格基矢,任意倒格矢定义为 $K_n = n_1 b_1 + n_2 b_2 + n_3 b_3$,其中,$n_1$、$n_2$ 和 n_3 是整数,具有波矢的量纲,因此倒易空间又称为波矢空间。如果任意选取一个倒易格点作为原点,构建该点与所有其他倒易格点的垂直平分面,那么可以将倒易空间分割为许多包含原点的多面体。在这些多面体中,距离原点最近的多面体区域称为第一布里渊区,此区域相当于倒易空间的 Wigner-Seitz 原胞,其他的区域由内向外按次序构成不同的布里渊区。

为了构建本征函数与本征值一一对应的关系,必须把波矢的取值限制在第一布里渊区,称为简约波矢,而且该波矢数目等于晶体的原胞数目。根据周期性边界条件,波矢的允许取值是倒易空间均匀分布的点,波矢的不连续取值构成波矢空间点阵。由于阿伏伽德罗常数量级的原子数,倒易空间量子态密度可以看成波矢的准连续函数,并可表示为积分形式。如果在整个波矢空间中取值,则称为广延波矢。

当波矢在布里渊区中变化取值时,与之对应的布洛赫波函数的能量本征值也将随之在一定范围内变化,来表征电子波动的色散关系,这些许可的能量范围被称为能带,用符号 $\varepsilon_n(k)$(n 是能带指数)表示。能带呈现出允带和禁带相间的分布特征,称为能带结构,主要由价带、导带和禁带三部分构成。在绝对零度下,能带可以分为被价电子占满的价带和未被占满或全空的导带。导带底与价带顶之间存在的能量区间常称为禁带,该能量区间的大小称为能隙或带隙。根据这三部分的对应关系,可以直观地区分导体、半导体和绝缘体,这也是能带论的一个重要成果[3]。对于导体来说,导带和价带之间发生重叠,禁带消失;对于半导体来说,禁带宽度较小,价带电子较容易跃迁到导带,相应地在价带形成空穴,从而形成导电载流子;对于绝缘体来说,禁带宽度较大,价带电子难以跃迁到导带,因而不能导电。

2. 能带对称性和能级关系

晶体中电子能量取值 $\varepsilon_n(k)$ 满足如下对称性:① $\varepsilon_n(k)$ 在倒易空间具有中

心反演对称性,即 $\varepsilon_n(-\bm{k})=\varepsilon_n(\bm{k})$;② $\varepsilon_n(\bm{k})$ 具有点群对称性,即 $\varepsilon_n(\hat{S}\bm{k})=\varepsilon_n(\bm{k})$,其中,$\hat{S}$ 是晶格的点群对称操作算符;③ $\varepsilon_n(\bm{k})$ 具有周期性,即 $\varepsilon_n(\bm{k}+\bm{K}_n)=\varepsilon_n(\bm{k})$。根据能带对称性可知,求出第一布里渊区的部分区域内的 $\bm{k}$ 和 $\varepsilon_n(\bm{k})$ 对应关系就可扩展应用到整个倒易空间。相应的能带结构可以表示为简约布里渊区能带形式、周期布里渊区能带形式和扩展布里渊区能带形式。

由于最内层电子对应的能带所处的能量最低,电子波函数在原子之间的重叠较少,所以能量较低的能带相对较窄;而最外层电子对应的能带所处的能量相对较高,波函数重叠较多,从而导致该部分能带相对较宽。对于内层电子而言,原子能级与形成的能带存在着相对简单的对应关系;而对于外层电子而言,原子能级与形成的能带存在相对复杂的对应关系。

5.2 近自由电子近似和紧束缚近似

按照构成晶体电子波函数的基函数的不同,存在两种极端近似提供了求解固体体系薛定谔方程的途径,即近自由电子近似和紧束缚近似。其中,近自由电子近似假设周期晶体中原子核产生的势场较弱,电子的动能比势能的绝对值大得多,晶体电子的行为十分接近于自由电子的行为。于是,该近似将自由电子模型作为零级无微扰近似,而将周期势场的影响视为微扰进行处理。与之相对应,紧束缚近似假定周期晶体内的电子受到原子核势场的强烈束缚,其行为也就更接近于孤立原子中电子的行为。因此,紧束缚近似将孤立原子模型看成零级无微扰近似,而将其他原子势场的影响视为微扰进行处理。

5.2.1 近自由电子近似

1928 年,Peierls 将近自由电子近似模型应用于一维体系,并说明了能隙的存在,1930 年,Brillouin 进一步完善了该模型并将其用于三维体系,详细阐述了能隙的特征[1]。近自由电子近似假定周期势场 $V(\bm{r})$ 起伏较小,作为零级近似,可用势场的平均值 $\overline{V}$ 来代替,将周期起伏 $\Delta V=[V(\bm{r})-\overline{V}]$ 作为微扰处理。近自由电子近似的波函数采用平面波函数的线性组合,不仅概念简单,而且物理图像清晰。下面将基于近自由电子近似求解周期晶体的电子能带结构,并予以讨论。

假定 $\bm{R}_m=m_1\bm{a}_1+m_2\bm{a}_2+m_3\bm{a}_3$ 是晶体的正格矢,并且假定 $\bm{K}_n=n_1\bm{b}_1+n_2\bm{b}_2+n_3\bm{b}_3$ 是倒格矢,那么周期势场 $V(\bm{r})=V(\bm{r}+\bm{R}_m)$ 可以展开为傅里叶级数形式,表示如下[4-5]:

$$V(\bm{r})=\sum_n V_n \mathrm{e}^{\mathrm{i}\bm{K}_n\cdot\bm{r}}=V_0+\sum_{n\neq 0}V_n\mathrm{e}^{\mathrm{i}\bm{K}_n\cdot\bm{r}} \quad (5-15)$$

式中,V_0 是由势场均值确定的常数项;右侧第二项求和是除了常数项 V_0 对所有倒格矢求和。将周期势场代入单电子波动方程，表示如下：

$$\left[-\frac{\hbar^2}{2m_e}\nabla^2+V(\boldsymbol{r})\right]\psi=\left(-\frac{\hbar^2}{2m_e}\nabla^2+V_0+\sum_{n\neq 0}V_n\mathrm{e}^{\mathrm{i}\boldsymbol{K}_n\cdot\boldsymbol{r}}\right)\psi=E\psi \quad (5-16)$$

式中，m_e 是电子质量；$\hbar$ 是约化普朗克常量，$\hbar=h/(2\pi)$（h 是普朗克常量）。如果用符号 H^0 代表非微扰部分，即 $H^0=-\frac{\hbar^2}{2m_e}\nabla^2+V_0$，并且用符号 H' 代表微扰部分，即 $H'=\sum_{n\neq 0}V_n\mathrm{e}^{\mathrm{i}\boldsymbol{K}_n\cdot\boldsymbol{r}}$，那么式(5-16)可简写为如下形式：

$$(H^0+H')\psi=E\psi \quad (5-17)$$

（1）零级近似处理。对于周期性晶体，用势场的平均值 $\overline{V}$ 来代替 $V(\boldsymbol{r})$，则零级近似的单电子波动方程表示如下：

$$\left(-\frac{\hbar^2}{2m_e}\nabla^2+\overline{V}\right)\psi^{(0)}=E^{(0)}\psi^{(0)} \quad (5-18)$$

式中，$\psi^{(0)}$ 和 $E^{(0)}$ 分别是零级近似单电子本征波函数和能量本征值。该方程的解是自由电子波函数，即波矢为 $\boldsymbol{k}$ 的平面波，表示如下：

$$\psi_k^{(0)}=\frac{1}{\sqrt{\Omega}}\mathrm{e}^{\mathrm{i}\boldsymbol{k}\cdot\boldsymbol{r}} \quad (5-19)$$

式中，Ω 为晶胞体积。相应地，求解得到的零级近似能量本征值表示如下：

$$E_k^{(0)}=\frac{\hbar^2k^2}{2m_e}+\overline{V} \quad (5-20)$$

（2）微扰近似处理。以上零级近似能量本征值 $E_k^{(0)}$ 是简约波矢 $\boldsymbol{k}$ 的连续二次函数，在 $+k$ 和 $-k$ 处电子态具有相同的能量本征值，因此需要采用简并态微扰处理（这里仅考虑二重简并情况）。根据简并微扰理论，零级近似波函数可以通过简并的零级近似波函数的线性组合来表示，这里采用两个波矢的波函数的线性组合，表示如下[5]：

$$\psi^{(0)}=A\psi_k^{(0)}+B\psi_{k'}^{(0)} \quad (5-21)$$

式中，A 和 B 是组合系数；$\psi_k^{(0)}$ 和 $\psi_{k'}^{(0)}$ 是波矢为 $\boldsymbol{k}$ 和 $\boldsymbol{k}'$ 的简并零级近似波函数。将该线性组合波函数代入单电子波动方程，表示如下：

$$(H^0+H')[A\psi_k^{(0)}+B\psi_{k'}^{(0)}]=E[A\psi_k^{(0)}+B\psi_{k'}^{(0)}] \quad (5-22)$$

分别对上式乘以 $\psi_k^{(0)*}$ 和 $\psi_{k'}^{(0)*}$ 并在倒空间积分，存在如下关系：

5.2 近自由电子近似和紧束缚近似

$$H'_{kk} = \langle \boldsymbol{k} | \Delta V | \boldsymbol{k} \rangle = 0, \quad H'_{k'k'} = \langle \boldsymbol{k'} | \Delta V | \boldsymbol{k'} \rangle = 0$$

$$H'_{kk'} = H'^{*}_{k'k} = \langle \boldsymbol{k} | \Delta V | \boldsymbol{k'} \rangle = \begin{cases} V_n, & \boldsymbol{k} - \boldsymbol{k'} = \boldsymbol{K}_n \\ 0, & \boldsymbol{k} - \boldsymbol{k'} \neq \boldsymbol{K}_n \end{cases} \quad (5\text{-}23)$$

进一步利用正交归一化条件,可得关于组合系数的线性齐次方程组,表示如下:

$$\begin{cases} [E - E_k^{(0)}] A - V_{-n} B = 0 \\ -V_{+n} A - [E - E_{k'}^{(0)}] B = 0 \end{cases} \quad (5\text{-}24)$$

此方程组有非零解的条件是久期行列式为零,表示如下:

$$\begin{vmatrix} E - E_k^{(0)} & -V_{-n} \\ -V_{+n} & E - E_{k'}^{(0)} \end{vmatrix} = 0 \quad (5\text{-}25)$$

式中,V_{+n} 和 V_{-n} 分别代表倒格矢两侧的 V_n 数值。求解该久期行列式可得如下形式的能量本征值:

$$E_k = E_\pm = \frac{1}{2} \left\{ \left[E_k^{(0)} + E_{k'}^{(0)} \right] \pm \left[\left(E_k^{(0)} - E_{k'}^{(0)} \right)^2 + 4|V_n|^2 \right]^{1/2} \right\} \quad (5\text{-}26)$$

将该式代入线性齐次方程组(5-24)中,可以求得组合系数 A 和 B,从而确定出对应的本征波函数。

下面基于式(5-26)讨论三种情况下的能带结构特征[5],这里假定势场平均值 $\overline{V} = 0$。

(1) 远离倒易空间的布里渊区边界情况。当波矢 $\boldsymbol{k} = -\boldsymbol{k'}$,而且 $\boldsymbol{k} - \boldsymbol{k'} \neq \boldsymbol{K}_n$ 时,能量本征值表示如下:

$$E_k = E_\pm = E_k^{(0)} = \frac{\hbar^2 k^2}{2m_e} \quad (5\text{-}27)$$

由此可见,晶格微扰对于能量本征值的一级修正项为零,当波矢远离布里渊区边界时,能量变化呈现连续二次函数形式,电子运动接近自由电子。

(2) 接近倒易空间的布里渊区边界情况。波矢 $\boldsymbol{k}$ 和 $\boldsymbol{k'}$ 分别表示为 $\boldsymbol{k} = \frac{1}{2}\boldsymbol{K}_n(1+\Delta)$ 和 $\boldsymbol{k'} = -\frac{1}{2}\boldsymbol{K}_n(1-\Delta)$,其中,$\Delta$ 是无穷小量,能量本征值表示如下:

$$E_k = E_\pm = T_n(1 + \Delta^2) \pm (4T_n^2 \Delta^2 + |V_n|^2)^{1/2} \quad (5\text{-}28)$$

式中,T_n 表示 $\boldsymbol{k} = \frac{1}{2}\boldsymbol{K}_n$ 时的动能,即 $T_n = \frac{\hbar^2}{2m_e}\left(\frac{\boldsymbol{K}_n}{2}\right)^2$。由于 Δ 是接近零的小量,所以 $4T_n^2 \Delta^2 \ll |V_n|^2$,上式第二项可用二项式定理展开,表示如下:

$$E_k = E_{\pm} = T_n(1+\Delta^2) \pm |V_n|\left(1 + \frac{2T_n^2\Delta^2}{|V_n|^2}\right)$$

$$= T_n \pm |V_n| + T_n\left(1 \pm \frac{2T_n}{|V_n|}\right)\Delta^2 \tag{5-29}$$

由此可见,当波矢接近布里渊区边界时,E_+ 和 E_- 分别以抛物线的方式接近于 $T_n+|V_n|$ 和 $T_n-|V_n|$。

（3）恰好在倒易空间的布里渊区边界情况。波矢 k 和 k' 表示为 $k = -k' = \frac{1}{2}K_n$，能量本征值表示如下：

$$E_k = E_{\pm} = E_k^{(0)} \pm |V_n| = T_n \pm |V_n| \tag{5-30}$$

由此可见,受到周期势场的微扰作用,简并态在布里渊区边界上发生能级劈裂,产生 $2|V_n|$ 的能隙。

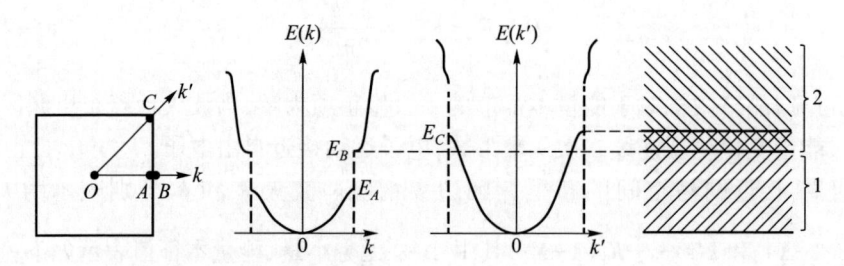

由近自由电子近似简并微扰计算的结果可以看出,在 $k = K_n/2$ 的附近,能量 E_k 要么大于 $T_n+|V_n|$，要么小于 $T_n-|V_n|$，即存在 $2|V_n|$ 能量间隙,对应不被电子所占据的禁带。当 k 距离 $K_n/2$ 较远时,能量 E_k 整体呈现连续二次函数的色散关系。在三维情况下,处于布里渊区边界的面接触点,能量是二重简并的,但是,处于布里渊区边界的棱边或顶点接触点,能量出现多重简并,此时需要扩展二重简并微扰方法,即多重简并方法。需要注意:对应三维晶体倒易空间布里渊区边界上的能量突变并非一定存在禁带,还可能存在如图 5-3 所示的能带交叠现象[4]。在布里渊区的不同 k 方向上,可能在不同的位置处出现不连续的能量区间,如图 5-3 所示,能量值 E_A-E_B 在 OA 方向上是不允许的,但是在 OC 方向上是允许的（$E_C > E_B$）。

图 5-3 三维周期晶体能带交叠示意图[4]

总之,由近自由电子近似可以得到如下结论:① 在零级近似下,自由电子能量本征值 $E_k^{(0)}$ 与波矢 k 之间存在连续二次函数关系;在周期势场作用下,能量本征值 E_k 在布里渊区边界处发生突变,出现间隔为 $2|V_n|$ 的禁带宽度;② 虽然

自由电子波矢 k 的取值范围没有限制,但是在周期势场中电子被严格限制在简约布里渊区内;③ 基于能带结构能够很好地区分导体和绝缘体。

5.2.2 紧束缚近似

1928年,Bloch应用紧束缚近似研究了固体的电子结构[6],就是用原子轨道的线性组合来表征晶体电子波函数,进而求解晶体体系的薛定谔方程。需要注意的是,由于晶体具有周期性势场,因此需要用原子轨道的布洛赫和作为基函数。下面以原胞包含一个原子的简单晶格为例,介绍基于紧束缚近似计算晶体能带结构的微扰方法[4-5]。

晶体周期性势场 $V(\boldsymbol{r}) = V(\boldsymbol{r}+\boldsymbol{R}_m)$ 可以近似为所有原子势场的线性叠加,表示如下:

$$V(\boldsymbol{r}) = \sum_m V_a(\boldsymbol{r} - \boldsymbol{R}_m) \tag{5-31}$$

式中,$\boldsymbol{R}_m$ 是周期晶格的正格矢;$V_a(\boldsymbol{r}-\boldsymbol{R}_m)$ 是孤立原子势场;下标 a 代表原子。将该周期性势场代入单电子波动方程,表示如下:

$$\left[-\frac{\hbar^2}{2m_e}\nabla^2 + V(\boldsymbol{r})\right]\psi = \left[-\frac{\hbar^2}{2m_e}\nabla^2 + V_a(\boldsymbol{r}-\boldsymbol{R}_m) + V(\boldsymbol{r}) - V_a(\boldsymbol{r}-\boldsymbol{R}_m)\right]\psi = E\psi \tag{5-32}$$

如果用符号 H^0 代表非微扰部分,即 $H^0 = -\frac{\hbar^2}{2m_e}\nabla^2 + V_a(\boldsymbol{r}-\boldsymbol{R}_m)$,并且用符号 H' 代表微扰部分,即 $H' = V(\boldsymbol{r}) - V_a(\boldsymbol{r}-\boldsymbol{R}_m)$,那么式(5-32)可简写为如下形式:

$$(H^0 + H')\psi = E\psi \tag{5-33}$$

(1) 零级近似处理。对于周期性晶格,如果不考虑原子之间的相互作用,那么位于正格矢 $\boldsymbol{R}_m$ 的原子中电子波函数将是孤立原子轨道波函数,于是,零级近似的波动方程表示如下[5]:

$$H^0\psi = \left[-\frac{\hbar^2}{2m_e}\nabla^2 + V_a(\boldsymbol{r}-\boldsymbol{R}_m)\right]\psi^{(0)} = E^{(0)}\psi^{(0)} \tag{5-34}$$

式中,$\psi^{(0)}$ 和 $E^{(0)}$ 分别是零级近似单电子本征波函数和能量本征值。该方程的解可以表示为孤立原子轨道波函数 $\varphi_i(\boldsymbol{r}-\boldsymbol{R}_m)$ 的线性组合,即周期性调制原子轨道线性组合波函数,表示如下:

$$\psi^{(0)}(\boldsymbol{r}) = \sum_m c_m \varphi_i(\boldsymbol{r}-\boldsymbol{R}_m) \tag{5-35}$$

相应地,零级近似能量本征值为孤立原子轨道能级 ε_i,表示如下:

$$E^{(0)} = \varepsilon_i \tag{5-36}$$

(2) 微扰近似处理。将以上零级近似波函数 $\psi^{(0)}(r)$ 代入晶体波动方程,表示如下:

$$(H^0 + H')\psi^{(0)}(r) = \left[-\frac{\hbar^2}{2m_e}\nabla^2 + V(r)\right]\sum_m c_m \varphi_i(r - R_m)$$
$$= E\sum_m c_m \varphi_i(r - R_m) \tag{5-37}$$

将式(5-37)与零级近似的波动方程(5-34)相减,整理得如下关系式:

$$\sum_m c_m [V(r) - V_a(r - R_m)]\varphi_i(r - R_m) = \sum_m c_m (E - \varepsilon_i)\varphi_i(r - R_m) \tag{5-38}$$

上式两边左乘 $\varphi_i^*(r - R_n)$ 并在倒易空间积分,同时使用不同正格矢 R_n 和 R_m 之间原子轨道波函数的近似关系: $\int \varphi_i^*(r - R_n)\varphi_i(r - R_m)\mathrm{d}v = \delta_{nm}$(即假定原子间相互作用较小,则不同格点的原子轨道波函数重叠很少),整理得如下等式:

$$\sum_m c_m \int \varphi_i^*(r - R_n)[V(r) - V_a(r - R_m)]\varphi_i(r - R_m)\mathrm{d}v$$
$$= \sum_m c_m \delta_{nm}(E - \varepsilon_i) \tag{5-39}$$

为了表征方便,令 $\boldsymbol{\xi} = r - R_m$,并考虑晶体势场的周期性: $V(r) = V(r - R_m)$,将上式简化为如下形式:

$$\sum_m c_m \int \varphi_i^*(\boldsymbol{\xi} - R_{nm})[V(\boldsymbol{\xi}) - V_a(\boldsymbol{\xi})]\varphi_i(\boldsymbol{\xi})\mathrm{d}\boldsymbol{\xi} = \sum_m c_m \delta_{nm}(E - \varepsilon_i) \tag{5-40}$$

式中,$R_{nm} = R_n - R_m$ 表示正格矢之间的相对位置。如果用符号 $J(R_{nm})$ 表示积分部分,那么式(5-40)简化为关于轨道系数 c_m 的线性齐次方程组,表示如下:

$$-\sum_m c_m J(R_{nm}) = \sum_m c_m \delta_{nm}(E - \varepsilon_i) \tag{5-41}$$

式中,$-J(R_{nm}) = \int \varphi_i^*(\boldsymbol{\xi} - R_{nm})[V(\boldsymbol{\xi}) - V_a(\boldsymbol{\xi})]\varphi_i(\boldsymbol{\xi})\mathrm{d}\boldsymbol{\xi}$ 表示与正格矢的相对位置 $R_n - R_m$ 有关积分值,该值前面的负号表示周期势场低于原子势场,如图 5-4 所示[4,7]。

关于轨道组合系数 c_m 的方程组存在如下形式的解:

$$c_m = \frac{1}{\sqrt{N}}\mathrm{e}^{\mathrm{i}k \cdot R_m} \tag{5-42}$$

式中，$1/\sqrt{N}$ 是归一化因子。于是，将轨道组合系数代入齐次方程组(5-41)得到一级微扰处理后能量本征值，表示如下：

$$E_k = \varepsilon_i - \sum_n J(\boldsymbol{R}_{nm}) \mathrm{e}^{-\mathrm{i}\boldsymbol{k}\cdot\boldsymbol{R}_{nm}} = \varepsilon_i - J_0 - \sum_{n\neq m} J(\boldsymbol{R}_{nm}) \mathrm{e}^{-\mathrm{i}\boldsymbol{k}\cdot\boldsymbol{R}_{nm}} \quad (5\text{-}43)$$

式中，J_0 表示完全重叠 $\boldsymbol{R}_{nm} = 0$ 情况下的积分值，表示如下：

$$J_0 = \int \varphi_i^*(\boldsymbol{\xi})[V(\boldsymbol{\xi}) - V_\mathrm{a}(\boldsymbol{\xi})]\varphi_i(\boldsymbol{\xi})\mathrm{d}\boldsymbol{\xi} \quad (5\text{-}44)$$

总之，对于确定的波矢 $\boldsymbol{k}$，周期势场中满足布洛赫定理的本征波函数表示如下：

$$\psi_k(\boldsymbol{r}) = \frac{1}{\sqrt{N}} \sum_m \mathrm{e}^{\mathrm{i}\boldsymbol{k}\cdot\boldsymbol{R}_m} \varphi_i(\boldsymbol{r} - \boldsymbol{R}_m) \quad (5\text{-}45)$$

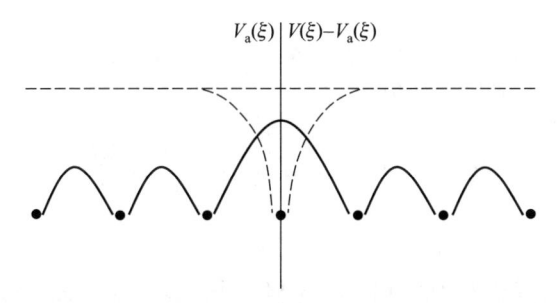

图 5-4 晶体势场与原子势场差值 $V(\boldsymbol{\xi}) - V_\mathrm{a}(\boldsymbol{\xi})$ 示意图[4,7]

1. 原子能级和晶体能带的对应关系

在分析晶体能带过程中，根据波函数重叠情况，只需保留到近邻项，而略去其他影响小的项。下面基于以上推导出的能量本征值分析两种简单晶格中 s 态形成的能带特征。具有球对称的 s 轨道电子波函数带来的重叠积分在各个近邻方向上均相同：$J(\boldsymbol{R}_{nm}) = J_1$。

（1）首先分析简单立方晶格形成能带的情况。将简单立方晶格一阶近邻格矢代入，得到如下能量本征值：

$$E_k = \varepsilon_\mathrm{s} - J_0 - 2J_1(\cos k_x a + \cos k_y a + \cos k_z a) \quad (5\text{-}46)$$

式中，ε_s 是孤立原子的 s 轨道能级。选取简单立方晶格第一布里渊区中的 3 个特征点（如图 5-5 左侧所示），$\varGamma(0,0,0)$、$X\left(\dfrac{\pi}{a},0,0\right)$、$R\left(\dfrac{\pi}{a},\dfrac{\pi}{a},\dfrac{\pi}{a}\right)$，其能量分别为：$E_\varGamma = \varepsilon_\mathrm{s} - J_0 - 6J_1$，$E_X = \varepsilon_\mathrm{s} - J_0 - 2J_1$，$E_R = \varepsilon_\mathrm{s} - J_0 + 6J_1$。由于 $J_1 > 0$，所以 $\varGamma$ 点和 R 点分别对应能带底部和顶部。图 5-5 右侧展示了原子能级与简单立方晶格能带

之间的对应关系。由图可见,能带的宽度取决于 J_1,即近邻原子间波函数重叠的程度,进而确定了形成能带的宽窄。

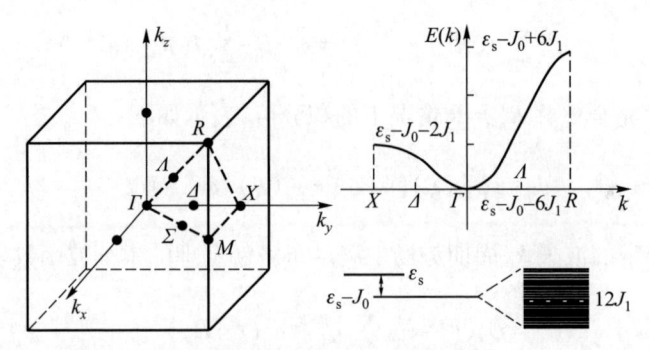

图 5-5 简单立方晶格原子能级分裂成晶体能带的对应关系[4]

(2) 接下来分析体心立方晶格形成能带的情况。将体心立方晶格一阶近邻格矢代入,得到如下能量本征值:

$$E_k = \varepsilon_s - J_0 - 8J_1 \cos\frac{k_x a}{2} \cos\frac{k_y a}{2} \cos\frac{k_z a}{2} \tag{5-47}$$

式中, ε_s 是孤立原子的 s 轨道能级。选取体心立方晶格第一布里渊区中的几个特征点:在原点 $\Gamma(0,0,0)$ 的能量为极小值, $E_\Gamma = \varepsilon_s - J_0 - 8J_1$;在 6 个顶点 $\left(\pm\frac{2\pi}{a},0,0\right),\left(0,\pm\frac{2\pi}{a},0\right),\left(0,0,\pm\frac{2\pi}{a}\right)$ 的能量为最大值, $E_H = \varepsilon_s - J_0 + 8J_1$。于是,形成的能带宽度为 $16J_1$。对比简单立方晶格的能带可以发现,能带宽度不仅取决于原子间耦合的程度,而且取决于近邻原子数。

由紧束缚近似简并微扰计算的结果可以看出,在周期性晶格的简约布里渊区内,波矢 k 有 n 个准连续取值, n 个电子拥有 n 个布洛赫本征态 $\psi_k(r)$。该本征态由各格点上原子的电子波函数的线性组合而成。同样,能量本征值 E_k 将形成准连续的能带,一个原子能级对应一条晶体能带。紧束缚近似将孤立原子势场作为零级近似,而将近邻原子势场产生的影响作为微扰,即 $V(r) - V_a(r - R_m)$,这是一种简并微扰,微扰的电子波函数可以表示为多个电子波函数的线性组合。

2. 瓦尼尔函数

1937 年,Wannier 引入了局部化瓦尼尔函数(Wannier function)代替延展化布洛赫波函数来描述周期晶体体系的基态电子结构[8]。从以上紧束缚近似出发,晶体电子行为可以通过原子轨道波函数的布洛赫和形式表示,换句话说,哈密顿算符与晶格平移算符交换,允许选择布洛赫波函数 $|\psi_{nk}\rangle$ 作为共同本征态,如下[4,9]:

5.2 近自由电子近似和紧束缚近似

$$|\psi_{nk}\rangle = \psi_{nk}(r) = u_{nk}(r) e^{ik \cdot r} \qquad (5-48)$$

式中，$u_{nk}(r)$ 是具有晶格周期性的函数，$u_{nk}(r) = u_{nk}(r+R_m)$，其中，$R_m$ 是正格矢。图 5-6 左侧绘制了由原子的类 p 轨道组成的 3 个布洛赫函数。由此构成的能带是一个孤立的能带，即在所有波矢 k 处都与上下能带有一定间隔。由于不同波矢 k 处的布洛赫函数具有不同的包络函数 $e^{ik \cdot r}$，所以可以通过叠加不同波矢 k 的布洛赫函数来构建局部化波包。为了在实空间中获得局部化波包，需要在 k 空间中进行非常广泛的叠加。对于周期性布里渊区，最好在整个布里渊区选择相等的振幅，于是，瓦尼尔函数表示如下：

$$W_0(r) = \frac{V}{(2\pi)^3} \int dk \psi_{nk}(r) \qquad (5-49)$$

式中，V 是实空间原胞体积。该函数可理解为位于晶格节点的瓦尼尔函数，如图 5-6 右上侧所示。

一般来说，可以将相位因子 $e^{ik \cdot R_m}$ 引入式(5-49)的被积函数中，具有将真实空间瓦尼尔函数平移 R_m 的效果，从而生成平移后的瓦尼尔函数。图 5-6 右侧绘制了两个平移后的瓦尼尔函数 $W_1(r)$ 和 $W_2(r)$。

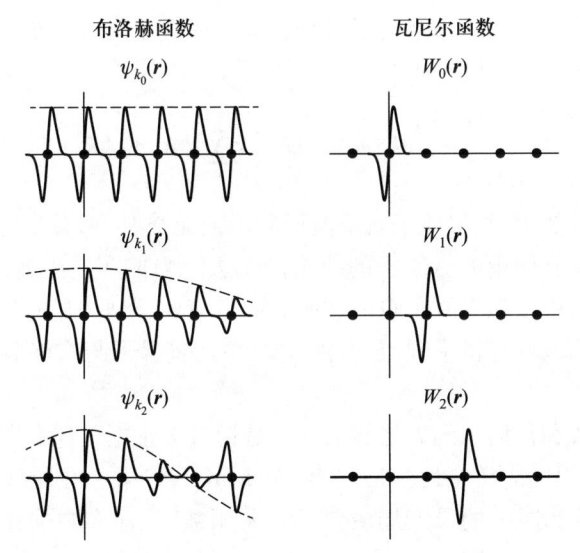

图 5-6 从布洛赫函数到瓦尼尔函数的变换[9]。左边为 3 个布洛赫函数 $u_k(r) e^{ik \cdot r}$ 的实空间表示，对应单个能带的 3 个不同波矢 k 值。虚线表示布洛赫函数的 $e^{ik \cdot r}$ 包络部分。右边为对应的 3 个瓦尼尔函数，与同一能带相关联，形成彼此的周期性图像。在布里渊区中每个波矢 k 的两组布洛赫函数和每个正格矢处的瓦尼尔函数构成相同的希尔伯特空间

于是，瓦尼尔函数可以进一步表示如下：

$$W_n(\boldsymbol{r}-\boldsymbol{R}_m) = \frac{V}{(2\pi)^3}\int \mathrm{d}\boldsymbol{k}\, \mathrm{e}^{-\mathrm{i}\boldsymbol{k}\cdot\boldsymbol{R}_m}|\psi_{n\boldsymbol{k}}\rangle = |\boldsymbol{R}_m n\rangle \qquad (5-50)$$

式中，狄拉克右矢符号 $|\psi_{n\boldsymbol{k}}\rangle$ 表示波函数 $\psi_{n\boldsymbol{k}}(\boldsymbol{r})$；$|\boldsymbol{R}_m n\rangle$ 表示与能带 n 相关的晶胞 $\boldsymbol{R}_m$ 中的瓦尼尔函数的符号。该式定义了瓦尼尔函数与布洛赫函数的对应关系，由此证明了瓦尼尔函数 $|\boldsymbol{R}_m n\rangle$ 同样形成一个正交完备集，表示如下：

$$\int W_n^*(\boldsymbol{r}-\boldsymbol{R}_m)W_n(\boldsymbol{r}-\boldsymbol{R}_{m'})\mathrm{d}\boldsymbol{r} = \delta_{mm'} \qquad (5-51)$$

由此可见，两个瓦尼尔函数 $|\boldsymbol{R}_m n\rangle$ 和 $|\boldsymbol{R}_{m'} n\rangle$ 经过正格矢 $\boldsymbol{R}_m - \boldsymbol{R}_{m'}$ 的平移后相互变换。式(5-50)经过傅里叶逆变换，由瓦尼尔函数转换为布洛赫函数，表示如下：

$$|\psi_{n\boldsymbol{k}}\rangle = \sum_m \mathrm{e}^{\mathrm{i}\boldsymbol{k}\cdot\boldsymbol{R}_m}|\boldsymbol{R}_m n\rangle = \sum_m \mathrm{e}^{\mathrm{i}\boldsymbol{k}\cdot\boldsymbol{R}_m}W_n(\boldsymbol{r}-\boldsymbol{R}_m) \qquad (5-52)$$

因此，当使用适当的相位 $\mathrm{e}^{\mathrm{i}\boldsymbol{k}\cdot\boldsymbol{R}_m}$ 时，可以通过线性叠加右侧的瓦尼尔函数来建立左侧的布洛赫函数。

上面等式的变换构成布洛赫函数和瓦尼尔函数之间幺正变换。布洛赫表示法和瓦尼尔表示法之间的等价性也可以通过能带投影算子 P 来表示，如下：

$$P = \frac{V}{(2\pi)^3}\int \mathrm{d}\boldsymbol{k}\,|\psi_{n\boldsymbol{k}}\rangle\langle\psi_{n\boldsymbol{k}}| = \sum_m |\boldsymbol{R}_m n\rangle\langle \boldsymbol{R}_m n| \qquad (5-53)$$

在紧束缚近似中，如果原子轨道波函数近似无交叠，那么瓦尼尔函数就是各个正格矢上无相互作用孤立原子的轨道波函数。当偏离紧束缚近似较远时，瓦尼尔函数将失去更多孤立原子轨道波函数的定域性，因此，瓦尼尔函数为研究晶体中电子空间局域性提供了强有力的工具，并且包含了与布洛赫函数基本相同的信息[4]。

布洛赫函数和瓦尼尔函数之间的联系是通过幺正矩阵连续空间中的变换实现的，具有很大程度的任意性。1997 年，Marzari 等将第一性原理计算的布洛赫波函数迭代转换为唯一的最大局域化瓦尼尔函数，从而实现构建局域化轨道的固定等价形式[10]。

5.3　赝势方法

近自由电子近似和紧束缚近似的物理思想可以概括如下：价电子波函数在远离原子核区域，与平面波相似，变化平缓；芯电子波函数在接近原子核区域，与原子轨道波函数相似,存在剧烈振荡。对于前者,价电子的波函数采用平面波展开,所需的展开数目不大,计算量也就较小;对于后者,芯电子束缚于原子核附近区域,行为类似孤立原子中的电子,可表示为原子轨道波函数的线性组合。显然后者只适用于晶体内层芯电子形成的能带计算,而不适合晶体外层价电子形成的能带计算。

基于以上对自由电子平面波和原子轨道波函数的分析可知,5.2 节介绍的两种极端近似方法都不是计算固体能带的理想方法,于是需要寻求一种新的方法来计算固体的能带结构。从平面波出发,最具代表性的就是正交化平面波方法和赝势平面波方法。由于最初的赝势方法是在正交化平面波基础上构建的,因此接下来首先介绍正交化平面波的概念。

5.3.1 正交化平面波

1940 年,Herring 提出了正交化平面波方法,有效地解决了平面波基组无法描述原子核附近电子波函数剧烈振荡行为[11]。该方法根据晶体中电子波函数的特点,将电子态分为芯态和价态两种。由于价电子与自由电子平面波的行为相似,所以用平面波函数展开,需要较少基函数。然而,由于芯电子与原子轨道波函数的行为相似,波函数表现出剧烈的振荡行为,所以需要用有剧烈振荡特征的波函数表示。基于以上考虑,用于展开晶体电子波函数的基函数不仅需要包含具有较小动量的价电子平面波成分,而且需要包含具有较大动量的芯电子振荡波函数的成分,并且要求该基函数与芯电子波函数组成的布洛赫和正交。

下面介绍正交化平面波的基本构造过程[11-13]:

(1) 假定晶体芯电子波函数 $|\varphi_j^c\rangle$ 表示为孤立原子芯电子波函数 φ_j^{at} 的布洛赫和的形式,如下:

$$|\varphi_j^c\rangle = \varphi_j^c(\boldsymbol{k},\boldsymbol{r}) = \frac{1}{\sqrt{N}}\sum_m e^{i\boldsymbol{k}\cdot\boldsymbol{R}_m}\varphi_j^{at}(\boldsymbol{r}-\boldsymbol{R}_m) \qquad (5-54)$$

式中,$\varphi_j^{at}(\boldsymbol{r}-\boldsymbol{R}_m)$ 是位于正格矢 $\boldsymbol{R}_m$ 的孤立原子的第 j 个电子波函数;$|\varphi_j^c\rangle$ 是采用狄拉克符号表示的波函数 $\varphi_j^c(\boldsymbol{k},\boldsymbol{r})$。

(2) 定义波函数 $|\chi_n\rangle$ 表示为平面波和芯电子波函数的展开,如下:

$$|\chi_n\rangle = \chi_n(\boldsymbol{k},\boldsymbol{r}) = \frac{1}{\sqrt{N\Omega}}e^{i(\boldsymbol{k}+\boldsymbol{K}_n)\cdot\boldsymbol{r}} - \sum_j \alpha_{jn}\varphi_j^c(\boldsymbol{k},\boldsymbol{r}) \qquad (5-55)$$

式中,$\boldsymbol{K}_n$ 是倒格矢;右侧第二项对 j 求和包括了所有的芯电子波函数;α_{jn} 是正交化展开系数;右侧第一项为平面波,可通过狄拉克符号表示如下:

$$|\boldsymbol{k}+\boldsymbol{K}_n\rangle = \frac{1}{\sqrt{N\Omega}}e^{i(\boldsymbol{k}+\boldsymbol{K}_n)\cdot\boldsymbol{r}} \qquad (5-56)$$

(3) 考虑波函数 $|\chi_n\rangle$ 与芯电子波函数 $|\varphi_j^c\rangle$ 的正交化条件，表示如下：

$$\langle \varphi_j^c | \chi_n \rangle = \int d\boldsymbol{r} \varphi_j^c(\boldsymbol{k},\boldsymbol{r}) \chi_n(\boldsymbol{k},\boldsymbol{r}) = 0 \tag{5-57}$$

由上式可确定正交化展开系数，表示如下：

$$\alpha_{jn} = \langle \varphi_j^c | \boldsymbol{k}+\boldsymbol{K}_n \rangle = \frac{1}{\sqrt{N\Omega}} \int d\boldsymbol{r} \varphi_j^c(\boldsymbol{k},\boldsymbol{r}) e^{i(\boldsymbol{k}+\boldsymbol{K}_n)\cdot\boldsymbol{r}} \tag{5-58}$$

(4) 最后，将以上各项代入波函数 $|\chi_n\rangle$ 表达式，得到如下形式的波函数：

$$|\chi_n\rangle = |\boldsymbol{k}+\boldsymbol{K}_n\rangle - \sum_j |\varphi_j^c\rangle \langle \varphi_j^c | \boldsymbol{k}+\boldsymbol{K}_n \rangle \tag{5-59}$$

式中，$|\varphi_j^c\rangle\langle\varphi_j^c|$ 称为投影算符。该波函数是平面波 $|\boldsymbol{k}+\boldsymbol{K}_n\rangle$ 扣除芯电子态投影，并且与芯电子波函数 $|\varphi_j^c\rangle$ 正交，称为正交化平面波。图 5-7 对比了自由电子波函数、芯电子波函数以及基于两者构造的正交化平面波情况。由图可见，正交化平面波在芯区外的行为类似平面波，而在芯区内具有原子轨道的剧烈振荡特征，因此适用于构造晶体电子波函数。

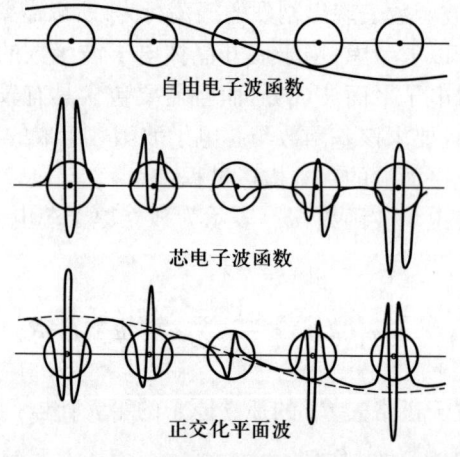

图 5-7 自由电子波函数、芯电子波函数以及基于两者构造的正交化平面波示意图[12]

用正交化平面波 $|\chi_n\rangle$ 作为基函数组合成晶体的电子波函数，如下：

$$|\psi\rangle = \sum_n c_n |\chi_n\rangle = \sum_n c_n \left[|\boldsymbol{k}+\boldsymbol{K}_n\rangle - \sum_j |\varphi_j^c\rangle \langle \varphi_j^c | \boldsymbol{k}+\boldsymbol{K}_n \rangle \right] \tag{5-60}$$

式中，c_n 是组合系数。

在正交化平面波方法中，价电子波函数与芯电子波函数的正交是一种排斥相互作用，抵消了部分原子核的吸引作用。假设孤立原子芯电子波函数的布洛赫和是晶体本征波函数通常会带来较大的误差。解决该问题的可行方法是对基函数缀加芯电子波函数，即将芯电子波函数本身也作为基函数一部分，此时平面波不需要与芯电子波函数正交[12]。

5.3.2 赝势理论

固体的电子结构和性质主要取决于价电子，而且芯电子与价电子的能量本征值谱可以明显区分开。化学环境对价电子波函数影响较大，价电子波函数变化平缓，与自由电子的平面波相近，价电子的能带比较宽泛，计算更具效能和价值。相反，化学环境对芯电子波函数影响微小，芯电子波函数变化剧烈，存在若干波节，芯电子的能带非常狭窄，计算相对低效和昂贵。

1959 年，Philips 和 Kleinman 在正交化平面波方法基础上推导出用于固体能带结构计算的赝势，进而发展成为赝势理论[14]。其基本思想如下：在求解固体体系的单电子薛定谔方程过程中，真实原子核作用势可以近似为一种弱得多的假想的势，即赝势，而此近似不会改变价电子能量本征值和本征波函数，相应的能带计算方法称为赝势方法。

下面介绍由正交化平面波直接构造赝势方程的基本步骤，如下：

（1）采用晶体电子波函数给出的单电子波动方程，表示如下：

$$\hat{H}|\psi\rangle = (\hat{T}+\hat{V})|\psi\rangle = \varepsilon|\psi\rangle \tag{5-61}$$

将正交化平面波表示的晶体电子波函数（5-60）代入上式，得到如下晶体电子波动方程：

$$(\hat{T}+\hat{V})\sum_n c_n \left[|k+K_n\rangle - \sum_j |\varphi_j^c\rangle\langle\varphi_j^c|k+K_n\rangle \right]$$
$$= \varepsilon \sum_n c_n \left[|k+K_n\rangle - \sum_j |\varphi_j^c\rangle\langle\varphi_j^c|k+K_n\rangle \right] \tag{5-62}$$

（2）在正交化平面波推导过程中，假设孤立原子的芯电子波函数的布洛赫和 $|\varphi^c\rangle$ 是晶体电子波动方程的本征函数，表示如下：

$$\hat{H}|\varphi^c\rangle = (\hat{T}+\hat{V})|\varphi^c\rangle = \varepsilon^c|\varphi^c\rangle \tag{5-63}$$

（3）将上面两个晶体电子波动方程合并，整理可得如下方程：

$$\left[(\hat{T}+\hat{V}) + \sum_j [\varepsilon - \varepsilon^c]|\varphi_j^c\rangle\langle\varphi_j^c| \right] \sum_n c_n |k+K_n\rangle = \varepsilon \sum_n c_n |k+K_n\rangle$$
$$\tag{5-64}$$

（4）基于以上合并的方程，定义新的势能算符 $\hat{V}^{ps}$ 表示除动能算符以外的势能项，如下：

$$\hat{V}^{ps} = \hat{V} + \sum_j \left[\varepsilon - \varepsilon^c \right] |\varphi_j^c\rangle\langle\varphi_j^c| \tag{5-65}$$

并且定义新的电子波函数 $|\psi^{ps}\rangle$,表示如下:

$$|\psi^{ps}\rangle = \sum_n c_n |k + K_n\rangle \tag{5-66}$$

(5) 利用新定义的势能算符 $\hat{V}^{ps}$ 和电子波函数 $|\psi^{ps}\rangle$ 重新写出晶体电子波动方程如下:

$$\hat{H}^{ps}|\psi^{ps}\rangle = (\hat{T} + \hat{V}^{ps})|\psi^{ps}\rangle = \varepsilon |\psi^{ps}\rangle \tag{5-67}$$

该方程称为赝势方程,$\hat{V}^{ps}$ 和 $|\psi^{ps}\rangle$ 分别称为赝势算符和赝波函数。

以上是从正交化平面波出发构造赝势。除此之外,赝势方程完全可以仿照正交化平面波的推导思路从更一般的形式入手来构造,描述如下[12]:

(1) 晶体真实的芯电子波函数和价电子波函数分别表示为 $|\varphi^c\rangle$ 和 $|\varphi^v\rangle$,各自满足如下晶体电子波动方程:

$$\hat{H}|\varphi^c\rangle = \varepsilon^c |\varphi^c\rangle$$
$$\hat{H}|\varphi^v\rangle = \varepsilon^v |\varphi^v\rangle \tag{5-68}$$

(2) 定义新的电子波函数 $|\psi^{ps}\rangle$ 替代平面波来构造晶体价电子波函数,表示如下:

$$|\varphi^v\rangle = |\psi^{ps}\rangle - \sum_j \alpha_j |\varphi_j^c\rangle \tag{5-69}$$

式中,系数 α_j 可由价电子和芯电子的正交性 $\langle\varphi_j^c|\varphi^v\rangle = 0$ 得到,表示如下:

$$\alpha_j = \langle\varphi_j^c|\psi^{ps}\rangle \tag{5-70}$$

(3) 将以上构造的晶体价电子波函数 $|\varphi^v\rangle$ 代入晶体电子波动方程,表示如下:

$$\hat{H}\left(|\psi^{ps}\rangle - \sum_j |\varphi_j^c\rangle\langle\varphi_j^c|\psi^{ps}\rangle\right) = \varepsilon^v \left(|\psi^{ps}\rangle - \sum_j |\varphi_j^c\rangle\langle\varphi_j^c|\psi^{ps}\rangle\right) \tag{5-71}$$

展开并整理,得到如下方程:

$$(\hat{T} + \hat{V})|\psi^{ps}\rangle - \sum_j \varepsilon^c |\varphi_j^c\rangle\langle\varphi_j^c|\psi^{ps}\rangle = \varepsilon^v |\psi^{ps}\rangle - \sum_j \varepsilon^v |\varphi_j^c\rangle\langle\varphi_j^c|\psi^{ps}\rangle \tag{5-72}$$

进一步简化,得到如下单电子波动方程:

$$\left[\hat{T} + \hat{V} + \sum_j (\varepsilon^v - \varepsilon^c)|\varphi_j^c\rangle\langle\varphi_j^c|\right]|\psi^{ps}\rangle = \varepsilon^v |\psi^{ps}\rangle \tag{5-73}$$

(4) 将上式左侧括号中除动能算符外的其他部分用势能算符 $\hat{V}^{ps}$ 表示如下：

$$\hat{V}^{ps} = \hat{V} + \sum_j (\varepsilon^v - \varepsilon^c) |\varphi_j^c\rangle\langle\varphi_j^c|$$

(5) 于是,得到简化后的赝势方程,表示如下：

$$\hat{H}^{ps} |\psi^{ps}\rangle = (\hat{T}+\hat{V}^{ps}) |\psi^{ps}\rangle = \varepsilon^v |\psi^{ps}\rangle \tag{5-74}$$

由于电子波函数的正交性要求抵消了一部分原子核吸引作用,因此赝势 $\hat{V}^{ps}$ 比原子核势弱,而且变化较为平坦,可以采用平面波来展开赝波函数。赝势总是尽可能将电子波函数在原子核附近保持平坦和光滑,并且在原子核之间的区域给出与真实势相同的电子波函数。虽然赝波函数 ψ^{ps} 不再是真实的电子波函数,但是由此给出的能量却是晶体真实价电子的能量本征值 ε^v。图 5-8 对比了赝势和真实势之间的差别,以及赝波函数与真实波函数的差别。由图可见,晶体的周期势场的起伏并非很小,例如,在原子核附近,电子受到原子核的吸引作用而使势场严重偏离平均值；同样,晶体电子波函数在原子核附近剧烈振荡,存在若干波节。经过正交化平面波的构造后,价电子波函数与芯电子波函数的正交性对于晶体势起到排斥势的作用,从而部分抵消了原子核对价电子的吸引势,这就是所谓的赝势。相应地,赝波函数在远离原子核的区域能够精确地再现真实波函数的特性,但是在靠近原子核的区域,赝波函数却未能呈现出真实波函数剧烈振荡的特性[4]。

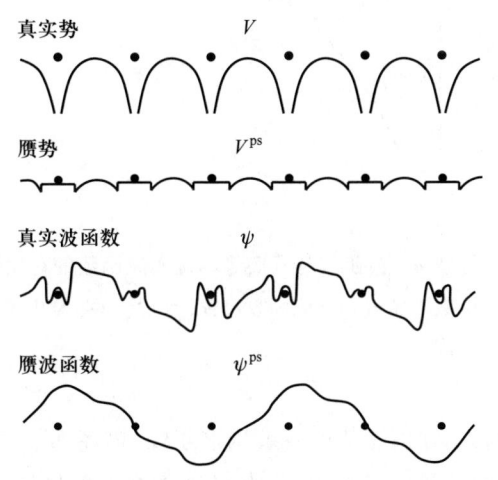

图 5-8 晶体中真实势和赝势,以及真实波函数和赝波函数的对比示意图[4,12]

赝势方法通常分为从头算赝势和经验/半经验赝势。在经验/半经验赝势中,通过实验数据确定赝势或其可调参数,构造的赝势能够满足能带结构的近似计算。与经验/半经验赝势相比,从头算赝势则不需要任何经验参数,最具代表性的就是模守恒赝势[15]和超软赝势[16]。后面将重点围绕这种从头算赝势加以介绍。

5.3.3 模守恒赝势

1979年,Hamann等提出通过对指定区域内电子波函数施加模守恒条件来构造从头算赝势的方法,称为模守恒赝势方法[15]。该方法需要满足如下四个条件(如图5-9所示):① 赝波函数与真实波函数具有相同能量本征值;② 赝波函数不能存在节点;③ 在截断半径 r_c 以外,赝波函数与真实波函数的形状和振幅都相同;④ 在截断半径 r_c 以内,赝波函数的模与真实波函数的模相等,从而保证电荷数守恒。一般来说,模守恒条件还能保证赝波函数和真实波函数对数的导数相等。

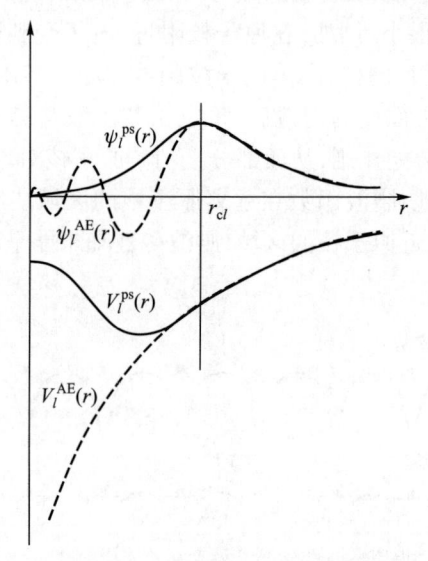

图5-9 从头算模守恒赝势和赝波函数与真实势和真实波函数的对比情况[17]。当 $r<r_{cl}$ 时,全电子真实势和真实波函数被赝势和赝波函数代替;当 $r \geqslant r_{cl}$ 时,全电子真实势和真实波函数分别与赝势和赝波函数相同

下面介绍从头算模守恒赝势的一般构造步骤,描述如下[12,17]:

(1) 首先选择原子参考电子组态,在局域密度近似框架下求解孤立原子全电子真实势 $V_l^{AE}(r)$ 的径向薛定谔方程,获得能量本征值 ε_l 和径向本征函数 $u_l(r)$。

(2) 针对每个角动量 l 选择适当芯半径 r_{cl},使其位于真实芯电子波函数最外层波节以外。注意:r_{cl} 过于接近最外层波节会导致数值不稳定。r_{cl} 越大,赝势越软,赝波函数越平坦,移植性也越差;r_{cl}越小,赝势越硬,赝波函数越振荡,精确性也越高。

(3) 为了消除全电子势带来的奇异性,基于全电子真实势 $V_l^{AE}(r)$ 可以构造如下过渡赝势:

$$V_{1l}^{ps}(r) = [1-f(r/r_{cl})] V_l^{AE}(r) + c_l f(r/r_{cl}) \tag{5-75}$$

式中,截断函数可以选取为 $f(r/r_{cl}) = \exp[-(r/r_{cl})^{3.5}]$,这里,$f(x)$ 是一个单调函数,$f(0)=1$,$f(\infty)=0$,并且在 $r/r_{cl}=1$ 附近快速截断;c_l 是可调参数,用于保持全电子真实势与赝势的能量本征值一致。由于在截断半径以外的 $V_l^{ps}(r)$ 和 $V_l^{AE}(r)$ 完全相同,所以在 $r>r_{cl}$ 以外,过渡赝波函数 $\varphi_{1l}^{ps}(r)$ 乘以幅度因子 γ_l 与全电子真实波函数 $\psi_l^{AE}(r) = u_l(r)$ 一致,即 $\gamma_l \varphi_{1l}^{ps}(r) \to \psi_l^{AE}(r)$。

(4) 在过渡赝波函数基础上,通过增加短程修正项来施加模守恒,进而生成模守恒赝波函数 $\varphi_{2l}^{ps}(r)$,表示如下:

$$\varphi_{2l}^{ps}(r) = \gamma_l [\varphi_{1l}^{ps}(r) + \delta_l g_l(r)] \tag{5-76}$$

式中,δ_l 是为了满足模守恒条件而设定的参数,由 $\varphi_{2l}^{ps}(r)$ 的归一化条件 $\int_0^{R_l} dr |\varphi_{2l}^{ps}(r)|^2 = 1$ 确定,这里,R_l 一般取 $2.5 r_{cl}$;$g_l(r)$ 是正则函数,在 $r>r_{cl}$ 时趋于零,在 Bachelet 等提出的赝势中[18],$g_l(r) = r^{l+1} f(r/r_{cl})$。

(5) 使用模守恒赝波函数 $\varphi_{2l}^{ps}(r)$ 构造模守恒赝势 $V_{2l}^{ps}(r)$,表示如下:

$$V_{2l}^{ps}(r) = V_{1l}^{ps}(r) + \frac{\gamma_l \delta_l r^{l+1} f(r/r_{cl})}{2\varphi_{2l}^{ps}(r)} \left[\frac{\lambda^2}{r^2} \left(\frac{r}{r_{cl}}\right)^{2\lambda} - \right.$$
$$\left. \frac{2\lambda l + \lambda(\lambda+1)}{r^2} \left(\frac{r}{r_{cl}}\right)^{\lambda} + 2\varepsilon_l - 2V_{1l}^{ps}(r) \right] \tag{5-77}$$

式中,λ 是常数项,最佳选择为 3.5。

(6) 通过径向薛定谔方程的逆运算,推导出价电子屏蔽势 $V_l^{vs}(r)$,表示如下:

$$V_l^{vs}(r) = \frac{4\pi}{r} \int_0^r dr' \rho(r') r'^2 + 4\pi \int_r^\infty dr' \rho(r') r'^2 + \frac{\delta E_{xc}[\rho]}{\delta \rho} \tag{5-78}$$

式中,$\rho(r)$ 是电子密度,$\rho(r) = \sum_l n_l [\varphi_{2l}^{ps}(r)/r]^2$,其中,$n_l$ 是价态占据数。

(7) 在模守恒赝势 $V_{2l}^{ps}(r)$ 的基础上减去价电子屏蔽势 $V_l^{vs}(r)$,从而移除总的赝价电子导致的 Hartree 势和交换关联势,得到最终赝势表达式如下:

$$V_l^{ps}(r) = V_{2l}^{ps}(r) - V_l^{vs}(r) \tag{5-79}$$

如果所有电子被设定为芯电子，那么就不存在价电子屏蔽势，于是，赝势仅需保留第一项，即 $V_l^{ps}(r)=V_{2l}^{ps}(r)$，相应的模守恒赝波函数表示为 $\psi_l^{ps}(r)=\varphi_{2l}^{ps}(r)$。

（8）最后，比较几种构型的全电子真实势和赝势计算结果，全面检查构造的赝势 V_l^{ps} 的准确性、移植性和软硬度。

下面对比一下正交化平面波和模守恒赝波函数的情况。如图 5-10 所示，正交化平面波类似于平滑波函数，但是在原子核附近具有不同的结构和振幅。一般来说，赝波函数不如正交化平面波函数平滑[19]。与正交化平面波的非标准化平滑部分不同，模守恒赝波函数是被归一化的。最初的正交化平面波是构造价电子基函数的通用方法，但是正交化平面波基组给出的波动方程具有重叠矩阵的广义特征值问题。

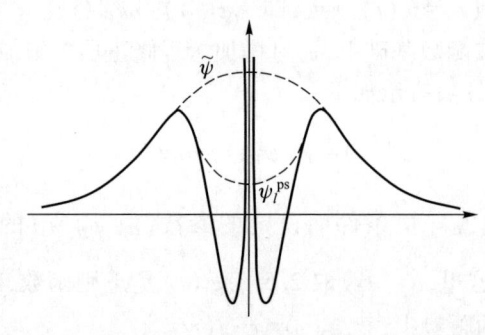

图 5-10 原子核附近电子波函数和两个与芯电子波函数正交的平滑电子波函数示意图[19]。其中，上部虚线是由正交化平面波定义的平滑电子波函数，下部虚线是满足模守恒条件的光滑赝波函数

由从头算模守恒赝势产生过程可以看出，从头算模守恒赝势是原子核与芯电子联合产生的有效势，可以给出正确的价电子结构，具有良好的移植性。在 Hamann 等提出的模守恒赝势[15]的基础上，Bachelet 等提供的 BHS（Bachelet-Hamann-Schluter）赝势包括了元素周期表中从 H 到 Pt 所有元素，为第一性原理计算提供了便利[18]。在 BHS 赝势的基础上，Troullier 和 Martins 做了进一步改进，成为目前产生模守恒赝势主要方法之一[20-21]。

5.3.4 超软赝势

1990 年，Vanderbilt 在模守恒赝势的基础上提出了超软赝势[16]，解决了模守恒赝势收敛缓慢的问题，并获得了广泛应用。在大多数情况下，除非需要获取芯电子结构信息才会应用高能的平面波基组，因此超软赝势移除了原子核附近与轨道相关的模守恒条件，允许赝势在原子核附近尽可能地软，从而可以大幅降低赝波函数的截断能。图 5-11 对比了两种赝势与全电子真实势给出的径向波函数形式[16,19]。由图可见,三种势给出了相同的价电子波函数,而在截断半径以内给出了不同的径向波函数。由于去除了模守恒条件,在芯区,超软赝势给出的径向波函数与全电子真实势给出的径向波函数偏差较远。

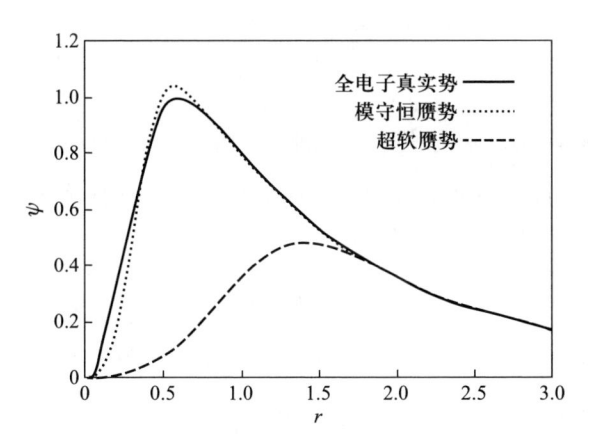

图 5-11 模守恒赝势、超软赝势与全电子真实势给出的氧 2p 轨道径向波函数情况[16,19]

1. Vanderbilt 的超软赝势构造步骤

(1) Vanderbilt 通过以下步骤直接构造出完全非局域赝势[16,22]。

首先,计算全电子波函数 $|\psi_i\rangle$。与其他赝势方法一样,选取参考构型,对孤立原子进行全电子计算,得到全电子势 $V_{AE}(r)$。对于每个角动量 l,选择一组参考能量 ε_i 来定义能量范围满足良好散射特性。在每个 ε_i 处,对于每个固定的全电子势,满足如下单电子薛定谔方程:

$$(\hat{T}+\hat{V}_{AE})|\psi_i\rangle = \varepsilon_i |\psi_i\rangle \tag{5-80}$$

式中,下标 i 代表复合指数 $i=\{lm\}$;$\hat{T}$ 是动能算符 $\hat{T}=-\frac{1}{2}\nabla^2$。全电子波函数 $|\psi_i\rangle$ 和能量本征值 ε_i 很容易求得,从而可以在局域密度近似条件下得到全电子有效势 V_{AE}。

然后,定义局域轨道波函数 $|\chi_i\rangle$。选择截断半径 r_{cl},则在 $r=r_{cl}$ 处,在没有明确施加模守恒约束条件的情况下,赝波函数 $|\tilde{\psi}_i\rangle$ 与全电子波函数 $|\psi_i\rangle$ 满足平滑连接;选择局域势截止半径 r_c^{loc},在 $r=r_c^{loc}$ 处,平滑的局域势 V_{LOC} 与 V_{AE} 平滑匹配。选择略大于 r_{cl} 和 r_c^{loc} 的最大值的特征半径 R,以保证在特征半径 R 处散射性质具有意义。于是,依据赝波函数 $|\tilde{\psi}_i\rangle$ 构建出局域轨道波函数 $|\chi_i\rangle$,如下:

$$|\chi_i\rangle = (\varepsilon_i - \hat{T} - \hat{V}_{LOC})|\tilde{\psi}_i\rangle \tag{5-81}$$

当 $r \geqslant R$ 时,局域轨道波函数 $|\chi_i\rangle$ 为零。当 $r=R$ 时,满足 $V_{AE}=V_{LOC}$,并且 $|\tilde{\psi}_i\rangle =$

$|\psi_i\rangle$。于是,根据局域轨道波函数$|\chi_i\rangle$和赝波函数$|\tilde{\psi}_i\rangle$定义非局域赝势算符,表示如下:

$$\hat{V}_{\text{NL}} = \frac{|\chi_i\rangle\langle\chi_i|}{|\chi_i\rangle\langle\tilde{\psi}_i|} \quad (5-82)$$

容易证明赝波函数$|\tilde{\psi}_i\rangle$是$\hat{T}+\hat{V}_{\text{LOC}}+\hat{V}_{\text{NL}}$的本征函数。

最后,基于局域轨道波函数构造非局域赝势。基于赝波函数$|\tilde{\psi}_i\rangle$和局域轨道波函数$|\chi_j\rangle$定义内积矩阵元B_{ij},如下:

$$B_{ij} = \langle\tilde{\psi}_i|\chi_j\rangle \quad (5-83)$$

于是可以根据矩阵$\boldsymbol{B}=[B_{ij}]$和$|\chi_i\rangle$定义一组局域波函数,如下:

$$|\beta_i\rangle = \sum_j (\boldsymbol{B}^{-1})_{ji}|\chi_j\rangle \quad (5-84)$$

该局域波函数构成非局域算符的投影。于是基于矩阵元B_{ij}和局域波函数$|\beta_i\rangle$可得非局域赝势算符,如下:

$$\hat{V}_{\text{NL}} = \sum_{i,j} B_{ij}|\beta_i\rangle\langle\beta_j| \quad (5-85)$$

基于以上推导可以得出,非局域赝势算符$\hat{V}_{\text{NL}}$作用于赝波函数恰好是局域轨道波函数$|\chi_i\rangle$,表示如下:

$$\hat{V}_{\text{NL}}|\tilde{\psi}_i\rangle = \sum_{i,j} B_{ij}|\beta_i\rangle\langle\beta_j|\tilde{\psi}_i\rangle = |\chi_i\rangle \quad (5-86)$$

容易证明赝波函数$|\tilde{\psi}_i\rangle$满足如下方程:$(\hat{T}+\hat{V}_{\text{LOC}}+\hat{V}_{\text{NL}}-\varepsilon_i)|\tilde{\psi}_i\rangle=0$。

(2) 为了使赝波函数更好地表征散射性质,在更多的能量本征值处,Vanderbilt要求赝波函数与全电子波函数保持一致,并增加了广义模守恒条件:赝波函数与全电子波函数的球内积分之差为零,即$Q_{ij}=\langle\psi_i|\psi_j\rangle_R-\langle\tilde{\psi}_i|\tilde{\psi}_j\rangle_R=0$,这里,$\langle\psi_i|\psi_j\rangle_R$和$\langle\tilde{\psi}_i|\tilde{\psi}_j\rangle_R$分别表示全电子波函数和赝波函数在半径为$R$的球内积分。由此得出,$B_{ij}$和算符$\hat{V}_{\text{NL}}$的厄密性。

由于赝波函数和全电子波函数以及导数在R处相同,可以证明矩阵$\boldsymbol{B}$满足如下关系式:

$$B_{ij}-B_{ji}^* = (\varepsilon_i-\varepsilon_j)Q_{ij} \quad (5-87)$$

如果赝波函数满足广义模守恒条件,则$Q_{ij}=0$,B_{ij}具有厄密性。相应地,$\hat{V}_{\text{NL}}$具有厄密性。

(3) Vanderbilt进一步采用包含重叠算符的广义本征方程消除了广义模守

恒条件 $Q_{ij}=0$。在不满足模守恒条件下可以定义非局域重叠算符，表示如下：

$$\hat{S} = 1 + \sum_{i,j} Q_{ij} |\beta_i\rangle\langle\beta_j| \tag{5-88}$$

于是，根据 $\hat{S}$ 和 B_{ij} 重新定义非局域赝势算符 $\hat{V}_{NL}$，如下：

$$\hat{V}_{NL} = \sum_{i,j} D_{ij} |\beta_i\rangle\langle\beta_j| \tag{5-89}$$

式中，$D_{ij}=B_{ij}+\varepsilon_j Q_{ij}$。如果满足模守恒条件 $Q_{ij}=0$，那么 D 具有厄密性，此时 $\hat{V}_{NL}$ 为厄密算符。

同样基于非局域重叠算符 $\hat{S}$，可以获得描述赝波函数和全电子波函数在球内积分的关系式，表示如下：

$$\langle\psi_i|\psi_j\rangle_R = \langle\tilde{\psi}_i|\hat{S}|\tilde{\psi}_j\rangle_R \tag{5-90}$$

（4）基于赝波函数 $|\tilde{\psi}_i\rangle$，Vanderbilt 给出的广义超软赝势方程表示如下：

$$(\hat{T}+\hat{V}_{LOC}+\hat{V}_{NL})|\tilde{\psi}_i\rangle = \varepsilon_i \hat{S}|\tilde{\psi}_i\rangle \tag{5-91}$$

该方程可以展开为如下形式：

$$\left(\hat{T} + \hat{V}_{LOC} + \sum_{i,j} D_{ij}|\beta_i\rangle\langle\beta_j|\right)|\tilde{\psi}_i\rangle = \varepsilon_i\left(1 + \sum_{i,j} Q_{ij}|\beta_i\rangle\langle\beta_j|\right)|\tilde{\psi}_i\rangle$$

$$\tag{5-92}$$

2. 超软赝势方法的总能量

为了进行变分求解，需要给出 Vanderbilt 超软赝势的总能量表达式。与其他赝势方法相似，其总能量表示如下[16,22]：

$$E_{tot} = \sum_i \langle\tilde{\psi}_i|\hat{T}+\hat{V}_{LOC}+\hat{V}_{NL}|\tilde{\psi}_i\rangle + E_H[\rho] + E_{xc}[\rho] \tag{5-93}$$

式中，$\tilde{\psi}_i$ 是赝波函数；$\hat{T}$ 是动能算符；其他各项的表达式在下面分别给出。

（1）在总能量表达式中，局域势 V_{LOC} 表示如下：

$$V_{LOC}(r) = \sum_I V_{LOC}^{ion}(|r-R_I|) \tag{5-94}$$

式中，R_I 是原子 I 的空间坐标；V_{LOC}^{ion} 是原子的局域势。

（2）在总能量表达式中，非局域势 V_{NL} 表示如下：

$$V_{NL}(r) = \sum_{nm,I} D_{nm}^{(0)} |\beta_n^I\rangle\langle\beta_m^I| \tag{5-95}$$

式中，$D_{nm}^{(0)}$ 是超软赝势参数；β_n^I 代表原子 I 的角动量本征函数，$\beta_n^I(r)=\beta_n(r-R_I)$。注意，系数 $D_{nm}^{(0)}$ 和 β_n^I 随原子种类不同而有所不同。

(3) 在总能量表达式中,电子密度 $\rho(r)$ 表示如下:

$$\rho(r) = \sum_i \left[|\tilde{\psi}_i(r)|^2 + \sum_{nm,I} Q_{nm}^I(r)\langle\tilde{\psi}_i|\beta_n^I\rangle\langle\beta_m^I|\tilde{\psi}_i\rangle \right] \qquad (5-96)$$

式中,Q_{nm}^I 是芯区局域化缀加函数,$Q_{nm}^I(r) = Q_{nm}(r-R_I)$。

由此可见,超软赝势由 $V_{LOC}^{ion}(r)$、$D_{nm}^{(0)}$、$Q_{nm}(r)$ 和 $\beta_n(r)$ 所决定,相应的表达式和求解算法可以参考原文献[16,22]。

3. 超软赝势方法的哈密顿量

接下来,给出 Vanderbilt 超软赝势的哈密顿量表达式。由前面超软赝势构造过程可以看出,广义正交归一化条件放松了模守恒约束条件,表示如下[22]:

$$\langle\tilde{\psi}_i|\hat{S}|\tilde{\psi}_i\rangle = \delta_{ij} \qquad (5-97)$$

式中,$\hat{S}$ 是重叠算符,$\hat{S} = 1 + \sum_{nm,I} q_{nm}|\beta_n^I\rangle\langle\beta_m^I|$,其中,系数 $q_{nm} = \int dr Q_{nm}(r)$。在该约束条件下,通过总能量取极值可得基态赝波函数,表示如下:

$$\frac{\delta E_{tot}}{\delta|\tilde{\psi}_i^*\rangle} = \varepsilon_i \hat{S}|\tilde{\psi}_i\rangle = \hat{H}|\tilde{\psi}_i\rangle \qquad (5-98)$$

式中,哈密顿量 H 表示如下:

$$H = T + V_{eff} + \sum_{nm,I} D_{nm}^I |\beta_n^I\rangle\langle\beta_m^I| \qquad (5-99)$$

式中,V_{eff} 包含局域势项 V_{LOC}、Hartree 势项 V_H 和交换关联势项 V_{xc},表示如下:

$$V_{eff} = V_{LOC}(r) + V_H(r) + V_{xc}(r) \qquad (5-100)$$

在哈密顿量展开式中,通过系数 D_{nm}^I 将缀加电子密度产生的势项归入了赝势的非局域部分,表示如下:

$$D_{nm}^I = D_{nm}^{(0)} + \int dr V_{eff} Q_{nm}^I(r) \qquad (5-101)$$

由此可见,与模守恒赝势情况相比,超软赝势增加了重叠算符 $\hat{S}$,出现了波函数对系数 D_{nm}^I 的依赖性,以及增加了 β_n^I 函数的数量。由于所涉及局域性质的计算可以在实空间中进行,因此超软赝势方法具有较高的计算效率[22]。

5.4 Muffin-Tin 势方法

Muffin-Tin 势的提出提供了另一种计算固体体系电子结构的途径,如缀加平面波(APW)方法[23]和 Muffin-Tin 轨道(MTO)方法[24]。与赝势方法的赝波函数仅考虑价电子不同,该类方法中波函数包含了所有芯电子和价电子,称为全电子方法。本节将在 Muffin-Tin 势近似的基础上,重点介绍缀加平面波方法,关于 Muffin-Tin 轨道方法,读者可以参考相关资料[24]。

5.4.1 Muffin-Tin 势

作为 Muffin-Tin 势的基础,早期的原胞法是以 Wigner-Seitz 原胞为基本单元,假定中心势场具有球对称性,表示如下[25]:

$$V_{WZ}(r) = V_{SS}(r) \tag{5-102}$$

式中,$V_{SS}(r)$ 是球对称势。这种方法存在如下问题:① 球对称势会导致在 Wigner-Seitz 原胞边界附近出现导数不连续现象;② 在 Wigner-Seitz 原胞边界处,难以选择适当特征点满足边界条件进行数值求解。

为了解决上述问题,1937 年,Slater 提出了 Muffin-Tin 势[26-28],如图 5-12 所示,Wigner-Seitz 原胞空间被分成两个区域:Muffin-Tin 区域(S)和间隙区域(I)。Muffin-Tin 区域是在 Wigner-Seitz 原胞内以原子核为中心设定的互不重叠的球形区域,可用球对称势 $V_{SS}(r)$ 描述;间隙区域是不重叠 Muffin-Tin 球之间的区域,可用常数势 V_{MTZ} 加以描述。通常采用势能平移将常数势置零,得到 Muffin-Tin 势表达式,如下:

$$V_{MT}(r) = \begin{cases} V_{SS}(r) - V_{MTZ}, & r \in S \\ 0, & r \in I \end{cases} \tag{5-103}$$

式中,S 代表 Muffin-Tin 区域;I 代表球外间隙区域。该势场模型能够较好地表征真实势场特征:在靠近原子核的区域,电子主要受原子核作用,势场的变化较为

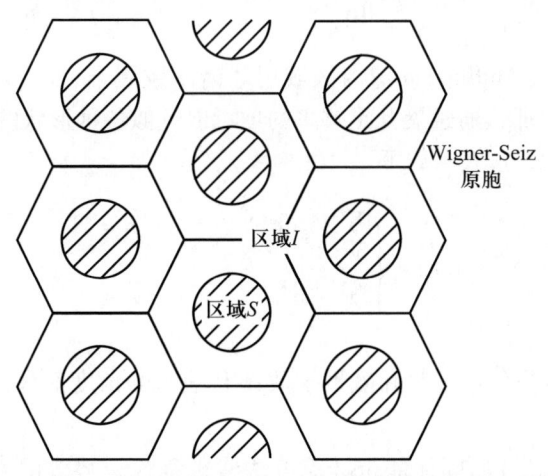

图 5-12 Wigner-Seitz 原胞分成 Muffin-Tin 区域(S)和间隙区域(I)两部分[26-28]

剧烈,呈现球对称形式;在远离原子核的区域,势场的变化较为平缓,可近似为一个常数势。

在诸多 Muffin-Tin 势的选取方案中,Mattheiss 提出的方案具有代表性[29],描述如下:如果以某个原子为中心,那么周围原子势场在该原子势场上的叠加可以表示为以中心原子为原点的球谐函数展开式。如果只保留该展开式的首项,那么势场呈现球形对称;如果选取更多展开项,那么可以获得不同的形状近似。根据势场的不同来源,Mattheiss 进一步将 Muffin-Tin 势分解为如下两部分[29]:

$$V_{\text{tot}}(r) = V_{\text{coul}}(r) + V_{\text{exch}}(r) \tag{5-104}$$

式中,$V_{\text{coul}}(r)$ 是库仑势;$V_{\text{exch}}(r)$ 是交换势。如果采用球对称库仑势,那么根据叠加原理可得总库仑势,表示如下:

$$V_{\text{coul}}(r) = V_0(r) + \sum_i V_i(a_i \mid r) \tag{5-105}$$

式中,$V_0(r)$ 是中心原子的库仑势贡献;右侧第二项是周围原子对势场的贡献。用类似的方法也可以近似交换势 $V_{\text{exch}}(r)$。根据 Slater 的自由电子交换近似,交换势可以表示为电荷密度 $\rho(r)$ 的关系式,如下[30]:

$$V_{\text{exch}}(r) = -6[3\rho(r)/(8\pi)]^{1/3} \tag{5-106}$$

式中,$\rho(r)$ 可近似为原子的电荷密度叠加。

如果 $V_{\text{tot}}(r)$ 在间隙区域的均值为 $\overline{V_{\text{tot},0}(r)}$,通过改变能量零点使得 Muffin-Tin 球外间隙区的势场为零,那么 Muffin-Tin 势表示如下:

$$V_{\text{MT}}(r) = \begin{cases} V_{\text{tot}}(r) - \overline{V_{\text{tot},0}(r)}, & r \in S \\ 0, & r \in I \end{cases} \tag{5-107}$$

如果势函数在 Muffin-Tin 球内区域用球谐函数展开,而在球外间隙区域用平面波函数展开,那么通过展开足够多的项可以近似各种形状的势,常被称为全势(full-potential,FP),表示如下[31-35]:

$$V_{\text{FP}}(\boldsymbol{r}) = \begin{cases} \sum_{lm} V_{lm}(r) Y_{lm}(\hat{\boldsymbol{r}}), & r \in S \\ \sum_n V_n e^{i\boldsymbol{K}_n \cdot \boldsymbol{r}}, & r \in I \end{cases} \tag{5-108}$$

式中,l 和 m 分别是角量子数和磁量子数;$\hat{\boldsymbol{r}}$ 代表 $\boldsymbol{r}$ 的角度部分;$\boldsymbol{K}_n = n_1\boldsymbol{b}_1 + n_2\boldsymbol{b}_2 + n_3\boldsymbol{b}_3$ 是倒格矢。

基于全势 $V_{\text{FP}}(r)$ 的固体能带计算方法常被称为全势方法[33-34]。在早期的 Muffin-Tin 势近似中,$l=0$ 表示球对称势,$\boldsymbol{K}_n = \boldsymbol{0}$ 表示常数势,因此 Muffin-Tin 势

属于全势的一种特殊情况。早期,Posternak 和 Wimmer 等基于多极矩概念,通过移除 Muffin-Tin 球形势的限制对 LAPW 方法进行了扩展,称为全势 LAPW(FP-LAPW)方法[31,36]。同样,Weyrich 和 Meshfessel 等通过移除 Muffin-Tin 势各种限制来改进 LMTO 方法,称为全势 LMTO(FP-LMTO)方法[32,34,37]。关于 FP-LAPW 方法和 FP-LMTO 方法的更进一步介绍,可以参考相关文献和专著[31-37]。

5.4.2 缀加平面波

Wigner-Seitz 原胞法将晶体电子波函数表示为原胞内的分波函数的展开式,通过施加原胞边界条件确定分波函数的展开系数。假定 Wigner-Seitz 原胞内的分波函数 φ^{WS} 可以采用原子轨道波函数 φ_{lm},其可表示为径向函数 R_l 和球谐函数 Y_{lm} 的乘积,如下:

$$\varphi^{WS}(\boldsymbol{r},\varepsilon) = \varphi_{lm}(\boldsymbol{r},\varepsilon) = R_l(\boldsymbol{r},\varepsilon) Y_{lm}(\hat{\boldsymbol{r}}) \tag{5-109}$$

式中,$\hat{\boldsymbol{r}}$ 是 $\boldsymbol{r}$ 的角度部分;l 和 m 分别是角量子数和磁量子数。于是,晶体电子波函数 $\psi(\boldsymbol{r},\varepsilon)$ 可以表示为以上分波函数的线性组合,如下:

$$\psi(\boldsymbol{r},\varepsilon) = \sum_{l=0}^{\infty}\sum_{m=-l}^{l} A_{lm}\varphi_{lm}(\boldsymbol{r},\varepsilon) = \sum_{l=0}^{\infty}\sum_{m=-l}^{l} A_{lm} R_l(\boldsymbol{r},\varepsilon) Y_{lm}(\hat{\boldsymbol{r}}) \tag{5-110}$$

式中,A_{lm} 是组合系数。根据晶体电子波函数满足布洛赫条件,以及在原胞边界上电子波函数及其导数的连续性要求,可以选取 Wigner-Seitz 原胞边界上特征点来建立边界方程确定组合系数,进而得到能量本征值 ε 和本征函数 ψ。需要注意的是,复杂的 Wigner-Seitz 原胞形状会带来边界特征点和条件的选择问题,进而导致数值求解的困难。

为了解决 Wigner-Seitz 原胞法在原胞边界数值求解的困难,1937 年,Slater 在 Muffin-Tin 势的基础上提出缀加平面波方法[26-28]。首先对 Muffin-Tin 势的不同区域(图 5-12)的波函数特征做如下假设[12]:在靠近原子核的 Muffin-Tin 球内区域 S,电子波函数的变化比较剧烈,可以采用原子轨道波函数展开;在远离原子核的球外间隙区域 I,电子波函数的变化比较平缓,可以采用平面波函数展开。接下来,给出缀加平面波的具体构建过程[35,38]。

(1) Muffin-Tin 球内的分波函数。在 Muffin-Tin 球内,分波函数可以表示为原子轨道波函数 φ_{lm} 的线性组合,而原子轨道波函数 φ_{lm} 可以进一步表示为径向函数 R_l 和球谐函数 Y_{lm} 的乘积,于是球内区域的分波函数表示如下[35]:

$$\varphi^{S}(\boldsymbol{r},\varepsilon) = \sum_{l=0}^{\infty}\sum_{m=-l}^{l} A_{lm}\varphi_{lm}(\boldsymbol{r},\varepsilon) = \sum_{lm} A_{lm} R_l(\boldsymbol{r},\varepsilon) Y_{lm}(\hat{\boldsymbol{r}}) \tag{5-111}$$

式中,A_{lm} 是待定的匹配系数。

(2) Muffin-Tin 球外的分波函数。在 Muffin-Tin 球外,分波函数可以表示为平面波函数形式,如下:

$$\varphi^I(\boldsymbol{r}) = \frac{1}{\sqrt{\Omega}} e^{i(\boldsymbol{k}+\boldsymbol{K}_n)\cdot\boldsymbol{r}} \tag{5-112}$$

式中,Ω 为晶胞体积;$\boldsymbol{k}$ 是简约波矢;$\boldsymbol{K}_n$ 是倒格矢;右侧指数部分可以按照球谐函数展开如下:

$$e^{i(\boldsymbol{k}+\boldsymbol{K}_n)\cdot\boldsymbol{r}} = 4\pi e^{i(\boldsymbol{k}+\boldsymbol{K}_n)\cdot\boldsymbol{R}_m} \sum_{lm} i^l j_l(|\boldsymbol{k}+\boldsymbol{K}_n||\boldsymbol{r}|) Y_{lm}^*(\widehat{\boldsymbol{k}+\boldsymbol{K}_n}) Y_{lm}(\hat{\boldsymbol{r}}) \tag{5-113}$$

式中,$\boldsymbol{R}_m$ 是正格矢;$\widehat{\boldsymbol{k}+\boldsymbol{K}_n}$ 表示倒易波矢 $\boldsymbol{k}+\boldsymbol{K}_n$ 的角度部分;j_l 是球贝塞尔函数。

(3) 基于 Muffin-Tin 球面的连接条件构造 APW 基函数。在 Muffin-Tin 球面上,即 $r=r_S$,这里,r_S 是 Muffin-Tin 球半径,根据电子波函数的连续性条件,可以得到如下匹配系数 A_{lm} 的表达式[12,35]:

$$A_{lm} = \frac{4\pi}{\sqrt{\Omega}} \cdot \frac{e^{i(\boldsymbol{k}+\boldsymbol{K}_n)\cdot\boldsymbol{R}_m}}{R_l(r_S,\varepsilon)} i^l j_l(n) Y_{lm}^*(\widehat{\boldsymbol{k}+\boldsymbol{K}_n}) \tag{5-114}$$

式中,在球贝塞尔函数 $j_l(n)$ 中的 n 代表 $(\boldsymbol{k}+\boldsymbol{K}_n)r_S$。于是,在 Muffin-Tin 势近似下,APW 基函数表示如下[38]:

$$\varphi_{\boldsymbol{k}+\boldsymbol{K}_n}(\boldsymbol{r},\varepsilon) = \begin{cases} \sum_{lm} A_{lm} R_l(\boldsymbol{r},\varepsilon) Y_{lm}(\hat{\boldsymbol{r}}), & r \in S \\ \dfrac{1}{\sqrt{\Omega}} e^{i(\boldsymbol{k}+\boldsymbol{K}_n)\cdot\boldsymbol{r}}, & r \in I \end{cases} \tag{5-115}$$

可以看出,Muffin-Tin 球内分波函数借助于球间的平面波加以连接,从而构成连续可导的 APW 基函数,解决了 Wigner-Seitz 原胞法的边界问题。

虽然 APW 基函数解决了原胞法的边界问题,但是采用 APW 基函数进行固体能带计算存在如下问题[17]:① 平面波是恒定势下薛定谔方程的解,而径向波函数是球形势下薛定谔方程的解,其前提条件是波函数中的能量参量 ε 是方程的本征值;② 满足 Muffin-Tin 球边界连续性要求的匹配系数 A_{lm} 与能量参量 ε 直接相关,无法采用标准对角化方式求解久期行列式;③ 由于带能不再是变分求解得到的最佳本征值 ε,因此 APW 方法很难扩展应用到 Muffin-Tin 势的近似范畴之外;④ 在匹配系数 A_{lm} 表达式中,$R_l(r_S,\varepsilon)$ 处于分母,在某些情况下会导致平面波函数和径向波函数出现发散分离现象,即所谓的渐近线问题。

5.4.3 线性缀加平面波方法

针对 APW 基函数存在的问题,人们提出了诸多改进方案,例如,Bross 等提出采用具有相同对数导数的多个径向波函数与平面波匹配[39-40],而 Koelling 通过两个径向波函数与平面波的匹配来满足基函数及其导数的连续性[41]。为了解决 APW 基函数含有能量参量 ε 带来的问题,Andersen[42]、Koelling 和 Arbman[38]等提出线性缀加平面波方法,将能量参量 ε 作为固定数值,而不是作为变量,从而解决了久期方程的数值求解困难。下面将重点介绍应用广泛的线性缀加平面波方法,关于其他缀加方法的讨论可以参考 Marcus 的文章[43]。

1. 线性缀加平面波的构造

在 APW 基函数中,由于仅有原子轨道的径向波函数 $R_l(r,\varepsilon)$ 包含能量参量 ε,因此可以根据原子种类和角量子数 l 选择一系列能量本征值作为固定的能量参量 ε,进而通过标准方法求解久期方程[23]。下面基于 Koelling 和 Arbman 提出的方案详细介绍 LAPW 的构造过程[38]。

(1) Muffin-Tin 球内径向波函数。求解如下径向薛定谔方程:

$$\hat{H}_l R_l(r,\varepsilon) = \varepsilon R_l(r,\varepsilon) \quad (5-116)$$

式中,$R_l(r,\varepsilon)$ 是薛定谔方程的径向解,并且在 Muffin-Tin 球内满足归一化条件:$\int_0^{r_S} r^2 R_l^2(r,\varepsilon) \mathrm{d}r = 1$,其中,$r_S$ 是 Muffin-Tin 球半径;哈密顿算符 $\hat{H}_l$ 表示如下:

$$\hat{H}_l = -\frac{1}{r}\frac{\mathrm{d}^2}{\mathrm{d}r^2}r + \frac{l(l+1)}{r^2} + V(r) \quad (5-117)$$

(2) Muffin-Tin 球内径向波函数的能量导数。以上径向薛定谔方程对能量参量 ε 求导,得到如下方程:

$$\hat{H}_l \dot{R}_l(r,\varepsilon) = \varepsilon \dot{R}_l(r,\varepsilon) + R_l(r,\varepsilon) \quad (5-118)$$

式中,$\dot{R}_l(r,\varepsilon)$ 是径向波函数对能量参量 ε 的一阶导数。如果在 Muffin-Tin 球内利用归一化条件对能量参量 ε 求导,那么满足 $\dot{R}_l$ 正交于 R_l。用径向波函数 R_l 分别乘以式(5-116)和式(5-118),相减可得如下关系式:

$$\frac{R_l(r,\varepsilon)}{r^2}\frac{\mathrm{d}}{\mathrm{d}r}[r^2\dot{R}_l(r,\varepsilon)] + \frac{\dot{R}_l(r,\varepsilon)}{r^2}\frac{\mathrm{d}}{\mathrm{d}r}[r^2 R_l(r,\varepsilon)] = R_l^2(r,\varepsilon) \quad (5-119)$$

令 $R_l(r,\varepsilon)$ 对 r 的偏导数表示为 $R_l'(r,\varepsilon) = \partial R_l(r,\varepsilon)/\partial r$,则式(5-119)可改写为如下形式:

$$\dot{R}_l(r,\varepsilon)\frac{\mathrm{d}}{\mathrm{d}r}[r^2 R_l'(r,\varepsilon)] - R_l(r,\varepsilon)\frac{\mathrm{d}}{\mathrm{d}r}[r^2 \dot{R}_l'(r,\varepsilon)] = r^2 R_l^2(r,\varepsilon) \quad (5-120)$$

在 Muffin-Tin 球内进行空间积分,利用归一化条件,可得如下等式:

$$r_S^2[R_l'(r_S,\varepsilon)\dot{R}_l(r_S,\varepsilon)-R_l(r_S,\varepsilon)\dot{R}_l'(r_S,\varepsilon)]=1 \quad (5-121)$$

假设期望值位于 $R_l(\varepsilon)$ 和 $R_l(\varepsilon+\delta)$ 之间,利用格林定理的标准分部积分,并允许 δ 接近零,可以得到该期望值。对于 $\dot{R}_l(r,\varepsilon)$ 的归一化条件表示如下:

$$\int_0^{r_S} r^2 \dot{R}_l^*(r,\varepsilon)\dot{R}_l(r,\varepsilon)\mathrm{d}r = N_l \quad (5-122)$$

式中,N_l 是归一化常数。基于该归一化条件,可以得到 $R_l(\varepsilon+\delta)$ 展开式:

$$R_l(r,\varepsilon+\delta) = R_l(r,\varepsilon) + \delta \dot{R}_l(r,\varepsilon) + \cdots \quad (5-123)$$

(3) Muffin-Tin 球内和球外基函数。基于以上推导出的径向波函数 $R_l(r,\varepsilon)$ 和能量导数 $\dot{R}_l(r,\varepsilon)$,在 Muffin-Tin 球内,基函数可表示为两者的线性组合,如下:

$$\varphi^S(r,\varepsilon_l) = \sum_{lm}[A_{lm}R_l(r,\varepsilon_l)+B_{lm}\dot{R}_l(r,\varepsilon_l)]Y_{lm}(\hat{r}) \quad (5-124)$$

式中,A_{lm} 和 B_{lm} 是待定的匹配系数;ε_l 是量子数 l 依从的能量定值。

在 Muffin-Tin 球外,基函数可表示为平面波形式,如下:

$$\varphi^I(\boldsymbol{k}+\boldsymbol{K}_n,\boldsymbol{r}) = \frac{1}{\sqrt{\Omega}}\mathrm{e}^{\mathrm{i}(\boldsymbol{k}+\boldsymbol{K}_n)\cdot\boldsymbol{r}} \quad (5-125)$$

(4) 基于 Muffin-Tin 球面的连接性确定匹配系数。球内基函数中的两个匹配系数 A_{lm} 和 B_{lm} 可以根据 Muffin-Tin 球面的连续条件确定。在 Muffin-Tin 球面上将平面波函数展开为如下形式:

$$\varphi^I(\boldsymbol{k}+\boldsymbol{K}_n,r_S) = \frac{4\pi}{\sqrt{\Omega}}\sum_{lm}\mathrm{i}^l \mathrm{j}_l[(\boldsymbol{k}+\boldsymbol{K}_n)r_S]Y_{lm}^*(\widehat{\boldsymbol{k}+\boldsymbol{K}_n})Y_{lm}(\hat{r}_S) \quad (5-126)$$

通过满足每个角动量项在球面上的连续可导条件,可得匹配系数 A_{lm} 和 B_{lm},表示如下:

$$A_{lm} = \frac{4\pi r_S^2}{\sqrt{\Omega}}\mathrm{i}^l Y_{lm}^*(\widehat{\boldsymbol{k}+\boldsymbol{K}_n})[\mathrm{j}_l'(m)\dot{R}_l(r_S,\varepsilon_l)-\mathrm{j}_l(m)\dot{R}_l'(r_S,\varepsilon_l)]$$

$$B_{lm} = \frac{4\pi r_S^2}{\sqrt{\Omega}}\mathrm{i}^l Y_{lm}^*(\widehat{\boldsymbol{k}+\boldsymbol{K}_n})[\mathrm{j}_l(m)R_l'(r_S,\varepsilon_l)-\mathrm{j}_l'(m)R_l(r_S,\varepsilon_l)]$$

$$(5-127)$$

式中,$\mathrm{j}_l'(m)$ 是球贝塞尔函数 $\mathrm{j}_l(m)$ 对 r 的导数;在 $\mathrm{j}_l(m)$ 和 $\mathrm{j}_l'(m)$ 中的 m 代表 $(\boldsymbol{k}+\boldsymbol{K}_n)r_S$。

(5) 合并两个区域基函数来构造 LAPW 基函数。将以上得到的球内和球外基函数加以合并,得到 LAPW 基函数,表示如下:

$$\varphi_{k+K_n}(r) = \begin{cases} \sum_{lm} \left[A_{lm} R_l(r, \varepsilon_l) + B_{lm} \dot{R}_l(r, \varepsilon_l) \right] Y_{lm}(\hat{r}), & r \in S \\ \dfrac{1}{\sqrt{\Omega}} e^{i(k+K_n) \cdot r}, & r \in I \end{cases} \quad (5-128)$$

由此可见,由于 LAPW 基函数中不存在使得分母为零的项,所以消除了 APW 基函数的渐近线问题。

2. 久期方程和矩阵元

下面继续以 Koelling 和 Arbman 的推导过程介绍 LAPW 方法的久期方程和矩阵元形式[38]。对于晶体电子波函数,可以表示为 LAPW 基函数的线性组合,如下:

$$\psi = \sum_n c_n \varphi_{k+K_n}(r) \quad (5-129)$$

式中,c_n 是组合系数。由于 LAPW 基函数满足 Muffin-Tin 球的边界条件,变分过程无需引入复杂的表面积分。使用该晶体电子波函数进行标准变分处理,得到如下矩阵方程:

$$HC = ESC \quad (5-130)$$

式中,C 是系数矩阵;E 是能量本征值矩阵;H 和 S 分别是哈密顿矩阵和重叠矩阵,其矩阵元分别为

$$H_{nm} = \langle \varphi_{k+K_n} | \hat{H} | \varphi_{k+K_m} \rangle, \quad S_{nm} = \langle \varphi_{k+K_n} | \varphi_{k+K_m} \rangle \quad (5-131)$$

下面给出重叠矩阵和哈密顿矩阵的具体表达式。

(1) 重叠矩阵元 S_{nm} 表示如下:

$$S_{nm} = U(K_n - K_m) + \frac{4\pi r_S^4}{\Omega} \sum_l (2l+1) P_l(\widehat{k+K_n} \cdot \widehat{k+K_m}) S_{nm}^l \quad (5-132)$$

式中,P_l 是勒让德多项式,可以通过球谐函数和求和法则得到;角量子数依从的重叠矩阵元 S_{nm}^l 表示如下:

$$\begin{aligned} S_{nm}^l &= a_l(n) a_l(m) + b_l(n) b_l(m) N_l \\ a_l(n) &= j_l'(n) \dot{R}_l - j_l(n) \dot{R}_l', \quad b_l(n) = j_l(n) R_l' - j_l'(n) R_l \end{aligned} \quad (5-133)$$

n 代表 $(k+K_n) r_S$;N_l 由 $\dot{R}_l(r, \varepsilon)$ 的归一化条件定义。另外,重叠矩阵元表达式中的 $U(K_n - K_m)$ 是阶梯函数的傅里叶级数变换,表示如下:

$$U(K_n - K_m) = \delta_{nm} - \frac{4\pi r_S^2}{\Omega} \frac{j_l(n-m)}{K_n - K_m} \quad (5-134)$$

(2) 哈密顿矩阵元表示如下：

$$H_{nm} = (\boldsymbol{k}+\boldsymbol{K}_n) \cdot (\boldsymbol{k}+\boldsymbol{K}_m) U(\boldsymbol{K}_n - \boldsymbol{K}_m) + \frac{4\pi r_S^4}{\Omega} \sum_l (2l+1) P_l(\varepsilon_l S_{nm}^l + \gamma_{nm}^l) \tag{5-135}$$

式中，γ_{nm}^l 通过球贝塞尔函数表示如下：

$$\gamma_{nm}^l = \dot{R}_l R_l' [\mathrm{j}_l'(n)\mathrm{j}_l(m) + \mathrm{j}_l(n)\mathrm{j}_l'(m)] - [\dot{R}_l' R_l' \mathrm{j}_l(n)\mathrm{j}_l(m) + \dot{R}_l R_l \mathrm{j}_l'(n)\mathrm{j}_l'(m)] \tag{5-136}$$

以上基于 LAPW 基函数的久期方程可以按照标准行列式对角化方法求解。Koelling 和 Arbman 经推导，用固定能量参数 ε_l 的 LAPW 方法引入的本征值误差可表示为 $\bar{\varepsilon} = \varepsilon_l + \delta + O(\delta^4) = \varepsilon + O[(\varepsilon - \varepsilon_l)^4]$，也就是说能量误差 $\Delta\varepsilon_l = \bar{\varepsilon} - \varepsilon$ 正比于 $(\varepsilon - \varepsilon_l)^4$，这里，$\Delta\varepsilon_l$ 与角量子数 l 在球体内的占比分数相关。更加详细的讨论可以参考原文献[38]。

总之，Andersen、Koelling 和 Arbman 给出的 LAPW 基函数解决了 Slater 最初提出的 APW 方法的诸多问题，尤其是径向波函数的能量依赖性导致的系列问题[38]。尽管如此，LAPW 方法仍然存在一个重要缺点，就是每个角动量只对应一个主量子数，因此无法处理半芯态问题。

5.4.4 缀加平面波局域轨道方法

电子态可以分为芯态、半芯态和价态三类。芯态完全局限在原子球内，以原子轨道的方式来处理；价态是部分离域的高能态，可用 LAPW 基函数处理；半芯态属于高能的芯态但并非完全局限在原子球内，需要采用特别方法加以解决。下面介绍在缀加平面波基础上添加局域轨道的方法，进而处理半芯态问题。

1. LAPW+LO 方法

1991 年，Singh 在 LAPW 基函数基础上引入了局域轨道（LO）的概念，不仅能够处理半芯态，而且改进了变分求解的灵活性，称为 LAPW+LO 方法。在处理半芯态过程中，对于不同主量子数但相同角量子数轨道上的电子（如 3p 和 4p），需要指定不同的能量中心[44-45]。

局域轨道定义在特定的原子和轨道上，而且只局限在 Muffin-Tin 球内，由价态能量 $\varepsilon_{1,l}$ 处的 LAPW 径向波函数 $R_l(r, \varepsilon_{1,l})$ 和能量导数 $\dot{R}_l(r, \varepsilon_{1,l})$，以及在半芯态能量 $\varepsilon_{2,l}$ 处的径向波函数 $R_l(r, \varepsilon_{2,l})$ 组成，表示如下：

$$\varphi_{lm}^{\mathrm{LO}}(\boldsymbol{r}) = \begin{cases} [A_{lm}^{\mathrm{LO}} R_l(r, \varepsilon_{1,l}) + B_{lm}^{\mathrm{LO}} \dot{R}_l(r, \varepsilon_{1,l}) + C_{lm}^{\mathrm{LO}} R_l(r, \varepsilon_{2,l})] Y_{lm}(\hat{\boldsymbol{r}}), & r \in S \\ 0, & r \in I \end{cases} \tag{5-137}$$

式中,A_{lm}^{LO}、B_{lm}^{LO} 和 C_{lm}^{LO} 是组合系数,可由归一化条件以及局域轨道在 Muffin-Tin 球面的边界条件确定。需要注意的是,局域轨道不与平面波连接,因此并不依赖于简约波矢 k 和倒格矢 K_n。

2. APW+lo 方法

受到 LAPW 基函数添加局域轨道的启发,Sjöstedt 等提出直接在 APW 基函数的基础上增加局域轨道(lo)能够更有效地解决 APW 基函数对能量的依赖问题,称为 APW+lo 方法[45-46]。在该方法中,将 APW 基函数固定在特定能量 $\varepsilon_{1,l}$ 上,表示如下:

$$\varphi_{k+K_n}(\boldsymbol{r}) = \begin{cases} \sum_{lm} A_{lm} R_l(r,\varepsilon_{1,l}) Y_{lm}(\hat{\boldsymbol{r}}), & r \in S \\ \dfrac{1}{\sqrt{\Omega}} e^{i(\boldsymbol{k}+\boldsymbol{K}_n)\cdot\boldsymbol{r}}, & r \in I \end{cases} \quad (5-138)$$

同时增加定义在 Muffin-Tin 球内的额外局域轨道,表示如下:

$$\varphi_{lm}^{\text{lo}}(\boldsymbol{r}) = \begin{cases} [A_{lm}^{\text{lo}} R_l(r,\varepsilon_{1,l}) + B_{lm}^{\text{lo}} \dot{R}_l(r,\varepsilon_{1,l})] Y_{lm}(\hat{\boldsymbol{r}}), & r \in S \\ 0, & r \in I \end{cases} \quad (5-139)$$

为了简化问题,对于所有基函数采用相同的能量 $\varepsilon_{1,l}$。此外,适当选择 $\varepsilon_{1,l}$ 以防止 $R_l(r_S,\varepsilon_{1,l})$ 或 $\dot{R}_l(r_S,\varepsilon_{1,l})$ 等于零时出现基函数的解耦。一般情况下,A_{lm}^{lo} 设置为 1,而 B_{lm}^{lo} 使用 Muffin-Tin 球边界处的 $\varphi_{lm}^{\text{lo}}(\boldsymbol{r})=0$ 确定。通常来讲,收敛到相同精度,采用 APW+lo 方法需要的基组要比 LAPW 方法小,计算的效率也更高。

3. APW+lo+LO 方法

使用 APW+lo 基函数同样会遇到半芯态的问题,于是,类似于 LAPW+LO 方法,也可以在 APW+lo 方法上进一步增加局域轨道来解决。与 LAPW+LO 的局域轨道相比,APW+lo+LO 的局域轨道中移除了导数项,表示如下[33,46]:

$$\varphi_{lm}^{\text{LO}}(\boldsymbol{r}) = \begin{cases} [A_{lm}^{\text{LO}} R_l(r,\varepsilon_{1,l}) + C_{lm}^{\text{LO}} R_l(r,\varepsilon_{2,l})] Y_{lm}(\hat{\boldsymbol{r}}), & r \in S \\ 0, & r \in I \end{cases} \quad (5-140)$$

式中,$\varepsilon_{1,l}$ 和 $\varepsilon_{2,l}$ 是对应两个不同主量子数但相同角量子数的轨道能量中心。一般情况下,A_{lm}^{LO} 可以任意选择,但 C_{lm}^{LO} 需要通过满足 Muffin-Tin 球边界处的 $\varphi_{lm}^{\text{LO}}(\boldsymbol{r})=0$ 来确定。

需要注意的是,能量线性化过程可能会在高精度计算中带来一定不精确性,可以通过引入额外的高阶能量导数的局域轨道(HDLO)来解决,表示如下[33]:

$$\varphi_{lm}^{\text{HDLO}}(\boldsymbol{r}) = \begin{cases} [A_{lm}^{\text{HDLO}} R_l(r,\varepsilon_{1,l}) + C_{lm}^{\text{HDLO}} \ddot{R}_l(r,\varepsilon_{1,l})] Y_{lm}(\hat{\boldsymbol{r}}), & r \in S \\ 0, & r \in I \end{cases} \quad (5-141)$$

式中，A_{lm}^{HDLO} 和 C_{lm}^{HDLO} 是组合系数，可以根据归一化条件以及在 Muffin-Tin 球面的边界条件确定。

总之，以上添加局域轨道的方法已经成为著名的 Wien2K 软件的基础，被 Blaha 等命名为(L)APW+lo+LO+HDLO，或简称为 APW+lo 方法[33]。

5.5 投影缀加波方法

Blöchl 提出的投影缀加波(PAW)方法[47]通过真实波函数空间与赝波函数空间之间的变换，将赝波函数空间的变分处理结果变换到真实波函数空间，从而可以大大简化问题的求解。由于赝波函数可以用平面波基组展开，因此在广义赝势框架下可以实现 PAW 方法，具有与超软赝势相当的处理效率。

5.5.1 投影变换理论

基于投影变换理论，PAW 方法通过变换算符 $\hat{T}$ 构建起平缓光滑的赝波函数 $\tilde{\psi}(r)$ 和振荡剧烈的真实波函数 $\psi(r)$ 之间的变换关系，表示如下[47-48]：

$$|\psi\rangle = \hat{T}|\tilde{\psi}\rangle \tag{5-142}$$

式中，采用狄拉克右矢符号表示波函数，即 $|\tilde{\psi}\rangle$ 是赝波函数 $\tilde{\psi}(r)$，$|\psi\rangle$ 是真实波函数 $\psi(r)$；相应的狄拉克左矢符号表示波函数的共轭形式。变换算符 $\hat{T}$ 表示如下：

$$\hat{T} = 1 + \sum_R \hat{T}_R \tag{5-143}$$

式中，R 是原子指标；$\hat{T}_R$ 算符以原子 R 为中心在半径 r_c 范围内起作用，即 $|r-r_R|<r_c$，称为缀加区域，用符号 Ω_R 表示，相当于 Muffin-Tin 球内区域。在缀加区域内，真实分波函数 $\varphi_i(r)$ 和赝分波函数 $\tilde{\varphi}_i(r)$ 可以通过算符 $\hat{T}_R$ 加以变换，表示如下：

$$\varphi_i(r) = (1+\hat{T}_R)\tilde{\varphi}_i(r), \quad i \in \Omega_R \tag{5-144}$$

在缀加区域外，两个分波函数是完全一致的，表示如下：

$$\varphi_i(r) = \tilde{\varphi}_i(r), \quad i \notin \Omega_R \tag{5-145}$$

在缀加区域内，赝分波函数要求变化平缓光滑，通过线性组合得到赝波函数，表示如下：

$$\tilde{\psi}(r) = \sum_i c_i \tilde{\varphi}_i(r), \quad i \in \Omega_R \tag{5-146}$$

式中，c_i 是赝分波函数线性组合系数。

既然分波函数满足如下变换：$\varphi_i(r) = \hat{T}\tilde{\varphi}_i(r)$，那么真实波函数可以表示如下：

$$\psi(r) = \hat{T}\tilde{\psi}(r) = \hat{T}\sum_i c_i\tilde{\varphi}_i(r) = \sum_i \hat{T}c_i\tilde{\varphi}_i(r) = \sum_i c_i\varphi_i(r) \quad (5\text{-}147)$$

上式可进一步表示如下：

$$\psi(r) = \tilde{\psi}(r) + \sum_i c_i\varphi_i(r) - \sum_i c_i\tilde{\varphi}_i(r) \quad (5\text{-}148)$$

这个等式表明真实波函数可以进行如下分解：整体变化平缓的赝波函数加上缀加区域内变化剧烈的真实波函数，再减去缀加区域内变化平缓的赝波函数，如图 5-13 所示[48]。

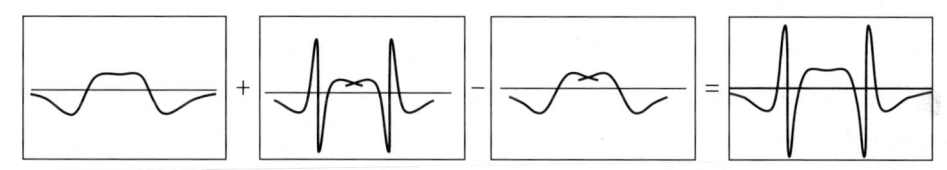

图 5-13 整体变化平缓的赝波函数加上缀加区域内变化剧烈的真实波函数，再减去缀加区域内变化平缓的赝波函数[48]

既然线性变换算符 $\hat{T}$ 决定了组合系数 c_i 是赝波函数的线性泛函，那么组合系数可表示为如下点积形式：

$$c_i = \langle \tilde{p}_i | \tilde{\psi} \rangle \quad (5\text{-}149)$$

式中，$\langle \tilde{p}_i |$ 称为投影函数，在缀加区域内满足如下条件[47]：$\sum_i |\tilde{\varphi}_i\rangle\langle \tilde{p}_i| = 1$。赝波函数的单中心展开 $\sum_i |\tilde{\varphi}_i\rangle\langle \tilde{p}_i|\tilde{\psi}\rangle$ 与赝波函数 $|\tilde{\psi}\rangle$ 自身相同，表明，每个赝分波函数都有一个投影函数与其正交，即 $\langle \tilde{p}_i | \tilde{\varphi}_j \rangle = \delta_{ij}$。

总之，投影变换算符 $\hat{T}$ 建立了真实波函数和赝波函数之间的联系，表示如下：

$$\hat{T} = 1 + \sum_i (|\varphi_i\rangle - |\tilde{\varphi}_i\rangle)\langle \tilde{p}_i| \quad (5\text{-}150)$$

将该线性变换算符代入式(5-142)，得到真实波函数和赝波函数之间的变换关系式，表示如下[48]：

$$|\psi\rangle = |\tilde{\psi}\rangle + \sum_i (|\varphi_i\rangle - |\tilde{\varphi}_i\rangle)\langle \tilde{p}_i|\tilde{\psi}\rangle = |\tilde{\psi}\rangle + |\psi_R^1\rangle - |\tilde{\psi}_R^1\rangle$$

$$(5\text{-}151)$$

式中,决定变换的三个量分别是真实分波函数 $|\varphi_i\rangle$、赝分波函数 $|\tilde{\varphi}_i\rangle$ 和投影函数 $|\tilde{p}_i\rangle$。真实分波函数 $|\varphi_i\rangle$ 需要与芯电子波函数正交,通过求解径向薛定谔方程得到;赝分波函数 $|\tilde{\varphi}_i\rangle$ 需要在缀加区域外与真实分波函数 $|\varphi_i\rangle$ 保持一致;投影函数 $|\tilde{p}_i\rangle$ 则与缀加区域内的赝分波函数相对应,满足关系式 $\langle\tilde{p}_i|\tilde{\varphi}_j\rangle=\delta_{ij}$。

类似于价电子波函数的分解方式,芯电子波函数 $|\psi^c\rangle$ 也可分解为三部分:赝芯电子波函数 $|\tilde{\psi}^c\rangle$、真实芯电子分波函数 $|\varphi^c\rangle$ 和赝芯电子分波函数 $|\tilde{\varphi}^c\rangle$。于是,芯电子波函数表示如下:

$$|\psi^c\rangle = |\tilde{\psi}^c\rangle + |\varphi^c\rangle - |\tilde{\varphi}^c\rangle \tag{5-152}$$

式中,$|\tilde{\psi}^c\rangle$ 在缀加区域外与真实芯电子波函数相同并且在缀加区域内平滑过渡;$|\varphi^c\rangle$ 与真实芯电子波函数 $|\psi^c\rangle$ 相同,表示为径向函数和球谐函数的乘积;$|\tilde{\varphi}^c\rangle$ 与赝芯电子波函数 $|\tilde{\psi}^c\rangle$ 相同,表示为径向函数和球谐函数的乘积。总之,与价电子波函数不同,芯电子波函数中没有投影函数,并且单中心展开式的系数通常为1。

总之,通过投影变换算符 $\hat{T}$,振荡剧烈的真实波函数变换为平缓光滑的赝波函数,表示如下:

$$|\psi_n\rangle = \hat{T}|\tilde{\psi}_n\rangle = |\tilde{\psi}_n\rangle + \sum_i (|\varphi_i\rangle - |\tilde{\varphi}_i\rangle)\langle\tilde{p}_i|\tilde{\psi}_n\rangle \tag{5-153}$$

式中,下角标 n 代表能带指数;赝波函数 $|\tilde{\psi}_n\rangle$ 可以采用少量平面波基组展开;右侧最后一项包含真实分波函数 $|\varphi_i\rangle$、赝分波函数 $|\tilde{\varphi}_i\rangle$ 和投影函数 $|\tilde{p}_i\rangle$,是对赝波函数的补偿。通过对赝波函数的变分处理可以得到相应的 Kohn-Sham 方程,表示如下[48]:

$$\hat{T}^\dagger \hat{H} \hat{T} |\tilde{\psi}_n\rangle = \varepsilon_n \hat{T}^\dagger \hat{T} |\tilde{\psi}_n\rangle \tag{5-154}$$

5.5.2 投影缀加波方法的能量泛函

任意物理量的期望值 $\langle A\rangle$ 可以通过对应算符和真实波函数表示如下[47]:

$$\langle A\rangle = \sum_n f_n \langle\psi_n|\hat{A}|\psi_n\rangle \tag{5-155}$$

式中,f_n 是轨道占据数。同样,物理量期望值也可以通过对应赝算符和赝波函数表示如下:

$$\langle A\rangle = \sum_n f_n \langle\tilde{\psi}_n|\hat{\tilde{A}}|\tilde{\psi}_n\rangle \tag{5-156}$$

式中，$\hat{\tilde{A}}$ 是赝算符，表示如下：

$$\hat{\tilde{A}} = \hat{T}^\dagger \hat{A} \hat{T} = \hat{A} + \sum_{i,j} |\tilde{p}_i\rangle (\langle \varphi_i | \hat{A} | \varphi_j \rangle - \langle \tilde{\varphi}_i | \hat{A} | \tilde{\varphi}_j \rangle) \langle \tilde{p}_j | \quad (5\text{-}157)$$

该式对于计算总能量和电荷密度所需的局域算符是适用的，如动能算符和实空间投影算符 $|r\rangle\langle r|$，但是对于非局域算符，需要在上式基础上增加一项，如下：

$$A1 = \sum_i |\tilde{p}_i\rangle (\langle \varphi_i | - \langle \tilde{\varphi}_i |) \hat{A} (1 - \sum_j |\tilde{\varphi}_j\rangle \langle \tilde{p}_j|) + $$
$$(1 - |\tilde{p}_j\rangle \langle \tilde{\varphi}_j|) \hat{A} (|\varphi_i\rangle - |\tilde{\varphi}_i\rangle) \langle \tilde{p}_j| \quad (5\text{-}158)$$

为了获得额外自由度，可以通过缀加区域内的局域算符 $\hat{B}$ 进一步增加一项，表示如下：

$$A2 = \hat{B} - \sum_{i,j} |\tilde{p}_i\rangle \langle \tilde{\varphi}_i | \hat{B} | \tilde{\varphi}_j \rangle \langle \tilde{p}_j | \quad (5\text{-}159)$$

1. Blöchl 的电荷密度和能量泛函

下面在上一节投影变换理论的基础上介绍 Blöchl 的 PAW 方法的电荷密度和能量泛函[47]。

1) Blöchl 给出的电荷密度

根据算符期望值表达式，空间 r 处的电荷密度是实空间投影算符 $|r\rangle\langle r|$ 的期望值，因此，Blöchl 将真实电荷密度 $\rho(r)$ 表示如下[47]：

$$\rho(r) = \tilde{\rho}(r) + \rho^1(r) - \tilde{\rho}^1(r) \quad (5\text{-}160)$$

式中，$\tilde{\rho}(r)$ 是赝电荷密度；$\rho^1(r)$ 是真实占位电荷密度；$\tilde{\rho}^1(r)$ 是赝占位电荷密度。以上均已包含芯态的贡献，分别表示如下：

$$\tilde{\rho}(r) = \sum_n f_n \langle \tilde{\psi}_n | r \rangle \langle r | \tilde{\psi}_n \rangle$$

$$\rho^1(r) = \sum_{n,(i,j)} f_n \langle \tilde{\psi}_n | \tilde{p}_i \rangle \langle \varphi_i | r \rangle \langle r | \varphi_j \rangle \langle \tilde{p}_j | \tilde{\psi}_n \rangle \quad (5\text{-}161)$$

$$\tilde{\rho}^1(r) = \sum_{n,(i,j)} f_n \langle \tilde{\psi}_n | \tilde{p}_i \rangle \langle \tilde{\varphi}_i | r \rangle \langle r | \tilde{\varphi}_j \rangle \langle \tilde{p}_j | \tilde{\psi}_n \rangle$$

2) Blöchl 给出的能量泛函

同样根据算符期望值表达式，Blöchl 给出的总能量分成如下三部分[47]：

$$E = \tilde{E} + E^1 - \tilde{E}^1 \quad (5\text{-}162)$$

式中，$\tilde{E}$ 是赝电荷密度对应的能量；E^1 和 $\tilde{E}^1$ 分别是两个占位电荷密度对应的能量。这三部分的表达式如下：

$$\tilde{E} = \sum_n f_n \left\langle \tilde{\psi}_n \left| -\frac{1}{2}\nabla^2 \right| \tilde{\psi}_n \right\rangle + E_H[\tilde{\rho}+\hat{\rho}] + \int \mathrm{d}r \tilde{\rho}\overline{V} + E_{xc}[\tilde{\rho}]$$

$$E^1 = \sum_{n,(i,j)} f_n \left\langle \tilde{\psi}_n | \tilde{p}_i \right\rangle \left\langle \varphi_i \left| -\frac{1}{2}\nabla^2 \right| \varphi_j \right\rangle \left\langle \tilde{p}_j | \tilde{\psi}_n \right\rangle + E_H[\rho^1+\rho^z] + E_{xc}[\rho^1]$$

$$\tilde{E}^1 = \sum_{n,(i,j)} f_n \left\langle \tilde{\psi}_n | \tilde{p}_i \right\rangle \left\langle \tilde{\varphi}_i \left| -\frac{1}{2}\nabla^2 \right| \tilde{\varphi}_j \right\rangle \left\langle \tilde{p}_j | \tilde{\psi}_n \right\rangle + E_H[\tilde{\rho}^1+\hat{\rho}] + \int \mathrm{d}r \tilde{\rho}^1 \overline{V} + E_{xc}[\tilde{\rho}^1]$$

(5-163)

式中，∇^2 是动能的拉普拉斯算符；E_H 是对应电荷密度的 Hartree 能；E_{xc} 是对应电荷密度的交换关联能；$\overline{V}$ 是缀加区域内的局域势；ρ^z 是核电荷密度。由于在缀加区域内 $\tilde{\rho} = \tilde{\rho}^1$，局域势对总能量的贡献完全消失。由于局域势 $\overline{V}$ 只在分波展开不完备时才起作用，所以该项常被用来降低截断误差。

在能量泛函表达式中，$\hat{\rho}$ 是补偿电荷密度。赝电荷密度与占位电荷密度中添加适当的补偿电荷密度后，真实占位电荷密度和赝占位电荷密度之差 ($\rho^1+\rho^z$) $-$ ($\tilde{\rho}^1+\hat{\rho}$) 具有抵消静电多极矩作用，因此不再与缀加区域外的电荷发生相互作用，该部分能量已转移到 $\tilde{E}$。

对于一组完备的分波函数，以上总能量的分解可以理解为如下情形。首先将空间分为缀加区和间隙区，那么在缀加区内 $\rho = \rho^1$ 和 $\tilde{\rho} = \tilde{\rho}^1$，在间隙区 $\rho = \tilde{\rho}$ 和 $\rho^1 = \tilde{\rho}^1$。这种分解对于动能和交换关联能，以及与局域势 $\overline{V}$ 对应的能量项是容易理解的。对于静电能的分解，情况相对复杂。在 $\tilde{E}$ 和 $\tilde{E}^1$ 表达式中，将电荷密度 $\rho^1+\rho^z-\tilde{\rho}^1-\hat{\rho}$ 添加到 $\tilde{\rho}+\hat{\rho}$ 或 $\tilde{\rho}^1+\hat{\rho}$ 表达式上，会发现这种添加产生的效果将消失：首先，因为 $\tilde{E}$ 和 $\tilde{E}^1$ 加上了相反的符号，所以 $\rho^1+\rho^z-\tilde{\rho}^1-\hat{\rho}$ 中的二次项正好相消；其次，$\rho^1+\rho^z-\tilde{\rho}^1-\hat{\rho}$ 中的线性项与 $\tilde{\rho}-\tilde{\rho}^1$ 成正比，在缀加区内为零，同样与 $\rho^1+\rho^z-\tilde{\rho}^1-\hat{\rho}$ 的静电势成正比，在间隙区内为零，因为在缀加区内电荷密度本身是局域化的，并且具有零静电多极矩。如果加上该项，E^1 和 $\tilde{E}^1$ 表达式中的最后两项的静电贡献就是相同的，并相互抵消，而第一项是全电荷密度 $\rho+\rho^z = \tilde{\rho}+\rho^1-\tilde{\rho}^1+\rho^z$ 的真实静电相互作用。采用如此特殊的总能表达式是为了得到一种严格的分波展开式和平面波展开式的分离，从而达到两种展开式的快速收敛。关于补偿电荷密度 $\hat{\rho}$、Hartree 能 E_H、缀加区局域势 $\overline{V}$ 和交换关联能 E_{xc} 的进一步讨论可参考原文献[47]。

2. Kresse 等的电荷密度和能量泛函

1999 年，Kresse 等对 Blöchl 的 PAW 总能量泛函进行了修正，得到类似于超软赝势方法的能量泛函[49]。在整个推导过程中，Hartree 能的分解，特别是芯态和价态相互作用的处理，以及交换关联能的处理与 Blöchl 前期工作存在一定的差别。

1）Kresse 等给出的电荷密度

Kresse 等将总电荷密度的三部分进一步分解如下：

$$\rho = (\tilde{\rho}+\hat{\rho}+\tilde{\rho}^{zc}) + (\rho^1+\rho^{zc}) + (\tilde{\rho}^1+\hat{\rho}+\tilde{\rho}^{zc}) \tag{5-164}$$

式中，$\tilde{\rho}$ 是赝价电荷密度；ρ^1 和 $\tilde{\rho}^1$ 分别是真实占位价电荷密度和赝占位价电荷密度，求和遍及所有价电子；ρ^c 和 $\tilde{\rho}^c$ 分别是真实芯电荷密度和赝芯电荷密度，求和遍及所有芯电子。如果定义核电荷密度为 ρ^z，那么真实核芯电荷密度为 $\rho^{zc}=\rho^z+\rho^c$，赝核芯电荷密度为 $\tilde{\rho}^{zc}=\rho^z+\tilde{\rho}^c$。芯电子能带远离费米能，因此可以忽略对价电子能带的影响，此种情况称为冻芯近似，但是，由于芯电子对价电子能带的影响实际上不能忽略，还需要考虑芯电荷密度。

2）Kresse 等给出的能量泛函

类似于 Blöchl 的处理方法，Kresse 等同样将总能量分成如下三部分[49]：

$$E_{KJ} = \tilde{E}_{KJ} + E_{KJ}^1 - \tilde{E}_{KJ}^1 \tag{5-165}$$

式中，等式右侧三部分的表达式如下：

$$\begin{aligned}
\tilde{E}_{KJ} &= \sum_n f_n \left\langle \tilde{\psi}_n \left| -\frac{1}{2}\nabla^2 \right| \tilde{\psi}_n \right\rangle + E_H[\tilde{\rho}+\hat{\rho}] + E_{xc}[\tilde{\rho}+\hat{\rho}+\tilde{\rho}^c] + \\
&\quad \int dr [\tilde{\rho}(r)+\hat{\rho}(r)] V_H(\tilde{\rho}^{zc}) + U(Z_R) \\
E_{KJ}^1 &= \sum_{n,(i,j)} f_n \left\langle \tilde{\psi}_n | \tilde{p}_i \right\rangle \left\langle \varphi_i \left| -\frac{1}{2}\nabla^2 \right| \varphi_j \right\rangle \left\langle \tilde{p}_j | \tilde{\psi}_n \right\rangle + E_H[\rho^1] + E_{xc}[\rho^1+\rho^c] + \\
&\quad \int_{\Omega_r} dr \rho^1(r) V_H(\rho^{zc}) \\
\tilde{E}_{KJ}^1 &= \sum_{n,(i,j)} f_n \left\langle \tilde{\psi}_n | \tilde{p}_i \right\rangle \left\langle \tilde{\varphi}_i \left| -\frac{1}{2}\nabla^2 \right| \tilde{\varphi}_j \right\rangle \left\langle \tilde{p}_j | \tilde{\psi}_n \right\rangle + E_H[\tilde{\rho}^1+\hat{\rho}] + \\
&\quad E_{xc}[\tilde{\rho}^1+\hat{\rho}+\tilde{\rho}^c] + \int_{\Omega_r} dr [\tilde{\rho}^1(r)+\hat{\rho}(r)] V_H(\tilde{\rho}^{zc})
\end{aligned} \tag{5-166}$$

式中，f_n 是轨道占据数；$\int_{\Omega_r} dr$ 表示在缀加区 Ω_r 内的径向积分；$U(Z_R)$ 是核电荷 Z_R 在晶格中静电相互作用能，可以用 Ewald 求和算法计算。在电荷密度计算中，与 Blöchl 处理相似，补偿电荷密度 $\hat{\rho}$ 的选择发挥着关键作用，它的引入是为了使赝电荷密度 $\tilde{\rho}^1+\tilde{\rho}^{zc}$ 与真实电荷密度 $\rho^1+\rho^{zc}$ 在缀加区具有相同的多极矩动量。由于 ρ^{zc} 和 $\tilde{\rho}^{zc}$ 具有严格相同的单极矩和相消的多极矩，选择 $\hat{\rho}$ 需要满足赝价

电荷密度 $\tilde{\rho}^1+\hat{\rho}$ 与真实价电荷密度 ρ^1 在缀加区内具有相同的动量。关于 Kresse 等选择 $\hat{\rho}$ 的更多细节可以参考原文献[49]。

最后,针对 Blöchl 和 Kresse 等处理电荷密度和能量泛函的差异性,下面给出更进一步说明[49]。

(1) $\tilde{E}$ 是在规则网格上进行计算的,而 E^1 和 $\tilde{E}^1$ 是在径向网格上分别对每个缀加区内进行计算的,两者在这方面是相同的。

(2) 动能的处理是等价的,Hartree 能的处理方式是相似的,唯一的区别是 Kresse 等忽略了这些项中的芯电子波函数之间的重叠。

(3) 补偿电荷的构成是不同的。在 Blöchl 推导中,补偿电荷与 $\rho^1-\tilde{\rho}^1+\rho^{zc}$ 具有相同多极矩,而在 Kresse 等的处理中,补偿电荷的选择是为了复制 $\rho^1-\tilde{\rho}^1$ 的多极矩。在前一种情况下,点电荷之间的静电作用 $U(Z_R)$ 自动包含于 E_H,而在 Kresse 等的处理中,必须使用 Ewald 求和算法来显式地计算点电荷之间的静电作用。

(4) Kresse 等的表达式看似不包括类似于 Blöchl 的表达式的 $\overline{V}$ 势项,但仔细分析发现 $V_H(\tilde{\rho}^{zc})$ 表示的就是该项,因为 $V_H(\tilde{\rho}^{zc})$ 的形状在缀加区内是完全自由的。

(5) Blöchl 和 Kresse 等在处理交换关联能上存在明显差异。在规则网格上,Kresse 等的交换关联能是根据电荷密度 $\tilde{\rho}+\hat{\rho}$ 计算,并且包括了非线性芯修正 $\tilde{\rho}^c$,而 Blöchl 只使用 $\tilde{\rho}$ 来计算交换关联能。正如 Kresse 等强调的那样,对于一组不完备的投影函数,这种处理将会产生影响。从这个角度来看,Kresse 等的处理方式更具优势。

5.5.3 投影缀加波方法的哈密顿量

这里主要针对 Kresse 等关于 PAW 方法的哈密顿量的推导加以介绍,Blöchl 方法的相关推导细节可以参考原文献[47]。如果赝波函数为 $\tilde{\psi}_n$,对应重叠算符为 $\hat{S}$,那么定义正交化条件,表示如下[47,49]:

$$\langle \psi_n | \psi_m \rangle = \langle \tilde{\psi}_n | \hat{S} | \tilde{\psi}_m \rangle = \delta_{nm} \quad (5-167)$$

式中,重叠算符 $\hat{S}$ 表示如下:

$$\hat{S} = 1 + \sum_i |\tilde{p}_i\rangle q_{ij} \langle \tilde{p}_j| = 1 + \sum_i |\tilde{p}_i\rangle (\langle \varphi_i | \varphi_j \rangle - \langle \tilde{\varphi}_i | \tilde{\varphi}_j \rangle) \langle \tilde{p}_j| \quad (5-168)$$

为了获得 PAW 总能量的哈密顿算符,总能量需要对赝电荷密度 $\tilde{\rho} = \sum_n f_n |\tilde{\psi}_n\rangle\langle\tilde{\psi}_n|$ 求导数,表示如下:

$$H = \frac{dE_{KJ}}{d\tilde{\rho}} \qquad (5-169)$$

于是,哈密顿算符可以表示为如下简洁形式:

$$\hat{H} = -\frac{1}{2}\nabla^2 + \tilde{V}_{\text{eff}} + \sum_{i,j} |\tilde{p}_i\rangle (\hat{D}_{ij} + D^1_{ij} - \tilde{D}^1_{ij}) \langle \tilde{p}_j| \qquad (5-170)$$

式中,右侧第一项是动能算符;右侧第二项是有效势,表示如下:

$$\tilde{V}_{\text{eff}} = V_{\text{H}}(\tilde{\rho} + \hat{\rho} + \tilde{\rho}^{zc}) + V_{\text{xc}}(\tilde{\rho} + \hat{\rho} + \tilde{\rho}^c) \qquad (5-171)$$

右侧第三项中的三个导数项分别表示如下:

$$\hat{D}_{ij} = \frac{\partial \tilde{E}_{KJ}}{\partial \rho_{ij}} = \sum_L \int_{\Omega_r} dr\, \tilde{V}_{\text{eff}}(r) \hat{Q}^L_{ij}(r)$$

$$D^1_{ij} = \frac{\partial E^1_{KJ}}{\partial \rho_{ij}} = \left\langle \varphi_i \left| -\frac{1}{2}\nabla^2 + V^1_{\text{eff}} \right| \varphi_j \right\rangle \qquad (5-172)$$

$$\tilde{D}^1_{ij} = \frac{\partial \tilde{E}^1_{KJ}}{\partial \rho_{ij}} = \left\langle \tilde{\varphi}_i \left| -\frac{1}{2}\nabla^2 + \tilde{V}^1_{\text{eff}} \right| \tilde{\varphi}_j \right\rangle + \sum_L \int_{\Omega_r} dr\, \tilde{V}^1_{\text{eff}}(r) \hat{Q}^L_{ij}(r)$$

式中,$\rho_{ij} = \sum_n f_n \langle \tilde{\psi}_n | \tilde{p}_i \rangle \langle \tilde{p}_j | \tilde{\psi}_n \rangle$;$\hat{D}_{ij}$是由补偿电荷$\hat{\rho}$引入的作用,保证静电势对电子散射性质不变;$D^1_{ij}$和$\tilde{D}^1_{ij}$需要在相应缀加区域$\Omega_r$内积分,分别由$V^1_{\text{eff}}$和$\tilde{V}^1_{\text{eff}}$决定,表示如下:

$$\begin{aligned} V^1_{\text{eff}} &= V_{\text{H}}(\rho^1 + \rho^{zc}) + V_{\text{xc}}(\rho^1 + \rho^c) \\ \tilde{V}^1_{\text{eff}}(r) &= V_{\text{H}}(\tilde{\rho}^1 + \hat{\rho} + \tilde{\rho}^{zc}) + V_{\text{xc}}(\tilde{\rho}^1 + \hat{\rho} + \tilde{\rho}^c) \end{aligned} \qquad (5-173)$$

在式(5-172)中,多极矩动量$\hat{Q}^L_{ij}(r)$表示如下:

$$\hat{Q}^L_{ij}(r) = \varphi_i^*(r)\varphi_j(r) - \tilde{\varphi}_i^*(r)\tilde{\varphi}_j(r) \qquad (5-174)$$

总之,PAW方法是一种基于完整电子分波函数的全电子方法,比超软赝势方法更准确,原因包括:① PAW方法的径向截断半径小于超软赝势方法的径向截断半径,前者所需的截断能和基组数要大于后者;② PAW方法在芯区内重新构建了精确的电子波函数,能更加精确地处理局域电子体系。另外,在APW方法中,分波展开式由包络函数在Muffin-Tin球边界条件决定,而在PAW方法中,赝分波展开式则由局域投影函数的重叠情况决定。PAW方法提供了与APW方法类似的获得全电子波函数的途径,也就是构建辅助赝波函数到全电子波函数的线性变换,通过对辅助赝波函数的变分推导出Kohn-Sham方程。由此可见,

PAW方法弥补了赝势平面波方法和缀加平面波方法的不足,被视为赝势平面波方法的高效能和缀加平面波方法的高置信度之间的良好平衡。

关于PAW方法的更多细节以及在赝势方程框架下的实现,可以参考Kresse等的原文献[49]。

参 考 文 献

[1] 陈晓原. 材料电子性质基础[M]. 北京:科学出版社, 2020.

[2] 陈志谦,李春梅,李冠男,等. 材料的设计、模拟与计算:CASTEP的原理及其应用[M]. 北京:科学出版社, 2019.

[3] 陈建华. 硫化矿物浮选固体物理研究[M]. 长沙:中南大学出版社, 2015.

[4] 黄昆,韩汝琦. 固体物理学[M]. 北京:高等教育出版社, 2005.

[5] 齐卫宏. 固体物理与计算材料导论[M]. 长沙:中南大学出版社, 2020.

[6] Bloch F. Quantum mechanics of electrons in crystal lattices[J]. Zeitschrift für Physik, 1928, 52: 555-600.

[7] 陆栋,蒋平,徐至中. 固体物理学[M]. 上海:上海科学技术出版社, 2010.

[8] Wannier G H. The structure of electronic excitation levels in insulating crystals[J]. Physical Review, 1937, 52(3): 191-197.

[9] Marzari N, Mostofi A A, Yates J R, et al. Maximally localized Wannier functions: Theory and applications[J]. Reviews of Modern Physics, 2012, 84(4): 1419-1475.

[10] Marzari N, Vanderbilt D. Maximally localized generalized Wannier functions for composite energy bands[J]. Physical Review B, 1997, 56(20): 12847-12865.

[11] Herring C. A new method for calculating wave functions in crystals[J]. Physical Review, 1940, 57(12): 1169.

[12] 谢希德,陆栋. 固体能带理论[M]. 上海:复旦大学出版社, 1998.

[13] 张跃,谷景华,尚家香,等. 计算材料学基础[M]. 北京:北京航空航天大学出版社, 2007.

[14] Phillips J C, Kleinman L. New method for calculating wave functions in crystals and molecules[J]. Physical Review, 1959, 116(2): 287-294.

[15] Hamann D R, Schlüter M, Chiang C. Norm-conserving pseudopotentials[J]. Physical Review Letters, 1979, 43(20): 1494-1497.

[16] Vanderbilt D. Soft self-consistent pseudopotentials in a generalized eigenvalue formalism[J]. Physical Review B, 1990, 41(11): 7892-7895.

[17] Singh D J, Nordstrom L. Planewaves, Pseudopotentials, and the LAPW method[M]. Boston:Springer, 2006.

[18] Bachelet G B, Hamann D R, Schlüter M. Pseudopotentials that work: From H to Pu[J]. Physical Review B, 1982, 26(8): 4199-4228.

[19] Martin R M. Electronic structure: Basic theory and practical methods[M]. Cambridge: Cambridge University Press, 2020.

[20] Troullier N, Martins J L. Efficient pseudopotentials for plane-wave calculations[J]. Physical Review B, 1991, 43(3): 1993-2006.

[21] Troullier N, Martins J L. Efficient pseudopotentials for plane-wave calculations. II. Operators for fast iterative diagonalization[J]. Physical Review B, 1991, 43(11): 8861-8869.

[22] Laasonen K, Pasquarello A, Car R, et al. Car-Parrinello molecular dynamics with Vanderbilt ultrasoft pseudopotentials[J]. Physical Review B, 1993, 47(16): 10142-10153.

[23] Andersen O K. Linear Methods in Band Theory[M] // The electronic structure of complex systems. Boston: Springer. 1984: 11-66.

[24] Skriver H L. The LMTO method: Muffin-tin orbitals and electronic structure[M]. Berlin: Springer, 1984

[25] Wigner E, Seitz F. On the constitution of metallic sodium[J]. Physical Review, 1933, 43(10): 804-810.

[26] Slater J C. Wave functions in a periodic potential[J]. Physical Review, 1937, 51(10): 846-851.

[27] Slater J C. An augmented plane wave method for the periodic potential problem[J]. Physical Review, 1953, 92(3): 603-608.

[28] Loucks T L. Augmented plane wave method: A guide to performing electronic structure calculations[M]. New York: WA Benjamin, 1967.

[29] Mattheiss L F. Energy bands for solid argon[J]. Physical Review, 1964, 133(5A): A1399.

[30] Slater J C. Quantum theory of atomic structure[M]. New York: McGraw-Hill, 1960.

[31] Wimmer E, Krakauer H, Weinert M, et al. Full-potential self-consistent linearized-augmented-plane-wave method for calculating the electronic structure of molecules and surfaces: O_2 molecule[J]. Physical Review B, 1981, 24(2): 864-875.

[32] Weyrich K H. Full-potential linear muffin-tin-orbital method[J]. Physical Review B, 1988, 37(17): 10269.

[33] Blaha P, Schwarz K, Tran F, et al. WIEN2k: An APW+lo program for calculating the properties of solids[J]. The Journal of Chemical Physics, 2020, 152(7): 074101.

[34] Wills J M, Alouani M, Andersson P, et al. Full-potential electronic structure method: Energy and force calculations with density functional and dynamical mean field theory [M]. Berlin: Springer, 2010.

[35] 周健,梁奇锋. 第一性原理材料计算基础[M]. 北京:科学出版社, 2019.

[36] Posternak M, Krakauer H, Freeman A J, et al. Self-consistent electronic structure of surfaces: Surface states and surface resonances on W(001)[J]. Physical Review B, 1980, 21(12): 5601-5612.

[37] Methfessel M. Elastic constants and phonon frequencies of Si calculated by a fast full-potential linear-muffin-tin-orbital method[J]. Physical Review B, 1988, 38(2): 1537-1540.

[38] Koelling D D, Arbman G O. Use of energy derivative of the radial solution in an augmented plane wave method: Application to copper[J]. Journal of Physics F: Metal Physics, 1975, 5(11): 2041-2054.

[39] Bross H. Ein neues Verfahren zur Berechnung von Einelektronenzuständen in Kristallen[J]. Physik der Kondensierten Materie, 1964, 3(2): 119-138.

[40] Bross H, Bohn G, Meister G, et al. New version of the modified augmented-plane-wave method[J]. Physical Review B, 1970, 2(8): 3098-3103.

[41] Koelling D D. Alternative augmented-plane-wave technique: Theory and application to copper[J]. Physical Review B, 1970, 2(2): 290-298.

[42] Andersen O K. Linear methods in band theory[J]. Physical Review B, 1975, 12(8): 3060-3083.

[43] Marcus P M. Variational methods in the computation of energy bands[J]. International Journal of Quantum Chemistry, 1967, 1(S1): 567-588.

[44] Singh D. Ground-state properties of lanthanum: Treatment of extended-core states[J]. Physical Review B, 1991, 43(8): 6388-6392.

[45] Schwarz K, Blaha P, Madsen G K H. Electronic structure calculations of solids using the WIEN2k package for material sciences[J]. Computer Physics Communications, 2002, 147(1-2): 71-76.

[46] Sjöstedt E, Nordström L, Singh D J. An alternative way of linearizing the augmented plane-wave method[J]. Solid State Communications, 2000, 114(1): 15-20.

[47] Blöchl P E. Projector augmented-wave method[J]. Physical Review B, 1994, 50(24): 17953.

[48] Blöchl P E, Först C J, Schimpl J. Projector augmented wave method: *Ab initio* molecular dynamics with full wave functions[J]. Bulletin of Materials Science, 2003, 26(1): 33-41.

[49] Kresse G, Joubert D. From ultrasoft pseudopotentials to the projector augmented-wave method[J]. Physical Review B, 1999, 59(3): 1758.

第 6 章
电子结构与晶体性能

第一性原理计算方法由于具有良好可移植性和高可信度被广泛应用到分子体系和固体体系的结构及性能的计算与预测,如电子结构计算、晶体结构预测、晶格动力学研究和晶体力学性能计算。本章将重点围绕几个有代表性的应用场景介绍第一性原理方法计算结构和性能的特点。由于篇幅所限,关于其他方面的应用研究,读者可以参考相关专著和文献。

6.1 电子结构计算

6.1.1 电荷密度和电子局域函数

1. 电荷密度

从密度泛函理论角度来看,电子密度作为求解薛定谔方程的基本量,给出了简单直观的空间成键物理信息,其空间分布表示如下:

$$\rho(r) = \langle \psi | \hat{\rho} | \psi \rangle \tag{6-1}$$

式中,$\hat{\rho}$ 是密度算符:$\hat{\rho} = \sum_i \delta(r-r_i)$。尽管电子波函数在一定程度上确定了体系的电荷密度分布情况,但是通过第一性原理计算直接获得的电荷密度给予的有价值信息相对有限,因此产生了电荷密度的各种演化形式,如电荷密度差(charge density difference,CDD)等。基于 CDD 图的分布情况可以直观地分析出体系成键性质和电荷传输方向,即电荷空间聚集和损耗的情况[1]。

如果选择体系成键后的电荷密度与原子叠加电荷密度之差来绘制 CDD 图,那么可以清楚地分析出成键过程中电荷转移和极化特征等性质,表示如下:

$$\Delta\rho(r) = \rho(r) - \sum_{\text{atom}} \rho^{\text{atom}}(r) = \rho^{\text{sc}}(r) - \rho^{\text{nsc}}(r) \tag{6-2}$$

式中，ρ^{sc} 是通过电子自洽计算所得的成键体系的电荷密度；ρ^{nsc} 是通过电子非自洽计算得到的原子轨道叠加的电荷密度。基于分子轨道理论，该类电荷密度差科学且抽象地反映了电荷在空间的净变化。

如果用 CDD 图来表征结构发生改变后的电荷再分布情况，那么可以分析出结构改变导致的两种成键状态的变化以及电荷传输情况，表示如下：

$$\Delta \rho = \rho^{final}(r) - \rho^{init}(r) \tag{6-3}$$

式中，ρ^{final} 是结构改变后的电荷密度；ρ^{init} 是初始结构的电荷密度。两者均为成键状态的电荷密度。

图 6-1 展示了使用 VASP 软件计算的晶体 Si{001} 晶面的电荷密度分布情况以及 CDD 图。由电荷密度分布图能够清晰地分辨出电荷分布的基本信息，即靠近原子核区域具有更高的电荷密度，而由 CDD 图能够分析出成键后电荷向 Si-Si 原子之间区域转移，形成共价键。

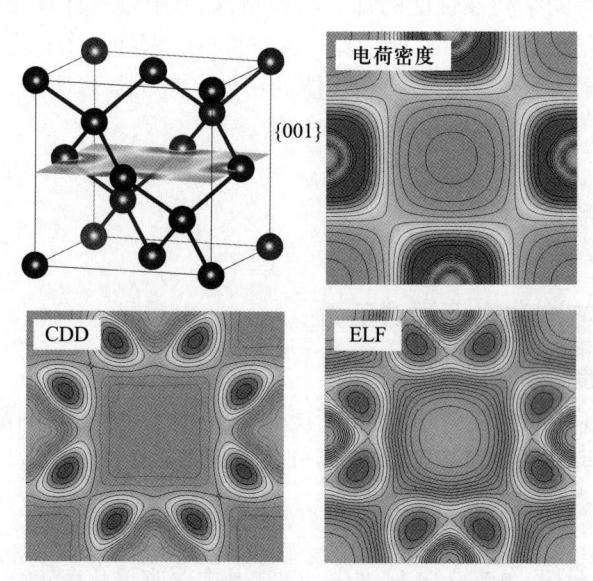

图 6-1 晶体 Si{001} 晶面位置、电荷密度分布、电荷密度差和电子局域函数(参见书后彩图)

2. 电子局域函数

1990 年，Becke 等提出了一种与轨道无关的电子空间局域化程度分析方法，称为电子局域函数(electron localization function，ELF)[2]。该局域函数在平行自旋对概率和费米空穴函数基础之上，通过电子密度、密度梯度和动能密度反映泡利排斥效应。

在多粒子体系中，同时在位置 r_1 和 r_2 发现自旋同为 σ 的两个粒子的概率表示如下：

$$P_2^{\sigma\sigma}(r_1,r_2)=\rho^\sigma(r_1)\rho^\sigma(r_2)-|\rho_1^\sigma(r_1,r_2)|^2 \tag{6-4}$$

式中，$P_2^{\sigma\sigma}(r_1,r_2)$ 称为自旋对概率；ρ^σ 是自旋为 σ 的粒子密度；$\rho_1^\sigma(r_1,r_2)$ 是自旋为 σ 的粒子对密度，$\rho_1^\sigma(r_1,r_2)=\sum_i\psi_i^*(r_1)\psi_i(r_2)$，其中，求和仅限于 σ 自旋轨道。如果一个自旋为 σ 的粒子位于 r_1，那么第二个自旋为 σ 的粒子出现在位置 r_2 的条件概率表示如下：

$$P_{\text{cond}}^{\sigma\sigma}(r_1,r_2)=\frac{P_2^{\sigma\sigma}(r_1,r_2)}{\rho^\sigma(r_1)}=\rho^\sigma(r_2)-\frac{|\rho_1^\sigma(r_1,r_2)|^2}{\rho^\sigma(r_1)} \tag{6-5}$$

对 r 周围半径为 r_s 的壳体做球形平均，以上对概率的泰勒展开式表示如下：

$$P_{\text{cond}}^{\sigma\sigma}(r,r_s)=\frac{1}{3}\left[\tau^\sigma(r)-\frac{1}{4}\frac{[\nabla\rho^\sigma(r)]^2}{\rho^\sigma(r)}\right]r_s^2+\cdots \tag{6-6}$$

式中，τ^σ 是动能密度，$\tau^\sigma(r)=\sum_i^\sigma|\nabla\psi_i(r)|^2$；$\nabla\rho^\sigma(r)$ 是密度梯度。如果去除高阶项，那么电子局域化程度可以通过下式度量：

$$D^\sigma(r)=\tau^\sigma(r)-\frac{1}{4}\frac{[\nabla\rho^\sigma(r)]^2}{\rho^\sigma(r)} \tag{6-7}$$

该式表明，电子局域化程度与 $D^\sigma(r)$ 存在逆关系，也就是说，小的 $D^\sigma(r)$ 意味着高的局域化。

与自旋密度等于 $\rho(r)$ 的均匀电子气的局域化 $D_0^\sigma(r)$ 进行比较，可以得到相对于均匀电子气校准的无量纲局部化指数 $\chi^\sigma(r)$，表示如下：

$$\chi^\sigma(r)=D^\sigma(r)/D_0^\sigma(r) \tag{6-8}$$

式中，$D_0^\sigma(r)=3(6\pi^2)^{2/3}[\rho^\sigma(r)]^{5/3}/5$。于是，将数值映射到区间 $[0,1]$ 来定义电子局域函数 ELF(r)，表示如下：

$$\text{ELF}(r)=\frac{1}{1+[\chi^\sigma(r)]^2} \tag{6-9}$$

式中，ELF = 1 对应于完全局域情况；ELF = 1/2 对应于均匀电子气的对概率情况。ELF 为价电子对排斥理论提供了真实可视化方法。最初的 ELF 推导是基于 Hartree-Fock 方法，之后，Savin 在密度泛函理论框架下对其进行了扩展[3]。图 6-1(d) 展示了采用 VASP 软件计算得到的晶体 Si{001} 晶面的 ELF 分布情况，可以清晰地看出在 Si-Si 之间存在明显的电子局域化特征，与 CDD 图一致。

6.1.2 能带结构和能态密度

能带结构表征能量 $\varepsilon_n(k)$ 和布里渊区的高对称 k 点的对应关系，而能态密度是电子色散关系的另一种表征形式。关于能带结构的概念和对称性可以参照第 5 章内容,这里进一步介绍费米能级、能带结构特征以及能态密度的概念。

1. 费米能级和费米面

根据量子统计理论,能量为 ε 的量子态被一个电子占据的概率可以表示为费米-狄拉克分布,如下[4]:

$$f(\varepsilon) = \frac{1}{1+\exp[(\varepsilon-\varepsilon_F)/(k_B T)]} \tag{6-10}$$

式中,ε_F 称为费米能级,其数值等于电子占据概率为 1/2 的量子态的能量。在绝对零度时,电子按照能量最低原理和泡利不相容原理填充在费米能级以下的量子态。从电化学角度来看,费米能级表示的是电子体系的化学势,$\varepsilon_F = \mu = (\partial G/\partial N)_{T,P}$,其中,$G$ 是电子体系的吉布斯自由能,N 是体系电子数目。

如果把能量等于费米能级 ε_F 的倒易空间 k 点连接起来构成一个等值面,那么该等值面称为费米面。费米面上的电子特征(如费米速率和轨道特征等)决定着体系诸多属性,通常采用投影费米面形式加以描述。金属的输运性质由费米面附近的电子态决定,半导体的费米能级是决定半导体电学性质的重要参量,例如:本征半导体的费米能级处于禁带中间位置,n 型半导体的费米能级位于禁带的上半部分,p 型半导体的费米能级位于禁带的下半部分。

2. 能带结构的特征

由于晶体的对称操作存在任意性,因此绘制能带通常仅选择特定高对称路径。关于能带结构的计算方法已在前面章节详细介绍,下面简单总结一下能带结构能够提供的有价值信息[1]。

(1) 能带结构中最重要的能量区间莫过于费米能级附近。通过第一性原理计算得到的费米能级对应绝对零度下电子所能填充的最高能级。远低于费米能级的能带对应着内层电子的特征,随着波矢变化,分布不仅密集而且平坦,缺乏有价值的信息。一般来说,人们关注的重心在于费米能级附近的能带结构特征。

(2) 能带结构最直接的应用就是区分不同的材料体系,如金属、半导体和绝缘体。这种分类是通过费米能级处是否存在能隙和能隙宽度来实现的。在费米能级处不存在能隙的体系为金属,存在较小能隙的体系为半导体,而存在较大能隙的体系为绝缘体。进一步,根据能隙位置可以判断直接能隙和间接能隙:导带底位置和价带顶位置处于同一倒格矢,则称为直接能隙;如果不处于同一倒格矢,则称为间接能隙。

(3) 能带宽窄或分散度取决于轨道的相互作用或重叠程度,其特征反映了诸多重要电子属性,如轨道重叠、有效质量、电子局域性等。通常来讲,能带越宽,则近邻晶胞的轨道重叠越大,电子有效质量越小,电子离域性越强。反之,能带越窄,近邻晶胞的轨道重叠越小,电子有效质量越大,电子局域性越强。

(4) 自旋极化体系的能带可以分为自旋多占据态和自旋少占据态,分别由自旋向上和自旋向下的轨道构成。如果费米能级与自旋多占据态能带相交,并且处于自旋少占据态能带的能隙中,那么此体系呈现自旋极化特征,称为半金属。

3. 能态密度的概念

能态密度,简称为态密度(density of states,DOS),与能带结构存在对应关系,是能带结构另一种直观体现。假定处于 $\varepsilon \to \varepsilon + \Delta\varepsilon$ 能量区间的电子态数目为 ΔZ,则态密度定义如下[1]:

$$\rho(\varepsilon) = \lim_{\Delta\varepsilon \to 0} \frac{\Delta Z}{\Delta\varepsilon} \tag{6-11}$$

于是,第 n 个能带的态密度 $\rho_n(\varepsilon)$ 可以通过布里渊区积分形式表示如下:

$$\rho_n(\varepsilon) = \frac{N\Omega}{4\pi^3} \int_{BZ} dk \delta[\varepsilon - \varepsilon_n(k)] \tag{6-12}$$

式中,N 和 Ω 分别是原胞的数目和体积;$\varepsilon_n(k)$ 代表第 n 个能带的色散关系。总的态密度 $\rho(\varepsilon)$ 表示为所有能带的态密度之和,如下:

$$\rho(\varepsilon) = \sum_n \rho_n(\varepsilon) \tag{6-13}$$

态密度图可以通过能带图向能量轴做投影获得,也就是说两者存在投影关系,如图 6-2 所示[4]。态密度有三种表现形式,即体现所有原子轨道总贡献的总态密度(TDOS)、体现各轨道贡献的投影态密度(PDOS)和体现各原子贡献的局域态密度(LDOS)。于是,通过态密度的特征分析可以获得诸多有价值的信息,简单总结如下[1,4]:

(1) 态密度对应能量间隔 $\varepsilon + \Delta\varepsilon$ 范围内的能级数量,能级数量越多,量子态的密度越大。按照投影关系,在态密度为零的能量范围,能带图上一定不会出现能带。

(2) 根据态密度进行体系分类,如金属、半导体和绝缘体。在费米能级处不存在能隙的体系为金属体系;如果存在能隙,则可能为半导体或绝缘体。进一步根据能隙的宽度区分为半导体和绝缘体。

(3) 在费米能级处存在有限态密度数值,并且两侧伴随有尖峰出现,说明出现了赝能隙。如果在态密度图中出现赝能隙,那么定性预示着体系呈现强共价键特征。

(4) 态密度的宽窄或分散度可以用于判断电子的局域化程度。一般来说,态密度越尖锐,电子的局域性越强;相反,态密度越平坦,电子的离域性越强。对于过渡金属,d 轨道的态密度中常出现局域尖峰,说明 d 轨道电子具有较强的局域性。

（5）由态密度可以分析自旋极化特征:自旋多占据态和自旋少占据态。如果费米能级与自旋多占据态相交而处于自旋少占据态的能隙中,则表明此体系呈现明显的自旋极化特征。

（6）通过投影态密度和局域态密度可以确定成键细节。由 PDOS 可以分析出对成键产生重要贡献的轨道,将 PDOS 积分到费米能级可以得到某个轨道的电子填充数目。如果在 LDOS 中存在赝能隙,则表明相邻原子具有较强的成键特征;如果相邻原子的 LDOS 在相同能量上出现的尖峰,称为杂化峰,则表明电子具有较强的局域性,对应原子间呈现较强的成键特征。

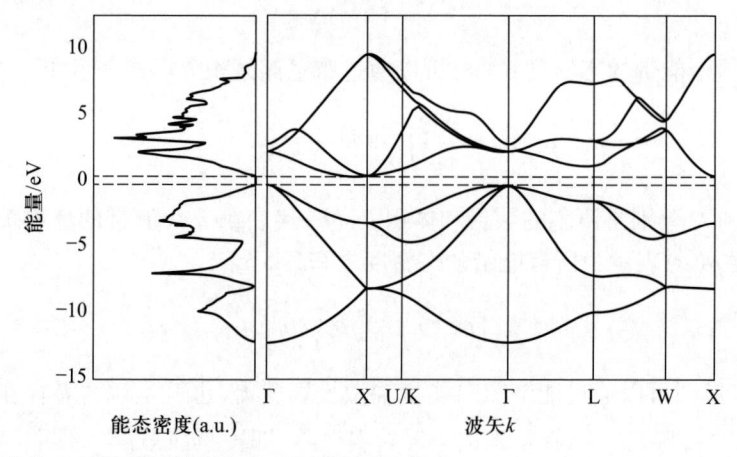

图 6-2　晶体 Si 的能带结构与态密度之间的对应关系

6.1.3　轨道重叠和哈密顿布居

晶体轨道重叠布居(crystal orbital overlap population,COOP)可以给出近似度量键级的方法[5-8]:正的 COOP 对应正的重叠布居,表示成键;负的 COOP 对应负的重叠布居,表示反键。重叠布居乘以相应的 DOS 就可得到重叠布居权重的 DOS,费米能级以下部分的积分值对应原子间成键电子数目,反映了键的强弱。COOP 曲线分布情况取决于能量间隔的量子态数目、重叠耦合的程度和轨道组合系数的大小。图 6-3 给出了一维氢原子链的能带、DOS 和 COOP 示意图[9]。左侧图给出了一维氢原子链的能量随波矢 k 的变化而连续变化,对应着不同原子之间相互作用情况,例如原子 1-2 之间和 1-3 之间相互作用。将能带图向能量轴投影就得到了中间的 DOS 图,进一步对原子之间的重叠布居分析可以给出不同能量区间的成键状态(如右侧图所示)。DOS 积分到费米能级给出电子总数,而 COOP 积分到费米能级则给出总重叠情况,也就是说,DOS 和 COOP 分别表示了电子占据情况和键级指数。总重叠布居标度与键级相似,但并不相等。

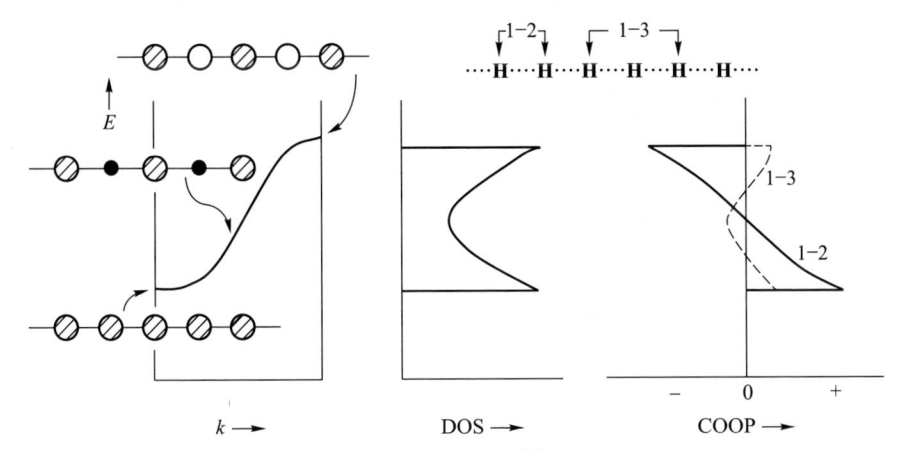

图 6-3 一维氢原子链的能带、DOS 和 COOP 示意图[9]

为了较形象地表示 COOP 曲线的特征,图 6-4 展示了金属 Ni-Ni 相互作用机理[9]。由图可以看出,金属 Ni-Ni 作用给出的 DOS 由分布较窄的 d 轨道电子能带和分布较宽的 s 轨道、p 轨道电子能带构成。对 COOP 分析给出了正负重叠积分分布,对应高能反键和低能成键情况(中间两图)。总 COOP 将能量区间分解为复杂的正负布居分布区间(右侧图)。由此可见,COOP 很好地展示了周期性体系的局域化学键性质和轨道贡献情况,早期配合半经验扩展 Hückel 方法(EHM)取得了巨大成功,但是 COOP 存在很强的基组依赖性。

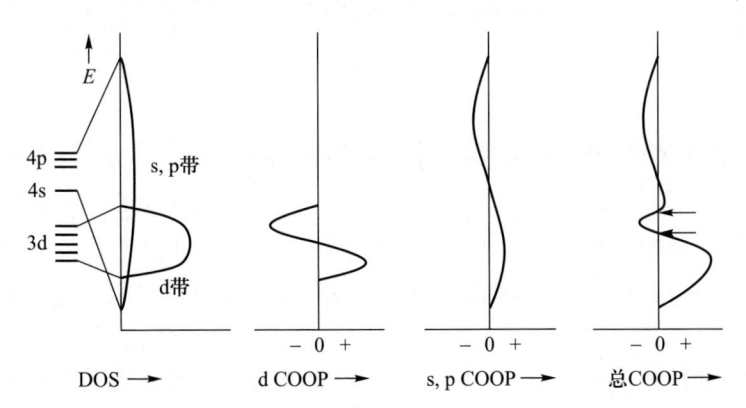

图 6-4 金属 Ni-Ni 相互作用机理示意图[9]

1993 年,Dronskowski 等用哈密顿矩阵代替 COOP 的重叠矩阵,提出了晶体轨道哈密顿布居(crystal orbital hamilton population,COHP)方法[6]。首先,电子

波函数用原子轨道 $|\varphi_{RL}\rangle$ 线性组合表示如下：

$$|\psi_i\rangle = \sum_{RL} |\varphi_{RL}\rangle c_{iRL} \tag{6-14}$$

式中，R 和 L 分别代表原子和轨道；c_{iRL} 是组合系数；i 代表能带或分子轨道指数。带能可以表示为单电子本征值 ε_i 的和，如下：

$$E_{\text{band}} = \sum_i f_i \varepsilon_i \tag{6-15}$$

式中，f_i 是占据态数，$0 \leqslant f_i \leqslant 2$。如果用单电子本征值分布的能量积分表示，那么式(6-15)可写为如下形式：

$$E_{\text{band}} = \int^{\varepsilon_F} d\varepsilon \sum_i f_i \varepsilon_i \delta(\varepsilon - \varepsilon_i) \tag{6-16}$$

进一步从单电子波动方程的矩阵形式出发，上式右侧求和可以写成哈密顿矩阵元形式，表示如下：

$$\sum_i f_i \varepsilon_i \delta(\varepsilon - \varepsilon_i) = \sum_{RL} \sum_{R'L'} H_{RL,R'L'} N_{RL,R'L'}(\varepsilon) = \sum_{RL} \sum_{R'L'} \text{COHP}_{RL,R'L'}(\varepsilon)$$
$$\tag{6-17}$$

式中，$H_{RL,R'L'}$ 是哈密顿矩阵元 $\langle \varphi_{RL}|\hat{H}|\varphi_{R'L'}\rangle$；$N_{RL,R'L'}(\varepsilon)$ 是态密度矩阵元，表示如下：

$$N_{RL,R'L'}(\varepsilon) = \sum_i f_i c_{iRL}^* c_{iR'L'} \delta(\varepsilon - \varepsilon_i) \tag{6-18}$$

于是，带能也可表示为密度矩阵元的形式，如下：

$$E_{\text{band}} = \sum_{RL} \sum_{R'L'} H_{RL,R'L'} n_{RL,R'L'} \tag{6-19}$$

式中，$n_{RL,R'L'}$ 是密度矩阵元，$n_{RL,R'L'} = \int^{\varepsilon_F} d\varepsilon N_{RL,R'L'}(\varepsilon)$。

由此可见，COHP 和 COOP 的区别在于 COHP 把 COOP 的重叠矩阵替换成哈密顿矩阵，并把该矩阵分解为不同原子和轨道之间的贡献。矩阵的对角组元属于原子的自身贡献，不是关注的主体；而非对角组元给出了原子之间的成键和反键贡献，是关注的主体。由于 $N_{RL,R'L'}(\varepsilon)$ 具有能量可分性，因此有助于直观地识别成键、非键和反键状态。早期的 COHP 方法只能处理以原子为中心的局域基组，为此，Dronskowski 等通过将平面波基组投影到局域基组上实现了基于平面波方法的 COHP 分析，并且开发了 Lobster 程序[7]。需要注意的是，把平面波近似写成原子轨道的线性组合必然引入一定的误差。

总而言之，COOP 中成键和反键特征分别对应负和正的非位点哈密顿组元，因此 COOP 曲线中存在正负之分,分别对应成键和反键。为了使 COHP 与 COOP 具有一致性,常常绘制-COHP 图,其中,正值对应成键状态,负值对应反键状态。图 6-5 展示了使用 VASP 软件和 Lobster 程序计算得到的金刚石和金属钛的-COHP 图。由图可见,-COHP 图能够清晰地将态密度分为成键区、非键区和反键区。

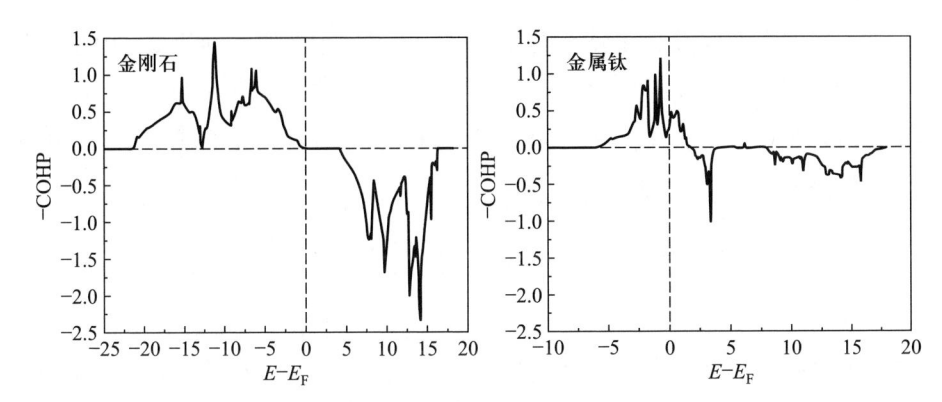

图 6-5 使用 VASP 软件和 Lobster 程序计算得到的金刚石和金属钛的-COHP 图

6.1.4 Mulliken 布居和 Bader 电荷

根据电子在空间的概率分布能够方便地区分原子在成键前后得失电子的情况,其中很有代表性的分析方法包括 Mulliken 布居分析和 Bader 电荷分析。

1. Mulliken 布居

电子密度能很好地表达电荷的空间分布情况,但是并没有与组成原子联系起来。1955 年,Mulliken 提出以原子轨道对分子轨道的贡献来划分电荷在原子之间的分配情况,称为 Mulliken 布居[10]。按照分子轨道理论,电荷密度来自各分子轨道上的电子贡献,而从原子轨道来看,在原子轨道上电子按照一定比例分布,称为"布居"。如果两个原子共用电子对,那么电子可以分成净原子布居和重叠原子布居。对于重叠原子布居可以按照对分方案分配,加上自身的净原子布局就得到了原子电荷。下面将在 Mulliken 理论框架的基础上给出布居分析的推导过程。

假设存在由 N 个原子组成的分子体系,如果以原子轨道作为基函数,那么分子轨道可以展开为原子轨道的线性组合,表示如下[10-11]:

$$\psi_i = \sum_\alpha \sum_s c_{i\alpha s} \varphi_{\alpha s} \tag{6-20}$$

式中,$\varphi_{\alpha s}$ 表示 α 原子的 s 轨道基函数。于是电子的布居表示如下:

$$N_i = N_i \sum_\alpha \sum_s c_{i\alpha s}^2 + 2N_i \sum_\alpha \sum_{\beta>\alpha} \sum_s \sum_t c_{i\alpha s} c_{i\beta t} S_{\alpha s,\beta t} \tag{6-21}$$

式中,右侧第一项的求和部分是定域项,对应各个原子轨道独立贡献之和;右侧第二项的求和部分是交叉项,对应原子轨道重叠对分子轨道的贡献,即 $S_{\alpha s,\beta t} = \int \mathrm{d}v \varphi_{\alpha s} \varphi_{\beta t}$。接下来基于该式给出详细布居分布情况,如下:

(1)净原子布居数。在分子轨道 ψ_i 中,电子分布在原子轨道 $\varphi_{\alpha s}$ 上的部分净原子布居数:$n(i,\alpha s) = N_i c_{i\alpha s}^2$。对各分子轨道求和,得到在原子轨道 $\varphi_{\alpha s}$ 上的净原子布居数小计:$n(\alpha s) = \sum_i n(i,\alpha s) = \sum_i N_i c_{i\alpha s}^2$。对所有原子轨道求和,得到 α 原子的总净原子布居数,表示如下:

$$n(\alpha) = \sum_s n(\alpha s) = \sum_s \sum_i N_i |c_{i\alpha s}|^2 \tag{6-22}$$

(2)重叠原子布居数。在分子轨道 ψ_i 中,α 原子的 s 轨道和 β 原子的 t 轨道的部分重叠原子布居数:$n(i,\alpha s,\beta t) = 2N_i c_{i\alpha s} c_{i\beta t} S_{\alpha s,\beta t}$。对各分子轨道求和,得到 α 原子的 s 轨道和 β 原子的 t 轨道的重叠原子布居小计:$n(\alpha s,\beta t) = \sum_i n(i,\alpha s,\beta t) = \sum_i 2N_i c_{i\alpha s} c_{i\beta t} S_{\alpha s,\beta t}$。进一步对 α 和 β 原子的所有轨道求和,得到 α 和 β 原子间的总重叠原子布居,表示如下:

$$n(\alpha,\beta) = 2\sum_t \sum_s \sum_i 2N_i c_{i\alpha s} c_{i\beta t} S_{\alpha s,\beta t} \tag{6-23}$$

该式右侧的求和矩阵项常被称为 Mulliken 键级矩阵。总重叠原子布居数体现了原子间键合程度,其正负值分别对应净成键和净反键[10]。

(3)总原子布居数。总原子布居是净原子布居和重叠原子布居的总和。在分子轨道 ψ_i 中,电子分布在原子轨道 $\varphi_{\alpha s}$ 上的部分总原子布居数:$N(i,\alpha s) = N_i c_{i\alpha s} \left(c_{i\alpha s} + \sum_{\beta \neq \alpha} c_{i\beta t} S_{\alpha s,\beta t} \right)$。对分子轨道指数 i 求和,得到在原子轨道 $\varphi_{\alpha s}$ 上的总原子布居数小计,表示如下:

$$N(\alpha s) = \sum_i N(i,\alpha s) = \sum_i N_i c_{i\alpha s}^2 + \sum_i \sum_{\beta \neq \alpha} c_{i\alpha s} c_{i\beta t} S_{\alpha s,\beta t} \tag{6-24}$$

进一步对 α 原子的所有原子轨道求和,得到 α 原子的总原子布居数,表示如下:

$$\begin{aligned} N(\alpha) &= \sum_s N(\alpha s) = \sum_s \sum_i N(i,\alpha s) \\ &= \sum_s \sum_i N_i c_{i\alpha s}^2 + \sum_s \sum_i \sum_{\beta \neq \alpha} c_{i\alpha s} c_{i\beta t} S_{\alpha s,\beta t} \end{aligned} \tag{6-25}$$

(4)根据 $N(\alpha s)$ 和 $N(\alpha)$ 的定义,原子轨道的总电荷 $q(\alpha s)$ 和原子的总电荷

$q(\alpha)$,表示如下:

$$q(\alpha s) = Z(\alpha s) - N(\alpha s), q(\alpha) = Z(\alpha) - N(\alpha) \quad (6-26)$$

式中,$Z(\alpha s)$是中性原子 α 的轨道 s 的电子数;$Z(\alpha)$是中性原子 α 的电子总数。

Mulliken 布居分析方法存在如下缺点。① 将重叠原子布居对分缺乏物理基础。在某些情况下,将交叉项平均分配给原子轨道是不合理的,如存在极性键和孤对电子。② 出现不合理的电子数值。有时,某些轨道会出现负的电子数,而另一些轨道出现超过 2 的电子数。③ 基组的依赖性。任意选择给出几乎相同电子密度的两套基组,计算得到的布居结果可能完全不相同。

2. Bader 电荷

作为一种典型的实空间划分原子电荷方法,Bader 提出的分子中的原子(atom in molecule, AIM)方法[12-14]将电子密度零通量位置定义为原子间的分界面,由此为每个原子划分出不同的独立空间,称为原子盆,进一步基于这种原子盆空间可以计算出原子电荷。Bader 指出,根据波函数节点来划分实空间,即波函数变号的位置,对应的电子密度为零。AIM 方法符合波函数节点划分规则,在原子分界面上不会出现电子密度梯度线,表示如下:

$$\nabla \rho(r') \cdot \boldsymbol{n}(r') = 0 \quad (6-27)$$

式中,ρ 是电子密度分布函数;r' 是原子分界面的位置;$\boldsymbol{n}$ 是分界面的单位法向量。获得原子空间划分结果后,进一步对原子盆的电子密度积分,并与原子核电荷做差即得到原子电荷,表示如下:

$$q_A = Z_A - \int_{\Omega_A} \rho(r) \mathrm{d}r \quad (6-28)$$

式中,q_A 是 A 原子电荷;Z_A 是 A 原子核电荷;Ω_A 代表 A 原子盆。

使用 AIM 方法进行 Bader 电荷分析的过程可能存在如下问题:① 在某些情况下,可能出现非真实的原子盆,称为赝原子;② 另外还可能出现一个原子盆含有一个以上原子核,为此需要结合实际情况加以区分。2006 年,Henkelman 等开发了 Bader 程序[15],提供了一种快速的栅格划分方法,为 Bader 电荷的分析提供了便利。关于其他电荷分析方法的介绍,读者可以参考相关文献。

6.2 晶体结构预测

所谓晶体结构预测是指在实验制备前,根据化学组分在相应的高维势能面上寻找全局能量最小值点,并确定所对应的晶体结构。随着高通量第一性原理结构优化技术和数据挖掘方法的发展应用,晶体结构预测已经进入新的阶段,并取得了令人瞩目的进展[16]。下面将针对晶体结构预测的热力学稳定性基础和两类结构预测方法加以介绍。

6.2.1 热力学稳定性

根据吉布斯自由能最低原则,材料倾向于以基态结构存在,对应着势能面上全局能量最小值点。对于封闭化学体系,比较不同晶体结构自由能,可以获得热力学竞争关系,确定基态晶体结构。对于等温等压封闭体系,吉布斯自由能通常作为评价热力学稳定性的标准,表示如下:

$$G = U + pV - TS \tag{6-29}$$

式中,U 是内能;p 是压强;V 是体积;T 是温度;S 是熵。如果忽略温度效应,那么右侧最后一项表示的熵可以不考虑;如果忽略体积效应,那么右侧第二项表示的体积功可以设定为零。采用第一性原理方法计算熵有一定难度,可以通过适当激发态模型计算得到。在常压下,当体系只有固相参与相平衡时,pV 项很小,可近似忽略;但是在高压下,pV 项的贡献不可以忽略。

通过第一性原理计算可以将吉布斯自由能与给定体系中存在的晶体结构相关联,进而获取晶体结构之间的热力学竞争关系。下面以简单的二元固态体系为例来说明在 $T=0\text{ K}$ 时的这种关联性。在二元 A-B 体系中,稳定单质相作为参考基准,则中间相的结构能量可以表示为相对于稳定单质相的形成能。图 6-6 绘制了随成分变化计算得到的不同结构的形成能。基于各成分下能量最低点的连线可以构造出一个边界线,如果该边界线呈现向下凸的形状,并且任意成分点的能量均低于左右两侧任意两个成分点的能量连线,则该边界线称为凸包。凸包上的点对应最稳定结构。由图可见,由于 α_3 处于 α_2 上方,因此热力

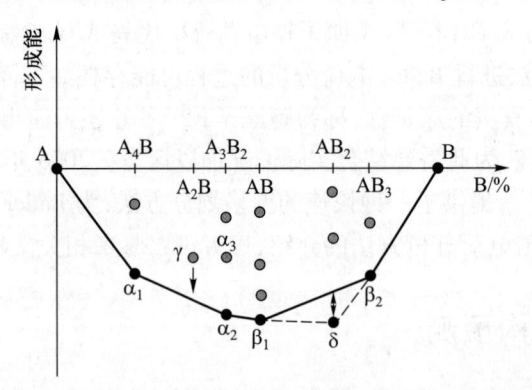

图 6-6 二元 A-B 体系的凸包图。其中的点代表不同结构的相,而连接能量最低的点构成凸包边界线。位于凸包上的点对应最稳定的结构,而处于凸包上方的点对应不稳定或亚稳结构[17]

学不稳定的 α_3 会转变成 α_2；由于 γ 位于 α_1 和 α_2 的连接线上方，因此亚稳 γ 会分解成 α_1 和 α_2。凸包上方的能量点对应不稳定或亚稳结构，趋向于发生分解，形成落在凸包上的结构。如果在原有凸包下方发现新的能量更低的点（如 δ），则对应该点的晶体结构是热力学上更稳定的结构，相应的凸包需要根据该能量点重新构造。

对于开放体系，如存在气体参与反应的体系，热力学稳定性可以通过气体的巨势加以表征，表示如下[18]：

$$\Phi = G - N_g \mu_g \cong U - TS - N_g \mu_g \tag{6-30}$$

式中，下标 g 代表气体分子（如 O_2 和 N_2 等）；N_g 是气体分数；μ_g 是气体化学势。在忽略 pV 项的情况下，通过第一性原理计算可以将内能和化学环境与结构稳定性相关联，进而获取晶体结构之间的热力学竞争关系。由于体积和温度的影响主要来自气体，而固相的熵和体积可以近似忽略，因此需要给出化学势项 μ_g 的压力和温度依从关系，表示如下：

$$\mu_g = \mu_g^0 + k_B T \ln \frac{p_g}{p_0} \tag{6-31}$$

式中，p_g 是气体的偏压；p_0 是气体参考压强，通常取 0.1 MPa；μ_g^0 是气体在参考压强 p_0 下的化学势；k_B 是玻尔兹曼常量。低的气体偏压不利于化合物的形成，而高的气体偏压有利于化合物形成。

基于以上等温等压封闭体系的热力学稳定性标准，Curtarolo 等应用高通量第一性原理计算预测了 80 个二元合金体系的可能稳定相的结构[19]。在大量相互竞争的晶体结构原型中，他们发现实验观察到的基态稳定结构与计算预测的最稳定结构具有相当高的一致性，在至少 85% 的情况下成功地再现了实际基态稳定结构。

6.2.2　结构优化方法

第一性原理结构优化方法就是在确定组分的情况下，将结构稳定性问题映射为结构自由度空间内的能量最小化数学问题。晶体结构的完整描述包括 6 个晶格参数和 $3N-3$ 个原子坐标，寻求能量最小化的函数是 $3N+3$ 维空间中的曲面，称为超势能面[17]。在这样能量曲面上寻找全局极小值的数学问题并不简单，需要采用各种简化方案。流行的简化方法是通过固定晶格基础框架来降低自由度，即只允许对基础晶体结构进行一定范围的变化，称为局域优化算法。该类方法能够从初始点出发，产生一个迭代序列，一般只能收敛到局部极小值点。然而，当基础晶格未知时，必须依靠全局优化算法来探索复杂的能量曲面。全局优化算法是一种遵从严密的理论框架的启发式算法，可以在有限迭代步内搜索到近似最优解。常用的全局优化算法有:盆地跳跃算法、模拟退火算法、遗传算法、粒子群算法、蚁群算法等。关于这些方法更详细的介绍可以参考相关文献[20]。

下面仅以进化算法为例,简单介绍结构预测的原理和步骤。进化算法中的"生物体"是逐代延续进行。由父代产生后代的方法称为变异操作,如基因突变和交叉操作。每一个后代都必须满足设定标准才能被认为是有生存能力的,类似于自然界中的成长过程,即所谓的开发过程。为了防止在算法迭代过程中出现最优解的恶化情况,可以使用提升操作将最好的"生物体"从上一代直接提升到下一代。图6-7概述了用于晶体结构预测的典型进化算法流程[21],包括以下重要步骤。

(1)创建初始结构作为父代。如果缺乏可用的实验数据,那么在有限范围内对整个势能面进行抽样产生初始结构。如果实验数据可用,那么可以直接用于创建初始结构。

(2)计算适应度。结构的适应度是进化作用的属性,使得更好的目标函数解具有更高的适应度,因此能量最小化意味着适应度最大化。

(3)选择亲属样本。选择方法是搜索的重要组成部分,通过算法对所有结构施加压力,使其朝着全局能量最小值改进的方法。常用的策略包括精英选择、

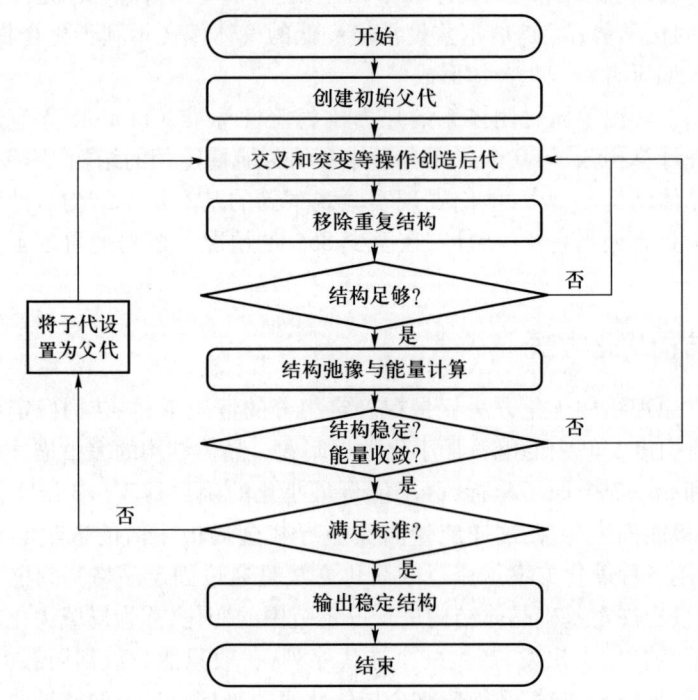

图6-7 基于进化算法进行晶体结构预测的一般流程[21]

轮盘赌选择和锦标赛选择。在精英选择中,允许最佳的几个结构以相同的概率繁殖,而阻止其他结构结合。在轮盘赌选择中,为每个结构生成最佳和最差结构适应度之间的随机数,如果随机数小于结构适应度,则允许其繁殖。在锦标赛选择中,所有结构都被随机分成成对的小组,每组中最佳的成员被允许繁殖。

(4) 提升到下一代。提升操作将上一代一些结构直接放入下一代,这是用来确保良好的遗传基因保持下去的有效方法。

(5) 交叉创造后代。交叉操作是将亲本结构切成两部分,然后将亲本结构的一部分结合起来产生下一代结构。

(6) 突变产生后代。突变操作是将新的遗传基因引入种群,能够探索势能面的近邻区域。最常见的突变是随机扰动亲代结构的原子位置或晶格以产生下一代结构。

(7) 移除重复结构。重复结构的产生不仅会浪费计算资源,而且会导致早熟收敛。早熟收敛与收敛到正确的全局最小值是难以区分的,为此,通过移除重复结构可以有效保持种群的多样性。

(8) 计算能量并判断适应性。如果尚未达到收敛标准,那么当前这一代将成为下一代的父代,继续进行进化。如果已经达到收敛标准,则输出满足能量最小化标准的晶体结构。

6.2.3 数据挖掘方法

与结构优化方法不同,基于数据挖掘的方法从数据出发有效降低了第一性原理计算的成本,并能拓展搜索的相空间。自然界不是随机的,是按照一定规律、原理和模式运行的,因此,可以使用机器学习等方法提取出有价值的信息用于未知结构稳定性的预测,即数据挖掘方法[21]。长期以来,使用经验或启发式规则来预测晶体结构就属于该类方法最初级的版本,例如著名的 Pauling 经验规则和 Pettifor 结构图。Pauling 经验规则并非真正的预测型模型,主要用于表征结构存在的合理性。尽管 Pettifor 结构图可用作预测,但其应用范畴和精确性相当有限。受经验规则和结构图的启发,数据挖掘方法从计算和实验数据中学习,在很大程度上能更加有效地进行结构预测。下面列举三种具有代表性的数据挖掘方法。

1. 基于数据降维技术的结构预测方法

2003 年,Curtarolo 等建立了 55 个二元合金体系中 114 个晶体结构原型的数据库,用第一性原理方法计算了结构的能量[22],进一步经过数据降维研究了体系中晶体结构原型与能量之间的相关性,之后通过数据挖掘预测给定合金中尚未计算的晶体结构的能量,从而加速新结构的预测。

2. 基于数据关联分析的结构预测方法

2006 年，Fischer 等提出了一种基于晶体结构之间相关性的方法[23]，解决了结构稳定性分类问题，即预测晶体结构是否可能稳定。该方法的一般原理是考虑化学体系中给定晶体结构原型的存在可以与某些因素相关，通过引入数据抽象和变量来整合这些相关性并提出概率模型。

3. 基于离子置换模型的结构预测方法

2011 年，Hautier 等提出了基于离子置换模型进行结构预测的方法[24]，通过在实验晶体结构数据库上的训练，严格交叉验证评估模型的预测能力，分析出新的化学替代规则。该预测方法理论上可用于预测含有更多组分的化学体系，但存在实际应用的局限，例如，晶体结构原型没有足够的出现次数，导致数据稀疏，模型无法捕捉有用的关联等。尽管如此，使用数据挖掘方法在更稀疏的区域进行预测，可以帮助建立概率模型来评估离子种类在保证晶体结构的同时相互替代的可能性。

总之，目前的第一性原理计算技术已经足够成熟，可以很好地预测晶体结构稳定性，而数据挖掘方法为结构预测提供了更高效和更友好的途径。随着计算能力的进一步提升、模型的完善和数据集的扩大，结构优化方法和数据挖掘方法的结合可以更大程度地提升结构预测的准确性和高效性。

6.3 晶格动力学研究

晶格动力学是通过声子色散关系，即晶格振动频率 $\omega(q)$ 与波矢 q 的关系加以描述的。第一性原理计算不仅能给出晶格能量，而且能够给出精确的原子受力，从而为晶格动力学研究提供了有效途径。目前第一性原理晶格动力学方法主要包括基于密度泛函微扰理论(density functional perturbation theory，DFPT)的线性响应方法[25-26]和基于超胞的冻声子(frozen phonon)方法[27-28]。

6.3.1 线性响应方法

在密度泛函理论框架下，线性响应方法指的是在晶格微扰条件下借助数值算法直接计算体系能量对波函数或电荷密度的一阶导数，给出 Hellmann-Feynman 力[25]，由此计算出力常数矩阵来确定色散关系。在 Born-Oppenheimer 绝热近似下，电子的静态微扰对应声子相关的原子位移，于是由 Hellmann-Feynman 理论可知，原子受力 F_I 可以表示为原子核坐标的哈密顿量的能量本征值的一阶导数，表示如下[29-30]：

$$F_I = -\frac{\partial E(R)}{\partial R_I} = -\left\langle \Phi(R) \left| \frac{\partial H(R)}{\partial R_I} \right| \Phi(R) \right\rangle \tag{6-32}$$

式中,R_I 是第 I 个原子核的坐标;$R=\{R_I\}$ 是所有原子核坐标的集合;$E(R)$ 是能量本征值;$\Phi(R)$ 是本征波函数;$H(R)$ 是哈密顿量,表示如下:

$$H(R) = \sum_i \left(-\frac{1}{2}\nabla_i^2\right) + \sum_i \sum_{j>i} \frac{1}{|r_i - r_j|} + V_R(r) + V_N(R) \quad (6-33)$$

式中,$V_R(r)$ 和 $V_N(R)$ 分别是原子核与电子之间以及原子核之间的相互作用,表示如下:

$$V_R(r) = -\sum_i \sum_I \frac{Z_I}{|r_i - R_I|}, \quad V_N(R) = \sum_I \sum_{J>I} \frac{Z_I Z_J}{|R_I - R_J|} \quad (6-34)$$

式中,Z_I 是第 I 个原子核的电荷;r_i 和 R_I 分别是电子 i 和原子核 I 的坐标。

由于哈密顿量 $H(R)$ 的前两项只与电子相关,因此其对原子核坐标的导数为零。于是,Hellmann-Feynman 力表示如下:

$$F_I = -\frac{\partial E(R)}{\partial R_I} = -\int \mathrm{d}r \rho_R(r) \frac{\partial V_R(r)}{\partial R_I} - \frac{\partial V_N(R)}{\partial R_I} \quad (6-35)$$

式中,$\rho_R(r)$ 是原子核坐标为 R 时的电荷密度。如果原子受力 F_I 进一步对原子核坐标 R_J 求导,可得 Hessian 力常数矩阵,表示如下:

$$\frac{\partial^2 E(R)}{\partial R_I \partial R_J} = -\frac{\partial F_I}{\partial R_J}$$

$$= \int \frac{\partial \rho_R(r)}{\partial R_J} \frac{\partial V_R(r)}{\partial R_I} \mathrm{d}r + \int \rho_R(r) \frac{\partial^2 V_R(r)}{\partial R_I \partial R_J} \mathrm{d}r + \frac{\partial^2 V_N(R)}{\partial R_I \partial R_J} \quad (6-36)$$

由此可见,力常数与电荷密度 $\rho_R(r)$ 以及位移的线性响应 $\partial \rho_R(r)/\partial R_I$ 相关联。于是,由 Hessian 力常数矩阵决定的振动频率 ω 表示如下:

$$\left| \frac{1}{\sqrt{M_I M_J}} \frac{\partial^2 E(R)}{\partial R_I \partial R_J} - \omega^2 \right| = 0 \quad (6-37)$$

式中,M_I 是第 I 个原子核的质量。下面定义相应符号并给出力常数矩阵确定的色散关系具体形式。

在 Hessian 力常数矩阵中,指数 $I=\{l,s\}$,其中,l 表示原子所属的晶胞,s 表示该晶胞中原子的位置,于是,原子 I 的位置表示为 $R_I = R_l + \tau_s + u_s(l)$,其中,$R_l$ 是第 l 个单胞在晶格中的位置,τ_s 是原子在单胞中的位置,$u_s(l)$ 表示原子偏离平衡位置的微扰。对于周期性晶体,总能 E_{tot} 与原子偏离平衡位置的微扰的关系表示如下[26,31]:

$$E_{tot} = E_{tot}^{(0)} + \sum_{ls\alpha} \sum_{l's'\beta} \frac{1}{2} \frac{\partial^2 E_{tot}}{\partial u_{s\alpha}(l) \partial u_{s'\beta}(l')} \Delta u_{s\alpha}(l) \Delta u_{s'\beta}(l') + \cdots \quad (6-38)$$

式中，$E_{\text{tot}}^{(0)}$ 是无微扰晶体的总能；希腊字母 α 和 β 表示笛卡儿坐标分量；$\Delta u_{s\alpha}(l)$ 是用位置向量 $\boldsymbol{R}_l$ 标记的单胞 l 中原子 s 沿 α 方向偏离平衡位置的位移。由于晶体具有平移不变性，力常数矩阵仅通过不同单胞平移矢量 $\boldsymbol{R}=\boldsymbol{R}_l-\boldsymbol{R}_{l'}$ 给出，于是，力常数矩阵定义如下[25-26]：

$$C_{s\alpha,s'\beta}(\boldsymbol{R}) = C_{s\alpha,s'\beta}(l,l') = \frac{\partial^2 E_{\text{tot}}}{\partial u_{s\alpha}(l)\, \partial u_{s'\beta}(l')} \tag{6-39}$$

如果对以上实空间力常数矩阵 $C_{s\alpha,s'\beta}(\boldsymbol{R})$ 做傅里叶变换，那么可以得到关于倒易波矢 $\boldsymbol{q}$ 的力常数矩阵 $\tilde{C}_{s\alpha,s'\beta}(\boldsymbol{q})$，表示如下：

$$\tilde{C}_{s\alpha,s'\beta}(\boldsymbol{q}) = \sum_{\boldsymbol{R}} C_{s\alpha,s'\beta}(\boldsymbol{R}) e^{-i\boldsymbol{q}\cdot\boldsymbol{R}} = \frac{1}{N_c}\frac{\partial^2 E_{\text{tot}}}{\partial u_{s\alpha}^*(\boldsymbol{q})\, \partial u_{s'\beta}(\boldsymbol{q})} \tag{6-40}$$

式中，N_c 是晶胞数量；$u_s(\boldsymbol{q})$ 是微扰向量，由晶格畸变模式 $R_l[u_s(\boldsymbol{q})] = R_l + \tau_s + u_s(\boldsymbol{q})e^{-i\boldsymbol{q}\cdot R_l}$ 确定。于是，声子频率 $\omega(\boldsymbol{q})$ 可由求解如下久期方程得到：

$$\left| \frac{1}{\sqrt{M_s M_{s'}}} \tilde{C}_{s\alpha,s'\beta}(\boldsymbol{q}) - \omega^2(\boldsymbol{q}) \right| = 0 \tag{6-41}$$

式中，力常数矩阵的倒易空间表达式可分成电子和原子核贡献两部分，如下：

$$\tilde{C}_{s\alpha,s'\beta}(\boldsymbol{q}) = \tilde{C}_{s\alpha,s'\beta}^{\text{ion}}(\boldsymbol{q}) + \tilde{C}_{s\alpha,s'\beta}^{\text{ele}}(\boldsymbol{q}) \tag{6-42}$$

式中，$\tilde{C}_{s\alpha,s'\beta}^{\text{ion}}$ 来自原子核之间的静电相互作用，对于周期性晶体，可以通过 Ewald 求和算法得到[25-26]；$\tilde{C}_{s\alpha,s'\beta}^{\text{ele}}$ 对应倒易空间的电子贡献，表示如下：

$$\tilde{C}_{s\alpha,s'\beta}^{\text{ele}}(\boldsymbol{q}) = \frac{1}{N_c}\left[\int \left(\frac{\partial \rho(r)}{\partial u_{s\alpha}(\boldsymbol{q})}\right)^* \frac{\partial V_{\text{ion}}(r)}{\partial u_{s'\beta}(\boldsymbol{q})} dr + \int \rho(r) \frac{\partial^2 V_{\text{ion}}(r)}{\partial u_{s\alpha}^*(\boldsymbol{q})\, \partial u_{s'\beta}(\boldsymbol{q})} dr \right] \tag{6-43}$$

式中，$V_{\text{ion}}(r)$ 是原子核与电子的相互作用势能。上式第一部分可以根据微扰理论求得，而第二部分可以由势的表达式直接求出。

下面具体给出第一性原理线性响应方法计算晶体色散关系的基本流程[32]：

(1) 在绝热近似下，由 Hellmann-Feynman 理论推导出的力常数矩阵 $\tilde{C}_{s\alpha,s'\beta}(\boldsymbol{q})$ 可以分解为原子核部分 $\tilde{C}_{s\alpha,s'\beta}^{\text{ion}}(\boldsymbol{q})$ 和电子部分 $\tilde{C}_{s\alpha,s'\beta}^{\text{ele}}(\boldsymbol{q})$。

(2) 对于周期性晶体，原子核部分的贡献可以应用 Ewald 求和算法与有效势的常规二阶导数计算得到。

(3) 电子部分的贡献可细分为电子密度及其一阶导数两部分。电子密度部分可以按照常规密度泛函方法求解；电子密度一阶导数部分又可细分为电子密度的一阶导数部分和外部势的一阶导数部分。

(4) 对于细分的电子密度的一阶导数部分，需要采用微扰方法进行自洽求解。由微扰理论可知，电子密度的一阶导数与有效势相关，而有效势又反过来由电子密度的一阶导数决定，这是一个自洽的迭代循环，需要通过自洽求解方法得到。

(5) 对于外部势的一阶导数部分，可以直接由外部势的表达式得到。

(6) 将以上各部分合并即可得到总的力常数矩阵。

(7) 最后，由力常数矩阵确定线性响应的振动频率，得到晶体的色散关系，即声子谱。

6.3.2 超胞冻声子方法

超胞冻声子方法通过直接扰动原子坐标使其偏离平衡位置，并计算 Hellmann-Feynman 力，将计算的力与谐波模型预测的力相等，得到一组线性约束，通过求解作用在原子上的力确定未知力常数，进而获得动力学方程，最后计算出声子谱[27,30-31,33]。为保证计算力常数的合理性，原胞边界需要与声子波矢正交，或者保证原胞足够大以至于在原胞外原子间作用力可以忽略不计，也就是说，当力常数超过原胞的范围时，必须使用超胞。由于第一性原理计算的能量误差是二阶的，而计算的力误差是一阶的，因此，还需保证晶胞参数的计算精度。下面介绍超胞冻声子方法的基本原理。

对于周期性晶体，原子的 Hellmann-Feynman 力可以表示为微扰的线性关系，表示如下[28]：

$$F_{s\alpha}(l) = -\sum_{l's'} C_{s\alpha,s'\beta}(l,l') u_{s'\beta}(l') \quad (6-44)$$

式中，希腊字母 α 和 β 表示笛卡儿坐标分量；$C_{s\alpha,s'\beta}(l,l')$ 是力常数矩阵，可以根据总能量 E_{tot} 对原子偏离平衡位置的导数表示如下：

$$C_{s\alpha,s'\beta}(l,l') = \frac{\partial^2 E_{tot}}{\partial u_{s\alpha}(l) \partial u_{s'\beta}(l')} \quad (6-45)$$

接下来，对以上实空间力常数矩阵做傅里叶变换，得到倒易空间的力常数矩阵，表示如下：

$$\tilde{C}_{s\alpha,s'\beta}(q) = \frac{1}{N_c} \sum_{l,l'} C_{s\alpha,s'\beta}(l,l') e^{iq\cdot(R_{l's'}-R_{ls})} = \frac{1}{N_c} \sum_{R} C_{s\alpha,s'\beta}(R) e^{-iq\cdot R} \quad (6-46)$$

式中，N_c 是晶胞数；$R_{l's'}$ 是第 l' 个晶胞中第 s' 个原子的平衡位置，由于周期性条件下晶格具有平移不变性，R 仅依赖于单胞 l 和 l' 的平移向量，即 $R = R_l - R_{l'}$。于是，动力学矩阵 $\tilde{D}_{s\alpha,s'\beta}(q)$ 通过质量标度的力常数矩阵表示如下：

$$\tilde{D}_{s\alpha,s'\beta}(q) = \frac{1}{\sqrt{M_s M_{s'}}} \tilde{C}_{s\alpha,s'\beta}(q) \qquad (6-47)$$

式中，M_s 是第 s 个原子的质量。在每个波矢 q 处，对角化动力学矩阵 $\tilde{D}_{s\alpha,s'\beta}(q)$，给出本征值和本征向量，由本征值可得声子频率在 q 处的平方，即 $\omega^2(q)$。

尽管选择任何能够确定力常数的扰动在原则上都是等价的，但通常只需选择有限数量的非冗余扰动，即最少微扰模式。其选择原则总结如下[27]：

(1) 确定原胞中非对称性等价的原子，对于配位环境不同的同种原子，可以设定为非等价原子。

(2) 识别原子在超胞中的周期性镜像，并将其视为不同于同类型的其他原子，这样能够有效地消除了晶体空间群的一些对称操作。

(3) 构建原子所在位点的点群，即 $\{S_i\}$，其中，S_i 是 3×3 阶矩阵。

(4) 沿方向 u_1 移动所选原子，使得向量 $S_i u_1$ 所跨越的空间包含尽可能多的维数。

(5) 如果得到的维数小于 3，考虑一个额外的移动方向 u_2，使得 $S_i u_j (j = 1, 2)$ 的向量所跨越的空间具有尽可能多的维数。

(6) 如果得到的维数仍然小于 3，则考虑沿与 u_1 和 u_2 正交的方向 u_3 移动。

(7) 如此获得的位移和能量差就可以用于计算原子受力，进而获得动力学矩阵。

总之，在使用第一性原理超胞冻声子方法过程中，需要注意如下事项：① 可以使用超过最少微扰模式的附加扰动来最小化噪声的影响，从而保证力的微小噪声不会导致拟合力常数过程中太大的误差；② 当使用第一性原理计算原子受力时，由于能量达到收敛时力可能还没有收敛，因此采用力收敛至关重要；③ 由于力的非谐分量会将噪声引入拟合的力常数，因此可以添加一组额外的相反符号的位移扰动来缓解。有关拟合力常数的更多细节，请参见相关文献[31,34]。

晶体的色散关系能够给出晶格的动力学稳定性。图 6-8 是应用超胞冻声子方法计算得到的不同堆垛次序 WC 声子谱[35]。由图可见，不同的堆垛次序会导致不同的动力学稳定性变化：hP2[187] 和 hP4[194] 结构在常态下是动力学稳定的，而 hP6[194] 结构的声子谱出现了明显的虚频，表明这种结构在常态下存在动力学不稳定性问题。

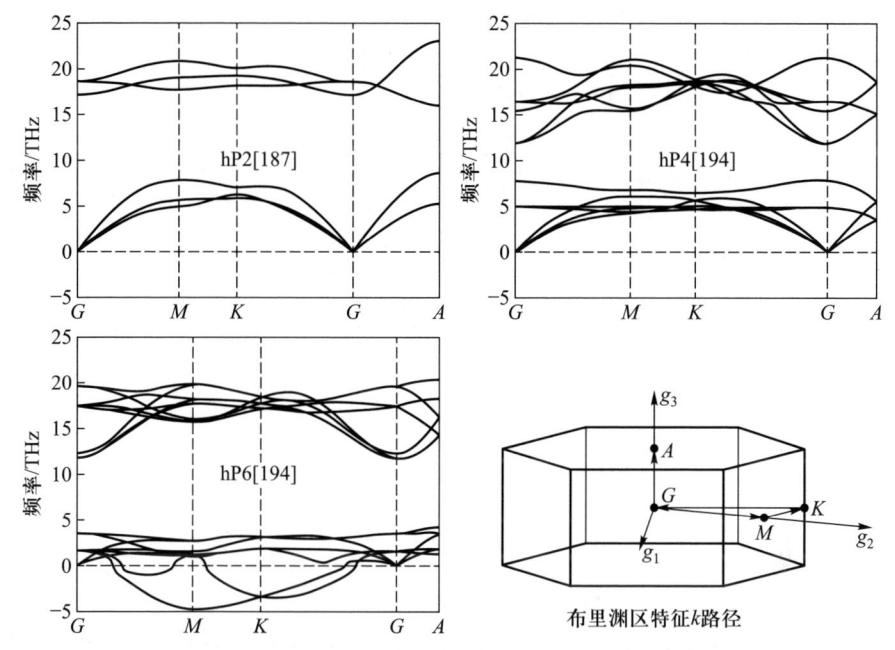

图 6-8 应用超胞冻声子方法计算得到的不同堆垛次序 WC 声子谱[35]

6.4 晶体力学性能计算

应用第一性原理方法计算晶体的力学性能已经成为较为通用的方法,相应的开源程序较多[36-37],不仅支持晶体的弹性性能的计算,而且支持晶体理想强度、晶面解离功、面间层错能等的计算。这里仅简单介绍晶体弹性性能和理想强度的第一性原理计算方法,关于其他力学性能的计算方法可以参考相关文献[38]。

6.4.1 弹性性能

弹性性能是度量晶体在可恢复弹性限度内对外加载荷的可逆响应的程度。目前应用第一性原理方法计算晶体弹性性能通常包括:通过状态方程拟合弹性模量,以及通过能量/应力-应变关系推导各向异性弹性常数。在后者的基础上,进一步应用平均方案,如 Voigt 方法、Reuss 方法和 Hill 方法,可以估算出多晶弹性模量,如体模量和剪切模量,还可以推导出弹性各向异性、弹性稳定性、泊松比和韧脆性。

1. 状态方程拟合体模量

应用第一性原理方法计算晶体体模量的简单方法是应用状态方程拟合

E-V 曲线,其中,E 和 V 分别代表晶体的总能量和体积。下面给出三种常用的状态方程的表示形式。

(1) Murnaghan 状态方程,表示如下[39]:

$$E_{\text{Murn}}(V) = E_0 + \frac{BV}{B'}\left[\frac{(V_0/V)^{B'}}{B'-1}+1\right] - \frac{BV_0}{B'-1} \tag{6-48}$$

(2) Birch 状态方程,表示如下[40]:

$$E_{\text{Birch}}(V) = E_0 + \frac{9}{8}BV_0\left[\left(\frac{V_0}{V}\right)^{2/3}-1\right]^2 + \frac{9}{16}BV_0(B'-4)\left[\left(\frac{V_0}{V}\right)^{2/3}-1\right]^3 \tag{6-49}$$

(3) Vinet 状态方程,表示如下[41]:

$$E_{\text{Vinet}}(V) = E_0 - \frac{4BV_0}{(B'-1)^2}\left\{1-\frac{3}{2}(B'-1)\left[1-\left(\frac{V}{V_0}\right)^{1/3}\right]\right\}\exp\left\{\frac{3}{2}(B'-1)\left[1-\left(\frac{V}{V_0}\right)^{1/3}\right]\right\} \tag{6-50}$$

在以上三个状态方程中,E_0 和 V_0 分别代表平衡态晶体能量和体积,B 和 B' 分别是体模量及其一阶导数,均可通过拟合 E-V 曲线得到。

应用第一性原理方法通过状态方程拟合体模量的一般步骤如下:① 优化晶胞并获得平衡态结构和能量;② 对优化的晶胞施加一系列应变或应力来改变晶胞体积;③ 计算应变后的晶胞体积和能量;④ 应用以上状态方程拟合 E-V 曲线获得 E_0、V_0、B 和 B'。

2. 应变模式推导弹性常数

在弹性限度内,广义胡克定律描述了应力 $\boldsymbol{\sigma}=(\sigma_1,\sigma_2,\sigma_3,\sigma_4,\sigma_5,\sigma_6)$ 与应变 $\boldsymbol{\varepsilon}=(\varepsilon_1,\varepsilon_2,\varepsilon_3,\varepsilon_4,\varepsilon_5,\varepsilon_6)$ 的线性关系,以 Voigt 表示法给出如下:$\sigma_i = \sum_{j=1}^{6} c_{ij}\varepsilon_j$,其中,$c_{ij}$ 代表弹性刚度系数,下标整数 i 或 j 代表一对笛卡儿指标,对应应变分量,即 $\varepsilon_1=\varepsilon_{xx}$,$\varepsilon_2=\varepsilon_{yy}$,$\varepsilon_3=\varepsilon_{zz}$,$\varepsilon_4=\varepsilon_{yz}+\varepsilon_{zy}$,$\varepsilon_5=\varepsilon_{xz}+\varepsilon_{zx}$,$\varepsilon_6=\varepsilon_{xy}+\varepsilon_{yx}$。如果交换应力和应变,表示如下:$\varepsilon_i = \sum_{j=1}^{6} s_{ij}\sigma_j$,其中,$s_{ij}$ 代表弹性柔度系数。

一般情况下,晶体的畸变能量 $E(V,\varepsilon)$ 可以表示为应变张量 $\boldsymbol{\varepsilon}=[\varepsilon_i]$ 的泰勒展开式,表示如下:

$$E(V,\varepsilon) = E(V_0,0) + \frac{V_0}{2}\sum_{i,j=1}^{6} c_{ij}\varepsilon_i\varepsilon_j + \cdots \tag{6-51}$$

式中,$E(V_0,0)$ 和 V_0 分别是晶体平衡能量和体积。应用该式计算弹性常数的方法称为能量-应变法,一般包括如下步骤:首先根据对称性对晶体施加不同的应变,计算出一系列应变下的能量,然后通过拟合能量-应变关系曲线获得关于弹性常数的联立方程组,最后求解方程组得出晶体的弹性常数。另外一种通过第一性原理计算弹性常数的方法是应力-应变法,该方法相比于能量-应变法需要的应变模式更少,但是通常要求的第一性原理计算精度更高。

3. 多晶体模量和剪切模量

多晶材料的体模量、剪切模量、杨氏模量和泊松比可以用单晶弹性常数的平均方案近似计算得到。目前常用的方法包括 Voigt 方法[42]、Reuss 方法[43] 和 Hill 方法[44]。Voigt 方法假定应变平均分布,体模量 B_V 和剪切模量 G_V 的近似计算公式表示如下:

$$9B_V = (c_{11}+c_{22}+c_{33}) + 2(c_{12}+c_{23}+c_{31}) \\ 15G_V = (c_{11}+c_{22}+c_{33}) - (c_{12}+c_{23}+c_{31}) + 3(c_{44}+c_{55}+c_{66}) \tag{6-52}$$

而 Reuss 方法假定应力平均分布,体模量 B_R 和剪切模量 G_R 的近似计算公式表示如下:

$$\frac{1}{B_R} = (s_{11}+s_{22}+s_{33}) + 2(s_{12}+s_{23}+s_{31}) \\ \frac{15}{G_R} = 4(s_{11}+s_{22}+s_{33}) - 4(s_{12}+s_{23}+s_{31}) + 3(s_{44}+s_{55}+s_{66}) \tag{6-53}$$

Hill 方法采用 Voigt 方法和 Reuss 方法的算术平均,体模量 B_H 和剪切模量 G_H 的近似计算公式表示如下:

$$B_H = \frac{B_V+B_R}{2}, \quad G_H = \frac{G_V+G_R}{2} \tag{6-54}$$

该方法也常被称为 Voigt-Reuss-Hill(VRH)平均方法。

对于多晶材料,杨氏模量 E 和泊松比 ν 分别由以上计算得到的体模量和剪切模量给出,表示如下:

$$E = \frac{9BG}{3B+G}, \quad \nu = \frac{3B-2G}{2(3B+G)} \tag{6-55}$$

4. 弹性各向异性

立方晶体的弹性各向异性可以用 Zener 各向异性因子 A^Z 表征,表示如下: $A^Z = 2c_{44}/(c_{11}-c_{12})$,其中,$c_{11}$、$c_{12}$ 和 c_{44} 是立方晶体的 3 个独立弹性常数。针对立方晶体,Chung 等基于 Voigt 和 Reuss 剪切模量提出了另一种表征弹性各向异性的因子 A^C,表示如下[45]:

$$A^C = \frac{G_V - G_R}{G_V + G_R} \tag{6-56}$$

由于这两种弹性各向异性因子仅限于立方晶体,因此 Ranganathan 等提出了适用于任意晶体的通用各向异性因子 A^U,表示如下[46]:

$$A^U = 5\frac{G_V}{G_R} + \frac{B_V}{B_R} - 6 \tag{6-57}$$

$A^U = 0$ 表示晶体呈现弹性各向同性;$A^U > 0$ 表示晶体具有弹性各向异性。值得注意的是,对于立方晶体,Ranganathan 通用各向异性因子 A^U 与 Zener 各向异性因子 A^Z 存在关系 $A^U = (6/5)\left(\sqrt{A^Z} - 1/\sqrt{A^Z}\right)^2$,而与 Chung 各向异性的因子 A^C 存在关系 $A^U = 10A^C/(1-A^C)$。

除了采用以上各向异性因子来表征晶体的弹性各向异性,各向异性杨氏模量的空间分布图也常用于表征晶体的弹性各向异性,如图 6-9 所示。由图可见,弹性各向异性依赖于晶体的对称性,在不同的晶体对称性方向上,杨氏模量呈现出较强的各向异性空间分布。

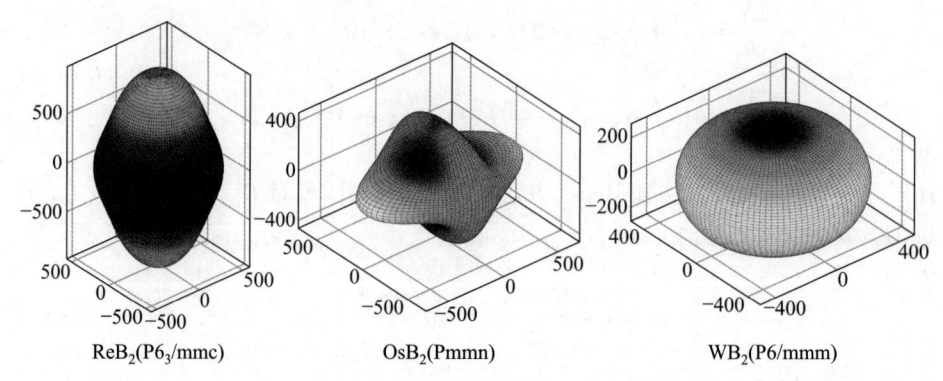

图 6-9 $TmB_2(Tm = Re, Os, W)$ 的各向异性杨氏模量的空间分布[38](参见书后彩图)

6.4.2 理想强度

理想强度指的是完美晶体在给定应变模式下达到晶格失稳的最大应力,代表了真实晶体所能达到的强度上限。由于理想强度与晶体的结构转变、塑性变形和断裂韧性直接相关,因此备受关注。理想强度的计算可以追溯到 20 世纪初,从早期基于基本物理参量来估算[47-48]到利用经验势函数或分子力场预测,之后发展为应用第一性原理方法进行计算。但需要注意的是,材料的实际强度由于受到晶体缺陷等的限制往往远远低于理想强度。

理想强度的第一性原理计算与晶胞畸变模式密切相关。对晶胞施加的应变通常包括均匀变形(affine 变形)和局部变形(alias 变形)。在 affine 变形过程中,通过改变晶胞基矢施加宏观变形,此时晶胞中所有原子沿着拉伸或剪切变形方向均匀位移,即保持原子位置在晶胞中的分数坐标不变。与之相对应,在 alias 变形过程中,仅仅允许晶胞内特定的原子层之间沿拉伸或剪切方向的相对移动,而其他原子层在晶胞中参照特定原子层位置做整体移动。更多关于畸变模式选择的介绍可参考相关文献[38]。

应用第一性原理方法计算晶体理想强度的一般步骤如下:

(1) 晶胞投影。基于加载模式在正交坐标系下进行晶胞投影变换:对于拉伸加载,拉伸方向需要平行于特定的晶体学方向;而对于剪切加载,剪切面需要垂直于一个坐标轴,保持剪切方向平行于另一个坐标轴。

(2) 晶胞畸变。晶胞畸变是通过畸变矩阵 ε 实现的,即通过 ε 将原晶胞基矢 a_i 变换为新晶胞基矢 a'_i,表示如下:

$$\begin{pmatrix} a'_1 \\ a'_2 \\ a'_3 \end{pmatrix} = \begin{pmatrix} a_1 \\ a_2 \\ a_3 \end{pmatrix} \cdot (I+\varepsilon) \tag{6-58}$$

式中,I 是单位矩阵;ε 是拉伸或剪切变形的应变矩阵。对于拉伸变形,应变矩阵 $\varepsilon_{\text{tens}}$ 表示如下:

$$\varepsilon_{\text{tens}} = \begin{pmatrix} \varepsilon_1 & 0 & 0 \\ 0 & \varepsilon_2 & 0 \\ 0 & 0 & \varepsilon_3 \end{pmatrix} \tag{6-59}$$

式中,ε_1、ε_2 和 ε_3 是拉伸应变分量。而对于剪切变形,存在两种不同的剪切模式:纯剪切(pure shear)和简单剪切(simple shear)。根据物理冶金领域的定义,纯剪切应变是通过同时变化畸变矩阵的上下两个非对角线组元得到。于是,对于这种剪切应变,两个相等的对称位移被施加于两个正交笛卡儿坐标轴。简单剪切应变则是通过变化畸变矩阵的一个上(或下)三角组元得到。于是,纯剪切和简单剪切应变的畸变矩阵分别表示如下[38]:

$$\varepsilon_{\text{pure}} = \begin{pmatrix} 0 & \frac{1}{2}\varepsilon_6 & \frac{1}{2}\varepsilon_5 \\ \frac{1}{2}\varepsilon_6 & 0 & \frac{1}{2}\varepsilon_4 \\ \frac{1}{2}\varepsilon_5 & \frac{1}{2}\varepsilon_4 & 0 \end{pmatrix}, \quad \varepsilon_{\text{simple}} = \begin{pmatrix} 0 & \varepsilon_6 & \varepsilon_5 \\ 0 & 0 & \varepsilon_4 \\ 0 & 0 & 0 \end{pmatrix} \tag{6-60}$$

式中，ε_4、ε_5 和 ε_6 是剪切应变组元。由此可见，纯剪切和简单剪切从变形的角度代表了相同的变形。然而，对于基于笛卡儿坐标系的应力分量而言，两种剪切模式在剪切面上产生不同的应力状态。图 6-10 给出了晶胞的各种 affine 变形模式。由图可见，对于简单剪切，剪切面与剪切方向完全平行，而对于纯剪切，由于旋转而不平行，因此剪切面上的应力状态在两种剪切模式下是不同的。

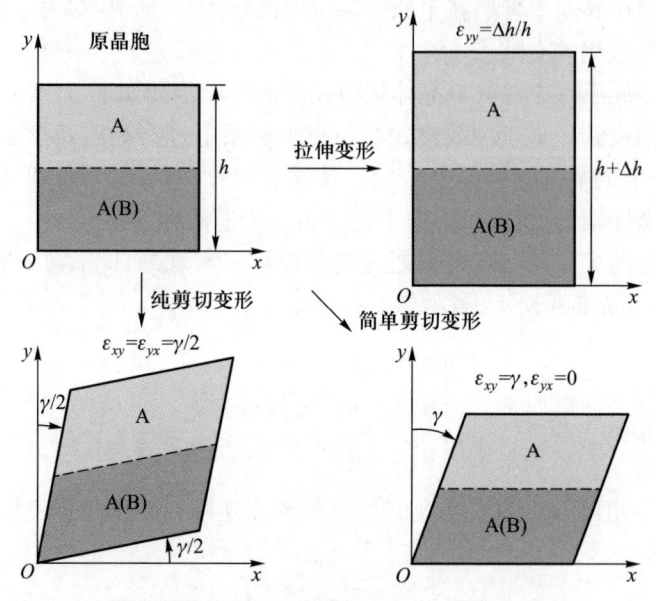

图 6-10 晶胞的各种 affine 变形模式示意图[38]

（3）晶胞弛豫。采用第一性原理局域优化算法进行晶胞弛豫，可以实现单轴应变、单轴应力、多轴应变和多轴应力等。例如，在单轴应力加载模式下，通过应力组元约束实现单轴应力全松弛，包括晶胞和原子坐标。一般来讲，为了确保应变路径的连续性，当前应变的初始原子坐标应来自前一应变步的松弛坐标。

（4）应力-应变关系提取。第一性原理方法一般能够直接计算出晶胞的应力组元，结合施加的应变组元，可绘制出应力-应变关系曲线，由此提取出晶胞失稳的峰值应力，即为理想强度。

参 考 文 献

[1] 陈志谦，李春梅，李冠男，等. 材料的设计、模拟与计算：CASTEP 的原理及其应用[M]. 北京：科学出版社，2019.

[2] Becke A D, Edgecombe K E. A simple measure of electron localization in atomic and molecular systems[J]. The Journal of Chemical Physics, 1990, 92(9)：5397-5403.

参考文献

[3] Savin A, Jepsen O, Flad J, et al. Electron localization in solid-state structures of the elements: The diamond structure[J]. Angewandte Chemie, 1992, 31(2): 187-188.

[4] 陈建华. 硫化矿物浮选固体物理研究[M]. 长沙: 中南大学出版社, 2015.

[5] Hoffmann R. Solids and surfaces: A chemist's view of bonding in extended structures[M]. Wiley, 2021.

[6] Dronskowski R, Bloechl P E. Crystal orbital Hamilton populations (COHP): Energy-resolved visualization of chemical bonding in solids based on density-functional calculations [J]. The Journal of Physical Chemistry, 1993, 97(33): 8617-8624.

[7] Deringer V L, Tchougréeff A L, Dronskowski R. Crystal orbital Hamilton population (COHP) analysis as projected from plane-wave basis sets[J]. The Journal of Physical Chemistry A, 2011, 115(21): 5461-5466.

[8] Maintz S, Deringer V L, Tchougréeff A L, et al. LOBSTER: A tool to extract chemical bonding from plane-wave based DFT[J]. Journal of Computational Chemistry, 2016, 37: 1030-1035.

[9] Hoffmann R. How chemistry and physics meet in the solid state[J]. Angewandte Chemie, 1987, 26(9): 846-878.

[10] Mulliken R S. Electronic population analysis on LCAO-MO molecular wave functions. I [J]. The Journal of Chemical Physics, 1955, 23(10): 1833-1840.

[11] 徐光宪, 黎乐民, 王德民. 量子化学: 基本原理和从头计算法[M]. 2 版. 北京: 科学出版社, 2009.

[12] Bader R FW, Beddall P M. Virial field relationship for molecular charge distributions and the spatial partitioning of molecular properties[J]. The Journal of Chemical Physics, 1972, 56(7): 3320-3329.

[13] 卢天, 陈飞武. 原子电荷计算方法的对比[J]. 物理化学学报, 2012, 28(1): 1-18.

[14] Bader R F W. Atom in molecules: A quantum theory [M]. Oxford: Clarendon Press, 1994.

[15] Henkelman G, Arnaldsson A, Jónsson H. A fast and robust algorithm for Bader decomposition of charge density[J]. Computational Materials Science, 2006, 36(3): 354-360.

[16] Maddox J. Crystals from first principles[J]. Nature, 1988, 335(6187): 201.

[17] Hautier G. Data mining approaches to high-throughput crystal structure and compound prediction[M]//Prediction and Calculation of Crystal Structures. Springer Cham, 2014: 139-179.

[18] Ong S P, Wang L, Kang B, et al. Li-Fe-P-O$_2$ phase diagram from first principles calculations[J]. Chemistry of Materials, 2008, 20(5): 1798-1807.

[19] Curtarolo S, Morgan D, Ceder G. Accuracy of *ab initio* methods in predicting the crystal structures of metals: A review of 80 binary alloys[J]. CALPHAD, 2005, 29(3): 163-211.

[20] 王彦超, 吕健, 马琰铭. CALYPSO 结构预测方法[J]. 科学通报, 2015(27):8.

[21] Revard B C, Tipton W W, Hennig R G. Structure and stability prediction of compounds with evolutionary algorithms [M] // Prediction and Calculation of Crystal Structures. Springer Cham, 2014: 181-222.

[22] Curtarolo S, Morgan D, Persson K, et al. Predicting crystal structures with data mining of quantum calculations[J]. Physical Review Letters, 2003, 91(13): 135503.

[23] Fischer C C, Tibbetts K J, Morgan D, et al. Predicting crystal structure by merging data mining with quantum mechanics[J]. Nature Materials, 2006, 5(8): 641-646.

[24] Hautier G, Fischer C, Ehrlacher V, et al. Data mined ionic substitutions for the discovery of new compounds[J]. Inorganic Chemistry, 2011, 50(2): 656-663.

[25] Baroni S, De Gironcoli S, Dal Corso A, et al. Phonons and related crystal properties from density-functional perturbation theory [J]. Reviews of Modern Physics, 2001, 73(2): 515.

[26] Gonze X, Lee C. Dynamical matrices, Born effective charges, dielectric permittivity tensors, and interatomic force constants from density-functional perturbation theory[J]. Physical Review B, 1997, 55(16): 10355.

[27] Van De Walle A, Ceder G. The effect of lattice vibrations on substitutional alloy thermodynamics[J]. Reviews of Modern Physics, 2002, 74(1): 11.

[28] Wei S, Chou M Y. *Ab initio* calculation of force constants and full phonon dispersions[J]. Physical Review Letters, 1992, 69(19): 2799.

[29] Hellman H. Einführung in die Quantenchemie[M]. Leipzig: Franz Deuticke, 1937.

[30] Hsueh H C, Warren M C, Vass H, et al. Vibrational properties of the layered semiconductor germanium sulfide under hydrostatic pressure: Theory and experiment[J]. Physical Review B, 1996, 53(22): 14806.

[31] Ackland G J, Warren M C, Clark S J. Practical methods in *ab initio* lattice dynamics[J]. Journal of Physics: Condensed Matter, 1997, 9(37): 7861.

[32] 孔毅. 二元非平衡合金相稳定性的晶格动力学研究[D]. 北京: 清华大学, 2007.

[33] Dove M T. Introduction to lattice dynamics [M]. Cambridge: Cambridge University Press, 1993.

[34] Garbulsky G D, Ceder G. Contribution of the vibrational free energy to phase stability in substitutional alloys: Methods and trends[J]. Physical Review B, 1996, 53(14): 8993-9001.

[35] He Z J, Fu Z H, Legut D, et al. Tuning lattice stability and mechanical strength of ultraincompressible tungsten carbides by varying the stacking sequence[J]. Physical Review B, 2016, 93(18): 184104.

[36] Zhang S H, Zhang R F. AELAS: Automatic ELAStic property derivations via high-throughput first-principles computation[J]. Computer Physics Communications, 2017, 220: 403-416.

[37] Zhang S H, Fu Z H, Zhang R F. ADAIS: Automatic derivation of anisotropic ideal strength via high-throughput first-principles computations [J]. Computer Physics Communications, 2019, 238: 244-253.

[38] Zhang R F, Zhang S H, Guo Y Q, et al. First-principles design of strong solids: Approaches and applications[J]. Physics Reports, 2019, 826: 1-49.

[39] Murnaghan F D. The compressibility of media under extreme pressures[J]. Proceedings of the National Academy of Sciences, 1944, 30(9): 244-247.

[40] Birch F. Finite elastic strain of cubic crystals[J]. Physical Review, 1947, 71(11): 809.

[41] Vinet P, Ferrante J, Smith J R, et al. A universal equation of state for solids[J]. Journal of Physics C: Solid State Physics, 1986, 19(20): L467.

[42] Voigt W. Lehrbuch der kristallphysik (mit ausschluss der kristalloptik)[M]. Wiesbaden: Vieweg+Teubner Verlag, 1928.

[43] Reuss A. Calculation of the flow limits of mixed crystals on the basis of the plasticity of monocrystals[J]. Zeitschrift für angewandte Mathematik und Physik, 1929, 9: 49-58.

[44] Hill R. The elastic behaviour of a crystalline aggregate[J]. Proceedings of the Physical Society A, 1952, 65(5): 349-354.

[45] Chung D H, Buessem W R. The elastic anisotropy of crystals[J]. Journal of Applied Physics, 1967, 38(5): 2010-2012.

[46] Ranganathan S I, Ostoja-Starzewski M. Universal elastic anisotropy index[J]. Physical Review Letters, 2008, 101(5): 055504.

[47] Polanyi M. Über die natur des zerreißvorganges[J]. Zeitschrift für Physik, 1921, 7(1): 323-327.

[48] Frenkel J A. Zur theorie der elastizitätsgrenze und der festigkeit kristallinischer körper [J]. Zeitschrift für Physik, 1926, 37(7): 572-609.

第 7 章
经典分子模拟基础

前面章节重点介绍了基于第一性原理方法计算材料电子结构的基本原理、实现算法和应用实例。虽然这种方法能够给出精确的电子结构、原子构型、基态能量、原子受力等,但是受限于急剧增加的计算成本,其处理的材料体系一般不超过上千个原子,远远不能满足处理晶体缺陷和组织演化等微观结构特征,以及流变、扩散、传热等材料的动力学行为。为此,基于经典力学的分子模拟方法为模拟材料在微观尺度下的复杂缺陷构型、过渡态和反应路径、动态行为、输运性质以及统计规律等提供了切实可行的解决方案。本书后面章节将主要介绍经典分子模拟的势函数或分子力场、优化算法、运动方程和数值算法、统计系综和调控技术,以及宏观性能和微观表征方法等。

经典分子模拟是构建在绝热近似基础之上的,为研究分子或固体的显微结构特征、热力学和动力学等奠定了基础[1]。需要注意的是,如果非绝热效应不可忽略,那么经典化学结构的概念将变得模糊,此种情况超越了该近似的适用范畴。经典分子模拟不仅可以模拟分子体系或固体体系的静态结构,还可以模拟它们的动态行为,因而被广泛地应用于诸多领域。本章将重点介绍最常用的两种经典分子模拟方法:分子静力学和分子动力学。

7.1 分子静力学概要

分子静力学是在绝对零度条件下,基于经验势函数或分子力场决定的势能面,通过数值优化算法研究势能面的关键特征,如局部极值、过渡态和反应路径,进而推导出相关的热力学和动力学性质的方法[2-3]。数值优化算法通过数值迭代的方式解决优化问题,是在一定约束条件下,从众多参数空间中获取最优参数值,以达到目标的最优化值、最大值或最小值。分子静力学方法通常包括:基于能量最小化方法确定稳定或亚稳结构,以及应用过渡态搜索方法确定过渡态和反应路径。其准确性通常依赖于势能计算方法、能量最小化方法和过渡态搜索方法的选择[4]。

在绝热近似框架下，体系的势能是针对多维原子坐标的复杂函数。原子坐标构成的空间称为位形空间，它是体系整个相空间的子集，其组成的任一构型对应一个分子或固体结构[3]。如果将势能作为一个额外维度，那么对应位形空间中的特征点都对应一个势能，由此构成复杂势能面。势能面上的特征点通常包括极值点、驻点和鞍点（过渡态）。这些特征点都属于平衡点，也就是说，在势能面的特征点上，势能函数 U 对坐标 q_i 的一阶偏导数为零，即 $\partial U/\partial q_i = 0$。分子静力学模拟的主要目的就是应用各种数值优化算法获取这些特征点的信息，并由此推导出相应的物理化学性质。下面详细分析一下分子静力学模拟的一般流程，如图 7-1 所示。

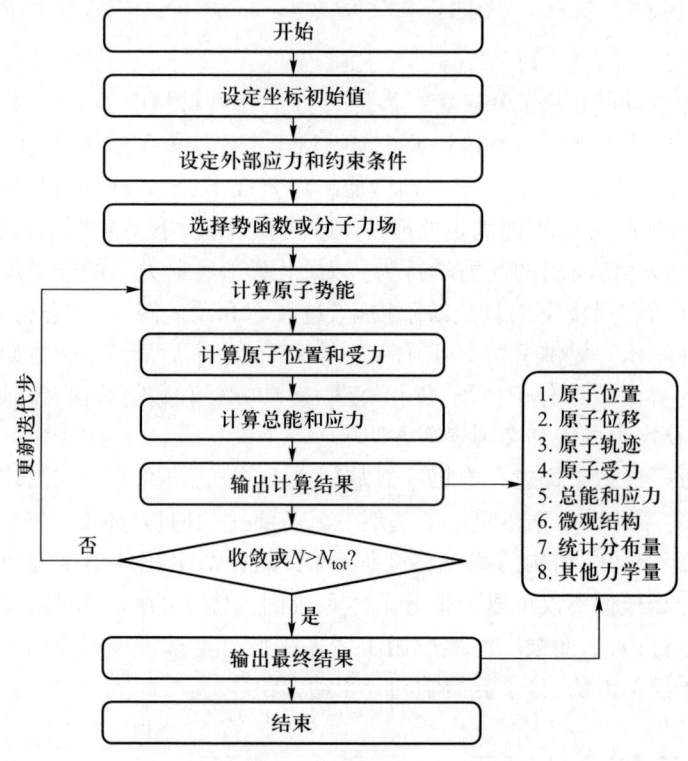

图 7-1 分子静力学模拟的一般流程

在进行分子静力学模拟之初，需要进行分子模型的初始化，其中包括原子坐标的设定、外界条件的选择、边界条件和约束条件的设置等。原子坐标可以通过分子或晶体对称性加以设定，或者应用随机数值算法产生。分子静力学模拟所涉及的外界条件通常为压强或应力，并不包含温度。尽管分子模拟能够处理千万级的原子体系，但是与宏观真实体系相比，依然是极小的体系，即假想的超原胞体系，因此合理设置边界条件和约束条件（如周期性边界条件）能够将假想的超原胞体系尽可能地接近真实体系。在分子静力学模拟中,势函数或分子力场无疑对势能面的准确表征至关重要,是决定分子静力学模拟可靠性的关键所在。

在以上前提条件和初始设置的基础上,分子静力学模拟进入数值优化迭代阶段,需要根据势能函数特征(如获得势能函数导数的便利性)选择不同的数值迭代方案,即数值优化算法。在分子静力学模拟的每个迭代步,均需根据势能(和导数)计算下一迭代步的原子位置,有了新的原子位置,就能根据势能函数计算出新的原子受力以及位移。当分子静力学模拟的迭代达到预期设定的收敛精度(如力和能量的收敛精度)或迭代步数,标志着分子静力学模拟的循环迭代阶段结束,并进入最后原子数据收集和分析阶段。该阶段将在原子层面分析原子坐标、轨迹和受力,以及微观结构特征(如缺陷、变形、相变等),计算出各种统计分布信息,如径向分布函数和结构因子,推导出各种力学量的统计均值和其他物理量。

总之,分子静力学模拟思想就是单纯从势能面特征出发来研究分子或固体的结构和性质,而忽略温度的影响和时间的依从,可以确定分子或固体的稳定结构、过渡态结构、激活能垒、反应路径等。由于该类方法并不包含运动方程的时间数值差分,因此相应模拟方法并不会受到自然时间尺度的限制,在基本力学参量计算和微观机制研究方面具有相当优势,成为经典分子模拟的重要组成部分之一。

7.2 分子动力学概要

7.2.1 分子动力学发展历程

1957年,Alder等基于理想硬球模型,尝试了最早的分子动力学模拟[5],发现了根据统计力学预言的硬球体系会发生由液相到晶相的转变,即所谓的Alder相变[6],从此打开了经典分子动力学模拟研究的大门。1964年,Rahman基于连续势函数,应用分子动力学模拟研究了液态氩的性质[7],为经典分子动力学模拟的进一步发展奠定了基础。1967年,Verlet提出了著名的Verlet预测算法[8],基于位置和速度的泰勒展开式,给出了描述经典粒子运动的时间差分格式。1971年,Rahman等针对刚性体系给出分子动力学模拟方法,成功应用于水团簇行为的研究[9];次年,Lees等将分子动力学模拟扩展应用到存在速度梯度的非平衡分子体系[10]。1977年,Rychaert等在Verlet预测算法的基础上提出约束分子动力学数值算法,即SHAKE算法[11-12];之后,Andersen给出了基于速度Verlet迭代格式的RATTLE算法[13]。1980年,Andersen提出调控压强的Andersen压浴法[14],成为控压和控温扩展系统法的基石;之后Parrinello等将其推广到一般应力情况,即Parrinello-Rahman方法[15]。1984年,在恒压扩展系统法的基础上,Nosé提出恒温热浴方法[16-17],该方法随后得到Hoover的进一步改进,即Nosé-

Hoover 热浴法[18]。同时，Feng 提出辛结构算法思想[19]，为辛结构恒温动力学模拟奠定了基础。1985 年，Car 等提出了综合考虑电子运动与原子核运动的第一性原理分子动力学方法[20]。1991 年，Cagin 等提出对应巨正则系综的分子动力学模拟方法[21]。1992 年以后，为了进一步改进 Nosé-Hoover 方法，Martyna 等应用力学算符理论将分子动力学模拟建立在更加完美的理论框架下，提出 Nosé-Hoover 链热浴方法[22]。1997 年，Souza 等对 Parrinello-Rahman 方法中的晶胞形状变量做了进一步改进，从而消除了晶胞旋转和位力量偏离等问题，改进了变晶胞形状的恒压分子动力学，提出了 Metric-Tensor 方法[23]。1999 年，Laird 等从保证哈密顿方程的正则性出发，对 Nosé 的扩展哈密顿量进行了 Poincaré 时间变换，提出了 Nosé-Poincaré 方法[24]。之后，Leimkuhler 等进一步提出了多重热浴耦合的辛结构恒温动力学[25-27]。2014 年，Okumura 等为了消除 Nosé-Hoover 方法和 Nosé-Poincaré 方法中哈密顿量不守恒问题，提出了流形校正 Nosé-Hoover 和 Nosé-Poincaré 方法[28]。表 7-1 汇总了分子动力学模拟方法研究的关键时间节点、事件和人物。

表 7-1 分子动力学模拟方法研究的关键时间节点、事件和人物

时间	事件和人物
1957 年	基于硬球的分子动力学（Alder 和 Wainwright）
1964 年	基于连续势的质点系分子动力学模拟（Rahman）
1967 年	著名的 Verlet 数值算法（Verlet）
1971 年	刚性体系分子动力学模拟（Rahman 和 Stillinger）
1972 年	存在速度梯度的非平衡分子动力学模拟（Lees 和 Edwards）
1977 年	约束分子动力学方法（Rychaert 和 van Gunsteren）
1980 年	恒压条件下的动力学方法（Andersen、Parrinello 和 Rahman）
1983 年	存在温度梯度的非平衡分子动力学方法（Gillan 和 Dixon）
1984 年	恒温条件下的动力学方法（Berendsen、Nosé 和 Hoover）
1984 年	辛结构算法思想（Feng）
1985 年	第一原理分子动力学方法（Car 和 Parrinello）
1991 年	巨正则系综的分子动力学方法（Cagin 和 Pettit）
1992 年	基于力学算符理论的 Nosé-Hoover 链方法（Martyna 等）
1997 年	基于矩阵张量（metric tensor）的恒压动力学方法（Souza 等）
1999 年	Nosé-Poincaré 恒温动力学方法（Laird 等）
2000 年	多重热浴耦合的辛结构恒温动力学（Leimkuhler 等）
2014 年	流形校正 Nosé-Hoover 方法和 Nosé-Poincaré 方法（Okumura 等）

7.2.2 分子动力学工作框图

分子动力学模拟假定原子或分子的运动服从牛顿方程、拉格朗日方程或哈密顿方程。图 7-2 给出了分子动力学模拟的一般架构。如图所示，首先构建模型并对分子体系或固体体系进行初始化设置（如坐标和速度），然后选定势函数或分子力场以及相关系综和外界条件，之后基于经典运动方程的数值算法和各种计算技术等进行时间的迭代，在预定收敛条件下输出模拟初级信息，包括原子坐标、速度、受力等，最后在统计力学的基础上计算体系的二次信息，即宏观热力学性质和动力学性质。

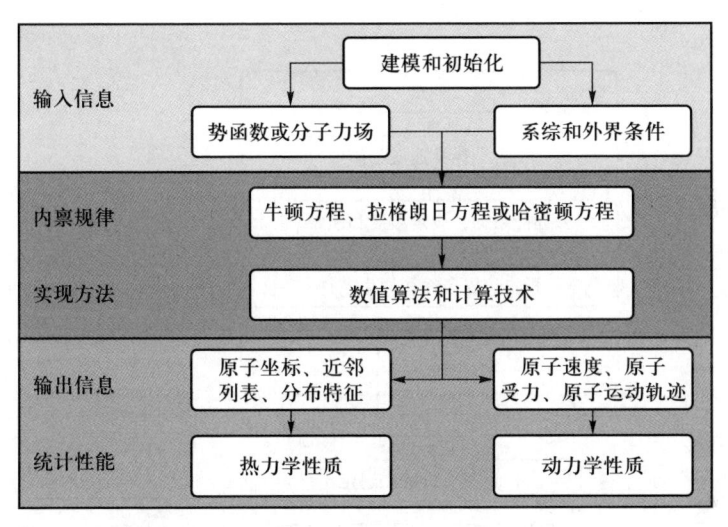

图 7-2 分子动力学模拟的一般架构

在分子动力学模拟中，原子运动遵循经典运动方程，需要求解运动方程确定体系中所有原子随时间变化的运动状态。虽然通过微积分方法从理论上可以推导出运动方程，但是直接解析求解各个原子随时间演化的运动状态是不切实际的，因此，通常采用有限差分算法来近似求解运动方程。所谓有限差分算法，就是将微分算法中的 dt 替换成差分算法中的 Δt，然后将微积分方程转换为数值差分格式。有限差分算法根据预测和校正的不同组合分为预测型算法和预测校正型算法。前者只需根据当前时间步的原子状态（位置、速度和加速度）即可预测后一时间步的状态，后者不仅需要根据当前时间步的原子状态预测出后一时间步的状态，而且需要对预测的状态进行校正操作，从而达到降低预测误差的目的。在随后章节中介绍的 Verlet 算法及其改进版本属于预测型算法的代表，而 Gear 算法及其改进算法则属于预测校正型算法的代表。

分子动力学模拟思想的另一部分是借助统计力学来计算体系的宏观性质，

应用各态历经假说获取在统计系综下原子平均运动状态。系综是统计力学中描述体系与环境之间物质和能量交换情况的概念性工具,为体系宏观性质和微观性质搭建了桥梁,将在后面章节中详细介绍。分子动力学模拟不仅能够得到原子坐标和运动轨迹,还能够观察到实验难以观测到的微观特征及行为,如缺陷演化、团簇形成和相变发生等,并且在统计力学框架下推导出相应的宏观性能。

7.2.3 分子动力学一般步骤

分子动力学模拟的思想并不复杂,但是实现分子动力学模拟的过程还是具有相当难度的,面临诸多挑战。下面详细分析一下分子动力学模拟的整个流程,如图7-3所示。

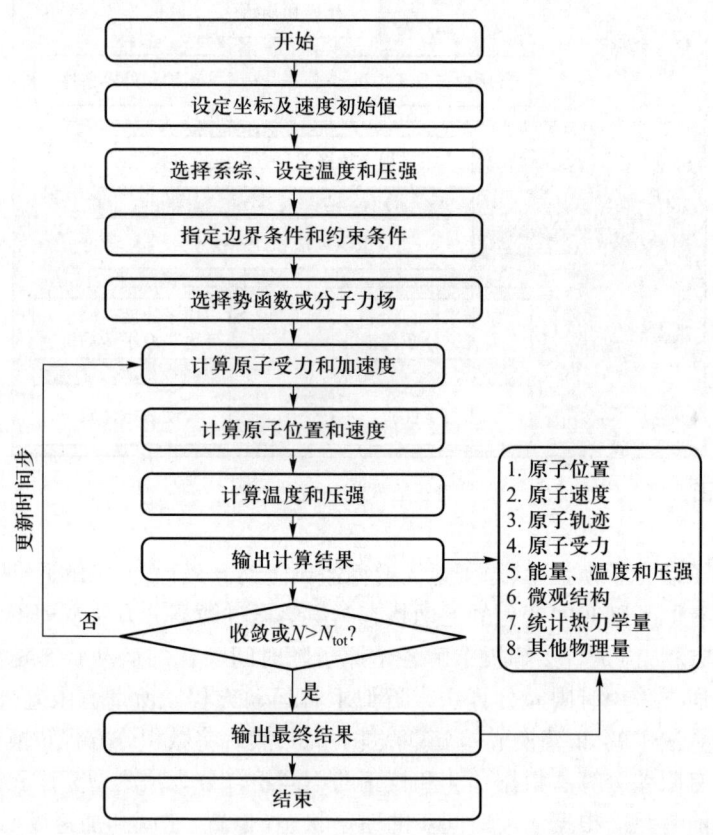

图7-3 分子动力学模拟的一般流程

在进行分子动力学模拟之初,需要进行模型的构建和初始化,其中包括原子坐标和初始速度的设定、系综和外界条件的选择、边界条件和约束条件的指定等。虽然原子坐标可以通过分子或晶体对称性加以设定,但是初始速度的设定需要建立在宏观量与微观量的关系之上,如原子速度与体系温度的统计关系。由于模拟体系是建立在统计系综的基础之上,研究体系的性质应当满足特定的统计系综,而统计系综需要与外界环境(温度和压强)相联系,从而能真实反映宏观现象。与分子静力学模拟类似,分子动力学模拟同样需要设定超原胞体系,并且施加必要的边界条件和约束条件使超原胞体系尽可能接近真实体系。在分子动力学模拟中,选择有效的势函数或分子力场同样至关重要,决定着模拟结果的有效性和可靠性。

有了以上前提条件和初始设置,分子动力学模拟进入经典运动方程的时间迭代阶段。由于经典运动方程的时间微分形式并不能直接应用于时间迭代,需要采用特定的数值算法将运动方程的微分格式转化为时间的差分格式。基于有限差分格式,在分子动力学模拟的每个时间迭代步,需要首先计算原子的受力和加速度,然后预测(和校正)出后一时间步的位置和速度。在时间迭代过程中,基于统计力学建立的微观量与宏观量之间的本征关系,可以由原子的瞬时微观状态计算出各种宏观量的瞬时值(如温度和压强等)。当分子动力学模拟的迭代达到预期设定的收敛精度或迭代步数,标志着分子动力学模拟的循环迭代阶段结束,并进入最后原子数据收集和分析阶段。该阶段将分析原子的位置、速度和受力,计算出各种显微结构的信息(如径向分布函数、结构因子、均方位移等),在统计力学的框架下推导出各种热力学量的统计均值(如温度、压强、比热容、压缩系数、膨胀系数等热力学性质),并解析出各种动力学量(如扩散系数、黏滞系数、导热系数等输运性质)。

7.3 经典分子模拟特征

7.3.1 分子静力学基本特征

分子静力学属于非热原子级模拟方法,不包含时间的数值积分和温度的调节,故利用计算机进行模拟并不会受到时间和温度的限制。在分子静力学模拟中,温度被假定为绝对零度,也就是说,此时每个原子的动能变为零,因此只考虑由势函数或分子力场决定的势能。根据不同的用途或优化目标,分子静力学模拟通常包括两类[4]:① 通过计算多种可能构型的势能得到其中势能最低的稳定构型,该过程常被称为能量最小化;② 确定稳定构型之间演变的最小能量路径和激活能垒,该过程被称为过渡态搜索。

使用能量最小化方法优化稳定/亚稳构型往往仅限于势阱附近一定区域,虽然该方法没有包含热效应(即温度),但是对于大部分热力学稳定性的影响可基于以下事实加以考虑:材料的动力学可以描述为一系列由能量势垒分隔的稳定/亚稳状态,该势垒远高于原子水平上的典型热能标度 k_BT。与晶格振动设定的时间尺度相比,在该时间尺度上,稳定/亚稳构型基本保持不变,可以通过 0 K 时的原子位置加以描述,对应势能面的局部极小值。因此,分析局部极小值的分布和性质能够确定体系的热力学性质。在能量最小化方法中,势能及其导数的计算至关重要,根据是否需要导数,通常划分为导数求极值方法和非导数求极值方法[29]。能量最小化方法不仅能够通过数值迭代优化给出稳定或亚稳的构型,计算出相关的热力学性质,而且常常运用于分子动力学模拟之前消除不合理的高能构型,保证其顺利运行。另外,修正的能量最小化方法也为过渡态搜索提供了有效途径。

与使用能量最小化方法优化稳定/亚稳构型相比,过渡态搜索过程更加复杂。下面从不同角度分析过渡态搜索的必要性。从动力学过程的时间尺度来看,与原子振动相比,微观动力学现象通常在时间尺度上持续很长时间。其原因在于:分子或固体中的大多数原子级跃迁,如化学反应、扩散、位错运动、断裂等活化过程,需要跨越较高的势垒屏障[30]。在一般情况下,热能约为 $k_BT=0.025$ eV,而转变势垒通常为 0.5 eV 或更高,相差一个数量级,即微观动力学时间尺度远大于原子振动时间尺度。也就是说,体系在势能面上处于一个被比其温度大很多倍的势垒屏障限制的极小值附近。只有极少数的热能波动能使体系越过势垒并移动到一个新的极小值。该事实说明,每秒发生数千次的跃迁在原子振动的尺度上是十分缓慢的过程,以至于采用当代计算机仍然需要千年来模拟一个经典跃迁运动轨迹,才有机会合理地观察到一次跃迁。通常,跃迁速率随着势垒的增加呈指数下降,时间可能达到宏观的秒级或更长,因此,激活跃迁过程超越了经典分子动力学模拟所适用的时间尺度。在经典分子动力学模拟中,为了确保最终解的稳定性,时间步长受到典型声子振动频率的限制(即 1~10 fs),可达到的模拟时间尺度为纳秒级,与实际材料的结构弛豫时间尺度相差甚远。简单通过提高温度的方法往往会导致不同过渡机制的交叉耦合,缺乏等效性。

从动力学过程的能量本质来看,从一个极小值到另一个极小值的跃迁速率由活化能决定,即构型从局部最小值点转变为附近鞍点所需的能量。由于控制能量波动的指数关系,任何遵循另一条高于鞍点能量的路径的可能性要小得多,可以忽略。由此可见,实际动力学问题已经转化为过渡态搜索问题[29]。在过渡态理论的谐波近似下,该问题的解决就是寻找跃迁的能垒,即势能鞍点,该鞍点对应于体系从一个极小势能到另一个极小势能的最小能量路径的最大值[31]。总之,过渡态搜索方法不仅能够独立用于反应机理研究,而且在时间尺度上成为分子动力学模拟的必要补充,例如,过渡态理论和分子动力学的混合方案在模拟体系中取得了显著的加速效果[32]。关于过渡态理论和寻找过渡态方法,将在后面章节中详细介绍。

7.3.2 分子动力学基本特征

在经典力学范畴内,多原子体系的分子动力学模拟只考虑原子核的运动,不考虑电子运动状态,量子效应被完全忽略。虽然经典近似适用于较宽的材料体系,但是对于涉及电荷传输过程、化学键的形成与断裂、电荷极化和价态变化等现象都是不适用的,因此需要采用基于量子力学的第一性原理计算方法。与原子核运动相比,电子运动具有更高的特征频率,因此对于电子态的描述必须采用量子力学方法,或者量子理论和经典理论联合方法处理。另外,如果体系的离散能级之间的能隙比体系的热能大,那么体系将被限制在低能态中,因此针对这种低能量子态的模拟不适合采用经典分子动力学模拟方法。

下面通过简谐振动模式对特征运动频率进行粗略估算。基于牛顿力学,在服从简谐振动模式情况下,通过对比量子化能量(通过振动频率计算为 $h\gamma$)与经典热能的比值 $h\gamma/(k_BT)$ 可以看出,分子动力学模拟不能处理高频率的运动。对于经典运动而言,特征运动频率需要满足如下条件[33]: $h\gamma/(k_BT) \ll 1$。下面针对某些典型的分子内键伸缩运动加以分析。例如,O—H 键的伸缩振动模式的频率为 1.1×10^{14} s^{-1},那么在室温下,$h\gamma/(k_BT) \approx 17$,所以该运动模式不能用经典的分子动力学方法处理。通常情况下,在特征临界频率 6.25×10^{12} s^{-1} 以下的运动模式,以及特征时间标度为皮秒(ps)的情况下,可以采用经典的分子动力学模拟方法进行研究。

接下来,从方法基础角度来对比蒙特卡罗模拟方法和分子动力学模拟方法的异同点。蒙特卡罗模拟是基于吉布斯统计力学的随机方法,对应马尔可夫链随机演化过程,是没有内禀动力学规律的模拟方法,因此难以处理非平衡态问题。吉布斯统计力学是将玻尔兹曼和麦克斯韦所创立的统计理论发展为系综理论。马尔可夫链随机演化过程具有如下概率性质:当前体系状态并不依赖于以往的体系状态,体系演化过程是不可预知的,例如森林中动物类型和头数的变化、液体中微粒的布朗运动、病毒传播的群体变化、候车车站的人数变化等。与蒙特卡罗模拟不同,分子动力学模拟基于经典运动方程,按照内禀动力学规律来确定体系构型随时间的演化,属于无随机因素的确定性模拟方法。内禀动力学规律是指通过数学对物理体系的微观描述给予精确定义,因此,这一机制决定了运动方程的形式和模拟类型,如平衡态模拟和非平衡态模拟。

总之,对于经典分子动力学模拟,需要注意以下几方面的限制:① 有限模拟时间限制;② 有限模拟体系大小限制;③ 边界条件设定导致的限制;④ 离散化有限差分格式精度限制;⑤ 势函数或分子力场的精确性和移植性限制;⑥ 其他各种近似和简化导致的限制等。

7.3.3　经典分子模拟效率

虽然获取更多的计算资源,例如提高并行设备的计算速度和效率,是提高经典分子模拟能力的物质基础,但是,通过简化模型、改进算法和优化方案,可以达到超出计算设备无法匹敌的效果。

经典分子模拟中消耗计算时间最多和最难并行处理的部分是势能或相互作用力的计算。在模拟过程中,对于化学键等短程相互作用力的计算通过引入截断近似、近邻列表、格子索引等方法可以大大降低计算量和提高计算效率。当模拟体系包含的原子数达到百万或千万级时,近邻列表方法对于计算资源的消耗将急剧增大,为此需要对模拟体系进行优化处理,如格子索引等方法。在模拟包含静电相互作用的分子体系中,不能采用短程化学键相互作用的方法,需要采用特定的长程相互作用计算方法来提高计算效率,如 Ewald 求和算法。另外,采用不同的势函数形式也会获得完全不同的计算效率。例如,在金属体系的模拟过程中,与采用经验多体势相比,采用简单对势能够获得更高的计算效率;采用一阶近邻的多体势能够获得比二阶近邻的多体势更高的计算效率;与角度依从的多体势相比,中心对称的多体势具有更高的计算效率。

从数值算法角度来看,不同的数值差分格式也会表现出不同的迭代计算效率。例如,基于导数的数值优化算法通常具有较高的收敛效率,但在无法获取导数的情况下非导数的数值优化算法适用于更普遍的场景。虽然速度 Verlet 算法具有较高的精度和稳定性,但是蛙跳 Verlet 算法具有更高的计算效率,因此,在诸多非平衡大尺度模拟中更多采用后者。虽然 Gear 预测-校正算法具有更高的计算精度和稳定性,但是 Verlet 预测算法具有更高的计算效率和更低的计算资源消耗等优势。

除了改进基本算法外,还有诸多方面能够有效提升分子模拟效率。① 降低模拟体系的自由度能够有效提高经典分子模拟效率,例如在全原子力场模拟下,采用适当的约束方法限制化学键的振动和内部自由度能够有效延长模拟时间,提升模拟的效率。② 采用联合原子模型或粗颗粒模型不仅可以大幅增加时间步长,加大模拟时间尺度,而且可以模拟更大的空间尺度,从而获得全原子模型无法获得的尺度优势。③ 在满足相同物理机制的条件下,适当设定边界条件同样能较大程度地提高分子模拟效率,例如为了降低尺寸效应,对大块晶体的研究可以采用周期性边界条件。④ 不同初值的设定对分子模拟效率同样发挥着重要的作用,例如界面的原子配位环境的设定对于有效提升计算效率发挥着重要作用。⑤ 增大时间步长无疑是增大分子动力学模拟时间尺度最直接的方法,但是增大时间步长要以排除扰动并满足适用范畴为前提。

需要注意的是,即使采用最先进的超级计算机系统,并且考虑了上述种种措施,现今模拟体系规模仍然无法超越约 10^{12} 原子数(微米尺度),无法实现约 1 ms 的模拟演化时间。在材料科学领域,从原子到宏观体系的模拟纵跨 12 个数量级的空间尺度,为此,可以采用跨尺度模拟方法以最大限度地发挥各尺度模拟方法的计算效率。总之,将各种计算模拟方法结合起来发展跨尺度模拟方法已经成为当前计算材料科学领域的主要研究方向之一,如第一性原理计算与经典分子模拟的结合,以及经典分子模拟与介观相场模拟的结合等。

7.4 常用经典分子模拟软件

目前有一系列经典分子模拟软件可以供用户选择,如 LAMMPS、NAMD、GULP 和 SPaMD 等免费软件,以及 SCIGRESS(Materials Explorer)、Discovery Studio、CHARMM 和 AMBER 等一系列商业软件。无论是开源软件还是商业软件,软件的选择一般与领域相关,例如固体材料模拟优选 LAMMPS 和 SPaMD,而分子体系模拟优选 NAMD、AMBER 和 CHARMM 等。这不仅是因为特定软件在相应领域有着更进一步的优化,更因为其用户在相应领域中有着更加丰富的经验及技术积累。下面简单介绍一下 LAMMPS、NAMD、GULP 和 SPaMD 软件的特点与基本功能。

1. LAMMPS 软件

LAMMPS 是"Large-scale Atomic/Molecular Massively Parallel Simulator"的简写,该软件主要用于分子静/动力学相关的模拟工作[34]。LAMMPS 由美国桑迪亚国家实验室基于 C++语言开发,并支持 Python 接口,源代码免费开放,使用者可根据需要自行修改源代码。

LAMMPS 提供的灵活架构便利了各种势函数模型的使用,到目前为止已经支持 200 多种势函数形式,为不同体系模拟提供了多种的相互作用描述。在原子尺度,LAMMPS 不仅支持对势模型、对泛函势模型、团簇势模型、键级势模型和机器学习势模型,而且兼容多种分子力场模型,并且支持各种长程相互作用方法。LAMMPS 支持各种系综下百万或千万级的原子或分子体系模拟,支持多种控温控压方法,如 Berendsen 压浴法和 Nosé-Hoover 热浴法等。LAMMPS 支持经典的数值优化算法,如共轭梯度算法、最速下降算法、FIRE 算法等,便于分子静力学模拟;支持各种时间差分格式用于分子动力学模拟,并且提供了多种增强抽样算法等。

LAMMPS 的并行模拟过程采用空间区域分解方案,对于密度不均匀的模型支持递归坐标平分算法以实现动态负载平衡模拟,可以扩展到数百万 CPU 核心中进行。LAMMPS 通过输入脚本控制模拟的运行,支持在一个脚本中并行运行一个或多个模拟任务。LAMMPS 可提供完备的变量和公式语法格式,支持循环运行和中断等复杂操作。LAMMPS虽然提供了强大的计算模拟功能,但是在前后处理方面的功能相对较弱,特别是在建模、分析和可视化等方面缺乏交互性,使用不便。详情请见LAMMPS官方网站[35]。

2. NAMD软件

NAMD是"NAnoscale Molecular Dynamics"的简写,该软件由美国伊利诺伊大学主导开发,主要用于纳米尺度大分子体系的并行分子动力学模拟[36],适合模拟蛋白质、核酸、细胞膜、团簇、碳纳米管等分子体系,以及各类固体材料体系。

NAMD支持丰富的力场类型。对于长程相互作用,NAMD采用颗粒网格划分的Ewald求和算法计算周期体系中的静电相互作用,而对非周期性体系支持多级求和算法。NAMD基于广义Born隐式溶剂模型计算溶剂内的静电相互作用,基于Drude振荡模型实现了可极化力场。在模拟技术方面,NAMD软件支持各种能量最小化方法(如共轭梯度算法和最速下降算法等),以及各种时间差分格式算法和系综调控方法(如Langevin标度法、Berendsen压浴法、Nosé-Hoover热浴法等)。

NAMD通常与VMD配合使用,实现对模拟过程控制、分析和可视化。NAMD软件基于Charm++/Converse实现并行运行,采用空间数据分解方案和高效消息驱动策略,以及基于多核负载均衡监测的加载平衡技术,可以扩展到数千个处理器。详情请见NAMD官方网站[37]。

3. GULP软件

GULP是"The General Utility Lattice Program"的简写,该软件由Gale等开发[38],侧重于应用分子静力学计算固体材料的性质,强调经验势函数或分子力场的拟合、能量最小化、静态晶格/晶格动力学模拟等。除此之外,GULP功能还涉及过渡态搜索、缺陷性能计算、表面计算等。

GULP的优化算法主要为晶格动力学设计,支持恒压/恒容/单位晶胞/各向同性优化、特定应力下的几何优化、按照自由度弛豫、对称性限制和无限制的复杂松弛等,甚至可以根据空间群和晶体对称性降低自由度来加速优化进程。GULP支持丰富的能量最小化方法,如共轭梯度算法和牛顿-拉弗森算法等局域优化算法,以及模拟退火算法和遗传进化算法等全局优化算法。

GULP的核心功能体现在晶体性质计算和势函数拟合,例如:计算晶体弹性性质、介电相关性质、声子频率和色散关系、热力学性质等;支持拟合多种势函数和力场类型,包括对势模型、三体势模型、多体势模型、键级势模型等。详情请见GULP官方网站[39]。

4. SPaMD软件

SPaMD是"Scale Parallel Molecular Dynamics"的简写,该软件由北京航空航天大学材料科学与工程学院基于C/C++语言开发,致力于原子级材料建模、模拟、分析和可视化的集成化[40]。该软件实现简洁图形界面化,快捷实现复杂模型构建、模块参数设定、分析视窗管理等,为用户提供模型创建、计算模拟、结果分析、可视化编辑等全流程一体化工作平台。

　　SPaMD 有如下四方面功能。① 模型创建:提供强大的晶体结构原型库,支持创建各种晶体结构;能够创建单晶、纳米复合多晶、核壳结构、掺杂结构、表面结构、界面结构、缺陷结构等模型;包含功能强大的原子建模工具箱 Atomkit、晶体建模工具箱 Cryskit 和表面建模工具箱 Surfkit。② 计算模拟:提供简单易用的模块化图形界面,支持调用内嵌分子静/动力学模拟器进行分子静力学和动力学模拟,并提供 LAMMPS 软件的接口;支持同步、并行、并发式操控。③ 结果分析:内嵌晶体结构和缺陷分析软件 AACSD[41]和 AADIS[42],不仅提供常规的近邻配位分析方法,而且支持晶粒取向分析方法和向量/张量分析方法等。④ 性能预测:包括丰富的静态性能预测和动态行为仿真等模块化功能,实现了各种复杂高通量模拟流程,如裂尖应力强度因子的高通量筛选、不同条件下高通量冲击模拟、连续扭转界面力学响应高通量模拟等。详情请见 SPaMD 官方网站[43]。

参 考 文 献

[1] Schlegel H B. Optimization of equilibrium geometries and transition structures[J]. Journal of Computational Chemistry, 1982, 3(2): 214-218.

[2] 苑世领. 分子模拟:理论与实验[M]. 北京:化学工业出版社, 2016.

[3] 陈敏伯. 计算化学:从理论化学到分子模拟[M]. 北京:科学出版社, 2009.

[4] Tadmor E B, Miller R E. Modeling materials: Continuum, atomistic and multiscale techniques[M]. Cambridge: Cambridge University Press, 2011.

[5] Alder B J, Wainwright T E. Phase transition for a hard sphere system[J]. Journal of Chemical Physics, 1957, 27(5): 1208-1209.

[6] Alder B J, Wainwright T E. Studies in molecular dynamics. I. General method[J]. Journal of Chemical Physics, 1959, 31(2): 459-466.

[7] Rahman A. Correlations in the motion of atoms in liquid argon[J]. Physical Review, 1964, 136(2A): A405.

[8] Verlet L. Computer "experiments" on classical fluids. I. Thermodynamical properties of Lennard-Jones molecules[J]. Physical Review, 1967, 159(1): 98-103.

[9] Rahman A, Stillinger F H. Molecular dynamics study of liquid water[J]. Journal of Chemical Physics, 1971, 55(7): 3336-3359.

[10] Lees A W, Edwards S F. The computer study of transport processes under extreme conditions[J]. Journal of Physics C: Solid State Physics, 1972, 5(15): 1921-1928.

[11] Ryckaert J P, Ciccotti G, Berendsen H J C. Numerical integration of the cartesian equations of motion of a system with constraints: Molecular dynamics of n-alkanes[J]. Journal of Computational Physics, 1977, 23(3): 327-341.

[12] Van Gunsteren W F, Berendsen H J C. Algorithms for macromolecular dynamics and constraint dynamics[J]. Molecular Physics, 1977, 34(5): 1311-1327.

[13] Andersen H C. Rattle: A "velocity" version of the shake algorithm for molecular dynamics calculations[J]. Journal of Computational Physics, 1983, 52(1): 24-34.

[14] Andersen H C. Molecular dynamics simulations at constant pressure and/or temperature[J]. Journal of Chemical Physics, 1980, 72(4): 2384-2393.

[15] Parrinello M, Rahman A. Crystal structure and pair potentials: A molecular-dynamics study[J]. Physical Review Letters, 1980, 45(14): 1196-1199.

[16] Nosé S. A molecular dynamics method for simulations in the canonical ensemble[J]. Molecular Physics, 1984, 52(2): 255-268.

[17] Nosé S. A unified formulation of the constant temperature molecular dynamics methods[J]. Journal of Chemical Physics, 1984, 81(1): 511-519.

[18] Hoover W G. Canonical dynamics: Equilibrium phase-space distributions[J]. Physical Review A, 1985, 31(3): 1695.

[19] Feng K. On difference schemes and symplectic geometry[C]// Proceedings of the 5th International Symposium on Differential Geometry and Differential Equations. 1984.

[20] Car R, Parrinello M. Unified approach for molecular dynamics and density-functional theory[J]. Physical Review Letters, 1985, 55(22): 2471-2474.

[21] Cagin T, Pettitt B M. Grand molecular dynamics: A method for open systems[J]. Molecular Simulation, 1991, 6(1-3): 5-26.

[22] Tuckerman M, Berne B J, Martyna G J. Reversible multiple time scale molecular dynamics[J]. Journal of Chemical Physics, 1992, 97(3): 1990-2001.

[23] Souza I, Martins J L. Metric tensor as the dynamical variable for variable-cell-shape molecular dynamics[J]. Physical Review B, 1997, 55(14): 8733-8742.

[24] Bond S D, Leimkuhler B J, Laird B B. The Nosé-Poincaré method for constant temperature molecular dynamics[J]. Journal of Computational Physics, 1999, 151(1): 114-134.

[25] Sturgeon J B, Laird B B. Symplectic algorithm for constant-pressure molecular dynamics using a Nosé-Poincaré thermostat[J]. Journal of Chemical Physics, 2000, 112(8): 3474-3482.

[26] Laird B B, Leimkuhler B J. Generalized dynamical thermostating technique[J]. Physical Review E, 2003, 68(1): 016704.

[27] Barth E J, Laird B B, Leimkuhler B J. Generating generalized distributions from dynamical simulation[J]. Journal of Chemical Physics, 2003, 118(13): 5759-5768.

[28] Okumura H, Itoh S G, Ito A M, et al. Manifold correction method for the Nosé-Hoover and Nosé-Poincaré molecular dynamics simulations[J]. Journal of the Physical Society of Japan, 2014, 83(2): 024003.

[29] Malek R, Mousseau N. Dynamics of Lennard-Jones clusters: A characterization of the activation-relaxation technique[J]. Physical Review E, 2000, 62(6): 7723.

[30] Mousseau N, Barkema G T. Traveling through potential energy landscapes of disordered materials: The activation-relaxation technique[J]. Physical Review E, 1998, 57(2): 2419-2424.

[31] Henkelman G, Jónsson H. A dimer method for finding saddle points on high dimensional potential surfaces using only first derivatives[J]. Journal of Chemical Physics, 1999, 111(15): 7010-7022.

[32] Voter A F. Hyperdynamics: Accelerated molecular dynamics of infrequent events[J]. Physical Review Letters, 1997, 78(20): 3908.

[33] 张跃, 谷景华, 尚家香, 等. 计算材料学基础[M]. 北京: 北京航空航天大学出版社, 2007.

[34] Plimpton S. Fast parallel algorithms for short-range molecular dynamics[J]. Journal of Computational Physics, 1995, 117(1): 1-19.

[35] Large-scale atomic/molecular massively parallel simulator[EB/OL]. (2023-8-11)[2023-10-27].

[36] Phillips J C, Braun R, Wang W, et al. Scalable molecular dynamics with NAMD[J]. Journal of Computational Chemistry, 2005, 26(16): 1781-1802.

[37] Nanoscale molecular dynamics: Version 2.14[EB/OL]. (2023-2-4)[2023-10-27].

[38] Gale J D. GULP: A computer program for the symmetry-adapted simulation of solids[J]. Journal of the Chemical Society, 1997, 93(4): 629-637.

[39] Curtin University. GULP: Version 6.1.2[CP/OL]. (2022-9-20)[2023-10-27].

[40] Liu Z R, Yao B N, Zhang R F. SPaMD studio: An integrated platform for atomistic modeling, simulation, analysis, and visualization[J]. Computational Materials Science, 2022, 210: 111027.

[41] Liu Z R, Zhang R F. AACSD: An atomistic analyzer for crystal structure and defects[J]. Computer Physics Communications, 2018, 222: 229-239.

[42] Yao B N, Zhang R F. AADIS: An atomistic analyzer for dislocation character and distribution[J]. Computer Physics Communications, 2020, 247: 106857.

[43] Zhang R F. Scalable parallel materials/molecular design/dynamics studio: Version 1.5.0 [EB/OL]. (2023-7-27)[2023-10-27].

第 8 章
势函数与分子力场

经典分子模拟的关键问题是如何构建有效的经验势或分子力场,通常包括势函数的选择、势函数待定参数的确定、经验势或分子力场的检验等。势函数通常包括基于物理/化学基本定律和原理的势函数以及从纯数学角度考虑的机器学习势函数,本章将以前者为重点,突出其物理/化学本源和函数的形式与特点。势函数的待定参数通常采用实验拟合、半经验求解或第一性原理计算等方法得到。经验势或分子力场的检验需要综合考虑应用场景和适用范畴等。固体或分子的性质依赖于原子或分子的本性以及它们之间相互作用,由此带来了种类繁多的经验势或分子力场。

8.1 相互作用的概念与分类

在宇宙间,万有引力、强相互作用、弱相互作用和电磁相互作用是公认的四种基本相互作用。下面针对其作用本质和特征分别予以介绍。万有引力是一种极弱相互作用,对能量的贡献小到可以完全忽略不计,因此不会对材料性质的测定产生可观测程度的影响。强/弱相互作用只存在于原子核之内,即强/弱核力,相比于其他两种相互作用,作用距离较小。强核力是由核子结合成原子核而产生的一种相互作用力,其作用最强,作用距离较短;弱核力由玻色子的发射或吸收而产生的一种非接触力,作用距离最短。与强/弱相互作用距离相比,原子或分子间的作用距离通常大得多,因此这两种相互作用在研究原子或分子间相互作用时不需要加以考虑。与前三种相互作用不同,电磁相互作用是存在于原子或分子之间的相互作用,决定着材料的结构和各种物理化学性质与现象,下面对其重点讲解。

1. 键合相互作用

键合相互作用是以化学键为基础的较强的电磁相互作用。当原子形成分子或固体时，外层电子重新分布导致不同电性间的强烈相互作用。根据电性相互作用的方式和程度，化学键可分为离子键、共价键和金属键等。离子键是阴阳离子之间依靠静电作用而形成的无方向性化学键，其本质是静电作用。共价键是原子之间通过电子云重叠而形成的方向性化学键，其本质是共用电子对。金属键是由自由电子及排列规则的原子核之间的静电吸引作用而形成的无方向性化学键，其本质是自由电子。

2. 非键相互作用

非键相互作用是一种较弱的电磁相互作用，并以可逆结合形式存在于原子或分子之间。最典型的非键相互作用是广泛存在于原子或分子之间的范德瓦耳斯相互作用，分为色散力、诱导力和取向力。下面针对这三种非键相互作用力分别予以介绍。

（1）色散力是存在于所有原子或分子之间的瞬时偶极矩间的吸引相互作用。在原子核周围运动的电子的瞬时位置呈现不对称性，这导致正负电荷中心瞬时不重合，从而产生瞬时偶极矩。这种随时间变化的瞬时偶极矩将诱导邻近原子或分子产生诱导偶极矩，而诱导偶极矩反作用于原来的原子或分子产生新的叠加诱导偶极矩，这种相互耦合的静电吸引作用称为色散作用。色散作用与相互耦合作用分子的变形性和电离势有关：一般来说，分子量越大，变形性越大，色散力越大；分子内电子数越多，电离势越低，色散力越大。

（2）诱导力是极性分子与非极性分子之间以及极性分子之间通过诱导偶极矩产生的吸引相互作用。极性分子的正负电荷中心不重合会诱导邻近分子的电荷分布发生畸变，另外，正负电荷中心重合的非极性分子在极性分子电场作用下也会发生正负电荷中心分离，这些都会导致极性分子和被诱导分子之间产生诱导偶极矩。诱导力与被诱导分子的变形性相关：原子外层电子壳层越大，变形性越大，诱导力越大。

（3）取向力是极性分子固有的永久偶极矩之间的相互作用。极性分子的电荷分布不均匀，具有永久偶极矩。当两个极性分子相互靠近时，永久偶极矩间的相互作用导致极性分子相对转动，最终达成"同极相斥、异极相吸"的结果。该相互作用控制了极性分子的转动方向，因此被称为取向力。取向力与极性分子的极性相关：分子极性越大，取向力越大。

总体上，以上三种非键相互作用力的关系可概括如下：① 从出现范围来看，色散力存在于所有原子或分子之间，诱导力存在于极性分子与其他分子之间，取向力仅存在于极性分子之间；② 从贡献程度来看，一般情况下，色散力是分子相互作用的主要贡献者，诱导力贡献很小，但是，对于偶极矩很大的分子，取向力是主要贡献者；③ 从影响因素来看，色散力主要受分子变形性影响，取向力主要受分子极性影响，而诱导力则与两者均紧密相关，因此分子的极性和变形性决定了这三种力的相对贡献程度。

由于没有电荷转移,范德瓦耳斯相互作用也被称为物理相互作用。除此之外,分子间有时还存在涉及电荷转移的弱化学相互作用,如氢键作用。氢原子(H)与电负性大的给体原子 D(如 N、O、F 等)结合生成 D—H 化学键,D—H 化学键接近电负性大的受体原子 A 时,以氢为媒介生成 D—H…A 形式的相互作用,该相互作用称为氢键作用。这里需要说明的是,氢键给体 D 和受体 A 均为电负性大的原子,并且受体 A 必须具有向 H 原子转移孤对电子的能力。

8.2 经验势函数

经验势函数是表征原子或分子间键合或非键相互作用的函数,而构建经验势则是经典分子模拟中关键的任务之一[1-3]。从发展历程看,经验势要早于分子模拟方法。下面简单列举经验势发展的重要历程,如图 8-1 所示。

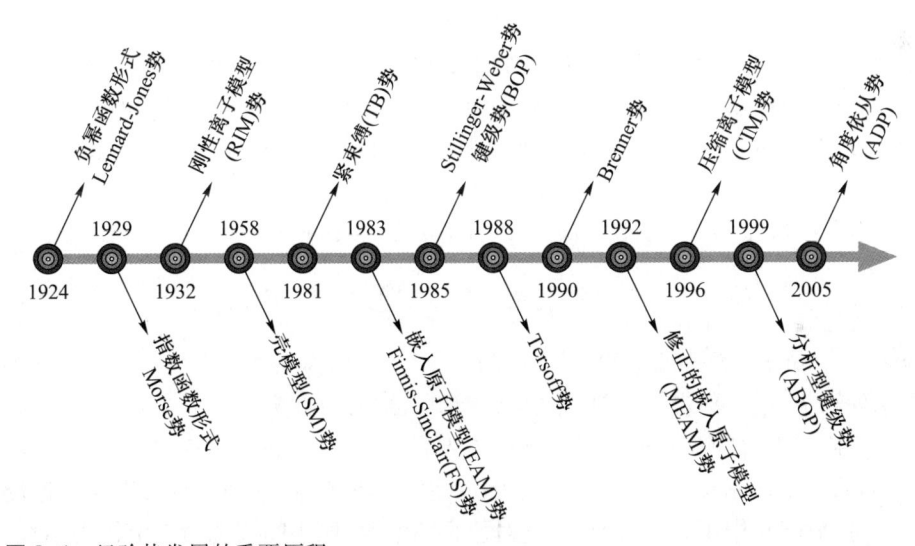

图 8-1 经验势发展的重要历程

最早的经验势可以追溯到 1924 年 Lennard-Jones 发表的负幂函数形式的对势,称为 Lennard-Jones(LJ)势[4]。1929 年,Morse 发表了以指数函数形式表示的对势,称为 Morse 势。这两种势函数直到现在依然是广泛应用的对势函数[5]。针对离子晶体,1932 年,Born 和 Mayer 提出了 Born-Mayer 势,即刚性离子模型(rigid ion model,RIM)势[6];1958 年,Dick 和 Overhauser 提出了壳模型(shell model,SM)势[7]。针对过渡金属和合金,1981 年,Gupta 在紧束缚理论的基础上,提出将紧束缚能表示为电子态密度二阶矩的平方根形式,并采用指数函数形式表示总能,称为紧束缚(tight binding,TB)势[8];1983年,Daw和Baskes基于密度泛函理论及推论提出了嵌入原子模型(embedded atom model,EAM)势[9-10];几乎同时,Finnis和Sinclair根据紧束缚理论的态密度二阶矩近似提出了Finnis-Sinclair(FS)多体势[11]。针对共价晶体,1985年,Stillinger和Weber基于键合强度对原子周围近邻环境的角度依从关系,提出了Stillinger-Weber(SW)三体势[12];同年,Abell根据赝势理论提出键级势(bond order potential,BOP)方案[13],用键级变量和Morse势函数描述共价键结合能;1988年,Tersoff在BOP的基础上提出了Tersoff势[14-15];1990年,在Tersoff势的基础上,Brenner提出了包含更多变量的Brenner势[16]。

20世纪90年代以后,经验势向着通用性更好的复杂函数形式发展。例如,1992年,Baskes在EAM势的框架下提出修正的EAM(modified EAM,MEAM)势,在EAM势球对称电荷密度的假设基础上引入了角度依从[17]。1996年,Wilson等提出了描述离子晶体的压缩离子模型(compressible ion model,CIM)势,通过引入更多的拟合参数来考虑多体效应,如增加了偶极项和四极项[18-19]。1999年,Pettifor等在早期BOP概念的基础上,从紧束缚理论出发推导出不同键级的解析表达式,提出了分析型键级势(analytical bond order potential,ABOP)[20-23]。2005年,Mishin等在EAM势的基础上通过增加三个角度依从能量项来处理共价晶体,提出了角度依从势(angular dependent potential,ADP)[24]。

对于多粒子体系,总能量E_{tot}可以分解为如下几部分[1-2]:

$$E_{tot} = \sum_{i} u_1(r_i) + \sum_{i<j} u_2(r_i, r_j) + \sum_{i<j<k} u_3(r_i, r_j, r_k) + \cdots \quad (8-1)$$

式中,r_i是第i个粒子的空间坐标;$u_n(n=1,2,\cdots)$称为n体势函数。右侧第一项表示外部势,第二项表示对势,第三项表示三体势,以此类推。

下面以简单的双原子对势为例介绍势能和作用力随原子间距变化的基本特征,如图8-2所示[3]。当原子距离为无穷远时,势能和作用力为零;当原子逐渐靠近时,势能和作用力为负值,其绝对值不断增大,原子间表现为吸引作用,对应放热过程;当原子距离达到吸引力最大位置r_m时,对应势能出现最大斜率;当原子间距继续减小时,吸引力的绝对值逐渐降低,在平衡距离r_0处为零,对应势能出现最大负值;当原子继续靠近时,原子间相互作用表现为排斥力,作用力转变为正值,并随间距的减小而增大,相应的势能由负值迅速转变为正值。

8.2.1 简单对势

简单对势假定两个原子间的相互作用仅与两个原子的相对坐标有关,通常采用简单的数学函数来表征,如Lennard-Jones势、Morse势、Born-Mayer势、Buckingham势等。下面重点介绍这四种对势的函数形式与特点。

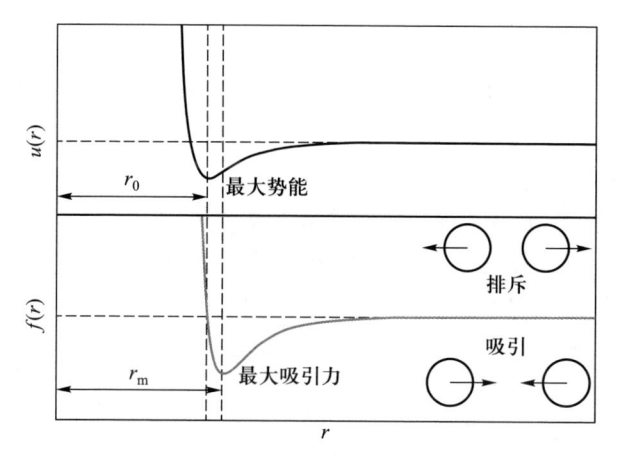

图 8-2 双原子对势的势能和作用力随原子间距的变化情况[3]

1. Lennard-Jones 势

1924 年,由 Lennard-Jones 提出的 Lennard-Jones 势[4]是早期广泛用于模拟惰性气体的经典对势,其函数形式如下:

$$\Phi_{\mathrm{LJ}}(r_{ij}) = 4\varepsilon_{ij}\left[\left(\frac{\sigma_{ij}}{r_{ij}}\right)^{12} - \left(\frac{\sigma_{ij}}{r_{ij}}\right)^{6}\right] \tag{8-2}$$

式中,r_{ij} 是原子间距;σ_{ij} 是参考平衡距离;ε_{ij} 是势阱深度。式(8-2)右侧第一项代表电子云重叠导致的短程排斥作用,由于幂次高,所以在短距离时起主导作用;第二项代表长程吸引作用,由于幂次低,所以在长距离时起主导作用。对于不同种类原子,参数 σ_{ij} 和 ε_{ij} 可以通过如下关系式予以估算: $\sigma_{ij} = (\sigma_{ii}+\sigma_{jj})/2$ 和 $\varepsilon_{ij} = \sqrt{\varepsilon_{ii}\varepsilon_{jj}}$。

如果设定 $A_{ij} = 4\varepsilon_{ij}\sigma_{ij}^{12}$ 和 $B_{ij} = 4\varepsilon_{ij}\sigma_{ij}^{6}$,那么 Lennard-Jones 势函数可改写为如下形式:

$$\Phi_{\mathrm{LJ}}(r_{ij}) = \frac{A_{ij}}{r_{ij}^{12}} - \frac{B_{ij}}{r_{ij}^{6}} \tag{8-3}$$

式中,不同种类的原子 i 和 j 之间的势参数 A_{ij} 和 B_{ij} 可以通过如下混合法则估算: $A_{ij} = \sqrt{A_{ii}A_{jj}}$ 和 $B_{ij} = \sqrt{B_{ii}B_{jj}}$。

2. Morse 势

1929 年,Morse 提出了能够更好地描述原子之间键合情况的 Morse 对势,即当原子间距趋近于零时,势能趋于无穷,表示两个原子不能无限接近;而当原子间距接近平衡键长时,势能接近于势阱深度,即能量最低点;当原子间距趋于无

穷时,势能接近于零。Morse 势函数形式如下[5]:

$$\Phi_{\text{Morse}}(r_{ij}) = D_e [1-e^{-\beta(r_{ij}-r_0)}]^2 - D_e \tag{8-4}$$

式中,D_e 是原子之间的键解离能;β 是表征在平衡距离附近势函数平坦程度的参数;r_0 是参考平衡键长。

图 8-3 对比了 Lennard-Jones 势函数与 Morse 势函数的能量和受力随原子间距变化的曲线[3]。由图可见,在平衡键长附近,两个势函数几乎重合,但是 Lennard-Jones 势函数和 Morse 势函数在平衡位置两侧呈现不同的非对称性,表明不同的受力情况。在最大吸引力附近,Morse 势函数比 Lennard-Jones 势函数更陡,说明相应的吸引力也更强。

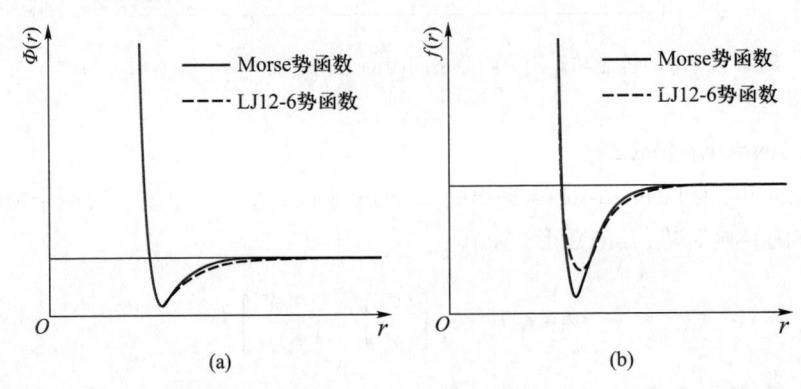

图 8-3 Lennard-Jones 势函数与 Morse 势函数的能量(a)和受力(b)随原子间距变化的曲线[3]

3. Born-Mayer 势

1932 年,Born 和 Mayer 将离子之间的相互作用分解为长程库仑引力和短程泡利斥力两部分,其势函数形式如下[6]:

$$\Phi_{\text{BM}}(r_{ij}) = A e^{-B r_{ij}} - \frac{\alpha e^2}{r_{ij}} - \frac{C}{r_{ij}^6} \tag{8-5}$$

式中,A、B 和 C 是待定参数;α 是马德隆常数(Madelung constant)。右侧第一项表示重叠电子云导致的短程泡利排斥作用,采用了指数函数形式,后两项表示离子间的长程吸引作用。1933 年,Huggins 和 Mayer 在 Born-Mayer 势函数的基础上通过增加吸引势项 r_{ij}^{-8},给出了如下 Born-Mayer-Huggins(BMH)势函数形式[25]:

$$\Phi_{\text{BMH}}(r_{ij}) = A e^{-B r_{ij}} - \frac{\alpha e^2}{r_{ij}} - \frac{C}{r_{ij}^6} - \frac{D}{r_{ij}^8} \tag{8-6}$$

式中,D 是待定参数;右侧第四项是额外增加的离子间长程吸引作用。

4. Buckingham 势

1938 年，Buckingham 在 Lennard-Jones 势函数的基础上，通过添加多项式函数和级数展开式给出了广义对势函数，如下[26]：

$$\Phi_{\text{Bulk-g}}(r_{ij}) = P(r_{ij})\,\mathrm{e}^{-r_{ij}/r_{0,ij}} - \left(\frac{C}{r_{ij}^{6}} + \frac{D}{r_{ij}^{8}} + \frac{E}{r_{ij}^{10}} + \cdots\right) \tag{8-7}$$

式中，C、D 和 E 是待定参数；$r_{0,ij}$ 是与原子间平衡距离相关的参数；$P(r_{ij})$ 是多项式函数；右侧括号中部分是原子间距离的级数展开式。如果将以上势函数中的多项式替换为常数，并且选取级数展开式的前两项，那么 Buckingham 势函数近似为如下形式：

$$\Phi_{\text{Buck}}(r_{ij}) = A\mathrm{e}^{-Br_{ij}} - \frac{C}{r_{ij}^{6}} - \frac{D}{r_{ij}^{8}} \tag{8-8}$$

式中，A、B、C 和 D 是待定参数。

与 BMH 势函数对比可以看出，Buckingham 势函数相当于去掉库仑相互作用的 BMH 势函数。与 Lennard-Jones 势函数相比，Buckingham 势函数虽然在物理上更为合理，但是指数函数的存在增加了计算的难度。

8.2.2 金属合金多体势

对势函数的形式简单、编程难度低、物理图像清晰、计算效率高，能够用于诸多物理现象的模拟，然而对势的固有缺陷限制了其在金属合金体系的应用。首先，对势会导致弹性常数的柯西关系 $C_{12} = C_{44}$ 或柯西压 $P = (C_{12} - C_{44})/2 = 0$，这不符合一般金属合金体系的特征。其次，对势会导致金属晶体的空位形成能等于内聚能，即 $E_v = E_c$，这不符合实际情况：$E_v \approx (20\% \sim 50\%)E_c$。最后，在对势模型中，金属内聚能大致与最近邻原子数成正比，与实际的二次方根关系相违背。为了解决对势存在的诸多问题，20 世纪 80 年代后，多体势被广泛用于描述金属合金体系，其中最具代表性的就是 EAM 势、TB 势、FS 势、MEAM 势和角度依从势。

1. EAM 势

基于 Hohenberg 和 Kohn 的密度泛函理论，体系的总能量可以表示为总电子密度的泛函；而基于 Stott 和 Zaremba 的推论，介质中杂质的能量可以表示为未受干扰的无杂质介质的电子密度的泛函。在以上两个理论背景下，Daw 和 Baskes 给出如下能量泛函表述[9-10]：杂质在介质中的嵌入能由添加杂质前介质的电子密度所决定。由此建立起嵌入能与介质电子密度之间的泛函关系，即嵌入原子模型（EAM）。

第8章　势函数与分子力场

在嵌入原子模型中，组成体系的原子被看作嵌入有效介质中的客体原子（或杂质）的集合。如图 8-4 所示，有效介质是除客体原子 A 外的所有其他原子形成的均匀电子气，而体系中的每个原子都可以看作客体原子 A；除了客体原子 A 在有效介质中的嵌入能，客体原子 A_i 和 A_j 之间还存在对排斥能，于是体系的总能量被表示为嵌入能和对排斥能之和。嵌入原子模型的嵌入能项将关键的复杂性都包含在电子密度之中，这相当于将周围原子对中心原子的作用归结为原子本身的性质。

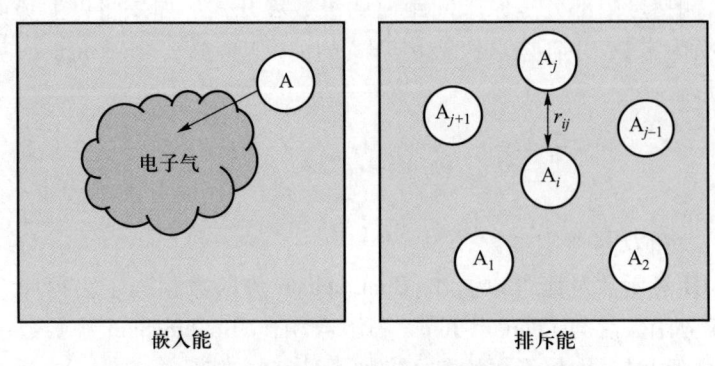

图 8-4　嵌入原子模型势的嵌入能和对排斥能来源示意图[10]

如果进一步将体系的电子分布近似为各个原子的电子分布的简单线性叠加，即忽略了原子间成键时电子的转移和重新分布，那么 EAM 势的总能量表示如下：

$$E_{\text{tot}} = \sum_i F(\rho_i) + \frac{1}{2}\sum_i \sum_{j \neq i} \Phi(r_{ij}) \tag{8-9}$$

式中，右侧第一项是原子嵌入均匀电子气中的嵌入能；第二项是原子间的对排斥势能。嵌入能函数、对排斥势能函数和电子密度函数可以选取不同的形式。

针对不同类型金属，Johnson 等给出的嵌入能函数表示如下[27]：

$$F(\rho) = -F_0\left(1 - n\ln\frac{\rho}{\rho_0}\right)\left(\frac{\rho}{\rho_0}\right)^n \tag{8-10}$$

式中，F_0 和 ρ_0 分别是嵌入能和电子密度的参考平衡参数；n 是待定参量；ρ 是电子密度，可近似为近邻原子的电子分布的简单线性叠加，即 $\rho_i = \sum_{j \neq i} f(r_{ij})$，其中，$i$ 表示中心原子，j 表示近邻原子，$f(r_{ij})$ 是原子的电子分布函数。

对于 fcc 和 hcp 金属，原子的电子分布和原子之间对排斥势可以采用如下函数形式[27]：

$$f(r_{ij}) = f_e \exp\left[-\beta\left(\frac{r_{ij}}{r_e}-1\right)\right]$$
$$\Phi(r_{ij}) = \Phi_e \exp\left[-\gamma\left(\frac{r_{ij}}{r_e}-1\right)\right]$$
(8-11)

式中，f_e、Φ_e 和 r_e 是参考平衡参数；β 和 γ 是待定模型参量。

对于 bcc 金属，原子的电子分布和原子之间对排斥势可采用如下函数形式[28]：

$$f(r_{ij}) = f_e \left(\frac{r_{ij}}{r_e}\right)^\beta$$
$$\Phi(r_{ij}) = k_3\left(\frac{r_{ij}}{r_e}-1\right)^3 + k_2\left(\frac{r_{ij}}{r_e}-1\right)^2 + k_1\left(\frac{r_{ij}}{r_e}-1\right) + k_0$$
(8-12)

式中，f_e 和 r_e 是参考平衡参数；β、k_0、k_1、k_2 和 k_3 是待定模型参量。

研究表明，EAM 势的总能表达式具有如下平移不变性[29-30]：

$$F(\rho) \to F(\rho) + k\rho$$
$$\Phi(r) \to \Phi(r) - 2kf(r)$$
(8-13)

式中，k 是代表平移程度的常数。

下面简单证明该平移不变性。假定嵌入能函数和对势函数进行如下平移变换：

$$G(\rho) = F(\rho) + k\rho$$
$$\Psi(r) = \Phi(r) - 2kf(r)$$
(8-14)

则总能满足如下变换：

$$\begin{aligned}E_{tot} &= \sum_i F(\rho_i) + \frac{1}{2}\sum_i \sum_{j\neq i} \Phi(r_{ij}) \\ &= \sum_i G(\rho_i) - k\sum_i \rho_i + \frac{1}{2}\sum_i \sum_{j\neq i}\Psi(r_{ij}) + k\sum_i \sum_{j\neq i} f(r_{ij}) \\ &= \sum_i G(\rho_i) + \frac{1}{2}\sum_i \sum_{j\neq i}\Psi(r_{ij}) - k\sum_i\left[\rho_i - \sum_{j\neq i} f(r_{ij})\right] \\ &= \sum_i G(\rho_i) + \frac{1}{2}\sum_i \sum_{j\neq i}\Psi(r_{ij})\end{aligned}$$
(8-15)

基于以上平移不变性，EAM 势可以变化为不同的函数形式，增加了函数形式的选择。根据不同函数形式的选择，提出了多种形式的势函数，如 Zhou 的 EAM 势函数[31]和 Mishin 的 EAM 势函数[32]。

2. TB 势

1981 年,Gupta 将紧束缚理论应用于过渡金属并提出了早期的紧束缚(TB)势框架[8]。其物理思想如下:过渡金属 d 轨道电子能带的平均宽度与过渡金属体系的紧束缚能近似成正比,由局域电子态密度的二阶矩 μ_2 的平方根决定。局域电子态密度的二阶矩 μ_2 可用近邻原子间的重叠积分和表示,而重叠积分可表示为近邻原子距离的指数函数。由此可见,电子态密度的矩是将电子结构和晶格结构联系起来的有效工具。于是,与电子能带相关的紧束缚能部分可近似表示如下[33]:

$$E_b(\rho_i) = -\sqrt{\mu_2} = -\sqrt{\rho_i} \tag{8-16}$$

式中,ρ_i 是中心原子 i 与所有近邻原子 j 之间的重叠积分和,可通过原子距离的指数函数表示如下:

$$\rho_i = \sum_{j \neq i} \xi_{\alpha\beta}^2 \cdot \exp\left[-2q_{\alpha\beta}\left(\frac{r_{ij}}{r_{\alpha\beta}} - 1\right)\right] \tag{8-17}$$

式中,α 和 β 表示原子的类型;$r_{\alpha\beta}$ 是原子 α 和 β 之间的参考平衡距离;$\xi_{\alpha\beta}$ 是与重叠积分相关的模型参量;$q_{\alpha\beta}$ 是依赖于 α 和 β 原子的待定模型参量。

除了以上的紧束缚能给出的吸引势能项,还需增加排斥势能项来维持晶格稳定性,通常采用 Born-Mayer 指数函数形式,表示如下[33]:

$$E_r(r_{ij}) = \sum_{j \neq i} A_{\alpha\beta} \cdot \exp\left[-2p_{\alpha\beta}\left(\frac{r_{ij}}{r_{\alpha\beta}} - 1\right)\right] \tag{8-18}$$

式中,$A_{\alpha\beta}$ 和 $p_{\alpha\beta}$ 是依赖于原子 α 和 β 的待定模型参量。

基于以上两部分能量贡献,TB 势的总能表示如下[33]:

$$E_{tot} = \sum_i \left\{ -\sqrt{\sum_{j \neq i} \xi_{\alpha\beta}^2 \cdot \exp\left[-2q_{\alpha\beta}\left(\frac{r_{ij}}{r_{\alpha\beta}} - 1\right)\right]} + \sum_{j \neq i} A_{\alpha\beta} \cdot \exp\left[-p_{\alpha\beta}\left(\frac{r_{ij}}{r_{\alpha\beta}} - 1\right)\right] \right\} \tag{8-19}$$

式中,右侧第一项表示重叠积分贡献的吸引能;第二项是保持晶格稳定性的排斥能。

从某种意义上讲,TB 势在形式上等同于 EAM 势,但是来自不同的物理近似。比较 EAM 势和 TB 势可以发现,EAM 势的嵌入能完全忽略了能带结构的细节特征,而 TB 势的吸引势能项从局域电子特征入手,具有更强的物理内涵。

3. FS 势

1984 年,Finnis 和 Sinclair 在紧束缚理论的电子态密度二阶矩近似基础上,

发展了一种在数学形式上等同于嵌入原子模型的多体势,被称为 FS 势,其总能表示如下[11]:

$$E_{\text{tot}} = \sum_i F(\rho_i) + \frac{1}{2} \sum_i \sum_{j \neq i} V(r_{ij}) \quad (8-20)$$

式中,右侧第一项表示多体相互作用的紧束缚能,等同于 EAM 的嵌入能;第二项表示原子间的对排斥势能;$V(r_{ij})$ 等同于 EAM 势的 $\Phi(r_{ij})$。

基于紧束缚理论,紧束缚能与电子态密度的二阶矩 μ_2 的平方根成正比,表示如下:

$$F(\rho_i) = -\sqrt{\mu_2} = -\sqrt{\rho_i} \quad (8-21)$$

式中,ρ_i 是电子态密度的二阶矩 μ_2,可近似为原子 i 与近邻原子间的重叠积分 $f(r_{ij})$ 的简单线性叠加,表示如下:

$$\rho_i = \sum_{j \neq i} f(r_{ij})$$
$$f(r_{ij}) = \begin{cases} (r_{ij}-d)^2, & 0 < r_{ij} \leq d \\ 0, & r_{ij} > d \end{cases} \quad (8-22)$$

式中,d 是截断半径,通常取值在第二和第三近邻之间。

对排斥势可以采用如下函数形式:

$$V(r_{ij}) = \begin{cases} (r_{ij}-c)^2(c_0+c_1 r_{ij}+c_2 r_{ij}^2), & 0 < r_{ij} \leq c \\ 0, & r_{ij} > c \end{cases} \quad (8-23)$$

式中,c 是截断半径,通常取值在第二和第三近邻之间;c_0、c_1 和 c_2 是待定参数。

FS 势最初用来描述 bcc 金属,后来被 Ackland 等扩展到 fcc 和 hcp 金属中。Ackland 等提出的重叠积分函数和对排斥势函数表示如下[34]:

$$f(r_{ij}) = \begin{cases} (r_{ij}-d)^2 + B^2(r_{ij}-d)^4, & 0 < r_{ij} \leq d \\ 0, & r_{ij} > d \end{cases}$$
$$V(r_{ij}) = \begin{cases} (r_{ij}-c)^2(c_0+c_1 r_{ij}+c_2 r_{ij}^2+c_3 r_{ij}^3+c_4 r_{ij}^4), & 0 < r_{ij} \leq c \\ 0, & r_{ij} > c \end{cases} \quad (8-24)$$

式中,c 和 d 是截断半径;B、c_0、c_1、c_2、c_3 和 c_4 是待定参数。

通过对比 FS 势和 TB 势可以发现,两者的总能形式和物理背景完全一致,两者差异主要体现在势函数形式的选择:TB 势采用指数函数形式,而 FS 势采用多项式,后者的函数形式更加灵活。

4. MEAM 势

在 EAM 势、TB 势和 FS 势中,电子密度分布、重叠积分和对排斥势均表示为近邻原子距离的球对称函数,而忽略了近邻原子角度的依从,这对于具有较强方向性键的过渡族金属来说是相当不利的。另外,以上三种多体势也无法用于具有负柯西压的金属,如 Cr 和 Cs。

1992 年,Baskes 通过在原来 EAM 势的基础上引入描述非球对称电子密度分布的函数,提出了 MEAM 势[17]。具体来讲,Baskes 将总电子密度表示为原子角度依从的电子密度的线性叠加,这样,总能计算过程中引入了原子角度依从关系。MEAM 势的总能表达式与原来 EAM 势的总能表达式相同,如下:

$$E_{tot} = \sum_i F(\rho_i) + \frac{1}{2} \sum_i \sum_{j \neq i} \Phi(r_{ij}) \tag{8-25}$$

式中,$\Phi(r_{ij})$ 是对排斥势,可以采用原来 EAM 势、FS 势或 TB 势中所采用的函数形式;$F(\rho_i)$ 是角度依从的嵌入能,表示如下[17,35-36]:

$$F(\rho_i) = AE_c(\rho_i/\rho_i^0)\ln(\rho_i/\rho_i^0) \tag{8-26}$$

式中,A 是可调参数;E_c 是内聚能;ρ_i^0 是参考平衡结构的电子密度;ρ_i 是当前结构的电子密度,表示如下:

$$\rho_i = \rho_i^{(0)} G(x) \left\{ \sum_{k=1}^{3} t_i^{(k)} \left[\frac{\rho_i^{(k)}}{\rho_i^{(0)}} \right]^2 \right\} \tag{8-27}$$

式中,$G(x) = 2/(1+e^{-x})$;$t_i^{(k)}$ 是可调参数;$\rho_i^{(0)}$ 是球对称电子密度;$\rho_i^{(k)}$ 是非球对称电子密度,分别表示如下[17,35-36]:

$$[\rho_i^{(0)}]^2 = \left[\sum_{j(\neq i)} \rho_j^{a(0)}(r_{ij}) \right]^2$$

$$[\rho_i^{(1)}]^2 = \sum_\alpha \left[\sum_{j(\neq i)} \frac{r_{ij}^\alpha}{r_{ij}} \rho_j^{a(1)}(r_{ij}) \right]^2$$

$$[\rho_i^{(2)}]^2 = \sum_\alpha \sum_\beta \left[\sum_{j(\neq i)} \frac{r_{ij}^\alpha r_{ij}^\beta}{r_{ij}^2} \rho_j^{a(2)}(r_{ij}) \right]^2 - \frac{1}{3} \left[\sum_{j(\neq i)} \rho_j^{a(2)}(r_{ij}) \right]^2$$

$$[\rho_i^{(3)}]^2 = \sum_\alpha \sum_\beta \sum_\gamma \left[\sum_{j(\neq i)} \frac{r_{ij}^\alpha r_{ij}^\beta r_{ij}^\gamma}{r_{ij}^3} \rho_j^{a(3)}(r_{ij}) \right]^2 - \frac{3}{5} \sum_\alpha \left[\sum_{j(\neq i)} \frac{r_{ij}^\alpha}{r_{ij}} \rho_j^{a(3)}(r_{ij}) \right]^2$$

$$\tag{8-28}$$

式中,r_{ij}^α 是原子 i 和 j 之间距离向量 r_{ij} 的 α 方向分量,其中 $\alpha = (x, y, z)$;$\rho_j^{a(k)}(r_{ij}) = \exp[-\beta^{(k)}(r_{ij}/r_c-1)]$,表示与中心原子 i 距离为 r_{ij} 的原子 j 贡献的电

子密度。上述四项中的第一项等价于 EAM 势中的球对称电子密度,后面三项是 MEAM 势非球对称电子密度的贡献,分别等价于如下三体依从项:$\cos\theta_{jik}$、$\cos^2\theta_{jik}$ 和 $\cos^3\theta_{jik}$。例如,$[\rho_i^{(1)}]^2$ 可替换为如下形式[17]:

$$[\rho_i^{(1)}]^2 = \sum_{j,k(\neq i)} \rho_j^{a(1)}(r_{ij}) \rho_k^{a(1)}(r_{ik}) \cos\theta_{jik} \tag{8-29}$$

式中,θ_{jik} 是以原子 i 为中心的 i—j 键和 i—k 键之间的夹角。

最初的 MEAM 势仅考虑了中心原子与一阶近邻原子的相互作用,通过截断函数将一阶近邻外的原子间相互作用衰减为零。由于体心立方金属中二阶近邻的原子距离仅比一阶近邻大 15% 左右,二阶近邻原子对中心原子有显著影响,导致一阶近邻 MEAM 势给出比体心立方更稳定的结构,并且计算的低指数晶面的表面能偏高。为了克服这些困难,Lee 和 Baskes[35-36] 提出了考虑二阶近邻原子的 MEAM 势,并且成功将其应用到体心立方金属体系中。

5. 角度依从势

2005 年,Mishin 等提出在 EAM 势的基础上直接添加角度依从的能量修正项,而不是修改嵌入能中的电子密度函数,称为角度依从势(ADP)[24]。角度依从势的总能表达式相当于在 EAM 势的基础上增加了 3 个能量项,表示如下:

$$E_{tot} = \sum_i F(\rho_i) + \frac{1}{2}\sum_i\sum_{j\neq i}\Phi(r_{ij}) + \frac{1}{2}\sum_i\sum_{\alpha=1}^3 (\mu_i^\alpha)^2 + \frac{1}{2}\sum_i\sum_{\alpha,\beta=1}^3 (\lambda_i^{\alpha\beta})^2 - \frac{1}{6}\sum_i (\nu_i)^2 \tag{8-30}$$

式中,$\alpha(\beta)$ 表示 3 个坐标轴方向;电子密度分布采用如下函数形式:

$$f(r) = \psi\left(\frac{r-r_c}{h}\right)\{A_0(r-r_0)^n e^{-\gamma(r-r_0)}[1+B_0 e^{-\gamma(r-r_0)}]+C_0\} \tag{8-31}$$

式中,A_0、B_0、C_0、γ、h 和 n 是待定模型参数;r_0 是参考平衡距离;r_c 是截断距离;$\psi(x)$ 是截断函数,形式如下:

$$\psi(x) = \begin{cases} \dfrac{x^4}{1+x^4}, & x<0 \\ 0, & x\geq 0 \end{cases} \tag{8-32}$$

对势函数可采用如下球对称函数形式:

$$\Phi(r) = \psi\left(\frac{r-r_c}{h}\right)\left\{\frac{V_0}{b_2-b_1}\left[\frac{b_2}{(r/r_0)^{b_1}} - \frac{b_1}{(r/r_0)^{b_2}}\right]+\delta\right\}+mf(r) \tag{8-33}$$

式中,b_1、b_2、h、V_0 和 m 是待定参数。

总能表达式的后三项对应非中心对称组元的能量贡献,表示原子局域近邻

环境的偶极矩和四极矩对能量的贡献,通过如下公式定义:

$$\mu_i^\alpha = \sum_{j \neq i} \mu_{ij}(r_{ij}) r_{ij}^\alpha$$
$$\lambda_i^{\alpha\beta} = \sum_{j \neq i} \omega_{ij}(r_{ij}) r_{ij}^\alpha r_{ij}^\beta \qquad (8-34)$$
$$\nu_i = \sum_\alpha \lambda_i^{\alpha\alpha}$$

式中,$\mu_{ij}(r_{ij})$ 和 $\omega_{ij}(r_{ij})$ 是添加的两个对势函数,可以表示为如下指数函数形式:

$$\mu(r) = \psi\left(\frac{r-r_c}{h}\right)(d_1 e^{-d_2 r} + d_3)$$
$$\omega(r) = \psi\left(\frac{r-r_c}{h}\right)(q_1 e^{-q_2 r} + q_3) \qquad (8-35)$$

式中,d_1、d_2、d_3、q_1、q_2 和 q_3 是待定模型参数。关于角度依从势的详细介绍可以参考原文献[24]。

6. 合金交叉势

如果已知纯金属单质的多体势,那么可以通过混合原则构建合金体系的交叉势。Johnson 等经过严格的推导,给出了基于以上 EAM 势、TB 势和 FS 势模型的纯金属单质多体势构建合金交叉势的方法。以 EAM 势为例,假定嵌入能与电子密度的函数关系不变,且中心原子位置的电子密度可通过不同种类近邻原子的电子密度贡献的简单线性叠加计算,那么合金体系的交叉势只需增加不同种类原子间的对势函数即可。于是,Johnson 等给出了如下合金交叉势函数[30]:

$$\Phi^{ab}(r) = \frac{1}{2}\left[\frac{f^a(r)}{f^b(r)}\Phi^{aa}(r) + \frac{f^b(r)}{f^a(r)}\Phi^{bb}(r)\right] \qquad (8-36)$$

式中,$\Phi^{aa}(r)$ 和 $\Phi^{bb}(r)$ 分别是同种原子 a 和 b 的对势函数;$f^a(r)$ 和 $f^b(r)$ 分别是原子 a 和 b 的电子密度分布函数。

在此基础上,Mishin 等给出了更为复杂的交叉势函数形式,表示如下[24]:

$$\Phi^{ab}(r) = t_1 e^{-t_2 r} \Phi^{aa}(r) + t_3 e^{-t_4 r} \Phi^{bb}(r) \qquad (8-37)$$

式中,t_1、t_2、t_3 和 t_4 是待定模型参数。该交叉势函数包含可调的待定参数,为交叉势的构建提供了更大的自由空间。

8.2.3 共价晶体作用势

共价晶体的原子间作用势不仅需要考虑原子间距,而且需要考虑原子间成键方向。最具代表性的就是 SW 势、Tersoff 势和分析型键级势。

1. SW 势

1985 年,Stillinger 和 Weber 通过在二体相互作用基础上增加三体相互作用来描述共价晶体(如 C、Si 和 Ge)中原子间键合相互作用,称为 SW 势。SW 势的总能量表示如下[12]:

$$E_{tot} = \frac{1}{2}\left[\sum_{i,j} V_2(r_{ij}) + \sum_{i,j,k} V_3(r_{ij}, r_{ik}, \theta_{ijk})\right] \quad (8\text{-}38)$$

式中,二体相互作用项采用如下函数形式:

$$V_2(r_{ij}) = \begin{cases} A\varepsilon\left[Br_{ij}^{-p} - r_{ij}^{-q}\right]\exp\left(\dfrac{1}{r_{ij}-r_c}\right), & r_{ij} \leq r_c \\ 0, & r_{ij} > r_c \end{cases} \quad (8\text{-}39)$$

式中,A、B、p 和 q 是待定模型参数;r_c 是截断距离;ε 是键合能。

三体相互作用项同时包含键长和键角依从关系,表示如下:

$$V_3(r_{ij}, r_{ik}, \theta_{ijk}) = \varepsilon\left[h(r_{ij}, r_{ik}, \theta_{jik}) + h(r_{ji}, r_{jk}, \theta_{ijk}) + h(r_{ki}, r_{kj}, \theta_{ikj})\right] \quad (8\text{-}40)$$

式中,$h(r_{ij}, r_{ik}, \theta_{ijk})$ 是键长和键角依从的函数,以第一项为例表示如下:

$$h(r_{ij}, r_{ik}, \theta_{jik}) = \lambda\exp\left(\frac{\gamma}{r_{ij}-r_c} + \frac{\gamma}{r_{ik}-r_c}\right)\left(\cos\theta_{jik} + \frac{1}{3}\right)^2 \quad (8\text{-}41)$$

式中,θ_{jik} 是以原子 i 为中心的 i—j 键和 i—k 键的夹角;λ 和 γ 是待定模型参数。

SW 势的二体项和三体项采用相同的截断距离,且通常只考虑最近邻原子之间相互作用的贡献。

2. Tersoff 势

1985 年,Abell 从赝势理论出发,提出通过 Pauling 键级来表征共价晶体内聚能,表示如下[13]:

$$E_i = \frac{1}{2}\sum_{j=1}^{Z}\left[qV_{rep}(r_{ij}) + bV_{att}(r_{ij})\right] \quad (8\text{-}42)$$

式中,Z 是近邻配位数;q 是原子的价电子数;b 是键级参量;V_{rep} 和 V_{att} 分别是中心原子与近邻原子间排斥和吸引相互作用函数。度量化学键相对强度的键级可近似与配位数的平方根成反比:$b \propto 1/\sqrt{Z}$。根据 Abell 理论,排斥项和吸引项可以近似表示为指数函数形式,于是,内聚能展开为如下形式:

$$E_i = \frac{1}{2}\sum_{j=1}^{Z}\left[C_{b1}\exp(-\sigma r_{ij}) - \frac{1}{\sqrt{Z}}C_{b2}\exp(-\lambda r_{ij})\right] \quad (8\text{-}43)$$

式中,C_{b1}、C_{b2}、σ 和 λ 是待定模型参数。

1986 年,Tersoff 在 Abell 理论的基础上采用 Morse 函数来表征排斥和吸引相互作用,其中的键级参量显式地包含了与局域配位环境相关的多体相互作用,称为 Abell-Tersoff 势(简称 Tersoff 势)[14]。1988 年,Tersoff 进一步改进了键级参量的计算方法,给出如下总能表达式[15]:

$$E_{tot} = \frac{1}{2}\sum_{i\neq j} V_{ij} = \frac{1}{2}\sum_{i\neq j} f_c(r_{ij})[a_{ij}f_R(r_{ij}) + b_{ij}f_A(r_{ij})] \quad (8-44)$$

式中,a_{ij} 是排斥势参量;b_{ij} 是键级参量;$f_R(r)$ 和 $f_A(r)$ 分别代表排斥和吸引相互作用势,通过指数函数表示如下:

$$f_R(r) = A\exp(-\lambda_1 r)$$
$$f_A(r) = -B\exp(-\lambda_2 r) \quad (8-45)$$

式中,A、B、λ_1 和 λ_2 是待定模型参数。

在总能表达式中,$f_c(r)$ 是平滑截断函数,表示如下:

$$f_c(r) = \begin{cases} 1, & r < R-D \\ \frac{1}{2} - \frac{1}{2}\sin\left(\frac{\pi}{2} \cdot \frac{r-R}{D}\right), & R-D \leq r \leq R+D \\ 0, & r < R+D \end{cases} \quad (8-46)$$

式中,R 是截断距离,保证函数值从 1 连续变化到 0,通常 R 的选择需要包含最近邻原子;D 是截断函数的过渡半径。

为了体现多体效应,吸引势的键级参量 b_{ij} 需要根据键角进行修正,表示如下:

$$b_{ij} = (1+\beta^n \xi_{ij}^n)^{-\frac{1}{2n}} \quad (8-47)$$

式中,β 和 n 是待定参数;ξ_{ij} 是与键角有关的参量,表示如下:

$$\xi_{ij} = \sum_{k\neq i,j} f_c(r_{ik}) g(\theta_{jik}) \exp[\lambda_3^3 (r_{ij} - r_{ik})^3]$$
$$g(\theta_{jik}) = 1 + \left(\frac{c}{d}\right)^2 - \frac{c^2}{d^2 + (h-\cos\theta_{jik})^2} \quad (8-48)$$

式中,θ_{jik} 是 i—j 键和 i—k 键之间的夹角;λ_3、c、d 和 h 是待定参数。

排斥势的参量 a_{ij} 需要表示为键长的函数关系,如下:

$$a_{ij} = (1+\alpha^n \eta_{ij}^n)^{-\frac{1}{2n}}$$
$$\eta_{ij} = \sum_{k\neq i,j} f_c(r_{ik}) \exp[\lambda_3^3 (r_{ij} - r_{ik})^3] \quad (8-49)$$

通常 α 要足够小，若 α=0，则 $a_{ij}=1$。

Tersoff 势起源于对共价晶体的研究，不仅在计算晶格常数、键合能、键角、弹性模量和空位形成能等性质时表现优秀，而且可以描述化学键的形成和断裂的动态过程，例如描述 C—C 键的杂化情况对应的金刚石-石墨相转变。1990 年，Brenner 在 Tersoff 势的基础上通过改造键级参量来消除自由基过度键合，解决了非正当共轭性问题，称为 Tersoff-Brenner 势（简称 Brenner 势）[16]。研究发现，Brenner 势存在如下问题：① 势函数包含了更多需要拟合的待定参数；② 势函数仅包含了 σ 键级情况来体现角度依从关系。

3. 分析型键级势

1999 年，Pettifor 等针对 Tersoff 势和 Brenner 势对键级参量描述的唯象性与不完备性等问题，从紧束缚理论出发，推导出 σ 键级和 π 键级的解析表达式，用来近似多原子体系的键级展开式，称为分析型键级势（ABOP）[20-23]。ABOP 的总能量表示如下：

$$E_{\text{tot}} = E_{\text{rep}} + E_{\text{bond}} + E_{\text{prom}} \tag{8-50}$$

式中，E_{rep} 是重叠排斥能；E_{bond} 是价键吸引能；E_{prom} 是与轨道杂化状态变化相对应的激活能。下面分别给出各部分能量的表达式。

ABOP 的重叠排斥能可表示如下：

$$E_{\text{rep}} = \frac{1}{2} \sum_{i \neq j} \phi^{\alpha\beta}(r_{ij}) \tag{8-51}$$

式中，$\phi^{\alpha\beta}$ 是原子 α 与原子 β 之间的排斥相互作用势函数。

ABOP 的价键吸引能可表示如下：

$$E_{\text{bond}} = \frac{1}{2} \sum_{i \neq j} E_{ij}^{\alpha\beta} \tag{8-52}$$

式中，$E_{ij}^{\alpha\beta}$ 是原子 α 与原子 β 之间的键合能，对应于价键轨道哈密顿量矩阵元，即键级。对于 sp 杂化情况，键合能可以分解为 σ 键级和 π 键级分量，即 $E_{ij}^{\alpha\beta} = E_{\sigma,ij}^{\alpha\beta} + E_{\pi,ij}^{\alpha\beta}$。

ABOP 的杂化激活能可表示如下：

$$E_{\text{prom}} = \sum_{i} \delta^{\alpha}(\Delta N_{\text{p}})_i^{\alpha} \tag{8-53}$$

式中，$\delta^{\alpha} = E_{\text{p}}^{\alpha} - E_{\text{s}}^{\alpha}$ 是原子 α 的 s 轨道向 p 轨道的能级跃迁导致的能量变化，是独立于局域环境的常数；$(\Delta N_{\text{p}})_i^{\alpha}$ 是在位置 i 的原子 α 的 p 轨道电子数与孤立原子的轨道电子数的差值，根据局域电中性条件有 $\Delta N_{\text{s}} = -\Delta N_{\text{p}}$。

在 ABOP 框架的基础上，Ward 等进一步具体化总能表达式，如下[37]：

$$E_{tot} = \frac{1}{2}\sum_{i\neq j}\phi_{ij}(r_{ij}) - \sum_{i\neq j}\beta_{\sigma,ij}(r_{ij})\Theta_{\sigma,ij} - \sum_{i\neq j}\beta_{\pi,ij}(r_{ij})\Theta_{\pi,ij} + E_{prom} \quad (8-54)$$

式中,$\phi_{ij}(r_{ij})$ 是原子之间短程排斥势函数;$\beta_{\sigma,ij}(r_{ij})$ 和 $\beta_{\pi,ij}(r_{ij})$ 分别是 σ 键和 π 键的重叠积分函数;$\Theta_{\sigma,ij}$ 和 $\Theta_{\pi,ij}$ 分别是 σ 键级和 π 键级参量。$\phi_{ij}(r_{ij})$、$\beta_{\sigma,ij}(r_{ij})$ 和 $\beta_{\pi,ij}(r_{ij})$ 可以表示为原子间距 r_{ij} 的函数,如下:

$$\begin{aligned}\phi_{ij}(r_{ij}) &= \phi_{0,ij} \cdot f_{ij}(r_{ij})^{m_{ij}} \cdot f_{c,ij}(r_{ij}) \\ \beta_{\sigma,ij}(r_{ij}) &= \beta_{\sigma 0,ij} \cdot f_{ij}(r_{ij})^{n_{ij}} \cdot f_{c,ij}(r_{ij}) \\ \beta_{\pi,ij}(r_{ij}) &= \beta_{\pi 0,ij} \cdot f_{ij}(r_{ij})^{n_{ij}} \cdot f_{c,ij}(r_{ij})\end{aligned} \quad (8-55)$$

式中,$\phi_{0,ij}$、$\beta_{\sigma 0,ij}$、$\beta_{\pi 0,ij}$、m_{ij} 和 n_{ij} 是原子对 i—j 依从的待定参数;$f_{ij}(r_{ij})$ 是 GSP(Goodwin-Skinner-Pettifor)空间分布函数,表示如下:

$$f_{ij}(r_{ij}) = \frac{r_{0,ij}}{r_{ij}}\exp\left[\left(\frac{r_{0,ij}}{r_{c,ij}}\right)^{n_{c,ij}} - \left(\frac{r_{ij}}{r_{c,ij}}\right)^{n_{c,ij}}\right] \quad (8-56)$$

式中,$r_{0,ij}$、$r_{c,ij}$ 和 $n_{c,ij}$ 是原子对 i—j 依从的待定参数;$f_{c,ij}(r_{ij})$ 是辅助截断函数,其具体表达式请参见原文献[37]的附录部分,这里不做展开介绍。

键级是与局域配位环境相关的变量。σ 键级(Θ_σ)的最大值为 1,而 π 键级(Θ_π)的最大值为 2,于是总键级($\Theta_\sigma + \Theta_\pi$)的最大值为 3。σ 键级和 π 键级反映了化学中普遍存在的单键、双键和三键情况。

(1) 根据紧束缚理论,σ 键级的解析表达式如下:

$$\Theta_{\sigma,ij} = \Theta_{s,ij}(\Theta^h_{\sigma,ij}, f_{\sigma,ij})\left[1 - \left(f_{\sigma,ij} - \frac{1}{2}\right)k_{\sigma,ij}\frac{\beta^2_{\sigma,ij}(r_{ij})R_{3\sigma,ij}}{\beta^2_{\sigma,ij}(r_{ij}) + \psi_{\sigma,ij}(r_{ij}) + \varsigma_2}\right] \quad (8-57)$$

式中,$\Theta^h_{\sigma,ij}(r_{ij})$ 和 $\psi_{\sigma,ij}(r_{ij})$ 表示如下:

$$\begin{aligned}\Theta^h_{\sigma,ij}(r_{ij}) &= \frac{\beta_{\sigma,ij}(r_{ij})}{\sqrt{\beta^2_{\sigma,ij}(r_{ij}) + 2c_{\sigma,ij}\psi_{\sigma,ij}(r_{ij}) + \varsigma_1}} \\ \psi_{\sigma,ij}(r_{ij}) &= \frac{1}{2}\left[\beta^2_{\sigma,ij}(r_{ij})\Phi^i_{2\sigma} + \beta^2_{\sigma,ij}(r_{ij})\Phi^j_{2\sigma}\right]\end{aligned} \quad (8-58)$$

以上公式中的辅助参量和相关函数请参见原文献[37]的附录部分,这里不做展开介绍。

(2) 根据紧束缚理论,π 键级的解析表达式如下:

$$\Theta_{\pi,ij} = \frac{\alpha_{\pi,ij}\beta_{\pi,ij}(r_{ij})}{\sqrt{\beta^2_{\pi,ij}(r_{ij}) + c_{\pi,ij}[\psi_{\pi,ij}(r_{ij}) + \Theta^p_{\pi,ij}(r_{ij})] + \varsigma_4}} +$$

$$\frac{\alpha_{\pi,ij}\beta_{\pi,ij}(r_{ij})}{\sqrt{\beta_{\pi,ij}^2(r_{ij})+c_{\pi,ij}[\psi_{\pi,ij}(r_{ij})-\Theta_{\pi,ij}^p(r_{ij})+\sqrt{\varsigma_3}]}+\varsigma_4} \tag{8-59}$$

式中，$\Theta_{\pi,ij}^p(r_{ij})$ 和 $\psi_{\pi,ij}(r_{ij})$ 表示如下：

$$\begin{aligned}\Theta_{\pi,ij}^p(r_{ij})&=\sqrt{\beta_{\pi,ij}^4(r_{ij})\Phi_{4\pi,ij}+\varsigma_3}\\ \psi_{\pi,ij}(r_{ij})&=\frac{1}{2}[\beta_{\pi,ij}^2(r_{ij})\Phi_{2\pi,ij}^i+\beta_{\pi,ij}^2(r_{ij})\Phi_{2\pi,ij}^j]\end{aligned} \tag{8-60}$$

以上公式中的辅助参量和相关函数请参见原文献[37]的附录部分，这里不做展开介绍。

总之，分析型键级势是建立在紧束缚理论基础上的经验势，其势函数的每一项均包含深刻的物理内涵，而且减少了待定参数的数量。分析型键级势同时包含 σ 键和 π 键的作用，σ 键级表达式中显式地包含了形状参量，对于理解共价晶体的结构稳定性至关重要；而 π 键级表达式能够较好地描述 π 键的断裂，从而有效避免过度键合现象等。与 SW 势和 Tersoff 势相比，分析型键级势在理论上能更准确地描述原子间的共价相互作用，具有更好的传递性和保真度。但是，分析型键级势的参数化过程较为复杂，其应用受到了一定的影响。

8.2.4 离子晶体作用势

离子之间相互作用可以通过在对势上简单增加库仑相互作用来描述。为了简化描述离子之间相互作用，通常假定离子具有固定的形状，称为刚性离子模型（RIM）势。基于 RIM 势，离子晶体的总能量可以分为长程库仑吸引势和短程泡利排斥势两部分，表示如下[38]：

$$E_{\text{tot}}=\frac{1}{2}\sum_{i\neq j}\left[\phi_{ij}(r_{ij})+\frac{q_iq_j}{4\pi\epsilon_0 r_{ij}}\right] \tag{8-61}$$

式中，ϕ_{ij} 是短程排斥势，通常采用前面章节介绍的简单对势函数；r_{ij} 是离子间距；q_i 是离子所带的电荷；ϵ_0 是介电常数。

不同于中性原子组成的晶体，离子晶体存在较大的电场作用，会引起离子周围的电子分布发生畸变，产生极化现象。对于完美高对称晶体来说，这种作用可以忽略，但是对于出现非对称的情况，如晶体缺陷，电场导致的电子分布畸变就不能被忽略了，于是假定离子形状固定的 RIM 势无法较好地描述此种情况。1958 年，Dick 等针对以上问题，提出了考虑离子极化和多体效应的壳模型（SM）势[7]，该势将离子视作包含有质量的带电核和无质量的带电壳的整体，目的是在简化的势场中捕捉介电材料的极化率。壳模型将体系中的每个离子表示为两部分:一个带正电荷的核和一个带负电荷的壳,并通过弹簧势耦合在一起。图 8-5 展示了 SM 势的各种相互作用情况。长程库仑静电作用存在于给定离子的核和除给定离子外所有离子的壳之间的作用,还存在于核与核之间和壳与壳之间。短程排斥作用存在于相邻离子的壳之间,并在规定的截断距离内有效。此外,每个离子的核和壳由谐波与非谐波分量组成的弹簧势耦合而成。耦合项的主要作用是将每个壳固定在其相应的核上,从而使 SM 势能够考虑偶极子诱导作用,用于预测电介质的一般极化率。

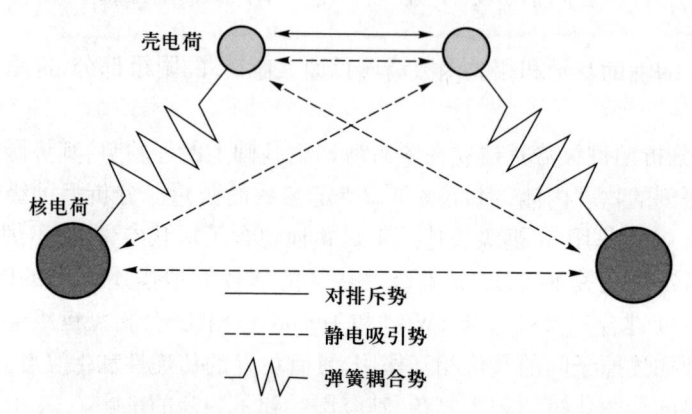

图 8-5 壳模型势的各种相互作用情况[39]

综合以上情况,SM 势包括短程排斥势、长程库仑吸引势和核壳耦合作用势三部分,总能表达式如下[39-40]:

$$E_{\text{tot}} = E_{\text{SR}} + E_{\text{LR}} + E_{\text{CS}} \tag{8-62}$$

式中,E_{SR} 是短程排斥势能;E_{LR} 是长程库仑吸引势能;E_{CS} 是核壳耦合作用势能。这三项分别表示如下:

$$E_{\text{SR}} = \frac{1}{2} \sum_{i \neq j} \phi_{ij}(r_{ij})$$

$$E_{\text{LR}} = \frac{1}{2} \sum_{i \neq j} \frac{q_i q_j}{4\pi\epsilon_0 r_{ij}} \tag{8-63}$$

$$E_{\text{CS}} = \sum_i V(w_i)$$

式中,r_{ij} 是离子间距;$\phi_{ij}(r_{ij})$ 是简单对势;w_i 是第 i 个离子的核中心 r_i^c 与壳中心 r_i^s 之间的距离,$w_i = |r_i^c - r_i^s|$;$V(w_i)$ 是核壳弹簧耦合作用势,可以简单表示为谐波项和高阶非谐波项之和。如果只考虑谐波项,那么核壳弹簧耦合作用势表示为 $V(w_i) = \frac{1}{2} k_2 w_i^2$,其中,$k_2$ 是弹簧力常数。

1996年，Wilson等在考虑增加偶极项和四极项的基础上提出了压缩离子模型(CIM)势[18-19]。该势在一定程度上考虑了多体效应，具有明确的物理意义。但是，CIM势需要拟合更多参数，过程较为复杂，并且需要依靠实验数据拟合离子极化率和离子半径等参数。

8.2.5 第一性原理匹配势

拟合势函数的待定参数是构建有效经验势的必要环节。对于简单的材料体系，构建经验势可以通过与已知的实验值相匹配即可达到较好的效果。对于复杂的材料体系，通常需要拟合较多的待定参数，然而可以获得的实验数据却相当有限，在很多情况下不能满足构建经验势的数据需求；另外，离散的实验数据存在不一致性和可靠性差等问题，也为构建可靠的经验势带来了诸多不便。与匹配实验数据相比，第一性原理方法能够提供大量具有较高准确性、可靠性、一致性和完整性的参考模型与性能数据，从而为具有高可移植性、可信度和灵活性的经验势的构建奠定了基础。通过第一性原理方法计算出不同参考构型的能量、受力、应力、模量等，进而应用数值优化算法确定势函数的待定参数，最终生成能够最大程度复制参考构型结构和性质的经验势的方法称为第一性原理势参数化。通过第一性原理势参数化获得的经验势称为第一性原理匹配势，其中具有代表性的是第一性原理力匹配势[41]。

构建第一性原理力匹配势，首先需要由一组待定参数定义势模型，这些参数可以是势函数特征采样点的函数值，也可以是解析势函数中的待定参数。然后通过不断调整这些参数的取值，最小化第一性原理计算的参考值与力匹配势计算的数值之间偏差的平方和。在构建第一性原理力匹配势过程中，拟合第一性原理计算的原子受力对于势的质量发挥着重要作用。为了简化第一性原理力匹配势的拟合流程，Ercolessi和Adams开发了POTFIT力匹配势拟合程序[41]，Yao等开发了EAPOT经验势设计平台[42]，经过流程化设计支持数十种势函数形式，如前面章节介绍的对势函数、三体势函数、多体势函数等。在拟合过程中，常用的数值优化算法包括全局和局域优化算法，如拟牛顿法、共轭梯度法、单纯形法、模拟退火法、进化算法等。

图8-6总结了第一性原理匹配势的一般拟合流程：① 选取势函数模型并设定初始模型参数；② 选择一系列拟合用的参考结构，用第一性原理计算结构的能量、受力、应力、模量等性质；③ 计算拟合的偏差和代价函数；④ 评价代价函数是否满足设定的收敛标准或设定的优化步数；⑤ 如果不满足设定的标准，则通过更新优化算法和模型参数，跳转到③，继续进一步优化势参数；⑥ 如果满足设定标准或者达到优化设定步数，则输出第一性原理匹配势；⑦ 检查输出的第一性原理匹配势是否满足要求。

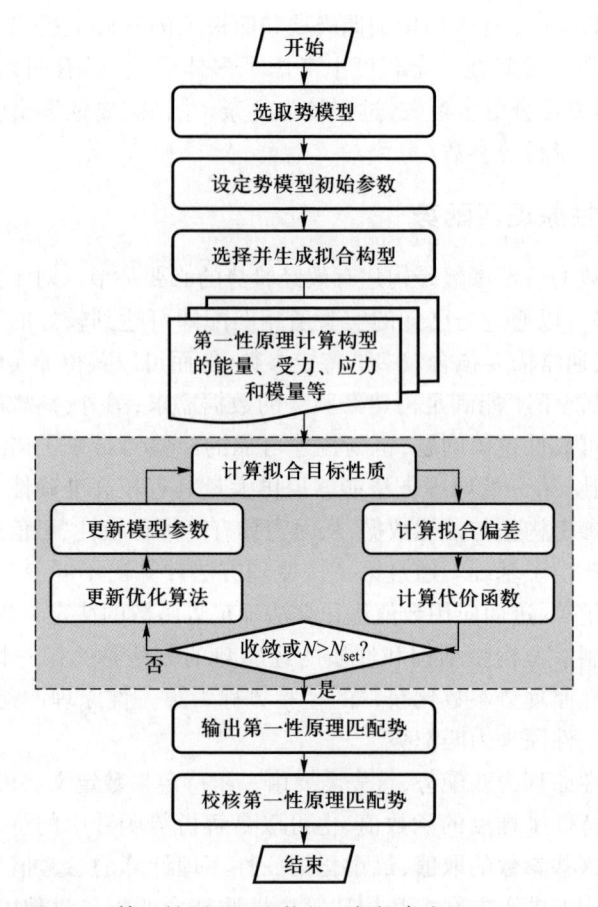

图 8-6 第一性原理匹配势的一般拟合流程

为了获得第一性原理匹配势的良好移植性和高保真度,第一性原理参数化过程需要尽可能地包含具有明显差异性的参考结构(如团簇、表面、体相、缺陷、液体等),以及外部因素(如压强)。实践表明,第一性原理匹配势质量的关键是参考结构和势模型的选择,优化效果的核心在于数值优化算法和拟合方案的选择。另外,在很多情况下,势函数参数的初值选择对于优化经验势的过程可能带来不可预期的效果。

8.3 分子力场

8.3.1 分子力场概念

根据 Born-Oppenheimer 绝热近似可知[43],分子总能量可以近似表示为原子空间坐标的函数,进而通过势函数构建起分子能量与空间构型之间的对应关系,称为分子力场。1930年,Andrews提出用硬球弹簧模型描述分子内键合相互作用关系,而用简单对势模型表征分子间非键合相互作用关系,给出了早期分子力场概念[44]。1946年,Hill使用光谱实验给出的力常数来确定分子力场的待定参数,称为实验力常数力场[45]。1968年,Lifson等基于力场普适性的考虑,提出了经验势函数框架的CFF(consistent force field)[46]。之后,陆续出现了MMn(Molecular Mechanics)力场[47-49]、AMBER(Assisted Model Building with Energy Refinement)力场[50]、CHARMM(Chemistry at HARvard Macromolecular Mechanics)力场[51]、DREIDING力场(DREIDING Force Field)[52]、UFF(Universal Force Field)[53]、MMFF(Merk Molecular Force Field)[54]、OPLS(Optimized Potentials for Liquid Simulations)力场[55-56]、COMPASS(Condensed-phase Optimized Molecular Potentials for Atomistic Simulation Studies)力场[57]、ESFF(Extensive Systematic Force Field)[58]等。由于这些早期分子力场函数一般来自实验获得的经验公式,力场待定参数常通过拟合实验数据获得,因此缺乏一致性、精确性和可移植性。尽管如此,与应用第一性原理方法计算相比,应用经典分子力场的计算量大幅降低,更加适用于复杂大分子体系的模拟。

8.3.2 经典分子模型

经典的分子模型是基于分子表现的直观运动模式简化出来的原子级物理模型,通常划分为分子内运动模式和分子间运动模式。分子内运动模式可以划分为化学键的伸缩运动、键角的弯曲运动、二面角扭曲运动等几种直观的运动模式,与之相对应的势能划分为键伸缩势能、键角弯曲势能、二面角扭曲势能等。分子间运动模式取决于非键相互作用势能,常被分解为范德瓦耳斯相互作用势能和静电相互作用势能。在以上简化分子模型的基础上,分子力场函数可以分为分子内和分子间相互作用势能函数两部分。图8-7给出了分子力场中主要的相互作用项的示意[2],包括键伸缩、键角弯曲、二面角扭曲等成键相互作用,以及范德瓦耳斯相互作用和静电相互作用等非键相互作用。作为成键相互作用能的典型代表,键伸缩能是指化学键的轴向伸缩运动所引起的能量变化;键角弯曲能是指两个化学键所成键角发生变化所引起的能量变化;二面角扭曲能是指确定分子构型的二面角发生变化所引起的能量变化。与成键相互作用能相比,非键相互作用能相对较小,是与分子间相对位置变化相对应的能量变化。除此之外,在某些特定情况下,分子力场还需要考虑氢键等相互作用。以上分子的单一运动模式是一种理想的情况,在其共存情况下会出现相互影响,为此,还需考虑各种运动模式之间的耦合效应,其带来的能量变化称为交叉能量项,例如,键伸缩运动和键角弯曲运动的耦合带来的能量变化,键角弯曲运动和二面角扭曲运动

的耦合带来的能量变化,或者三者耦合带来的能量变化等。根据以上分子模型的描述,分子体系的总势能可以表示如下:

$$E_{tot} = \sum_{bonds} u_s(l) + \sum_{angles} u_b(\theta) + \sum_{dihedrals} u_t(\omega) + \sum_{cross} u_{s-b-t}(l,\theta,\omega) + \sum_{vdw} u_{vdw}(r) + \sum_{ele} u_e(r) + \sum_{hb} u_h(r) \quad (8-64)$$

式中,$u_s(l)$是键伸缩势函数;$u_b(\theta)$是键角弯曲势函数;$u_t(\omega)$是二面角扭曲势函数;$u_{s-b-t}(l,\theta,\omega)$是键伸缩-键角弯曲-二面角扭曲的交叉耦合势函数;$u_{vdw}(r)$是范德瓦耳斯相互作用势函数;$u_e(r)$是静电相互作用势函数;$u_h(r)$是氢键相互作用势函数。需要注意的是,这种键合和非键合相互作用的分解属于人为设定,不能与量子力学中力学算符对应,更不能通过第一性原理方法直接计算。

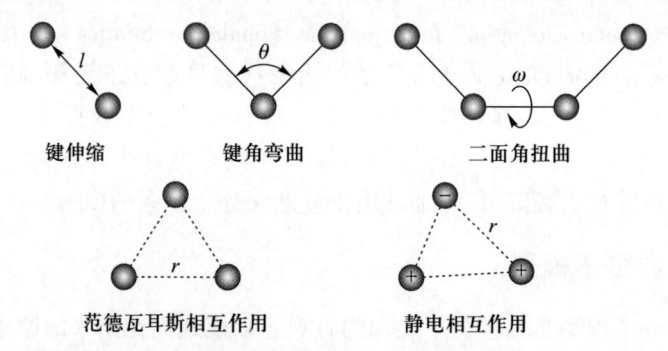

图 8-7 分子力场包含的主要相互作用项,包括键伸缩、键角弯曲、二面角扭曲等成键相互作用,以及范德瓦耳斯相互作用和静电相互作用等非键相互作用

1. 分子内相互作用势

除了以上介绍的三种主要分子内运动模式对应的势能项,分子力场通常还包含离面弯曲运动、赝扭曲运动、翻转运动等对应的势能项,以及分子内各运动模式之间的交叉耦合势能项。下面对这些分子内运动模式对应的势函数进行逐一介绍。

1) 键伸缩势

假定组成分子的两个原子之间的距离为l,那么分子在平衡键长l_0附近做键伸缩运动可以采用谐振子模型近似处理,相应的势函数表示如下:

$$u_s(l) = \frac{1}{2}k_s(l-l_0)^2 \quad (8-65)$$

式中,k_s是键伸缩运动的力常数,可以根据振动频率ω进行估算$k_s = m\omega^2$,其中m是原子质量。

如果需要考虑非简谐振动模式,那么可以采用更高阶次的泰勒展开式,表示如下:

$$u_s(l) = \frac{1}{2}k_{s,0}(l-l_0)^2[1+k_{s,1}(l-l_0)+k_{s,2}(l-l_0)^2+\cdots] \qquad (8-66)$$

式中,$k_{s,0}$、$k_{s,1}$、$k_{s,2}$ 等是各阶次展开系数。

除了采用以上简单的谐振子势函数形式,键伸缩势也常用 Morse 势函数来描述,表示如下:

$$u_s(l) = \frac{1}{2}D_e[1-e^{-\beta(l-l_0)}]^2 \qquad (8-67)$$

式中,D_e 和 β 分别对应势阱深度和平坦程度。与谐振子势函数相比,Morse 势函数带来的计算量更大。

2) 键角弯曲势

当分子中两个键的夹角 θ 偏离参考平衡键角 θ_0 时,分子的键角弯曲势能将发生变化,可以采用谐振子模型近似处理,表示如下:

$$u_b(\theta) = \frac{1}{2}k_b(\theta-\theta_0)^2 \qquad (8-68)$$

式中,k_b 是键角弯曲运动的力常数。

如果需要考虑较高精度的键角弯曲势能,那么可以采用更高阶次的泰勒展开式,表示如下:

$$u_b(\theta) = \frac{1}{2}k_b(\theta-\theta_0)^2[1+\alpha(\theta-\theta_0)+\beta(\theta-\theta_0)^2+\cdots] \qquad (8-69)$$

式中,α 和 β 等是各阶次展开系数。

除了采用以上简单的泰勒展开式,键角弯曲势也常用三角函数形式来描述,表示如下:

$$u_b(\theta) = \frac{1}{2}k_b(\cos\theta-\cos\theta_0)^2 \qquad (8-70)$$

3) 二面角扭曲势

首先介绍二面角的定义。如图 8-8 所示,假定存在不共面的四个键合原子 1—2—3—4,如果其中的三个原子 1-2-3 和 2-3-4 分别构成一个平面,那么这两个平面之间的夹角定义为这四个原子构成的二面角。需要注意的是,如果四个原子中存在任意三个原子共线,那么就构不成二面角。当分子中四个原子构成的

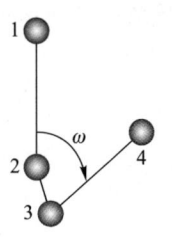

图 8-8 由四个原子构成的二面角

二面角偏离参考平衡值时,分子的二面角扭曲势能将发生变化,可近似表示如下:

$$u_\mathrm{t}(\omega)=\frac{1}{2}\sum_n k_{\mathrm{t},n}\left[1+\cos(n\omega-\omega_n)\right] \tag{8-71}$$

式中,$k_{\mathrm{t},n}$是二面角扭曲运动的力常数;ω_n是参考平衡二面角;n代表旋转360°出现能量最小值的次数,针对不同力场可以选取不同n值,通常在1~4之间。如果$n=3$且$\omega_n=0$,那么势函数可以展开为如下形式:

$$u_\mathrm{t}(\omega)=\frac{1}{2}k_{\mathrm{t},1}(1+\cos\omega)+\frac{1}{2}k_{\mathrm{t},2}(1+\cos 2\omega)+\frac{1}{2}k_{\mathrm{t},3}(1+\cos 3\omega) \tag{8-72}$$

4)离面弯曲势

如果某一中心原子和与其键合的三个近邻原子构成一个平面,那么当其中一个近邻原子离开该平面时,该近邻原子与中心原子形成的键将与平面构成离面弯曲角χ。如图8-9所示,当近邻原子1离开2-3-4三个原子构成的平面时,2-1键将与2-3-4平面构成一个离面弯曲角χ_{2-1},该角度的变化会引起分子能量的变化。于是,以原子2为中心的离面弯曲势能可分为三项,即χ_{2-1}、χ_{2-3}和χ_{2-4}的变化对势能的贡献。如果每一项均可表示为谐振子势函数形式,那么总的离面弯曲势函数可以表示如下:

$$u_\mathrm{o}(\chi_{2-1},\chi_{2-3},\chi_{2-4})=\frac{1}{2}(k_{\mathrm{o},2-1}\chi_{2-1}^2+k_{\mathrm{o},2-3}\chi_{2-3}^2+k_{\mathrm{o},2-4}\chi_{2-4}^2) \tag{8-73}$$

式中,$k_{\mathrm{o},2-1}$、$k_{\mathrm{o},2-3}$和$k_{\mathrm{o},2-4}$是三项离面弯曲运动的力常数;χ_{2-1}、χ_{2-3}和χ_{2-4}对应三个离面弯曲角。如果只需要考虑某个近邻原子离开平面的弯曲势能,那么当离面弯曲角χ偏离参考平衡值χ_0时,离面弯曲势能将发生变化,可近似表示如下:

$$u_\mathrm{o}(\chi)=\frac{1}{2}k_\mathrm{o}(\chi-\chi_0)^2 \tag{8-74}$$

式中,k_o是离面弯曲运动的力常数。

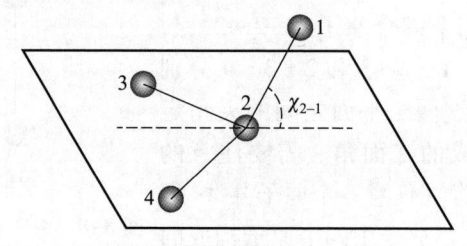

图8-9 由四个原子构成的离面弯曲角

5）翻转势

作为另一种常见的离面运动模式，翻转运动同样可以使用近邻的四个原子1-2-3-4加以描述。该运动模式可以形象地解释为位于雨伞伞顶的原子相对于伞角原子在风中发生翻转的过程。如图8-10所示，如果与中心原子2键合的三个原子1-3-4构成一个平面，原子2以此平面作为参考在上下一定距离内运动，那么这种运动模式称为翻转运动。翻转运动带来的势能变化可以表示为原子离开平面高度h的函数，如下：

$$u_i(h) = k_i h^2 \tag{8-75}$$

式中，k_i是翻转运动的力常数。有时，翻转运动带来的势能变化还常表示为离面原子带来的键角余弦的函数。

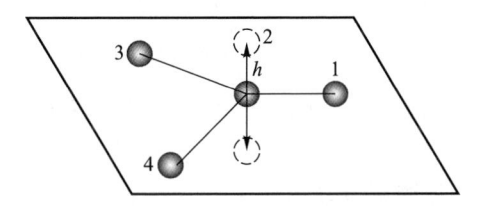

图 8-10 由四个原子定义的翻转运动

6）交叉耦合势

如果不同运动模式之间存在相互影响，那么需要考虑运动模式之间交叉耦合导致的能量变化。图8-11列举了几种典型的交叉耦合运动模式[2]，其中仅限于两种分子运动模式之间的交叉耦合，如键伸缩-键伸缩耦合运动、键角弯曲-键角弯曲耦合运动、二面角扭曲-二面角扭曲耦合运动、键伸缩-键角弯曲耦合运动、键伸缩-二面角扭曲耦合运动、键角弯曲-二面角扭曲耦合运动等。

键伸缩-键伸缩　　键角弯曲-键角弯曲　　二面角扭曲-二面角扭曲

键伸缩-键角弯曲　　键伸缩-二面角扭曲　　键角弯曲-二面角扭曲

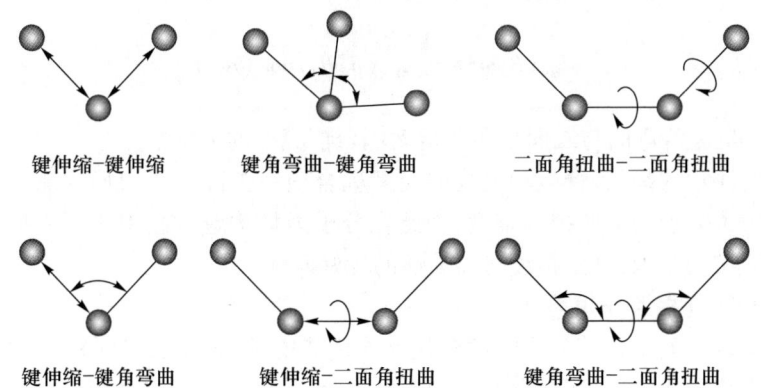

图 8-11 由两种分子运动模式耦合产生的几种交叉耦合运动模式[2]

下面给出描述两种分子运动模式耦合的常用势函数形式。

(1) 键伸缩-键伸缩耦合势函数

$$u_{s-s}(l_1,l_2) = \frac{1}{2}k_{s-s}(l_1-l_{1,0})(l_2-l_{2,0}) \tag{8-76}$$

式中，k_{s-s} 是两个键伸缩运动耦合情况下的力常数；$l_{1,0}$ 和 $l_{2,0}$ 是参考平衡键长。

(2) 键角弯曲-键角弯曲耦合势函数

$$u_{b-b}(\theta_1,\theta_2) = \frac{1}{2}k_{b-b}(\theta_1-\theta_{1,0})(\theta_2-\theta_{2,0}) \tag{8-77}$$

式中，k_{b-b} 是两个键角弯曲运动耦合情况下的力常数；$\theta_{1,0}$ 和 $\theta_{2,0}$ 是参考平衡键角。

(3) 二面角扭曲-二面角扭曲耦合势函数

$$u_{t-t}(\omega_1,\omega_2) = k_{t-t}\cos n\omega_1 \cos n\omega_2 \tag{8-78}$$

式中，k_{t-t} 是两个二面角扭曲运动耦合情况下的力常数；n 通常为 1~4 之间的整数。

(4) 键伸缩-键角弯曲耦合势函数

$$u_{s-b}(l,\theta) = k_{s-b}(l-l_0)(\theta-\theta_0) \tag{8-79}$$

式中，k_{s-b} 是键伸缩与键角弯曲运动耦合情况下的力常数；l_0 和 θ_0 分别是参考平衡键长和键角。

(5) 键伸缩-二面角扭曲耦合势函数

$$u_{s-t}(l,\omega) = k_{s-t}(l-l_0)\cos(n\omega) \tag{8-80}$$

式中，k_{s-t} 是键伸缩与二面角扭曲运动耦合情况下的力常数。

(6) 键角弯曲-二面角扭曲耦合势函数

$$u_{b-t}(\theta,\omega) = \frac{1}{2}k_{b-t}(\theta-\theta_0)\cos(n\omega) \tag{8-81}$$

式中，k_{b-t} 是键角弯曲与二面角扭曲运动耦合情况下的力常数。

需要注意的是，各种运动模式的交叉耦合项在提高分子力场预测精度的同时也增大了分子力场的拟合难度，为此在分子力场构建过程中需要根据具体情况引入交叉耦合项，做到精度与简易性的良好匹配。

2. 分子间相互作用势

除了以上关于各种分子内键合相互作用势能项，分子力场还需要包含非键相互作用势能项，有时还包含氢键的能量贡献，下面分别予以介绍。

1）范德瓦耳斯相互作用势

在分子力场中，范德瓦耳斯相互作用是非常重要的非键相互作用。常用 Lennard-Jones 函数或 Hill 指数函数来描述该相互作用，表示如下：

$$u_{\text{vdw}}(r_{ij}) = 4\varepsilon_{ij}\left[\left(\frac{\sigma_{ij}}{r_{ij}}\right)^{12} - \left(\frac{\sigma_{ij}}{r_{ij}}\right)^{6}\right]$$

$$u_{\text{vdw}}(r_{ij}) = 8.28\times10^5 \varepsilon_{ij}\exp\left(-\frac{r_{ij}}{0.0736 r_m}\right) - 2.25\varepsilon_{ij}\left(\frac{r_m}{r_{ij}}\right)^6 \qquad (8\text{-}82)$$

式中，ε_{ij} 是势阱深度；σ_{ij} 是参考平衡距离参量；r_m 是待定距离参量。

2）静电相互作用势

带有电荷或者具有偶极矩的分子之间存在较强的静电相互作用，通常采用库仑公式加以描述。下面分别介绍点电荷之间的库仑相互作用势、点电荷与偶极子之间的相互作用势和偶极子之间的相互作用势[3]。

（1）点电荷之间的库仑相互作用势。假定存在两个带有残余电荷 q_i 与 q_j 的分子，它们之间的库仑相互作用势函数表示如下[59]：

$$u_{q\text{-}q}(r_{ij}) = \frac{q_i q_j}{4\pi\epsilon_0 r_{ij}} \qquad (8\text{-}83)$$

式中，r_{ij} 是电荷之间的距离；ϵ_0 是介电常数。由此可见，库仑相互作用势能与电荷之间的距离成反比，属于长程相互作用。

（2）点电荷与偶极子之间的相互作用势。假定存在两个带相反电荷 q 的点电荷构成一个偶极子，那么该偶极子的偶极矩表示为 $\boldsymbol{\mu} = q\boldsymbol{r}_+ - q\boldsymbol{r}_- = q\boldsymbol{r}_{+-}$，其中 $\boldsymbol{r}_{+-}$ 是两个点电荷的相对位置矢量，其方向指向正电荷中心。于是，点电荷 q_i 与偶极子 μ_j 之间的相互作用势函数表示如下：

$$u_{q\text{-}\mu}(r_{ij}) = \frac{q_i \mu_j \cos\theta}{4\pi\epsilon_0 r_{ij}^2} \qquad (8\text{-}84)$$

式中，r_{ij} 是点电荷与偶极子之间的距离；θ 是偶极子方向与偶极子到点电荷连线的夹角。

（3）偶极子之间的相互作用势。假定存在两个偶极矩分别为 μ_i 和 μ_j 的偶极子，它们之间的相互作用势函数表示如下：

$$u_{\mu\text{-}\mu}(r_{ij}) = \frac{\mu_i \mu_j [2\cos\theta_i \cos\theta_j - \sin\theta_i \sin\theta_j \cos(\phi_i - \phi_j)]}{4\pi\epsilon_0 r_{ij}^3} \qquad (8\text{-}85)$$

式中，θ_i 和 θ_j 分别是两个偶极子的取向角；r_{ij} 是两个偶极子之间的距离；ϕ_i 和 ϕ_j 分别是两个偶极子相对 $\boldsymbol{r}_{ij}$ 向量方向的旋转角。

3）氢键相互作用势

作为一种特殊的分子间弱键相互作用,氢键在某些场合需要单独处理,而某些情况下隐含在以上范德瓦耳斯相互作用或静电相互作用之中[2]。氢键相互作用一般采用 Lennard-Jones 势函数形式,表示如下:

$$u_{\text{hb}}(r_{ij}) = \frac{C}{r_{ij}^m} - \frac{D}{r_{ij}^n} \tag{8-86}$$

式中,C 和 D 是与参考平衡距离相关的待定常数;r_{ij} 是氢键相关距离;m 和 n 是整数,分别对应排斥和吸引作用,常取为 12 和 10。如果需要考虑氢键角度依从,即描述氢键各组成部分(给体、受体和氢原子)偏离参考平衡位置导致的能量变化,那么上式变为如下形式:

$$u_{\text{hb}}(r_{ij}, \theta) = \left(\frac{C}{r_{ij}^m} - \frac{D}{r_{ij}^n}\right)\cos^4\theta \tag{8-87}$$

式中,θ 是氢键给体、氢原子和氢键受体之间形成的夹角,即氢键角。

8.3.3 分子力场分类

按照简化和抽象程度,经典分子力场依次划分为全原子力场、联合原子力场和粗粒度力场。通常来讲,分子力场的简化和抽象程度越高,可以模拟的分子体系也就越大,可以模拟的演化时间越长。但是,随着分子力场简化和抽象程度的提高,获得的体系的细节信息越少,偏离真实体系也越远。下面具体对比一下三类分子力场的特征。

全原子力场要求体系中所有原子均与力作用位点相对应,也就是说力作用位点数目需要大于或等于原子数,这样不仅能够描述电荷与质心重合的情况,而且能够描述电荷偏离质心的情况。联合原子力场以体系中共价键连接的多个原子作为力的作用位点,如 CH_4、CH_3、CH_2 等基团,因此,体系中原子数要小于力作用位点数目。粗粒度力场将分子分成若干个子单元,并以整体形式作为力的作用位点,因此,该力场包含更少的力作用位点数目,可用于模拟更大的体系。

迄今为止,分子力场已经相当丰富,根据复杂程度、适用场景、构建方案等可以划分为不同类别。按照力场复杂程度来划分,包含较少力场参数的有 MM1 力场、MM2 力场、CFF、AMBER 力场等;包含较多力场参数的有 MM3 力场、MM4 力场、CFF94、MMFF、DREIDING 力场、UFF、COMPASS 力场等[43]。按照力场应用领域来划分,应用于生命科学的有 CHARMM 力场、AMBER 力场、MMFF、OPLS 力场、DREIDING 力场、UFF、COMPASS 力场等;应用于材料科学的有 MMn (n=1~4)力场、DREIDING 力场、CFF、UFF、COMPASSS 力场等[43]。按照力场构建方案和通用性等可以划分为以下几类:传统力场,如 MMn、AMBER 力场、

CHARMM 力场等;第二代力场,如 CFF、COMPASS 力场、MMFF 等;通用力场,如 UFF、ESFF、DREIDING 力场等。

1. MM*n* 力场

MM*n* 系列分子力场由 Allinger 等开发,属于较早被广泛应用的分子力场之一[47]。该系列分子力场包括 MM1、MM2、MM3 和 MM4,具有较广泛的适用场景,如有机小分子、自由基、离子等,不仅能够用于优化分子结构,而且能够用于计算分子的各种热力学性质和振动频率等。为了能够反映不同键合状态的原子,该分子力场还会将常见的原子细分为不同类型,如将碳原子分为 sp^3-碳、sp^2-碳、sp-碳、自由基碳、阳离子碳等,进而为不同状态的碳原子赋予不同的力场参数。

早期的 MM1 和 MM2 力场只包含了相对简单的分子内和分子间相互作用势函数,缺乏对交叉耦合项的系统性考虑,例如 MM2 力场只包含键伸缩-键角弯曲交叉耦合项,导致在处理较硬的分子构型时出现较大偏差。MM3 力场在 MM2 力场的基础上改进了对成键和非键相互作用的描述,并增加了多种交叉耦合项,如键伸缩-键角弯曲耦合势、键伸缩-二面角扭曲耦合势和键角弯曲-键角弯曲耦合势。在 MM3 力场的基础上,MM4 力场进一步增加了交叉耦合项,如键伸缩-键伸缩耦合项、赝扭曲-赝扭曲耦合项、键角弯曲-二面角扭曲-键角弯曲耦合项、赝扭曲-二面角扭曲-赝扭曲耦合项等。在 MM*n* 力场中,范德瓦耳斯相互作用采用 Hill 势函数加以描述,而静电相互作用通过位于化学键上的偶极矩加以描述[48-49]。下面以 MM3 力场为例,给出各部分能量表示的总能表达式,如下[48]:

$$E_{\text{tot}} = E_{\text{bond}} + E_{\text{cross}} + E_{\text{vdw}} + E_{\text{ele}} \tag{8-88}$$

式中,E_{bond} 是键合相互作用项,表示如下:

$$\begin{aligned}E_{\text{bond}} =& \sum_{\text{bonds}} 71.94 k_{\text{s}}(l-l_0)^2 \left[1 - 2.55(l-l_0) + \frac{7}{12} \times 2.55(l-l_0)^2\right] + \\ & \sum_{\text{angles}} 0.021\,914 k_{\text{b}}(\theta-\theta_0)^2 \left[1 - 0.014(\theta-\theta_0) + \right.\\ & \left. 5.6 \times 10^{-5}(\theta-\theta_0)^2 - 7 \times 10^{-7}(\theta-\theta_0)^3 + 9 \times 10^{-10}(\theta-\theta_0)^4\right] + \\ & \sum_{\text{dihedrals}} \frac{1}{2} \left[k_{\text{t},1}(1+\cos\omega) + k_{\text{t},2}(1+2\cos 2\omega) + k_{\text{t},3}(1+\cos 3\omega)\right] \end{aligned} \tag{8-89}$$

E_{cross} 是键合相互作用的交叉耦合项,表示如下:

$$\begin{aligned}E_{\text{cross}} =& \sum_{\text{bond-angle}} 2.511\,18 k_{\text{s-b}} \left[(l_1-l_{1,0}) + (l_2-l_{2,0})\right](\theta-\theta_0) + \\ & \sum_{\text{bond-dihedral}} 11.995 k_{\text{s-t}} \left[(l-l_0)(1+\cos 3\omega)\right] + \\ & \sum_{\text{angle-angle}} -0.021\,9 k_{\text{b-b}} \left[(\theta_1-\theta_{1,0})(\theta_2-\theta_{2,0})\right] \end{aligned} \tag{8-90}$$

E_{vdw}是范德瓦耳斯相互作用项,采用 Hill 势函数加以描述,表示如下:

$$E_{\text{vdw}} = \sum_{\text{vdw}} \varepsilon_{ij} \left[-2.25 \left(\frac{r_{v,ij}}{r_{ij}} \right)^6 + 1.84 \times 10^5 \exp\left(-12.00 \frac{r_{ij}}{r_{v,ij}} \right) \right] \qquad (8\text{-}91)$$

E_{ele}是静电相互作用项,通过偶极矩加以描述,表示如下:

$$E_{\text{ele}} = \sum_{\text{ele}} \frac{\mu_i \mu_j}{4\pi\epsilon_0 r_{ij}^3} [2\cos\theta_i \cos\theta_j - \sin\theta_i \sin\theta_j \cos(\phi_i - \phi_j)] \qquad (8\text{-}92)$$

式中,k_s、k_b、$k_{t,1}$、$k_{t,2}$、$k_{t,3}$、$k_{s\text{-}b}$、$k_{s\text{-}t}$ 和 $k_{b\text{-}b}$ 是各种分子运动模式的力常数;l_0、$l_{1,0}$、$l_{2,0}$、θ_0、$\theta_{1,0}$ 和 $\theta_{2,0}$ 是各种参考平衡参量;$r_{v,ij}$ 是相互作用原子的范德瓦耳斯半径之和;ε_{ij}是范德瓦耳斯相互作用势阱深度;μ_i 和 μ_j 是偶极矩;θ_i 和 θ_j 是偶极子的取向角;ϕ_i 和 ϕ_j 是偶极子相对连接轴向量方向的旋转角。

2. OPLS 力场

OPLS 分子力场由 Jorgensen 等开发,主要用于核酸和有机溶剂等液态体系的模拟,分为全原子力场和联合原子力场两个版本[55-56]。在 OPLS 全原子力场中,键伸缩势和键角弯曲势采用简单的谐振子势函数形式,二面角扭曲势包含三个展开项;在非键相互作用描述上,该力场分别采用 Lennard-Jones 势函数和库仑势函数描述范德瓦耳斯相互作用与静电相互作用。下面给出这些势函数表示的总能表达式,如下[56]:

$$\begin{aligned}
E_{\text{tot}} = & \sum_{\text{bonds}} k_s (l-l_0)^2 + \sum_{\text{angles}} k_b (\theta-\theta_0)^2 + \\
& \sum_{\text{dihedrals}} \frac{1}{2} \{ k_{t,1} [1+\cos(\omega+\delta_1)] + \\
& k_{t,2} [1+\cos(2\omega+\delta_2)] + k_{t,3} [1+\cos(3\omega+\delta_3)] \} + \\
& \sum_{\text{vdw}} 4\varepsilon_{ij} \left[\left(\frac{\sigma_{ij}}{r_{ij}} \right)^{12} - \left(\frac{\sigma_{ij}}{r_{ij}} \right)^6 \right] f_{ij} + \sum_{\text{ele}} \left(\frac{q_i q_j}{4\pi\epsilon_0 r_{ij}} \right) f_{ij}
\end{aligned} \qquad (8\text{-}93)$$

式中,k_s、k_b、$k_{t,1}$、$k_{t,2}$ 和 $k_{t,3}$ 是各种分子运动模式的力常数;l_0 和 θ_0 是参考平衡参量;δ_1、δ_2 和 δ_3 是相位角;ε_{ij} 是范德瓦耳斯相互作用势阱深度,由混合原则确定,$\varepsilon_{ij} = \sqrt{\varepsilon_{ii}\varepsilon_{jj}}$;$\sigma_{ij}$ 是范德瓦耳斯相互作用参数,由混合原则确定,$\sigma_{ij} = \sqrt{\sigma_{ii}\sigma_{jj}}$;$f_{ij}$ 是尺度因子。

3. AMBER 力场

AMBER 分子力场由 Kollman 等开发,主要用于生物大分子等体系的模拟[50]。在 AMBER 力场中,势函数包括键伸缩势、键角弯曲势、二面角扭曲势、非键相互作用势等。该力场的非键相互作用势函数与 OPLS 力场大致相同。下面给出这些势函数表示的总能表达式,如下[60]:

$$E_{\text{tot}} = \sum_{\text{bonds}} k_s(l-l_0)^2 + \sum_{\text{angles}} k_b(\theta-\theta_0)^2 +$$
$$\sum_{\text{dihedrals}} \frac{k_t}{2}[1+\cos(n\omega-\omega_0)] + \sum_{\text{vdw}} \left(\frac{A_{ij}}{r_{ij}^{12}} - \frac{B_{ij}}{r_{ij}^{6}}\right) +$$
$$\sum_{\text{ele}} \frac{q_i q_j}{4\pi\epsilon_0 r_{ij}} \tag{8-94}$$

式中,k_s、k_b 和 k_t 是各种分子运动模式的力常数;l_0、θ_0 和 ω_0 是各种参考平衡参量;n 是 1~4 之间的整数;A_{ij} 和 B_{ij} 是范德瓦耳斯相互作用参数。

4. CHARMM 力场

CHARMM 分子力场最早由 Brooks 等开发,主要用于各种小分子、蛋白质、核酸等体系的模拟[51]。与 OPLS 力场和 AMBER 力场相比,CHARMM 力场在分子内相互作用描述中增加了 Urey-Bradley(UB)相互作用势,用于描述键角末端的原子间相互作用,以此来增强键角弯曲运动的贡献。除此之外,CHARMM 力场还包含分子内的赝扭曲势。在非键相互作用描述方面,CHARMM 力场采用了与 OPLS 力场基本相同的势函数形式。在 CHARMM 力场中,氢键相互作用可以隐含到范德瓦耳斯相互作用中,或通过显示添加氢键角度依从加以表征。下面给出这些势函数表示的总能表达式,如下:

$$E_{\text{tot}} = \sum_{\text{bonds}} k_s(l-l_0)^2 + \sum_{\text{angles}} k_b(\theta-\theta_0)^2 + \sum_{\text{UB}} k_{\text{UB}}(s-s_0)^2 +$$
$$\sum_{\text{dihedrals}} k_t[1+\cos(n\omega-\omega_0)] + \sum_{\text{impropers}} \frac{1}{2} k_{it}(\chi-\chi_0)^2 +$$
$$\sum_{\text{vdw}} \varepsilon_{ij}\left[\left(\frac{\sigma_{ij}}{r_{ij}}\right)^{12} - \left(\frac{\sigma_{ij}}{r_{ij}}\right)^{6}\right] + \sum_{\text{ele}} \frac{q_i q_j}{4\pi\epsilon_0 r_{ij}} \tag{8-95}$$

式中,k_s、k_b、k_{UB}、k_t 和 k_{it} 是各种分子运动模式的力常数;l_0、θ_0、s_0、ω_0 和 χ_0 是各种参考平衡参量;n 是 1~4 之间的整数;ε_{ij} 是范德瓦耳斯相互作用势阱深度;σ_{ij} 是范德瓦耳斯相互作用参数。

5. UFF 力场

UFF 分子力场由 Rappe 等开发,为了保证力场通用性,其参数多来自原子性质,按照元素、杂化和连接性的统一规则产生,称为基于规则的通用力场。UFF 力场尽可能涵盖了元素周期表的绝大部分元素。该力场考虑键伸缩势、键角弯曲势、二面角扭曲势以及角度余弦定义的翻转势。另外,该力场还特别考虑了如下情况:键合原子的半径、键级和电负性的修正方案、键长的优化处理,以及不同类型键角和二面角函数的区别对待。非键相互作用采用 Lennard-Jones 势函数和库仑势函数。下面给出各种势函数表示的总能表达式,如下[53]:

$$E_{\text{tot}} = \sum_{\text{bonds}} \frac{1}{2} k_s (l-l_0)^2 + \sum_{\text{angles}} k_b \sum_n C_n \cos n\theta +$$

$$\sum_{\text{dihedrals}} k_t \sum_n C_n \cos n\omega +$$

$$\sum_{\text{inversion}} k_i (C_0 + C_1 \cos \varphi + C_2 \cos 2\varphi) +$$

$$\sum_{\text{vdw}} \varepsilon_{ij} \left[\left(\frac{\sigma_{ij}}{r_{ij}}\right)^{12} - 2\left(\frac{\sigma_{ij}}{r_{ij}}\right)^6 \right] + \sum_{\text{ele}} 332.063\ 7 \left(\frac{q_i q_j}{\epsilon_0 r_{ij}}\right) \tag{8-96}$$

式中,k_s、k_b、k_t 和 k_i 是各种分子运动模式的力常数;l_0 是参考平衡键长参量;n 是 1~4 之间的整数;C_n、C_0、C_1 和 C_2 是待定模型参数;ε_{ij} 是范德瓦耳斯相互作用势阱深度;σ_{ij} 是范德瓦耳斯相互作用参数。

6. ESFF 力场

ESFF 分子力场由 MSI 公司开发,通过合理引入规则算法计算电荷分布,借助第一性原理方法优化待定参数,涵盖了元素周期表中由氢至氡的元素。ESFF 力场常被用于有机分子、无机分子、金属有机分子等的结构优化,但受限于振动频率的计算精度。该力场除了考虑键伸缩势、键角弯曲势和二面角扭曲势,还考虑了离面弯曲势。非键相互作用采用 Lennard-Jones 势函数和库仑势函数。下面给出这些势函数表示的总能表达式,如下[58]:

$$E_{\text{tot}} = \sum_{\text{bonds}} k_s [1 - e^{-\alpha(l-l_0)^2}] + \sum_{\text{angles}} k_b \frac{(\cos\theta - \cos\theta_0)^2}{\sin^2\theta_0} +$$

$$\sum_{\text{dihedrals}} k_t \left(\frac{\sin^2\theta_1 \sin^2\theta_2}{\sin^2\theta_1^0 \sin^2\theta_2^0} + \text{sign} \frac{\sin^n\theta_1 \sin^n\theta_2}{\sin^n\theta_1^0 \sin^n\theta_2^0} \right) \cos(n\omega) +$$

$$\sum_{\text{oops}} k_o \chi^2 + \sum_{\text{vdw}} \left(\frac{A_i B_j + A_j B_i}{r_{ij}^9} - 3\frac{B_i B_j}{r_{ij}^6} \right) + \sum_{\text{ele}} \frac{q_i q_j}{4\pi\epsilon_0 r_{ij}} \tag{8-97}$$

式中,k_s、k_b、k_t 和 k_o 是各种分子运动模式的力常数;l_0、θ_0、θ_1^0 和 θ_2^0 是各种运动模式对应的参考平衡参量;α 是决定平坦程度的待定常数;A_i 和 B_i 是范德瓦耳斯相互作用参数。针对不同类型的分子,键角弯曲势能需要采用不同的势函数形式,例如,对于线性分子,键角弯曲势能表示为 $E_b = \sum_{\text{angles}} 2k_b(\cos\theta + 1)$;对于垂直型分子,键角弯曲势能表示为 $E_b = \sum_{\text{angles}} k_b \cos^2\theta$。

7. DREIDING 力场

DREIDING 分子力场由加州理工学院开发,基于原子轨道杂化原则对同类力常数进行合并处理,常被用于模拟有机物、生物分子、主族无机分子等。DREIDING 力场除了考虑键伸缩势、键角弯曲势和二面角扭曲势,还考虑了角度余弦定义的翻转势。非键相互作用采用 Lennard-Jones 势函数和库仑势函数。除此之外,DREIDING 力场还显式地包含了氢键势函数。下面给出这些势函数表示的总能表达式,如下[52]:

$$E_{\text{tot}} = \sum_{\text{bonds}} \frac{1}{2} k_s (l-l_0)^2 + \sum_{\text{angles}} \frac{1}{2} k_b (\theta-\theta_0)^2 +$$

$$\sum_{\text{dihedrals}} \frac{1}{2} k_t [1-\cos(n\omega-n\omega_0)] +$$

$$\sum_{\text{inversion}} \frac{1}{2} k_i \frac{(\cos\varphi-\cos\varphi_0)^2}{\sin^2\varphi_0} +$$

$$\sum_{\text{vdw}} \varepsilon_{ij} \left(\frac{A_{ij}}{r_{ij}^{12}} - \frac{B_{ij}}{r_{ij}^6} \right) + \sum_{\text{ele}} 322.0637 \frac{q_i q_j}{\epsilon_0 r_{ij}} +$$

$$\sum_{\text{hb}} D_{\text{hb}} \left[5 \left(\frac{r_{\text{hb}}}{r_{ij}} \right)^{12} - 6 \left(\frac{r_{\text{hb}}}{r_{ij}} \right)^{10} \right] \cos^4 \vartheta_{\text{DHA}} \qquad (8-98)$$

式中,k_s、k_b、k_t 和 k_i 是各种分子运动模式的力常数;l_0、θ_0、ω_0 和 ϕ_0 是参考平衡参量;A_{ij} 和 B_{ij} 是范德瓦耳斯相互作用参数;ε_{ij} 是范德瓦耳斯相互作用势阱深度;D_{hb} 是描述氢键的力常数;r_{hb} 是氢键参考平衡距离;ϑ_{DHA} 是氢键角。在该力场中,键长选取为原子半径加和,键角则由氢化物的轨道杂化计算得出,静电相互作用势能项的电荷采用 Gasteiger 方法获得。

8. CFF 力场

CFF 分子力场由 Maple 等开发,主要用于模拟烷烃分子、分子联合体、有机分子和不含过渡金属的分子体系[61-62]。作为第二代力场,该力场除了使用较为可靠的实验数据外,还使用了第一性原理计算的结构和性质,因此能够给出精确的分子结构、光谱特征以及热力学性质。CFF 力场除了考虑键伸缩势、键角弯曲势和二面角扭曲势,还考虑了离面弯曲势。在键合交叉耦合项方面,不仅包含了键伸缩-键伸缩耦合、键角弯曲-键角弯曲耦合、键伸缩-键角弯曲耦合、键伸缩-二面角扭曲耦合、键角弯曲-二面角扭曲耦合等双耦合项,还包含了键角弯曲-键角弯曲-二面角扭曲耦合的三耦合项。非键相互作用则采用 Lennard-Jones 势函数和库仑势函数。下面给出各能量项表示的总能表达式,如下[61-62]:

$$E_{\text{tot}} = E_{\text{bond}} + E_{\text{cross}} + E_{\text{vdw}} + E_{\text{ele}} \qquad (8-99)$$

式中,E_{bond} 是键合相互作用项,表示如下:

$$E_{\text{bond}} = \sum_{\text{bonds}} [k_{s,2}(l-l_0)^2 + k_{s,3}(l-l_0)^3 + k_{s,4}(l-l_0)^4] +$$

$$\sum_{\text{angles}} [k_{b,2}(\theta-\theta_0)^2 + k_{b,3}(\theta-\theta_0)^3 + k_{b,4}(\theta-\theta_0)^4] +$$

$$\sum_{\text{dihedrals}} [k_{t,1}(1-\cos\omega) + k_{t,2}(1-\cos 2\omega) + k_{t,3}(1-\cos 3\omega)] + \sum_{\text{oops}} k_o \chi^2 \qquad (8\text{-}100)$$

E_{cross} 是键合相互作用的交叉耦合项，表示如下：

$$\begin{aligned} E_{\text{cross}} = &\sum_{\text{bond-bond}} k_{\text{ss}}(l_1 - l_{1,0})(l_2 - l_{2,0}) + \\ &\sum_{\text{angle-angle}} k_{\text{bb}}(\theta_1 - \theta_{1,0})(\theta_2 - \theta_{2,0}) + \\ &\sum_{\text{bond-angle}} k_{\text{sb}}(l - l_0)(\theta - \theta_0) + \\ &\sum_{\text{bond-dihedral}} (l_1 - l_{1,0})[k_{\text{s1t},1}\cos\omega + k_{\text{s1t},2}\cos 2\omega + k_{\text{s1t},3}\cos 3\omega] + \\ &\sum_{\text{bond-dihedral}} (l_2 - l_{2,0})[k_{\text{s2t},1}\cos\omega + k_{\text{s2t},2}\cos 2\omega + k_{\text{s2t},3}\cos 3\omega] + \\ &\sum_{\text{angle-dihedral}} (\theta - \theta_0)[k_{\text{bt},1}\cos\omega + k_{\text{bt},2}\cos 2\omega + k_{\text{bt},3}\cos 3\omega] + \\ &\sum_{\text{angle-angle-dihedral}} k_{\text{bbt}}(\theta_1 - \theta_{1,0})(\theta_2 - \theta_{2,0})\cos\omega \qquad (8\text{-}101) \end{aligned}$$

E_{vdw} 和 E_{ele} 分别是范德瓦耳斯相互作用项和静电相互作用项，表示如下：

$$E_{\text{vdw}} = \sum_{\text{vdw}} \varepsilon_{ij} \left[2\left(\frac{\sigma_{ij}}{r_{ij}}\right)^9 - 3\left(\frac{\sigma_{ij}}{r_{ij}}\right)^6 \right], \quad E_{\text{ele}} = \sum_{\text{ele}} \frac{q_i q_j}{4\pi\epsilon_0 r_{ij}} \qquad (8\text{-}102)$$

式中，$k_{\text{s},2}$、$k_{\text{s},3}$、$k_{\text{s},4}$、$k_{\text{b},2}$、$k_{\text{b},3}$、$k_{\text{b},4}$、$k_{\text{t},1}$、$k_{\text{t},2}$、$k_{\text{t},3}$、k_o、k_{ss}、k_{bb}、k_{sb}、$k_{\text{s1t},1}$、$k_{\text{s1t},2}$、$k_{\text{s1t},3}$、$k_{\text{s2t},1}$、$k_{\text{s2t},2}$、$k_{\text{s2t},3}$、$k_{\text{bt},1}$、$k_{\text{bt},2}$、$k_{\text{bt},3}$ 和 k_{bbt} 是各种分子运动模式的力常数；l_0、θ_0、$l_{1,0}$、$l_{2,0}$、$\theta_{1,0}$ 和 $\theta_{2,0}$ 是各种参考平衡参量；ε_{ij} 是范德瓦耳斯相互作用势阱深度；σ_{ij} 是范德瓦耳斯相互作用参数。

9. COMPASS 力场

COMPASS 分子力场由 Sun 等开发，主要用于模拟有机和无机分子、聚合物、金属离子和金属氧化物等体系[57]。由于该力场的多数参数是通过第一性原理计算得到，并且通过实验数据优化，因此是第二代力场的典型代表。与传统分子力场相比，COMPASS 力场采用了丰富多样的势函数描述分子内键合相互作用，除了考虑键伸缩势、键角弯曲势和二面角扭曲势，还考虑了离面弯曲势。在键合交叉耦合项方面，不仅包含了键伸缩-键伸缩耦合、键角弯曲-键角弯曲耦合、键伸缩-键角弯曲耦合、键伸缩-二面角扭曲耦合、键角弯曲-二面角扭曲耦合、键角弯曲-键角弯曲耦合等双耦合项，而且包含了键角弯曲-键角弯曲-二面角扭曲耦合的三耦合项。非键相互作用则采用 Lennard-Jones 势函数和库仑势函数。下面以用于有机或无机共价分子的 COMPASS 力场为例，给出各能量项表示的总能表达式，如下[57]：

8.3 分子力场

$$E_{\text{tot}} = E_{\text{bond}} + E_{\text{cross}} + E_{\text{vdw}} + E_{\text{ele}} \quad (8-103)$$

式中，E_{bond} 是键合相互作用项，表示如下：

$$\begin{aligned} E_{\text{bond}} = & \sum_{\text{bonds}} [k_{s,2}(l-l_0)^2 + k_{s,3}(l-l_0)^3 + k_{s,4}(l-l_0)^4] + \\ & \sum_{\text{angles}} [k_{b,2}(\theta-\theta_0)^2 + k_{b,3}(\theta-\theta_0)^3 + k_{b,4}(\theta-\theta_0)^4] + \\ & \sum_{\text{dihedrals}} [k_{t,1}(1-\cos\omega) + k_{t,2}(1-\cos 2\omega) + k_{t,3}(1-\cos 3\omega)] + \\ & \sum_{\text{oops}} k_o(\chi-\chi_0)^2 \end{aligned} \quad (8-104)$$

E_{cross} 是键合相互作用交叉耦合项，表示如下：

$$\begin{aligned} E_{\text{cross}} = & \sum_{\text{bond-bond}} k_{ss}(l-l_0)(l'-l'_0) + \sum_{\text{bond-angle}} k_{sb}(l-l_0)(\theta-\theta_0) + \\ & \sum_{\text{angle-dihedral}} (l-l_0)(k_{st,1}\cos\omega + k_{st,2}\cos 2\omega + k_{st,3}\cos 3\omega) + \\ & \sum_{\text{angle-angle}} k_{bb}(\theta_1-\theta_{1,0})(\theta_2-\theta_{2,0}) + \\ & \sum_{\text{angle-angle-dihedral}} k_{bbt}(\theta-\theta_0)(\theta'-\theta'_0)\cos\omega \end{aligned} \quad (8-105)$$

E_{vdw} 和 E_{ele} 分别是范德瓦耳斯和静电相互作用项，表示如下：

$$E_{\text{vdw}} = \sum_{\text{vdw}} \varepsilon_{ij} \left[2\left(\frac{\sigma_{ij}}{r_{ij}}\right)^9 - 3\left(\frac{\sigma_{ij}}{r_{ij}}\right)^6 \right], \quad E_{\text{ele}} = \sum_{\text{ele}} \frac{q_i q_j}{4\pi\epsilon_0 r_{ij}} \quad (8-106)$$

式中，$k_{s,2}$、$k_{s,3}$、$k_{s,4}$、$k_{b,2}$、$k_{b,3}$、$k_{b,4}$、$k_{t,1}$、$k_{t,2}$、$k_{t,3}$、k_o、k_{ss}、k_{sb}、$k_{st,1}$、$k_{st,2}$、$k_{st,3}$、k_{bb} 和 k_{bbt} 是各种分子运动模式的力常数；l_0、l'_0、θ_0、θ'_0、$\theta_{1,0}$、$\theta_{2,0}$ 和 χ_0 是各种参考平衡参数；ε_{ij} 是范德瓦耳斯相互作用势阱深度；σ_{ij} 是范德瓦耳斯相互作用参数。

10. GROMOS 力场

GROMOS 力场是由 Hermans 等开发的联合原子力场，主要用于生物大分子模拟[63]。自 20 世纪 80 年代以来，该力场已经发展出多个版本，下面主要针对 2004 年版本介绍该力场包含的键合和非键合相互作用势函数[64-65]。GROMOS 力场包括键伸缩势、键角弯曲势、二面角扭曲势和赝扭曲势四种成键相互作用，表示如下[3]：

$$\begin{aligned} E_{\text{bond}} = & \sum_{\text{bonds}} \frac{1}{2} k_s (l^2 - l_0^2)^2 + \sum_{\text{angles}} \frac{1}{2} k_b (\cos\theta - \cos\theta_0)^2 + \\ & \sum_{\text{dihedrals}} \frac{1}{2} k_t [1 + \cos\delta\cos(m\omega)]^2 + \\ & \sum_{\text{impropers}} \frac{1}{2} k_{it} (\chi-\chi_0)^2 \end{aligned} \quad (8-107)$$

式中，k_s、k_b、k_t 和 k_{it} 是各种分子运动模式的力常数；l_0、θ_0 和 χ_0 是参考平衡参量；m 是 1~4 之间的整数；δ 是相位角。

GROMOS 力场的范德瓦耳斯相互作用采用 Lennard-Jones 势函数，表示如下：

$$E_{\text{vdw}} = \sum_{\text{vdw}} \left(\frac{A_{ij}}{r_{ij}^{12}} - \frac{B_{ij}}{r_{ij}^{6}} \right) \tag{8-108}$$

式中，A_{ij} 和 B_{ij} 是范德瓦耳斯相互作用参数，对于不同种类原子间的范德瓦耳斯相互作用，采用如下混合规则计算：$A_{ij} = \sqrt{A_{ii}A_{jj}}$ 和 $B_{ij} = \sqrt{B_{ii}B_{jj}}$。由于 GROMOS 力场有数十种原子类型，因此对应了数十组 Lennard-Jones 参数。

GROMOS 力场的静电相互作用分成三部分：库仑相互作用、反应场对静电势的贡献以及与距离无关的反应场对静电势的贡献，于是总静电相互作用势能表示如下[3]：

$$E_{\text{ele}} = \sum_{\text{ele}} \left(\frac{q_i q_j}{4\pi\epsilon_0 \epsilon_r r_{ij}} \right) - \sum_{\text{ele}} \left(\frac{q_i q_j}{4\pi\epsilon_0 \epsilon_r} \frac{c_{\text{RF}} r_{ij}^2}{2R_{\text{RF}}^3} \right) - \sum_{\text{ele}} \left(\frac{q_i q_j}{4\pi\epsilon_0 \epsilon_r} \frac{1 - 0.5 c_{\text{RF}}}{R_{\text{RF}}} \right) \tag{8-109}$$

式中，R_{RF} 是截断距离；ϵ_r 是用于显式屏蔽的相对介电常数；c_{RF} 是由相对介电常数和 Debye 屏蔽半径确定的系数。右侧第一部分是库仑相互作用的贡献；第二部分是反应场对 R_{RF} 以外电荷诱导产生的静电势的贡献；第三部分是与距离无关的反应场对静电势的贡献，用于保证原子间静电势在 R_{RF} 处为零。

11. MARTINI 力场

MARTINI 力场是 Marrink 等开发的粗粒度力场，以原子模型为基础，按照一定规则对原子进行粗粒化处理，除了主要用于糖类、酯类和聚合物材料的模拟，还在生物体系获得广泛应用[66-67]。下面具体介绍 MARTINI 力场的粗粒化过程，如图 8-12 所示。为了简化模型，MARTINI 力场假定极性、非极性、无极性和带电四种类型。每种类型又进一步细化为代表不同化学单元的若干子类型。按照氢键细分为四种子类型：氢键给体、氢键受体、两者都有和两者都没有，每种子类型又按照极性强弱进一步分为从 1 到 5 的五个级别。该力场仍然将相互作用分成成键和非键相互作用。

成键相互作用包括键长、键角和二面角的贡献。键伸缩势使用谐振子势函数，表示如下：

$$u_s(l) = \frac{1}{2} k_s (l - l_0)^2 \tag{8-110}$$

式中，k_s 是键伸缩运动力常数；l_0 是参考平衡键长。

键角弯曲势可以采用三角函数形式的谐振子势函数，表示如下：

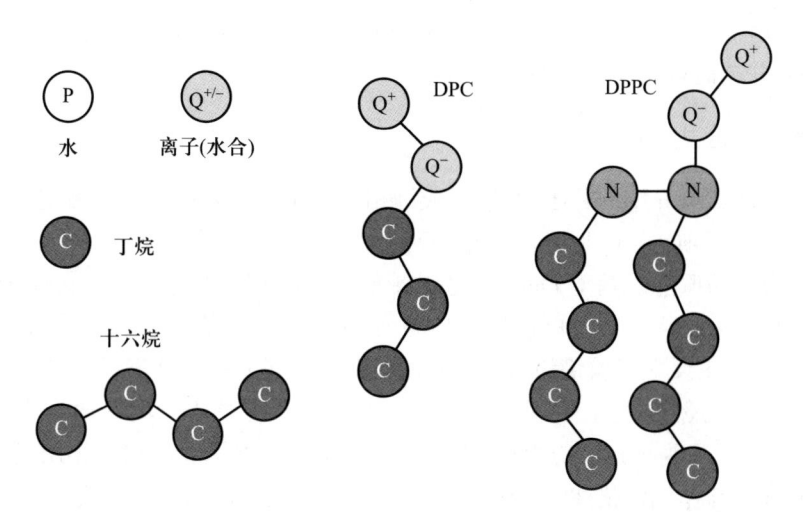

图 8-12 在粗粒化过程中,对水、离子、丁烷、十六烷、DPC 和 DPPC 的粗颗粒映射,主要分为极性、非极性、无极性和带电四种类型[66]

$$u_b(\theta) = \frac{1}{2}k_b(\cos\theta - \cos\theta_0)^2 \tag{8-111}$$

式中,k_b 是键角弯曲运动的力常数;θ_0 是参考平衡键角。

为了避免复杂形状的面外变形,二面角扭曲势采用谐振子势函数,表示如下:

$$u_t(\theta) = k_t(\omega - \omega_0)^2 \tag{8-112}$$

式中,k_t 是二面角扭曲运动力常数;ω_0 是参考平衡二面角。

非键相互作用中的范德瓦耳斯相互作用采用 Lennard-Jones 势函数,表示如下:

$$u_{vdw}(r_{ij}) = 4\varepsilon_{ij}\left[\left(\frac{\sigma_{ij}}{r_{ij}}\right)^{12} - \left(\frac{\sigma_{ij}}{r_{ij}}\right)^6\right] \tag{8-113}$$

式中,ε_{ij} 和 σ_{ij} 分别是范德瓦耳斯相互作用势阱深度和参考平衡参数。

非键相互作用中的静电相互作用采用库仑公式加以描述,表示如下:

$$u_{ele}(r_{ij}) = \frac{q_i q_j}{4\pi\epsilon_0 \epsilon_r r_{ij}} \tag{8-114}$$

式中,ϵ_r 是用于显式屏蔽的相对介电常数。

与全原子力场相比,MARTINI 粗粒度力场的模拟速度要快很多,适用于介观尺度模拟。另外,需要提及的是,像液晶和有机高分子等高维分子结构,存在诸多粗颗粒简化方案，比较典型的就是将分子整体看作一个刚性椭球体或圆柱的模型，并据此提出了 Gay-Berne 势函数[68]。

8.3.4 反应力场

在前面章节介绍的分子力场中，成键相互作用通常采用谐振子函数描述，或添加非谐振子项，这不适合研究化学反应中化学键的形成和断裂，为此，需要引入反应力场的概念。基于 Pauling 键级概念和紧束缚理论，反应力场将原子间相互作用表示为键级和键长的函数。1960 年，Johnston 等基于 Pauling 的键级-键长关系[69]提出反应经验键级(reactive empirical bond order，REBO)的概念[70-71]，为反应力场的创建奠定了理论基础。之后，基于键级概念的 Tersoff 势[14]和 Brenner 势[16]成为早期反应力场的代表，但是仅仅考虑了成键相互作用情况，缺乏对非键相互作用的描述。2001 年，Dubin 等发展了 ReaxFF 反应力场[72-73]，成为当前反应力场的典型代表，获得广泛应用，如有机小分子、高分子、金属氧化物以及金属催化剂等。区别于前面经典分子力场中的原子类型和连接性的概念，反应力场通过计算原子间的键级来确定原子的连接性[72]。随着反应过程的进行，原子的连接性不断更新和变化，对应着化学键的动态生成和断裂。

ReaxFF 反应力场的核心内容在于合理地描述键级参量，然后将原子间成键相互作用表示为键级的函数，而键级与原子间距离存在对应关系，于是通过原子间距离可以定义原子间的键级。化学键概念中的单键、双键和三键可以分为三部分贡献分别通过键级的函数加以描述。在各种分子内运动模式中，键伸缩运动和键角弯曲运动带来的能量变化都可表示为键级的函数。与键角弯曲运动处理相同，二面角扭曲运动带来的能量变化需要同时考虑四个原子连接的键级。对于分子间非键相互作用而言，范德瓦耳斯相互作用采用 Morse 势函数加以描述，而静电相互作用通过计算瞬时原子电荷并采用电荷平衡算法进行处理。与前面经典分子力场类似，ReaxFF 反应力场将总能量分解如下[73]：

$$E_{\text{tot}} = E_{\text{bond}} + E_{\text{over}} + E_{\text{under}} + E_{\text{val}} + E_{\text{pen}} + E_{\text{tors}} + E_{\text{conj}} + E_{\text{vdw}} + E_{\text{coul}} \qquad (8-115)$$

式中，E_{bond}、E_{val} 和 E_{tors} 分别表示键伸缩、键角弯曲和二面角扭曲带来的能量贡献，均可表示为键级的函数；E_{over} 和 E_{under} 分别给出了过配位和低配位的能量贡献，以避免出现非物理的键级和配位现象；E_{pen} 是对键角弯曲能量给出的惩罚项；E_{conj} 是共轭效应带来的能量贡献；E_{vdw} 和 E_{coul} 分别是范德瓦耳斯相互作用和静电相互作用带来的能量贡献。

下面对以上各部分能量分别予以讨论。

1. 键伸缩项

与键伸缩相关的能量项通过 Morse 势函数表示如下：

$$E_{\text{bond}} = -D_e \cdot BO_{ij} \cdot \exp[p_{\text{be},1}(1-BO_{ij}^{p_{\text{be},1}})] \qquad (8\text{-}116)$$

式中，D_e 和 $p_{\text{be},1}$ 是待定模型参数；BO_{ij} 是校正的键级参量，表示如下：

$$BO_{ij} = BO'_{ij} \cdot f_1(\Delta'_i, \Delta'_j) \cdot f_4(\Delta'_i, BO'_{ij}) \cdot f_5(\Delta'_j, BO'_{ij}) \qquad (8\text{-}117)$$

式中，BO'_{ij} 是未校正的键级参量；Δ'_i 是未校正键级偏离中心原子价态的程度；$f_1(\Delta'_i, \Delta'_j)$、$f_4(\Delta'_i, BO'_{ij})$ 和 $f_5(\Delta'_j, BO'_{ij})$ 是修正函数，这些函数的表达式和相应参量请参见原文献[73]。

2. 过配位能量项

对于过配位（$\Delta_i > 0$）情况，由键级计算得到的总能量需要进行校正，表示如下：

$$E_{\text{over}} = p_{\text{over}} \cdot \Delta_i \cdot \frac{1}{1+\exp(-\lambda_6 \cdot \Delta_i)} \qquad (8\text{-}118)$$

式中，p_{over} 和 λ_6 是待定模型参数。

3. 低配位能量项

对于低配位（$\Delta_i < 0$）情况，由键级计算得到的总能量同样需要进行校正，表示如下：

$$E_{\text{under}} = -p_{\text{under}} \cdot \frac{1-\exp(\lambda_7 \cdot \Delta_i)}{1+\exp(-\lambda_8 \cdot \Delta_i)} \cdot f_6(\Delta_j, BO_{ij,\pi}) \qquad (8\text{-}119)$$

式中，p_{under}、λ_7 和 λ_8 是待定模型参数；$f_6(\Delta_j, BO_{ij,\pi})$ 的函数形式与相关参量请参见原文献[73]。注意，这部分校正只有存在 π 键的情况下才存在。

4. 键角弯曲能量项和惩罚能量项

与键伸缩能量项相似，键角弯曲能量项同样表示为键级的函数，如下：

$$E_{\text{val}} = f_7(BO_{ij}) \cdot f_7(BO_{jk}) \cdot f_8(\Delta_j) \cdot \{k_a - k_a \exp[-k_b(\theta_0 - \theta_{ijk})^2]\} \qquad (8\text{-}120)$$

式中，k_a 和 k_b 是待定模型参数；θ_{ijk} 是键角；θ_0 是参考平衡键角；$f_7(BO_{ij})$、$f_7(BO_{jk})$ 和 $f_8(\Delta_j)$ 的函数形式与相关参量请参见原文献[73]。

为了保证两个双键不在一个键角上共享原子，避免出现稳定性问题，键角弯曲能量项需要引入惩罚能量项，表示如下：

$$E_{\text{pen}} = \lambda_{19} f_9(\Delta_j) \exp[-\lambda_{20}(BO_{ij}-2)^2] \exp[-\lambda_{20}(BO_{ij}-2)^2] \qquad (8\text{-}121)$$

式中，λ_{19} 和 λ_{20} 是待定模型参数；$f_9(\Delta_j)$ 的函数形式和相关参量请参见原文献[73]。

5. 二面角扭曲能量项

二面角扭曲能量项同样体现了二面角对键级的能量依从关系,表示如下:

$$E_{\text{tors}} = f_{10}(BO_{ij}, BO_{jk}, BO_{kl})\sin\theta_{ijk}\sin\theta_{jkl}\left\{\frac{1}{2}V_2\exp(p_l[BO_{jk}-\right.$$
$$\left.3+f_{11}(\Delta_j,\Delta_k)]^2)(1-\cos 2\omega_{ijkl})+\frac{1}{2}V_3(1+\cos 3\omega_{ijkl})\right\} \quad (8-122)$$

式中,V_2、V_3 和 p_l 是待定模型参数;θ_{ijk} 和 θ_{jkl} 是键角;ω_{ijkl} 是二面角;$f_{10}(BO_{ij}, BO_{jk}, BO_{kl})$ 和 $f_{11}(\Delta_j,\Delta_k)$ 的函数形式与相关参量请参见原文献[73]。

6. 共轭效应能量项

为了描述共轭效应对能量的贡献,共轭能量项与键级的关系表示如下:

$$E_{\text{conj}} = f_{12}(BO_{ij}, BO_{jk}, BO_{kl})\lambda_{26}[1+(\cos^2\omega_{ijkl}-1)\sin\theta_{ijk}\sin\theta_{jkl}] \quad (8-123)$$

式中,λ_{26} 是待定模型参数;$f_{12}(BO_{ij}, BO_{jk}, BO_{kl})$ 的函数形式与相关参量请参见原文献[73]。

7. 非键相互作用能量项

在 ReaxFF 反应力场中,范德瓦耳斯相互作用采用了距离校正的 Morse 势函数,通过引入屏蔽函数避免出现两个原子过高排斥和原子出现共享键角现象,表示如下:

$$E_{\text{vdw}} = D_{ij}\cdot\left\{\exp\left(\alpha_{ij}\left[1-\frac{f_{13}(r_{ij})}{r_{\text{vdw}}}\right]\right)-2\exp\left(\frac{1}{2}\alpha_{ij}\left[1-\frac{f_{13}(r_{ij})}{r_{\text{vdw}}}\right]\right)\right\} \quad (8-124)$$

式中,D_{ij} 和 α_{ij} 是待定模型参数;r_{vdw} 是范德瓦耳斯参考平衡距离参量;$f_{13}(r_{ij})$ 是屏蔽函数,其形式与相关参量请参见原文献[73]。

静电相互作用采用屏蔽库仑势来避免近距离的轨道重叠,表示如下:

$$E_{\text{coul}} = C\cdot\frac{q_i\cdot q_j}{[r_{ij}^3+(1/\gamma_{ij})^3]^{1/3}} \quad (8-125)$$

式中,C 是待定模型参数;γ_{ij} 是屏蔽因子。在 ReaxFF 反应力场中,原子电荷采用基于元素电负性的电子平衡方法(EEM)计算得到[74-75]。EEM 与电荷平衡(QEq)方案[76]相似,可以通过优化参数 γ_{ij} 来逼近 QEq 轨道重叠校正。

为了改进对长程色散相互作用的描述,Liu 等提出了改进的 ReaxFF-lg 模型[77],增加了孤对电子导致的附加能量项 E_{lg},表示如下:

$$E_{\text{ReaxFF-lg}} = E_{\text{ReaxFF}} + E_{\text{lg}} \quad (8-126)$$

式中,E_{lg} 是低梯度模型校正能,表示如下:

$$E_{\text{lg}} = -\sum_{i,j>i} \frac{C_{\text{lg},ij}}{r_{ij}^6 + dR_{\min,ij}^6} \tag{8-127}$$

式中，$R_{\min,ij}$ 是原子 i 和 j 之间的范德瓦耳斯参考平衡距离；$C_{\text{lg},ij}$ 是色散校正系数；d 是比例因子，默认为 1。

除了 ReaxFF 反应力场外，另一个具有代表性的反应力场是 Sinnott 等提出的带电优化多体(charged optimized many-body，COMB)力场[78-79]。该力场源于 Yasukawa 的扩展 Tersoff 键级势[80]，在综合考虑电负性平衡原理以及多体相互作用情况下计算电荷传输。关于 COMB 力场的函数形式和推导，以及与 ReaxFF 反应力场的差异性可以参考相关文献[78-79,81]。

8.3.5 分子力场参数化

分子力场参数化是构建有效分子力场的关键步骤。根据相互作用类型，分子力场参数通常分为三类：键合项、静电项和范德瓦耳斯项[57,82]。键合项决定着分子局域结构和性质，如结构参数和振动频率等，而静电项和范德瓦耳斯项决定着分子扩展结构和性质，如分子链构象和热物理性质等。原则上讲，所有分子力场参数都可以从第一性原理计算的数据拟合得到，但是由于第一性原理计算的局限性，常采用实验拟合获得范德瓦耳斯参数。下面给出分子力场参数化过程的一般步骤：

（1）应用第一性原理方法计算分子的结构和性质数据，如平衡结构、能量、能量的一阶和二阶导数，以及静电性质。

（2）拟合第一性原理静电势得到基于原子类型或基于键类型的电荷参数。

（3）在固定电荷和范德瓦耳斯参数的情况下，通过拟合第一性原理能量数据优化键合参数。由于存在数目较多的待定键合参数，简单地应用最小二乘拟合通常是行不通的，需要通过固定或移除不必要的参数降低冗余，并结合多种数值优化算法改进拟合效果。另外，通过设定参数的允许范围可以实现约束条件下的参数优化。

（4）在固定电荷和键合参数的情况下，根据热物理数据优化范德瓦耳斯参数。虽然在理论上范德瓦耳斯参数可以使用第一性原理计算的分子团簇数据拟合得到，但是存在如下问题：① 第一性原理计算结果不能准确地描述弱范德瓦耳斯相互作用；② 第一性原理方法所能处理的分子团簇尺寸太小，不能代表凝聚态分子间相互作用。于是，用于拟合范德瓦耳斯参数的分子热物理数据往往来源于实验。

（5）根据分子力场参数的关联程度，迭代以上描述的步骤，完成分子力场的参数化。在大多数分子力场中，优化范德瓦耳斯相互作用参数后，只需对键合参数进行适当修正即可。

对于大多数常见的分子体系,应用参数化工具能够有效地提升参数化质量和效率,如 DFF(Direct Force Field)软件[82]。DFF 软件的核心功能包括分子力场选择、第一性原理数据计算、实验数据收集、训练集准备、参数的优化拟合等。

参 考 文 献

[1] 张跃,谷景华,尚家香,等. 计算材料学基础[M]. 北京:北京航空航天大学出版社,2007.

[2] 苑世领,张恒,张冬菊. 分子模拟:理论与实验[M]. 北京:化学工业出版社,2016.

[3] 严六明,朱素华. 分子动力学模拟的理论与实践[M]. 北京:科学出版社,2013.

[4] Lennard-Jones J E. On the determination of molecular fields. II. From the equation of state of gas[J]. Proceedings of the Royal Society A, 1924, 106:463-477.

[5] Morse P M. Diatomic molecules according to the wave mechanics. II. Vibrational levels[J]. Physical Review, 1929, 34(1):57-64.

[6] Born M, Mayer J E. Zur gittertheorie der ionenkristalle[J]. Zeitschrift für Physik, 1932, 75(1):1-18.

[7] Dick B G, Overhauser A W. Theory of dielectric constants of alkali halide crystals[J]. Physical Review, 1958, 112:90-103.

[8] Gupta R P. Lattice relaxation at a metal surface[J]. Physical Review B, 1981, 23(12):6265-6270.

[9] Daw M S, Baskes M I. Semiempirical, quantum mechanical calculation of hydrogen embrittlement in metals[J]. Physical Review Letters, 1983, 50(17):1285-1288.

[10] Daw M S, Baskes M I. Embedded-atom method: Derivation and application to impurities, surfaces, and other defects in metals[J]. Physical Review B, 1984, 29(12):6443-6453.

[11] Finnis M W, Sinclair J E. A simple empirical n-body potential for transition metals[J]. Philosophical Magazine A, 1984, 50(1):45-55.

[12] Stillinger F H, Weber T A. Computer simulation of local order in condensed phases of silicon[J]. Physical Review B, 1985, 31(8):5262-5271.

[13] Abell G C. Empirical chemical pseudopotential theory of molecular and metallic bonding[J]. Physical Review B, 1985, 31(10):6184-6196.

[14] Tersoff J. New empirical model for the structural properties of silicon[J]. Physical Review Letters, 1986, 56(6):632-635.

[15] Tersoff J. New empirical approach for the structure and energy of covalent systems[J]. Physical Review B, 1988, 37(12):6991-7000.

[16] Brenner D W. Empirical potential for hydrocarbons for use in simulating the chemical vapor deposition of diamond films[J]. Physical Review B, 1990, 42(15):9458-9471.

[17] Baskes M I. Modified embedded-atom potentials for cubic materials and impurities[J]. Physical Review B, 1992, 46(5):2727-2742.

[18] Wilson M, Madden P A, Pyper N C, et al. Molecular dynamics simulations of compressible ions[J]. Journal of Chemical Physics, 1996, 104(20): 8068-8081.

[19] Wilson M, Exner M, Huang Y M, et al. Transferable model for the atomistic simulation of Al_2O_3[J]. Physical Review B, 1996, 54(22): 15683.

[20] Pettifor D G, Finnis M W, Nguyen-Manh D, et al. Analytic bond-order potentials for multicomponent systems[J]. Materials Science and Engineering: A, 2004, 365(1-2): 2-13.

[21] Pettifor D G, Oleinik I I. Analytic bond-order potentials beyond Tersoff-Brenner. I. Theory[J]. Physical Review B, 1999, 59(13): 8487.

[22] Pettifor D G, Oleinik I I. Analytic bond-order potential for open and close-packed phases [J]. Physical Review B, 2002, 65(17): 172103.

[23] Pettifor D G, Oleinik I I. Bounded analytic bond-order potentials for σ and π bonds[J]. Physical Review Letters, 2000, 84(18): 4124-4127.

[24] Mishin Y, Mehl M J, Papaconstantopoulos D A. Phase stability in the Fe-Ni system: Investigation by first-principles calculations and atomistic simulations [J]. Acta Materialia, 2005, 53(15): 4029-4041.

[25] Huggins M L, Mayer J E. Interatomic distances in crystals of the alkali halides[J]. Journal of Chemical Physics, 1933, 1(9): 643-646.

[26] Buckingham R A. The classical equation of state of gaseous helium, neon and argon[J]. Proceedings of the Royal Society A, 1938, 168(933): 264-283.

[27] Johnson R A. Analytic nearest-neighbor model for fcc metals[J]. Physical Review B, 1988, 37(8): 3924.

[28] Johnson R A, Oh D J. Analytic embedded-atom method model for bcc metals[J]. Journal of Materials Research, 1989, 4(5): 1195-1201.

[29] Voter A F, Chen S P. Accurate interatomic potentials for Ni, Al and Ni_3Al[J]. MRS Online Proceedings Library, 1986, 82: 175-180.

[30] Johnson R A. Alloy models with the embedded-atom method[J]. Physical Review B, 1989, 39(17): 12554.

[31] Zhou X W, Johnson R A, Wadley H N G. Misfit-energy-increasing dislocations in vapor-deposited CoFe/NiFe multilayers[J]. Physical Review B, 2004, 69(14): 144113.

[32] Mishin Y, Mehl M J, Papaconstantopoulos D A, et al. Structural stability and lattice defects in copper: *Ab initio*, tight-binding, and embedded-atom calculations[J]. Physical Review B, 2001, 63(22): 224106.

[33] Cleri F, Rosato V. Tight-binding potentials for transition metals and alloys[J]. Physical Review B, 1993, 48(1): 22-33.

[34] Ackland G J, Vitek V. Many-body potentials and atomic-scale relaxations in noble-metal alloys[J]. Physical Review B, 1990, 41(15): 10324-10333.

[35] Lee B J, Baskes M I. Second nearest-neighbor modified embedded-atom-method potential [J]. Physical Review B, 2000, 62(13): 8564-8567.

[36] Lee B J, Baskes M I, Kim H, et al. Second nearest-neighbor modified embedded atom method potentials for bcc transition metals[J]. Physical Review B, 2001, 64(18): 184102.

[37] Ward D K, Zhou X W, Wong B M, et al. Analytical bond-order potential for the cadmium telluride binary system[J]. Physical Review B, 2012, 85(11): 115206.

[38] LeSar R. Introduction to computational materials science: Fundamentals to applications[M]. Cambridge: Cambridge University Press, 2013.

[39] Solomon J, Chung P, Srivastava D, et al. Method and advantages of genetic algorithms in parameterization of interatomic potentials: Metal oxides[J]. Computational Materials Science, 2014, 81: 453-465.

[40] 胡晓琴, 谢国锋. 遗传算法优化 $BaTiO_3$ 壳模型势参数[J]. 物理学报, 2011, 60(1): 188-192.

[41] Ercolessi F, Adams J B. Interatomic potentials from first-principles calculations: The force-matching method[J]. Europhysics Letters, 1994, 26(8): 583-588.

[42] Yao B N, Liu Z R, Zhang R F. EAPOTs: An integrated empirical interatomic potential optimization platform for single elemental solids[J]. Computational Materials Science, 2021, 197: 110626.

[43] 吉青, 杨小震. 分子力场发展的新趋势[J]. 化学通报, 2005, 68(2): 111-116.

[44] Andrews D H. The relation between the Raman spectra and the structure of organic molecules[J]. Physical Review, 1930, 36(3): 544.

[45] Hill T L. On steric effects[J]. Journal of Chemical Physics, 1946, 14(7): 465-465.

[46] Lifson S, Warshel A. Consistent force field for calculations of conformations, vibrational spectra, and enthalpies of cycloalkane and n-alkane molecules[J]. Journal of Chemical Physics, 1968, 49(11): 5116-5129.

[47] Allinger N L, Tribble M T, Miller M A, et al. Conformational analysis. LXIX. Improved force field for the calculation of the structures and energies of hydrocarbons[J]. Journal of the American Chemical Society, 1971, 93(7): 1637-1648.

[48] Allinger N L, Yuh Y H, Lii J H. Molecular mechanics. The MM3 force field for hydrocarbons. 1[J]. Journal of the American Chemical Society, 1989, 111(23): 8551-8566.

[49] Nevins N, Allinger N L. Molecular mechanics (MM4) vibrational frequency calculations for alkenes and conjugated hydrocarbons[J]. Journal of Computational Chemistry, 1996, 17(5-6): 730-746.

[50] Weiner S J, Kollman P A, Case D A, et al. A new force field for molecular mechanical simulation of nucleic acids and proteins[J]. Journal of the American Chemical Society, 1984, 106(3): 765-784.

[51] Brooks B R, Bruccoleri R E, Olafson B D, et al. CHARMM: A program for macromolecular energy, minimization, and dynamics calculations[J]. Journal of Computational Chemistry, 1983, 4(2): 187-217.

[52] Mayo S L, Olafson B D, Goddard W A. DREIDING: A generic force field for molecular simulations[J]. Journal of Physical Chemistry, 1990, 94(26): 8897-8909.

[53] Rappé A K, Casewit C J, Colwell K S, et al. UFF, a full periodic table force field for molecular mechanics and molecular dynamics simulations[J]. Journal of the American Chemical Society, 1992, 114(25): 10024-10035.

[54] Halgren T A. Merck molecular force field. II. MMFF94 van der Waals and electrostatic parameters for intermolecular interactions[J]. Journal of Computational Chemistry, 1996, 17(5-6): 520-552.

[55] Jorgensen W L, Tirado-Rives J. The OPLS [optimized potentials for liquid simulations] potential functions for proteins, energy minimizations for crystals of cyclic peptides and crambin[J]. Journal of the American Chemical Society, 1988, 110(6): 1657-1666.

[56] Jorgensen W L, Maxwell D S, Tirado-Rives J. Development and testing of the OPLS all-atom force field on conformational energetics and properties of organic liquids[J]. Journal of the American Chemical Society, 1996, 118(45): 11225-11236.

[57] Sun H. COMPASS: An *ab initio* force-field optimized for condensed-phase applications overview with details on alkane and benzene compounds[J]. Journal of Physical Chemistry B, 1998, 102(38): 7338-7364.

[58] Barlow S, Rohl A L, Shi S, et al. Molecular mechanics study of oligomeric models for poly(ferrocenylsilanes) using the extensible systematic forcefield (ESFF)[J]. Journal of the American Chemical Society, 1996, 118(32): 7578-7592.

[59] Dinur U, Hagler A T. New approaches to empirical force fields[J]. Reviews in Computational Chemistry, 1991, 2: 99-164.

[60] Cornell W D, Cieplak P, Bayly C I, et al. A second generation force field for the simulation of proteins, nucleic acids, and organic molecules[J]. Journal of the American Chemical Society, 1995, 117(19): 5179-5197.

[61] Maple J R, Hwang M J, Jalkanen K J, et al. Derivation of class II force fields: V. Quantum force field for amides, peptides, and related compounds[J]. Journal of Computational Chemistry, 1998, 19(4): 430-458.

[62] Maple J R, Hwang M J, Stockfisch T P, et al. Derivation of class II force fields. I. Methodology and quantum force field for the alkyl functional group and alkane molecules[J]. Journal of Computational Chemistry, 1994, 15(2): 162-182.

[63] Hermans J, Berendsen H J C, Van Gunsteren W F, et al. A consistent empirical potential for water-protein interactions[J]. Biopolymers: Original Research on Biomolecules, 1984, 23(8): 1513-1518.

[64] Oostenbrink C, Villa A, Mark A E, et al. A biomolecular force field based on the free enthalpy of hydration and solvation: The GROMOS force-field parameter sets 53A5 and 53A6[J]. Journal of Computational Chemistry, 2004, 25(13): 1656-1676.

[65] Oostenbrink C, Soares T A, Van der Vegt N F A, et al. Validation of the 53A6 GROMOS force field[J]. European Biophysics Journal, 2005, 34(4): 273-284.

[66] Marrink S J, De Vries A H, Mark A E. Coarse grained model for semiquantitative lipid simulations[J]. The Journal of Physical Chemistry B, 2004, 108(2): 750-760.

[67] Marrink S J, Risselada H J, Yefimov S, et al. The MARTINI force field: Coarse grained model for biomolecular simulations[J]. Journal of Physical Chemistry B, 2007, 111(27): 7812-7824.

[68] Gay J G, Berne B J. Modification of the overlap potential to mimic a linear site-site potential[J]. Journal of Chemical Physics, 1981, 74(6): 3316-3319.

[69] Pauling L. Atomic radii and interatomic distances in metals[J]. Journal of the American Chemical Society, 1947, 69(3): 542-553.

[70] Johnston H S. Large tunnelling corrections in chemical reaction rates[J]. Advances in Chemical Physics, 1961: 131-170.

[71] Johnston H S, Parr C. Activation energies from bond energies. Ⅰ. Hydrogen transfer reactions[J]. Journal of the American Chemical Society, 1963, 85(17): 2544-2551.

[72] 刘连池. ReaxFF 反应力场的开发及其在材料科学中的若干应用[D]. 上海: 上海交通大学, 2012.

[73] Van Duin A C T, Dasgupta S, Lorant F, et al. ReaxFF: A reactive force field for hydrocarbons[J]. Journal of Physical Chemistry A, 2001, 105(41): 9396-9409.

[74] Mortier W J, Ghosh S K, Shankar S. Electronegativity-equalization method for the calculation of atomic charges in molecules[J]. Journal of the American Chemical Society, 1986, 108(15): 4315-4320.

[75] Janssens G O A, Baekelandt B G, Toufar H, et al. Comparison of cluster and infinite crystal calculations on zeolites with the electronegativity equalization method (EEM)[J]. Journal of Physical Chemistry, 1995, 99(10): 3251-3258.

[76] Rappe A K, Goddard Ⅲ W A. Charge equilibration for molecular dynamics simulations[J]. Journal of Physical Chemistry, 1991, 95(8): 3358-3363.

[77] Liu L, Liu Y, Zybin S V, et al. ReaxFF-lg: Correction of the ReaxFF reactive force field for London dispersion, with applications to the equations of state for energetic materials[J]. Journal of Physical Chemistry A, 2011, 115(40): 11016-11022.

[78] Yu J, Sinnott S B, Phillpot S R. Charge optimized many-body potential for the Si/SiO_2 system[J]. Physical Review B, 2007, 75(8): 085311.

[79] Shan T R, Devine B D, Hawkins J M, et al. Second-generation charge-optimized many-body potential for Si/SiO_2 and amorphous silica[J]. Physical Review B, 2010, 82(23): 235302.

[80] Yasukawa A. Using an extended Tersoff interatomic potential to analyze the static-fatigue strength of SiO$_2$ under atmospheric influence[J]. JSME International Journal Series A: Mechanics and Material Engineering, 1996, 39(3): 313-320.

[81] Shin Y K, Shan T R, Liang T, et al. Variable charge many-body interatomic potentials[J]. MRS Bulletin, 2012, 37(5): 504-512.

[82] Aeon Technology Inc. Direct Force Field (DFF)[EB/OL].

第 9 章
优化算法和运动方程

分子静力学与动力学模拟的核心问题涉及优化方案和运动方程的数值求解。如果单纯从势能面特征来研究分子或固体的结构和性质,而忽略温度的影响和时间的依从,那么可以根据数值优化算法确定分子或固体的稳定结构、过渡态结构、激活能垒和反应路径等,进而计算出相关性质,属于分子静力学方法。由于该类方法并不包含运动方程的时间数值差分,因此相应模拟并不会受到自然时间尺度的限制,在基本物理参量计算和微观机制研究方面具有相当优势,成为分子模拟的重要组成部分之一。基于不同的优化目标,分子静力学模拟方法通常涉及多种能量最小化方法和过渡态搜索方法。

微观物理世界往往处于动态演化过程中,因此需要构建时间依从的运动方程,对微观物理体系的动态行为加以数学描述,这属于分子动力学范畴。在经典力学范畴,分子或原子运动的内禀动力学由经典运动方程来描述,即牛顿方程、拉格朗日方程或者哈密顿方程。分子动力学通过求解这些运动方程,处理与时间相关的过程,因此必须对分子运动的微分方程做数值差分处理。从计算数学的角度来看,这是求微分方程的初值问题,并已经发展了诸多算法来解决实际的物理问题。

9.1 势能面与过渡态

势能面的关键特征蕴含着各种热力学和动力学信息,为预测结构稳定性和揭示动态演化机理等奠定了基础。由于稳定或亚稳结构与势能面的极小值点存在对应关系,因此通过能量最小化方法获取这些极小值点的结构和能量对于理解结构稳定性发挥着至关重要的作用。另外,根据过渡态理论可知,反应速率常数与势能面的鞍点(过渡态能量)之间存在定量关系,因此通过过渡态搜索方法获取过渡态结构和能量对于理解反应动力学过程具有极其重要的意义。本节将重点介绍势能面概念和过渡态理论,为后面阐述能量最小化方法和过渡态搜索方法奠定基础。

9.1.1 势能面概念

含有 N 个原子体系的势能是原子坐标的 $3N$ 维函数,即 $U(q_1,q_2,\cdots,q_{3N})$,由经验势函数或分子力场确定的不同构型的势能变化构成非常复杂的势能面[1]。图 9-1 展示了理想周期晶格和畸变非周期晶格的二维势能面。由图可见,势能面的特征点涉及各种极值点和鞍点等,可以用势能函数的各阶导数来表征。对于多变量势能函数,每个变量的一阶导数是原子受力的负数,构成梯度向量。无论是极值点还是鞍点,其势能函数的一阶导数值为零,相当于作用在原子上的力为零,称为驻点。驻点的性质可由势能函数二阶导数构成的 Hessian 矩阵确定,而 Hessian 矩阵的特征值决定了驻点的特征:如果所有特征值均为正,则为局部极小值;如果全部为负值,则为局部极大值;如果只有一个负特征值,其余均为正,那么为一阶鞍点;零特征值对应沿相关特征向量运动的拐点。对于只有一个变量的势能函数,正(负)的二阶导数对应最小(大)值,二阶导数为零对应拐点。下面对势能面的特征点,即极值点、驻点和鞍点,分别予以介绍。

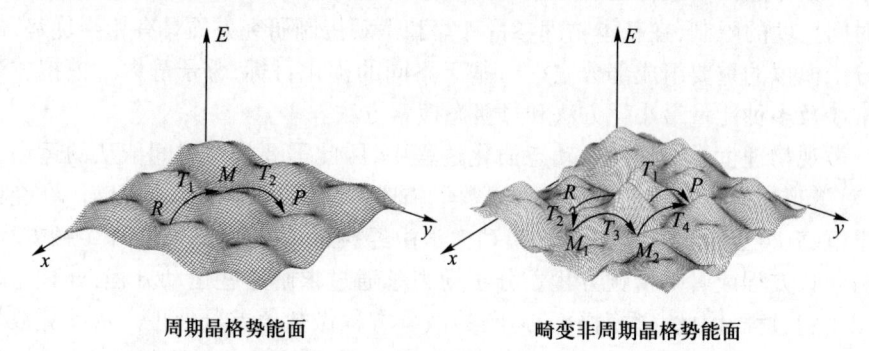

周期晶格势能面   畸变非周期晶格势能面

图 9-1 理想周期晶格和畸变非周期晶格的二维势能面(参见书后彩图)

1. 极值点

极值点分为极小值点和极大值点。在势能面上,极值点满足势能函数 U 对坐标 q_i 的一阶偏导数为零,即 $\partial U/\partial q_i = 0$。如果是极小值点,那么还需满足 $\partial^2 U/\partial q_i^2 > 0$;如果是极大值点,那么还需满足 $\partial^2 U/\partial q_i^2 < 0$。极小值点又分为局域极小值点和全局极小值点。无论是局域极小值点还是全局极小值点,都对应着体系的稳定或亚稳结构。如果构型偏离极小值点的结构,那么能量会增高。

2. 驻点

驻点也称为稳定点,在势能面上,满足势能函数 U 对坐标 q_i 的一阶偏导数为零,即$\partial U/\partial q_i=0$,并且对一部分坐标 q_i 的二阶偏导数大于零,即$\partial^2 U/\partial q_i^2>0$,而对其他坐标 q_i 满足$\partial^2 U/\partial q_i^2<0$。

3. 鞍点

如果势能面包含多个极小值,那么从一个极小值到另一个极小值可以构建起一条最低能量途径(minimum energy path, MEP),该途径上的最高能量点定义为鞍点。在势能面上,鞍点的势能函数 U 对坐标 q_i 的一阶偏导数为零,即$\partial U/\partial q_i=0$,而且只有某一方向上满足$\partial^2 U/\partial q_i^2<0$,其他方向上满足$\partial^2 U/\partial q_i^2>0$。鞍点的高低代表着反应的难易程度和不同的中间产物,称为过渡态。也就是说,过渡态必须是沿最低能量途径的最大值,以及垂直于该途径的所有位移的最小值,即一阶鞍点。与一阶鞍点相对应的单个负特征值的特征向量称为过渡向量。对于高阶鞍点,可以垂直于途径移动找到另一条具有较低最大值的途径,即多个方向上的最大值。由于在鞍点处,Hessian 矩阵的负特征值代表着过渡态结构的声子不稳定性,寻找过渡态结构要比确定稳态结构难得多。具体地说,从一个稳定状态向另一个稳定状态转变的过程中,体系能量往往是先上升直到越过鞍点,然后再向另一个状态转变。这一过程需要越过能垒,即激活能。

势能面如同复杂的山区地形图,能量最小化方法提供了寻找最优下山途径的方法,而过渡态搜索方法相当于寻找攀升到鞍点(山脊最低点)的方法。虽然势能面存在诸多极小值点,但是只有全局极小值点对应着最稳定的结构,而局部优化算法往往给出局部极小值点。获取局部极小值点的局部优化算法常被称为能量最小化方法,该方法是采用数值优化算法调整原子坐标使得势能下降,从而将初始不稳定的构型逼近稳定或亚稳的结构。通过能量最小化方法搜索稳定或亚稳结构的过程称为几何优化。与之相对应,过渡态搜索方法是通过特征值或特征向量跟踪方法,或采用等效近似方法,并结合修改的能量最小化方法来调整原子坐标使其沿着最低能量途径逼近能量最高值的数值优化方法。

9.1.2 过渡态理论

1935 年,Eyring、Evans 和 Polanyi 提出的过渡态理论被誉为热化学反应速度理论的基石,又称活化络合物理论[2-3]。过渡态理论以反应过程中的能量变化为依据,认为从反应物到生成物要通过碰撞形成一种势能较高的活化络合物,与反应物之间形成动态局域平衡,同时可以通过不逆转的非对称振动转化为生成物,而反应速率由活化络合物的分解速率决定。过渡态理论除了基于 Born-Oppenheimer 绝热近似外,还依赖于如下基本假设[4]:① 玻尔兹曼分布假设,即反应物体系维持玻尔兹曼分布;② 准平衡假设,即反应物与过渡态处于准局域平衡状态;③ 无复返假设,即热化学反应仅通过一次分界面而永不复返。

下面以单原子分子 A 和双原子分子 BC 的基元反应为例,介绍 A–B–C 分子体系的能量随空间坐标变化的情况,如图 9-2 所示。在势能面上,R 点是反应物分子 BC 的稳态,P 点是生成物分子 AB 的稳态,D 点是完全解离为原子 A、B 和 C 时的势能。随着原子 A 靠近分子 BC,势能沿着 RT 线升高,到达 T 点形成活化络合物。随着原子 C 的离开,势能沿着 TP 线下降,到达生成物分子 AB。与反应物和生成物所处的势能极小值点(R 点和 P 点)相比,T 点处于势能最高点,但是与坐标原点和 D 点一侧的势能相比又是最低点。从反应物到生成物必须越过该能垒。

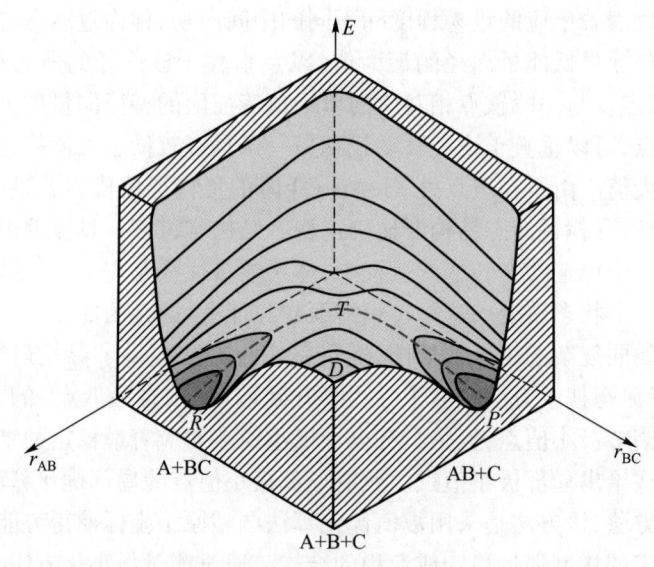

图 9-2 在 A-B-C 分子体系中势能随空间坐标变化的情形。R 点是反应物,P 点是生成物,T 点是过渡态(参见书后彩图)

在谐波近似的基础上,过渡态区域的速率常数可以基于过渡态和初始态的简谐振动模式下的能量和频率计算得到。在势能面上用简谐振动模式进行计算需要二阶导数的 Hessian 矩阵,并找到 N 个特征值。具体来说,对于 N 自由度体系,极小值点具有 N 个实频模式,而过渡态由 $N-1$ 个实频模式和 1 个虚频模式构成。基于过渡态理论,经过谐波近似处理可以得出从一个状态 A 到另一个状态 B 的跃迁速率常数 $k_{A \rightarrow B}$,表示如下[4-6]:

$$k_{A \rightarrow B} = \frac{\prod_i^N v_i^S}{\prod_i^{N-1} v_i^T} \exp\left(\frac{U^T - U^S}{k_B T}\right) = \frac{\prod_i^N v_i^S}{\prod_i^{N-1} v_i^T} \exp\left(\frac{\Delta U}{k_B T}\right) \tag{9-1}$$

式中,U^T 是过渡态的能量;U^S 是初始态的能量;$\Delta U = U^T - U^S$ 是活化能;v_i^S 和 v_i^T 分别对应于初始态的能量极小值点和过渡态的能量鞍点的简谐模式振动频率。该式就是著名的 Arrhenius 公式,其中所有量都可以从零温度下的势能面计算,而熵效应可以通过谐波近似计算得到。

如果获得了初始态和过渡态的能量,以及相应的振动频率,那么就可以用上式计算出与过渡态相关的反应速率常数。在该计算中,最具挑战性的是过渡态的搜索。在连接初始态和最终态的路径中,最小能量路径通常具有最大的统计权重。在最小能量路径上的任何点,作用在原子上的力只指向路径。除了初始态和最终态的极小值之外,最小能量路径上还可能存在多个极小值和极大值,对应中间亚稳态和过渡态。由于总速率由最高鞍点决定,因此,仅找到一个鞍点是不够的,需要对最小能量路径的形状进行整体估计,以便将最高鞍点确定为过渡态用于速率估计。总之,考察反应过程的有效方式就是在多原子构型势能面上确定极小值点,进而搜寻从一个极小值点移动到另一个极小值点的鞍点,即过渡态[5]。

9.2 能量最小化方法

根据是否需要计算势能导数,能量最小化方法大致分成两类:需要用到势能函数的导数,如最速下降法、共轭梯度法、牛顿-拉弗森法等;只需要用到势能函数值,如单纯形法和单变量序列法等。

9.2.1 导数求极值方法

1. 一维线搜索

一维线搜索是按一定规则沿着特定搜索方向寻找极小值的方法,包含试探法和插值法。试探法采用各种试探方式来确定极小值方向;插值法则首先用简单函数逼近原函数,然后通过计算该简单函数的极小值来估计极小值方向。

试探法通常采用黄金分割法或二分法来试探极小值方向。下面以黄金分割法为例介绍实现一维线搜索过程,步骤如下:

(1) 初始化迭代步 $k=0$,设置初始搜索区间 $[a_0,b_0]$,按照下列关系式计算初始的试探点 u_0 和 v_0: $u_0=a_0+0.382(b_0-a_0)$, $v_0=a_0+0.618(b_0-a_0)$。

(2) 在任一迭代步 k,对应的搜索区间为 $[a_k,b_k]$,判断目标函数是否满足设定的精度要求。如果满足精度要求,那么退出搜索并输出结果;否则,继续进行下面步骤。

(3) 当目标函数 $f(u_k)>f(v_k)$ 时,按照如下关系式更新搜索区间:$a_{k+1}=u_k$,$b_{k+1}=b_k$,并计算下一步试探点:$u_{k+1}=v_k$,$v_{k+1}=a_{k+1}+0.618(b_{k+1}-a_{k+1})$。

(4) 当目标函数 $f(u_k) \leq f(v_k)$ 时,按照如下关系式更新搜索区间:$a_{k+1}=a_k$,$b_{k+1}=u_k$,并计算下一步试探点:$v_{k+1}=u_k$,$u_{k+1}=a_{k+1}+0.382(b_{k+1}-a_{k+1})$。

(5) 更新迭代步:$k=k+1$,并返回第(2)步判断是否需要继续搜索。

(6) 如此迭代下去,直到满足设定的精度要求并退出。

插值法通常以牛顿法和割线法为典型代表。下面以牛顿法为例介绍一维线搜索过程。该方法采用二阶泰勒展开式逼近目标函数 $f(q)$,表示如下:

$$f(q)=f(q_k)+f'(q_k)(q-q_k)+\frac{1}{2}f''(q_k)(q-q_k)^2 \qquad (9-2)$$

如果 q 处于极值点,那么目标函数的一阶导数 $f'(q)$ 为零,表示如下:

$$f'(q)=f'(q_k)+f''(q_k)(q-q_k)=0 \qquad (9-3)$$

进一步采用 q_{k+1} 代替上式中的变量 q,可得如下迭代关系式:

$$q_{k+1}=q_k-\frac{f'(q_k)}{f''(q_k)} \qquad (9-4)$$

基于以上迭代关系式,牛顿法实现一维线搜索过程描述如下:

(1) 初始化迭代步 $k=0$,设置初始搜索点 q_0。

(2) 计算目标函数在初始搜索点 q_0 处的一阶导数 $f'(q_0)$。

(3) 判断目标函数的一阶导数是否满足设定的精度要求,即 $|f'(q_0)|\leqslant\epsilon$。如果满足精度要求,那么停止迭代并输出结果;否则,继续进行下面迭代步骤。

(4) 计算当前迭代步的一阶导数 $f'(q_k)$ 和二阶导数 $f''(q_k)$,应用迭代关系式计算下一步搜索点 q_{k+1}。

(5) 判断下一步的一阶导数是否满足设定的精度要求,即 $f'(q_{k+1})\leqslant\epsilon$。如果满足精度要求,那么停止迭代并输出结果。

(6) 否则,更新迭代步:$k=k+1$,返回第(4)步继续搜索。

(7) 如此迭代下去,直到满足设定的精度要求并退出。

除了以上介绍的一维线搜索方法,能量最小化过程还常常使用更为复杂的线搜索方法,例如二次回溯线搜索,其表现出更高的效率和更好的稳定性。

2. 最速下降法

Cauchy 提出根据能量负梯度的方向进行一维线搜索并迭代,直到符合预期收敛标准,称为最速下降法[7]。在最速下降法中,由当前迭代步的能量负梯度方向:$\boldsymbol{g}_k=-\nabla U(\boldsymbol{q}_k)$ 作为搜索方向,称为最速方向,相邻迭代步的最速方向满足如下正交关系:$\boldsymbol{g}_{k+1}\boldsymbol{g}_k=0$。基于当前迭代步的能量负梯度,使用当前迭代步的位置 $\boldsymbol{q}_k$ 估算出下一迭代步的位置 $\boldsymbol{q}_{k+1}$,表示如下:

$$\boldsymbol{q}_{k+1}=\boldsymbol{q}_k+\alpha_k\boldsymbol{g}_k \qquad (9-5)$$

式中,α_k 是当前迭代步沿最速方向的移动步长。

最速下降法的启动过程可以描述如下(如图 9-3 所示)[8-9]:

（1）初始化迭代步 $k=0$，设置初始搜索点 $\boldsymbol{q}_0$。

（2）计算初始搜索点的势能负梯度确定初始最速下降方向：$\boldsymbol{g}_0=-\nabla U(\boldsymbol{q}_0)$。

（3）判断是否满足设定的精度要求，即 $|\boldsymbol{g}_0|\leqslant\boldsymbol{\epsilon}$。如果满足精度要求，那么停止迭代并输出结果；否则，继续进行下面迭代步骤。

（4）沿着当前最速下降方向 $\boldsymbol{g}_k$ 进行一维线搜索确定移动步长 α_k，进而计算下一步的位置 $\boldsymbol{q}_{k+1}$。

（5）确定下一步最速下降方向：$\boldsymbol{g}_{k+1}=-\nabla U(\boldsymbol{q}_{k+1})$。

（6）判断是否满足设定的精度要求，即 $|\boldsymbol{g}_{k+1}|\leqslant\boldsymbol{\epsilon}$。如果满足精度要求，那么停止迭代并输出结果。

（7）否则，更新迭代步：$k=k+1$，返回第（4）步继续搜索。

（8）如此迭代下去，直到满足设定的精度要求或达到最大迭代步数并退出。

实际上，在一维线搜索过程中，为了提升搜索效率，首先采用抛物线函数拟合势能函数的三个连续点，然后求解函数确定最小值点，以此更新三个连续点并拟合出新的抛物线函数，求出新的最小值点，以此类推逼近势能面的极小值点。

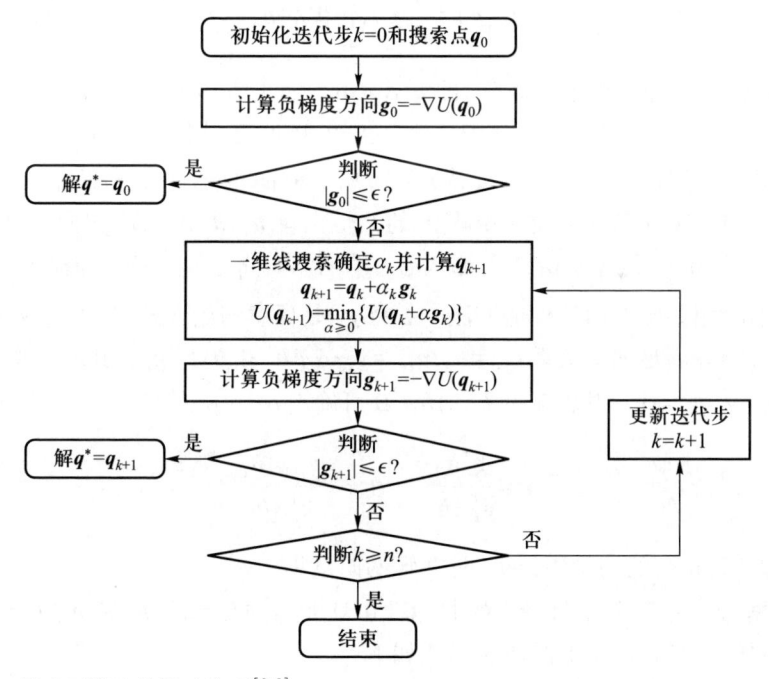

图 9-3　最速下降法的算法流程[8-9]

作为一种高效的数值优化算法，最速下降法的优点十分明显，例如鲁棒性好，即在二次曲面偏离势能面时该算法仍能较好地进行。尽管如此，由于该算法需要相邻迭代步的搜索方向正交，因此在接近极小值点时存在锯齿现象，导致不易收敛。考虑到该问题,最速下降法常常被用于优化前期,在优化后期可采用其他优化算法,如共轭梯度法[7]。

3. 共轭梯度法

1952年,Hestenes 和 Stiefel 提出使用势能函数的负梯度来构建共轭方向,进而应用一维线搜索方法逼近势能函数的极小值,消除了最速下降法的锯齿现象,称为共轭梯度法[10]。之后,Fletcher 和 Reeves 将该算法成功用于求解非线性最优化问题[7]。

首先介绍共轭关系的概念。在接近势能面极小值点附近区域可以用二次函数近似表示,因此等高线可以看作由高维度的椭圆构成。如果在椭圆上某点做切线,那么该切线与该点到椭圆中心的直径连线之间的关系称为共轭关系,相应的切线方向和直径方向称为共轭方向。

接下来介绍共轭方向的基本性质。假定高维二次凸函数 $U(\boldsymbol{q})$ 可表示为空间位置 $\boldsymbol{q}$ 的函数,如下[7]:

$$U(\boldsymbol{q})=\frac{1}{2}\boldsymbol{q}^{\mathrm{T}}\boldsymbol{A}\boldsymbol{q}+\boldsymbol{b}^{\mathrm{T}}\boldsymbol{q}+c \qquad (9-6)$$

式中,$\boldsymbol{A}$ 是 $n\times n$ 阶对称正定矩阵,即 $\boldsymbol{q}^{\mathrm{T}}\boldsymbol{A}\boldsymbol{q}>0$。如果方向 $\boldsymbol{g}$ 和 $\boldsymbol{h}$ 满足 $\boldsymbol{g}^{\mathrm{T}}\boldsymbol{A}\boldsymbol{h}=0$,那么这两个方向关于矩阵 $\boldsymbol{A}$ 共轭。进一步将其扩展到向量集 $\{\boldsymbol{h}_i\}$ 情况,如果向量集满足 $\boldsymbol{h}_i^{\mathrm{T}}\boldsymbol{A}\boldsymbol{h}_j=0$ ($i,j=1,2,\cdots,n$),那么该向量集是关于矩阵 $\boldsymbol{A}$ 的共轭向量集。如果对 $U(\boldsymbol{q})$ 相继在矩阵 $\boldsymbol{A}$ 的共轭向量 $\boldsymbol{h}_1,\boldsymbol{h}_2,\cdots,\boldsymbol{h}_n$ 方向上搜索,满足 $U(\boldsymbol{q}_{k+1})=\min\limits_{\alpha\geqslant 0}\{U(\boldsymbol{q}_k+\alpha\boldsymbol{h}_k)\}$,那么必然存在 $\nabla U(\boldsymbol{q}_{n+1})=0$ 和极值解 $\boldsymbol{q}_{n+1}$。

最后介绍共轭方向的构造方法。如果 $\boldsymbol{g}_0$ 是任意初始向量,那么定义向量序列 $\{\boldsymbol{h}_i\}$ 和 $\{\boldsymbol{g}_i\}$ 满足如下关系:$\boldsymbol{g}_0=\boldsymbol{h}_0$,$\boldsymbol{g}_{i+1}=\boldsymbol{g}_i-\alpha_i\boldsymbol{A}\boldsymbol{h}_i$ 和 $\boldsymbol{h}_{i+1}=\boldsymbol{g}_{i+1}+\beta_i\boldsymbol{h}_i$。通过满足正交条件 $\boldsymbol{g}_{i+1}^{\mathrm{T}}\boldsymbol{g}_i=0$ 和共轭条件 $\boldsymbol{h}_{i+1}^{\mathrm{T}}\boldsymbol{A}\boldsymbol{h}_i=0$ 可确定 α_i 和 β_i 的形式,表示如下:

$$\alpha_i=\frac{\boldsymbol{g}_i^{\mathrm{T}}\boldsymbol{g}_i}{\boldsymbol{g}_i^{\mathrm{T}}\boldsymbol{A}\boldsymbol{h}_i},\quad \beta_i=-\frac{\boldsymbol{g}_{i+1}^{\mathrm{T}}\boldsymbol{A}\boldsymbol{h}_i}{\boldsymbol{h}_i^{\mathrm{T}}\boldsymbol{A}\boldsymbol{h}_i} \qquad (9-7)$$

式中,$\{\boldsymbol{g}_i\}$ 是正交的向量集;$\{\boldsymbol{h}_i\}$ 是共轭的向量集。

根据 $\{\boldsymbol{g}_i\}$ 的正交性和 $\{\boldsymbol{h}_i\}$ 的共轭性可证明:$\boldsymbol{g}_i^{\mathrm{T}}\boldsymbol{A}\boldsymbol{h}_i=\boldsymbol{h}_i^{\mathrm{T}}\boldsymbol{A}\boldsymbol{h}_i$ 和 $\boldsymbol{g}_{i+1}^{\mathrm{T}}\boldsymbol{h}_i=0$。于是,经过推导可得 α_i 和 β_i 的改造形式如下:

$$\alpha_i=\frac{\boldsymbol{g}_i^{\mathrm{T}}\boldsymbol{g}_i}{\boldsymbol{h}_i^{\mathrm{T}}\boldsymbol{A}\boldsymbol{h}_i},\quad \beta_i=\frac{\boldsymbol{g}_{i+1}^{\mathrm{T}}\boldsymbol{g}_{i+1}}{\boldsymbol{g}_i^{\mathrm{T}}\boldsymbol{g}_i} \qquad (9-8)$$

如果用 $\boldsymbol{g}_k$ 表示当前迭代步的二次函数负梯度 $-\nabla U(\boldsymbol{q}_k)$,那么共轭梯度法的迭代关系式表示如下:

$$q_{k+1}=q_k+\alpha_k h_k, \quad \alpha_k=\frac{g_k^T g_k}{h_k^T A h_k}$$

$$h_{k+1}=g_{k+1}+\beta_k h_k, \quad \beta_k=\frac{g_{k+1}^T g_{k+1}}{g_k^T g_k}$$

(9-9)

式中,h_k 是共轭方向,确定了一维线搜索方向。

共轭梯度法的启动过程可以描述如下(如图 9-4 所示)[7,9]:

(1) 初始化迭代步 $k=0$,设置初始搜索点 q_0。

(2) 计算初始搜索点的势能负梯度 $g_0=-\nabla U(q_0)$,确定初始搜索方向 h_0。

(3) 判断是否满足设定的精度要求,即 $|g_0|\leq\epsilon$。如果满足精度要求,那么停止迭代并输出结果;否则,继续进行下面迭代步骤。

(4) 沿着当前共轭搜索方向 h_k 进行一维线搜索确定移动步长 α_k,进而计算下一步的位置 q_{k+1}。

(5) 计算下一步势能负梯度:$g_{k+1}=-\nabla U(q_{k+1})$。

(6) 判断是否满足设定的精度要求,即 $|g_{k+1}|\leq\epsilon$。如果满足精度要求,那么停止迭代并输出结果。

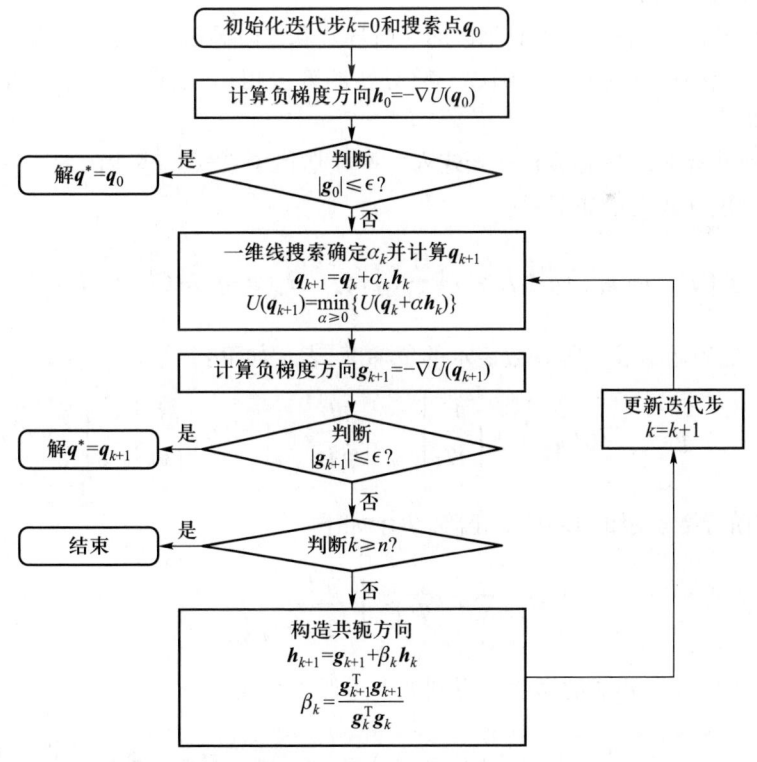

图 9-4 共轭梯度法的算法流程[7,9]

（7）否则，根据 g_k 和 g_{k+1} 计算 β_k，并结合 h_k 构造出新的共轭方向 h_{k+1}。

（8）更新迭代步：$k=k+1$，返回第（4）步继续搜索。

（9）如此迭代下去，直到满足设定的精度要求或达到最大迭代步数并退出。

下面介绍一维线搜索方法和常用共轭方向近似构造算法。为了避免计算二阶偏导数矩阵 A，通常采用一维线搜索方法来确定 α_k。对于高维二次函数 $U(q)$，在给定方向 h_k 和搜索点 q_k 的条件下，通过改变 α 使得 $U(q_k+\alpha h_k)$ 最小化的那个 α 数值称为 α_k，即通过下式确定：$U(q_k+\alpha_k h_k) = \min\limits_{\alpha \geqslant 0}\{U(q_k+\alpha h_k)\}$。对于共轭方向的构造，有多种近似算法，如 Fletcher-Reeves 算法和 Polak-Ribieri 算法[7]。Fletcher-Reeves 算法给出的 β_k 参见式（9-8），而 Polak-Ribieri 算法给出的 β_k 如下：$\beta_k = \dfrac{(g_{k+1}-g_k)^T g_{k+1}}{g_k^T g_k}$。如果二次函数满足正交条件 $g_k^T g_{k+1}=0$，那么 Polak-Ribieri 算法等价于 Fletcher-Reeves 算法。

共轭梯度法的搜索方向是互相共轭的，克服了最速下降法收敛慢的缺点。在各种优化算法中，共轭梯度法表现出诸多优势，如所需存储量小、计算简便、不需额外参数、收敛速度快、良好的收敛性和稳定性等。

4. 牛顿-拉弗森法

牛顿-拉弗森法根据势能函数的一阶导数和二阶导数获得近似迭代关系式。与前面介绍的仅仅需要势能函数一阶导数的算法相比，该算法往往能给出更为精确的结果。

下面从势能函数的泰勒展开式入手推导迭代关系式。势能函数 $U(q)$ 在 q_k 处的泰勒展开式表示如下[7]：

$$U(q) = U(q_k) + g_k^T(q-q_k) + \frac{1}{2!}(q-q_k)^T H_k(q-q_k) + O[(q-q_k)^3] \quad (9-10)$$

式中，g_k 是势能函数一阶导数表示的负梯度，表示如下：

$$g_k = -\nabla U(q_k) = -\left[\left.\frac{\partial U}{\partial q_1}\right|_{q=q_k} \quad \left.\frac{\partial U}{\partial q_2}\right|_{q=q_k} \quad \cdots \quad \left.\frac{\partial U}{\partial q_n}\right|_{q=q_k}\right] \quad (9-11)$$

H_k 是二阶导数表示的 Hessian 矩阵，表示如下：

$$H_k = \nabla^2 U(q_k) = \left[\left.\frac{\partial^2 U}{\partial q_i \partial q_j}\right|_{q=q_k}\right] \quad (9-12)$$

于是，略去泰勒展开式的高阶项得到如下近似关系式：

$$U(q) \approx U(q_k) + g_k^T(q-q_k) + \frac{1}{2!}(q-q_k)^T H_k(q-q_k) \quad (9-13)$$

9.2 能量最小化方法

进一步采用 q_{k+1} 代替上式中的变量 q，可得如下关系式：

$$U(q_{k+1}) = U(q_k) + g_k^T(q_{k+1}-q_k) + \frac{1}{2!}(q_{k+1}-q_k)^T H_k(q_{k+1}-q_k) \quad (9-14)$$

另外，根据 $q=q_{k+1}$ 处梯度为零的条件，可得如下等式：

$$\nabla U(q_{k+1}) = g_k^T + \frac{1}{2!}[(q-q_k)^T H_k]_{q=q_{k+1}}^T + \frac{1}{2!}[H_k(q-q_k)]_{q=q_{k+1}} = 0 \quad (9-15)$$

于是，可进一步得到由 Hessian 矩阵表示的梯度关系式，如下：

$$-g_k = H_k(q_{k+1}-q_k) \quad (9-16)$$

上式两侧左乘 Hessian 矩阵 H_k 的逆，整理可得如下迭代关系式：

$$q_{k+1} = q_k - H_k^{-1} g_k \quad (9-17)$$

式中，H_k^{-1} 是 Hessian 矩阵的逆。

牛顿-拉弗森法的启动过程可以描述如下：

(1) 初始化迭代步 $k=0$，设置初始搜索点 q_0。

(2) 计算初始搜索点的势能负梯度 $g_0 = -\nabla U(q_0)$ 方向。

(3) 判断是否满足设定的精度要求，即 $|\nabla U(q_0)| \leq \epsilon$。如果满足精度要求，那么停止迭代并输出结果；否则，继续进行下面迭代步骤。

(4) 计算势能负梯度 g_k 和 Hessian 矩阵 H_k，进而通过求解梯度的线性方程组：$-g_k = H_k(q_{k+1}-q_k)$，确定下一步的位置 q_{k+1}。

(5) 判断是否满足设定的精度要求。如果满足位移增量的精度要求 $|q_{k+1}-q_k| < \epsilon$，或者满足能量梯度的精度要求 $\sqrt{|g_k^T g_k|} < \epsilon$，那么停止迭代并输出结果。

(6) 否则，根据当前迭代步的位置 q_k、势能负梯度和 Hessian 矩阵的逆，计算下一个迭代步的位置：$q_{k+1} = q_k - H_k^{-1} g_k$。

(7) 更新迭代步：$k=k+1$，返回第(4)步继续搜索。

(8) 如此迭代下去，直到满足设定的精度要求或达到最大迭代步数并退出。

需要注意的是，对于比较大的体系，存储和计算 Hessian 逆矩阵往往存在困难。为此，发展了诸多简化方法，如利用连续积分得到 Hessian 逆矩阵的准牛顿-拉弗森法；对于复杂势能函数采用特定的公式更新 Hessian 矩阵，如 BFGS 方法和 DFP(Davidon-Fletcher-Powell)方法[11]。

9.2.2 非导数求极值方法

1. 单纯形法

1947年Dantzig提出的单纯形法是求解线性规划问题的通用可行算法。所谓单纯形,就是N维向量空间中具有$N+1$个顶点的凸多面体。如果N维向量空间中存在最优值,那么必然能够构建出单纯形集合,在该集合中某个单纯形的某个顶点可以达到该最优值,称为单纯形定理。对于两个变量的函数,单纯形是一个三角形;对于三个变量的函数,单纯形是一个四面体。单纯形通过形状变化在势能面上做变形运动来寻找能量极小值点,包括三种基本运动[11]:反射、扩展和压缩。

后来,在原单纯形概念的基础上发展了诸多高效的优化算法,如改进单纯形法和对偶单纯形法等。改进单纯形法在逐次迭代过程中由旧矩阵的逆去直接计算新矩阵的逆,从而减少迭代累积误差,提高计算精度,降低存储量。对偶单纯形法始终保持对偶可行性,并不断改善原问题解的可行性,直至满足原问题。除了Dantzig提出的单纯形法及其演变方法外,Nelder-Mead单纯形法常用于求解多维无约束的优化问题,或称下山单纯形法[12]。下面重点介绍该单纯形法。

Nelder-Mead单纯形法首先确定一个搜索起点,然后沿着该点的各分量添加适当增量构成围绕起点的搜索向量,这些向量与起点共同组成单纯形向量列表,最后采用反射、扩展和收缩操作反复更新单纯形,以期获得最终的优化解[13]。下面从单纯形向量列表$\{q_i\}$($i=1,2,\cdots,n+1$)开始,介绍单纯形更新迭代过程[14]。

(1) 初始化。计算向量列表中的$n+1$个点的函数值,按照从小到大进行排序。在每个迭代步骤,将当前最差点q_{n+1}替换为单纯形的另一个点。

(2) 反射过程。根据下式计算反射点:$r=2m-q(n+1)$,其中,$m=\sum q_i/n$($i=1,2,\cdots,n$)。然后计算反射点对应的函数值:$U(r)$。判断反射点的函数值是否满足条件:$U(q_1) \leqslant U(r) < U(q_n)$。如果满足该条件,那么接受该反射点$r$更新单纯形,并进入下一次循环。

(3) 扩展过程。如果反射点的函数值不满足条件,并且$U(r)<U(q_1)$,那么进行扩展操作。计算扩展点$s=m+2[m-q(n+1)]$,并计算扩展点对应的函数值$U(s)$。判断扩展点的函数值是否满足条件:$U(s)<U(r)$。如果满足该条件,则接受s并进入下一次循环,否则,接受反射点r更新单纯形,并进入下一次循环。

(4) 收缩过程。如果反射点的函数值不满足条件,并且$U(r) \geqslant U(q_n)$,那么进行收缩操作。在m、q_{n+1}和r之间进行收缩:如果$U(r)<U(q_{n+1})$,即r优于q_{n+1},那么计算收缩点$c=m+(r-m)/2$,并计算收缩点对应的函数值$U(c)$。如果$U(c)<U(r)$,那么接受c更新单纯形,并进入下一次循环,称为外部收缩。如果

$U(r) \geq U(q_{n+1})$，则计算收缩点 $cc = m + (q_{n+1} - m)/2$，并计算收缩点对应的函数值 $U(cc)$。如果 $U(cc) < U(q_{n+1})$，那么接受 cc 更新单纯形，并进入下一次循环，称为内部收缩。

（5）更新单纯形进行下一次循环。计算 $p_i = q_1 + (q_i - q_1)/2$，并计算相应的函数值 $U(p_i)$，更新的单纯形为 $q_1, p_2, \cdots, p_{n+1}$。

图 9-5 给出了 Nelder-Mead 单纯形法在反射、扩展和收缩过程中点变化以及由此得到的新单纯形。初始单纯形采用粗体边框，反射过程采用虚线表示，扩展过程采用点线表示，收缩过程采用点划线表示，分为内部收缩和外部收缩两种情况，当满足停止条件时循环结束。

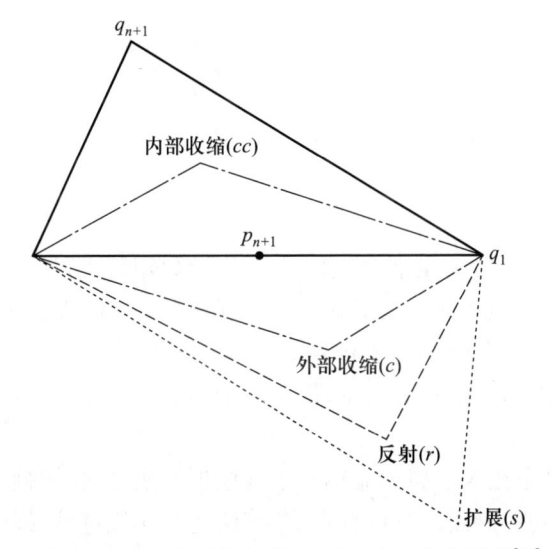

图 9-5 Nelder-Mead 单纯形法在反射、扩展和收缩过程中点变化情况[14]

2. 单变量序列法

作为一种非导数求极值方法，单变量序列法按照一定次序逐个考察变量，通过循环往复轮换坐标轴直至函数值收敛到某一个极小值点，从而完成优化过程[11]。

图 9-6 描述了在双变量情况下单变量序列法按次序选择坐标轴的完整过程[15]。① 选取一坐标点 p_1，沿着 x 坐标轴通过移动两步产生出两个新的坐标点 p_2 和 p_3，计算出三个坐标点处的势能。② 基于三个坐标点的势能构造成一条抛物线，确定出极小值点 p_4，并把起始点移到该极小值点处。③ 以该极小值点为新的起始点沿着 y 坐标轴方向进行下一次移动，移动到新的坐标点 p_5 和 p_6，继续根据三点拟合出抛物线并确定出能量极小值点 p_7。④ 如此循环往复轮换遍历所有变量坐标轴，直至坐标变化非常小的情况下函数值收敛到某一个极小

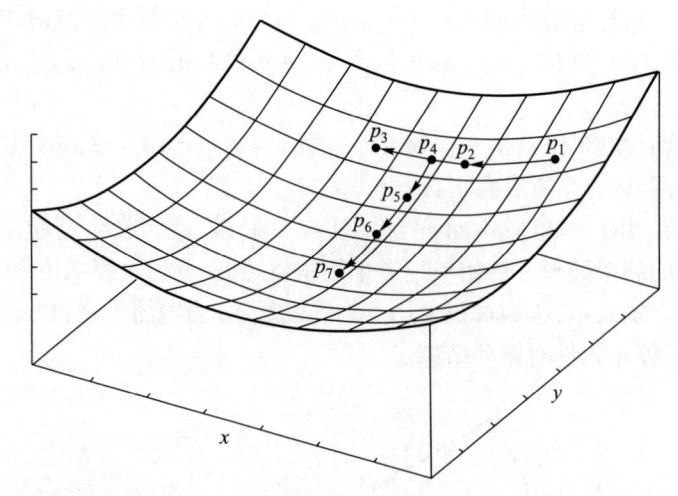

图 9-6 完整的单变量序列法按次序选择坐标轴的过程[15]

值点。

由于坐标轴之间具有强耦合效应或二阶导数矩阵的特征值存在较大差异性,即使采用了二次曲面也无法保证一个坐标轴循环就收敛到极小值,因此通常需要所有坐标轴的多个循环才能得到令人满意的收敛。尽管如此,该方法与单纯形方法相比所需的步骤相对较少,但是对于出现峡谷或坐标轴接近的情况,其收敛效果会变差[1]。

总之,能量最小化方法属于非热原子级模拟方法,仅仅依赖于由经验势函数或分子力场决定的势能面,通过数值优化算法完成迭代过程,因而模拟不受时间的限制。关于其他能量最小化方法可以参考相关资料[16]。

9.3 过渡态搜索方法

搜索过渡态的关键在于确定势能面的最小能量路径和鞍点。由于鞍点位置在一个方向上是极大值,在所有其他方向上是极小值,因此寻找过渡态的方法总是涉及一个自由度的能量最大化和其他自由度的能量最小化。最简单过渡态搜索方法是直接网格搜索法,也就是将势能面分割成系列网格,并计算每个网格点对应的能量。这种方法仅限于含有少量自由度的简单体系[16]。经典的过渡态搜索方法通常是基于 Hessian 矩阵的特征向量跟踪(eigenvector following,EF)方法,或称模式跟踪方法[17]。如果仅仅知道反应路径的起点,那么过渡态的搜索具有相当挑战性,通常沿着具有最小特征值的特征向量方向来搜索过渡态,如特征向量跟踪/共轭梯度(eigenvector-following/conjugate-gradient,EF/CG)方法[17]。

对于计算 Hessian 矩阵难度大的体系,往往借助其他最小特征值搜索方法或者采用数值近似方法来估计搜索方向,如激活弛豫技术(activation-relaxation technique,ART)方法[18]和二聚体(Dimer)方法[19]。如果已经知道反应路径起点和终点,那么过渡态的搜索可以大大简化,并且可以在不依赖 Hessian 矩阵的特征向量的情况下进行,如微动弹性带(nudged elastic band,NEB)方法[20]。下面重点介绍 ART 方法、Dimer 方法和 NEB 方法。

9.3.1 ART 方法

在特征向量跟踪方法中,首先依次选择每个特征向量方向来确定最小特征值,即在该方向确定的路径上行进时,能量在一个方向最大化而在所有其他方向上最小化,然后沿着该路径到达附近的鞍点。这种方法通常存在如下问题[21]:① 由于局部最小值处的 Hessian 矩阵并不包含鞍点的位置信息,而且尝试方向的数量有限,所以通过这种方式只能到达诸多鞍点中的一小部分,也就是说,局部极小值的周围信息不足以定位所有通向鞍点的路径;② 该方法需要反复计算 Hessian 矩阵并对角化,对于较大体系,这是十分昂贵甚至无法实现的事情。

针对以上问题,Mousseau 等提出搜索过渡态的通用特征向量跟踪的 ART 方法[18,22-23]。该方法根据势能面定义两个过程:① 从局部极小值点过渡到局部鞍点的激活过程;② 从鞍点下滑到新的局部极小值点的弛豫过程。下面将该方法分解为三个阶段加以描述。

(1) 离开局部极小值点的激活阶段。离开局部极小值点的最简单方法是施加随机位移。对于小体系,需要消除相同类型事件的发生;对于较大体系,需要消除空间分离现象的发生。随机位移方向通常与最软弹性模式相对应,由此导致的力方向作为初始位移方向将是最优的选择,这等同于将 Hessian 矩阵应用于生成最软弹性模式。一旦确定了初始位移方向,它就会一直跟随,直到超过某个阈值,这表明已经离开局部极小值点附近的势阱。该阈值必须足够大,以确保轨迹不会折回。通常根据以下情况来确定是否离开初始极小值点的谐波势阱区域:当平行于位移的力分量停止增加时,或当该平行力分量与垂直力分量的比值小于给定分数时,则认为已经离开谐波势阱区域。

Mousseau 等提出首先将随机位移后的力方向作为初始方向,并遵循该方向,直到离开谐波势阱区域,然后按照修改的力矢量到达鞍点。根据修改的力矢量,将平行于当前位移的力分量反转为局部最小值,同时最小化所有其他 $3N-1$ 方向,表示如下:

$$g = f - (1+\alpha)(f \cdot \hat{r})\hat{r} \tag{9-18}$$

式中,$\hat{r}$ 是平行于 r 的归一化向量;f 是计算的总力;α 是控制参数。应用该等式进行迭代,直到平行于最小位移的力 $f \cdot \hat{r}$ 的符号从负变为正。通常,垂直于位移的力在几次迭代后迅速减小,使搜索方向接近最陡的上升路径。对于与 r 完全平行的最陡上升路径,等式的修正力严格地保证路径从势阱底迁移到鞍点。

(2) 收敛于鞍点阶段。采用改造的共轭梯度法确保新位移方向与先前位移方向共轭,将共轭梯度法确定的方向 $\hat{h}$ 替换为 $g \cdot \hat{h}$ 的寻根算法。在每一迭代步,需要计算力和局部 Hessian 矩阵,进而计算出位移,如下:

$$\Delta x = \mathcal{H}^{-1} f \tag{9-19}$$

式中,$\mathcal{H} = H + \lambda I$,其中,$I$ 是单位矩阵,H 是局部 Hessian 矩阵。对于较大的 λ,第二项占主导地位,以力的最陡下降方向为准。

(3) 下滑到新的局部极小值点的弛豫阶段。该阶段可以使用与收敛到鞍点相同的算法。一般来说,该阶段不需要非常高的收敛精度。由于具有更好稳定性,收敛到极小值的速度通常比收敛到鞍点的速度快。

9.3.2 Dimer 方法

Henkelman 等提出的 Dimer 方法[19]涉及两个构型样本组成的 Dimer,具有特征向量跟踪方法的基本性质,但只需要能量的一阶导数,不需要 Hessian 矩阵对角化。该方法通过 Dimer 的旋转和平移操作,从势能极小值点移动到鞍点。在 Dimer 方法中,使用 Voter 的最低曲率模式策略提高鞍点搜索的效率。

1. Dimer 力和能量的计算

Dimer 由距离中点位置 R 为 ΔR 的两个样本构成,其方向向量 $\hat{N}$ 是从样本 R_2 指向样本 R_1 的单位向量,如图 9-7 所示。当进行过渡态搜索时,如果事先不知道 $\hat{N}$,那么可以将随机单位向量分配给 $\hat{N}$。Dimer 的能量 U 可由两个样本的

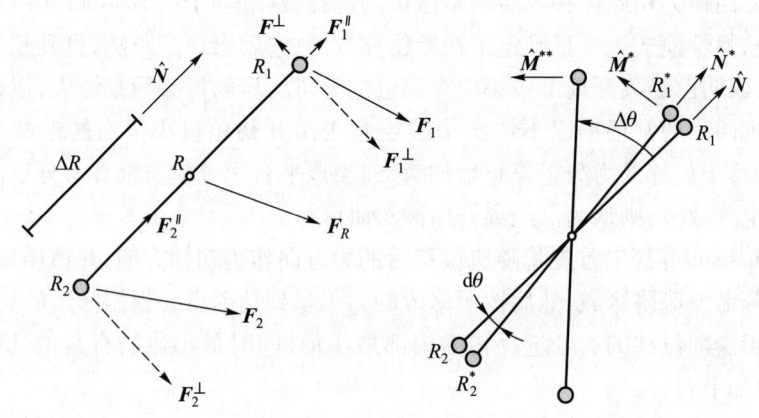

图 9-7 Dimer 的位置矢量、受力情况以及旋转操作相关量的定义[19]

能量(U_1 和 U_2)计算得到,即 $U=U_2+U_1$,而 Dimer 中点的受力 $\boldsymbol{F}_R$ 可以表示为两个样本受力的均值$(\boldsymbol{F}_2+\boldsymbol{F}_1)/2$。

基于以上参量定义和关系式,Dimer 曲率 C 的有限差分公式表示如下[19]:

$$C=\frac{(\boldsymbol{F}_2-\boldsymbol{F}_1)\hat{\boldsymbol{N}}}{2\Delta R}=\frac{U-2U_0}{\Delta R^2} \tag{9-20}$$

式中,U_0 是 Dimer 中点的能量。于是,由该式变换可得 U_0 的表达式,如下:

$$U_0=\frac{U}{2}-\frac{\Delta R}{4}(\boldsymbol{F}_2-\boldsymbol{F}_1)\cdot\hat{\boldsymbol{N}} \tag{9-21}$$

2. Dimer 搜索操作

1) 旋转操作

Dimer 方法的有效性在很大程度上取决于旋转算法。由于在旋转过程中 Dimer 中点的能量 U_0 是恒定的,ΔR 也是常数,所以由式(9-20)可知 Dimer 能量 U 与曲率 C 呈线性关系。于是,Dimer 的能量最小化相当于在位置 R 处找到最小曲率模式。Dimer 旋转可以采用包含共轭梯度法的修正牛顿法,下面分析其具体过程[19]。

Dimer 沿着垂直力 $\boldsymbol{F}^{\perp}=\boldsymbol{F}_1^{\perp}-\boldsymbol{F}_2^{\perp}$ 旋转,其中,$\boldsymbol{F}_i^{\perp}=\boldsymbol{F}_i-(\boldsymbol{F}_i\cdot\hat{\boldsymbol{N}})\hat{\boldsymbol{N}}$ $(i=1,2)$。旋转平面由垂直力 $\boldsymbol{F}^{\perp}$ 和 Dimer 方向 $\hat{\boldsymbol{N}}$ 确定。在旋转平面内定义单位向量 $\hat{\boldsymbol{M}}$,在修正牛顿法中,$\hat{\boldsymbol{M}}$ 是一个平行于 $\boldsymbol{F}^{\perp}$ 的单位向量。向量 $\hat{\boldsymbol{M}}$ 和 $\hat{\boldsymbol{N}}$ 构成旋转平面的正交基。给定旋转角 $\mathrm{d}\theta$,样本 1 从 R_1 旋转到 R_1^*,满足 $R_1^*=R+(\hat{\boldsymbol{N}}\cos\mathrm{d}\theta+\hat{\boldsymbol{M}}\sin\mathrm{d}\theta)\Delta R$,相应地,样本 2 旋转到 R_2^*。旋转后,新 Dimer 方向为 $\hat{\boldsymbol{N}}^*$,两个样本的受力分别为 $\boldsymbol{F}_1^*$ 和 $\boldsymbol{F}_2^*$,于是受力之差为 $\boldsymbol{F}^*=\boldsymbol{F}_1^*-\boldsymbol{F}_2^*$。沿旋转方向的旋转力表示为 $F=\boldsymbol{F}^{\perp}\cdot\hat{\boldsymbol{M}}/\Delta R$。当 Dimer 旋转角度为 $\mathrm{d}\theta$ 时,旋转力 F 变化的有限差分表示如下[19]:

$$F'=\frac{\mathrm{d}F}{\mathrm{d}\theta}\approx\left|\frac{\boldsymbol{F}^*\cdot\hat{\boldsymbol{M}}^*-\boldsymbol{F}\cdot\hat{\boldsymbol{M}}}{\mathrm{d}\theta}\right|_{\theta=\mathrm{d}\theta/2} \tag{9-22}$$

于是,使旋转力 F 为零所需的旋转角 $\Delta\theta$ 近似如下:

$$\Delta\theta\approx\frac{\boldsymbol{F}\cdot\hat{\boldsymbol{M}}-\boldsymbol{F}^*\cdot\hat{\boldsymbol{M}}^*}{-2F'} \tag{9-23}$$

式中,F' 是旋转力导数。

如果已知 $U(\theta)$ 的形式,即 Dimer 能量关于旋转角的函数,则可对式(9-23)进行改进,如二次函数近似法。能量的导数给出了 Dimer 旋转力的解析表达式,如下:

$$F=A\sin[2(\theta-\theta_0)] \tag{9-24}$$

式中，A 是旋转平面内曲率常数；θ_0 是旋转平面内 Dimer 受力为零的角度；差值 $\theta-\theta_0$ 给出了 Dimer 受力为零所需旋转的角度。在谐波近似下，旋转力导数 F' 的解析形式表示如下[19]：

$$F' = \frac{\mathrm{d}F}{\mathrm{d}\theta} \approx 2A\cos[2(\theta-\theta_0)] \qquad (9-25)$$

假定 F_0 和 F_0' 是 $\theta=0$ 时的计算值，于是存在如下比值：

$$\frac{F_0}{F_0'} = \frac{1}{2}\tan(-2\theta_0) \qquad (9-26)$$

相应地，旋转角度表示如下：

$$\Delta\theta = \theta_0 = -\frac{1}{2}\arctan\frac{2F_0}{F_0'} \qquad (9-27)$$

总之，能量的二次函数近似提供了使旋转力归零的公式。当 Dimer 旋转 $\Delta\theta$ 时，旋转力在旋转平面内基本上没有分量。尽管如此，在第一次迭代后，总力仅下降35%，这可以通过共轭梯度方法加以改进。共轭梯度法用于选择旋转平面，而修正牛顿法则用于面内的能量最小化。在 Dimer 法中，Dimer 中点和间距必须保持固定，相当于给体系增加了额外的约束。每个能量最小化方向 G 构成一个旋转平面，该旋转平面由平行于 $G^{\perp}$ 的单位向量 $\hat{M}$ 和 Dimer 方向 $\hat{N}$ 构成。在能量最小化过程中，除了第一步迭代以外的其他迭代步，$\hat{M}$ 不是沿着垂直力 $F^{\perp}$ 的方向，而是沿着共轭向量 $G^{\perp}$ 的方向。对于第一迭代步，$G^{\perp} = F^{\perp}$，之后迭代步，共轭向量 $G_i^{\perp}$ 表示如下：

$$G_i^{\perp} = F_i^{\perp} + \gamma_i |G_{i-1}^{\perp}| \hat{M}_{i-1}^{**} \qquad (9-28)$$

式中，$\gamma_i = (F_i^{\perp} - F_{i-1}^{\perp}) \cdot F_i^{\perp} / (F_i^{\perp} \cdot F_i^{\perp})$ 是垂直力 $F_i^{\perp}$ 和前一步 $G_{i-1}^{\perp}$ 之间的加权系数。

2）平移操作

Dimer 经过旋转能量最小化后将处于最小曲率模式方向，作用在 Dimer 上的净平移力 F_R 倾向于将 Dimer 拉向能量局部极小值。因此，需要将 Dimer 受力倒置，定义修正力 $F^{\dagger}$ 如下：

$$F^{\dagger} = F_R - 2F^{\parallel} \qquad (9-29)$$

式中，$F^{\parallel}$ 是平行 Dimer 方向 $\hat{N}$ 的力。Dimer 沿着该修正力方向的运动将使其达到鞍点位置。原则上，任何只依赖于一阶导数的能量最小化方法都可以将 Dimer 沿着修正力移动到鞍点。与旋转算法类似，沿初始力定义的线方向移动小距离,在保持Dimer方向固定的情况下,计算修正力大小的导数。如果在一小步中沿着线方向的修正力增加,那么Dimer仍处于能量极小值区域,因此该算法倾向于将Dimer快速收敛到鞍点。在每次平移之后,Dimer被重新定向,然后沿着与前次能量最小化的共轭方向移动。

3. 多过渡态搜索

在大多数体系中,围绕一个势阱区域可能存在很多感兴趣的鞍点。单鞍点搜索通常不足以回答如何离开势阱区域的问题,需要采用特定方案获取所有能量相差不多的低能鞍点,例如选择不同初始构型方案和应用正交化方案。前一种方案是选择一组分散于最小势能附近的不同初始构型,应用Dimer搜索可以找到不同的鞍点。由于构型倾向于低能模式,Dimer搜索趋于收敛到相同的鞍点,因此该方案可能排除某些鞍点。后一种方案的依据是模式跟踪算法,该算法指出:从相同的初始构型可以根据模式的正交性收敛到不同的鞍点。在Dimer方法中,添加正交性约束几乎不会增加计算量,从而为搜索势阱区域的多个鞍点提供一种高效和高度并行的途径。

关于Dimer方法更详细的介绍可以参考原文献[19],这里不做进一步讨论。2014年,Schaefer等通过改变作用在Dimer上的力来实现平移和旋转,提出了改进Dimer方法,称为Bar-Saddle方法[24]。

9.3.3 NEB方法

Jonsson等基于状态链提出了确定两个能量极小值之间具有最大统计权重的最小能量路径的方法,称为微动弹性带(NEB)方法[20,25-27]。在最小能量路径上的任意一点,作用在原子上的力只指向路径,反应坐标的方向由特征向量确定,而最小能量路径的极大值对应势能面的鞍点。

1. 弹性带方法寻找最小能量路径的基本思路

假定存在一组初始影像坐标$(r_1,r_2,\cdots,r_P)$,可以定义如下目标函数:

$$M(r_1,r_2,\cdots,r_P)=\sum_{i=1}^{P-1}U(r_i)+\sum_{i=1}^{P}\frac{K}{2}(r_i-r_{i-1})^2 \quad (9-30)$$

式中,$U(r_i)$是第i个影像的势能;K是连接两个相邻影像的弹性带刚度系数。由于初态构型和终态构型已经处于能量极小值,因此目标函数不包含这两点的能量。通过目标函数的能量最小化,调整影像坐标使其更加接近于真实的最小能量路径。

弹性带方法常会遇到如下问题:① 如果目标函数中拉伸弹簧的惩罚函数部分太小,影像会倾向于沿下坡方向远离过渡态,为此需要通过选择合适的弹性带刚度解决该问题;② 出现所谓的切角问题,即目标函数的能量最小化偏离通往过渡态的路径。由弹性带方法确定的路径往往比真实的最小能量路径要短,导致高估活化能[5]。

2. NEB 方法的改进思想

NEB 方法考虑了如何调整一组影像坐标并使其朝着最小能量路径移动。对于影像 i,计算作用在体系上的真实力如下:$F_{i,t}=-\nabla U(r_i)$。于是,根据所有影像的当前坐标,可以估算出这些影像所确定的路径方向。下面简单介绍 NEB 方法中估计路径方向的策略。

影像 i 切线方向向量 $\hat{\tau}_i$ 定义为相邻的两个影像连线方向的单位向量,表示如下[28]:

$$\hat{\tau}_i = \frac{r_{i+1}-r_{i-1}}{|r_{i+1}-r_{i-1}|} \tag{9-31}$$

如果力在除路径以外方向上的分量都为零,那么相应的影像满足最小能量路径。据此推断,通过调整影像坐标使其沿着真实力垂直分量所确定的方向下滑。除此之外,还需要包含影像之间的弹簧力,于是有效的更新力表示如下[4]:

$$F_{i,\text{update}} = F_{i,t}^{\perp} + F_{i,s} = F_{i,t}^{\perp} + K(|r_{i+1}-r_i|-|r_i-r_{i-1}|) \tag{9-32}$$

式中,$F_{i,s}$ 是影像之间的弹簧力;$F_{i,t}^{\perp}$ 是真实力的垂直分量,表示如下:

$$F_{i,t}^{\perp} = F_{i,t} - (F_{i,t} \cdot \hat{\tau}_i)\hat{\tau}_i \tag{9-33}$$

对于 NEB 方法,作用力仅需考虑来自弹簧力沿着最小能量路径方向上的分量。也就是说,弹簧力是唯一能使影像沿着路径均匀排列的力,该部分力不应把影像从最小能量路径附近拉开更远。弹簧力平行分量定义如下[28]:

$$F_{i,s}^{\parallel} = F_{i,s} \cdot \hat{\tau}_i \hat{\tau}_i = K(|r_{i+1}-r_i|-|r_i-r_{i-1}|) \cdot \hat{\tau}_i \hat{\tau}_i \tag{9-34}$$

于是,NEB 方法更新影像的总力是沿切线方向的弹簧力和垂直于切线的真实力之和,表示如下[4]:

$$F_{i,\text{update}} = F_{i,t}^{\perp} + F_{i,s}^{\parallel} \tag{9-35}$$

如果所有的影像都已经处于最小能量路径上,那么对于每个影像,力的更新值为零,表明整个路径搜索达到收敛。图 9-8 描述了以上思想,其中虚线代表二维势能面等高线,最小能量路径由连接反应物和生成物的光滑曲线确定,在最小能量路径顶点位置确定了过渡态。点 0 到 7 对应不同的构型影像,作为 NEB 能量最小化的初始结构。

3. NEB 方法的主要特点

首先,NEB 方法就是为了构造一系列构型影像,获得在势能面上连接两个

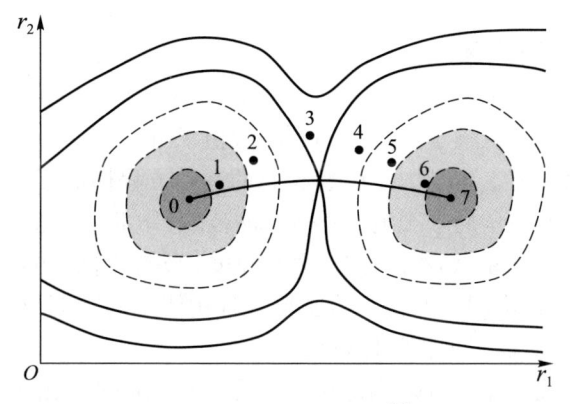

图 9-8 描述 NEB 方法思想的示意图[5]

极小值的最小能量路径。其次，NEB 方法使用力的投影方法找到最小能量路径，在该投影方法中，由势能带来的真实力垂直于该微动弹性带，而弹簧力平行于该微动弹性带。再次，NEB 方法是一个能量最小化过程，最小能量路径的初始估值极大地影响收敛速度。最后，在连接两个极小值之间使用更多数量的影像，就能给出更为精确的最小能量路径。在基本 NEB 方法的基础上，人们提出了诸多改进方案，如攀升影像微动弹性带（climbing image nudged elastic band，CINEB）方法[4,28]，该方法使得在收敛后可以精确地处于鞍点位置，从而确定过渡态。

总之，应用过渡态理论研究反应速率的关键环节在于寻找过渡态并计算出活化能。对于反应物和生成物已知的情况，通常，首先使用 NEB 方法得到分布在最小能量路径上的影像作为参考构型，然后据此拟合出一条光滑曲线确定出能量极大值点的可能位置。如果极大值点处于两个影像之间，那么基于两个影像的坐标应用线性插值法新建构型作为参考过渡态。当然，如果预估位置足够接近该临界点，那么使用施加约束的能量最小化方法对该构型进行优化可以很好地逼近过渡态。另外，NEB 方法依赖于初始猜测，通常需要使用多个初始构型重新搜索，以测试是否存在更低能量的过渡态。在 NEB 方法的基础上，2002年，Ren 等进一步提出了弦方法（string method），将 NEB 方法表示为基于微分方程演化的连续曲线[29]。2018 年，Asada 等提出了 CEI（climbing end image）算法，大大降低了影像的数量[30]。

总之，过渡态搜索方法已经被广泛应用于动力学机理的研究，如化学反应速率常数的估算、层错能的计算、相变行为和离子扩散路径的研究等。关于过渡态搜索方法的其他用途可以参照相关资料[16]。

9.4 经典运动方程

分子静力学模拟依赖于最优化问题的数值求解,而分子动力学模拟离不开运动方程的数值求解。决定力学体系状态的运动方程构成了所谓的分析力学。以力为基础的牛顿力学局限于纯力学问题的范畴,18 世纪建立的分析力学采用两个标量(能量和功)取代两个矢量(力和速度)来描述粒子的运动状态。作为分析力学的代表,拉格朗日方程和哈密顿方程用体系的动能与势能取代牛顿力学中的速度和力,对体系进行整体研究。

求解运动方程意味着可以从初始状态预测未来某一时刻的状态,然而,对于大多数力学体系,无法解析求解运动方程,需要采用特定的数值算法[31-32]。

9.4.1 概念和原理

1. 粒子的空间描述

任何物质都是由大量微观粒子组成,粒子之间相互作用并不停地运动,从而构成物质的微观力学状态。从热力学角度来看,体系的宏观状态是指所有微观粒子处于各种微观力学状态的集体表现。对应一定宏观状态的体系包含着数目极大的微观状态。一般来说,描述体系宏观状态的参量涉及体积、压强、温度、能量、电场、磁场等,而测量宏观量通常具备如下特点:空间尺度上的宏观小(足够分辨区域)和微观大(足够微观粒子),以及时间尺度上的宏观短(足够分辨时间)和微观长(足够微观状态)。

对于简单原子体系的微观状态,可以采用原子的笛卡儿坐标和线动量加以描述,但是对于分子体系的微观状态,可用 q_i(i 是自由度数)按照如下形式描述:质心坐标描述分子位置,欧拉角描述分子取向,内坐标描述原子相对位置。分子的运动状态则用分子的各种动量描述,如平动动量和转动动量等,统称为广义动量,用 p_i 表示。总之,一个自由度为 f 的力学体系的微观状态可用 f 个广义坐标 $q=(q_1,\cdots,q_f)$ 和广义动量 $p=(p_1,\cdots,p_f)$ 进行描述。需要注意的是,广义坐标可以不与单个原子位置对应。当广义坐标与笛卡儿坐标相对应时,广义动量为线动量,而与旋转角度对应时,广义动量成为角动量。对于不受任何约束的 N 个原子体系,自由度 $f=3N$。对于具有固定双原子键长的 N 个分子体系,包含 $2N$ 个原子,但由于存在 N 个约束,所以自由度 $f=6N-N=5N$。一般地,对于由 N 个原子构成的具有 c 个完整几何约束的体系,自由度 $f=3N-c$。

由广义坐标和广义动量构成的空间称为相空间。相指的是微观状态,于是,体系的每个微观状态可用相空间中的一个相点来表征。体系的微观状态随时间的演化等价于相点在相空间中移动的曲线,称为相点的演化轨迹。

2. 粒子的约束运动

牛顿方程能够用于描述无约束粒子体系,但是在实际体系中往往存在各种约束,可区分为完全约束或不完全约束。刚性体之间的约束关系属于完全约束,而通过容器壁施加的约束则属于不完全约束。不完全约束通常发生在宏观层面上,而分子模拟处理的是微观粒子体系。尽管如此,宏观上不完全约束可以转化为微观上完全约束,例如容器壁施加的约束可转化为容器壁对粒子的作用力,因此约束受人为因素影响。

微观力学中的约束要解决两个问题:① 约束条件下粒子坐标和约束方程均非完全独立;② 约束力的形式和来源。对于完全约束情况,第一个问题可以通过广义坐标解决;第二个问题需要变换运动方程形式,即拉格朗日方程或者哈密顿方程。

3. 最小作用量原理

最小作用量原理从能量角度描述客观物体的运动规律,在给定的初始和终止状态之间比较物体所有可能的运动轨迹,物体的真实运动轨迹可以通过作用量求极值的方式获得,也就是物体倾向于选择作用量最小的运动方式[7]。该原理可以追溯到光最短路程原理。1744 年,Maupertuis 给出了力学体系较为完备的最小作用量原理的描述:完整的保守力学体系由初始构型变化到终止构型的所有具有相同能量的运动轨迹中,真实的运动轨迹对应作用量取极小值的路径。1834 年,哈密顿进一步总结出针对完整力学体系的变分描述,称为哈密顿原理[33]。该原理描述如下:经过相同时间间隔,完整的保守力学体系由初始构型转变为终止构型的所有可能路径中,真实路径对应作用量函数具有极值的路径,也就是该路径可以通过作用量函数的变分等于零求得。

针对一个完整力学体系,能量 L 可以表示为坐标、速度和时间的函数,如下[7]:

$$L = L(q, \dot{q}, t) \tag{9-36}$$

式中,q 是由坐标定义的路径;$\dot{q}$ 是速度。假定体系在时刻 t_1 处于坐标 q_1,经过任一路径 q 在时刻 t_2 到达坐标 q_2,于是,在时刻 t_1 和 t_2 之间针对路径 q 可以定义作用量 S,表示如下:

$$S[q(t)] = \int_{t_1}^{t_2} L(q, \dot{q}, t) \, dt \tag{9-37}$$

该式表明,作用量 S 是路径 $q(t)$ 的泛函,可表示为能量函数 L 的积分式。根据哈密顿原理,作用量函数取极值等价于该函数变分为零,表示如下:

$$\delta S = \delta \int_{t_1}^{t_2} L(q, \dot{q}, t) \, dt = 0 \tag{9-38}$$

也就是说，在各种可能路径中，真实路径对应作用量最小的路径，如下：

$$\min_{q(t)}\left\{\int_{t_1}^{t_2} L(q,\dot{q},t)\,dt\right\} \tag{9-39}$$

4. 高斯最小约束原理

高斯最小约束原理给出了体系在理想约束条件下真实运动的极值问题[34]。该原理指出，受约束体系在某一时刻受到任意作用力的运动，将处于尽可能自由的状态，即最小受力状态。简言之，在理想约束条件下，粒子体系真实运动应该是约束取极小值的运动，即约束的变分等于零，表示如下：

$$\delta C = 0 \tag{9-40}$$

式中，约束 C 定义如下：

$$C = \sum_i \frac{1}{2} m_i \left(a_i - \frac{f_i}{m_i}\right)^2 \tag{9-41}$$

式中，m_i 是粒子的质量；a_i 和 f_i 分别是粒子的加速度和受力。

假定约束条件下的运动方程表示如下：

$$m_i a_i = f_i + f_i^c \tag{9-42}$$

式中，f_i^c 是约束力。根据高斯最小约束原理，约束力 f_i^c 应当尽可能小，从而保证约束力平方和存在最小值，即 $\sum_i (f_i^c)^2/(2m_i)$ 存在最小值。

由以上描述可以看出，高斯最小约束原理是一个最小二乘原理，提出了采用最小约束力就能实现体系的任意力学约束。该原理在性质上类似于哈密顿原理，然而，高斯最小约束原理是真实的局部最小约束原理，而哈密顿原理是全局定义的极值原理。实际上，高斯最小约束原理不仅适用于完整约束体系，而且适用于不完整约束体系。

5. 虚功原理和达朗伯原理

虚位移是指沿着作用力方向上施加无穷小的位移 δr，在产生该位移过程中不改变原受力平衡状态的作用力方向与大小。作用力在虚位移上做的功称为虚功。在平衡条件下，任意粒子 i 上的合力为零，即 $f_i = 0$，合力所做的虚功为 $f_i \delta r_i$，于是，所有粒子上的虚功总和为零，表示如下：

$$\sum_i f_i \delta r_i = 0 \tag{9-43}$$

式中，f_i 不仅包括主动力 f_i^a 而且包含约束力 f_i^c，如下：

$$f_i = f_i^a + f_i^c \tag{9-44}$$

于是,通过虚位移所做的虚功总和可进一步表示如下:

$$\sum_i f_i^a \delta r_i + \sum_i f_i^c \delta r_i = 0 \tag{9-45}$$

由于在施加虚位移过程中约束力并没有发生任何改变,约束力的虚功为零,所以,平衡条件需要满足如下关系式:

$$\sum_i f_i^a \delta r_i = 0 \tag{9-46}$$

该式称为虚功原理。通常,虚位移 δr_i 与约束相关而相互关联,因此系数 $f_i^a \neq 0$。

为了求解约束体系的动力学,达朗伯提出采用静力学平衡方法研究动力学问题。对于任意受约束的粒子体系,如果粒子除了受主动力和约束力外,还存在假想的惯性力 $f_i^i = -\dot{p}_i$,那么这三种力构成平衡力学系统,于是,下式成立:

$$f_i^a + f_i^c + f_i^i = f_i^a + f_i^c - \dot{p}_i = 0 \tag{9-47}$$

在平衡条件下,所有粒子上的虚功之和为零,于是式(9-43)改写为如下形式:

$$\sum_i (f_i^a - \dot{p}_i) \delta r_i + \sum_i f_i^c \delta r_i = 0 \tag{9-48}$$

如果不存在由约束力引起的虚功,那么上式变为如下形式:

$$\sum_i (f_i^a - \dot{p}_i) \delta r_i = 0 \tag{9-49}$$

该式称为达朗伯原理。

9.4.2 拉格朗日方程

基于最小作用量原理可以推导出决定运动轨迹的拉格朗日方程[32]。假设力学体系在两个不同时刻 t_1 和 t_2 分别位于两个不同坐标点 $q(t_1)$ 和 $q(t_2)$。当运动发生时,体系在两点之间移动,相应的作用量为 $S = \int_{t_1}^{t_2} L(q, \dot{q}, t) \, dt$,其中,$L(q, \dot{q}, t)$ 是拉格朗日量。

在等时变分情况下,拉格朗日量的变分表示如下:

$$\delta L = \frac{\partial L}{\partial \dot{q}} \delta \dot{q} + \frac{\partial L}{\partial q} \delta q \tag{9-50}$$

式中,右侧第一项可展开为如下形式:

$$\frac{\partial L}{\partial \dot{q}} \delta \dot{q} = \frac{\partial L}{\partial \dot{q}} \frac{d}{dt} \delta q = \frac{d}{dt}\left(\frac{\partial L}{\partial \dot{q}} \delta q\right) - \frac{d}{dt}\left(\frac{\partial L}{\partial \dot{q}}\right) \delta q \tag{9-51}$$

于是，拉格朗日量的变分公式可进一步表示如下：

$$\delta L = \frac{\mathrm{d}}{\mathrm{d}t}\left(\frac{\partial L}{\partial \dot{q}}\delta q\right) - \frac{\mathrm{d}}{\mathrm{d}t}\left(\frac{\partial L}{\partial \dot{q}}\right)\delta q + \frac{\partial L}{\partial q}\delta q \qquad (9-52)$$

作用量的变分相当于对 δL 的积分，表示如下：

$$\delta S = \delta \int_{t_1}^{t_2} L(q,\dot{q},t)\,\mathrm{d}t = \left[\frac{\partial L}{\partial \dot{q}}\delta q\right]_{t_1}^{t_2} + \int_{t_1}^{t_2}\left[-\frac{\mathrm{d}}{\mathrm{d}t}\left(\frac{\partial L}{\partial \dot{q}}\right)\delta q + \frac{\partial L}{\partial q}\delta q\right]\mathrm{d}t = 0 \qquad (9-53)$$

由于在时刻 t_1 和 t_2 处，虚位移 $\delta q(t_1) = \delta q(t_2) = 0$，因此上式简化为如下形式：

$$\int_{t_1}^{t_2}\left[-\frac{\mathrm{d}}{\mathrm{d}t}\left(\frac{\partial L}{\partial \dot{q}}\right)\delta q + \frac{\partial L}{\partial q}\delta q\right]\mathrm{d}t = 0 \qquad (9-54)$$

由于坐标 q 是独立变量，所以由最小作用量原理导出如下拉格朗日方程：

$$\frac{\mathrm{d}}{\mathrm{d}t}\frac{\partial L}{\partial \dot{q}} - \frac{\partial L}{\partial q} = 0 \qquad (9-55)$$

接下来，从达朗伯原理入手推导拉格朗日方程。由虚功原理和达朗伯原理可知：在理想力学约束条件下，作用于体系的所有瞬时主动力和假想惯性力通过虚位移做的虚功之和等于零。于是，可以推导出动力学普遍方程，即达朗伯-拉格朗日方程，如下：

$$\sum_i (Q_i + Q_i^*)\delta q_i = 0 \qquad (9-56)$$

式中，Q_i 是广义主动力；Q_i^* 是广义惯性力，表示如下：

$$Q_i^* = -\frac{\mathrm{d}}{\mathrm{d}t}\frac{\partial T}{\partial \dot{q}_i} + \frac{\partial T}{\partial q_i} \qquad (9-57)$$

将式(9-57)代入动力学普遍方程(9-56)可得如下等式：

$$\sum_i \left(Q_i - \frac{\mathrm{d}}{\mathrm{d}t}\frac{\partial T}{\partial \dot{q}_i} + \frac{\partial T}{\partial q_i}\right)\delta q_i = 0 \qquad (9-58)$$

对于完整力学体系，虚位移 δq_i 都是独立的，并且具有任意性。为了满足上式成立，需要括号部分为零，表示如下：

$$Q_i - \frac{\mathrm{d}}{\mathrm{d}t}\frac{\partial T}{\partial \dot{q}_i} + \frac{\partial T}{\partial q_i} = 0 \qquad (9-59)$$

进一步整理可得如下等式：

$$\frac{\mathrm{d}}{\mathrm{d}t}\frac{\partial T}{\partial \dot{q}_i} - \frac{\partial T}{\partial q_i} = Q_i \qquad (9-60)$$

该式就是完整力学体系的拉格朗日方程。

如果体系的主动力均为有势力，即保守体系，那么 Q_i 可表示为势能 U 对广义坐标 q_i 的偏导数，如下：

$$Q_i = -\frac{\partial U}{\partial q_i} \qquad (9-61)$$

另外，势能 U 与广义速度 $\dot{q}_i$ 无关，于是存在如下等式：

$$\frac{\partial U}{\partial \dot{q}_i} = 0 \qquad (9-62)$$

将式(9-61)和式(9-62)代入完整力学体系的拉格朗日方程(9-60)，可得如下关系式：

$$\frac{\mathrm{d}}{\mathrm{d}t}\left[\frac{\partial (T-U)}{\partial \dot{q}_i}\right] - \frac{\partial (T-U)}{\partial q_i} = 0 \qquad (9-63)$$

定义拉格朗日量 $L = T - U$，上式可进一步简化为如下形式：

$$\frac{\mathrm{d}}{\mathrm{d}t}\frac{\partial L}{\partial \dot{q}_i} - \frac{\partial L}{\partial q_i} = 0 \qquad (9-64)$$

此式就是适用于描述力学体系运动状态的拉格朗日方程。该方程的特点可以汇总如下：方程属于二阶微分方程，形式简洁，结构紧凑。方程的形式不随选取参数的广义坐标而发生变化，其个数对应体系的自由度，并随着体系约束的增加而减少。建立方程过程只需分析已知的主动力，问题更易求解。T 和 L 都是标量，比力的矢量关系式更易表达，较易列出运动方程。

9.4.3 哈密顿方程

1834 年，哈密顿提出了另一种基于能量的运动方程，对力学问题的求解具有很强的适用性，称为哈密顿方程[33]。

下面基于拉格朗日量的勒让德变换来推导出哈密顿量[32]。与时间无关拉格朗日量的全微分形式如下：

$$\mathrm{d}L = \sum_i \frac{\partial L}{\partial q_i}\mathrm{d}q_i + \sum_i \frac{\partial L}{\partial \dot{q}_i}\mathrm{d}\dot{q}_i \qquad (9-65)$$

式中，右侧第一项中偏微分表示受力，如下：

$$\frac{\partial L}{\partial q_i} = -\frac{\partial U}{\partial q_i} = f_i = \dot{p}_i \qquad (9-66)$$

右侧第二项中的偏微分表示动量，如下：

$$\frac{\partial L}{\partial \dot{q}_i} = \frac{\partial}{\partial \dot{q}_i}\left(\frac{1}{2}m\dot{q}_i^2\right) = m\dot{q}_i = p_i \tag{9-67}$$

于是，通过广义坐标和广义动量定义的拉格朗日量全微分形式可表示如下：

$$dL = \sum_i \dot{p}_i dq_i + \sum_i p_i d\dot{q}_i \tag{9-68}$$

接下来对 $\sum_i p_i \dot{q}_i$ 求全微分，表示如下：

$$d\left(\sum_i p_i \dot{q}_i\right) = \sum_i \dot{q}_i dp_i + \sum_i p_i d\dot{q}_i \tag{9-69}$$

将上式代入拉格朗日量全微分形式中，表示如下：

$$dL = \sum_i \dot{p}_i dq_i + d\left(\sum_i p_i \dot{q}_i\right) - \sum_i \dot{q}_i dp_i \tag{9-70}$$

整理后得到如下关系式：

$$d\left(\sum_i p_i \dot{q}_i - L\right) = -\sum_i \dot{p}_i dq_i + \sum_i \dot{q}_i dp_i \tag{9-71}$$

基于上式左侧全微分形式定义哈密顿量 H，如下：

$$H = \sum_i p_i \dot{q}_i - L \tag{9-72}$$

于是，经过勒让德变换得到哈密顿量的全微分形式，表示如下[7]：

$$dH = -\sum_i \dot{p}_i dq_i + \sum_i \dot{q}_i dp_i \tag{9-73}$$

如果直接对哈密顿量 H 做全微分，那么可得如下哈密顿量的全微分形式：

$$dH = \sum_i \frac{\partial H}{\partial q_i} dq_i + \sum_i \frac{\partial H}{\partial p_i} dp_i \tag{9-74}$$

对比以上两个哈密顿量的全微分表达式，可以得到变量为广义动量和广义坐标的哈密顿方程，如下：

$$\dot{p}_i = -\frac{\partial H}{\partial q_i}, \quad \dot{q}_i = \frac{\partial H}{\partial p_i} \tag{9-75}$$

这里并未考虑哈密顿量随时间变化的情况。对于不显含时间的哈密顿量，即 $dH/dt = 0$，体系满足能量守恒定律。

同样，哈密顿方程也可以直接从勒让德变换和最小作用量原理推导得到。

基于勒让德变换,定义拉格朗日量的独立变量可以变换为另外一组独立变量,同时新的独立变量一定是拉格朗日量对于老变量的偏导数,于是,可以把拉格朗日量中的变量 $\dot{q}_i$ 变换为 $\partial L/\partial \dot{q}_i = p_i$,相应的哈密顿量表示如下[7]:

$$H(q,p,t) = \sum_i p_i \dot{q}_i - L(q,\dot{q},t) \qquad (9-76)$$

由最小作用量原理可得,拉格朗日量积分的变分为零,表示如下:

$$\delta S = \delta \int_{t_1}^{t_2} L(q,\dot{q},t) \mathrm{d}t = \delta \int_{t_1}^{t_2} \left[\sum_i p_i \dot{q}_i - H(q,p,t) \right] \mathrm{d}t = 0 \qquad (9-77)$$

将上式展开整理得

$$\int_{t_1}^{t_2} \left[\sum_i p_i \delta \dot{q}_i + \sum_i \dot{q}_i \delta p_i - \sum_i \left(\frac{\partial H}{\partial q_i} \delta q_i + \frac{\partial H}{\partial p_i} \delta p_i \right) \right] \mathrm{d}t = 0 \qquad (9-78)$$

由于 $\mathrm{d}(p_i \delta q_i)/\mathrm{d}t = \dot{p}_i \delta q_i + p_i \delta \dot{q}_i$,因此上式可以继续展开为如下形式:

$$\int_{t_1}^{t_2} \left[\frac{\mathrm{d}}{\mathrm{d}t} \sum_i p_i \delta q_i - \sum_i \dot{p}_i \delta q_i + \sum_i \dot{q}_i \delta p_i - \sum_i \left(\frac{\partial H}{\partial q_i} \delta q_i + \frac{\partial H}{\partial p_i} \delta p_i \right) \right] \mathrm{d}t = 0 \qquad (9-79)$$

对左侧积分并合并同类项,整理后得到如下关系式:

$$\left[\sum_i p_i \delta q_i \right]_{t_1}^{t_2} + \int_{t_1}^{t_2} \left[-\left(\dot{p}_i + \frac{\partial H}{\partial q_i} \right) \delta q_i + \left(\dot{q}_i - \frac{\partial H}{\partial p_i} \right) \delta p_i \right] \mathrm{d}t = 0 \qquad (9-80)$$

在时刻 t_1 和 t_2 处,虚位移 $\delta q(t_1) = \delta q(t_2) = 0$,因此,上式第一项为零,则第二个积分项也应该为零,表示如下:

$$\int_{t_1}^{t_2} \left[-\left(\dot{p}_i + \frac{\partial H}{\partial q_i} \right) \delta q_i + \left(\dot{q}_i - \frac{\partial H}{\partial p_i} \right) \delta p_i \right] \mathrm{d}t = 0 \qquad (9-81)$$

由于 $\partial L/\partial p_i = 0$,所以根据勒让德变换式和虚位移 δq_i 的任意性,可得如下哈密顿方程:

$$\dot{q}_i = \frac{\partial H}{\partial p_i}, \quad \dot{p}_i = -\frac{\partial H}{\partial q_i} \qquad (9-82)$$

通过对比牛顿方程和哈密顿方程可以发现:前者由 $3N$ 个二阶微分方程组成,而后者由 $2f$ 个一阶微分方程组成。从形式上看,哈密顿方程更加简洁。两方程对于不受约束的力学体系具有相同的形式,但对于有约束的力学体系,两者表现出不同形式,而后者更适合处理带有约束条件的力学体系。除了适合处理不同类型的力学体系,哈密顿方程在实现恒温和恒压等调控技术方面也扮演着重要角色。

哈密顿方程和拉格朗日方程是等价的经典运动方程。将拉格朗日方程转变成哈密顿方程的过程中，把 f 个二阶微分方程组换成了 $2f$ 个一阶微分方程组；哈密顿量与拉格朗日量之间由勒让德变换 $H(q,p,t) = \sum_i p_i \dot{q}_i - L(q,\dot{q},t)$ 联系起来，独立变量由 $(q,\dot{q},t)$ 变换为 (q,p,t)。

9.5 运动方程数值求解

上一节介绍了拉格朗日方程和哈密顿方程的推导，本节将继续介绍运动方程的数值求解过程，也就是将数学中的微分变成差分。尽管计算数学提供了诸多求解算法，但是大部分算法并不适用于分子动力学模拟。常见的数值方法有 Verlet 预测算法和 Gear 预测校正算法。

9.5.1 Verlet 预测算法

1. 原始 Verlet 算法

1967 年，Verlet 给出了原始 Verlet 算法，奠定了运动方程数值求解预测算法的基础[35-36]。假定 t 时刻第 i 个粒子的位置为 $r_i(t)$、速度为 $v_i(t)$、加速度为 $a_i(t)$、位置对时间的三阶导数为 $b_i(t)$，其中粒子加速度可由粒子受力获得，而粒子受力可由势能的负梯度求得，表示如下：

$$a_i(t) = \frac{f_i(t)}{m_i} = -\frac{1}{m_i}\nabla U(r_i) \tag{9-83}$$

下面根据不同时刻位置的泰勒展开式推导原始 Verlet 算法的时间迭代关系式。

如果设定 Δt 为时间步长，那么运用当前时刻 t 粒子 i 的位置 $r_i(t)$ 和速度 $v_i(t)$，以及前一时刻 $t-\Delta t$ 的位置 $r_i(t-\Delta t)$，可以预测出后一时刻 $t+\Delta t$ 的位置 $r_i(t+\Delta t)$。

首先，给出后一时刻粒子 i 的位置的泰勒展开式，表示如下：

$$r_i(t+\Delta t) = r_i(t) + v_i(t)\Delta t + \frac{1}{2}a_i(t)\Delta t^2 + \frac{1}{6}b_i(t)\Delta t^3 + O(\Delta t^4) \tag{9-84}$$

以及前一时刻粒子 i 的位置的泰勒展开式，表示如下：

$$r_i(t-\Delta t) = r_i(t) - v_i(t)\Delta t + \frac{1}{2}a_i(t)\Delta t^2 - \frac{1}{6}b_i(t)\Delta t^3 + O(\Delta t^4) \tag{9-85}$$

然后，将以上两个泰勒展开式相加并略去高阶项，即可得到使用当前时刻和前一时刻的位置表示的下一时刻的粒子位置，如下：

$$r_i(t+\Delta t) = 2r_i(t) - r_i(t-\Delta t) + a_i(t)\Delta t^2 \tag{9-86}$$

最后，根据后一时刻和前一时刻的粒子位置，可以计算出当前时刻的粒子速度，表示如下：

$$v_i(t) = \frac{r_i(t+\Delta t) - r_i(t-\Delta t)}{2\Delta t} \tag{9-87}$$

原始 Verlet 算法流程如图 9-9 所示，具体描述如下：
（1）设定初始位置 $r_i(0)$；
（2）设定初始速度 $v_i(0)$；
（3）计算前一时刻 $-\Delta t$ 的位置：$r_i(-\Delta t) = r_i(0) - v_i(0)\Delta t$；
（4）计算当前时刻 t 的加速度：$a_i(t) = f_i(t)/m_i$；
（5）计算后一时刻 $t+\Delta t$ 的位置：$r_i(t+\Delta t) = 2r_i(t) - r_i(t-\Delta t) + a_i(t)\Delta t^2$；
（6）计算当前时刻 t 的速度：$v_i(t) = [r_i(t+\Delta t) - r_i(t-\Delta t)]/(2\Delta t)$；
（7）重复以上步骤（4）到步骤（6）。

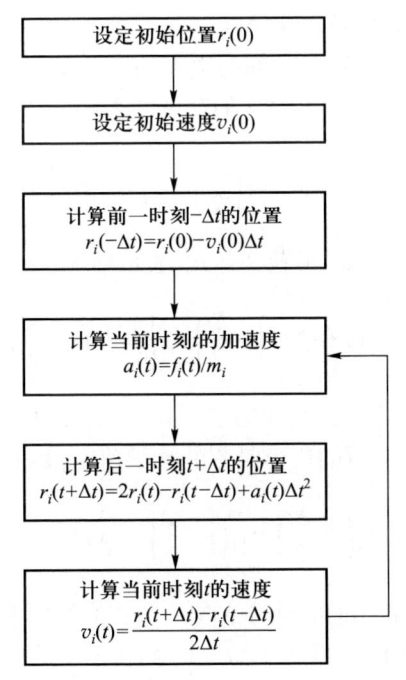

图 9-9 原始 Verlet 算法流程[35-36]

原始 Verlet 算法使用两步差分公式，其优点体现在所需存储量适中（包括当前时刻和前一时刻的位置，以及当前时刻的加速度），每个时刻只需计算一次受力。原始 Verlet 算法具有时间可逆性,采用差分格式计算,计算误差来自泰勒展开的截断近似,位置的差分误差为 $O(\Delta t^4)$,即四阶精度。此外,原始 Verlet 算法中位置 $r(t+\Delta t)$ 的迭代公式由一个小项与两个大项 $2r(t)$ 与 $r(t-\Delta t)$ 的差构成,容易造成精度损失。原始 Verlet 算法的速度需要计算出后一时刻的位置后得到,速度的差分误差为 $O(\Delta t^2)$,即只有二阶精度,导致原始 Verlet 算法只有二阶精度。另外,原始 Verlet 算法不是一个自启动算法,新位置是根据当前时刻 t 与前一时刻 $t-\Delta t$ 的位置计算得到。在启动阶段,需要采用特定方式生成两组位置信息。在原始 Verlet 算法迭代过程中可以不出现速度,但是启动阶段需要初始速度来启动算法。

2. 蛙跳 Verlet 算法

1970 年,Hockney 提出了比原始 Verlet 算法更高效的蛙跳算法[37]。下面基于半个时刻的速度和位置的泰勒展开式推导蛙跳 Verlet 算法的时间迭代关系式。

如果设定 Δt 为时间步长,那么根据当前时刻 t 粒子 i 的位置 $r_i(t)$,由势能的负梯度可以计算出加速度 $a_i(t)$,并进一步推导出后半时刻 $t+\Delta t/2$ 的速度 $v_i(t+\Delta t/2)$ 和后一时刻的位置 $r_i(t+\Delta t)$。

首先,根据前半时刻和后半时刻的速度的泰勒展开式推导蛙跳 Verlet 算法的速度迭代关系式。后半时刻粒子 i 的速度的泰勒展开式表示如下:

$$v_i\left(t+\frac{\Delta t}{2}\right) = v_i(t) + a_i(t)\left(\frac{\Delta t}{2}\right) + \frac{1}{2!}b_i(t)\left(\frac{\Delta t}{2}\right)^2 + O(\Delta t^3) \quad (9-88)$$

以及前半时刻粒子 i 的速度的泰勒展开式,表示如下:

$$v_i\left(t-\frac{\Delta t}{2}\right) = v_i(t) + a_i(t)\left(-\frac{\Delta t}{2}\right) + \frac{1}{2!}b_i(t)\left(-\frac{\Delta t}{2}\right)^2 + O(\Delta t^3) \quad (9-89)$$

如果将以上两个泰勒展开式相减并略去高阶项,那么可以得到使用前半时刻速度以及当前时刻加速度表示的后半时刻的粒子速度,如下:

$$v_i\left(t+\frac{\Delta t}{2}\right) = v_i\left(t-\frac{\Delta t}{2}\right) + a_i(t)\Delta t \quad (9-90)$$

然后,将后一时刻和当前时刻的位置分别在后半时刻处做泰勒展开推导蛙跳 Verlet 算法的位置迭代关系式。后一时刻粒子 i 的位置的泰勒展开式表示如下:

$$r_i(t+\Delta t) = r_i\left(t+\frac{\Delta t}{2}\right) + v_i\left(t+\frac{\Delta t}{2}\right)\left(\frac{\Delta t}{2}\right) + \frac{1}{2!}a_i\left(t+\frac{\Delta t}{2}\right)\left(\frac{\Delta t}{2}\right)^2 + O(\Delta t^3) \quad (9-91)$$

以及当前时刻粒子 i 的位置的泰勒展开式,表示如下:

$$r_i(t) = r_i\left(t+\frac{\Delta t}{2}\right) + v_i\left(t+\frac{\Delta t}{2}\right)\left(-\frac{\Delta t}{2}\right) + \frac{1}{2!}a_i\left(t+\frac{\Delta t}{2}\right)\left(-\frac{\Delta t}{2}\right)^2 + O(\Delta t^3) \quad (9-92)$$

将以上两个泰勒展开式相减并略去高阶项，即可得到使用当前时刻位置和后半时刻速度表示的后一时刻的粒子位置，如下：

$$r_i(t+\Delta t) = r_i(t) + v_i\left(t+\frac{\Delta t}{2}\right)\Delta t \quad (9-93)$$

最后，根据后半时刻和前半时刻的粒子速度，可以计算出当前时刻的粒子速度，表示如下：

$$v_i(t) = \frac{v_i\left(t+\frac{\Delta t}{2}\right) + v_i\left(t-\frac{\Delta t}{2}\right)}{2} \quad (9-94)$$

蛙跳 Verlet 算法流程如图 9-10 所示，具体描述如下：
（1）设定初始位置 $r_i(0)$；

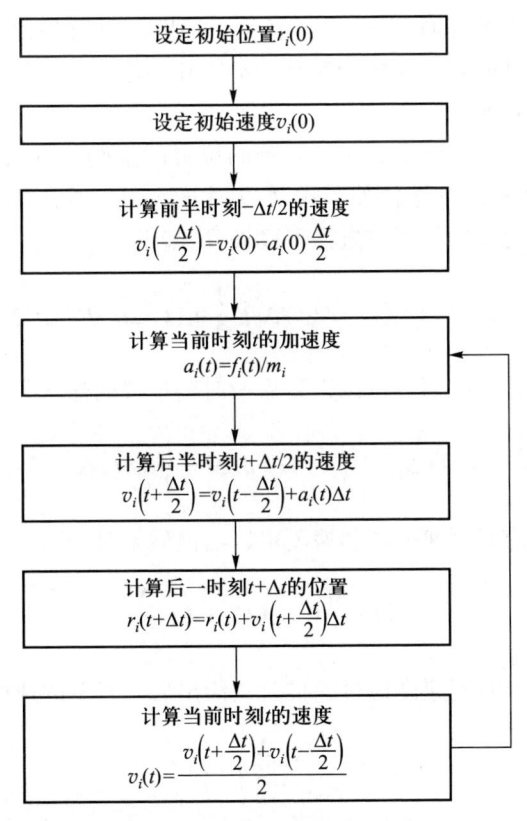

图 9-10 蛙跳 Verlet 算法流程[37]

(2) 设定初始速度 $v_i(0)$；

(3) 计算前半时刻 $-\Delta t/2$ 的速度：$v_i\left(-\dfrac{\Delta t}{2}\right) = v_i(0) - a_i(0)\dfrac{\Delta t}{2}$；

(4) 计算当前时刻 t 的加速度：$a_i(t) = f_i(t)/m_i$；

(5) 计算后半时刻 $t+\Delta t/2$ 的速度：$v_i\left(t+\dfrac{\Delta t}{2}\right) = v_i\left(t-\dfrac{\Delta t}{2}\right) + a_i(t)\Delta t$；

(6) 计算后一时刻 $t+\Delta t$ 的位置：$r_i(t+\Delta t) = r_i(t) + v_i\left(t+\dfrac{\Delta t}{2}\right)\Delta t$；

(7) 计算当前时刻 t 的速度：$v_i(t) = \dfrac{1}{2}\left[v_i\left(t+\dfrac{\Delta t}{2}\right) + v_i\left(t-\dfrac{\Delta t}{2}\right)\right]$；

(8) 重复步骤(4)至(7)。

蛙跳 Verlet 算法的优点在于无需像原始 Verlet 算法那样计算两个大数的差值，位置和速度的误差均为 $O(\Delta t^3)$，即三阶精度。蛙跳算法给出的运动轨迹与速度有关，可与热浴算法联合使用。蛙跳 Verlet 算法的缺点在于速度从前半时刻直接跳到了后半时刻，当前时刻的速度根据需要由前半时刻和后半时刻的速度计算得到；相对于速度而言，位置也发生了跳跃。也就是说，蛙跳 Verlet 算法的位置和速度是不同步的，不能同时计算动能和势能。

3. 速度 Verlet 算法

1982 年，Swope 等提出根据后一时刻的位置的泰勒展开式和后一时刻的速度的递推公式给出相应的迭代关系式，称为速度 Verlet 算法[38]。

首先，对后一时刻的粒子位置做泰勒展开，如下：

$$r_i(t+\Delta t) = r_i(t) + v_i(t)\Delta t + \dfrac{1}{2}a_i(t)\Delta t^2 + O(\Delta t^3) \tag{9-95}$$

如果舍去上式的高阶项，那么可以得到后一时刻位置的迭代关系式，如下：

$$r_i(t+\Delta t) = r_i(t) + v_i(t)\Delta t + \dfrac{1}{2}a_i(t)\Delta t^2 \tag{9-96}$$

然后，根据当前时刻速度和加速度可以给出后半时刻速度，表示如下：

$$v_i\left(t+\dfrac{\Delta t}{2}\right) = v_i(t) + a_i(t)\dfrac{\Delta t}{2} \tag{9-97}$$

最后，根据后半时刻速度通过递推公式给出后一时刻的速度，如下：

$$v_i(t+\Delta t) = v_i\left(t+\dfrac{\Delta t}{2}\right) + a_i(t+\Delta t)\dfrac{\Delta t}{2} \tag{9-98}$$

如果将以上两式合并，得到使用当前时刻速度和加速度，以及后一时刻加速

度表示的后一时刻的粒子速度,如下:

$$v_i(t+\Delta t) = v_i(t) + \frac{1}{2}[a_i(t) + a_i(t+\Delta t)]\Delta t \tag{9-99}$$

如果将后半时刻速度代入关系式(9-96),同样可以得到后一时刻位置的迭代关系式,如下:

$$r_i(t+\Delta t) = r_i(t) + v_i\left(t + \frac{\Delta t}{2}\right)\Delta t \tag{9-100}$$

速度 Verlet 算法流程如图 9-11 所示,具体描述如下:
(1) 设定初始位置 $r_i(0)$;
(2) 设定初始速度 $v_i(0)$;
(3) 计算当前时刻 t 的加速度:$a_i(t) = f_i(t)/m_i$;
(4) 计算后半时刻 $t+\Delta t/2$ 的速度:$v_i\left(t+\frac{\Delta t}{2}\right) = v_i(t) + a_i(t)\frac{\Delta t}{2}$;
(5) 计算后一时刻 $t+\Delta t$ 的位置:$r_i(t+\Delta t) = r_i(t) + v_i\left(t+\frac{\Delta t}{2}\right)\Delta t$;

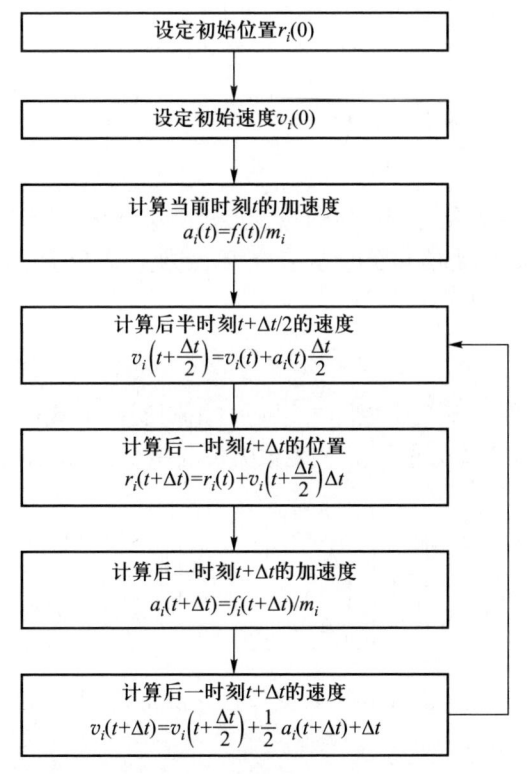

图 9-11 速度 Verlet 算法流程[38]

（6）计算后一时刻 $t+\Delta t$ 的加速度：$a_i(t+\Delta t)=f_i(t+\Delta t)/m_i$；

（7）计算后一时刻 $t+\Delta t$ 的速度：$v_i(t+\Delta t)=v_i\left(t+\dfrac{\Delta t}{2}\right)+a_i(t+\Delta t)\dfrac{\Delta t}{2}$；

（8）重复（4）至（7）。

速度 Verlet 算法的优点体现在如下几方面：与蛙跳 Verlet 算法不同，速度 Verlet 算法在不牺牲精度的前提下，每个时间步可以同时给出位置、速度和加速度；速度 Verlet 算法的位置误差为 $O(\Delta t^3)$，其精度与蛙跳 Verlet 算法相当，而速度采用两步递推公式，有效地提高了精度。如果采用高阶方法可以使用较大的时间步长，对计算非常有利。速度 Verlet 算法的缺点体现在如下几方面：该算法需要存储每个时间步的坐标、速度和受力，占用内存较大，力的计算更耗时，计算的复杂性高于原始 Verlet 算法和蛙跳 Verlet 算法。

9.5.2 Gear 预测校正算法

下面基于位置的泰勒展开式的矢量表示法来介绍表象的概念和形式。如果将当前时刻的位置、速度、加速度和三阶导数表示为列矢量，那么其转置形式如下：$\boldsymbol{y}_n=(r_n,\dot{r}_n,\ddot{r}_n,\dddot{r}_n,\cdots)^T$，称为 N 表象矢量。如果将当前时刻和以前几个时刻的位置表示为列矢量，那么其转置形式如下：$\boldsymbol{y}_n=(r_n,r_{n-1},r_{n-2},r_{n-3},\cdots)^T$，称为 C 表象矢量。如果将当前时刻的位置、速度和以前几个时刻的加速度表示为列矢量，那么其转置形式如下：$\boldsymbol{y}_n=\left(r_n,\Delta t\dot{r}_n,\dfrac{1}{2}\Delta t\ddot{r}_n,\dfrac{1}{2}\Delta t^2\ddot{r}_{n-1},\dfrac{1}{2}\Delta t^2\ddot{r}_{n-2},\cdots\right)^T$，称为 F 表象矢量。

Gear 指出，各种表象之间可以通过变换矩阵进行相互转换。假定 $\boldsymbol{y}_n$ 是多项式空间中的一个矢量，那么该矢量从表象 R_1 变换到表象 R_2 完全可以通过正交线性变换得到，表示如下：

$$\boldsymbol{y}_n(R_2)=\boldsymbol{T}\boldsymbol{y}_n(R_1) \tag{9-101}$$

式中，$\boldsymbol{T}$ 是变换矩阵。该变换矩阵可以通过不同变换形式的泰勒展开式得到。例如一个 3 值的 C 表象矢量可由 N 表象矢量变换得到，表示如下：

$$\begin{pmatrix}r_n\\r_{n-1}\\r_{n-2}\end{pmatrix}=\boldsymbol{T}\begin{pmatrix}r_n\\\Delta t\dot{r}_n\\\dfrac{1}{2}\Delta t^2\ddot{r}_n\end{pmatrix},\quad \boldsymbol{T}=\begin{pmatrix}1&0&0\\1&-1&1\\1&-2&4\end{pmatrix} \tag{9-102}$$

同样，一个 4 值 F 表象矢量可由 N 表象矢量变换得到，表示如下：

$$\begin{pmatrix} r_n \\ \Delta t \dot{r}_n \\ \frac{1}{2}\Delta t^2 \ddot{r}_n \\ \frac{1}{2}\Delta t^2 \ddot{r}_{n-1} \end{pmatrix} = T \begin{pmatrix} r_n \\ \Delta t \dot{r}_n \\ \frac{1}{2}\Delta t^2 \ddot{r}_n \\ \frac{1}{6}\Delta t^3 \dddot{r}_n \end{pmatrix}, \quad T = \begin{pmatrix} 1 & 0 & 0 & 0 \\ 0 & 1 & 0 & 0 \\ 0 & 0 & 1 & 0 \\ 0 & 0 & 1 & -3 \end{pmatrix} \tag{9-103}$$

预测校正算法用矩阵形式给出后一时刻的预测值,如下:

$$\boldsymbol{y}_{n+1}^{\mathrm{p}} = \boldsymbol{A}\boldsymbol{y}_n \tag{9-104}$$

式中,$\boldsymbol{y}_{n+1}^{\mathrm{p}}$ 是 $\boldsymbol{y}_{n+1}$ 的预测值;$\boldsymbol{A}$ 是预测矩阵。由于从表象 R_1 变换到表象 R_2 完全是空间的正交线性变换,所以不同表象的预测矩阵存在如下关系:

$$\boldsymbol{A}(R_2) = \boldsymbol{T}\boldsymbol{A}(R_1)\boldsymbol{T}^{-1} \tag{9-105}$$

如果把预测项和校正项结合起来,那么可以得到后一时刻更为准确的数值,表示如下:

$$\boldsymbol{y}_{n+1}^{\mathrm{c}} = \boldsymbol{y}_{n+1}^{\mathrm{p}} + \boldsymbol{C}\Delta G_{n+1} = \boldsymbol{A}\boldsymbol{y}_n + \boldsymbol{C}\Delta G_{n+1} \tag{9-106}$$

式中,ΔG 是参考量的预测误差,是使用其他物理量间接校正的参考量与直接预测的参考量的差值;$\boldsymbol{C}$ 是校正系数向量。ΔG 的形式和 $\boldsymbol{C}$ 的数值取决于运动方程的阶数。Gear 推导了二阶运动方程 4~8 值 N 表象的校正系数值,如表 9-1 所示[39]。由表可见,如果坐标的展开从三阶导数开始截断,那么最佳的待定系数为 $c_0 = 1/6$、$c_1 = 5/6$、$c_2 = 1$ 和 $c_3 = 1/3$。

表 9-1 Gear 推导的二阶运动方程 4~8 值 N 表象的校正系数值[39]

值	c_0	c_1	c_2	c_3	c_4	c_5	c_6	c_7
4	1/6	5/6	1	1/3				
5	19/120	3/4	1	1/2	1/12			
6	3/20*	251/360	1	11/18	1/6	1/60		
7	863/6 048	665/1 008	1	25/36	35/144	1/24	1/360	
8	275/2 016	19 087/30 240	1	137/180	5/16	17/240	1/120	1/2 520

* 建议 $c_0 = 3/16$ 具有更好的效果[40]。

根据以上描述,预测校正算法可分为预测阶段、误差估计和校正阶段。下面介绍 Gear 预测校正算法实现的具体步骤,如图 9-12 所示。

```
┌─────────────────────────────────────────┐
│ 预测阶段：将 t+Δt 时刻的位置、速度和加速度等对 │
│           时间做泰勒展开                   │
└─────────────────────────────────────────┘
                    ↓
┌─────────────────────────────────────────┐
│ $r^p(t+\Delta t)=r(t)+v(t)\Delta t+\frac{1}{2}a(t)\Delta t^2+\frac{1}{6}b(t)\Delta t^3+\cdots$ │
│ $v^p(t+\Delta t)=v(t)+a(t)\Delta t+\frac{1}{2}b(t)\Delta t^2+\cdots$ │
│ $a^p(t+\Delta t)=a(t)+b(t)\Delta t+\cdots$ │
│ $b^p(t+\Delta t)=b(t)+\cdots$ │
└─────────────────────────────────────────┘
                    ↓
┌─────────────────────────────────────────┐
│ 误差估计：计算受力获得预测误差             │
└─────────────────────────────────────────┘
                    ↓
┌─────────────────────────────────────────┐
│ $\Delta a(t+\Delta t)=a^c(t+\Delta t)-a^p(t+\Delta t)$ │
└─────────────────────────────────────────┘
                    ↓
┌─────────────────────────────────────────┐
│ 校正阶段：对预测的位置、速度和加速度等进行校正 │
└─────────────────────────────────────────┘
                    ↓
┌─────────────────────────────────────────┐
│ $r^c(t+\Delta t)=r^p(t)+c_0\Delta a(t+\Delta t)$ │
│ $v^c(t+\Delta t)=v^p(t)+c_1\Delta a(t+\Delta t)$ │
│ $a^c(t+\Delta t)=a^p(t)+c_2\Delta a(t+\Delta t)$ │
│ $b^c(t+\Delta t)=b^p(t)+c_3\Delta a(t+\Delta t)$ │
└─────────────────────────────────────────┘
```

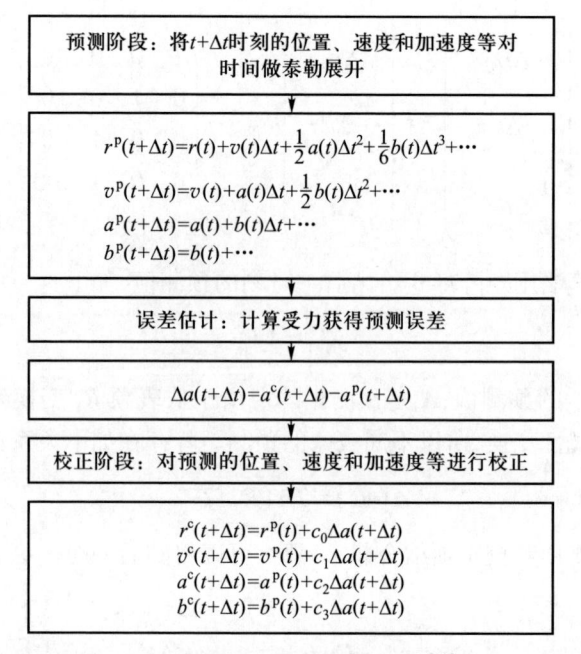

图 9-12　Gear 预测校正算法的具体步骤[39]

（1）预测阶段：对后一时刻的位置、速度、加速度等做泰勒展开，表示如下：

$$r^p(t+\Delta t) = r(t)+v(t)\Delta t+\frac{1}{2}a(t)\Delta t^2+\frac{1}{6}b(t)\Delta t^3+\cdots$$
$$v^p(t+\Delta t) = v(t)+a(t)\Delta t+\frac{1}{2}b(t)\Delta t^2+\cdots \qquad (9-107)$$
$$a^p(t+\Delta t) = a(t)+b(t)\Delta t+\cdots$$
$$b^p(t+\Delta t) = b(t)+\cdots$$

式中，$v(t)$ 和 $a(t)$ 分别是速度和加速度；$b(t)$ 是位置对时间的三阶导数。

（2）误差估计：选取加速度为参考量，即 $\Delta G = \Delta a$。根据预测的后一时刻原子位置 $r^p(t+\Delta t)$ 计算出后一时刻的受力，由此获得校正的后一时刻加速度 $a^c(t+\Delta t)$。该加速度与直接预测的后一时刻加速度 $a^p(t+\Delta t)$ 进行比较，从而获得参考量的预测误差：

$$\Delta a(t+\Delta t) = a^c(t+\Delta t)-a^p(t+\Delta t) \qquad (9-108)$$

（3）校正阶段：利用以上估计的预测误差对预测量（位置、速度和加速度）进行校正，表示如下：

$$r^c(t+\Delta t) = r^p(t) + c_0 \Delta a(t+\Delta t)$$
$$v^c(t+\Delta t) = v^p(t) + c_1 \Delta a(t+\Delta t)$$
$$a^c(t+\Delta t) = a^p(t) + c_2 \Delta a(t+\Delta t)$$
$$b^c(t+\Delta t) = b^p(t) + c_3 \Delta a(t+\Delta t)$$
(9-109)

需要注意的是，预测校正算法的前提条件是预测参考量与校正参考量的差很小。关于其他表象下的预测校正情况，如 3 值 C 表象或 5 值 F 表象的 Gear 算法，可以参考相关文献[41]。

9.5.3 算法比较与时间步长

运动方程数值求解算法的优劣直接决定着分子动力学模拟的精度和稳定性，为此需要从多个方面评估数值算法的质量，如速度和效率、精度和稳定性、能量守恒、存储需求、时间步长等。下面从这几个方面分析一下算法特征差异和算法选择原则，以及时间步长的设定。

1. 算法特征差异

虽然原始 Verlet 算法格式相对简单，但是后一时刻的位置由一个小项和两大项的差计算得到，这样会导致精度损失，另外，该算法没有给出显式速度迭代项。蛙跳 Verlet 算法给出了显式速度迭代项，速度和精度得到提升，计算量较小，但是位置和速度交替出现，并不同步。速度 Verlet 算法的精度和稳定性都很好，但是存储需求相对较高。Gear 预测校正算法精度最高，但是该算法涉及的变量较多，对于存储要求更高。总体上来说，三种 Verlet 预测算法不仅容易实现、速度快、效率高，而且在较大时间步长情况下具有较高精度，然而，Gear 预测校正算法在较小时间步长情况下具有更高的精度。

2. 算法选择原则

虽然针对运动方程的数值算法千差万别，但是选择合适的算法需要结合模拟需求综合考虑以下多方面因素。① 计算消耗：力的计算通常是分子动力学模拟中最耗时的部分，因此，数值算法应尽可能减少迭代过程中计算力的次数。② 计算精度：数值算法的精度不仅与泰勒展开式的截断误差直接相关，而且依赖于时间步长的大小，因此需要从这两方面尽可能准确地再现体系的真实轨迹。③ 算法稳定性：算法稳定性与时间步长有关，因此，在保证稳定性的前提下应尽可能提高时间步长。④ 能量和动量守恒：针对不同系综，算法应满足能量守恒和动量守恒定律。除以上因素外，其他需要考虑的还包括时间可逆性、算法简单性、内存需求、易于编程等。

在数值算法选择过程中，算法的内存需求与其他几个因素相比并不是很重要，这是因为当前的大多数计算机的内存容量用于存储位置、速度和加速度往往不成问题,与耗时的力计算相比,数值算法所消耗的计算时间就显得微不足道了[42]。提高算法精度的一种有效方法就是采用较大的时间步长,因为较大的时间步长能够在给定的模拟时间内包括更多的差分时间步;然而,从算法的稳定性角度来看,时间步长越大,体系运动的轨迹也就越偏离正确的轨迹。任何数值算法都不可能完全地遵循精确的运动轨迹,这是由差分格式所决定的。尽管初始轨迹相同,由于存在累计的差分误差,最终会导致轨迹随着时间的推移,以指数方式偏离理想的轨迹。由此可见,在时间步长的选择上,应该综合考虑精度和稳定性两个因素。

决定数值算法质量的重要因素应该是能量守恒和动量守恒。粒子的运动轨迹应当维持在相空间的等能面上,否则就不能产生正确的系综平均。能量守恒随着时间步长的增大而降低,因此需要平衡算法互相矛盾的两个方面的经济性和准确性。当然,一个好的数值算法应该在保持尽可能好的能量守恒的同时,能够采用较大的时间步长。与能量守恒的重要性相比,动量守恒虽然也很重要,但通常容易实现。

在数值算法选择上,还经常考虑算法的简单性。一个简单的数值算法将只涉及存储位置和速度等,进而有利于编程。算法对提高速度的贡献与算法复杂性可能导致错误的后果相比,后者可能会更重要。

3. 时间步长的设定

对于分子动力学模拟来说,时间步长的设定至关重要,既不能太大也不能太小。太大的时间步长会导致模拟失稳;而太小的时间步长会降低搜索相空间的效能。针对不同温度的模拟,也应选择不同的时间步长:通常温度越高,时间步长越小。下面通过捕捉跳芭蕾过程来展示时间步长的设置原则。如果芭蕾舞者跳起高度为 2 m,空中滞留 1 s,那么为了捕捉这一完整动态过程,相机需要 5~10 帧/s。于是,针对固体体系的模拟,考虑到晶格振动频率为 10^{-14} s,那么捕捉到该过程的模拟需要设定时间步长近似为 10^{-15} s(fs)。在保证能量守恒和算法稳定性的条件下,应尽可能增大时间步长,从而获得更长的模拟时间。通常来讲,在原子行为模拟中原子在每个时间步内移动幅度不要超过最近邻原子距离的 1/30,与之相对应的典型时间步长为 0.1~10 fs。表 9-2 给出了常规分子动力学模拟体系建议采用的时间步长[43]。

表 9-2 常规分子动力学模拟体系建议采用的时间步长[43]

体系	涉及的分子运动模式	建议的时间步长
原子体系	平动	10 fs
刚性分子体系	平动、转动	5 fs

续表

体系	涉及的分子运动模式	建议的时间步长
非刚性分子刚性键体系	平动、转动、扭转	2 fs
非刚性分子非刚性键体系	平动、转动、扭转、振动	0.5~1 fs

9.5.4 约束数值算法

前面介绍的数值算法可以直接应用在无约束的理想原子体系中,但是真实的分子体系或固体体系往往涉及各种约束,需要考虑原子在这些约束条件下的运动。在多原子分子体系中,存在各种不同速度的运动模式,如键伸缩、键角弯曲、二面角扭曲等分子内运动,以及平动和转动等分子间运动。如果强行约束分子内部运动,把整个多原子分子作为一个刚体,那么模拟将不能真实反映分子内部运动特征以及对分子间运动的影响,与实际情况的偏差较大。鉴于以上情况,对于约束部分运动模式的同时允许其他运动模式的分子体系,可以在约束动力学框架下进行运动方程的数值求解,即约束数值算法[11]。

在分子动力学模拟中施加约束的方法有三种途径[7]。第一种途径是直接对需要约束的运动模式通过增大力常数施加一个较大的约束力,属于显式算法。由于增大力常数等价于增大振动频率,因此这种方法在较大的时间步长情况下容易导致模拟失效。第二种途径是采用新的无约束广义坐标取代原来的带约束广义坐标,进而对无约束的微分方程进行数值求解。对于复杂的体系,约束方程会变得相当复杂,这种方法将无法实现。第三种途径属于隐式算法,通过拉格朗日乘子的迭代求解获得满足约束条件的约束力的极值,进而对原子受力进行修正实现特定的约束条件。下面将重点围绕第三种隐式算法加以介绍。

1. SHAKE 算法

1977 年,Ryckaert 等提出将 SHAKE 算法与 Verlet 预测算法联合使用,可实现约束动力学模拟,是目前广泛采用的一种约束分子动力学算法[44]。该算法先求解没有约束的运动方程,然后根据约束条件确定约束力的大小,最后对粒子坐标进行校正以满足约束条件。这种方法可以用于完全刚性或者部分刚性的多原子分子体系的动力学模拟,大大降低了模拟的复杂性。下面简单介绍一下该算法的实现过程[7,44]。

(1) 在约束情况下,受约束粒子在后一时刻 $t+\Delta t$ 的位置表示如下:

$$r_i(t+\Delta t) = r_i'(t+\Delta t) + \frac{\Delta t^2}{2m_i} \sum_{k=1}^{n} \lambda_k \nabla \sigma_{k,i}(t) \qquad (9\text{-}110)$$

式中,r_i' 是未加约束的粒子位置;λ_k 是拉格朗日乘子,需要根据约束条件进行迭代确定;$\nabla\sigma_{k,i}$是约束梯度;n是约束数目。

(2) 调整拉格朗日乘子$\{\lambda_k\}$使其满足如下约束条件:

$$\sigma_{ij}(t) = |r_j(t)-r_i(t)|^2 - d_{ij}^2 = 0, \quad j=1,2,\cdots,n \tag{9-111}$$

(3) 将受约束粒子位置(9-110)代入上式,可以得到如下非线性联立方程组:

$$\left| r_j'(t+\Delta t) - r_i'(t+\Delta t) + \frac{\Delta t^2}{2}\sum_{k=1}^{n}\lambda_k\left[\frac{\nabla\sigma_{k,j}(t)}{m_j} - \frac{\nabla\sigma_{k,i}(t)}{m_i}\right]\right|^2 = d_{ij}^2 \tag{9-112}$$

(4) 采用迭代方法求解n个拉格朗日乘子$\{\lambda_k\}$($k=1,2,\cdots,n$)。每次迭代均需将粒子位置做一次调整,表示如下:

$$r_{i,\text{new}}'(t+\Delta t) \leftarrow r_{i,\text{old}}'(t+\Delta t) + \sum_{k=1}^{n}\lambda_k^l\frac{\partial\sigma_{k,i}(t)}{\partial r_i} \tag{9-113}$$

基于上式,从$l=0$开始重复以上步骤直至获得满足约束条件的位置,并终止迭代。

(5) 当满足收敛标准时,得到的$r_{i,\text{new}}'$就是受约束后的粒子位置$r_i(t+\Delta t)$。

由此可见,SHAKE算法的基本特征如下:在分子动力学模拟过程中,通过将位移矢量添加到非约束粒子位置来满足约束。位移矢量的确定依赖于最终的粒子位置是否满足约束条件。由于约束可能是相互依存的,因此通过SHAKE算法重置粒子位置是一个连续考虑所有约束的迭代过程[45]。

最初,SHAKE算法与蛙跳Verlet预测算法联合使用,之后van Gunstern等进一步将SHAKE算法应用到预测校正算法中[45]。为了便于后续讨论,下面采用如下SHAKE标识SHAKE(r_1,r_2,r_3)表示在某一时刻无约束位置r_2经过迭代重置为受约束位置r_3,而位移矢量r_3-r_2的方向由参考位置r_1确定。下面给出SHAKE算法用于预测校正算法的基本步骤[11,46]。

(1) 根据当前时刻的位置、速度和加速度,应用预测矩阵B计算后一时刻的位置、速度和加速度,表示如下:

$$x^p(t+\Delta t) = Bx(t) \tag{9-114}$$

式中,x和x^p可以是位置r、速度v或加速度a;预测矩阵B取决于展开阶数。

(2) 在不考虑约束力f_{const}的情况下,应用校正算法计算后一时刻$t+\Delta t$的位置r_2,表示如下:

$$r_2 = r^c(t+\Delta t) = r^p(t+\Delta t) - \frac{b_0\Delta t^2}{2}a^p(t+\Delta t) \tag{9-115}$$

式中,b_0是校正系数。

(3) 以位置 $r(t)$ 为参考,经过 SHAKE 过程,将上面无约束位置 r_2 校正为受约束位置 r_3,如下:

$$r_3 \leftarrow \text{SHAKE}[r(t), r_2, r_3] \tag{9-116}$$

(4) 在不考虑约束力 f_{const} 的情况下,后一时刻 $t+\Delta t$ 的位置 $r_{\text{free}}(t+\Delta t)$ 可以应用下面表达式进行校正:

$$r_{\text{free}}(t+\Delta t) = r_3 + \frac{b_0 \Delta t^2}{2m} f_{\text{free}}^{\text{p}}(t+\Delta t) \tag{9-117}$$

式中,$f_{\text{free}}^{\text{p}}(t+\Delta t)$ 代表 $f_{\text{free}}(r^{\text{p}}(t+\Delta t))$。

(5) 以预测 $r^{\text{p}}(t+\Delta t)$ 为参考,经过 SHAKE 过程,将上面产生的位置 $r_{\text{free}}(t+\Delta t)$ 校正为受约束的位置 $r_{\text{tot}}(t+\Delta t)$,如下:

$$r_{\text{tot}}(t+\Delta t) \leftarrow \text{SHAKE}[r^{\text{p}}(t+\Delta t), r_{\text{free}}(t+\Delta t), r_{\text{tot}}(t+\Delta t)] \tag{9-118}$$

(6) 约束力 f_{const} 可以通过位置 $r_{\text{tot}}(t+\Delta t)$ 和 $r_{\text{free}}(t+\Delta t)$ 之差计算得到,表示如下:

$$f_{\text{const}} = 2[r_{\text{tot}}(t+\Delta t) - r_{\text{free}}(t+\Delta t)]m/(b_0 \Delta t^2) \tag{9-119}$$

(7) 计算粒子的总受力。由于存在约束,总力 f_{tot} 可以分解为两部分:无约束力 f_{free} 和约束力 f_{const},表示如下:

$$f_{\text{tot}} = f_{\text{free}} + f_{\text{const}} \tag{9-120}$$

(8) 最后的位置 $r(t+\Delta t)$ 是第(5)步 SHAKE 后受约束位置 $r_{\text{tot}}(t+\Delta t)$,无需进一步校正,表示如下:

$$r(t+\Delta t) = r_{\text{tot}}(t+\Delta t) \tag{9-121}$$

最后的速度则需要应用总的受力 f_{tot} 进行校正得到,表示如下:

$$v(t+\Delta t) = \frac{[B_{11}r(t+\Delta t) + Y]}{\Delta t} + (b_1 - B_{11}b_0)\frac{\Delta t}{2}[f_{\text{tot}}^{\text{p}}(t+\Delta t)/m - a^{\text{p}}(t+\Delta t)] \tag{9-122}$$

式中,b_0 和 b_1 是校正系数;$f_{\text{tot}}^{\text{p}}(t+\Delta t)$ 代表 $f_{\text{tot}}(r^{\text{p}}(t+\Delta t))$;$Y$ 是与速度校正相关的参数,该参数通过对展开阶数求和来保证计算过程的稳定性,即 $Y = \sum_{i=0, i \neq 1}^{k-1}(B_{1i} - B_{11}B_{0i})r_i(t)$。

SHAKE 算法通过简单加入额外的距离约束来实现对键角的约束。通常具有 n 个约束的多原子分子体系,每一时间步为了求解拉格朗日乘子都需要对 $n \times n$ 阶矩阵求逆,消耗额外计算时间。对只有少数几个约束的小分子体系来说,算法还是非常有效的,但是对于存在大量约束的大分子体系,上述方法的效率会有所降低。尽管如此,对于只需考虑近邻原子约束的分子体系,矩阵求解退化为稀疏矩阵,可用高效的数值算法实现,因此,SHAKE 算法对于具有较多约束的大分子体系的模拟同样是一种高效的算法。

2. RATTLE 算法

SHAKE 算法能够很好地与蛙跳 Verlet 算法和 Gear 预测校正算法结合,很大程度地解决了约束动力学模拟问题。1983 年,Andersen 将约束条件应用在速度 Verlet 算法中,即速度 SHAKE 算法,常称为 RATTLE 算法[47]。这种算法通过当前时刻的位置和速度,不需要前一时刻的信息就可以预测后一时刻的位置和速度。下面给出该算法涉及的关键差分方程[47]。

如果 i 和 j 是受约束的一对原子,那么该对原子距离的约束定义如下:

$$\sigma_{ij}(t) = |r_i(t) - r_j(t)|^2 - d_{ij}^2 = 0 \tag{9-123}$$

式中,$r_i(t)$ 和 $r_j(t)$ 分别是一对约束原子 i 和 j 的坐标;d_{ij} 是原子 i 和 j 之间的约束距离。

另外,约束方程的时间导数给出了对速度的约束,如下:

$$[\dot{r}_i(t) - \dot{r}_j(t)] \cdot [r_i(t) - r_j(t)] = 0 \tag{9-124}$$

由约束导致作用在原子 i 上的约束力表示如下:

$$g_i = -\sum_{j \neq i} \lambda_{ij}(t) \frac{\partial \sigma_{ij}(t)}{\partial r_i} \tag{9-125}$$

式中,$\lambda_{ij}(t)$ 是与分子内约束力相关的拉格朗日乘子,求和符号代表与原子 i 通过约束相连接的所有原子 j 的总和。

于是,RATTLE 算法的第一个方程表示如下:

$$r_i(t+\Delta t) = r_i(t) + \dot{r}_i(t)\Delta t + \frac{\Delta t^2}{2m_i}[f_i(t) - 2\sum_j \lambda_{ij}^{RR}(t) r_{ij}(t)] \tag{9-126}$$

式中,$r_{ij}(t) = r_i(t) - r_j(t)$;拉格朗日乘子 λ_{ij}^{RR} 通过满足在 $t+\Delta t$ 时刻的位置约束条件(9-123)确定。

RATTLE 算法的第二个方程表示如下:

$$\dot{r}_i(t+\Delta t) = \dot{r}_i(t) + \frac{\Delta t}{2m_i}\Big[f_i(t) - 2\sum_j \lambda_{ij}^{RR}(t) r_{ij}(t) +$$

$$f_i(t+\Delta t) - 2\sum_j \lambda_{ij}^{RV}(t+\Delta t) r_{ij}(t+\Delta t)\Big] \tag{9-127}$$

式中,拉格朗日乘子 λ_{ij}^{RV} 通过满足在 $t+\Delta t$ 时刻的速度约束条件(9-124)确定。

SHAKE 算法的迭代过程可以用于求解以上方程中的 λ_{ij}^{RR} 和 λ_{ij}^{RV}。假定在 t 时刻的位置、速度和受力,那么通过简单修改 SHAKE 算法的迭代步骤来计算后一时刻 $t+\Delta t$ 的位置、速度和受力。为了简化以上方程形式,定义三个变量:g_{ij},k_{ij} 和 q_i,表示如下:

$$\begin{aligned}g_{ij} &= \lambda_{ij}^{RR}(t)\Delta t \\ k_{ij} &= \lambda_{ij}^{RV}(t+\Delta t)\Delta t \\ q_i &= \dot{r}_i(t) + \frac{\Delta t}{2m_i}f_i(t) - \frac{1}{m_i}\sum_{j\neq i}g_{ij}r_{ij}(t)\end{aligned} \quad (9-128)$$

于是,式(9-126)和式(9-127)可以表示如下:

$$\begin{aligned}r_i(t+\Delta t) &= r_i(t) + \Delta t q_i \\ \dot{r}_i(t+\Delta t) &= q_i + \frac{\Delta t}{2m_i}f_i(t+\Delta t) - \frac{1}{m_i}\sum_{j\neq i}k_{ij}r_{ij}(t+\Delta t)\end{aligned} \quad (9-129)$$

下面详细说明该算法的迭代过程[47]:

(1)从 $q_i = \dot{r}_i(t) + \frac{\Delta t}{2m_i}f_i(t)$ 开始,应用迭代方法求解出满足所有约束条件的 q_i,进而求解出后一时刻 $t+\Delta t$ 的坐标 $r_i(t+\Delta t)$。有了后一时刻的坐标,可以计算后一时刻 $t+\Delta t$ 的受力 $f_i(t+\Delta t)$。

(2)在后一时刻的坐标和受力的基础上,从 $\dot{r}_i(t+\Delta t) = q_i + \frac{\Delta t}{2m_i}f_i(t+\Delta t)$ 开始,应用迭代方法求解出后一时刻 $t+\Delta t$ 满足所有约束条件的速度 $\dot{r}_i(t+\Delta t)$。

(3)当迭代过程满足预先设定的收敛标准时,输出满足所有约束条件的后一时刻 $t+\Delta t$ 的位置 $r_i(t+\Delta t)$ 和速度 $\dot{r}_i(t+\Delta t)$。

类似于 SHAKE 算法,RATTLE 算法基于速度 Verlet 算法保留了使用原子的笛卡儿坐标来描述具有内部约束分子的简单性。RATTLE 算法根据当前时刻的位置和速度计算后一时刻的位置和速度,而不需要以前时刻的位置和速度信息。另外,RATTLE 算法保证分子内原子的坐标和速度在每个时刻都满足内部约束。与 SHAKE 算法相比,RATTLE 算法有两个优点:该算法的精度通常高于 SHAKE 算法;另外,由于 RATTLE 算法直接处理速度,因此更容易实现恒温和恒压的调控,以及非平衡模拟。尽管如此,RATTLE 算法需要计算两组约束力,而 SHAKE 算法只需要计算一组约束力,前者的计算时间要比后者长。总之,在约束分子动力学模拟中,RATTLE 算法和 SHAKE 算法是两种应用最为广泛的约束动力学方法。在此之后,也发展了一系列算法,如矩阵反演方法和连续松弛方法等,读者可以参考相关文献[47]。

参 考 文 献

[1] Schlegel H B. Optimization of equilibrium geometries and transition structures[J]. Journal of Computational Chemistry, 1982, 3(2): 214-218.

[2] Eyring H. The activated complex in chemical reactions[J]. The Journal of Chemical Physics, 1935, 3(2): 107-115.

[3] Evans M G, Polanyi M. Some applications of the transition state method to the calculation of reaction velocities, especially in solution[J]. Transactions of the Faraday Society, 1935, 31: 875-894.

[4] Henkelman G, Uberuaga B P, Jónsson H A climbing image nudged elastic band method for finding saddle points and minimum energy paths[J]. The Journal of Chemical Physics, 2000, 113(22): 9901-9904.

[5] Sholl D S, Steckel J A. 密度泛函理论[M]. 李健, 周勇, 译. 北京: 国防工业出版社, 2014.

[6] Vineyard G H. Frequency factors and isotrope effects in solid state rate process[J]. Journal of Physics and Chemistry of Solids, 1957, 3: 121-127.

[7] 陈敏伯. 计算化学: 从理论化学到分子模拟[M]. 北京: 科学出版社, 2009.

[8] 陈玉英, 严军, 许凤, 等. Matlab 优化设计及其应用[M]. 北京: 中国铁道出版社, 2017.

[9] 周昕, 王延颋. 软物质的分子建模与模拟[M]. 北京: 科学出版社, 2021.

[10] Hestenes M R, Stiefel E. Methods of conjugate gradients for solving linear systems[J]. Journal of Research of the National Bureau of Standards, 1952, 49(6): 409-436.

[11] 苑世领, 张恒, 张冬菊. 分子模拟: 理论与实验[M]. 北京: 化学工业出版社, 2016.

[12] Nelder J A, Mead R. A simplex method for function minimization[J]. The Computer Journal, 1965, 7(4): 308-313.

[13] Lagarias J C, Reeds J A, Wright M H, et al. Convergence properties of the Nelder-Mead simplex method in low dimensions[J]. SIAM Journal on Optimization, 1998, 9(1): 112-147.

[14] MathWorks. 优化[EB/OL]. [2023-10-27].

[15] Leach A R. Molecular modelling: Principles and applications[M]. 2nd ed. Pearson Education, 2001.

[16] Tadmor E B, Miller R E. Modeling materials: Continuum, atomistic and multiscale techniques[M]. Cambridge: Cambridge University Press, 2011.

[17] Munro L J, Wales D J. Defect migration in crystalline silicon[J]. Physical Review B, 1999, 59(6): 3969-3980.

[18] Malek R, Mousseau N. Dynamics of Lennard-Jones clusters: A characterization of the activation-relaxation technique[J]. Physical Review E, 2000, 62(6): 7723-7728.

[19] Henkelman G, Jónsson H. A dimer method for finding saddle points on high dimensional potential surfaces using only first derivatives[J]. The Journal of Chemical Physics, 1999, 111(15): 7010-7022.

[20] Mills G, Jónsson H. Quantum and thermal effects in H_2 dissociative adsorption: Evaluation of free energy barriers in multidimensional quantum systems[J]. Physical Review Letters, 1994, 72(7): 1124.

[21] Doye J P K, Wales D J. Surveying a potential energy surface by eigenvector-following[J]. Zeitschrift für Physik D Atoms, Molecules and Clusters, 1997, 40(1): 194-197.

[22] Barkema G T, Mousseau N. Event-based relaxation of continuous disordered systems[J]. Physical Review Letters, 1996, 77(21): 4358.

[23] Mousseau N, Barkema G T. Traveling through potential energy landscapes of disordered materials: The activation-relaxation technique[J]. Physical Review E, 1998, 57(2): 2419-2424.

[24] Schaefer B, Mohr S, Amsler M, et al. Minima hopping guided path search: An efficient method for finding complex chemical reaction pathways[J]. The Journal of Chemical Physics, 2014, 140(21): 214102.

[25] Mills G, Jónsson H, Schenter G K. Reversible work transition state theory: Application to dissociative adsorption of hydrogen[J]. Surface Science, 1995, 324(2-3): 305-337.

[26] Jónsson H, Mills G, Jacobsen K W. Nudged elastic band method for finding minimum energy paths of transitions[M]//Classical and quantum dynamics in condensed phase simulations. 1998: 385-404.

[27] Henkelman G, Jóhannesson G, Jónsson H. Methods for finding saddle points and minimum energy paths[M]//Theoretical methods in condensed phase chemistry. Dordrecht: Springer, 2002: 269-302.

[28] Henkelman G, Jónsson H. Improved tangent estimate in the nudged elastic band method for finding minimum energy paths and saddle points[J]. The Journal of Chemical Physics, 2000, 113(22): 9978-9985.

[29] Weinan E, Ren W, Vanden-Eijnden E. String method for the study of rare events[J]. Physical Review B, 2002, 66(5): 052301.

[30] Asada T, Sawada N, Haruta M, et al. Climbing end image algorithm to locate transition states[J]. Chemical Physics Letters, 2021, 775: 138658.

[31] Ekeland I. Le meilleur des mondes possibles: Mathématiques et destinée[M]. Paris: Éditions du Seuil, 2000.

[32] Tsuneda T. Density functional theory in quantum chemistry[M]. Tokyo: Spinger, 2014.

[33] Hamilton W R XV. On a general method in dynamics, by which the study of the motions of all free systems of attracting or repelling points is reduced to the search and differentiation of one central relation, or characteristic function[J]. Philosophical Transactions of the Royal Society of London, 1834(124): 247-308.

[34] Gauß C F. Uber ein neues allgemeines Grundgesetz der Mechanik[J]. Journal für die Reine und Angewandte Mathematik, 1829, 4:232.

[35] Verlet L. Computer "experiments" on classical fluids. I. Thermodynamical properties of Lennard-Jones molecules[J]. Physical Review, 1967, 159(1): 98-103.

[36] Verlet L. Computer "experiments" on classical fluids. II. Equilibrium correlation functions[J]. Physical Review, 1968, 165(1): 201-204.

[37] Hockney R W. The potential calculation and some applications [J]. Methods in Computational Physics: Advances in Research and Applications, 1970, 9: 136.

[38] Swope W C, Andersen H C, Berens P H, et al. A computer simulation method for the calculation of equilibrium constants for the formation of physical clusters of molecules: Application to small water clusters[J]. The Journal of Chemical Physics, 1982, 76(1): 637-649.

[39] Gear C W. Numerical initial value problems in ordinary differential equations [M]. Prentice Hall Press, 1971.

[40] Haile J M. Molecular dynamics simulation: Elementary methods[M]. Wiley, 1992.

[41] Berendsen H J C, Van Gunsteren W F. Molecular-dynamics simulation of statistical-mechanical systems[M]. Amsterdam: North-Holland Publishing Co., 1986.

[42] Allen M P, Tildesley D J. Computer simulation of liquids[M]. Oxford: Oxford University Press, 2017.

[43] 陈正隆,徐为人,汤立达. 分子模拟的理论与实践[M]. 北京:化学工业出版社, 2007.

[44] Ryckaert J P, Ciccotti G, Berendsen H J C. Numerical integration of the cartesian equations of motion of a system with constraints: Molecular dynamics of n-alkanes[J]. Journal of Computational Physics, 1977, 23(3): 327-341.

[45] Van Gunsteren W F, Berendsen H J C. Algorithms for macromolecular dynamics and constraint dynamics[J]. Molecular Physics, 1977, 34(5): 1311-1327.

[46] Brown D. The force of constraint in predictor-corrector algorithms for shake constraint dynamics[J]. Molecular Simulation, 1997, 18(6): 339-348.

[47] Andersen H C. Rattle: A "velocity" version of the shake algorithm for molecular dynamics calculations[J]. Journal of Computational Physics, 1983, 52(1): 24-34.

第 10 章
统计系综和主要技术

统计力学是分子模拟方法的理论基础之一,它是从宏观物体由大量微观粒子组成出发,假定物体的宏观性质是大量微观粒子行为的集体表现,宏观物理量是相应微观物理量的统计均值。对于近独立粒子组成的体系,可以采用最概然分布方法,但是对于考虑粒子之间相互作用的体系,则需要采用系综理论对体系的微观状态加以处理[1]。本章第一部分将重点介绍统计系综的概念以及各种系综调控技术,如能量调控技术、温度调控技术和压强调控技术。

除了针对系综的调控技术,在实际分子模拟中仍然存在诸多挑战,遇到各种形式的困难。针对这些挑战和困难,本章第二部分将重点介绍分子模拟过程中的主要建模和计算技术,如初始条件的设定、边界条件的选择和作用力的计算。其中,计算作用力无疑是分子模拟的关键问题。单纯考虑成对粒子之间的相互作用情况,对于成千上万个粒子组成的体系来说是不现实的,需要针对不同情况加以简化,这样不仅能够扩大模拟的空间尺度和时间尺度,而且能够有效地提升模拟的效率。

10.1 统计系综

根据经典力学理论,热力学体系的微观运动状态在广义坐标和广义动量构成的相空间中形成连续的空间分布,称为状态空间,用符号 $\varGamma$ 表示。状态空间中的任一代表点都与该热力学体系的瞬时微观状态相对应。根据量子力学理论,热力学体系所处的微观状态可以用体系的量子态表示。根据测不准原理,孤立体系总能量可以在有限能量范围 $E+\delta E$ 内变化,这里,δE 不仅需要在宏观上足够小用以区分量子态,而且需要在微观上足够大用以包含众多能级。因此,热力学体系的宏观量需要在特定宏观条件下通过统计方法获得,即所有可能的微观状态的统计均值。为了构建这种微观状态与宏观量之间的桥梁,需要引入统计系综理论。

作为平衡态统计力学的普遍理论,系综理论采用统计方法描述热力学体系统计规律,为研究相互作用微观粒子组成的体系奠定了理论基础。假设存在化学组成、宏观结构特征和性质完全相同的一大群系统,如果这些系统在相同的宏观约束条件下具有不同的微观运动状态,即微观相互独立可分,那么这样宏观相同而微观可分的系统的集合称为统计系综,简称系综。需要注意的是,系综中每一个系统处在相同的宏观约束条件下,并且都具有相同的宏观结构和性质,宏观约束由一组外加宏观力学参量定义;系综是所有具有不同微观状态的系统的集合;系综提供了一个抽象的概念,并不对应实际体系,而构成系综的系统才是实际研究体系。

10.1.1 系综的分类

根据研究对象的特征,系综可以分为如下类型:微正则(NVE)系综、正则(NVT)系综、等温等压(NPT)系综、等压等焓(NPH)系综、巨正则(μVT)系综等。下面针对这些分类做进一步介绍如下。① 微正则系综表示具有确定的粒子数(N)、体积(V)和总能量(E),与外界没有能量和粒子交换。因此,属于该系综的体系的温度和压强会出现起伏变化。② 正则系综表示具有确定的粒子数(N)、体积(V)和温度(T),与外界发生能量交换,总动能不是守恒量。属于正则系综的体系需要保持温度不变,总动量为零,总能量和压强会出现起伏变化。③ 等温等压系综表示具有确定的粒子数(N)、压强(P)和温度(T)。属于该系综的体系需要保证温度和压强恒定。体系的恒定温度通过调整微观粒子速度来实现,而恒定压强通过标度其体积来实现。④ 等压等焓系综表示具有确定的粒子数(N)、压强(P)和焓(H),为此需要通过调节晶胞大小和形状来保持压强和焓恒定。⑤ 巨正则系综表示具有确定的体积(V)、温度(T)和化学势(μ),与外界既有能量交换又有粒子交换,于是属于该系综的体系的能量、压强和粒子数会出现起伏变化。恒定的温度和化学势是通过与大热源和大粒子源接触来实现的。⑥ 另外,还有其他种类系综,如吉布斯系综和半巨正则系综等,这里不做展开介绍。

10.1.2 系综的概率分布

从统计系综的概念出发,热力学体系所处的微观状态对应不同的量子态,即对应体系在各能级下以最概然方式排布的状态。描述这种量子态分布情况通常采用配分函数 Ω 表示,相应地,出现量子态的概率称为统计概率分布,常以 ρ 或 f 表示[2]。概率分布常表示为能量 E 的函数 $\rho(E)$ 或表示为广义坐标 q 和广义动量 p 的函数 $f(q,p)$,前者也称为能量分布。为了满足能量分布函数 $\rho(E)$ 是能量

E 的光滑函数,即与细分量 δE 的大小无关,那么 δE 必须包含足够多的微观状态数以满足统计小量,而不是数学无穷小量。这就意味着:δE 必须在宏观上非常小(远小于体系的总能量 E),另外,δE 又必须在微观上足够大(远大于体系的能级间隔)。

针对不同的系综,存在不同的分布函数。对于微正则系综,具有能量 E_i 的微观状态的配分函数表示如下:

$$\Omega^{NVE} = \sum_{i \in \Gamma} \delta(E_i - E) \tag{10-1}$$

相应地,具有能量 E_i 的微观状态的概率表示如下:

$$\rho^{NVE} = \frac{\delta(E_i - E)}{\Omega^{NVE}} \tag{10-2}$$

式中,E 是能量均值。

对于正则系综,具有能量 E_i 的微观状态的配分函数表示如下:

$$\Omega^{NVT} = \sum_{i \in \Gamma} \exp[-E_i/(k_B T)] = \sum_{i=0}^{\infty} \exp[-E_i/(k_B T)] \tag{10-3}$$

相应地,具有能量 E_i 的微观状态的概率表示如下:

$$\rho^{NVT} = \frac{\exp[-E_i/(k_B T)]}{\Omega^{NVT}} \tag{10-4}$$

式中,k_B 是玻尔兹曼常量;T 是温度。

对于等温等压系综,具有能量 E_i 和体积 V_j 的微观状态的配分函数表示如下:

$$\Omega^{NPT} = \sum_{i,j \in \Gamma} \exp[(-E_i + PV_j)/(k_B T)] = \sum_{j=0}^{\infty} \sum_{i=0}^{\infty} \exp[(-E_i + PV_j)/(k_B T)] \tag{10-5}$$

相应地,具有能量 E_i 和体积 V_j 的微观状态的概率表示如下:

$$\rho^{NPT} = \frac{\exp[(-E_i + PV_j)/(k_B T)]}{\Omega^{NPT}} \tag{10-6}$$

式中,P 是压强。

对于巨正则系综,具有能量 E_i 和粒子数 N_j 的微观状态的配分函数表示如下:

$$\Omega^{\mu VT} = \sum_{\Gamma} \exp[(-E_i+\mu N_j)/(k_B T)] = \sum_{j=0}^{\infty}\sum_{i=0}^{\infty} \exp[(-E_i+\mu N_j)/(k_B T)] \tag{10-7}$$

相应地，具有能量 E_i 和粒子数 N_j 的微观状态的概率表示如下：

$$\rho^{\mu VT} = \frac{\exp[(-E_i+\mu N_j)/(k_B T)]}{\Omega^{\mu VT}} \tag{10-8}$$

式中，μ 是化学势。

10.1.3 Liouville 方程

当体系处于平衡状态时，微观状态概率分布函数 $f(q,p)$ 与时间无关；当体系处于非平衡状态时，概率分布函数将随时间而演化[3-4]，即 $f(q,p,t)$。在系综理论中，随时间变化的分布函数 $f(q,p,t)$ 满足 Liouville 方程，如下：

$$\frac{\partial f}{\partial t} = -\{f, H\} \tag{10-9}$$

式中，大括号代表力学中的泊松括号，对于任意两个物理量 X 和 Y，在状态空间中表示如下：

$$\{X,Y\} = \sum_i \left(\frac{\partial X}{\partial q_i}\frac{\partial Y}{\partial p_i} - \frac{\partial Y}{\partial q_i}\frac{\partial X}{\partial p_i}\right) \tag{10-10}$$

如果概率分布函数 f 对时间 t 的偏导满足如下关系：

$$\frac{\partial f}{\partial t} = 0 \tag{10-11}$$

那么在状态空间中概率密度随时间演化将保持不变，即守恒，称为 Liouville 定理。这相当于状态空间的概率密度云随时间的变化犹如不可压缩的流体。由此可见，Liouville 方程实际上是分布函数 $f(q,p,t)$ 守恒的直接结果。如果采用经典的 Liouville 算符表示，式(10-9)可表示为如下形式[3]：

$$i\frac{\partial f}{\partial t} = Lf \tag{10-12}$$

式中，L 是 Liouville 算符，定义如下：

$$L(\cdot) = i\{(\cdot), H\} = -i\sum_i \left[\frac{\partial(\cdot)}{\partial q_i}\frac{\partial H}{\partial p_i} - \frac{\partial H}{\partial q_i}\frac{\partial(\cdot)}{\partial p_i}\right] \tag{10-13}$$

对比该 Liouville 方程和薛定谔方程的形式，可以发现两者具有非常相似的形式。

经典 Liouville 算符的解析解很容易求得，表示如下[3]：

$$f(q,p,t)=f(q,p,0)\mathrm{e}^{-\mathrm{i}Lt} \tag{10-14}$$

根据 $\mathrm{i}L(\cdot)=\{(\cdot),H\}$，物理量 $X(q,p,t)$ 的时间演化服从如下关系：

$$\frac{\mathrm{d}X}{\mathrm{d}t}=\frac{\partial X}{\partial t}+\mathrm{i}LX \tag{10-15}$$

如果物理量 X 不显含时间，并且 Liouville 算符 L 与时间无关，则可得如下关系式：

$$X[q(t),p(t)]=X[q(0),p(0)]\mathrm{e}^{-\mathrm{i}Lt} \tag{10-16}$$

根据分布函数 $f(q,p,t)$ 可以计算物理量 X 的系综平均，表示如下：

$$\langle X\rangle=\int_{\Gamma}\mathrm{d}\Gamma X(q,p,t)f(q,p,t) \tag{10-17}$$

于是，物理量 X 的系综均值满足如下方程：

$$\frac{\mathrm{d}\langle X\rangle}{\mathrm{d}t}=\int_{\Gamma}\mathrm{d}\Gamma\left(\frac{\mathrm{d}X}{\mathrm{d}t}f+X\frac{\mathrm{d}f}{\mathrm{d}t}\right)=\int_{\Gamma}\mathrm{d}\Gamma\frac{\mathrm{d}X}{\mathrm{d}t}f=\left\langle\frac{\mathrm{d}X}{\mathrm{d}t}\right\rangle \tag{10-18}$$

式中，Γ 代表状态空间。注意：右侧推导应用了 $\mathrm{d}f/\mathrm{d}t=0$。

如果物理量 X 不显含时间，$\partial X/\partial t=0$，那么 X 的归一化均值表示如下：

$$\langle X\rangle=\frac{\int f(q,p)X(q,p)\mathrm{d}q\mathrm{d}p}{\int f(q,p)\mathrm{d}q\mathrm{d}p} \tag{10-19}$$

10.1.4　演化算符和 Trotter 定理

根据上一节 Liouville 算符 L 的推导可知，体系的广义坐标 q 和广义动量 p 的时间演化可以写成与哈密顿方程的等价算符形式，如下[3-4]：

$$\dot{G}=\mathrm{i}LG=\{G,H\} \tag{10-20}$$

式中，G 代表广义坐标和广义动量组合 (q,p)；算符 L 具有厄密性，即 $L=L^{*}$。

从算符方程出发，根据初始条件 $G(0)=(q(0),p(0))^{\mathrm{T}}$ 可以写出微观状态时间演化的解析解，表示如下：

$$G(t)=G(0)\mathrm{e}^{-\mathrm{i}Lt}=\mathrm{e}^{\mathrm{i}Lt}G(0) \tag{10-21}$$

式中，$\mathrm{e}^{\mathrm{i}Lt}$ 称为演化算符，定义为幺正算符 $U(t)$，即 $U(t)=\mathrm{e}^{\mathrm{i}Lt}$，于是，由 Liouville 算符的厄密性可得如下关系式：

$$U^*(t)U(t) = e^{-iL^*t}e^{iLt} = e^{-iLt}e^{iLt} = 1 \tag{10-22}$$

虽然上面给出了微观状态随时间演变的方程,但是具体求解演化算符e^{iLt}存在困难。由 Liouville 算符的定义式(10-13)可知,L 可以分解为 L_1 和 L_2 两部分,表示如下:

$$L = L_1 + L_2 \tag{10-23}$$

式中,算符 L_1 和 L_2 表示如下:

$$L_1 = -\mathrm{i}\sum_i \left[\frac{\partial H}{\partial p_i}\frac{\partial(\cdot)}{\partial q_i}\right], \quad L_2 = -\mathrm{i}\sum_i \left[-\frac{\partial H}{\partial q_i}\frac{\partial(\cdot)}{\partial p_i}\right] \tag{10-24}$$

这里,L_1 和 L_2 不满足对易关系,即 $[L_1, L_2] = L_1L_2 - L_2L_1 \neq 0$。因此,不能把 L 的求解分解为两部分的乘积,导致演化算符因子化问题,表示如下:

$$e^{iL_1t}e^{iL_2t} \neq e^{i(L_1+L_2)t} \tag{10-25}$$

针对该问题,数学上的 Trotter 定理可以在一定条件下对演化算符进行近似处理,该定理数学形式如下:

$$e^{i(L_1+L_2)t} = \lim_{M\to\infty}\left(e^{\frac{iL_2t}{2M}}e^{\frac{iL_1t}{M}}e^{\frac{iL_2t}{2M}}\right)^M \tag{10-26}$$

式中,M 是足够大的有限数值。在选取足够大数值的 M 条件下,存在如下近似关系式:

$$e^{i(L_1+L_2)t/M} \approx e^{\frac{iL_2t}{2M}}e^{\frac{iL_1t}{M}}e^{\frac{iL_2t}{2M}} \tag{10-27}$$

在该近似式中,$\Delta t = t/M$ 对应较短的时间步长,相应的时间步进算符近似表示如下:

$$e^{i(L_1+L_2)\Delta t} \approx e^{\frac{iL_2\Delta t}{2}}e^{iL_1\Delta t}e^{\frac{iL_2\Delta t}{2}} = \tilde{U}(\Delta t) \tag{10-28}$$

式中,$\tilde{U}(\Delta t)$ 是幺正算符,能够保证演化过程的时间可逆性。如果将该算符作用于状态空间的广义坐标 q 和广义动量 p,那么可以推导出如下两个递推关系式:

$$\begin{aligned}\tilde{U}(\Delta t)q &= q(0) + \frac{\Delta t}{m}p(0) + \frac{\Delta t^2}{m}F(q(0)) \\ \tilde{U}(\Delta t)p &= p(0) + \frac{\Delta t}{2}[F(q(0)) + F(q(\Delta t))]\end{aligned} \tag{10-29}$$

对比第 9 章速度 Verlet 算法的结果,可以看出,这两个递推关系式正是速度 Verlet 算法中的位置和速度的二阶泰勒展开式。不同的是,这里所得到的结果采用 Liouville 算符和 Trotter 定理的严格推导得到,具有更强的理论基础,满足时间可逆性。

10.2 系综调控技术

系综调控是指在模拟过程中,通过调控体系的能量、温度和压强来保持它们恒定,涉及调能、调温和调压三个方面的系综调控技术。对于能量调控,常用的方法有速度标度法;对于温度调控,常用的方法有速度标度法和热浴法;对于压强调控,常用的方法有体积标度法和压浴法。在热浴法和压浴法中,通常采用扩展哈密顿量来实现,如 Nosé-Hoover 热浴法、Nosé-Poincaré 热浴法、Andersen 压浴法、Parrinello-Rahman 方法等。扩展哈密顿量方法的基本思想可以描述如下:通过引入虚拟变量来重新标度时间或空间维度,并将该虚拟变量作为新的广义坐标,进而引入与之相对应的虚拟质量和虚拟动量,在此基础上构造出新的扩展哈密顿量和哈密顿运动方程。扩展哈密顿量方法明确了从基本原理上追求完美动力学的方法,即动力学方程应该满足准遍历性、时间可逆性、数值稳定性和系综分布特征[5]。

10.2.1 能量调控技术

分子动力学模拟用时间平均 $\bar{A}$ 代替系综平均 $\langle A \rangle$,即 $\langle A \rangle_{NVE} = \bar{A}_{NVE}$。在 NVE 系综下进行平衡态模拟过程中,坐标和动量轨迹的时间平均等于微正则系综平均。孤立体系的总能量是守恒量,沿着分子动力学模拟的相空间中的任一轨迹的能量保持不变,而体系的动能和势能不是守恒量,沿着轨迹发生变化。假定粒子的瞬时动能和势能分别用符号 K 和 U 表示,那么动能的时间均值表示如下:

$$\bar{K} = \lim_{t' \to \infty} \frac{1}{t' - t_0} \int_{t_0}^{t'} K(t) \, dt \tag{10-30}$$

同样,势能的时间均值表示如下:

$$\bar{U} = \lim_{t' \to \infty} \frac{1}{t' - t_0} \int_{t_0}^{t'} U(t) \, dt \tag{10-31}$$

式中,t_0 和 t' 分别是时间的起点和终点。

在实际的分子动力学模拟中,动能均值可以通过计算各个时间点 μ 上的瞬时动能得到,表示如下:

$$\bar{K} = \frac{1}{n - n_0} \sum_{\mu > n_0}^{n} \left[\frac{1}{2} \sum_i m (v_i^2)^\mu \right] \tag{10-32}$$

同样,势能均值可以通过计算各个时间点 μ 上的瞬时势能得到,表示如下:

$$\bar{U} = \frac{1}{n-n_0} \sum_{\mu>n_0}^{n} \sum_{i<j} [u(r_{ij})]^{\mu} \qquad (10-33)$$

式中,n_0 和 n 分别对应起始和终止的时间点。

为了将模拟体系调控到恒定总能量,在一定初始条件下通过对速度进行标度来实现对总能量的调节,直至体系达到预期的状态。此调节过程可以通过速度标度因子 η 来实现,即 $\eta v_i^n \rightarrow v_i^{n+1}$,其中,标度因子 η 可由能量均分原理计算得到。由于这种直接速度标度方法会造成微观粒子速度的急剧变化,因此往往需要足够的弛豫时间使得体系趋于平衡。

10.2.2 温度调控技术

温度是表征大量粒子集体热运动剧烈程度的宏观物理量。在 *NVT* 或 *NPT* 系综下,温度调控可以通过改变模拟体系中粒子速度来实现,也可以通过在体系中添加虚拟热浴变量来实现。常用的温度调控方法包括直接比例系数法、Berendsen 热浴法、Andersen 热浴法、Nosé-Hoover 热浴法、Nosé-Poincaré 热浴法等。

1. 直接比例系数法

基于气体动力学理论,理想气体分子的动能与温度成正比,气体的温度越高,分子的动能越大,相应的热运动越剧烈。于是,粒子体系的总动能 K 与温度 T 直接相关,表示如下[4,6]:

$$K = \frac{1}{2} g k_B T = \sum_{i=1}^{N} \frac{1}{2} m_i v_i^2 \qquad (10-34)$$

式中,g 是自由度数;N 是粒子数;k_B 是玻尔兹曼常量。该式把宏观量(T)和微观量(v_i)的统计均值联系起来,揭示了温度的微观本质。

作为调控温度最直接的方法,直接比例系数法使用标度因子 λ_D 乘以各粒子速度使其满足预先设定温度 T_{ex},表示如下:

$$\sum_{i=1}^{N} \frac{1}{2} m_i (\lambda_D v_i)^2 = \lambda_D^2 \sum_{i=1}^{N} \frac{1}{2} m_i v_i^2 = \frac{1}{2} g k_B T_{ex} \qquad (10-35)$$

式中,$\lambda_D = \sqrt{T_{ex}/T}$。由此可见,速度标度因子导致调控温度前后的温差 ΔT 表示如下:

$$\Delta T = T_{ex} - T = \lambda_D^2 T - T = (\lambda_D^2 - 1) T \qquad (10-36)$$

如果在模拟过程中每个时间迭代步都把温度直接调整到预先设定温度,不仅会导致体系温度的不稳定波动而无法达到平衡态,而且会限制真实的物理过程。尽管如此,直接比例系数法在某些场合可以达到特定目标,如快速升温熔化或快速降温凝固等。

2. Berendsen 热浴法

1984 年,Berendsen 提出将模拟体系与一个无穷大恒温热浴相耦合,两者之间通过渐进的热传输方式达到调控温度的目的,称为 Berendsen 热浴法[7]。在热传输过程中,当模拟体系的温度 T 高于(低于)热浴温度 T_{ex} 时,体系会逐渐向热浴释放(从热浴吸收)热量。总之,两者之间的热量交换由温差所决定,表示如下:

$$\frac{dT}{dt} = \frac{1}{\tau_T}(T_{ex} - T) \tag{10-37}$$

式中,τ_T 是模拟体系与热浴之间的耦合时间。耦合时间 τ_T 越长,模拟体系与热浴之间的耦合强度越弱;相反,耦合时间 τ_T 越短,模拟体系与热浴之间的耦合强度越强。当耦合时间等于时间步长 $\tau_T = \Delta t$ 时,Berendsen 热浴法变成直接比例系数法。

与直接比例系数法相似,Berendsen 热浴法使用速度标度因子 λ_B 乘以粒子速度以实现温度调控,表示如下:

$$\lambda_B = \sqrt{1 + \frac{\Delta t}{\tau_T}\left(\frac{T_{ex} - T}{T}\right)} \tag{10-38}$$

通过与直接比例系数法的标度因子 λ_D 对比可以看出,Berendsen 热浴法的标度因子 λ_B 依赖于模拟时间步长 Δt。为了解决在多组分体系中两种控温方法造成的溶剂和溶质的温度不同步,即溶剂热效或溶质冷效,可以采用对模拟体系中各组分分别调整速度的方法[4]。

3. Andersen 热浴法

1980 年,Andersen 基于随机碰撞理论提出应用随机碰撞过程来实现粒子体系的控温方法,称为 Andersen 热浴法[8]。假定粒子体系处于恒定温度的热浴中,体系和热浴的热传递通过如下方式实现:间断地从体系中随机选取一部分粒子,按照麦克斯韦-玻尔兹曼分布重新设定粒子速度从而实现碰撞控温,碰撞过程服从牛顿第二定律。由于连续两次碰撞之间不存在相关性,因此碰撞过程导致的粒子运动轨迹并不连续。

Andersen 热浴法涉及的两个重要热浴参数是设定温度和碰撞频率。设定温度决定了碰撞后的粒子速度,而碰撞频率决定了热浴和体系之间的耦合强度。随机碰撞概率 $P(t,\xi)$ 服从如下时间泊松分布[9]:

$$P(t,\xi) = v \cdot \exp(-\xi t) \tag{10-39}$$

式中,ξ 是碰撞频率;v 是粒子速度;t 是时间。

Andersen 热浴法的恒温模拟过程如下:设定初始位置$\{q_i(0)\}$和初始动量$\{p_i(0)\}$,以时间步长Δt对运动方程进行数值差分并伴随随机碰撞过程。随机选取某些粒子在时间步长Δt内进行碰撞,即从设定温度的麦克斯韦-玻尔兹曼分布上获得新速度;随后对所有粒子的运动方程进行时间数值迭代,直到发生下一次碰撞。

应用 Andersen 热浴法需要注意以下几点:由于运动方程融合了随机碰撞,因此模拟变成了随机过程,虽然相空间满足正则分布,但是破坏了模拟体系的内禀动力学规律。另外,Andersen 热浴参数中的碰撞频率至关重要,直接决定着通过非物理随机碰撞方式与热浴交换能量的成效。由此可见,Andersen 热浴法适合研究体系的静态性质,但不适合研究体系的动态性质[3]。

4. Nosé-Hoover 热浴法

1984 年,Nosé 参照 Andersen 压浴法中扩展哈密顿量的思路,提出了实现控温的扩展系统法,即 Nosé 热浴法[10-11]。Nosé 热浴法原理如图 10-1 所示[12],其中粒子体系处于恒定温度的足够大外部热浴之中,热传递不会改变热浴的温度,而仅会改变粒子体系的温度。Nosé 热浴法实质上是在运动方程中引入摩擦力项来实现控温的,具有很强的物理内涵。

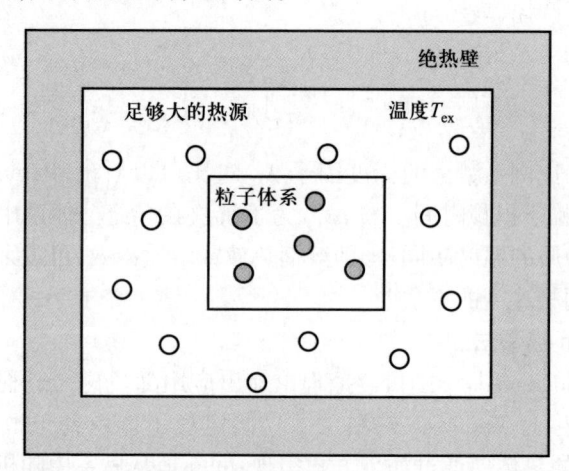

图 10-1 Nosé 热浴法原理示意图[12]

Nosé 首先在增广拉格朗日量中引入对时间 t 进行标度的热浴自由度 s,然后,使用该自由度 s 对广义坐标 q_i 和广义动量 p_i 进行标度,从而定义一组与真实变量关联的虚拟变量[11]:$q_i = \tilde{q}_i, p_i = \tilde{p}_i/s, t = \int^{\tilde{t}} \mathrm{d}\tilde{t}/s$ 和 $\mathrm{d}t = \mathrm{d}\tilde{t}/s$,其中带波浪线的符号代表虚拟变量。于是,基于虚拟变量的拉格朗日量表示如下:

$$\tilde{L} = \sum_{i=1}^{N} \frac{m_i}{2} s^2 \left(\frac{\mathrm{d}\tilde{q}_i}{\mathrm{d}\tilde{t}} \right)^2 - \sum_{i=1}^{N} \sum_{j>i}^{N} \phi(\tilde{q}_{ij}) + \frac{M_s}{2} \left(\frac{\mathrm{d}s}{\mathrm{d}\tilde{t}} \right)^2 - (g+1)k_\mathrm{B} T_\mathrm{ex} \ln(s) \quad (10\text{-}40)$$

式中,s是热浴自由度,当$s=1$时,该扩展拉格朗日量还原为无热浴的拉格朗日量;g是实际粒子体系的自由度,$g+1$是为了恒温体系满足正则系综;M_s是热浴自由度s的等效质量;T_{ex}是外部热浴温度;k_B是玻尔兹曼常量。

依照Nosé扩展拉格朗日量,很容易写出Nosé扩展哈密顿量,表示如下:

$$\tilde{H} = \sum_{i=1}^{N} \frac{\tilde{p}_i^2}{2m_i s^2} + \sum_{i=1}^{N}\sum_{j>i}^{N} \phi(\tilde{q}_{ij}) + \frac{\tilde{p}_s^2}{2M_s} + (g+1)k_B T_{ex}\ln(s) \quad (10\text{-}41)$$

式中,$\tilde{p}_s = sp_s$是热浴自由度s对应的广义虚拟动量。右侧前两项分别是体系的总动能和势能;后两项分别是热浴自由度变量的动能和势能。当$s=1$时,该扩展哈密顿量还原为无热浴情况的哈密顿量。

将哈密顿运动方程应用于虚拟变量扩展体系可得如下运动方程[11,13]:

$$\begin{cases} \dfrac{d\tilde{q}_i}{d\tilde{t}} = \dfrac{\partial \tilde{H}}{\partial \tilde{p}_i} = \dfrac{\tilde{p}_i}{m_i s^2} \\[6pt] \dfrac{d\tilde{p}_i}{d\tilde{t}} = -\dfrac{\partial \tilde{H}}{\partial \tilde{q}_i} = -\dfrac{\partial \phi}{\partial \tilde{q}_i} \\[6pt] \dfrac{ds}{d\tilde{t}} = \dfrac{\partial \tilde{H}}{\partial \tilde{p}_s} = \dfrac{\tilde{p}_s}{M_s} \\[6pt] \dfrac{d\tilde{p}_s}{d\tilde{t}} = -\dfrac{\partial \tilde{H}}{\partial s} = \dfrac{1}{s}\left[\sum_{i=1}^{N}\dfrac{\tilde{p}_i^2}{m_i s^2} - (g+1)k_B T_{ex}\right] \end{cases} \quad (10\text{-}42)$$

这就是由虚拟变量表示的一阶微分方程组,称为Nosé运动方程。

基于真实变量和虚拟变量之间的对应关系,可以很容易地给出采用真实变量表示的Nosé运动方程,如下[11,13]:

$$\begin{cases} \dfrac{dq_i}{dt} = \dfrac{p_i}{m_i} \\[6pt] \dfrac{dp_i}{dt} = -\dfrac{\partial \phi}{\partial q_i} - \dfrac{sp_s}{M_s} \cdot p_i \\[6pt] \dfrac{ds}{dt} = \dfrac{s^2 p_s}{M_s} \\[6pt] \dfrac{dp_s}{dt} = \dfrac{1}{s}\left[\sum_{i=1}^{N}\dfrac{p_i^2}{m_i} - (g+1)k_B T_{ex}\right] - \dfrac{sp_s^2}{M_s} \end{cases} \quad (10\text{-}43)$$

经过对Nosé运动方程研究发现,使用虚拟时间等间距抽样,方程满足正则分布,但是对应的真实时间并不是等间距的,给模拟带来不便。于是,Hoover 提出在 Nosé 运动方程的基础上把热浴自由度 s 替换掉并保留正则分布[14]。由于 p_s 和 s 总是同时出现,于是通过变量替换 $\zeta = sp_s/M_s$,运动方程可以进一步简化。该替换不仅能够去掉变量 s,而且还能将扩展体系与变量 s 解耦。与此同时,为了满足真实时间等间距的正则分布,Nosé 运动方程中的 $g+1$ 需要替换为 g,于是得到如下 Nosé-Hoover 运动方程[13]:

$$\begin{cases} \dfrac{dq_i}{dt} = \dfrac{p_i}{m_i} \\ \dfrac{dp_i}{dt} = -\dfrac{\partial \phi}{\partial q_i} - \zeta p_i \\ \dfrac{d\zeta}{dt} = \dfrac{1}{M_s}\left[\sum_{i=1}^{N}\dfrac{p_i^2}{m_i} - gk_B T_{ex}\right] \\ \zeta = \dfrac{d(\ln s)}{dt} = \dfrac{1}{s}\dfrac{ds}{dt} \end{cases} \quad (10\text{-}44)$$

式中,q_i、p_i 和 ζ 是互为独立的变量;ζ 代表摩擦力项,其符号对应速度的增大或减小;$d\zeta/dt$ 方程对体系起到平滑回馈作用,保证体系温度 T 逐渐接近热浴温度 T_{ex};质量参数 M_s 代表热浴的热惯性,决定着平滑回馈速度的快慢。M_s 选取太大,体系温度变化缓慢;M_s 选取太小,体系温度会剧烈波动,因此需要选择合适的 M_s 来优化模拟行为。当 $M_s \to \infty$ 时,运动方程还原为无热浴的情况。最后一个方程给出了变量 ζ 与变量 s 的关系,在实际模拟中并非必要。

Nosé-Hoover 方程满足按照真实时间等间距抽样获得正则分布,通过热浴参量 s 扩展体系的拉格朗日量和哈密顿量,把原运动方程进行了扩展,允许能量在热浴和体系之间动态流动。为了导出 Nosé-Hoover 热浴法的位置和速度的递推公式,运动方程需要做适当变换[15]:首先定义新的变量 $\xi = \ln s$,其时间导数 $d\xi/dt$ 等于变量 ζ,然后根据变量变化速率 v_ξ 与动量 p_ξ 关系,得到如下关系式:$\zeta = d\xi/dt = p_\xi/M_\xi$。将该关系式代入 Nosé-Hoover 运动方程中,得到如下运动方程:

$$\begin{cases} \dfrac{dq_i}{dt} = \dfrac{p_i}{m_i} \\ \dfrac{dp_i}{dt} = -\dfrac{\partial \phi}{\partial q_i} - \dfrac{p_\xi}{M_\xi} \cdot p_i \\ \dfrac{dp_\xi}{dt} = \sum_{i=1}^{N}\dfrac{p_i^2}{m_i} - gk_B T_{ex} \\ \dfrac{d\xi}{dt} = \dfrac{p_\xi}{M_\xi} \end{cases} \quad (10\text{-}45)$$

式中，ξ 是独立变量。结合该运动方程和速度 Verlet 算法，容易写出满足正则系综的时间递推公式[16]。

对于简单模拟体系，Nosé-Hoover 方法并不能真正满足各态历经的正则分布，即无法遍历体系的所有微观状态。为了校正该不足，1992 年，Martyna 等提出将模拟体系与多个热浴依次耦合，直至体系在相空间中的运动轨迹满足正则分布，称为 Nosé-Hoover 链方法[15]。于是，在 Nosé-Hoover 运动方程的基础上可以写出如下 Nosé-Hoover 链方程：

$$\begin{cases} \dfrac{\mathrm{d}q_i}{\mathrm{d}t} = \dfrac{p_i}{m_i} \\ \dfrac{\mathrm{d}p_i}{\mathrm{d}t} = -\dfrac{\partial \phi}{\partial q_i} - \dfrac{p_{\xi_1}}{M_{\xi_1}} p_i \\ \dfrac{\mathrm{d}\xi_k}{\mathrm{d}t} = \dfrac{p_{\xi_k}}{M_{\xi_k}}, \quad k=1,2,\cdots,M \\ \dfrac{\mathrm{d}p_{\xi_1}}{\mathrm{d}t} = \sum_{i=1}^{N} \dfrac{p_i^2}{m_i} - gk_B T_{ex} - \xi_2 p_{\xi_1} \\ \dfrac{\mathrm{d}p_{\xi_j}}{\mathrm{d}t} = \left(\dfrac{p_{\xi_{j-1}}^2}{M_{\xi_{j-1}}} - k_B T_{ex} \right) - \xi_{j+1} p_{\xi_j}, \quad j=2,3,\cdots,M-1 \\ \dfrac{\mathrm{d}p_{\xi_M}}{\mathrm{d}t} = \dfrac{p_{\xi_{M-1}}^2}{M_{\xi_{M-1}}} - k_B T_{ex} \end{cases} \quad (10-46)$$

虽然 Nosé-Hoover 链方法的递推关系可以进行时间迭代，但是这会破坏该方法的时间可逆性。为了满足时间可逆性，Martyna 等采用 Liouville 算符发展了一套显式可逆的数值算法，有兴趣的读者可以参考相关文献[17]。

5. Nosé-Poincaré 热浴法

由于 Nosé 热浴法在变换过程中破坏了哈密顿方程的正则性，1999 年，Laird 等依照 Nosé 提出的扩展哈密顿量形式，通过 Poincaré 时间变化[18]，并将自由度由 $g+1$ 降为 g，得到如下虚拟变量形式的扩展哈密顿量[13]：

$$\tilde{H} = s\left[\sum_{i=1}^{N} \dfrac{\tilde{p}_i^2}{2m_i s^2} + \sum_{i=1}^{N}\sum_{j>i} \phi(\tilde{q}_{ij}) + \dfrac{\tilde{p}_s^2}{2M_s} + gk_B T_{ex} \ln(s) - \tilde{H}_0 \right]$$

$$= s[\tilde{H}_N - \tilde{H}_0] = s\Delta\tilde{H} \quad (10-47)$$

式中，$\tilde{H}_N$ 是自由度为 g 的 Nosé 扩展哈密顿量；$\tilde{H}_0$ 对应初始时刻保证 $\tilde{H}=0$，即 $\Delta\tilde{H} = \tilde{H}_N - \tilde{H}_0 = 0$。可以证明，这种扩展哈密顿量的定义消除了多个变量的耦合

项,产生的相空间运动轨迹满足正则分布。

应用以上变换后的扩展哈密顿量,可以写出虚拟变量形式的 Nosé-Poincaré 运动方程,表示如下[13,19]:

$$\begin{cases} \dfrac{d\tilde{q}_i}{d\tilde{t}} = \dfrac{\tilde{p}_i}{m_i s^2} \\ \dfrac{d\tilde{p}_i}{d\tilde{t}} = -s \dfrac{\partial \phi}{\partial \tilde{q}_i} \\ \dfrac{ds}{d\tilde{t}} = s \dfrac{\tilde{p}_s}{M_s} \\ \dfrac{d\tilde{p}_s}{d\tilde{t}} = \sum_{i=1}^{N} \dfrac{\tilde{p}^2}{m_i s^2} - gk_B T_{ex} - \Delta \tilde{H} \\ \Delta \tilde{H} = \tilde{H}_N - \tilde{H}_0 \end{cases} \quad (10\text{-}48)$$

进一步通过虚拟变量与真实变量之间的对应关系,得到 Nosé-Poincaré 运动方程,表示如下[20]:

$$\begin{cases} \dfrac{dq_i}{dt} = \dfrac{p_i}{m_i} \\ \dfrac{dp_i}{dt} = -\dfrac{\partial \phi}{\partial q_i} - \dfrac{1}{s} \dfrac{ds}{dt} \cdot p_i \\ \dfrac{ds}{dt} = \dfrac{sp_s}{M_s} \\ \dfrac{dp_s}{dt} = \sum_{i=1}^{N} \dfrac{p_i^2}{m_i} - gk_B T_{ex} \\ \Delta H = H_N - H_0 = 0 \end{cases} \quad (10\text{-}49)$$

根据以上运动方程和改进的蛙跳 Verlet 算法,容易写出 Nosé-Poincaré 运动方程的递推公式。该显式算法实现了坐标和速度的同步运算,具有很好的时间可逆性,能够进行更长时间的模拟[13]。

10.2.3 压强调控技术

压强是表征大量粒子数密度和平均平动动能的宏观量。在 NPH 或 NPT 系综下,压强调控可以通过体积标度保持体系压强恒定,或使体系与等压浴组合起来控制压强。然而,与温度调控不同,由体积变化带来的压强变化较大,简单的直接比例系数法不适合直接用于压强调控。常用的压强调控技术包括 Berendsen 压浴法、Andersen 压浴法、Parrinello-Rahman 方法、Metric-Tensor 方法等。

1. Berendsen 压浴法

1984 年，Berendsen 将体积作为运动方程的变量，提出了一种压强调控的弱耦合方法，称为 Berendsen 压浴法。在该方法中，压强随时间的变化率通过内外压强差添加到运动方程中，表示如下[7]：

$$\frac{dP}{dt} = \frac{1}{\tau_P}(P_{ex} - P) \tag{10-50}$$

式中，τ_P 是压强调控的耦合时间；P_{ex} 是恒压活塞施加给体系的外部压强。于是，根据压强和体积的关系式，可将体积作为动力学变量代入运动方程，表示如下[7,21]：

$$\frac{dq_i}{dt} = \frac{p_i}{m_i} + \frac{1}{3}\frac{d(\ln V)}{dt}q_i$$

$$\frac{dp_i}{dt} = -\frac{\partial \phi}{\partial q_i} \tag{10-51}$$

$$\frac{dV}{dt} = \frac{\kappa}{\tau_P}(P_{ex} - P)V$$

式中，κ 是压缩系数；V 是晶胞体积，其随时间变化表示为 $\frac{d(\ln V)}{dt} = \frac{1}{V}\frac{dV}{dt}$。

Berendsen 压浴法的体积标度因子表示如下：

$$\lambda_B = 1 - \frac{\kappa \Delta t}{3\tau_P}(P_{ex} - P) \tag{10-52}$$

在该标度因子的表达式中，压缩系数 κ 可能无法准确获得，从而给标度因子的计算带来不便。由于 τ_P 的大小不会对动力学过程产生显著影响，于是，上面表达式可简化为如下等价形式[7]：

$$\lambda_B = \left[1 - \frac{\Delta t}{\tau_P}(P_{ex} - P)\right]^{1/3} \tag{10-53}$$

式中，三次方根代表考虑了三个晶胞轴方向的独立调整情况。该简化形式消除了压缩系数带来的问题。

Berendsen 压浴法比较适合体系在单轴拉伸和压缩情况下的模拟，即通过独立调整三个晶胞尺寸来实现，但是该方法并未涉及体系剪切变形的情况。

2. Andersen 压浴法

1980 年，Andersen 将体积 V 作为额外自由度变量引入恒压体系，构建了一个扩展体系来处理外部压强对体系微观动力学的影响，相当于恒压活塞作用在立方晶胞体系上，称为 Andersen 压浴法[8]。图 10-2 展示了 Andersen 压浴法原理[8,12]，其中研究的流体体系处于外部活塞作用的恒定压强 P_{ex} 之下，通过改变晶胞体积来改变体系压强。此过程可以通过在运动方程中引入活塞自由度来实现控压，蕴含着极强的物理思想。

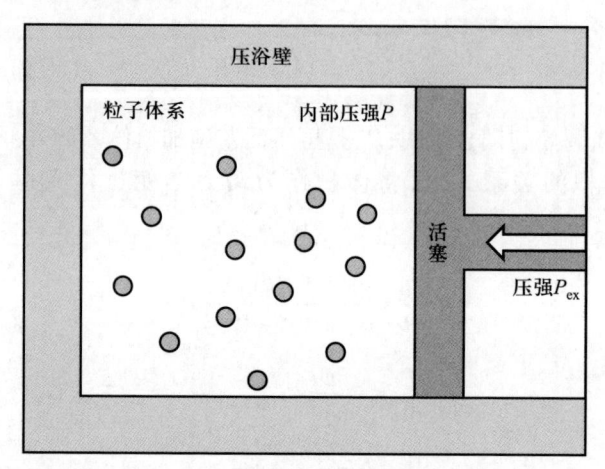

图 10-2 Andersen 压浴法原理示意图[8,12]

在 Andersen 压浴法中，立方晶胞体积 V 在外压 P_{ex} 作用下发生变化，粒子间的距离也将随之改变。假定立方晶胞的边长为 $D=V^{1/3}$，晶胞中粒子的真实坐标 q_i 和真实动量 p_i 可以使用体积标度因子 D 分别变换为虚拟坐标 $\tilde{q}_i$ 和虚拟动量 $\tilde{p}_i$，表示如下：

$$\tilde{q}_i = \frac{q_i}{D}, \quad \tilde{p}_i = Dp_i \tag{10-54}$$

于是，晶胞中粒子的真实速度可以通过虚拟坐标表示为如下形式：

$$v_i = \dot{q}_i = D\dot{\tilde{q}}_i + \dot{D}\tilde{q}_i \tag{10-55}$$

由此可见，在立方晶胞体积改变过程中，粒子真实速度可以分解为粒子虚拟速度 $\dot{\tilde{q}}_i$ 的贡献和体积标度因子变化的贡献。为了获得扩展体系一致的拉格朗日量或哈密顿量，需要略去式中右侧第二项。

基于以上虚拟坐标和虚拟速度的定义，扩展体系的拉格朗日量表示如下[8]：

$$\tilde{L} = \sum_{i=1}^{N} \frac{m_i}{2} \left(V^{1/3} \frac{d\tilde{q}_i}{dt} \right)^2 - \sum_{i=1}^{N} \sum_{j>i}^{N} \phi(V^{1/3} \tilde{q}_{ij}) + \frac{M_V}{2} \left(\frac{dV}{dt} \right)^2 - P_{ex} V \quad (10\text{-}56)$$

式中,M_V 代表活塞的质量,控制着活塞移动的程度;P_{ex} 是活塞施加的外部压强,于是 $P_{ex}V$ 相当于活塞作用在晶胞体系所带来的势能。

在以上拉格朗日量的基础上,扩展体系的哈密顿量表示如下[8]:

$$\tilde{H} = \sum_{i=1}^{N} \frac{\tilde{p}_i^2}{2m_i V^{2/3}} + \sum_{i=1}^{N} \sum_{j>i}^{N} \phi(V^{1/3} \tilde{q}_{ij}) + \frac{p_V^2}{2M_V} + P_{ex} V \quad (10\text{-}57)$$

式中,p_V 是晶胞体积变化的动量;右侧第三和第四项分别代表晶胞体积变化带来的动能项和势能项。

将扩展体系的哈密顿量代入哈密顿方程,可得 Andersen 压浴法的虚拟变量运动方程如下:

$$\begin{cases} \dfrac{d\tilde{q}_i}{dt} = \dfrac{\partial \tilde{H}}{\partial \tilde{p}_i} = \dfrac{1}{V^{2/3}} \dfrac{\tilde{p}_i}{m_i} \\[2mm] \dfrac{d\tilde{p}_i}{dt} = -\dfrac{\partial \tilde{H}}{\partial \tilde{q}_i} = -V^{1/3} \dfrac{\partial \phi}{\partial \tilde{q}_i} \\[2mm] \dfrac{dV}{dt} = \dfrac{\partial \tilde{H}}{\partial p_V} = \dfrac{p_V}{M_V} \\[2mm] \dfrac{dp_V}{dt} = -\dfrac{\partial \tilde{H}}{\partial V} = \dfrac{1}{3V} \left(\sum_{i=1}^{N} \dfrac{1}{V^{2/3}} \dfrac{\tilde{p}_i^2}{m_i} - \sum_{i=1}^{N} \tilde{q}_i \dfrac{\partial \phi}{\partial \tilde{q}_i} \right) - P_{ex} \end{cases} \quad (10\text{-}58)$$

最后,使用真实变量 q_i 和 p_i 分别代替虚拟变量 $\tilde{q}_i$ 和 $\tilde{p}_i$,得到基于真实变量体系的运动方程,表示如下:

$$\begin{cases} \dfrac{dq_i}{dt} = \dfrac{p_i}{m_i} + \dfrac{1}{3} \dfrac{d(\ln V)}{dt} q_i \\[2mm] \dfrac{dp_i}{dt} = -\dfrac{\partial \phi}{\partial q_i} - \dfrac{1}{3} \dfrac{d(\ln V)}{dt} p_i \\[2mm] \dfrac{d^2 V}{dt^2} = \dfrac{1}{M_V} (P - P_{ex}) \\[2mm] P = \dfrac{1}{3V} \left(\sum_{i=1}^{N} \dfrac{p_i^2}{m_i} - \sum_{i=1}^{N} q_i \dfrac{\partial \phi}{\partial q_i} \right) \end{cases} \quad (10\text{-}59)$$

式中，$\frac{d(\ln V)}{dt} = \frac{1}{V}\frac{dV}{dt}$。如果质量 M_V 为无穷大，$dV/dt = 0$，那么以上方程变为无体积变量的运动方程。

Andersen 指出，该运动方程能够产生 NPH 系综的运动轨迹，如果进一步与温度调控相结合，可以产生 NPT 系综的运动轨迹。Nosé 等进一步将 Andersen 压浴法推广到非立方晶胞的情况[22]。总之，Andersen 提出的扩展系统法不仅是处理恒压动力学的重大方法突破，而且其扩展哈密顿量的思想为上一节介绍的 Nosé 热浴法奠定了基础。

3. Parrinello-Rahman 方法

Berendsen 压浴法和 Andersen 压浴法无法用于处理晶胞体系剪切变形情况。为了弥补该不足，1981 年，Parrinello 和 Rahman 提出了允许晶胞体系的形状与体积同时变化的调控方法来满足一般应力的要求，称为 Parrinello-Rahman 方法[23]。与 Andersen 压浴法相比，Parrinello-Rahman 方法将六个额外自由度引入到扩展体系中，在对晶胞施加拉伸、剪切以及混合变形的同时实现动力学模拟过程。下面给出该方法的推导过程。

Parrinello-Rahman 方法定义了一个模拟晶胞，其体积和形状由体积矩阵 $\boldsymbol{h}$ 来确定，而体积矩阵由三个晶胞轴矢量 $\boldsymbol{a}$、$\boldsymbol{b}$ 和 $\boldsymbol{c}$ 来描述，表示如下：

$$\boldsymbol{h} = (\boldsymbol{a} \quad \boldsymbol{b} \quad \boldsymbol{c}) = \begin{pmatrix} a_1 & b_1 & c_1 \\ a_2 & b_2 & c_2 \\ a_3 & b_3 & c_3 \end{pmatrix} \tag{10-60}$$

于是，晶胞体积可以由该矩阵计算得到，表示如下：

$$V = \|\boldsymbol{h}\| = \boldsymbol{a} \cdot (\boldsymbol{b} \times \boldsymbol{c}) \tag{10-61}$$

在该晶胞体系下，粒子坐标由单位列矢量定义如下：

$$\boldsymbol{s}_i = (\xi_i \quad \eta_i \quad \zeta_i)^T \tag{10-62}$$

式中，$0 \leq \xi_i \leq 1$；$0 \leq \eta_i \leq 1$；$0 \leq \zeta_i \leq 1$。于是，粒子的坐标 $\boldsymbol{q}_i$ 可以通过晶胞体积矩阵 $\boldsymbol{h}$ 和粒子单位列矢量 $\boldsymbol{s}_i$ 表示如下：

$$\boldsymbol{q}_i = \boldsymbol{h}\boldsymbol{s}_i = \xi_i \boldsymbol{a} + \eta_i \boldsymbol{b} + \zeta_i \boldsymbol{c} \tag{10-63}$$

相应地，任意两个粒子之间的距离 q_{ij} 可以表示如下：

$$q_{ij}^2 = (\boldsymbol{s}_i - \boldsymbol{s}_j)^T \boldsymbol{G} (\boldsymbol{s}_i - \boldsymbol{s}_j) = \boldsymbol{s}_{ij}^T \boldsymbol{G} \boldsymbol{s}_{ij} \tag{10-64}$$

式中，$\boldsymbol{G}$ 是矩阵张量，通过体积矩阵表示为 $\boldsymbol{G} = \boldsymbol{h}^T \boldsymbol{h}$。

Parrinello-Rahman 方法在晶胞体系中引入了运动变量 $\boldsymbol{h}$ 和 $\boldsymbol{s}$，需要得到它们

的运动规律。在一般应力条件下，晶胞由初始 h_0 变为 h，相应的粒子坐标由 $q_0 = h_0 s$ 变为 $q = hs = hh_0^{-1}q_0$，于是应变导致的位移矢量 u 表示如下：

$$u = q - q_0 = (hh_0^{-1} - 1)q_0 \tag{10-65}$$

结合矩阵张量 G 和位移矢量 u，可以推导出如下应变张量的表达式：

$$\varepsilon = \frac{1}{2}[(h_0^T)^{-1}Gh_0^{-1} - 1] \tag{10-66}$$

假定 S_{ex} 是外部应力，P_{ex} 是静水压，根据应变张量 ε 可以写出弹性能表达式如下：

$$E_{el} = P_{ex}(V - V_0) + V_0 \text{Tr}(S_{ex} - P_{ex})\varepsilon \tag{10-67}$$

式中，Tr 表示矩阵的迹。于是，在一般应力条件下，晶胞体系的扩展拉格朗日量表示如下：

$$L = \sum_{i=1}^{N} \frac{m_i}{2}\left(\frac{ds_i}{dt}\right)^T G\left(\frac{ds_i}{dt}\right) - \sum_{i=1}^{N}\sum_{j>i}^{N}\phi(q_{ij}) + \frac{M_h}{2}\text{Tr}\left[\left(\frac{dh}{dt}\right)^T \cdot \left(\frac{dh}{dt}\right)\right] - \left[P_{ex}V + \frac{1}{2}\text{Tr}(\Sigma G)\right] \tag{10-68}$$

式中，$\Sigma = (h_0)^{-1}(S_{ex} - P_{ex})(h_0^T)^{-1}V_0$；$M_h$ 是与体积矩阵 h 相关的质量，相当于晶胞壁的有效质量。在以上扩展拉格朗日量中，去掉了弹性能表达式中无关紧要的常数项，即 $P_{ex}V_0$ 和 $V_0\text{Tr}(S_{ex} - P_{ex})$，并且使用了等式：$\text{Tr}(AB) = \text{Tr}(BA)$。相应地，晶胞体系的扩展哈密顿量表示如下[24]：

$$H = \sum_{i=1}^{N}\frac{p_i^T G^{-1} p_i}{2m_i} + \sum_{i=1}^{N}\sum_{j>i}^{N}\phi(q_{ij}) + \frac{\text{Tr}(p_h^T p_h)}{2M_h} + \left[P_{ex}V + \frac{1}{2}\text{Tr}(\Sigma G)\right] \tag{10-69}$$

式中，p_i 和 p_h 分别是粒子 i 和体积矩阵 h 的动量。

于是，在一般应力情况下，Parrinello-Rahman 运动方程表示如下：

$$\begin{cases} m_i\ddot{s}_i = -\sum_{j\neq i}\frac{\partial\phi}{\partial q_{ij}}\frac{s_{ij}}{q_{ij}} - m_i G^{-1}\dot{G}\dot{s}_i \\ M_h\ddot{h} = (\sigma - P_{ex})A - h\Sigma \\ \sigma = \frac{1}{V}\left[\sum_{i=1}^{N}m_i(h\dot{s}_i)^T(h\dot{s}_i) - \sum_{i=1}^{N}\sum_{j>i}^{N}q_{ij}\frac{\partial\phi}{\partial q_{ij}}\right] \end{cases} \tag{10-70}$$

式中，σ 是晶胞的应力张量；Σ 是外部应力 S_{ex} 去除静水压部分；$A = V(h^T)^{-1} = $

$\{b\times c, c\times a, a\times b\}$ 是反映体积和形状的面积张量;$P_{ex}=-\mathrm{Tr}(S_{ex})/3$ 是外部应力的静水压分量。在晶胞体系运动方程中,有效质量参数 M_h 控制着晶胞的响应强度,需要考虑如下选取原则:① M_h 应尽可能保证体系经过足够多的振荡,从而在计算统计力学量过程中包含足够多的时间周期,于是选取 M_h 的数值应该尽可能小;② M_h 应确保统计时间周期比动力学关联函数的衰变时间要长,从而能够将虚拟动力学量同真实动力学量分开,于是选择 M_h 的数值应该尽可能大。总之,M_h 既不能过大也不能过小,延长模拟时间在很大程度上能够兼顾两个方面的要求。在最后一个方程中,$v_i = h\dot{s}_i$,当 h 为常数时,表明晶胞保持不变,此时运动方程退化为晶胞不变的运动方程。

在等静压情况下,体系的拉格朗日量可以简化为如下形式:

$$L = \sum_{i=1}^{N} \frac{m_i}{2}\left(\frac{\mathrm{d}s_i}{\mathrm{d}t}\right)^{\mathrm{T}} G\left(\frac{\mathrm{d}s_i}{\mathrm{d}t}\right) - \sum_{i=1}^{N}\sum_{j>i}^{N} \phi(q_{ij}) + \frac{M_h}{2}\mathrm{Tr}\left[\left(\frac{\mathrm{d}h}{\mathrm{d}t}\right)^{\mathrm{T}}\left(\frac{\mathrm{d}h}{\mathrm{d}t}\right)\right] - P_{ex}V \tag{10-71}$$

相应地,体系的哈密顿量表示如下:

$$H = \sum_{i=1}^{N} \frac{p_i^{\mathrm{T}} G^{-1} p_i}{2m_i} + \sum_{i=1}^{N}\sum_{j>i}^{N} \phi(q_{ij}) + \frac{\mathrm{Tr}(p_h^{\mathrm{T}} p_h)}{2M_h} + P_{ex}V \tag{10-72}$$

于是,在等静压情况下,Parrinello-Rahman 运动方程简化为如下形式:

$$m_i\ddot{s}_i = -\sum_{j\neq i} \frac{\partial\phi}{\partial q_{ij}}\frac{s_{ij}}{q_{ij}} - m_i G^{-1}\dot{G}\dot{s}_i$$

$$M_h\ddot{h} = (\sigma - P_{ex})A \tag{10-73}$$

由于 Parrinello-Rahman 方法的物理内涵明确并且推导严谨,又能适用于不同应力条件下的模拟,因此该方法被广泛应用于各种晶胞变形的分子动力学模拟。

4. Metric-Tensor 方法

早期的 Parrinello-Rahman 方法存在如下问题:背离位力定理、非物理地破坏对称性、虚假的刚体转动等。为此,1997 年,Souza 等提出了一种通过矩阵张量来改变晶胞形状的改进方法,称为 Metric-Tensor 方法[25]。该方法的基本思想描述如下:用对称的矩阵张量 $G=h^{\mathrm{T}}h$ 来代替体积矩阵 h 作为扩展体系的动力学变量,该变量包含六个独立点积作为自由度,分别表示模拟晶胞的边长(对角线组元)和夹角(非对角线组元),从而完整描述晶胞的大小和形状。这区别于 Parrinello-Rahman 方法中采用九个笛卡儿坐标分量。Souza 等选择对称的矩阵张量作为动力学变量,自动消除了动力学过程中的晶胞取向变化导致的问题。另外,如果为晶胞动能选择一个简单的标量,使其在矩阵张量的时间导数中是二次的,那么动力学过程相对于模拟晶胞棱边的选择是不变的。选择这个标量的张量密度,可以满足位力定理。

如果 $a_\alpha(\alpha=1,2,3)$ 是定义周期晶胞并形成右手规则的三个线性独立向量,那么晶胞体系的所有属性仅取决于对称矩阵张量: $G_{\alpha\beta}=a_\alpha\cdot a_\beta=G_{\beta\alpha}$,即晶胞向量的点积,而不是空间中三个向量的方向。在 Parrinello-Rahman 方法中,使用矩阵张量的六个独立分量作为晶胞体系的动力学变量,三个对角组元提供关于晶格向量长度的信息,三个独立的非对角组元包含关于这些向量之间角度的附加信息。矩阵张量 G 的协变分量与体积矩阵 $h=(a_1,a_2,a_3)$ 有关,后者是笛卡儿坐标系和晶胞坐标系之间的变换矩阵, $G=h^\mathrm{T}h$。与晶胞向量 a_α 相关联的形式 b^α ($\alpha=1,2,3$) 是倒格向量,与矩阵张量的逆变分量相关: $G^{\alpha\beta}=b^\alpha\cdot b^\beta=G^{\beta\alpha}$。在此处及后面公式中的变量/张量,用希腊字母标记的下标和上标分别对应协变(covariant)和逆变(contravariant)变量/张量,并代表了循环求和。于是,在晶胞体系中粒子的坐标 q_i 可以使用点阵坐标 s_i^α 表示如下: $q_i=s_i^\alpha a_\alpha$。在一般应力条件下,体系的扩展拉格朗日量表示如下:

$$L=\sum_{i=1}^N \frac{m_i}{2}\left(\frac{\mathrm{d}s_i^\alpha}{\mathrm{d}t}\right)^\mathrm{T} G_{\alpha\beta}\left(\frac{\mathrm{d}s_i^\beta}{\mathrm{d}t}\right)-\sum_{i=1}^N\sum_{j>i}^N \phi(q_{ij})+$$
$$\frac{M_G(\det G_{\alpha\beta})G^{\alpha\mu}G^{\nu\beta}}{2}\left(\frac{\mathrm{d}G_{\beta\nu}}{\mathrm{d}t}\right)\left(\frac{\mathrm{d}G_{\mu\nu}}{\mathrm{d}t}\right)-$$
$$\left(P_{ex}\sqrt{\det G_{\alpha\beta}}+\frac{1}{2}\sigma^{\beta\alpha}G_{\alpha\beta}\right) \quad (10\text{-}74)$$

式中, $M_G(\det G_{\alpha\beta})G^{\alpha\mu}G^{\nu\beta}$ 可以看作矩阵张量的有效质量; $\sqrt{\det G_{\alpha\beta}}$ 是晶胞的体积; $\sigma^{\beta\alpha}$ 是逆变应力组元; P_{ex} 是外部等静压强。如果对应 s_i^α 的共轭动量定义为 $p_{i\alpha}=m_iG_{\alpha\beta}(\mathrm{d}s_i^\beta/\mathrm{d}t)$,对应 $G_{\alpha\beta}$ 的共轭动量定义为 $p^{\alpha\beta}=M_G(\det G_{\alpha\beta})G^{\alpha\mu}(\mathrm{d}G_{\beta\nu}/\mathrm{d}t)\cdot G^{\nu\beta}=p^{\beta\alpha}$,那么体系的哈密顿量表示如下[26-28]:

$$H=\sum_{i=1}^N \frac{p_{i\alpha}p_i^\alpha}{2m_i}+\sum_{i=1}^N\sum_{j>i}^N \phi(q_{ij})+\frac{p_\beta^\alpha p_\alpha^\beta}{2M_G\det G_{\alpha\beta}}+$$
$$\left[P_{ex}\sqrt{\det G_{\alpha\beta}}+\frac{1}{2}\sigma^{\beta\alpha}G_{\alpha\beta}\right] \quad (10\text{-}75)$$

式中, $p_{i\alpha}$ 和 p_i^α 表示第 i 个粒子的动量; $p_{\alpha\beta}$ 是矩阵张量 $G_{\alpha\beta}$ 对应的二阶动量张量; p_β^α 和 p_α^β 分别表示逆变-协变混合张量。

Metric-Tensor 方法最大的优势就是矩阵张量 G 的演化与体积矩阵 h 无关,即与空间笛卡儿坐标系无关,因此体系不受刚体转动的影响,具有普遍性。然而正是这个优点导致无法直接导出原子的坐标和速度等参量,为此可以将模拟体系与笛卡儿坐标系固定在一起,例如 x 轴与晶胞轴 a 重合,y 轴位于晶胞轴 a 和 b 组成的平面内。这里引入笛卡儿坐标系起到了桥梁的作用,并不会对 Metric-Tensor 方法产生影响[29]。

10.3 模拟计算技术

分子模拟的前提条件是构建出初始模型,并进行预平衡处理;选择合适的边界条件并施加适当约束条件;选取势函数或分子力场,设置势能和受力的计算技术等。本节将重点介绍模型的初始化、边界条件的选择以及力的计算技术。

10.3.1 模型初始设置

1. 坐标初始化

在进行分子模拟之前,通常基于实验数据、理论模型或二者的结合来设置分子体系或固体体系的初始坐标。对于满足遍历性的体系,平衡热物理性质应当对分子体系或固体体系的初始坐标选择不敏感。合理的初始坐标不应该出现非物理重叠导致的较高原子势能,也就是尽可能避免原子间距离过近导致的能量"热点",因此可以通过近距离设定和能量最小化方法进行构型预处理,从而确保模拟体系弛豫到平衡态结构[30-31]。

对于晶体而言,原子坐标的初始化相对比较简单,可以依据晶格对称性将原子放置到对应的对称格点上,然后设定相应的晶格常数。在此初始化过程中,恰好处于边界上的原子的坐标设定和处理至关重要,例如在周期性边界条件下需要避免出现晶胞边界原子与其镜像晶胞原子的重叠。对于非晶体而言,由于无法直接通过对称性操作进行原子坐标的设定,于是常采用如下间接方法:首先根据密度选择一种常规晶格,然后将原子放置在晶格的对称格点上,最后升温熔化转为液态后再通过快速冷却保留住非晶无序态。对于分子体系,其原子坐标的设定必须保证键长、键角和二面角与参考值一致,为此,需要为每种类型的分子提供一个链接坐标文件确定分子内原子的相对位置。此外,放置在晶胞内的分子还需考虑其取向问题,例如对于长链大分子,可以为分子设定随机取向或者沿着晶胞对角线方向放置,之后有必要检查相邻分子之间是否存在重叠。对于不需要从头开始建模的分子模拟,比较方便可靠的坐标初始化方法是使用先前模拟后的构型作为后续模拟的初始构型。

2. 速度初始化

对于分子动力学模拟来说,模型初始化不仅需要原子坐标的初始化,而且需要赋予原子初始速度。从统计角度来看,模拟体系中原子的动能统计量与瞬时温度 T 相关联。简单的速度初始化方法是将对应瞬时温度的等值速度赋给每个

原子,表示如下:

$$\langle K \rangle = \frac{1}{2}\sum_i m_i v_i^2 = \frac{gk_B T}{2} \tag{10-76}$$

式中,v_i 是原子速度;g 是模拟体系的自由度;k_B 是玻尔兹曼常量。

除了以上简单等值速度初始化方法,原子的初始速度也可以根据满足温度 T 的分布函数随机选择确定。对于可忽略相互作用的气体分子,速度分布在区间 $[v, v+\mathrm{d}v]$ 的分子数 $\mathrm{d}n_v$ 占总分子数 n 的比率表示如下[31]:

$$\frac{\mathrm{d}n_v}{n} = \rho(v)\mathrm{d}v \tag{10-77}$$

式中,v 是原子速度;$\rho(v)$ 是速度 v 的概率密度分布函数。如果概率密度由麦克斯韦分布给定,那么 $\rho(v)$ 表示如下[1]:

$$\rho(v) = 4\pi \left(\frac{m}{2\pi k_B T}\right)^{3/2} \exp\left(-\frac{mv^2}{2k_B T}\right) v^2 \tag{10-78}$$

将满足麦克斯韦分布的速度 v 随机赋给原子,达到热力学平衡态时,体系满足初始温度 T。

需要注意的是,原子初始速度不仅需要满足温度要求,而且需要确保模拟体系不会产生总的线动量,表示如下:

$$p_{\text{tot}} = \sum_i p_i = \sum_i m_i v_i = 0 \tag{10-79}$$

为了满足以上总动量要求,原子最终的速度分量可以按照速度的均值进行重新标度,表示如下:

$$v_{i,\alpha}^{\text{new}} = v_{i,\alpha}^{\text{old}} - \frac{1}{N}\sum_{i=1}^N v_{i,\alpha}^{\text{old}} \tag{10-80}$$

式中,α 代表三个坐标轴方向,即 $\alpha = x, y, z$。

3. 构型预平衡

对于分子动力学模拟体系,初始坐标和初始速度设定后,通常需要进行构型的预平衡处理,动能和势能将相互转化。当动能和势能仅在它们的平均值附近波动时,体系就达到了准平衡态[31]。

在处理复杂体系时需要注意初始条件的微小变化可能导致运动轨迹严重偏离正常轨迹。基于此,初始条件变化越大,时间步长选择越长,体系的稳定性也会越差,需要进行预平衡的处理时间也就越长。为了表征体系是否达到稳定平衡态,可以采用原子坐标的均方根偏差随时间的变化来度量,即 $\mathrm{RMSD}(t) =$

$\sqrt{\sum_{i=1}^{N}[r_i(t)-r_i^{\text{ref}}]^2}$。图 10-3 对比了在不同初始条件下水分子动力学轨迹的原子坐标均方根偏差随时间的变化情况[32],其中,时间步长选取为 0.1 fs 和 1 fs,均方根偏差与时间的关系每 20 fs 取一点。由图 10-3 可以观察到以下特征:在短时间内,均方根偏差急剧上升,接下来会围绕某个阈值波动。为了减小误差并提高结果的一致性,大多数分子动力学模拟需要进行长时间的预平衡,通常需要进行几万到几十万个时间步。

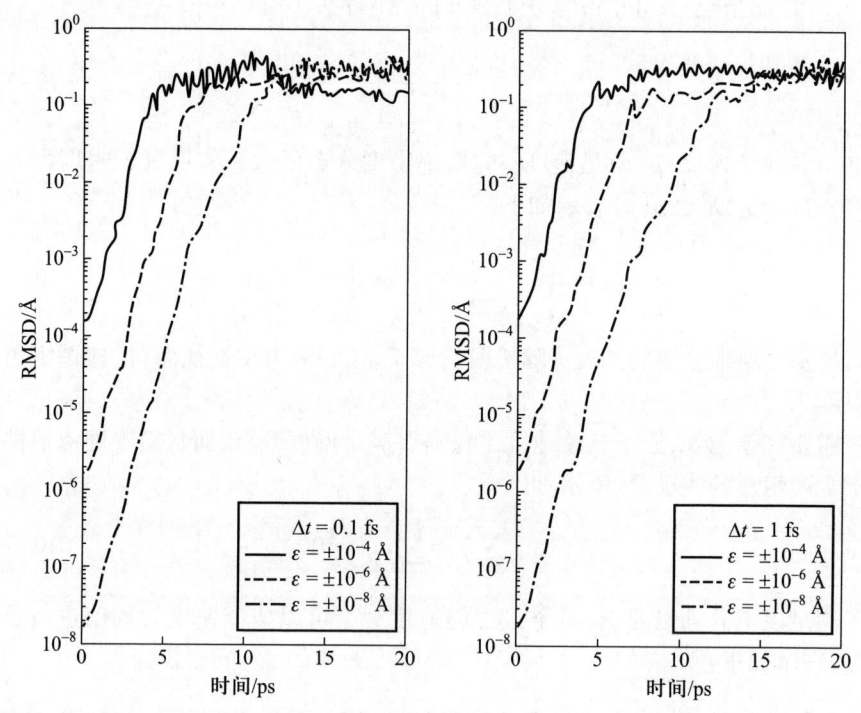

图 10-3 在不同初始条件下,水分子动力学轨迹的原子坐标均方根偏差随时间的变化[32]

10.3.2 边界条件选择

由于分子模拟无法应用到无穷大的粒子体系,需要采用一定密度的有限原胞体系加以近似,这不可避免地带来了尺寸效应和表面效应[12]。对于分子模拟而言,为了有效降低原胞带来的尺寸效应,需要考虑如下选择原则。① 从降低模拟计算量的角度来说,原胞要尽可能小,从而减少计算受力的数量;从消除非物理扰动的角度来说,原胞则要尽可能大,从而满足统计可靠性要求。② 原胞的动力学行为要符合基本物理规律,如体积变化、应变梯度、环境变量等的耦合效应。根据不同的模拟需求,针对原胞表面效应可以采用适当的边界条件加以处理,分为自由边界、固定边界、柔性边界和周期性边界。其中,自由边界是指,粒子在原胞边界处不受额外约束,常用于自由分子和小团簇的模拟;固定边界是指在原胞边界附近固定几层粒子,使其坐标在模拟过程中保持不变,层厚必须大于粒子间作用力的有效范围;柔性边界是指允许原胞边界上的几层粒子根据受力情况做整体微小定向移动;周期性边界是指通过引入周期性镜像原胞,使两个原胞中的粒子在边界上产生相互作用,并按照一定规则处理跨越原胞边界的粒子坐标和速度。在以上各种边界条件中,对于晶体材料而言,周期性边界应用最为广泛,因此下面主要针对周期性边界条件下的约定和计算模拟技术加以讨论。

1. 周期性边界条件

周期性边界条件相当于将原胞嵌入无穷多的周期镜像胞之中,从而更接近宏观体系。在周期性边界条件下,任意可观测物理量 B 的数学形式表示如下:

$$B(r)=B(r+nL) \tag{10-81}$$

式中,r 是空间坐标;L 是原胞维度;$n=(n_1,n_2,n_3)$,这里,n_1、n_2 和 n_3 是整数,代表原胞三个轴方向的重复周期。由此可见,在周期性边界条件下,中心原胞的镜像在三维空间中重复出现。在模拟过程中,粒子以速度 v 通过中心原胞的表面等价于该粒子以相同速度 v 通过与此表面相对的另一侧表面重新进入中心原胞内。

根据以上约定,周期性边界条件给模拟体系施加了人为的周期性,抑制了长波涨落的出现,因此不能用于模拟涨落波长大于原胞尺寸的现象。另外,由于模拟体系的虚假时间周期性,导致时间关联函数出现异常的拖尾现象,从而会影响动力学性质的计算。为了消除或降低这些影响,实际模拟应当尽可能地采用较大的原胞以及更长的时间。由此可见,在有限模拟资源的情况下,应当检查原胞尺寸对周期性边界条件的依从关系。

2. 最近邻镜像约定

最近邻镜像约定(minimum image convention,MIC)是在周期性边界条件下计算粒子间相互作用而设定的规则。对于含有 N 个粒子的原胞,计算粒子的受力不仅需要包含中心原胞内粒子之间的相互作用,而且还要考虑镜像胞中粒子与中心原胞中粒子之间的相互作用,为此,最近邻镜像约定将这种无限多粒子间相互作用问题简化为计算有限粒子之间的相互作用。也就是说,在最近邻镜像约定下,中心原胞中的粒子最多与其他粒子的一个镜像相互作用,从而保证中心原胞中的粒子只与其他粒子或其最邻近镜像原胞中粒子之间相互作用。

图 10-4 展示了基于最近邻镜像约定计算粒子之间相互作用的情况。在最近邻镜像约定情况下,以粒子 2 为中心,考虑截断半径 $r_{c,mic}=L/2$(L 是原胞边长)的球形区域内的中心原胞中的粒子和近邻镜像原胞中的粒子。截断半径设

置为原胞边长的一半不仅可以确保中心原胞中的粒子最多与其他粒子的一个镜像相互作用,而且还可以确保粒子不与其自身的镜像相互作用。如图所示,当计算粒子 2 与其他粒子之间的相互作用时,中心原胞中的粒子 1 和 8 位于 $r_{c,mic}$ 的外部,不需计算其相互作用,但是位于右侧和上部的镜像原胞中的镜像粒子位于截断球内部,因此需要计算相互作用。也就是说,在计算中心原胞中粒子 2 的受力时,仅需要考虑与截断球内的镜像粒子 1 和 8 的相互作用。对于较大的粒子体系和短程势情况,采用原胞的边长作为截断球半径可能导致距离粒子 2 很远的粒子都包含到受力计算中,从而大大增加计算成本。针对这种情况,可以采用较小的球形截断半径,即 $r_c < r_{c,mic} = L/2$,从而将计算粒子之间的相互作用尽可能限制在最近邻或次近邻,忽略超过该截断半径的两个粒子之间的相互作用,大大提升粒子受力的计算效率[2]。

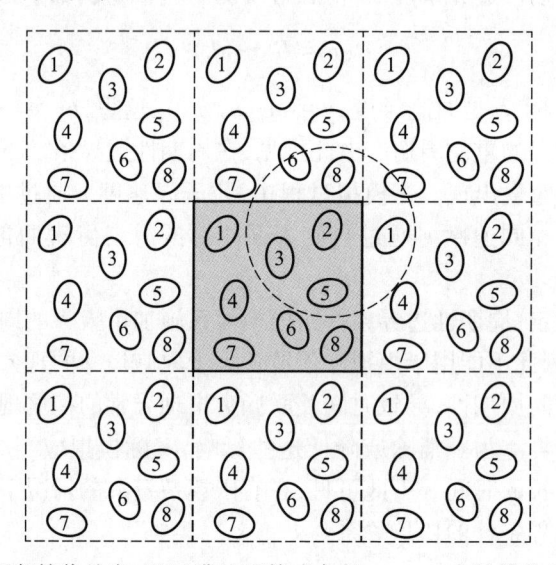

图 10-4 基于最近邻镜像约定,通过满足不等式条件 $r_c < r_{c,mic}$ 来计算粒子间相互作用的情况,其中,r_c 是截断半径,$r_{c,mic} = L/2$(L 是原胞边长)[2]

根据最近邻镜像约定,粒子 i 和 j 之间的距离 r_{ij} 的数学形式表示如下:

$$r_{ij} = \min\{|r_i - r_j + nL|\} \tag{10-82}$$

式中,r_i 和 r_j 分别是粒子 i 和 j 的坐标;L 是中心原胞边长;n 是整数。

由以上分析可知,最近邻镜像约定实际上要求截断球半径满足不等式条件:$r_c < L/2$。截断半径的选择不应大到中心原胞中粒子与其镜像之间距离的一半,同时也不应小到经验势的有效作用距离。需要注意的是,最近邻镜像约定会导致截断半径 r_c 处粒子的受力出现不连续的奇异性,为此,可以采用势函数的平

移和平滑处理,保证在截断半径处粒子间相互作用为零,参见 10.3.3 节内容。另外,最近邻镜像约定主要用于短程相互作用的计算,不适合长程库仑相互作用的计算。针对该问题,可以通过包含最近邻镜像在内的更多周期性镜像来计算长程库仑相互作用,如 Ewald 求和算法。

10.3.3 短程相互作用

在分子模拟过程中,计算粒子受力所耗费的时间可以达到整个模拟时间的 90% 以上。对于一个含有 N 个粒子的体系,如果考虑所有粒子之间的相互作用,那么根据组合数需要 $N(N-1)/2$ 次受力计算,这将是一个非常耗时的计算任务。针对此问题,可以基于短程相互作用和长程相互作用的特点加以区别对待。短程相互作用的粒子受力通常主要来自近邻或次近邻粒子,完全可以在最近邻镜像约定下大大降低受力的计算量。尽管如此,最近邻镜像约定需要配合特定的短程相互作用计算技术,才能有效提升计算效率。目前常用的短程相互作用近似计算方法包括截断距离方法、近邻列表方法、格子索引方法等。如果将这些方法组合使用,那么可以达到良好效果,例如:首先采用截断距离方法降低力的计算量,然后应用格子索引方法进一步加速力的计算效率。

1. 截断距离方法

最近邻镜像约定会导致粒子势能或受力在截断距离 r_c 处出现不连续的奇异性。为了解决该问题,可以采用等效势截断方法将势函数在截断距离以外置为零,表示如下:

$$u_t(r) = \begin{cases} u(r), & r \leq r_c \\ 0, & r > r_c \end{cases} \quad (10\text{-}83)$$

式中,$u(r)$ 是原势函数;r_c 是截断距离。

简单施加截断距离后,势函数可能会在截断距离 r_c 处不连续,如图 10-5 所示。为了消除这种不连续性,可以对势函数进行平移操作,使势函数在截断距离处自然过渡为零,表示如下[30]:

$$u_s(r) = \begin{cases} u(r) - u_c, & r \leq r_c \\ 0, & r > r_c \end{cases} \quad (10\text{-}84)$$

式中,u_c 是截断势能。由于在原来势函数基础上增加了 u_c,导致平移后势函数整体偏离原势函数,因此为了降低对模拟结果的影响,截断势能 u_c 应该尽可能小。另外,平移操作并不能解决截断后势函数一阶导数(即受力)的不连续问题,为此,可以进一步使用势函数的一阶导数对势函数进行平滑处理。经过平滑处理可以保证势函数的一阶导数在截断距离处也为零,如图 10-5 所示。于是,经过平移和平滑处理后的势函数表示如下[30]：

$$u_s(r) = \begin{cases} u(r) - u_c - \left[\dfrac{du(r)}{dr}\right]_{r=r_c}(r-r_c), & r \leqslant r_c \\ 0, & r > r_c \end{cases} \quad (10\text{-}85)$$

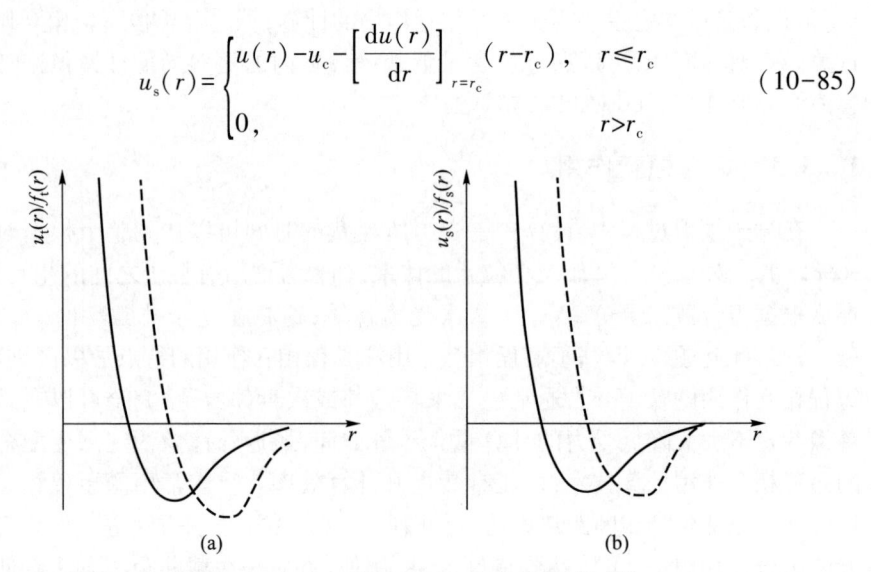

图 10-5 截断处理的势函数(a)以及平移和平滑处理的势函数(b)[30]

需要注意的是，经过平移和平滑处理的势函数 $u_s(r)$ 已经偏离了原来真实的势函数 $u(r)$，而在实际模拟过程中，需要尽可能地保持势函数的原有形状来降低带来的模拟偏差。于是，经常采用的消除势能和受力不连续的方法是在接近截断距离附近采用开关函数 $S(r)$ 对原势函数 $u(r)$ 进行渐进处理，表示为 $u_s(r) = S(r)u(r)$。首先设置两个截断距离 r_c 和 r_s，然后在近平衡距离 $r \leqslant r_s$，保持原来势函数不变，而在两个截断距离之间 $r_s \leqslant r \leqslant r_c$，使用开关函数改变原势函数。开关函数 $S(r)$ 由两个截断距离定义，表示如下[30]：

$$S(r) = \begin{cases} 1, & r < r_s \\ \dfrac{(r_c-r)^2(r_c^2+2r-3r_s)}{(r_c-r_s)^3}, & r_s \leqslant r \leqslant r_c \\ 0, & r > r_c \end{cases} \quad (10\text{-}86)$$

式中，r_s 要尽可能大些，例如 $r_s \approx 0.9 r_c$。使用开关函数对势函数改造前后的情况对比如图 10-6 所示。由图可见，在临近势能最低点附近（即 r_s 以内），改造后的势函数与原势函数完全相同；在 $r_s \leqslant r \leqslant r_c$ 区间，经过改造后的势函数在保持连续性的前提下以渐进的方式在 r_c 处变为零。

2. 近邻列表方法

无论是最近邻镜像约定还是截断距离方法，首先需要计算出粒子间距离，然

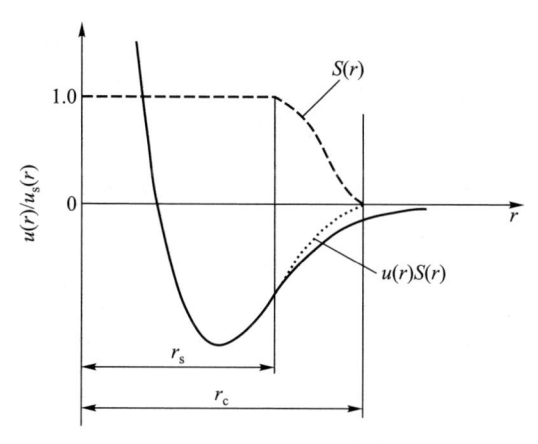

图 10-6 使用开关函数对势函数改造前后的情况对比[30]

后根据截断距离决定是否应用势函数计算相互作用能[12]。也就是,对于含有 N 个粒子的原胞体系,需要计算每对粒子之间的距离,这仍然需要花费大量的计算时间。为了降低这种计算粒子间距离并判断近邻粒子的时间,Verlet 引入了近邻列表方法[33]:在模拟开始前为中心原胞中的每个粒子构造近邻粒子列表,其中包含了近邻截断距离 r_s 内的所有粒子,在随后的若干模拟时间步内,可以直接根据该列表计算粒子间相互作用,而无需重新计算每对粒子之间的距离来判断近邻的粒子。由此可见,近邻列表方法是基于如下事实:粒子在每一模拟时间步只移动很小的距离。经过若干模拟时间步后,近邻截断球附近的粒子可能跨越近邻截断球边界,因此需要设定适当的模拟时间步数来更新近邻列表。下面详细阐述近邻列表的构建和更新过程。

(1) 在模拟开始前,为中心原胞中的每个粒子构造一个列表来存储近邻截断距离 r_s 以内的全部粒子。存储由近邻列表 List 和索引指针 Point 两个数组构成,如图 10-7 所示。近邻列表 List 是一个大的数组,存储着中心原胞中每个粒子 i 的所有近邻粒子。索引指针 Point 是大小为 N 的指针数组,其中元素指向近邻列表数组中存储第一个近邻粒子的位置,方便识别近邻粒子。

(2) 在模拟过程中,设定更新近邻列表的时间步数。对于中心原胞中的粒子 i,通过从 ipoint(i) 到 ipoint($i+1$)-1 遍历 List 数组列表来识别近邻粒子,并计算粒子间相互作用。当迭代时间步达到设定的更新近邻列表的时间步数时,依据新的粒子坐标更新近邻列表,继续进行模拟步骤。在每次更新近邻列表过程中,需要注意粒子不能穿透势函数截断半径 r_c 到近邻截断半径 r_s 的球壳直接进入 r_c 球体内。如图 10-8 所示,如果粒子从近邻球 r_s 外进入截断球 r_c 内,那么模拟过程需要保证该粒子首先进入 r_c 到 r_s 的球壳中。除此之外,当构建近邻列

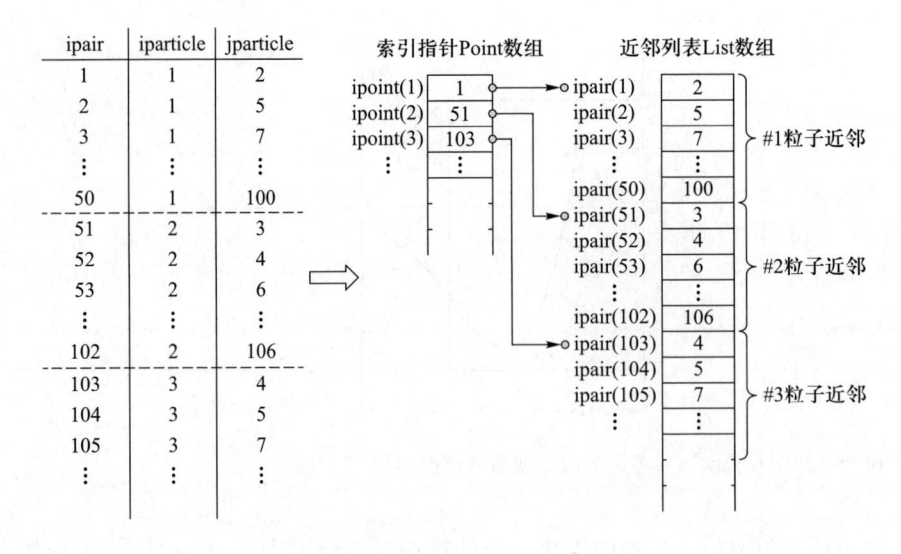

ipair	iparticle	jparticle
1	1	2
2	1	5
3	1	7
⋮	⋮	⋮
50	1	100
51	2	3
52	2	4
53	2	6
⋮	⋮	⋮
102	2	106
103	3	4
104	3	5
105	3	7
⋮	⋮	⋮

索引指针Point数组：ipoint(1)=1, ipoint(2)=51, ipoint(3)=103

近邻列表List数组：ipair(1)=2, ipair(2)=5, ipair(3)=7, …, ipair(50)=100 （#1粒子近邻）；ipair(51)=3, ipair(52)=4, ipair(53)=6, …, ipair(102)=106 （#2粒子近邻）；ipair(103)=4, ipair(104)=5, ipair(105)=7 （#3粒子近邻）

图 10-7 使用 Point 和 List 数组构建近邻列表[2]

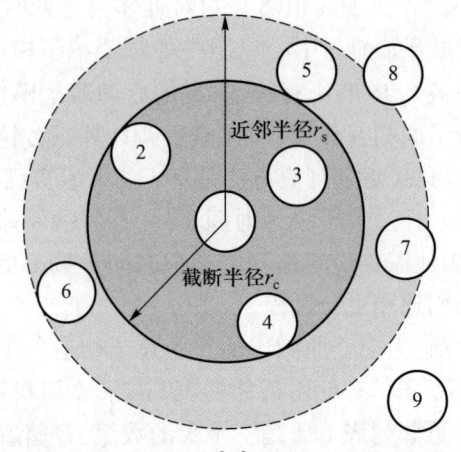

图 10-8 近邻列表划分的不同区域示意图[12]，其中，r_c 是势函数截断半径，r_s 是近邻截断半径

表时，为每个粒子设置一个向量，并置为零，随着粒子位置的变化而变化，由此可以计算两次更新时间步之间的粒子总位移，如果总位移量超过球壳厚度 $r_{skin} = r_s - r_c$，那么应设定需要再次更新近邻列表。

总之，选择的球壳越厚，更新近邻列表的频率越低，但须检查更多近邻粒子，因此选择合适的球壳厚度对提高模拟效率发挥着重要作用。如果没有球壳厚度，那么每一步都需要重新构建近邻列表，会极大地增加计算量。

3. 格子索引方法

在近邻列表方法中,中心原胞中粒子的近邻粒子列表都存储在很大的数组之中,需要分配较大的内存,大大降低了计算效率并增大了计算成本。针对该问题,Quentrec 和 Brot 提出将原胞进一步细分为小格子(Cell)来提升检索效率的方法,称为格子链表方法[34]或格子索引方法[31]。该方法的改进思想可以描述如下:把原胞分割成更小的格子,格子的边长等于或稍大于势函数截断半径 r_c。如果格子 m 中的粒子 i 与格子 n 中的粒子 j 之间的距离满足 $|r_i-r_j|\leq r_c$,那么格子 m 被视为格子 n 的近邻格子。为了简化问题,这里采用 $m\times m\times m$ 个立方体格子来划分原胞。参照最近邻镜像约定,要求与中心原胞中粒子存在相互作用的粒子必然处于该粒子占位格子或近邻格子之中。按照均匀分布计算,对于 N 个粒子的三维体系,计算粒子之间相互作用共涉及近似 $27N_c$ 对粒子,其中 $N_c=N/m^3$;对于二维体系,则需要处理 $9N_c$ 对粒子。由此可见,计算总的相互作用是与 N 成正比的[4]。

由于所有粒子需要按其位置分配到格子中,同时需要创建粒子索引的链接列表,因此,在分配过程中,需要创建两个数组:表头数组 Head 和链表数组 List,如图 10-9 所示。表头数组 Head 中的每个元素对应一个格子,并包含分配到该格子中的一个粒子的识别号,用于寻址链表数组 List 的对应元素;而链表数组 List 包含该格子中粒子的编号,通过索引方式依次遍历所有粒子。如果沿着链表索引的轨迹走,最终会到达链表数组 List 的"零"位置,表明穷尽了格子中所有粒子。

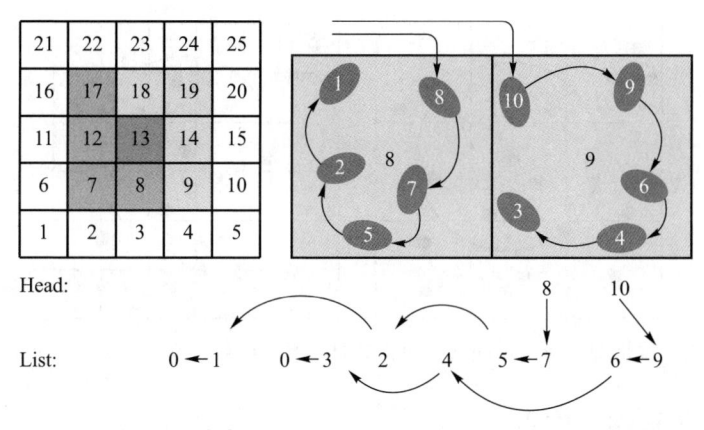

图 10-9 格子索引方法示意图[31]

在模拟过程中,计算粒子之间相互作用要循环遍历对应的近邻链表。为了避免重复计算,可以按照一定规则一次只考虑部分近邻格子。下面以二维格子为例展示遍历过程(如图 10-9 所示)。如果计算格子 13 中任意粒子 i 的受力,那么仅需要计算格子 13 中其他粒子以及与格子 13 近邻的 8 个格子 7、8、9、12、

14、17、18 和 19 中的粒子与粒子 i 的相互作用。在实际模拟中,计算格子 13 中粒子的受力只需统计与格子 9、14、19 和 18 中粒子的相互作用,与其他 3 个格子 7、8 和 17 中粒子的相互作用可以当把格子 12 作为中心格子时再加以考虑,从而有效避免重复计算。

格子索引方法中格子大小常常选择为势函数的截断半径 r_c,因此在计算受力过程中需要检查 $27r_c^3$ 体积内的所有粒子。事实上,只有在 $4\pi r_c^3/3$ 体积内的粒子落在截断半径内需要进行检查,为此,可以尽可能减小格子体积,从而降低需要检查的体积。图 10-10 给出了在二维情况下采用不同格子边长需要检查的面积情况[35]。由图可见,两种情况下格子边长对应的近邻格子面积由 $9r_c^2$ 降到 $6.25r_c^2$。既然对于格子体积的选择并没有严格限制,那么对于格子索引方法的改进方案就是尽可能减小格子边长,使得每个格子最多只能容纳一个粒子[35]。在这种情况下,就不需要使用链表结构,而只需直接在中心格子和近邻格子上循环。在模拟开始阶段,筛选出每个格子周围一定范围内的格子列表,并在整个过程中保持不变,但是在每个阶段需要确定格子是否被占用。这种改进方案所导致的问题是:格子数量庞大,而且包含了诸多空格子,因此,当粒子数相对较少时,格子索引方法甚至不如近邻列表算法快。总之,格子索引方法的优点在于能够快速、高效地构造出近邻列表,但其缺点在于计算受力过程中需要检查太多粒子。在粒子数较少的情况下,格子索引方法与近邻列表算法相比并不具有明显优势[36]。

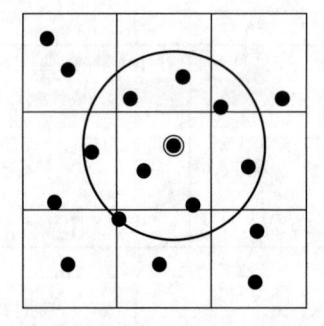

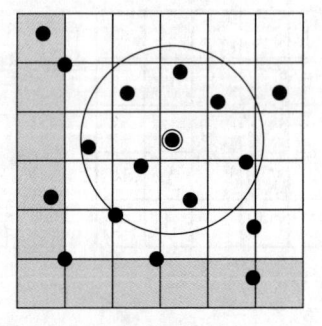

图 10-10 在二维情况下采用不同格子边长需要检查的面积情况[35-36]

10.3.4 长程相互作用

除了上一节介绍的短程相互作用,对于离子晶体或带电分子体系的模拟还需考虑长程静电相互作用,例如:电荷之间的静电相互作用能正比于 $1/r$,电荷与偶极之间的静电相互作用能正比于 $1/r^2$,而偶极之间的静电相互作用能正比于 $1/r^3$。尽管计算静电相互作用的库仑公式很简单,但是对于无穷大的周期性体系来说,由于长程相互作用在相距很远的情况下仍然不可以忽略,因此需要考虑的相互作用对的个数随着距离快速地增长。鉴于此情况,上一节介绍的短程相互作用计算方法不适合长程静电相互作用计算,需要针对周期性边界条件下长程静电相互作用采用特定的处理方法,如 Ewald 求和算法、反应场方法和 Wolf 截断球方法。

1. Ewald 求和算法

1921 年,Ewald 发展了计算周期性离子晶体静电相互作用的有效算法,称为 Ewald 求和算法[37]。该算法在周期性边界条件下,通过引入两套虚拟电荷分布,将条件收敛的库仑势求和公式转化为两个绝对收敛的级数公式[2,9]。

假定体积为 $V=L^3$(L 是边长)的立方原胞包含 N 个带电粒子,在周期性边界条件下,长程静电相互作用不仅需要考虑与中心原胞中其他带电粒子的相互作用,而且还需要考虑与周期镜像胞中带电粒子的相互作用。于是,在周期性边界条件下,由所有成对带电粒子引起的总静电相互作用能表示如下[2,9]:

$$U = \frac{1}{2}\sum_{i=1}^{N} q_i \phi(r_i) = \frac{1}{2}\sum_{i=1}^{N} q_i \sum_{n} \sum_{j=1}^{N} \frac{1}{4\pi\epsilon_0} \frac{q_j}{|r_{ij}+nL|}$$
$$= \frac{1}{2} {\sum_{n}}' \sum_{i=1}^{N} \sum_{j=1}^{N} \frac{1}{4\pi\epsilon_0} \frac{q_i q_j}{|r_{ij}+nL|} \quad (10\text{-}87)$$

式中,q_i 和 q_j 是两个点电荷;r_{ij} 是点电荷之间的距离;$\phi(r_i)$ 表示在带电粒子位置 r_i 处其他带电粒子产生的静电势;ϵ_0 是介电常数。求和符号上的撇号表示当带电粒子 i 和 j 都位于中心原胞($n=0$)时,后面两个求和号不包含 i 和 j 相等的情况。

以上具有周期性边界条件的库仑势求和公式不仅包含了中心原胞中带电粒子间的静电相互作用,而且包含了中心原胞中带电粒子与所有镜像胞中带电粒子之间相互作用的贡献。该求和公式属于条件收敛的调和级数,不仅涉及同号电荷的排斥相互作用,而且涉及异号电荷的吸引相互作用,在分别求和情况下均不收敛。针对这种情况,Ewald 提出了如下解决方案将该条件收敛公式转换为两个快速绝对收敛公式。

(1)假定每个电荷为 q_i 的带电粒子被弥散的电荷所包围,其分布可用高斯函数描述,对应的总电荷与 q_i 相当,符号与带电粒子相反,如图 10-11 所示,称为屏蔽高斯电荷。采用高斯函数表示的电荷分布如下[2]:

$$\rho_{\text{Gauss}}^{\text{I}}(r) = -\frac{\alpha^{3/2}}{\pi^{3/2}} q_i e^{-\alpha r^2} \quad (10\text{-}88)$$

式中,α 决定着高斯分布宽度。由该高斯电荷分布产生的静电势可由泊松方程导出,表示如下:

$$-\nabla^2 \phi_{\text{Gauss}}^{\text{I}}(r) = 4\pi \rho_{\text{Gauss}}^{\text{I}}(r) \tag{10-89}$$

在球对称高斯电荷分布情况下,通过以上泊松方程对变量 r 的两次部分积分可得如下高斯静电势:

$$\phi_{\text{Gauss}}^{\text{I}}(r) = \frac{q_i}{r} \text{erf}(\sqrt{\alpha} r) \tag{10-90}$$

式中,$\text{erf}(\sqrt{\alpha} r)$ 是误差函数,表示如下:$\text{erf}(\sqrt{\alpha} r) = 2\sqrt{\frac{\alpha}{\pi}} \int_\infty^r \exp(-\alpha r^2) \, dr$。相应地,总静电势可以表示为点电荷 q_i 产生的静电势和屏蔽高斯电荷 $-q_i$ 产生的静电势 $-\phi_{\text{Gauss}}^{\text{I}}(r)$ 之和,表示如下:

$$\phi^{\text{I}}(r) = \frac{q_i}{r} - \frac{q_i}{r} \text{erf}(\sqrt{\alpha} r) = \frac{q_i}{r} \text{erfc}(\sqrt{\alpha} r) \tag{10-91}$$

式中,α 的大小决定着总静电势随电荷间距 r 的衰减速度。

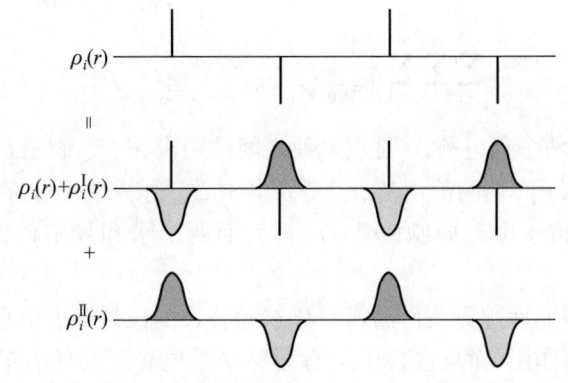

图 10-11 在 Ewald 求和算法中具有周期性边界条件的带电粒子体系的库仑势被转化为两组新的电荷分布库仑势[2,31]

于是,该部分能量贡献可通过实空间周期电荷分布表示如下:

$$U_{\text{real}} = \frac{1}{2} \sum_{i=1}^N q_i \sum_{j=1}^N \phi^{\text{I}}(r_{ij}) = \frac{1}{2} \sum_{n=0}^{\prime} \sum_{i=1}^N \sum_{j=1}^N \frac{q_i q_j}{4\pi\epsilon_0} \frac{\text{erfc}(\sqrt{\alpha} |r_{ij}+nL|)}{|r_{ij}+nL|} \tag{10-92}$$

由于该表达式包含了收敛速度极快的补偿误差函数 erfc( ),因此求和项中通常仅需考虑有限镜像胞即可达到收敛,收敛速度由参数 α 决定。选取足够大的 α 值可以将相互作用的求和计算限制在中心原胞($n=0$)的较短范围之内,于是,以上能量表达式可简化为如下形式:

$$U_{\text{real}} = \frac{1}{2} \sum_{i=1}^{N} \sum_{j=1}^{N} \frac{q_i q_j}{4\pi\epsilon_0 r_{ij}} \text{erfc}(\sqrt{\alpha} r_{ij}) \tag{10-93}$$

（2）为了抵消掉虚拟屏蔽电荷分布$\rho_{\text{Gauss}}^{\text{I}}(r)$从而恢复体系原来的电荷分布情况，必须引入另一组形状相同但符号相反的虚拟补偿电荷分布$\rho_{\text{Gauss}}^{\text{II}}(r)$。该虚拟补偿电荷分布需要采用相同形式的高斯函数，表示如下：

$$\rho_{\text{Gauss}}^{\text{II}}(r) = \frac{\alpha^{3/2}}{\pi^{3/2}} q_i e^{-\alpha r^2} \tag{10-94}$$

需要注意的是，两次引入的虚拟电荷刚好相互抵消，并没有引入任何物理近似，仅仅是一种数学策略。此次引入的虚拟补偿电荷分布导致的静电势为长程的，必须考虑与周期镜像的相互作用。通过周期性高斯分布函数的求和可以表示在位置r处的电荷分布情况，如下：

$$\rho_{\text{Gauss}}^{\text{II}}(r) = \sum_{n} \sum_{j=1}^{N} \frac{\alpha^{3/2}}{\pi^{3/2}} q_j e^{-\alpha |r-(r_j+nL)|^2} \tag{10-95}$$

经过傅里叶变换后，电荷分布$\rho_{\text{Gauss}}^{\text{II}}(r)$可以转换为倒易空间的求和形式，表示如下：

$$\rho_{\text{Gauss}}^{\text{II}}(k) = \sum_{j=1}^{N} q_j e^{-ik \cdot r_j} e^{-k^2/(4\alpha)} \tag{10-96}$$

式中，k是倒易矢量。由傅里叶变换的高斯电荷分布产生的静电势可由泊松方程导出，表示如下：

$$k^2 \phi_{\text{Gauss}}^{\text{II}}(k) = 4\pi \rho_{\text{Gauss}}^{\text{II}}(k) \tag{10-97}$$

将傅里叶变换的高斯电荷分布$\rho_{\text{Gauss}}^{\text{II}}(k)$代入式（10-97），两边都乘以$1/k^2$，整理得到周期性体系静电势的傅里叶变换形式，表示如下：

$$\phi^{\text{II}}(k) = \frac{4\pi}{k^2} \sum_{j=1}^{N} q_j e^{-ik \cdot r_j} e^{-k^2/(4\alpha)} \tag{10-98}$$

继续对以上静电势表达式进行傅里叶逆变换，可得

$$\phi^{\text{II}}(r) = \frac{1}{V} \sum_{k \neq 0} e^{-ik \cdot (r-r_j)} \phi^{\text{II}}(k) = \frac{1}{V} \sum_{k \neq 0} \sum_{j=1}^{N} \frac{4\pi}{k^2} q_j e^{ik \cdot (r-r_j)} e^{-k^2/(4\alpha)} \tag{10-99}$$

最后，由虚拟补偿电荷分布导致的长程能量贡献表示如下：

$$U_{\text{reci}} = \frac{1}{2} \sum_{i=1}^{N} q_i \phi^{\text{II}}(r_i) = \frac{1}{2V} \sum_{k \neq 0} \sum_{i=1}^{N} \sum_{j=1}^{N} \frac{q_i q_j}{k^2 \epsilon_0} e^{ik \cdot (r_i - r_j)} e^{-k^2/(4\alpha)} \tag{10-100}$$

倒易空间求和形式比实空间求和形式收敛得快得多,但是倒易矢量 k 数目会随着参数 α 的增大而增加。综合考虑实空间和倒易空间求和收敛性对参数 α 的依从关系,参数 α 的选择既不能过大也不能过小[38]。

(3) 在以上长程能量贡献计算过程中包括了电荷 q_i 的高斯分布与位于高斯中心位置的点电荷 q_i 之间非真实的相互作用,即高斯电荷分布与其自身的交互作用。为了纠正这个非真实相互作用,需要减去一部分自相互作用能量。直接由前面泊松方程求解得到的静电势公式(10-90)可得在 $r=0$ 处的静电势,表示如下:

$$\phi_{\text{self}}(r) = \phi^{\text{I}}_{\text{Gauss}}(r=0) = 2q_i\sqrt{\frac{\alpha}{\pi}} \tag{10-101}$$

于是,考虑所有电荷自相互作用能量贡献表示如下:

$$U_{\text{self}} = \frac{1}{2}\sum_{i=1}^{N} q_i\phi_{\text{self}}(r_i) = \sqrt{\frac{\alpha}{\pi}}\sum_{i=1}^{N}\frac{q_i^2}{4\pi\epsilon_0} \tag{10-102}$$

需要注意的是,自相互作用能并不依赖于每个粒子的具体位置,通常被设定为常数。

(4) 除了以上能量的贡献外,在某些情况下还需要考虑特定的校正能量项。下面讨论两种情况。

① 如果需要考虑模拟介质对电荷体系产生的静电势,那么可以通过增加一个校正能量项实现,表示如下:

$$U_{\text{corr}} = \frac{2\pi}{3L^3}\left|\sum_{i=1}^{N}\frac{q_i}{4\pi\epsilon_0}r_i\right|^2 \tag{10-103}$$

由此可见,当介质是良导体时,$\epsilon_0 = \infty$,该校正项为零;当介质为真空时,$\epsilon_0 = 1$。

② 对于分子体系而言,如果原子带有部分电荷,那么需要从分子内相互作用能中减去一部分校正能量。此校正能量来自分子内两个原子电荷 $q_{i,s}$ 与 $q_{i,t}$ 之间相互作用能。于是,考虑所有分子内的校正能量贡献表示如下:

$$U_{\text{corr}} = \frac{1}{2}\sum_{i=1}^{N}\sum_{s=1}^{N_i}\sum_{t=1}^{N_i} q_{i,s}\phi_{i,t} = \frac{1}{2}\sum_{i=1}^{N}\sum_{s=1}^{N_i}\sum_{t=1}^{N_i}\frac{q_{i,s}q_{i,t}\text{erf}(\alpha r_{i,st})}{4\pi\epsilon_0 r_{i,st}} \tag{10-104}$$

式中,N_i 是分子 i 内的原子电荷数目;$r_{i,st}$ 是分子 i 内两个原子电荷之间的距离。

(5) 最后,考虑到以上各个能量贡献项,总的静电相互作用能表示如下:

$$U_{\text{tot}} = \frac{1}{2}\sum_{i=1}^{N}\sum_{j=1}^{N}\frac{q_iq_j}{4\pi\epsilon_0 r_{ij}}\text{erfc}(\sqrt{\alpha}r_{ij}) +$$

$$\frac{1}{2V}\sum_{k\neq 0}\sum_{i=1}^{N}\sum_{j=1}^{N}\frac{q_iq_j}{k^2\epsilon_0}e^{ik\cdot(r_i-r_j)}e^{-k^2/(4\alpha)}-\sqrt{\frac{\alpha}{\pi}}\sum_{i=1}^{N}\frac{q_i^2}{4\pi\epsilon_0}+U_{corr} \quad (10-105)$$

Ewald 求和算法中库仑能量的计算精度和级数收敛性取决于参数 α、实空间截断半径 r_{cut} 和倒易空间最大倒易矢量 k_{max}。在实空间能量表达式 U_{real} 中，较窄的高斯分布对应着较大的 α 值，能够有效加速实空间求和收敛速度；然而在倒易空间能量表达式 U_{reci} 中，傅里叶级数的项数随着 α 的减小而减少，进而加速在倒易空间求和的收敛速度。由此可见，在实际应用过程中，选取参数 α 的数值需要综合考虑实空间和倒易空间的求和收敛情况[4]。根据粗略估算可知：如果固定 α 数值，那么求和计算量与 N^2 成正比；如果允许 α 数值的变化，那么求和计算量降至与 $N^{3/2}$ 成正比。尽管 Ewald 求和算法提供了一种计算长程静电相互作用较为精确的方案，但是该算法人为地引入了虚拟周期性的限制，进而也促使了诸多改进策略使其适用于非周期分子体系，如 SPME（smooth particle mesh Ewald）方法[39]。

2. 反应场方法

1973 年，Barker 等将反应场方法用于水的介电性质的模拟研究[40]。对于偶极体系，反应场方法将作用在截断球（半径为 R）中心的反应场分为两部分：位于截断球内的短程相互作用和截断球外的长程相互作用，如图 10-12 所示[31]。短程相互作用部分包含了截断球内所有偶极的贡献，长程相互作用部分是截断球外的所有偶极形成的反应场的贡献。截断球外可以近似为介电常数 ϵ_S 的连续介质，并在截断球内形成反应场。由连续介质电动力学可以知道，作用在截断球内分子 a 上的反应场的大小正比于截断球的矩，表示如下[31,41]：

$$\varepsilon_a = \frac{1}{4\pi\epsilon_0}\frac{2(\epsilon_S-1)}{2\epsilon_S+1}\frac{1}{r_c^3}\sum_{b\in R}\mu_b \quad (10-106)$$

式中，μ_b 是截断球内分子 b 的偶极矩，$\mu_b = \sum_{j\in b}q_jr_j$；求和遍及截断球内所有分子的偶极矩；$r_c$ 是截断球半径。于是在反应场中，分子 a 的能量贡献表示如下：

$$U_a = -\frac{1}{2}\mu_a\varepsilon_a = -\frac{\mu_a}{4\pi\epsilon_0}\frac{\epsilon_S-1}{2\epsilon_S+1}\frac{1}{r_c^3}\sum_{b\in R}\mu_b \quad (10-107)$$

式中，μ_a 是截断球内中心分子 a 的偶极矩。

假设截断球的总电荷为零，并且每个分子都足够小，以至于截断球中一组原子等同于在截断球中以该分子的每个原子为中心的一组原子，于是，整个分子体系反应场导致的长程相互作用校正能表示如下[41]：

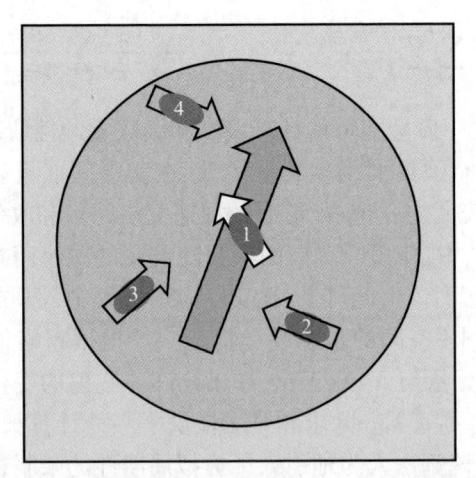

图 10-12 反应场方法的截断球和连续介质情况[30-31]。白色箭头表示分子的永久偶极矩;分子 2、3 和 4 直接与分子 1 发生相互作用;灰色大箭头表示球内分子极化的连续介质在中心分子 1 处产生的反应场

$$U^{\text{corr}}(r_{ij}) = -\frac{1}{2}\sum_a \mu_a \varepsilon_a = \frac{1}{2} \sum_i \sum_{j \neq i, r_{ij} < r_c} \frac{q_i q_j}{4\pi\epsilon_0} \left(\frac{\epsilon_S - 1}{2\epsilon_S + 1} \frac{r_{ij}^2}{r_c^3} \right) \quad (10-108)$$

将该长程校正能添加到截断球内短程相互作用势能中,于是体系总能量表示如下:

$$U^{\text{RF}}(r_{ij}) = \frac{1}{2} \sum_i \sum_{j \neq i, r_{ij} < r_c} \frac{q_i q_j}{4\pi\epsilon_0} \frac{1}{r_{ij}} \left(1 + \frac{\epsilon_S - 1}{2\epsilon_S + 1} \frac{r_{ij}^3}{r_c^3} \right) \quad (10-109)$$

反应场方法的一个缺点是:当截断球内分子数目发生变化时,由于截断球内的直接相互作用和截断球外反应场作用会导致能量与受力发生不连续的变化,因此会出现能量守恒问题。实际上,该问题可以通过平移操作来解决,或者使用简单开关函数来解决。当体系的部分电荷用于表示偶极子或离子时,可以定义一套电荷组,于是,截断球半径需要根据电荷组中心距离 R_{IJ} 而不是根据单独电荷的距离予以定义,相应的反应场方法称为电荷组方法。在这种情况下,反应场方法给出的总能量表示如下[31,42]:

$$U^{\text{qq}} = U_{\text{SC}} + U_{\text{corr}} + U_{\text{Born}} + U_{\text{self}} \quad (10-110)$$

式中,U_{SC} 是采用直接截断近似得到的库仑相互作用势能;U_{corr} 是长程相互作用校正能;U_{Born} 是特定电荷组中的原子在各中心位置进行可逆电荷传递带来的 Born 势能;U_{self} 是电荷组在自身偶极反应场中的能量,简称自能项。以上各能量项表示如下:

10.3 模拟计算技术

$$U_{SC} = \frac{1}{2} \sum_i \sum_{j,I \neq J, R_{IJ} < r_c} \frac{q_i q_j}{4\pi\epsilon_0} \frac{1}{r_{ij}}$$

$$U_{corr} = \frac{1}{2} \sum_i \sum_{j,I \neq J, R_{IJ} < r_c} \frac{q_i q_j}{4\pi\epsilon_0} \left(\frac{\epsilon_S - 1}{2\epsilon_S + 1} \frac{r_{ij}^2}{r_c^3} + C \right)$$

$$U_{Born} = -\frac{1}{2} \frac{\epsilon_S - 1}{\epsilon_S} \frac{1}{r_c} \frac{1}{4\pi\epsilon_0} \sum_i q_i \sum_{j,R_{IJ} < r_c} q_j \qquad (10-111)$$

$$U_{self} = \frac{1}{2} \sum_i \sum_{j \in I} \frac{q_i q_j}{4\pi\epsilon_0} \left(\frac{\epsilon_S - 1}{2\epsilon_S + 1} \frac{r_{ij}^2}{r_c^3} + C \right)$$

$$C = -\frac{1}{r_c} \left(1 + \frac{\epsilon_S - 1}{2\epsilon_S + 1} - \frac{\epsilon_S - 1}{\epsilon_S} \right)$$

式中,q_i 和 q_j 分别是原子 i 和 j 的电荷数;r_{ij} 是电荷间的距离;大写字母表示是电荷组,例如 I 和 J 分别表示原子 i 和 j 所属的电荷组;R_{IJ} 是电荷组中心的距离;r_c 是直接截断距离;常数 C 来自平衡截断球内电荷组的均匀背景电荷,使截断球呈电中性。当所有电荷组呈电中性时,常数 C 消失并且 U_{Born} 为零。当 $r_{ij} > r_c$ 时,跨过截断球边界的电荷组将出现不一致性。为了避免该问题,Hünenberger 等给出了相应的解决方案,例如,通过增大反应场半径 r_{RF},使 $r_{RF} > r_c$,但是这会在与中心电荷组相互作用的电荷组和连续介质之间保留一个间隙[42]。

在反应场方法中,可以采用恒定介电常数来近似表征周围介质,否则,需要采取特定方法来估计周围介质的介电常数。由于采用反应场方法所消耗的计算时间不长,因此已经被广泛用于分子模拟之中。

3. Wolf 截断球方法

采用直接截断方法会导致带电球体的出现,需要通过在球体表面分布表面电荷的方式抵消。该表面电荷的大小与球体的净电荷相等,符号相反,以确保局部呈现电中性。Wolf 等经进一步研究发现,采用直接截断方法计算静电相互作用能过程中,静电相互作用随着截断半径的增加收敛得十分缓慢,并且会在某一确定值附近产生振荡,但是该值在特定的截断半径下趋于精确。经过进一步理论分析表明:这一现象不仅取决于振荡的特征,而且与截断球是否接近电中性直接相关;另外,静电相互作用能误差几乎与截断球中净电荷成正比。1999 年,Woff 等基于以上观点提出了一种建立在直接截断球近似基础上的静电相互作用计算方法,称为 Woff 截断球方法[41,43-44]。从该方法的基本思想出发,静电相互作用完全可以看作短程相互作用进行处理,如图 10-13 所示。首先需要考虑带电粒子与其近邻带电粒子的直接相互作用,然后增加上截断球表面镜像电荷的贡献,也就是说对于截断球中的每个带电粒子,截断球表面上存在符号相反的镜像电荷,并仅与带电粒子发生相互作用。截断球表面镜像电荷是用来保证球内的离子或分子呈现电中性[41,43]。为了消除人为带电球体带来的误差,在截断球电中性条件下需要使用误差函数 erfc( ),于是,Wolf 截断球方法给出的静电势能表示如下[41-44]:

$$U_{\text{Wolf}} = \frac{1}{2} \sum_{i} \sum_{\substack{j \neq i, \\ r_{ij} < r_c}} \frac{q_i q_j}{4\pi\epsilon_0} \left[\frac{\text{erfc}(\alpha r_{ij})}{r_{ij}} - \lim_{r_{ij} \to r_c} \frac{\text{erfc}(\alpha r_{ij})}{r_{ij}} \right] - \left[\frac{\text{erfc}(\alpha r_c)}{2 r_c} + \frac{\alpha}{\sqrt{\pi}} \right] \frac{1}{4\pi\epsilon_0} \sum_{i} q_i^2 \quad (10\text{-}112)$$

式中,r_c 是截断球半径;α 是决定求和收敛速度的参数;右侧的第二项给出了截断球的电中性条件,由球面的镜像电荷导致的能量贡献;第三项表示带电粒子的能量贡献;最后一项是在较小 α 情况下给出的近似自能项[43,45]。为了实现快速收敛,式中引入了阻尼函数 erfc(αr)/r。

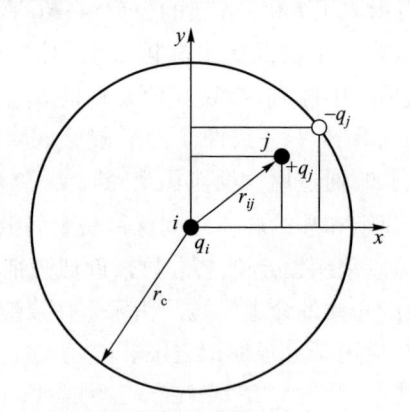

图 10-13 Wolf 截断球方法计算静电相互作用示意图[43]

进一步分析发现,对该公式的直接微分会导致 r_c 处出现间断,也就是说,该势能函数给出的带电粒子受力在 r_c 处是不连续的。这种不连续性会导致总能量不守恒问题,为此需要通过添加修正项来解决,如平移力方法和力转换方法[44]。总之,Wolf 截断球方法的计算效率与带电粒子数目成正比,不仅是一种高效的静电相互作用计算方法,而且体现了独特的创新思维[29,46]。

参 考 文 献

[1] 汪志诚. 热力学·统计物理[M]. 北京:人民教育出版社,1980.
[2] Raabe G. Molecular simulation studies on thermophysical properties:With application to working fluids[M]. Berlin:Springer Press,2017.

[3] 陈敏伯. 计算化学:从理论化学到分子模拟[M]. 北京:科学出版社, 2009.

[4] 严六明, 朱素华. 分子动力学模拟的理论与实践[M]. 北京:科学出版社, 2013.

[5] 贾志刚, 余敏, 张素英. Nose-Poincare 恒温分子动力学模拟中广义质量 Q 的研究[J]. 山西大学学报:自然科学版, 2010, 33(2):219-223.

[6] Woodcock L V. Isothermal molecular dynamics calculations for liquid salts[J]. Chemical Physics Letters, 1971, 10(3):257-261.

[7] Berendsen H J C, Postma J P M, van Gunsteren W F, et al. Molecular dynamics with coupling to an external bath[J]. The Journal of Chemical Physics, 1984, 81(8):3684-3690.

[8] Andersen H C. Molecular dynamics simulations at constant pressure and/or temperature[J]. The Journal of Chemical Physics, 1980, 72(4):2384-2393.

[9] Frenkel D, Smit B, Ratner M A. Understanding molecular simulation: From algorithms to applications[M]. San Diego: Academic Press, 1996.

[10] Nosé S. A molecular dynamics method for simulations in the canonical ensemble[J]. Molecular Physics, 1984, 52(2):255-268.

[11] Nosé S. A unified formulation of the constant temperature molecular dynamics methods[J]. The Journal of Chemical Physics, 1984, 81(1):511-519.

[12] 张跃, 谷景华, 尚家香, 等. 计算材料学基础[M]. 北京航空航天大学出版社, 2007.

[13] Bond S D, Leimkuhler B J, Laird B B. The Nosé-Poincaré method for constant temperature molecular dynamics[J]. Journal of Computational Physics, 1999, 151(1):114-134.

[14] Hoover W G. Canonical dynamics: Equilibrium phase-space distributions[J]. Physical Review A, 1985, 31(3):1695.

[15] Martyna G J, Klein M L, Tuckerman M. Nosé-Hoover chains: The canonical ensemble via continuous dynamics[J]. The Journal of Chemical Physics, 1992, 97(4):2635-2643.

[16] Martyna G J, Tobias D J, Klein M L. Constant pressure molecular dynamics algorithms[J]. The Journal of Chemical Physics, 1994, 101(5):4177-4189.

[17] Martyna G J, Tuckerman M E, Tobias D J, et al. Explicit reversible integrators for extended systems dynamics[J]. Molecular Physics, 1996, 87(5):1117-1157.

[18] Zare K, Szebehely V. Time transformations in the extended phase-space[J]. Celestial Mechanics, 1975, 11(4):469-482.

[19] Kleinerman D S, Czaplewski C, Liwo A, et al. Implementations of Nosé-Hoover and Nosé-Poincaré thermostats in mesoscopic dynamic simulations with the united-residue model of a polypeptide chain[J]. The Journal of Chemical Physics, 2008, 128(24):06B621.

[20] Okumura H, Itoh S G, Ito A M, et al. Manifold correction method for the Nosé-Hoover and Nosé-Poincaré molecular dynamics simulations[J]. Journal of the Physical Society of Japan, 2014, 83(2):024003.

[21] Feller S E, Zhang Y, Pastor R W, et al. Constant pressure molecular dynamics simulation: The Langevin piston method[J]. The Journal of Chemical Physics, 1995, 103(11): 4613-4621.

[22] Nosé S, Klein M L. Constant pressure molecular dynamics for molecular systems[J]. Molecular Physics, 1983, 50(5): 1055-1076.

[23] Parrinello M, Rahman A. Polymorphic transitions in single crystals: A new molecular dynamics method[J]. Journal of Applied physics, 1981, 52(12): 7182-7190.

[24] Ray J R, Rahman A. Statistical ensembles and molecular dynamics studies of anisotropic solids[J]. The Journal of Chemical Physics, 1984, 80(9): 4423-4428.

[25] Souza I, Martins J L. Metric tensor as the dynamical variable for variable-cell-shape molecular dynamics[J]. Physical Review B, 1997, 55(14): 8733.

[26] Rurali R, Hernandez E. Trocadero: A multiple-algorithm multiple-model atomistic simulation program[J]. Computational Materials Science, 2003, 28(2): 85-106.

[27] Hernández E. Metric-tensor flexible-cell algorithm for isothermal-isobaric molecular dynamics simulations[J]. The Journal of Chemical Physics, 2001, 115(22): 10282-10290.

[28] Hernández E. Cell dynamics based on the metric tensor as extended variable for isothermal-isobaric molecular dynamics simulations[J]. Computational Materials Science, 2003, 27(1-2): 212-218.

[29] 崔志伟. 离子间相互作用势的研究及其在固体电解质 GDC 中的应用[D]. 哈尔滨: 哈尔滨工业大学, 2010.

[30] 苑世领,张恒,张冬菊. 分子模拟:理论与实验[M]. 北京:化学工业出版社, 2016.

[31] Allen M P, Tildesley D J. Computer simulation of liquids[M]. Oxford: Oxford University Press, 2017.

[32] Schlick T. Molecular modeling and simulation: An interdisciplinary guide[M]. 2nd ed. New York: Springer, 2010.

[33] Verlet L. Computer "experiments" on classical fluids. I. Thermodynamical properties of Lennard-Jones molecules[J]. Physical Review, 1967, 159(1): 98.

[34] Quentrec B, Brot C. New method for searching for neighbors in molecular dynamics computations[J]. Journal of Computational Physics, 1973, 13(3): 430-432.

[35] Mattson W, Rice B M. Near-neighbor calculations using a modified cell-linked list method[J]. Computer Physics Communications, 1999, 119(2-3): 135-148.

[36] Yao Z, Wang J S, Liu G R, et al. Improved neighbor list algorithm in molecular simulations using cell decomposition and data sorting method[J]. Computer Physics Communications, 2004, 161(1-2): 27-35.

[37] Ewald P P. Die Berechnung optischer und elektrostatischer Gitterpotentiale[J]. Annalen Der Physik, 1921, 369(3): 253-287.

[38] Woodcock L V, Singer K. Thermodynamic and structural properties of liquid ionic salts obtained by Monte Carlo computation. Part 1.—Potassium chloride[J]. Transactions of the Faraday Society, 1971, 67: 12-30.

[39] Essmann U, Perera L, Berkowitz M L, et al. A smooth particle mesh Ewald method[J]. The Journal of Chemical Physics, 1995, 103(19): 8577-8593.

[40] Barker J A, Watts R O. Monte Carlo studies of the dielectric properties of water-like models[J]. Molecular Physics, 1973, 26(3): 789-792.

[41] Fukuda I, Nakamura H. Non-Ewald methods: Theory and applications to molecular systems[J]. Biophysical Reviews, 2012, 4(3): 161-170.

[42] Hünenberger P H, van Gunsteren W F. Alternative schemes for the inclusion of a reaction-field correction into molecular dynamics simulations: Influence on the simulated energetic, structural, and dielectric properties of liquid water[J]. The Journal of Chemical Physics, 1998, 108(15): 6117-6134.

[43] Wolf D, Keblinski P, Phillpot S R, et al. Exact method for the simulation of Coulombic systems by spherically truncated, pairwiser summation[J]. The Journal of Chemical Physics, 1999, 110(17): 8254-8282.

[44] Yonezawa Y, Fukuda I, Kamiya N, et al. Free energy landscapes of alanine dipeptide in explicit water reproduced by the force-switching Wolf method[J]. Journal of Chemical Theory and Computation, 2011, 7(5): 1484-1493.

[45] Angoshtari A, Yavari A. Convergence analysis of the Wolf method for coulombic interactions[J]. Physics Letters A, 2011, 375(10): 1281-1285.

[46] Fukuda I, Yonezawa Y, Nakamura H. Atomic and molecular physics-consistent molecular dynamics scheme applying the Wolf summation for calculating electrostatic interaction of particles[J]. Journal of the Physical Society of Japan, 2008, 77(11): 114301.

第 11 章
宏观性能与微观结构

宏观性能对应着由大量微观粒子组成的宏观热力学体系。为了能够近似宏观热力学体系，实际模拟的体系必须包含具有足够代表性的有限微观粒子数。热力学体系通常会与外部环境发生相互作用或物质交换，从而体现出在特定外部环境下的宏观性能。对于分子模拟来说，微观结构指原子坐标、近邻情况、局部缺陷特征等，这对于揭示微观机制发挥着极为重要的作用，为此人们发展了种类繁多的微观结构分析方法。统计力学将体系的宏观量与微观量联系起来，在两者之间构建了一座桥梁。

11.1 各态历经假说和统计均值

按照统计力学基本理论，力学体系微观状态随时间的变化相当于特征相点在相空间中运动。玻尔兹曼提出的各态历经假说是一个试图将统计规律性还原为力学规律性的假说。该假说指出：经过足够长的时间，任意初始力学体系的轨迹将遍历整个状态空间的所有微观状态，即力学体系将历经相空间的所有特征相点。20世纪初，Ehrenfest 等提出准各态历经假说，在描述上使用"无限接近"代替"历经"，即力学体系的运动轨迹可以无限接近相空间的所有特征相点。

在统计力学中，宏观性能是通过系综平均的力学量加以近似的。假设热力学体系的微观状态(p,q)在整个状态空间中出现的概率为$f(p,q)$，那么系综平均的力学量$\langle A \rangle_{ens}$（下标 ens 表示系综）表示如下[1]：

$$\langle A \rangle_{ens} = \frac{\iint A(p,q) f(p,q) \mathrm{d}p \mathrm{d}q}{\iint f(p,q) \mathrm{d}p \mathrm{d}q} \tag{11-1}$$

相应地，出现特定力学量 A 的概率 $\rho(A)$ 表示为如下形式：

$$\rho(A) = \frac{1}{\sigma\sqrt{2\pi}} \exp[-(A-\langle A \rangle)^2/(2\sigma^2)] \tag{11-2}$$

式中,σ^2 是方差,$\sigma^2 = \langle (A-\langle A \rangle)^2 \rangle$。

由于力学体系的时间演化遵从内禀动力学规律,因此只要已知力学体系的初始微观状态的力学量就可以确定任意时刻 t 的力学量 $A(p,q,t)$。通过在足够长时间内统计该力学量的变化,即可获得其时间平均 $\overline{A}_{\text{time}}$,表示如下[2]:

$$\overline{A}_{\text{time}} = \lim_{\tau \to \infty} \frac{1}{\tau} \int_{t}^{t+\tau} A(p,q,t) \mathrm{d}t \tag{11-3}$$

式中,τ 是统计力学量变化的时间尺度。当时间尺度 $\tau \to \infty$,时间平均的力学量将接近系综平均的力学量。

总之,系综平均和时间平均为计算宏观力学量提供了两种不同途径。基于前面的各态历经假说或准各态历经假说,通过两种途径计算的热力学体系力学量的平均值应该保持一致,成为分子动力学模拟使用时间平均的统计力学基础,表示如下:

$$\overline{A}_{\text{time}} = \langle A \rangle_{\text{ens}} \tag{11-4}$$

由于分子动力学模拟通常采用有限原胞体系在有限时间内来近似实际体系,所以为了能够以原胞体系的时间平均逼近实际体系的系综平均 $\langle A \rangle_{\text{ens}}$,需要考虑如下几个条件:① 原胞体系尺寸必须大于实际体系的各种特征尺寸,并且原胞体系的动力学能够近似实际体系的动力学;② 为了保证时间平均最大程度地接近系综平均,模拟时间要足够长;③ 为保证模拟具有代表性,原胞体系需要经过足够的模拟时间达到平衡状态;④ 原胞体系必须遵从内禀动力学规律,从而保证实际体系的特征。

11.2 静态结构和性能计算

体系的平衡结构和性能不依赖于体系的时间演化,是建立在平衡态的系综平均基础之上,称为静态结构和性能。通过分子模拟计算静态结构和性能需要充分考虑平衡态情况和热力学涨落的影响。

11.2.1 静态结构

1. 径向分布函数

作为一种常用静态结构表征方法,径向分布函数(radial distribution function,RDF)既可以用来研究结构的有序性,也可以用来描述电子的相关性[1-2]。径向分布函数是距离中心粒子为 r 并且厚度为 δr 的球壳内找到某粒子的概率与该粒子理想随机均匀分布的概率之比。根据空间几何,厚度为 δr 的球壳的体积表示如下:

$$\delta V = \frac{4}{3}\pi(r+\delta r)^3 - \frac{4}{3}\pi r^3 \approx 4\pi r^2 \delta r \tag{11-5}$$

假定体系的平均粒子数密度为 $\rho = N/V$(N 和 V 分别是体系的总粒子数和体积),则在厚度为 δr 的球壳内的总粒子数为 $\rho \delta V \approx 4\pi r^2 \delta r$。如果在球壳内的实际粒子数为 $n(r)$,那么径向分布函数 $g(r)$ 可表示如下:

$$g(r) = \frac{n(r)}{\rho \delta V} \approx \frac{n(r)}{4\pi \rho r^2 \delta r} \tag{11-6}$$

对于由 N_i 个 i 粒子和 N_j 个 j 粒子构成的体系,具体化径向分布函数 $g_{ij}(r)$ 表示如下:

$$g_{ij}(r) = \frac{1}{N_i}\sum_{i}^{N_i} \frac{n_{ij}(r-\delta r/2, r+\delta r/2)}{4\pi r^2 \delta r}\frac{V}{N_j} \tag{11-7}$$

式中,n_{ij} 表示以粒子 i 为中心、距离为 r 并且厚度为 δr 的球壳内粒子 j 的数目。i 和 j 可以是同种粒子,也可以是不同种粒子。如果 i 和 j 是不同种粒子,那么 $g_{ij}(r)$ 表示距离中心粒子 i 为 r、厚度为 δr 的球壳中粒子 j 的出现概率与粒子 j 均匀分布概率的比值[2]。

对于由原子构成的粒子体系,径向分布函数由高低和宽窄不同的峰组成,表征原子排列的有序性和电子相关性。峰的位置与原子对 i-j 间的最概然距离对应,而峰的相对高度和尖锐程度反映了原子排列有序度和电子相关性。通过径向分布函数可以定量计算各种力学量[2-3],举例如下。

(1) 计算原子的配位数,表示如下:

$$N_{\text{coor}} = \rho \int_{r_1}^{r_2} g(r) 4\pi r^2 \mathrm{d}r \tag{11-8}$$

(2) 计算体系的总能量,表示如下:

$$E = \frac{3}{2}Nk_BT + 2\pi N\rho \int_0^\infty r^2 u(r)g(r)\mathrm{d}r \tag{11-9}$$

(3) 计算体系的状态方程,表示如下:

$$PV = Nk_BT - \frac{2}{3}\pi N\rho \int_0^\infty \frac{\mathrm{d}u(r)}{\mathrm{d}r}g(r)r^3\mathrm{d}r \tag{11-10}$$

由于径向分布函数依赖于原子的堆垛情况,因此$g(r)$可以作为体系的结构有序度指标[4]。对于规则晶格结构,如 fcc、bcc 和 hcp,$g(r)$的形式是一系列不同距离和高度的 δ 函数的顺序排列。图 11-1 比较了面心立方晶格和简单立方晶格的$g(r)$。与简单立方晶格相比,面心立方晶格中间距为$\sqrt{2}$的原子对相对较少,而间距为 2 的原子对相对较多。对于规则的周期性晶体结构,通过一维$g(r)$曲线能够很好地区分不同三维堆垛结构。由于原子实际上会在晶格位点附近振动,于是$g(r)$中的 δ 函数分布变为高斯分布特征,高斯分布的位置和相对高度仍然是确定不同晶体结构的重要依据。

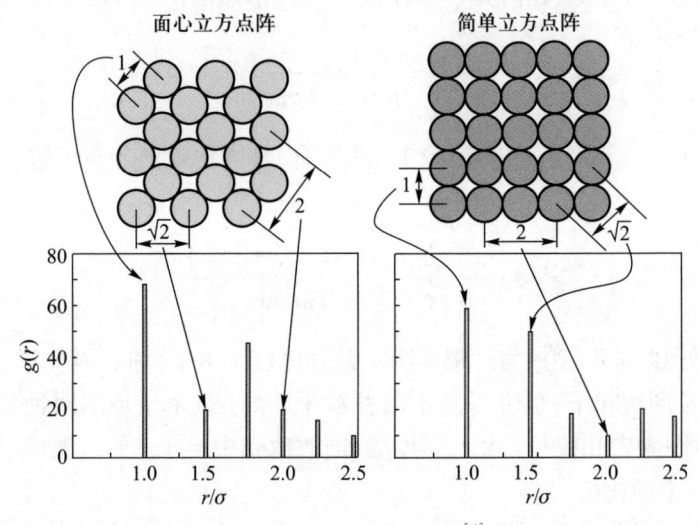

图 11-1 面心立方晶格和简单立方晶格的径向分布函数[4]

下面以单质硅的三种状态的径向分布函数来详细说明其特征,如图 11-2 所示。对于晶体而言,其径向分布函数由一系列尖锐的峰构成,体现了长程有序结构特征,而峰的位置是与晶体结构有关的常数。非晶的径向分布函数由近距离处的少量宽泛峰组成,俗称"馒头峰",峰的高度随着距离的增大而迅速降低,预示晶体存在一定的近程有序性;在远距离时,径向分布函数趋向于平均分布。液态的径向分布函数在近距离处表现出更加宽泛和低矮的漫散峰,意味着体系的无序状态。

总之,气体、液体、非晶和晶体物质具有明显不同的径向分布函数,从而可通过径向分布函数来区分这些结构[1]。径向分布函数是与 X 射线衍射图谱相对应的:对于晶体,由于原子的规则排列,X 射线衍射图谱中出现明亮且清晰的斑点或线;而对于非晶体和液体,可以给出较为宽泛且强度不同的线谱。这些信息可以与计算得到的径向分布函数进行对比。

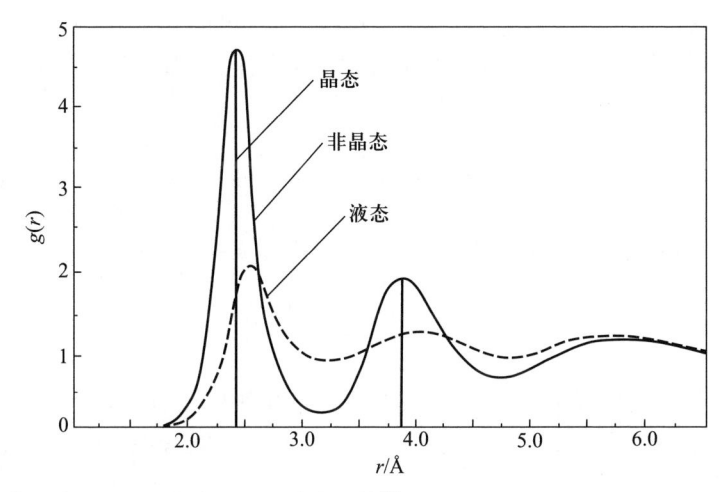

图 11-2　典型单质硅不同状态的径向分布函数[3]

需要补充说明的是,对于仅具有球对称相互作用的原子体系,不包含角度依赖性,体系的结构完全由径向分布函数给出。对于非球对称相互作用的分子体系,径向分布函数则对应分布函数的角度平均值。除了以上径向分布函数,在分子模拟中经常还遇到其他种类的分布函数,如角度分布函数(angular distribution function,ADF)、二面角分布函数(dihedral distribution function,DDF)和空间分布函数(spatial distribution function,SDF)[5-6]。与 RDF、ADF 和 DDF 不同,由于 SDF 避免了 RDF 的球形平均,并且跨越了径向和角度坐标,其需要构建三维密度分布图来观察分析,能够提供空间结构中各向异性的细节,被越来越多地用于分子模拟的结构表征[5,7]。

2. 静态结构因子

尽管径向分布函数能够提供局域结构的有序程度信息,但是不适于提供长程有序程度的直接信息。静态结构因子(static structure factor,SSF)建立在周期性晶体体系之上,通过倒易空间波矢表征结构的有序程度,可以通过 X 射线或中子散射实验测量。对于周期性立方晶胞,假定倒易波矢 $\boldsymbol{k}=(2\pi/L)(n_x,n_y,n_z)$,其中,$L$ 是晶胞的尺度,n_x、n_y 和 n_z 是整数,那么,数密度的空间傅里叶变换表示如下[8]:

$$\rho(\boldsymbol{k}) = \sum_i \exp(\mathrm{i}\boldsymbol{k} \cdot r_i) \tag{11-11}$$

式中,r_i 是原子 i 的坐标;求和遍及所有原子。

于是,静态结构因子 $S(\boldsymbol{k})$ 通过 $\rho(\boldsymbol{k})$ 表示为如下形式:

$$S(\boldsymbol{k}) = \frac{1}{N}\langle \rho(\boldsymbol{k})\rho(-\boldsymbol{k})\rangle \tag{11-12}$$

式中，N 是总原子数。该式表明，静态结构因子描述的是数密度波动的傅里叶分量。$S(\mathbf{k})$ 只依赖于波矢 $\mathbf{k}$，通过傅里叶变换与径向分布函数 $g(r)$ 相关，表示如下[9]：

$$S(\mathbf{k}) = 1 + \rho \int g(r) e^{-i\mathbf{k} \cdot \mathbf{r}} d\mathbf{r} \quad (11-13)$$

对于各向同性体系，$S(\mathbf{k})$ 可简化为如下形式[8-9]：

$$S(\mathbf{k}) = 1 + 4\pi\rho \int \frac{\sin(\mathbf{k} \cdot \mathbf{r})}{\mathbf{k} \cdot \mathbf{r}} g(r) r^2 dr \quad (11-14)$$

总之，静态结构因子是研究晶体的熔化、结晶和相变的有力分析工具。对于晶体，静态结构因子为 1，对应完全有序状态；对于液体，静态结构因子变为 0，对应完全无序状态。

11.2.2 位力定理

在以中心力确定的动力学体系中，各种时间平均的统计力学量，可以采用位力定理来推导。下面主要以 Goldstein 的推导过程介绍位力定理[10-11]。假定由粒子坐标 r_i 定义的一般质点系，在总作用力下的运动方程如下：

$$\dot{p}_i = f_i \quad (11-15)$$

式中，p_i 是粒子 i 的动量；f_i 是包括约束力的总作用力。

通过粒子的坐标 r_i 和动量 p_i 的乘积的总和可以定义如下变量：

$$I = \sum_i p_i \cdot r_i \quad (11-16)$$

式中，求和遍及体系中所有粒子。式(11-16)两边对时间求一阶导数，表示如下：

$$\frac{dI}{dt} = \sum_i \dot{r}_i \cdot p_i + \sum_i \dot{p}_i \cdot r_i \quad (11-17)$$

式中，右侧第一项为动能 K 的两倍，即满足如下关系：

$$\sum_i \dot{r}_i \cdot p_i = \sum_i m_i \dot{r}_i \cdot \dot{r}_i = 2K \quad (11-18)$$

右侧第二项可表示为作用力 f_i 的形式，如下：

$$\sum_i \dot{p}_i \cdot r_i = \sum_i f_i \cdot r_i \quad (11-19)$$

于是，变量 I 对时间 t 的一阶导数 dI/dt 可以进一步表示为如下形式：

$$\frac{\mathrm{d}I}{\mathrm{d}t} = \frac{\mathrm{d}}{\mathrm{d}t}\sum_i p_i \cdot r_i = 2K + \sum_i f_i \cdot r_i \tag{11-20}$$

该等式从 0 到 τ 对时间积分并除以时间间隔 τ,相当于对等式在时间间隔 τ 内取时间均值,表示如下:

$$\frac{1}{\tau}\int_0^\tau \frac{\mathrm{d}I}{\mathrm{d}t}\mathrm{d}t = \frac{1}{\tau}[I(\tau)-I(0)] = \overline{\frac{\mathrm{d}I}{\mathrm{d}t}} = \overline{2K} + \overline{\sum_i f_i \cdot r_i} \tag{11-21}$$

如果粒子运动状态具有周期性,即所有粒子坐标在足够长时间后得以重现,那么选择时间间隔 τ 为一个周期,左侧的积分为零。即使粒子运动状态不具有周期性,如果所有粒子的坐标和速度保持有限性从而保证 I 存在上限,那么通过选择足够长的时间间隔 τ,左侧的积分可以尽可能小,即接近零。在这两种情况下,满足如下关系式:

$$\bar{K} = -\frac{1}{2}\overline{\sum_i f_i \cdot r_i} \tag{11-22}$$

该等式就是位力定理,等式右侧的力和坐标的乘积求和部分被称为克劳修斯位力量 W,表示如下:

$$W = \frac{1}{2}\sum_i f_i \cdot r_i = \frac{1}{2}\sum_i (f_i^{\mathrm{ext}} + f_i^{\mathrm{int}}) \cdot r_i \tag{11-23}$$

式中,总作用力 f_i 被分解为体系所受的外力 f_i^{ext} 和内部粒子的作用力 f_i^{int}。

下面在位力定理的基础上推导理想气体状态方程。考虑由 N 个原子组成的理想气体体系,其温度为 T,被限制在体积为 V 的容器中,根据能量均分定理得出原子平均动能与温度的关系式,表示如下[10]:

$$\bar{K} = \frac{3}{2}Nk_{\mathrm{B}}T \tag{11-24}$$

在位力定理中,受力既包含原子间的相互作用力,也包含体系所受的约束力。对于理想气体而言,相互作用力的贡献是可以忽略的,然而当气体分子与容器壁碰撞时,容器壁对体系的约束将表现为约束力 f_i^{ext},表示容器壁表面对原子碰撞的反应,即压强 P。于是,由高斯最小约束原理可得如下等式:

$$\frac{1}{2}\sum_i f_i^{\mathrm{ext}} \cdot r_i = -\frac{P}{2}\int n \cdot r \mathrm{d}A = -\frac{P}{2}\int \nabla \cdot r \mathrm{d}V = -\frac{3}{2}PV \tag{11-25}$$

这里,将垂直于容器壁表面法向向量设定为约束力的方向,位力量部分仅包含约束力的贡献。于是,基于位力定理可得如下理想气体状态方程:

$$\frac{3}{2}Nk_\text{B}T - \frac{3}{2}PV = 0 \tag{11-26}$$

对于粒子间相互作用力对位力量有贡献（即存在有势力）的情况，上面等式就不成立了，需要考虑体系内的粒子间相互作用。对于一般有势力的情况，内部粒子作用力可以通过势能 U 的梯度表示如下：

$$f_i^{\text{int}} = -\nabla U(r_i) \tag{11-27}$$

于是，由位力定理和能量均分定理获得体系状态方程，表示如下：

$$\overline{PV} = \frac{2}{3}\bar{K} - \frac{1}{3}\overline{\sum_i \nabla U(r_i) \cdot r_i} = Nk_\text{B}T - \frac{1}{3}\overline{\sum_i \nabla U(r_i) \cdot r_i} \tag{11-28}$$

由以上位力定理推导过程可以看出，总作用力 f_i 被分解为外部力 f_i^{ext} 和内部力 f_i^{int} 两部分，外部力相当于容器壁施加的约束。对于周期性体系，由于并不存在容器壁来维持确定的体系状态，需要针对周期性体系给出对应的位力定理方程[4,8]。

对于成对相互作用，更方便的表示形式需要移除对坐标原点选择的依从。假定 f_{ij} 为粒子 i 受到其他粒子 j 的作用力，那么粒子 i 所受的总力表示如下：

$$f_i = \sum_j f_{ij} \tag{11-29}$$

于是，周期体系的内部位力量表示如下：

$$W^{\text{int}} = \frac{1}{3}\sum_i f_i \cdot r_i = \frac{1}{3}\sum_i \sum_{j \neq i} f_{ij} \cdot r_i = \frac{1}{6}\left(\sum_i \sum_{j \neq i} f_{ij} \cdot r_i + \sum_j \sum_{j \neq i} f_{ji} \cdot r_j\right)$$

$$= \frac{1}{6}\left(\sum_i \sum_{j \neq i} f_{ij} \cdot r_i - \sum_i \sum_{j \neq i} f_{ij} \cdot r_j\right)$$

$$= \frac{1}{6}\sum_i \sum_{j \neq i} f_{ij} \cdot (r_i - r_j) = \frac{1}{3}\sum_i \sum_{j > i} f_{ij} \cdot r_{ij} \tag{11-30}$$

式中，r_{ij} 是相对坐标，$r_{ij} = r_i - r_j$。在计算 r_{ij} 时，必须考虑 r_{ij} 与周期性边界条件的一致性，即相对坐标 r_{ij} 是粒子 j 的最近邻周期性镜像指向粒子 i，否则会造成表面效应，导致压强不为零。

11.2.3 静态性能计算

1. 动能和势能

体系的哈密顿量对应着总能量，是动能与势能加和的系综均值。在分子动力学模拟过程中，模拟体系的瞬时动能与瞬时动量直接相关，表示如下：

$$K = \sum_{i=1}^{N} \frac{p_i^2}{2m_i} \qquad (11-31)$$

式中，p_i 是粒子 i 的动量；m_i 是粒子 i 的质量；N 是粒子总数。为了计算动能的时间统计均值，可以统计不同时间节点 μ 的瞬时动能，并求均值，表示如下：

$$\bar{K} = \frac{1}{N_\mu} \sum_{\mu=1}^{N_\mu} \sum_{i=1}^{N} \frac{|p_i^\mu|^2}{2m_i} \qquad (11-32)$$

式中，N_μ 是时间节点数；p_i^μ 是对应时间节点 μ 的瞬时动量。

在分子动力学模拟过程中，体系的瞬时势能可以通过势函数或分子力场计算得到，表示如下：

$$U = \sum_{i=1}^{N-1} \sum_{j=i+1}^{N} \Phi(r_{ij}) \qquad (11-33)$$

式中，$\Phi(r_{ij})$ 是势函数或分子力场。为了计算势能的时间统计均值，可以统计不同时间节点 μ 的瞬时势能，并求均值，表示如下：

$$\bar{U} = \frac{1}{N_\mu} \sum_{\mu=1}^{N_\mu} \sum_{i=1}^{N-1} \sum_{j=i+1}^{N} \Phi(r_{ij}^\mu) \qquad (11-34)$$

式中，r_{ij}^μ 是对应时间节点 μ 的瞬时相对坐标。

2. 温度和压强

温度是模拟体系的一个基本物理量，可以通过位力定理计算得到。对于广义动量 p_i，位力定理可表示如下[8,11-12]：

$$\left\langle p_i \frac{\partial H}{\partial p_i} \right\rangle = k_B T \qquad (11-35)$$

对于一个含有 N 个粒子的体系，温度表示如下：

$$\langle T \rangle = \frac{2 \langle K \rangle}{3N k_B} \qquad (11-36)$$

式中，$\langle K \rangle$ 是动能的系综平均。

相应地，可以由瞬时动能计算得到瞬时温度，表示如下：

$$T = \frac{2K}{3N k_B} = \frac{1}{3N k_B} \sum_{i=1}^{N} \frac{p_i^2}{m_i} = \frac{1}{3N k_B} \sum_{i=1}^{N} m_i \boldsymbol{v}_i \boldsymbol{v}_i^T \qquad (11-37)$$

式中，K 是瞬时动能。

同样，基于动能的时间均值可以计算出体系的平均温度，表示如下：

$$\bar{T} = \frac{2\bar{K}}{3Nk_B} = \frac{1}{3Nk_B N_\mu} \sum_{\mu=1}^{N_\mu} \sum_{i=1}^{N} \frac{|p_i^\mu|^2}{m_i} \qquad (11-38)$$

式中，$\bar{K}$ 是动能的时间均值。

压强是模拟体系的另一个基本物理量，同样可以通过位力定理计算得到。对于广义坐标 q_i，位力定理可表示如下[8,11-12]：

$$\left\langle q_i \frac{\partial H}{\partial q_i} \right\rangle = k_B T \qquad (11-39)$$

由以上方程可以推导出如下关系式：

$$\langle PV \rangle = Nk_B T + \langle W^{\text{int}} \rangle \qquad (11-40)$$

式中，$\langle W^{\text{int}} \rangle$ 是内部位力量的系综平均。

与瞬时温度类似，可以定义瞬时压强，表示如下：

$$P = \frac{N}{V} k_B T + \frac{W^{\text{int}}}{V} = \frac{1}{3V} \sum_i \frac{p_i^2}{m_i} + \frac{W^{\text{int}}}{V} \qquad (11-41)$$

式中，W^{int} 是瞬时内部位力量。

在周期性边界条件下，有势力导致的内部位力量表示如下[8,12]：

$$W^{\text{int}} = W_{\text{pot}} = \frac{1}{3} \sum_i \sum_{j>i} r_{ij} f_{ij} = -\frac{1}{3} \sum_i \sum_{j>i} r_{ij} \nabla U(r_{ij})$$

$$= -\frac{1}{3} \sum_i \sum_{j>i} \omega(r_{ij}) \qquad (11-42)$$

式中，$r_{ij} = r_i - r_j$ 是粒子间相对坐标；$\omega(r)$ 是对位力函数，表示如下：

$$\omega(r) = r \nabla U(r) \qquad (11-43)$$

于是，在周期性条件下，瞬时压强公式可表示如下：

$$P = \frac{1}{V} \left(\frac{1}{3} \sum_i \frac{p_i^2}{m_i} + \frac{1}{3} \sum_i \sum_{j>i} f_{ij} r_{ij} \right) = \frac{1}{3V} \left(\sum_i m_i \boldsymbol{v}_i \boldsymbol{v}_i^{\text{T}} + \sum_i \sum_{j>i} f_{ij} r_{ij} \right) \qquad (11-44)$$

下面由理想气体的虚功推导出体系的状态方程，进而得出压强公式。实际体系的虚功可表示为理想气体的虚功与粒子之间相互作用部分的虚功之和，表示如下：

$$3PV = 3Nk_B T - \sum_i \sum_{j>i} r_{ij} \nabla U(r_{ij}) \qquad (11-45)$$

于是，实际体系的状态方程表示如下：

$$PV = Nk_BT - \frac{1}{3}\sum_i\sum_{j>i} r_{ij}\nabla U(r_{ij}) \tag{11-46}$$

进一步,在时间统计均值条件下可以计算体系的压强,表示如下:

$$\bar{P} = \overline{\frac{1}{V}\left(Nk_BT - \frac{1}{3}\sum_i\sum_{j>i} r_{ij}\nabla U(r_{ij})\right)} \tag{11-47}$$

11.2.4 涨落与热力学量

计算热力学体系的性质常使用存在涨落的宏观量。利用涨落可以推导出相应的热力学量,如恒容热容、恒压热容、热压力系数、等温压缩系数、热膨胀系数等。

1. 恒容热容

在热力学上,恒容热容通过体系内能 U 定义如下[11-12]:

$$C_V = \left(\frac{\partial U}{\partial T}\right)_V \tag{11-48}$$

对于正则(NVT)系综,恒容热容可表示为势能 E_{pot} 的涨落,如下:

$$C_V = \frac{1}{k_BT^2}\langle(\delta E_{pot})^2\rangle_{NVT} + \frac{3Nk_B}{2} \tag{11-49}$$

对于微正则(NVE)系综,恒容热容可以表示为动能 E_{kin} 或势能 E_{pot} 的涨落,如下[8]:

$$C_V = \frac{1}{\frac{2}{3Nk_B}\left[1 - \frac{2\langle(\delta E_{kin})^2\rangle_{NVE}}{3N(k_BT)^2}\right]} = \frac{1}{\frac{2}{3Nk_B}\left[1 - \frac{2\langle(\delta E_{pot})^2\rangle_{NVE}}{3N(k_BT)^2}\right]} \tag{11-50}$$

2. 恒压热容

在热力学上,恒压热容通过体系焓值 H 定义如下[11-12]:

$$C_P = \left(\frac{\partial H}{\partial T}\right)_P \tag{11-51}$$

对于等温等压(NPT)系综,恒压热容可以表示为动能 E_{kin}、势能 E_{pot} 和 PV 项的涨落,如下:

$$C_P = \frac{\langle[\delta(E_{kin} + E_{pot} + PV)]^2\rangle_{NPT}}{k_BT^2} \tag{11-52}$$

3. 热压力系数

在热力学上,热压力系数通过体系压强 P 定义如下[11-12]:

$$\gamma_V = \left(\frac{\partial P}{\partial T}\right)_V \tag{11-53}$$

对于 NVE 系综,热压力系数可以表示为压强 P、动能 E_{kin} 或势能 E_{pot} 的涨落,如下[8]:

$$\gamma_V = \frac{2C_V}{3}\left[\frac{1}{V} - \frac{\langle \delta P \delta E_{\text{kin}}\rangle_{NVE}}{N(k_B T)^2}\right] = \frac{2C_V}{3}\left[\frac{1}{V} - \frac{\langle \delta P \delta E_{\text{pot}}\rangle_{NVE}}{N(k_B T)^2}\right] \tag{11-54}$$

4. 等温压缩系数

在热力学上,等温压缩系数通过体系体积 V 定义如下[11-12]:

$$\beta_T = -\frac{1}{V}\left(\frac{\partial V}{\partial P}\right)_T \tag{11-55}$$

对于 NPT 系综,等温压缩系数可以表示为体积 V 的涨落,如下[8]:

$$\beta_T = \frac{\langle (\delta V)^2 \rangle_{NPT}}{k_B T V} \tag{11-56}$$

5. 热膨胀系数

在热力学上,热膨胀系数通过体系体积 V 定义如下[12]:

$$\alpha_P = \frac{1}{V}\left(\frac{\partial V}{\partial T}\right)_P \tag{11-57}$$

对于 NPT 系综,热膨胀系数可以表示为体积 V、动能 E_{kin}、势能 E_{pot} 和 PV 项的涨落,如下[8]:

$$\alpha_P = \frac{\langle \delta V \delta (E_{\text{kin}} + E_{\text{pot}} + PV)\rangle_{NPT}}{k_B T^2 V} \tag{11-58}$$

11.3 动态轨迹和性能分析

分子动力学模拟的一个重要特征就是能够产生与时间相关的轨迹,进而推导出体系的动态性能,如均方位移、关联函数和输运性质。

11.3.1 均方位移

应用分子动力学模拟研究粒子行为可以计算出结构演化规律和特征。从统计力学角度来看,这种演化可以通过时间依从的均方位移/偏差(mean square displacement/deviation,MSD)和均方根偏差(root mean square deviation, RMSD)等统计量来度量。

均方位移常用于衡量经过一定时间演化后的粒子位置发生移动的程度,也常被称为均方偏差,定义如下:

$$\text{MSD} = \langle |r(t)-r(0)|^2 \rangle = \frac{1}{N}\sum_i^N [r_i(t)-r_i(0)]^2 \quad (11-59)$$

式中,$r_i(t)$和$r_i(0)$分别是粒子i在t时刻和初始时刻的坐标。

当体系达到平衡时,粒子仍然处于微观运动状态,但体系的均方位移维持在固定值附近。也就是说,体系的均方位移随着时间的变化将线性增加,与扩散系数直接相关。

除了时间依从的均方偏差,均方根偏差通过计算某时刻构型偏离初始或参考构型的均方偏差的平方根来度量体系的时间演化规律,表示如下[2]:

$$\text{RMSD} = \sqrt{\frac{1}{N}\sum_i^N [r_i(t)-r_i(0)]^2} \quad (11-60)$$

在分子动力学模拟过程中,均方根偏差常被用于比较不同时刻的体系构型变化,也可用于比较体系在某一时刻的构型与模拟过程的平均构型或参考构型的差异性。当所研究构型与参考构型的质心不重叠或取向不一致时,需要实施对齐操作,实现步骤概括如下。

(1)选取参考构型:参考构型可以是参考体系的所有粒子,也可以是部分粒子。

(2)进行质心对齐操作:首先确定对象构型和参考构型质心位置,然后计算质心位置的偏离程度并对对象构型实施平移对齐操作,使质心重合。

(3)进行取向对齐操作:计算对象构型和参考构型的均方根偏差,根据均方根偏差数值对对象构型实施连续的旋转操作,直至达到最小值。

(4)输出基于对象构型和参考构型计算得到的最终均方根偏差。

11.3.2 关联函数

在微观粒子体系中,由于粒子之间存在相互作用,性质随空间位置变化而不同,并存在本征联系[13]。另外,由于粒子按照内禀的动力学规律运动,性质在不同时间也存在着紧密的联系。描述这些联系的函数称为关联函数,其大小决定了数据之间关联强度。在分子动力学模拟中,包括两种关联函数:空间关联函数和时间关联函数。

假定变量 x 和 y 由 N 个数值组成，x 和 y 之间关联函数的普遍形式表示如下[1,11]：

$$C_{xy} = \frac{1}{N} \sum_{i=1}^{N} x_i y_i = \langle x_i y_i \rangle \tag{11-61}$$

如果通过均方根将关联函数取值范围限定在 -1 到 +1 之间，那么归一化的关联函数表示如下：

$$c_{xy} = \frac{\frac{1}{N}\sum_{i=1}^{N} x_i y_i}{\sqrt{\left(\frac{1}{N}\sum_{i=1}^{N} x_i^2\right)\left(\frac{1}{N}\sum_{i=1}^{N} y_i^2\right)}} = \frac{\langle x_i y_i \rangle}{\sqrt{\langle x_i^2 \rangle \langle y_i^2 \rangle}} \tag{11-62}$$

$|c_{xy}|=0$ 表示 x 和 y 没有关联；$|c_{xy}|=1$ 表示关联程度最高。在模拟过程中，变量 x 和 y 一般会在非零的系综平均附近波动，为此，在关联函数中变量需要根据统计均值加以校正，即 x_i 替换为 $x_i - \langle x \rangle$，y_i 替换为 $y_i - \langle y \rangle$。

1. 空间关联函数

空间关联函数通常用于描述体系性质在空间位置上的分布相关性，换句话说就是空间某一位置处的力学量会对另一位置处的相同或不同力学量造成影响[11,13]。假定 A 和 B 表示体系内两个不同空间位置 r_1 和 r_2 处的性质，那么它们之间乘积的系综平均称为两者的空间关联函数，表示如下[13]：

$$C_{AB}(r_1, r_2) = \langle A(r_1) B(r_2) \rangle \tag{11-63}$$

该空间关联函数描述的就是空间位置 r_1 处的性质 A 和空间位置 r_2 处的性质 B 之间的相关性。如果 $A = B$，那么该空间关联函数称为空间自关联函数，表示如下：

$$C_{AA}(r_1, r_2) = \langle A(r_1) A(r_2) \rangle \tag{11-64}$$

由于平衡体系具有宏观均匀性，因此空间关联函数关于空间位置存在平移不变性。对于各向同性体系，空间关联函数仅与两个位置的距离有关，随距离增大而减小。如果在某个特征距离内相关性较大，即 $C_{AB}(r_1, r_2)$ 数值较大，而在该距离外的相关性相对较小，那么这个特征距离称为关联长度[11,13]。

下面介绍粒子数密度的概念及其空间关联函数[13]。

(1) 粒子数密度。N 个粒子体系的数密度 $\rho(r)$ 是指在位置 r 处单位体积内的粒子数目，表示如下：

$$\rho(r) = \sum_{i=1}^{N} \delta(r - r_i) \tag{11-65}$$

式中,r表示空间中的一个点,代表极小的体积元;δ函数表示粒子i进入体积元对该点r处的数密度的贡献,通过对所有粒子求和就得到r处的粒子数密度。

(2) 粒子数密度空间关联函数。考虑粒子可以处于任意动量值的前提下,粒子数密度$\rho(r)$的空间自关联函数表示如下:

$$\langle \rho(r)\rho(r')\rangle = \int dr_1 dr_2 \cdots dr_N \rho(r)\rho(r') f_N(r_1,r_2,\cdots,r_N) \quad (11-66)$$

将粒子数密度$\rho(r)$的表达式代入上式,表示如下:

$$\langle \rho(r)\rho(r')\rangle = \int dr_1 dr_2 \cdots dr_N \sum_{i=1}^{N}\sum_{j=1}^{N} \delta(r-r_i)\delta(r'-r_j) f_N(r_1,r_2,\cdots,r_N)$$

$$= \int dr_1 dr_2 \cdots dr_N \left[\sum_{i=1}^{N} \delta(r-r_i)\delta(r'-r_i)\right] f_N(r_1,r_2,\cdots,r_N) +$$

$$\int dr_1 dr_2 \cdots dr_N \left[\sum_{i=1}^{N}\sum_{j(\neq i)=1}^{N} \delta(r-r_i)\delta(r'-r_j)\right] f_N(r_1,r_2,\cdots,r_N) \quad (11-67)$$

式中,概率密度$f_N(r_1,r_2,\cdots,r_N)$满足如下归一化条件:$\int dr_1 dr_2 \cdots dr_N f_N(r_1,r_2,\cdots,r_N) = 1$。由于$f_N(r_1,r_2,\cdots,r_N)$对变量具有对称性,求和中每一项的积分都是相同的,于是式(11-67)可简化为如下形式:

$$\langle \rho(r)\rho(r')\rangle = \frac{N}{V}\delta(r-r') + \frac{N(N-1)}{V^2}\int dr_1 dr_2 \delta(r-r_1)\delta(r'-r_2) f_2(r_1,r_2) \quad (11-68)$$

式中,$f_2(r_1,r_2)$表示如下:

$$f_2(r_1,r_2) = V^2 \int dr_3 \cdots dr_N f_N(r_1,r_2,\cdots,r_N) \quad (11-69)$$

式中,积分部分表示体系中两个粒子各自同时处于r_1和r_2位置的概率密度。如果体系中粒子运动相对独立,那么体系出现此情况的概率密度为$1/V^2$,也就是对于独立子粒子体系,$f_2(r_1,r_2)=1$。

进一步通过密度矩阵约化,粒子数密度的空间自关联函数可表示如下:

$$\langle \rho(r)\rho(r')\rangle = \bar{\rho}\delta(r-r') + \bar{\rho}^2 f_2(r,r') \quad (11-70)$$

式中,$\bar{\rho}=N/V$是平均粒子数密度。

2. 时间关联函数

时间关联函数描述的是当前时刻某个性质与另一时刻的相同性质或其他性质之间的相关性的函数。假定$A(0)$为初始时刻的一个性质,$B(t)$为另一时刻的性质,于是关联函数定义如下[13]:

$$C_{AB}(t) = \langle A(0)B(t)\rangle = \lim_{\tau' \to \infty} \frac{1}{\tau'} \int_0^{\tau'} d\tau A(\tau)B(t+\tau) \tag{11-71}$$

式中，τ' 和 τ 是时间尺度变量；$A(t)$ 和 $B(t)$ 的乘积可以是标量积或张量积等形式。

时间关联函数体现了当前时刻的特定性质与另一时刻某性质之间在时间上的因果关系和记忆程度，即相关程度。时间关联函数与热力学体系中的迁移过程和传递过程等密切相关，可根据相关的性质是否相同分为互关联函数和自关联函数。需要注意的是，时间关联函数必定是实数，并且随着时间的无限延长而趋于消失。如果非平衡体系处于定态，那么时间关联函数还具有时间平移不变性，表示如下：

$$\langle A(t_1)B(t_2)\rangle = \langle A(t_1+\tau)B(t_2+\tau)\rangle = \langle A(t_1-t_2)B(0)\rangle \tag{11-72}$$

该式表明，两个不同时刻的性质之间的相关性只与时间间隔有关，而与时间零点的选择无关。

通过分子动力学模拟获得的时间关联函数可以是体系中所有粒子某个性质的均值，称为单体关联函数[11]，如速度自关联函数(VACF)，或者是整个体系的某个性质，称为整体关联函数，如体系的偶极矩[4]。

(1) 单体关联函数。速度自关联函数定义为 N 个粒子的当前速度与另一时刻速度的相关程度，与扩散系数和动量弛豫相关联。N 个粒子体系的速度自关联函数表示如下[11]：

$$C_{vv}(t) = \frac{1}{N} \sum_{i=1}^{N} v_i(t) v_i(0) \tag{11-73}$$

式中，$v_i(0)$ 和 $v_i(t)$ 分别代表初始时刻和随后时刻的粒子速度。该关联函数可以通过初始时刻的速度乘积的均值进行归一化处理，表示如下：

$$c_{vv}(t) = \frac{1}{N} \sum_{i=1}^{N} \frac{\langle v_i(t) v_i(0)\rangle}{\langle v_i(0) v_i(0)\rangle} \tag{11-74}$$

由此可见，归一化的速度自关联函数初始值为1，随时间的延长，其逐渐趋于0。度量时间关联函数消失所需的时间称为关联时间，而通过分子动力学模拟无法精确得到模拟时间小于关联时间的性质。图 11-3 对比了不同密度情况下分子动力学模拟得到的归一化速度自关联函数。归一化速度自关联函数初始值为1，表示完全相关，随时间的延长逐渐减小到0，表示失去相关性。对于低密度情况，自关联函数以渐进方式递减到0；而对于高密度情况，自关联函数首先降低为负值，然后又逐渐升到0。对于后者，自关联函数出现负值代表了粒子以相反方向发生运动的结果。

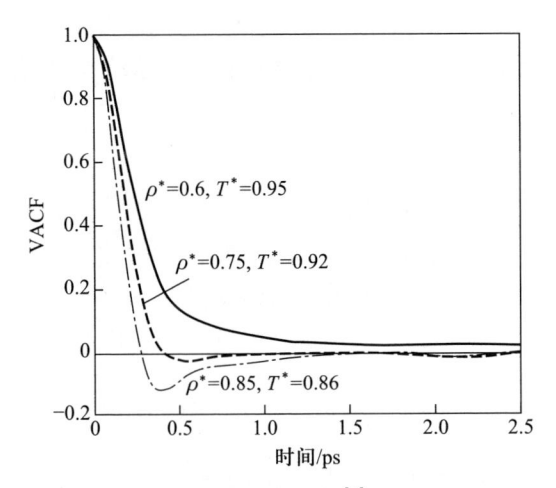

图 11-3 不同密度情况下的归一化速度自关联函数[4]

（2）整体关联函数。除了以上针对单个粒子进行计算的单体关联函数，还存在针对整个体系进行计算的时间关联函数，称为整体关联函数，如体系的净偶极矩。体系的净偶极矩的大小表示如下[11]：

$$\mu_{\text{tot}}(t) = \sum_{i=1}^{N} \mu_i(t) \tag{11-75}$$

式中，$\mu_i(t)$ 是粒子 i 在时刻 t 的偶极矩；求和符号代表整个体系的净偶极矩。于是，基于以上净偶极矩，归一化的净偶极矩的时间关联函数表示如下：

$$c_{\text{dipole}}(t) = \frac{\langle \mu_{\text{tot}}(t) \mu_{\text{tot}}(0) \rangle}{\langle \mu_{\text{tot}}(0) \mu_{\text{tot}}(0) \rangle} \tag{11-76}$$

11.3.3 线性响应理论

在实验上，测量体系的性质通常使用外场作用于体系并获得响应信息。为了保证体系的响应与外场之间保持线性关系，外场不应过强，避免体系偏离近平衡状态。这种通过近平衡状态体系获得宏观性质的理论称为线性响应理论。Green-Kubo 线性响应理论则是从量子 Liouville 方程出发，经过微扰处理，求出体系性质的系综均值随时间的变化，为处理近平衡状态体系提供了理论框架[13]。

下面首先简单介绍两种常见绘景的概念：薛定谔绘景和海森伯绘景。薛定谔绘景是指体系随时间的演化通过状态加以表征，而性质算符和概率与时间无关；与之相对应，海森伯绘景是指体系随时间的演化通过性质算符加以体现，而状态和概率与时间无关。注意，密度算符实际上表示的是体系状态，而不是代表性质的算符。假定在薛定谔绘景下的密度算符为 ρ，将纯态的薛定谔方程推广到混合态情况，就得到了混合态体系的密度算符的运动方程，表示如下[13]：

$$ih\frac{\partial \rho(t)}{\partial t}=-\{H,\rho(t)\} \tag{11-77}$$

该关系式称为量子 Liouville 方程。

如果体系性质 B 仅是相空间位置 q 和动量 p 的函数，而不是时间的显函数，外场只是时间的函数，而与 q 和 p 无关，那么求解弱外场下响应函数只需对热平衡态求系综平均即可。于是，在弱外场下性质 B 的变化表示如下[13]：

$$\langle \Delta B(t) \rangle = \frac{1}{k_B T}\int_0^t d\tau F(\tau)\cdot\langle A(0)\dot{B}(t-\tau)\rangle \tag{11-78}$$

式中，$F(\tau)$ 是时间依从的弱外场，其导致的能量增量为 $-F(\tau)A$。由此可见，通过求解时间关联函数 $\langle A(0)\dot{B}(t)\rangle$ 即可得到性质 B 随时间变化的统计均值 $\langle \Delta B(t)\rangle$。

11.3.4 输运性质

在唯象输运方程中，输运系数定义了体系对外部扰动的响应，并以梯度作为输运过程发生的驱动力，如密度、温度和速度的梯度。输运对应着物质在不同区域间流动的现象，意味着非平衡现象，通常使用非平衡分子动力学模拟获得输运系数。根据 Onsager 理论，输运性质也可以使用平衡分子动力学模拟的局域涨落来计算，例如基于爱因斯坦关系式和 Green-Kubo 关系式推导输运系数，包括扩散系数、黏度系数、导热系数等。

下面以扩散过程为例，介绍基于爱因斯坦关系式和 Green-Kubo 关系式求解扩散系数的基本原理和步骤。菲克第一定律描述了扩散通量，而菲克第二定律给出了扩散行为随时间的演化特征，表示如下[4]：

$$\frac{\partial N(z,t)}{\partial t}=D\frac{\partial^2 N(z,t)}{\partial z^2} \tag{11-79}$$

式中，D 是扩散系数；$N(z,t)$ 是在时刻 t 沿着 z 方向的粒子数。此方程的解可表示为如下高斯函数形式：

$$N(z,t)=\frac{N_0}{A\sqrt{\pi Dt}}\exp\left(-\frac{z^2}{4Dt}\right) \tag{11-80}$$

式中，A 是扩散截面积；N_0 是 $t=0$ 时在 $z=0$ 处的粒子数。下面来介绍两种求解扩散系数的途径。

1. 通过均方位移求解扩散系数

假定模拟时间为 t，通过统计均值表示的均方位移如下：

$$\overline{r^2} = \langle |r(t)-r(0)|^2 \rangle \tag{11-81}$$

式中,⟨⟩表示其中物理量可以通过体系内粒子求平均得出,以减小统计误差。通过上式对时间求极限,可以得到均方位移与扩散系数之间的关系,表示如下:

$$\lim_{t \to \infty} \overline{r^2} = c + 6Dt \tag{11-82}$$

于是,当时间 t 趋于无穷时,扩散系数可以表示如下:

$$3D = \lim_{t \to \infty} \frac{\langle |r(t)-r(0)|^2 \rangle}{2t} \tag{11-83}$$

由于扩散系数的计算并不依赖于起始时间的选择,因此上式也可表示为如下形式:

$$D = \lim_{\tau \to \infty} \frac{\langle |r(t+\tau)-r(t)|^2 \rangle}{6\tau} \tag{11-84}$$

该式为扩散系数的爱因斯坦关系式。在实际使用过程中,首先通过平衡分子动力学模拟计算平均均方位移与时间的关系曲线,然后通过外推到无穷得到扩散系数。

2. 通过自关联函数求解扩散系数

假定 t 时刻粒子位置 $r(t)$ 与初始时刻粒子位置 $r(0)$ 的差可以由速度的积分表示如下[11]:

$$|r(t)-r(0)| = \int_0^t v(t')\,dt' \tag{11-85}$$

上式两边平方得到均方位移与速度关联函数的关系,表示如下:

$$\langle |r(t)-r(0)|^2 \rangle = \int_0^t dt' \int_0^t dt'' \langle v(t')v(t'') \rangle \tag{11-86}$$

右侧积分式中的关联函数不受初始时间的选择影响,也就是需要遵守如下关系式:

$$\langle v(t')v(t'') \rangle = \langle v(t''-t')v(0) \rangle \tag{11-87}$$

于是,在双重积分情况下,式(11-86)变换为如下关系式:

$$\frac{\langle |r(t)-r(0)|^2 \rangle}{2t} = \int_0^t \langle v(\tau)v(0) \rangle \left(1-\frac{\tau}{t}\right) d\tau \tag{11-88}$$

在求极限的情况下,得到扩散系数与速度关联函数之间的关系,表示如下:

$$\lim_{t \to \infty} \frac{\langle |r(t)-r(0)|^2 \rangle}{2t} = \int_0^\infty \langle v(t)v(0) \rangle dt = 3D \tag{11-89}$$

该式给出了扩散系数的 Green-Kubo 关系式。

总之,广义爱因斯坦关系式将输运系数 K 与均方位移联系起来,而 Green-Kubo 关系式将输运系数 K 与时间关联函数联系起来,表示如下[4,8-9,13-14]:

$$K = \lim_{\tau \to \infty} \frac{\langle [A(t+\tau) - A(t)]^2 \rangle}{2\tau} = \int_0^\infty \langle \dot{A}(t+\tau)\dot{A}(t) \rangle \mathrm{d}\tau \quad (11-90)$$

另外,根据初始时间的选择任意性,上式还可表示如下:

$$K = \lim_{t \to \infty} \frac{\langle [A(t) - A(0)]^2 \rangle}{2t} = \int_0^\infty \langle \dot{A}(t)\dot{A}(0) \rangle \mathrm{d}t \quad (11-91)$$

式中,用于表示扩散系数、黏度系数和导热系数的物理量 A 表达式见下[12,14]。

1) 自扩散系数

与扩散系数相关的物理量 A 及通量 $\dot{A}$ 表示如下:

$$A(t) = r_{i\alpha}(t), \quad \dot{A}(t) = \dot{r}_{i\alpha}(t) \quad (11-92)$$

于是,通过爱因斯坦关系式表示的扩散系数为

$$D = \lim_{t \to \infty} \frac{\langle |r_{i\alpha}(t) - r_{i\alpha}(0)|^2 \rangle}{2t} \quad (11-93)$$

通过 Green-Kubo 关系式表示的扩散系数为

$$D = \int_0^\infty \langle \dot{r}_{i\alpha}(t)\dot{r}_{i\alpha}(0) \rangle \mathrm{d}t \quad (11-94)$$

式中,$\dot{r}_{i\alpha}$ 是粒子 i 沿 α 方向的速度 $v_{i\alpha}$。

2) 黏度系数

通常讲的黏度系数是针对剪切黏度,与其相关的物理量 A 及通量 $\dot{A}$ 表示如下:

$$\begin{aligned} A(t) &= \sum_i m_i \dot{r}_{i\alpha}(t) r_{i\beta}(t) \\ \dot{A}(t) &= \sum_i m_i \dot{r}_{i\alpha}(t) \dot{r}_{i\gamma}(t) + \sum_i \sum_{j>i} r_{ij\alpha}(t) f_{ij\beta}(t) \end{aligned} \quad (11-95)$$

于是,通过爱因斯坦关系式表示的黏度系数为

$$\eta = \lim_{t \to \infty} \frac{1}{2Vk_B Tt} \left\langle \left[\sum_i m_i r_{i\alpha}(t)\dot{r}_{i\beta}(t) - \sum_i m_i r_{i\alpha}(0)\dot{r}_{i\beta}(0) \right]^2 \right\rangle \quad (11-96)$$

通过 Green-Kubo 关系式表示的黏度系数为

$$\eta = \frac{V}{k_B T} \int_0^\infty \langle \boldsymbol{\sigma}_{\alpha\beta}(t) \boldsymbol{\sigma}_{\alpha\beta}(0) \rangle \mathrm{d}t \tag{11-97}$$

式中,非对角线应力张量的 $\alpha\beta$ 组元表示如下[8]:

$$\boldsymbol{\sigma}_{\alpha\beta}(t) = \frac{1}{V} \Big(\sum_i m_i \dot{r}_{i\alpha}(t) \dot{r}_{i\beta}(t) + \sum_i \sum_{j>i} r_{ij\alpha}(t) f_{ij\beta}(t) \Big) \tag{11-98}$$

剪切黏度系数是表示整个体系性质的物理量,因此,为了减小系统误差,通常对 6 个组元($\sigma_{xy}, \sigma_{yx}, \sigma_{xz}, \sigma_{zx}, \sigma_{zy}, \sigma_{yz}$)求平均。

3) 导热系数

与导热系数相关的物理量 A 及通量 $\dot{A}$ 表示如下:

$$\begin{aligned} A(t) &= \sum_i r_{i\alpha}(t) e_i(t) \\ \dot{A}(t) &= \sum_i \dot{r}_{i\alpha}(t) e_i(t) + \frac{1}{2} \sum_i \sum_{j>i} [f_{ij}(t) \cdot \dot{r}_i(t)] r_{ij\alpha}(t) \end{aligned} \tag{11-99}$$

式中,e_i 是粒子 i 的额外能量,$e_i = \varepsilon_i - \langle \varepsilon_i \rangle$,其中,$\varepsilon_i$ 是粒子 i 的总能量。

于是,通过爱因斯坦关系式表示的导热系数为

$$\lambda = \lim_{t \to \infty} \frac{1}{2V k_B T^2 t} \left\langle \left[\sum_i r_{i\alpha}(t) e_i(t) - \sum_i r_{i\alpha}(0) e_i(0) \right]^2 \right\rangle \tag{11-100}$$

通过 Green-Kubo 关系式表示的导热系数为

$$\lambda = \frac{V}{k_B T^2} \int_0^\infty \langle \boldsymbol{J}_\alpha(t) \boldsymbol{J}_\alpha(0) \rangle \mathrm{d}t \tag{11-101}$$

式中,热流通量表示如下:

$$\boldsymbol{J}_\alpha(t) = \frac{1}{V} \left\{ \sum_i \dot{r}_{i\alpha}(t) e_i(t) + \frac{1}{2} \sum_i \sum_{j>i} [f_{ij}(t) \dot{r}_i(t)] r_{ij\alpha}(t) \right\} \tag{11-102}$$

上式右侧第一项表示粒子运动对传热的贡献,第二项是粒子之间相互作用对传热的贡献。

11.4 微观结构分析方法

微观结构分析是体现分子模拟的重要特征,对揭示材料原子行为的微观机制发挥着重要作用。如果分析的对象是平衡结构,即非时间依从的稳态结构,那么相应的分析称为静态结构分析;如果分析的对象是动态演化的轨迹,即时间依

从的结构演变特征,那么相应的分析称为动态结构分析。

11.4.1 简单近邻原子分析

根据原子坐标确定晶体结构、晶体取向和缺陷类型涉及多种近邻原子分析方法[15],其中具有代表性的方法包括共近邻分析(common neighbor analysis,CNA)、中心对称参数(centrosymmetry parameter,CSP)分析、键角分析(bond angle analysis,BAA)、取向成像图(orientation imaging map,OIM)分析、局域晶体取向(local crystallographic orientation,LCO)分析等。

1. 共近邻分析

1986 年,Honeycutt 等通过计算配位原子序列确定原子属于的结构类型,称为共近邻分析[16]。原子属于的结构类型可以用原子对图表示,并通过四整数序列($nijk$)进行分类,其中,n 表示原子对是否成键(1 代表成键,2 代表不成键),i 表示原子对的共近邻原子的数量,j 表示共近邻原子间的成键数目,k 表示区分成键类型的定值。对于 fcc 结构,所有最近邻对形成 1421 类型,而在 hcp 结构中,一半最近邻原子对形成 1421 类型,而另一半则形成 1422 类型。在 bcc 结构中,3/7 近邻原子对形成 1441 类型,而其他 4/7 形成 1661 类型。之后,Faken 等给出了修改的 CNA 方法,将原来的 4 个索引数字减少为 3 个[17]:(ijl),其中,i 是原子对的共近邻原子数目,j 是共近邻原子之间的成键数目,l 是共有近邻原子形成的最长键链包含的键数目。不同类型的近邻原子对对应不同类型的排序:555 是二十面体结构,421 是 fcc 结构,等量的 421 和 422 是 hcp 结构,而 666 和 444 是 bcc 结构。

对于多相体系,CNA 方法显然无法采用全局截断半径进行结构分析,因此需要针对各相分别予以设定。为了解决由此带来的不便,Stukowski 提出了自动设定原子截断半径的 CNA 方法,为多相复合体系的局部结构分析提供了方便,称为自适应共近邻分析(adapted CNA,a-CNA)[18]。对于 fcc 和 hcp 结构,截断半径根据近邻坐标定义如下[15]:

$$r_{\text{cut}}^{\text{local}} = \frac{1+\sqrt{2}}{2} \frac{\sum_{j=1}^{12} |r_j|}{12} \tag{11-103}$$

对于 bcc 结构,截断半径根据近邻坐标定义如下:

$$r_{\text{cut}}^{\text{local}} = \frac{1+\sqrt{2}}{2} \left(\frac{2}{\sqrt{3}} \frac{\sum_{j=1}^{8} |r_j|}{14} + \frac{\sum_{j=9}^{14} |r_j|}{14} \right) \tag{11-104}$$

2. 中心对称参数分析

1998 年，Kelchner 等基于原子近邻环境的对称性变化程度提出了中心对称参数分析方法[19]，常用于分析位错和堆垛层错结构。中心对称参数 CSP 表示如下[15]：

$$\text{CSP} = \sum_{i=1}^{N/2} |r_i + r_{i+N/2}|^2 \quad (11-105)$$

式中，r_i 和 $r_{i+N/2}$ 分别是从中心原子指向使得 CSP 数值最小的一对近邻原子坐标；N 是近邻原子的数目。CSP 值给出了原子偏离中心对称性的程度。在 fcc 结构中，理想晶格中原子的 CSP = 0，堆叠层错附近原子的 CSP ≈ 8.3，表面附近原子的 CSP ≈ 24.9，介于 fcc 和 hcp 结构之间的中间原子的 CSP ≈ 2.1。

2003 年，Li 提出了另一种 CSP 的定义，表示如下[20]：

$$\text{CSP} = \frac{\sum_{k=1}^{N/2} |d_k + d_{k'}|^2}{2\sum_{j=1}^{N} |d_j|^2} \quad (11-106)$$

式中，d_k 和 d_j 是指向近邻原子的向量；$d_{k'}$ 是使得 $|d_k + d_{k'}|^2$ 最小的近邻原子的向量；N 是近邻原子的数目。

2018 年，Liu 等提出了修正的中心对称参数（modified CSP, m-CSP）分析方法[15]，该方法采用了与 CSP 分析方法相似的方式区分晶体结构，用于衡量局部反转对称性的破坏程度。在分析反转对称性之后，引入了一个偏差参数 δ 来表示晶体的完整性，于是分别为 fcc、bcc 和 hcp 结构定义了 3 个偏差参数。确认偏差参数以及配位数后，可通过与校准偏差参数对比确认结构类型：当 $\delta_{fcc} < \delta$ 且配位数为 12 时，认定该结构为 fcc 结构；当 $\delta_{bcc} < \delta$ 且配位数为 14 时，认定该结构为 bcc 结构；当 $\delta_{hcp} < \delta < \delta_{fcc}$ 且配位数为 12 时，认定该结构为 hcp 结构。

3. 键角分析

2006 年，Ackland 等基于不同类型晶体结构的角度分布函数提出了键角分析方法，该方法通过测量角度分布来区分 fcc、bcc 和 hcp 结构[21]。角度分布函数用 8 个数字 χ_i 来描述晶体结构中实际存在的键角 θ_{jik} 的数目。通常 χ_i 由键角的余弦 $\cos\theta_{jik}$ 确定，其中，θ_{jik} 表示给定原子 i 与两个近邻原子 j 和 k 形成的角度。键角分析方法的规则如下[15]：

（1）首先计算与中心原子 i 最接近的 6 个原子的均方距离 $r_0^2 = \sum_{j=1}^{6} |r_{ij}^2|/6$；然后计算满足 $r_{ij}^2 < 1.45 r_0^2$ 的近邻数和满足 $r_{ij}^2 < 1.55 r_0^2$ 的近邻数，并计算中心原子与 $N_0(N_0-1)/2$ 个近邻原子之间的键角余弦 $\cos\theta_{jik}$；最后根据表 11-1 中列出的键

角余弦值获得对应的 8 个 χ_i 值。

表 11-1　键角余弦的范围与 χ_i 值反映了理想 bcc、fcc 和 hcp 结构情况[15]

χ_i	最小 $\cos\theta_{jik}$	最大 $\cos\theta_{jik}$	bcc	fcc	hcp
χ_0	−1.000	−0.945	7	6	3
χ_1	−0.945	−0.915	0	0	0
χ_2	−0.915	−0.755	0	0	6
χ_3	−0.755	−0.705	36	24	21
χ_4	−0.195	0.195	12	12	12
χ_5	0.195	0.245	0	0	0
χ_6	0.245	0.795	36	24	24
χ_7	0.795	1.000	0	0	0

(2) 初步分类如下:$N_0 < 11$ 或 $\chi_7 > 0$ 的原子是未知的,而 $\chi_0 = 7(6$ 或 $3)$ 的原子是 bcc(fcc 或 hcp)。

(3) 根据键角余弦来计算与预期角度分布的偏差 δ,如下:$\delta_{bcc} = 0.35\chi_4/(\chi_5+\chi_6+\chi_7-\chi_4)$,$\delta_{cp} = 0.61(|1-\chi_6/24|)$,$\delta_{fcc} = 0.61(|\chi_0+\chi_1-6|+\chi_2)/6$,$\delta_{hcp} = (|\chi_0-3|+|\chi_0+\chi_1+\chi_2+\chi_3-9|)/12$。

(4) 基于以上数值,分类如下:$\delta > 0.1$ 或 $N_0 > 12$ 的原子是未知的;$\delta_{bcc} < \delta_{cp}$ 并且 $10 < N_0 < 13$ 的原子是 bcc;$\delta_{hcp} < \delta_{fcc}$ 的原子是 hcp;$\delta_{hcp} > \delta_{fcc}$ 的原子是 fcc。

4. 局域晶体取向分析

2014 年,Panzarino 等提出采用晶粒追踪算法来实现局域晶体取向(LCO)分析[22]。LCO 分析方法首先需要通过共近邻分析、键角分析或中心对称参数分析方法确定晶体结构,然后根据待测原子的近邻环境计算每个原子的 3 个正交矢量,最后根据这 3 个正交矢量,利用极射投影方法将米勒指数转化为原子颜色信息。局域晶体取向分析方法定义的颜色表示如下:

$$(R_0, G_0, B_0) = (\overline{R'O}/\overline{RR'}, \overline{G'O}/\overline{GG'}, \overline{B'O}/\overline{BB'}) \quad (11\text{-}107)$$

式中,O 是参考方向在投影面上的投影;$R、G$ 和 B 是 [001]、[011] 和 [111](对 hcp 而言,是 [0001]、[2$\bar{1}$10] 和 [10$\bar{1}$0])方向向量在投影面上的投影;$R'、G'$ 和 B' 是直线 $RO、GO$ 和 BO 与颜色三角形边界的交点。之后,需要对得到的 $R_0、G_0$ 和 B_0 的 RGB 值进行标准化,实现局域晶体取向的可视化,表示如下:

$$\text{LCO} = (R, G, B) = \left(\frac{R_0}{\max(R_0, G_0, B_0)}, \frac{G_0}{\max(R_0, G_0, B_0)}, \frac{B_0}{\max(R_0, G_0, B_0)}\right)$$
$$(11\text{-}108)$$

5. 取向成像图分析

2013年,Ravelo等提出取向成像图(OIM)分析方法,通过不同颜色表征原子近邻环境确定的晶体取向信息,成功应用于立方晶体[23]。该方法实现步骤如下:首先需要通过共近邻分析、键角分析或中心对称参数分析方法确定局部晶体结构,然后根据最近邻原子确定表征晶体取向的3个参考方向,如立方结构的[100]、[110]和[111]取向,进而计算相对于理想晶体取向方向的偏离距离参量,即d_{100}、d_{110}和d_{111},最后将这些距离参量的倒数映射到RGB颜色三角形上。对于立方晶体,取向成像图分析方法定义的颜色表示如下:

$$\text{OIM} = (R, G, B) = \left(\frac{\sqrt{d_{100}^{-1}}}{d_{\text{norm}}}, \frac{\sqrt{d_{110}^{-1}}}{d_{\text{norm}}}, \frac{\sqrt{d_{111}^{-1}}}{d_{\text{norm}}} \right) \quad (11-109)$$

式中,d_{ijk}是当前原子到近邻原子向量与参考方向点积与标准晶体近邻原子向量与$[ijk]$方向的单位向量点积之差;$d_{\text{norm}} = \sqrt{d_{100}^{-1} + d_{110}^{-1} + d_{111}^{-1}}$。为了得到更均匀分布的三种颜色信息,Liu等对原始的OIM分析方法进行了部分修改,并通过使用向量之间的角度而不是余弦值对体心立方结构和面心立方结构进行了扩展[15]。对于密排六方结构,为了获得更好的颜色区分度,Liu等通过将密排六方结构的12个最近邻原子分为两组,即{0001}平面内向量和平面外向量,对两组原子分别计算d_{ijk}以表征hcp结构的取向,同时通过修正参数使得颜色变化更加平滑[15]。

11.4.2 近邻向量/张量分析

在分子模拟过程中,晶体缺陷的表征对了解晶体材料的力学行为起着重要的作用。根据结构演化前后近邻原子位移向量或应变张量的变化情况可以定量表征缺陷的形成和演化过程。下面简单介绍几种代表性的分析方法[24]:应变张量分析(strain tensor analysis, STA)、差分位移分析(differential displacement analysis, DDA)、滑移矢量分析(slip vector analysis, SVA)和Nye张量分析(Nye tensor analysis, NTA)。

1. 应变张量分析

Shimizu等提出的应变张量分析方法提供了表征原子局部变形程度的参数[25-26],可用于分析各种缺陷结构,如点缺陷、位错以及局部应变场。首先,需要确定缺陷结构和参考结构。然后,在缺陷结构和参考结构之间生成原子对向量的映射关系:$\{d_{ij}^{\text{ref}}\} \to \{d_{ij}^{\text{def}}\}$。最后,按照最小化偏差来确定局部变形矩阵,如下:

$$\boldsymbol{J}_i = \left[\sum_{j \in N_i^{\text{ref}}} (\boldsymbol{d}_{ij}^{\text{ref}})^{\text{T}} (\boldsymbol{d}_{ij}^{\text{ref}}) \right]^{-1} \left[\sum_{j \in N_i^{\text{ref}}} (\boldsymbol{d}_{ij}^{\text{def}})^{\text{T}} (\boldsymbol{d}_{ij}^{\text{def}}) \right] \quad (11-110)$$

于是，原子 i 的应变张量表示如下：

$$\boldsymbol{\eta}_i = \frac{1}{2}(\boldsymbol{J}_i^{\mathrm{T}}\boldsymbol{J}_i - \boldsymbol{E}) \tag{11-111}$$

式中，$\boldsymbol{E}$ 是单位矩阵。应变拉伸的体积分量可以通过 3 个对角分量（η_{xx}、η_{yy} 和 η_{zz}）来导出，进而用于计算原子的总体积应变参数[27]。原子的局部剪切应变参数定义如下：

$$\eta_i^{\mathrm{Mises}} = \sqrt{\eta_{iyz}^2 + \eta_{ixz}^2 + \eta_{ixy}^2 + \frac{(\eta_{iyy} - \eta_{izz})^2 + (\eta_{ixx} - \eta_{izz})^2 + (\eta_{ixx} - \eta_{iyy})^2}{6}} \tag{11-112}$$

式中，η_{xy}、η_{yz} 和 η_{xz} 是应变张量的 3 个非对角组元。

2. 差分位移分析

1970 年，Vitek 等提出差分位移分析方法，主要用于表征位错核结构[28]。根据参考结构寻找中心原子 i 的近邻原子，其近邻向量定义如下：$\boldsymbol{R}_{ij}^{\mathrm{ref}} = \boldsymbol{r}_i^{\mathrm{ref}} - \boldsymbol{r}_j^{\mathrm{ref}}$。相应地，缺陷结构中对应的近邻向量定义如下：$\boldsymbol{R}_{ij}^{\mathrm{def}} = \boldsymbol{r}_i^{\mathrm{def}} - \boldsymbol{r}_j^{\mathrm{def}}$。于是，原子对的差分位移可以由两个近邻向量之差得到，表示如下：

$$\Delta \boldsymbol{R}_{ij} = \boldsymbol{R}_{ij}^{\mathrm{def}} - \boldsymbol{R}_{ij}^{\mathrm{ref}} \tag{11-113}$$

为了可视化差分位移，一般选定差分位移的其中一个分量，由两个原子之间的箭头表示，而其长度表示相应的位移量。图 11-4 展示了单晶铝中位错偶的差分位移分析结果。由图可见，箭头沿原子对方向绘制在原子之间，箭头的中心对应于两个原子的中点，而其长度表示位移的大小，从而表征差分位移分布情况。

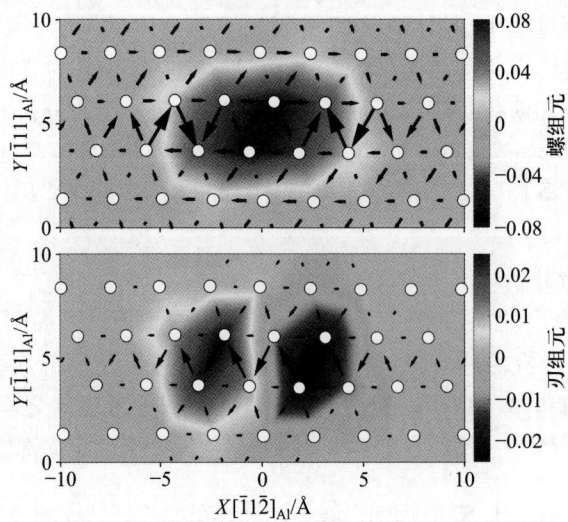

图 11-4 单晶铝中位错偶的差分位移分析结果（参见书后彩图）

3. 滑移矢量分析

2001 年,Zimmerman 等提出了滑移矢量分析方法,主要用于定量地表征滑移平面附近原子的相对位移程度,定义如下[29]:

$$\xi_i = -\frac{1}{N_s}\sum_{j \neq i}(R_{ij}^{\mathrm{def}} - R_{ij}^{\mathrm{ref}}) \tag{11-114}$$

式中,N_s 是滑移原子数;R_{ij}^{def} 和 R_{ij}^{ref} 分别是缺陷结构和参考结构中原子对矢量,为计算方便这里以标量形式表示。图 11-5 展示了单晶铜中位错的滑移矢量分析结果,能够很好地表征出每个原子的滑移量及边界。由图可见,中间深色区域对应堆垛层错区域,其滑移矢量参数大小对应于不全位错的伯格斯矢量 1/6⟨112⟩。

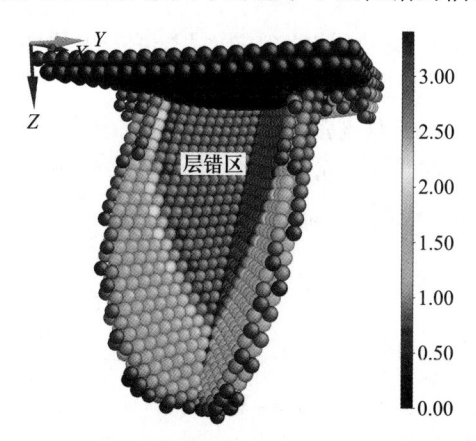

图 11-5 单晶铜中位错的滑移矢量分析结果(参见书后彩图)

4. Nye 张量分析

1953 年,Nye 提出了一种与局部位错特征相关联的张量,称为 Nye 张量[30-33]。该张量的定义如下:

$$\boldsymbol{\alpha} = \sum_{i=1}^{n}\rho_i \boldsymbol{t}_i \boldsymbol{b}_i \tag{11-115}$$

式中,ρ_i、$\boldsymbol{t}_i$ 和 $\boldsymbol{b}_i$ 分别表示第 i 个位错段的局部密度、线方向和伯格斯矢量。在数学上,上式等价于 Nye 张量的奇异值分解,表示如下[34]:

$$\boldsymbol{\alpha} = \sum_{i=1}^{n}\sigma_i \boldsymbol{u}_i \boldsymbol{v}_i \tag{11-116}$$

在 $n=3$ 的情况下,可以通过第一奇异值 σ_1 及其左右奇异矢量 $\boldsymbol{u}_1$ 和 $\boldsymbol{v}_1$ 给出位错密度、线方向和伯格斯矢量。共面的位错节点可由第二奇异值 σ_2 确定,而 σ_3 用于定义非共面位错信息。

下面给出基于局部变形张量来计算 Nye 张量的具体方法。如果缺陷晶体中近邻向量 dr' 可以通过局部变形张量 G 映射到理想晶体中对应向量 dr，即 dr = d$r'\cdot G$，那么缺陷晶体中满足闭合条件 $\sum_{C'}\mathrm{d}r'=0$ 的回路 C' 映射到理想晶体后将不再闭合，于是可以根据未闭合的路径 C 定义伯格斯矢量 b，表示如下：

$$b=-\sum_{C}\mathrm{d}r=-\sum_{C'}\mathrm{d}r'\cdot G \quad (11-117)$$

将以上离散求和变为求积分，并应用 Stocks 定理，可以得到如下表达式：

$$b=-\oint_{C'}\mathrm{d}r'\cdot G=-\iint_{A}n\cdot(\nabla\times G)\mathrm{d}A \quad (11-118)$$

式中，n 是垂直于无穷小伯格斯回路包围面积 dA 的单位向量，即表面 A 的法线方向；$\nabla\times G$ 表示局部变形张量的旋度。

根据 Nye 张量的定义，对该张量左乘法线方向 n 可以得到局部伯格斯矢量的微分：d$b=n\cdot\alpha\mathrm{d}A$。如果该微分在整个封闭回路 C' 包围的表面 A 上积分，那么可以得到位错的总的伯格斯矢量，表示如下：

$$b=\iint_{A}n\cdot\alpha\mathrm{d}A \quad (11-119)$$

对比上述两式可以得到通过局部变形张量表示的 Nye 张量表达式，如下：

$$\alpha=-\nabla\times G \quad (11-120)$$

图 11-6 展示了双金属 Cu-Ni 界面的错配位错 Nye 张量分析结果。由图可见，Nye 张量分析方法能够很好地表征位错核结构，如伯格斯矢量和位错线方向等。

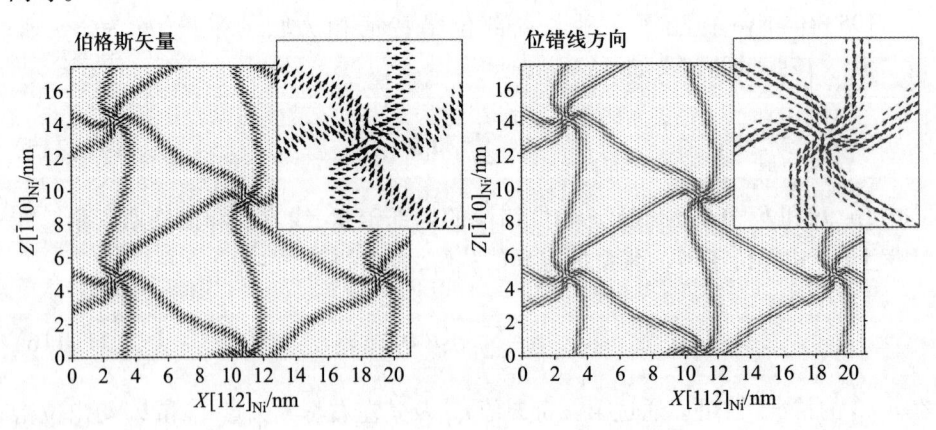

图 11-6 双金属 Cu-Ni 界面的错配位错 Nye 张量分析结果

11.4.3 原子应力分析

原子应力是衡量原子力学活性的量,表征了原子与周围原子相互作用的强弱程度,反映了原子的潜在激活能力。原子应力的计算需要包含动能贡献和势能贡献两部分,具有能量密度的量纲,是相对于体积的强度量。一般来讲,原子 α 的应力 σ_{ij}^{α} 可以表示如下[35]:

$$\sigma_{ij}^{\alpha} = \frac{1}{\Omega^{\alpha}}\hat{S}_2\left(-\frac{p_i^{\alpha}p_j^{\alpha}}{m^{\alpha}} + q_i^{\alpha}\frac{\partial U}{\partial q_j^{\alpha}}\right) = \frac{1}{\Omega^{\alpha}}\left(-\frac{p_i^{\alpha}p_j^{\alpha}}{m^{\alpha}} + \frac{1}{2}q_i^{\alpha}\frac{\partial U}{\partial q_j^{\alpha}} + \frac{1}{2}q_j^{\alpha}\frac{\partial U}{\partial q_i^{\alpha}}\right) \quad (11-121)$$

式中,Ω^{α} 和 m^{α} 分别是原子 α 的体积和质量;$\hat{S}_2$ 是由原子周围的配位环境所决定的二阶对称算子。在计算原子应力过程中,原子体积 Ω^{α} 可以采用 Voronoi 体积加以度量[36-37]。图 11-7 展示了在二维情况下的 Voronoi 区域划分方案,常称为泰森多边形。如果平面上分布有 m 个不重合种子点,那么通过两相邻点的垂直平分线构成连续多边形(图 11-7 左图),将二维平面划分成 m 个不同区域(图 11-7 右图),称为 Voronoi 区域。每个 Voronoi 区域内包含一个种子点,并且与其他种子点相比,该点距离当前 Voronoi 区域内的距离最近。

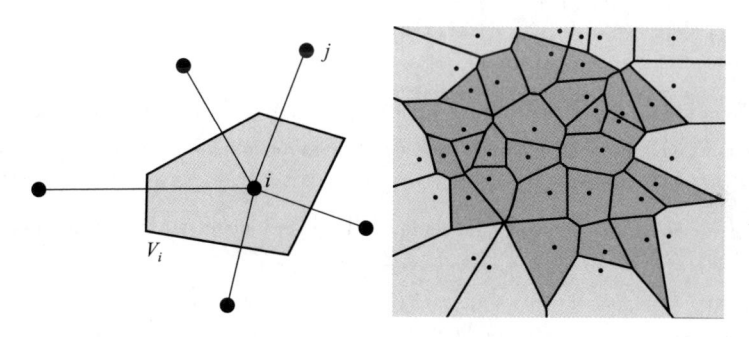

图 11-7 Voronoi 图的构造过程和 Voronoi 划分的二维平面

在分子动力学模拟过程中,原子应力可以直接由坐标和速度计算得到,常被用于分析原子偏离平衡状态的程度。在严重畸变区域(如晶体缺陷和界面),原子除了具有较高的势能,而且出现明显差异的应力状态。原子应力不仅能够用于分析缺陷结构,而且能够帮助预测缺陷生成的潜在能力。图 11-8 展示了典型纳米多晶铜的原子应力分布情况。由图可见,在晶粒内部,原子应力趋于零,而在界面区域,原子应力出现较高的数值,表明原子偏离平衡处于严重畸变的状态。

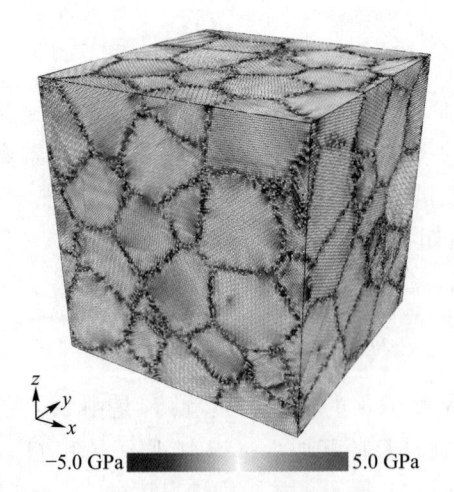

图 11-8　纳米多晶铜的原子应力分布情况(参见书后彩图)

参 考 文 献

[1] 张跃, 谷景华, 尚家香, 等. 计算材料学基础[M]. 北京: 北京航空航天大学出版社, 2007.

[2] 严六明, 朱素华. 分子动力学模拟的理论与实践[M]. 北京: 科学出版社, 2013.

[3] Lee J G. Computational materials science: An introduction[M]. Florida: CRC Press, 2016.

[4] Haile J M. Molecular dynamics simulation: Elementary methods[M]. New York: Wiley, 1992.

[5] Brehm M, Kirchner B. TRAVIS: A free analyzer and visualizer for Monte Carlo and molecular dynamics trajectories[J]. Journal of Chemical Information and Modeling, 2011, 51: 2007-2023.

[6] Brehm M, Thomas M, Gehrke S, et al. TRAVIS: A free analyzer for trajectories from molecular simulation[J]. Journal of Chemical Physics, 2020, 152(16): 164105.

[7] Kusalik P G, Laaksonen A, Svishchev I M. Spatial structure in molecular liquids[J]. Theoretical and Computational Chemistry, 1999, 7: 61-97.

[8] Allen M P, Tildesley D J. Computer simulation of liquids[M]. Oxford: Oxford University Press, 2017.

[9] Rapaport D C, Rapaport D C R. The art of molecular dynamics simulation[M]. Cambridge: Cambridge University Press, 2004.

[10] Goldstein H, Poole C P, Safko J L. Classical mechanics[M]. 3rd ed. Massachusetts: Addison Wesley Press, 2002.

[11] 苑世领, 张恒, 张冬菊. 分子模拟: 理论与实验[M]. 北京: 化学工业出版社, 2016.

[12] Sadus R J. Molecular simulation of fluids: Theory, algorithms and object-orientation[M]. New York: Elsevier Press, 1999.

[13] 陈敏伯. 计算化学: 从理论化学到分子模拟[M]. 北京: 科学出版社, 2009.

[14] Raabe G. Molecular simulation studies on thermophysical properties: With application to working fluids[M]. Berlin: Springer Press, 2017.

[15] Liu Z R, Zhang R F. AACSD: An atomistic analyzer for crystal structure and defects[J]. Computer Physics Communications, 2018, 222: 229-239.

[16] Honeycutt J D, Andersen H C. Molecular dynamics study of melting and freezing of small Lennard-Jones clusters[J]. Journal of Physical Chemistry, 1987, 91(19): 4950-4963.

[17] Faken D, Jónsson H. Systematic analysis of local atomic structure combined with 3D computer graphics[J]. Computational Materials Science, 1994, 2(2): 279-286.

[18] Stukowski A. Structure identification methods for atomistic simulations of crystalline materials[J]. Modelling and Simulation in Materials Science and Engineering, 2012, 20(4): 045021.

[19] Kelchner C L, Plimpton S J, Hamilton J C. Dislocation nucleation and defect structure during surface indentation[J]. Physical Review B, 1998, 58(17): 11085.

[20] Li J. AtomEye: An efficient atomistic configuration viewer[J]. Modelling and Simulation in Materials Science and Engineering, 2003, 11(2): 173.

[21] Ackland G J, Jones A P. Applications of local crystal structure measures in experiment and simulation[J]. Physical Review B, 2006, 73(5): 054104.

[22] Panzarino J F, Rupert T J. Tracking microstructure of crystalline materials: A post-processing algorithm for atomistic simulations[J]. JOM, 2014, 66(3): 417-428.

[23] Ravelo R, Germann T C, Guerrero O, et al. Shock-induced plasticity in tantalum single crystals: Interatomic potentials and large-scale molecular-dynamics simulations[J]. Physical Review B, 2013, 88(13): 134101.

[24] Yao B N, Zhang R F. AADIS: An atomistic analyzer for dislocation character and distribution[J]. Computer Physics Communications, 2020, 247: 106857.

[25] Shimizu F, Ogata S, Li J. Theory of shear banding in metallic glasses and molecular dynamics calculations[J]. Materials Transactions, 2007, 48: 2923-2927.

[26] Falk M L, Langer J S. Dynamics of viscoplastic deformation in amorphous solids[J]. Physical Review E, 1998, 57(6): 7192.

[27] Nur A, Byerlee J D. An exact effective stress law for elastic deformation of rock with fluids[J]. Journal of Geophysical Research, 1971, 76(26): 6414-6419.

[28] Vitek V, Perrin R C, Bowen D K. The core structure of 1/2<111> screw dislocations in bcc crystals[J]. Philosophical Magazine, 1970, 21(173): 1049-1073.

[29] Zimmerman J A, Kelchner C L, Klein P A, et al. Surface step effects on nanoindentation[J]. Physical Review Letters, 2001, 87(16): 165507.

[30] Nye J F. Some geometrical relations in dislocated crystals[J]. Acta Metallurgica, 1953, 1(2): 153-162.

[31] Bilby B A, Bullough R, Smith E. Continuous distributions of dislocations: A new application of the methods of non-riemannian geometry[J]. Proceedings of the Royal Society A, 1955, 231(1185): 263-273.

[32] Hartley C S, Mishin Y. Characterization and visualization of the lattice misfit associated with dislocation cores[J]. Acta Materialia, 2005, 53(5): 1313-1321.

[33] Hartley C S, Mishin Y. Representation of dislocation cores using nye tensor distributions[J]. Materials Science and Engineering: A, 2005, 400: 18-21.

[34] Dai F Z, Zhang W Z. An automatic and simple method for specifying dislocation features in atomistic simulations[J]. Computer Physics Communications, 2015, 188: 103-109.

[35] Thompson A P, Plimpton S J, Mattson W. General formulation of pressure and stress tensor for arbitrary many-body interaction potentials under periodic boundary conditions[J]. Journal of Chemical Physics, 2009, 131(15): 154107.

[36] Voronoi G. Nouvelles applications des paramètres continus à la théorie des formes quadratiques[J]. Journal für die reine und Angewandte Mathematik, 2009, 1908(133): 97-102.

[37] Okabe A, Boots B, Sugihara K, et al. Spatial tessellations: Concepts and applications of voronoi diagrams[M]. 2nd ed. Chichester: Wiley, 2000.

郑重声明

高等教育出版社依法对本书享有专有出版权。任何未经许可的复制、销售行为均违反《中华人民共和国著作权法》，其行为人将承担相应的民事责任和行政责任；构成犯罪的，将被依法追究刑事责任。为了维护市场秩序，保护读者的合法权益，避免读者误用盗版书造成不良后果，我社将配合行政执法部门和司法机关对违法犯罪的单位和个人进行严厉打击。社会各界人士如发现上述侵权行为，希望及时举报，我社将奖励举报有功人员。

反盗版举报电话　（010）58581999　58582371
反盗版举报邮箱　dd@hep.com.cn
通信地址　　　　北京市西城区德外大街4号
　　　　　　　　高等教育出版社法律事务部
邮政编码　　　　100120

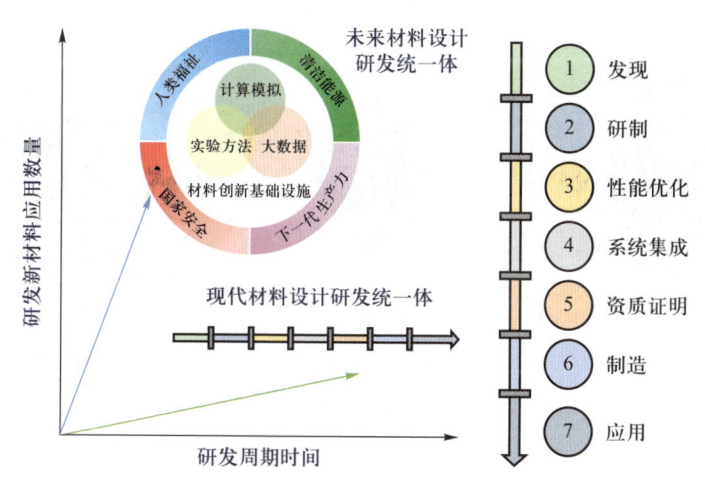

图 1-4 集成计算材料工程和材料基因工程旨在变革材料研发模式，即从唯象的序列式定性设计研发模式向理性计算的并发式定量设计研发模式转变

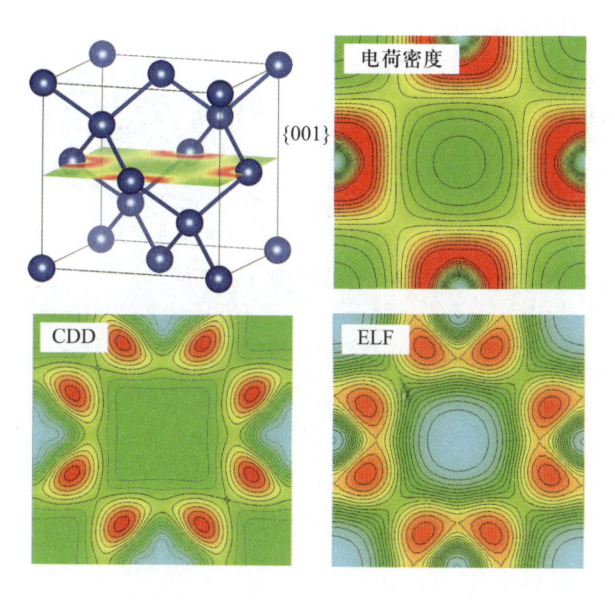

图 6-1 晶体 Si{001}晶面位置、电荷密度分布、电荷密度差和电子局域函数

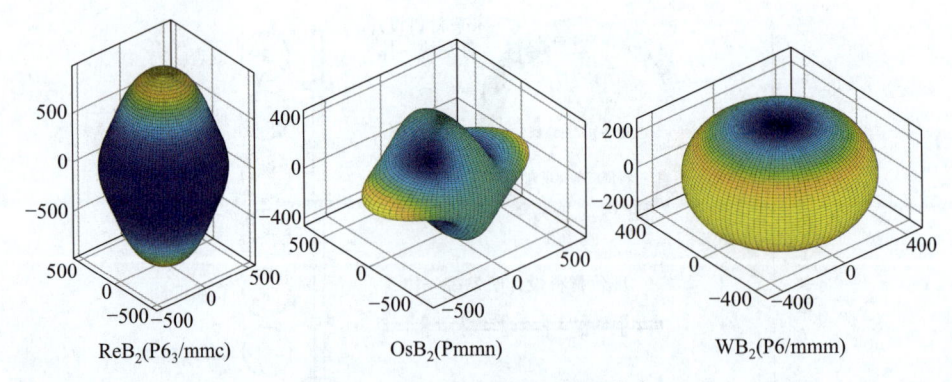

图 6-9　TmB$_2$(Tm=Re,Os,W)的各向异性杨氏模量的空间分布

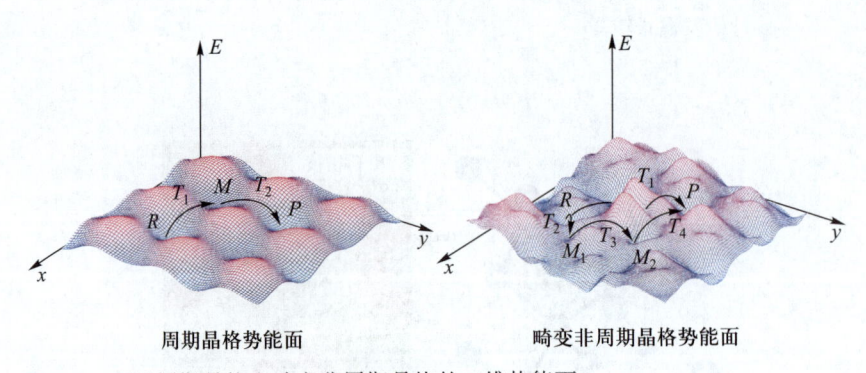

周期晶格势能面　　　　　　　　畸变非周期晶格势能面

图 9-1　理想周期晶格和畸变非周期晶格的二维势能面

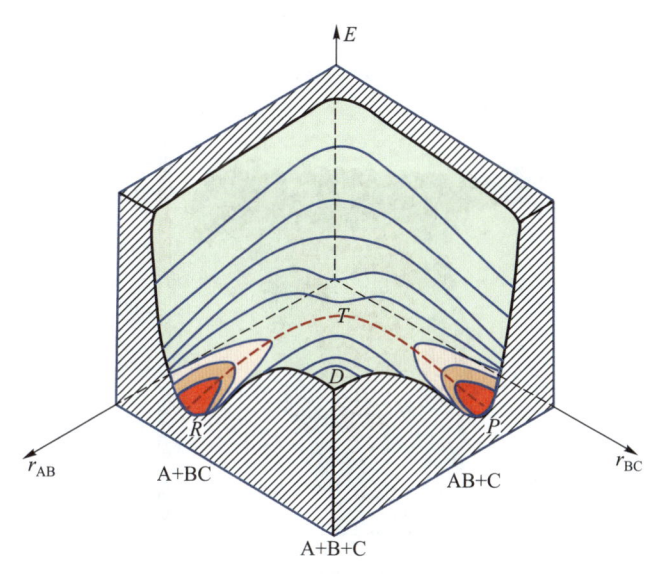

图 9-2 在 A-B-C 分子体系中势能随空间坐标变化的情形。R 点是反应物,P 点是生成物,T 点是过渡态

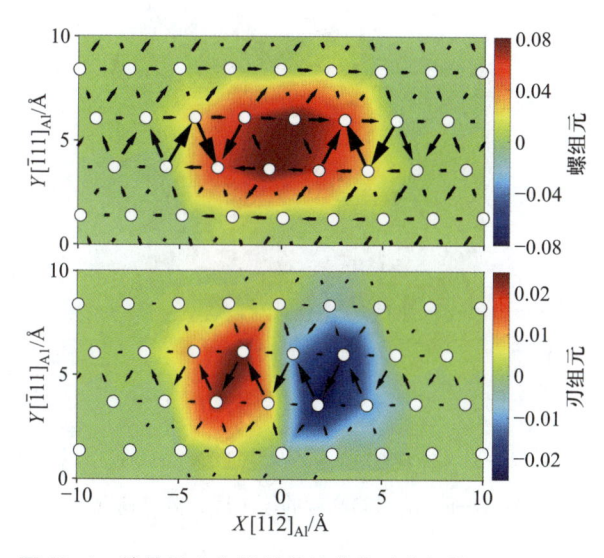

图 11-4 单晶铝中位错偶的差分位移分析结果

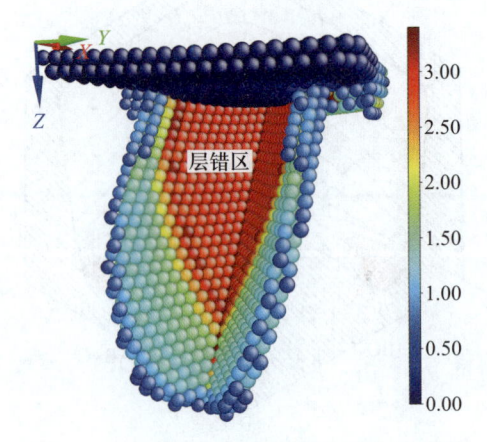

图 11-5　单晶铜中位错的滑移矢量分析结果

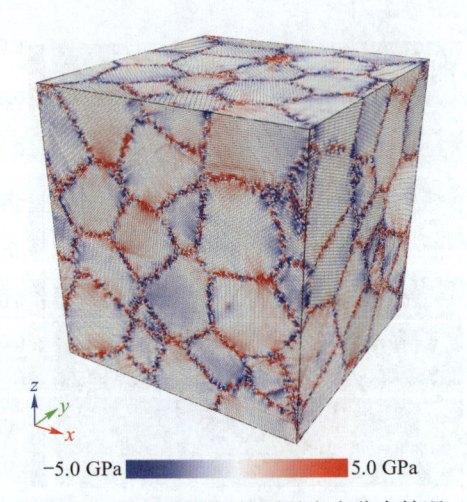

图 11-8　纳米多晶铜的原子应力分布情况